A TUTORIAL OF NATIONAL MATHEMATICS CONTESTS FOR COLLEGE STUDENTS

全国大学生数学竞赛复习全书

● 尹逊波　靳水林　郭玉坤　主编

（含线性代数部分）

内 容 简 介

本书依据近几年全国大学生数学竞赛非数学专业的竞赛内容，将高等数学分为极限、一元微分学、一元积分学、多元微分学、多元积分学、常微分方程、无穷级数七个专题，将线性代数内容分成行列式与矩阵、向量空间与线性方程组、相似矩阵与二次型三个部分，对竞赛所涉及知识点和考点进行分类整合. 全书分为基础篇、提高篇与实战篇三大部分. 基础篇部分主要包含基本知识的总结及配套练习，提高篇部分则涉及一些综合面广、技巧性强的题目及近些年各个省市及不同高校举办竞赛的题目，实战篇主要是近五年全国大学生数学竞赛的试题作为学生备考的试题参考.

本书可供准备全国大学生数学竞赛的非数学专业的学生和老师作应试教程，也可作为各类高等学校学习高等数学、线性代数和考研的参考书，由于书中题目均有解答，它也适合学生自学使用.

图书在版编目(CIP)数据

全国大学生数学竞赛复习全书/尹逊波，靳水林，郭玉坤主编. ——哈尔滨：哈尔滨工业大学出版社，2014.4(2016.7 重印)

ISBN 978-7-5603-4575-8

Ⅰ.①全… Ⅱ.①尹… ②靳… ③郭… Ⅲ.①高等数学—高等学校—教学参考资料 Ⅳ.①O13

中国版本图书馆 CIP 数据核字(2014)第 010375 号

策划编辑 刘培杰 张永芹
责任编辑 张永芹 王勇钢
封面设计 孙茵艾
出版发行 哈尔滨工业大学出版社
社 址 哈尔滨市南岗区复华四道街 10 号 邮编 150006
传 真 0451-86414749
网 址 http://hitpress.hit.edu.cn
印 刷 哈尔滨工业大学印刷厂
开 本 787mm×960mm 1/16 印张 25.5 字数 494 千字
版 次 2014 年 4 月第 1 版 2016 年 7 月第 3 次印刷
书 号 ISBN 978-7-5603-4575-8
定 价 48.00

前　　言

2009年10月，全国大学生数学竞赛首届比赛开始举办，时至今日已经吸引了越来越多的年轻学子参与其中，作为一项面向本科生的全国性高水平学科竞赛，全国大学生数学竞赛为青年学子提供了一个展示数学基本功和数学思维的舞台，为发现和选拔优秀数学人才并促进高等学校数学课程建设的改革和发展积累了调研素材.

本书是针对非数学专业的全国大学生数学竞赛编写的，书中很多例题选自国内、外大学生数学竞赛的一些特色试题，基于数学竞赛复习备考的特点，在《全国大学生数学竞赛辅导教程》一书的基础之上，进一步优化全书的结构，增加了大量的经典例题和新颖例题，同时内容上还增加了线性代数的内容. 本书共分为基础篇、提高篇和实战篇三大部分. 基础篇主要是对课本知识的总结及凝练，同时还配有部分习题来帮助学生针对基础知识做一回顾. 如果有的同学对基础知识非常熟悉的话，可以跳过第一部分，直接进入提高篇. 在提高篇中本书列有大量的例题，我们依据内容将高等数学的例题分为极限、一元微分学、一元积分学、微分方程、多元微分与空间解析几何、多元积分及无穷级数七个部分. 这里所举的例题构思绝妙，方法灵活，技巧性强，易于学生掌握竞赛试题的难度及竞赛考察的知识点. 另外线性代数部分由于是从第五届决赛开始才刚刚增加的内容而且只有决赛才有，因此线性代数所举的例子相对较少，但每道题目也均是经过我们精心编选的，均有一定难度. 在提高篇内，我们还给出了十几套国内省市或高校竞赛的试题，可供学生备考练习. 而实战篇则囊括了近些年全部的全国大学生数学竞赛的真题及解答，其中既有初赛试题也包含了决赛试题，供学生参考.

本书可供准备数学竞赛的老师和学生作为应试教程，也可供各类高等学校的大学生作为学习高等数学、线性代数和考研的参考书，特别有益于成绩优秀的大学生进一步提高高等数学水平. 本书也是这些年我们教学改革成果的体现，编者在编写过程中得到了哈尔滨工业大学数学系系主任王勇教授、吴勃英教授、薛小平教授以及数学分析教学中心的各位老师的大力支持和帮助,在此一并表示衷心的感谢.

由于时间仓促,水平有限,编写中难免存在不当和疏漏之处,请读者批评指正,编者表示万分感谢!

尹逊波

2014 年 3 月

中国大学生数学竞赛竞赛大纲

为了进一步推动高等学校数学课程的改革和建设，提高大学数学课程的教学水平，激励大学生学习数学的兴趣，发现和选拔数学创新人才，更好地实现“中国大学生数学竞赛”的目标，特制订本大纲.

一、竞赛的性质和参赛对象

“中国大学生数学竞赛”的目的是：激励大学生学习数学的兴趣，进一步推动高等学校数学课程的改革和建设，提高大学数学课程的教学水平，发现和选拔数学创新人才.

“中国大学生数学竞赛”的参赛对象为大学本科二年级及二年级以上的在校大学生.

二、竞赛的内容

“中国大学生数学竞赛”分为数学专业类竞赛题和非数学专业类竞赛题，其中非数学专业竞赛内容为大学本科理工科专业高等数学课程的教学内容，具体内容如下：

（一）函数、极限、连续

1. 函数的概念及表示法、简单应用问题的函数关系的建立.

2. 函数的性质：有界性、单调性、周期性和奇偶性.

3. 复合函数、反函数、分段函数和隐函数、基本初等函数的性质及其图形、初等函数.

4. 数列极限与函数极限的定义及其性质、函数的左极限与右极限.

5. 无穷小和无穷大的概念及其关系、无穷小的性质及无穷小的比较.

6. 极限的四则运算、极限存在的单调有界准则和夹逼准则、两个重要极限.

7. 函数的连续性（含左连续与右连续）、函数间断点的类型.

8. 连续函数的性质和初等函数的连续性.

9. 闭区间上连续函数的性质（有界性、最大值和最小值定理、介值定理）.

（二）一元函数微分学

1. 导数和微分的概念、导数的几何意义和物理意义、函数的可导性与连续性之间的关系、平面曲线的切线和法线.

2. 基本初等函数的导数、导数和微分的四则运算、一阶微分形式的不变性.

3.复合函数、反函数、隐函数以及参数方程所确定的函数的微分法.

4.高阶导数的概念、分段函数的二阶导数、某些简单函数的 n 阶导数.

5.微分中值定理,包括罗尔定理、拉格朗日中值定理、柯西中值定理和泰勒定理.

6.洛必达(L'Hospital)法则与求未定式极限.

7.函数的极值、函数单调性、函数图形的凹凸性、拐点及渐近线(水平、铅直和斜渐近线)、函数图形的描绘.

8.函数最大值和最小值及其简单应用.

9.弧微分、曲率、曲率半径.

(三)一元函数积分学

1.原函数和不定积分的概念.

2.不定积分的基本性质、基本积分公式.

3.定积分的概念和基本性质、定积分中值定理、变上限定积分确定的函数及其导数、牛顿-莱布尼茨(Newton-Leibniz)公式.

4.不定积分和定积分的换元积分法与分部积分法.

5.有理函数、三角函数的有理式和简单无理函数的积分.

6.广义积分.

7.定积分的应用:平面图形的面积、平面曲线的弧长、旋转体的体积及侧面积、平行截面面积为已知的立体体积、功、引力、压力及函数的平均值.

(四)常微分方程

1.常微分方程的基本概念:微分方程及其解、阶、通解、初始条件和特解等.

2.变量可分离的微分方程、齐次微分方程、一阶线性微分方程、伯努利(Bernoulli)方程、全微分方程.

3.可用简单的变量代换求解的某些微分方程、可降阶的高阶微分方程:$y^{(n)}=f(x)$, $y''=f(x, y')$, $y''=f(y, y')$.

4.线性微分方程解的性质及解的结构定理.

5.二阶常系数齐次线性微分方程、高于二阶的某些常系数齐次线性微分方程.

6.简单的二阶常系数非齐次线性微分方程:自由项为多项式、指数函数、正弦函数、余弦函数,以及它们的和与积.

7.欧拉(Euler)方程.

8.微分方程的简单应用.

（五）向量代数和空间解析几何

1. 向量的概念、向量的线性运算、向量的数量积和向量积、向量的混合积.

2. 两向量垂直、平行的条件、两向量的夹角.

3. 向量的坐标表达式及其运算、单位向量、方向数与方向余弦.

4. 曲面方程和空间曲线方程的概念、平面方程、直线方程.

5. 平面与平面、平面与直线、直线与直线的夹角以及平行、垂直的条件、点到平面和点到直线的距离.

6. 球面、母线平行于坐标轴的柱面、旋转轴为坐标轴的旋转曲面的方程、常用的二次曲面方程及其图形.

7. 空间曲线的参数方程和一般方程、空间曲线在坐标面上的投影曲线方程.

（六）多元函数微分学

1. 多元函数的概念、二元函数的几何意义.

2. 二元函数的极限和连续的概念、有界闭区域上多元连续函数的性质.

3. 多元函数偏导数和全微分、全微分存在的必要条件和充分条件.

4. 多元复合函数、隐函数的求导法.

5. 二阶偏导数、方向导数和梯度.

6. 空间曲线的切线和法平面、曲面的切平面和法线.

7. 二元函数的二阶泰勒公式.

8. 多元函数极值和条件极值、拉格朗日乘数法、多元函数的最大值、最小值及其简单应用.

（七）多元函数积分学

1. 二重积分和三重积分的概念及性质、二重积分的计算（直角坐标、极坐标）、三重积分的计算（直角坐标、柱面坐标、球面坐标）.

2. 两类曲线积分的概念、性质及计算、两类曲线积分的关系.

3. 格林(Green)公式、平面曲线积分与路径无关的条件、已知二元函数全微分求原函数.

4. 两类曲面积分的概念、性质及计算、两类曲面积分的关系.

5. 高斯(Gauss)公式、斯托克斯(Stokes)公式、散度和旋度的概念及计算.

6. 重积分、曲线积分和曲面积分的应用（平面图形的面积、立体图形的体积、曲面面积、弧长、质量、质心、转动惯量、引力、功及流量等）.

（八）无穷级数

1. 常数项级数的收敛与发散、收敛级数的和、级数的基本性质与收敛的必要条件.

2. 几何级数与 p 级数及其收敛性、正项级数收敛性的判别法、交错级数与莱布尼茨判别法.

3. 任意项级数的绝对收敛与条件收敛.

4. 函数项级数的收敛域与和函数的概念.

5. 幂级数及其收敛半径、收敛区间(指开区间)、收敛域与和函数.

6. 幂级数在其收敛区间内的基本性质(和函数的连续性、逐项求导和逐项积分)、简单幂级数的和函数的求法.

7. 初等函数的幂级数展开式.

8. 函数的傅里叶(Fourier)系数与傅里叶级数、狄利克雷(Dirichlet)定理、函数在$[-1,1]$上的傅里叶级数、函数在$[0,1]$上的正弦级数和余弦级数.

全国大学生数学竞赛组委会

目　录

基础篇

提高篇

实战篇

基 础 篇

第一章　知识点

第一部分　极限与连续

1. 一元函数基本概念

(1)利用已知条件求函数的表达式.

(2)函数的奇偶性、单调性、有界性与周期性.

(3)基本初等函数(常值函数、幂函数、指数函数、对数函数、三角函数与反三角函数)和初等函数.

(4)反函数、复合函数、参数式函数、隐函数.

(5)分段函数.

2. 数列的极限

(1)$\lim\limits_{n\to\infty} x_n=A$ 的定义：$\forall\varepsilon>0$，$\exists$ 正整数 N，当 $n>N$ 时，有 $|x_n-A|<\varepsilon$.

(2)收敛数列的性质：

定理 1(唯一性)　若数列$\{x_n\}$收敛于 A，则其极限 A 是唯一的.

定理 2(有界性)　若数列$\{x_n\}$收敛，则$\{x_n\}$为有界数列.

定理 3(保序性)　若$\lim\limits_{n\to\infty} x_n=A>0(<0)$，则 $\exists$ 正整数 N，当 $n>N$ 时，有 $x_n>0(<0)$.

3. 函数的极限

(1)六种极限过程下函数极限的定义

$$\lim_{x\to\infty} f(x)=A,\ \lim_{x\to+\infty} f(x)=A,\ \lim_{x\to-\infty} f(x)=A$$

$$\lim_{x\to x_0} f(x)=A,\ \lim_{x\to x_0^+} f(x)=A,\ \lim_{x\to x_0^-} f(x)=A$$

定理 1　$\lim\limits_{x\to x_0} f(x)=A\Leftrightarrow \lim\limits_{x\to x_0^+} f(x)=\lim\limits_{x\to x_0^-} f(x)=A$.

定理 2　$\lim\limits_{x\to\infty} f(x)=A\Leftrightarrow \lim\limits_{x\to+\infty} f(x)=\lim\limits_{x\to-\infty} f(x)=A$.

(2)函数极限的性质：

定理 1(唯一性)　在某一极限过程下，若函数 $f(x)$ 极限存在，则其极限值是唯一的.

定理 2(有界性)　若$\lim\limits_{x\to x_0} f(x)$存在，则存在 $x=a$ 的去心邻域 $\mathring{U}$，使得

$f(x)$在$\mathring{U}$上有界.

定理 3(保序性)　若$\lim\limits_{x\to x_0}f(x)=A>0(<0)$,则$\exists x=x_0$的去心邻域$\mathring{U}$,使得$x\in\mathring{U}$时,有$f(x)>0(<0)$.

4. 证明数列或函数极限存在的方法

定理 1(夹逼定理)　设三个数列$\{x_n\},\{y_n\},\{z_n\}$满足$y_n\leqslant x_n\leqslant z_n$,且$\lim\limits_{n\to\infty}y_n=A,\lim\limits_{n\to\infty}z_n=A$,则$\lim\limits_{n\to\infty}x_n=A$.

注　对于其他的极限过程,类似的结论留给读者自己写出.

定理 2(单调有界原理)　若$\lim\limits_{x\to x_0}f(x)$存在,则存在$x=x_0$的去心邻域$\mathring{U}$,使得$f(x)$在$\mathring{U}$上有界.

5. 无穷小量

(1)若$\lim\limits_{\substack{x\to x_0\\ x\to\infty}}f(x)=0$,则称函数$f(x)$是$x\to x_0$(或$x\to\infty$)时的无穷小量.

定理 1　$\lim f(x)=A\Leftrightarrow f(x)=A+\alpha$(无穷小).

定理 2　无穷小与有界量的乘积仍为无穷小.

(2)无穷小的比较.

设$\lim\alpha=\lim\beta=0$,且$\lim\dfrac{\alpha}{\beta}=A$,则:

1)若$A=0$,则称α是β的高阶无穷小,记做$\alpha=o(\beta)$;

2)若$A=\infty$,则称α是β的低阶无穷小;

3)若$A\neq0,\infty$,则称α与β是同阶无穷小;

4)若$A=1$,则称α与β是等价无穷小,记做$\alpha\sim\beta$.

6. 无穷大量

当$x\to+\infty$时,下列函数无穷大的阶数由低到高的排序

$$\ln x,\ x^m(m>0),\ a^x(a>1),\ x^x$$

7. 求数列或函数极限的方法

(1)四则运算法则.

(2)利用夹逼定理求极限.

(3)先利用单调有界原理证明数列极限存在,再求其极限.

(4)利用两个重要极限求极限

$$\lim_{\square\to0}\frac{\sin\square}{\square}=1,\lim_{\square\to0}(1+\square)^{\frac{1}{\square}}=\mathrm{e}$$

(5)利用等价无穷小代换求极限：

当$\square \to 0$时，有下列无穷小的等价性

$$\square \sim \sin\square \sim \arcsin\square \sim \tan\square \sim \arctan\square \sim \ln(1+\square) \sim e^{\square}-1$$

$$(1+\square)^{\lambda}-1 \sim \lambda\square \quad (\lambda>0)$$

$$1-\cos\square \sim \frac{1}{2}\square^{2}$$

(6)利用洛比达法则求极限.

(7)利用泰勒公式求极限.

(8)利用导数定义求极限.

(9)利用定积分定义求极限.

补充知识：

(1)柯西收敛准则：$\lim\limits_{n\to\infty} x_n = A \Leftrightarrow \forall \varepsilon>0$，$\exists$正整数$N$，当$m,n>N$时，有$|x_m - x_n|<\varepsilon$.

(2)斯托尔兹定理：

1)设$\{x_n\}$严格单调增加，且$\lim\limits_{n\to\infty} x_n=+\infty$，如果

$$\lim_{n\to\infty}\frac{y_n-y_{n-1}}{x_n-x_{n-1}}=a \quad (a\in\mathbf{R},\ +\infty\text{或}-\infty)$$

则

$$\lim_{n\to\infty}\frac{y_n}{x_n}=\lim_{n\to\infty}\frac{y_n-y_{n-1}}{x_n-x_{n-1}}$$

2)设$\{x_n\}$严格单调减少，且$\lim\limits_{n\to\infty} x_n=\lim\limits_{n\to\infty} y_n=0$，如果

$$\lim_{n\to\infty}\frac{y_n-y_{n-1}}{x_n-x_{n-1}}=a \quad (a\in\mathbf{R},\ +\infty\text{或}-\infty)$$

则

$$\lim_{n\to\infty}\frac{y_n}{x_n}=\lim_{n\to\infty}\frac{y_n-y_{n-1}}{x_n-x_{n-1}}$$

(3)一致连续

1)概念：对定义在区间I上的连续函数$f(x)$，如果对于任意给定的正数$\varepsilon>0$，存在一个只与ε有关与x无关的实数$\delta>0$，使得对任意I上的x_1,x_2，只要x_1,x_2满足$|x_1-x_2|<\delta$，就有$|f(x_1)-f(x_2)|<\varepsilon$，则称$f(x)$在区间$I$上是一致连续的.

2)康托定理

有界闭区间$[a,b]$上的连续函数$f(x)$必在$[a,b]$上一致连续.

第二部分　一元函数微分学

1. 函数的连续性

(1)连续:设函数 $f(x)$ 在 x_0 的某邻域内有定义,且 $\lim\limits_{\Delta x \to 0}[f(x_0+\Delta x)-f(x_0)]=0$ 或 $\lim\limits_{x\to x_0}f(x)=f(x_0)$,则称函数 $f(x)$ 在点 x_0 连续.

(2)间断点的概念:设函数 $f(x)$ 在 x_0 的去心邻域或单侧邻域(包括点 x_0)有定义,且 $f(x)$ 在点 x_0 不连续,则称 x_0 是 $f(x)$ 的间断点.

1)如果 $f(x_0+0)$ 和 $f(x_0-0)$ 都存在,则称 x_0 为 $f(x)$ 的第一类间断点.特别地:当 $f(x_0+0)=f(x_0-0)$ 时,称 x_0 为 $f(x)$ 的可去间断点;当 $f(x_0+0)\neq f(x_0-0)$ 时,称 x_0 为 $f(x)$ 的跳跃间断点.

2)如果 $f(x_0+0)$ 和 $f(x_0-0)$ 至少有一个不存在,则称 x_0 为 $f(x)$ 的第二类间断点.

(3)闭区间的连续函数的三个原理.

定理 1(最值原理)　若 $f(x)\in C[a,b]$,则 $f(x)$ 在 $[a,b]$ 上必有最大值同时也有最小值.

定理 2(介值原理)　若 $f(x)\in C[a,b]$ 且 m,M 是 $f(x)$ 在 $[a,b]$ 上的最小(最大值),则对介于 m,M 之间的任何实数 μ(即 $m\leqslant\mu\leqslant M$),在 $[a,b]$ 区间上至少有一点 c 存在,使 $f(c)=\mu$.

定理 3(零点定理)　设 $f(x)\in C[a,b]$ 且 $f(a)\cdot f(b)<0$(或 $f(a)\cdot f(b)\leqslant 0$),则方程 $f(x)=0$ 在区间 (a,b)(或闭区间 $[a,b]$)上至少有一实根.

2. 导数的定义

(1)导数

$$f'(x_0)=\lim_{x\to x_0}\frac{f(x)-f(x_0)}{x-x_0}=\lim_{\square\to 0}\frac{f(x_0+\square)-f(x_0)}{\square}$$

(2)左、右导数

$$f'_-(x_0)=\lim_{x\to x_0^-}\frac{f(x)-f(x_0)}{x-x_0}=\lim_{\square\to 0^-}\frac{f(x_0+\square)-f(x_0)}{\square}$$

$$f'_+(x_0)=\lim_{x\to x_0^+}\frac{f(x)-f(x_0)}{x-x_0}=\lim_{\square\to 0^+}\frac{f(x_0+\square)-f(x_0)}{\square}$$

(3)关系

$$f'(x_0)\text{存在}\Leftrightarrow f'_-(x_0)\text{及}f'_+(x_0)\text{都存在且相等}$$

3. 微分的定义

(1)微分的定义：设 $y=f(x)$ 在点 x 的某邻域内有定义，给自变量一改变量 Δx，若相应函数的改变量 Δy 可表示成

$$\Delta y=A\Delta x+o(\Delta x)$$

(其中 $A=f'(x)$)，则称 $y=f(x)$ 在点 x 处可微，并称 Δy 的线性主要部分 $A\Delta x$ 为 $y=f(x)$ 在点 x 处的微分，记为：$\mathrm{d}y=\mathrm{d}f(x)=A\Delta x=f'(x)\Delta x=f'(x)\mathrm{d}x$.

(2)关系

$$\text{可导}\Leftrightarrow\text{可微}\Rightarrow\text{连续}$$

4. 基本初等函数的导数公式

$(c)'=0$，$(x)'=1$，$(x^\mu)'=\mu x^{\mu-1}$，$(\sin x)'=\cos x$，$(\cos x)'=-\sin x$

$(\tan x)'=\sec^2 x$，$(\cot x)'=-\csc^2 x$，$(a^x)'=a^x\ln a(a>0,a=1)$，$(\ln x)'=\dfrac{1}{x}$

$(\mathrm{e}^x)'=\mathrm{e}^x$，$(\log_a x)'=\dfrac{1}{x\ln a}$，$(\arcsin x)'=\dfrac{1}{\sqrt{1-x^2}}$，$(\arccos x)'=-\dfrac{1}{\sqrt{1-x^2}}$

$(\arctan x)'=\dfrac{1}{1+x^2}$，$(\operatorname{arccot} x)'=-\dfrac{1}{1+x^2}$

熟记两个函数的导数

$$(\sqrt{x})'=\frac{1}{2\sqrt{x}},\left(\frac{1}{x}\right)'=-\frac{1}{x^2}$$

5. 求导法则

(1)函数四则运算的导数公式

$$[f(x)\pm g(x)]'=f'(x)\pm g'(x)$$

$$[f(x)g(x)]'=f'(x)g(x)+f(x)g'(x)$$

$$\left[\frac{f(x)}{g(x)}\right]'=\frac{f'(x)g(x)-f(x)g'(x)}{[g(x)]^2}\qquad g(x)\neq 0$$

(2)反函数、复合函数、参数式函数导数公式

1) $\dfrac{\mathrm{d}x}{\mathrm{d}y}=\dfrac{1}{\dfrac{\mathrm{d}y}{\mathrm{d}x}}$ 或 $[f^{-1}(y)]'=\dfrac{1}{f'(x)}$.

2) $(f[g(x)])'=f'[g(x)]g'(x)$ 或 $\dfrac{\mathrm{d}y}{\mathrm{d}x}=\dfrac{\mathrm{d}y}{\mathrm{d}u}\cdot\dfrac{\mathrm{d}u}{\mathrm{d}x}$ $(u=g(x))$.

3)设$\begin{cases}x=\varphi(t)\\y=\psi(t)\end{cases}$,则 $\dfrac{dy}{dx}=\dfrac{\psi'(t)}{\varphi'(t)}$.

(3)指幂函数求导公式(求导技巧)

$$([f(x)]^{g(x)})'=[f(x)]^{g(x)}(g(x)\ln f(x))'$$

(4)变限积分函数的求导公式

$$\left(\int_{\phi(x)}^{\psi(x)}f(t)dt\right)'=\psi'(x)f[\psi(x)]-\varphi'(x)f[\varphi(x)]$$

(5)隐函数求导公式

设 $F(x,y)=0$,确定一个一元隐函数 $y=f(x)$,则$\dfrac{dy}{dx}=-\dfrac{F'_x}{F'_y}$.

6. 高阶导数公式

$$[f(x)g(x)]^{(n)}=f^{(n)}(x)g(x)+nf^{(n-1)}(x)g'(x)+\frac{n(n-1)}{2!}f^{(n-2)}(x)g''(x)+\cdots+f(x)g^{(n)}(x)$$

$$[f(ax+b)]^{(n)}=a^nf^{(n)}(ax+b)$$

$$(a^\alpha)^{(n)}=\alpha(\alpha-1)\cdots(\alpha-n+1)a^{\alpha-n}$$

$$\left(\frac{1}{x}\right)^{(n)}=\frac{(-1)^n n!}{x^{n+1}}$$

$$(a^x)^{(n)}=a^x(\ln a)^n$$

$$(\ln x)^{(n)}=\frac{(-1)^{n-1}(n-1)!}{x^n}$$

$$(\sin x)^{(n)}=\sin\left(x+\frac{n\pi}{2}\right)$$

$$(\cos x)^{(n)}=\cos\left(x+\frac{n\pi}{2}\right)$$

7. 微分中值定理

定理 1(费马定理)　设 $f(x)$在 $x=a$ 的某邻域 U 上定义,$f(a)$为 f 在 U 上的最大或最小值,且 f 在 $x=a$ 处可导,则 $f'(a)=0$.

定理 2(罗尔定理)　设 $f(x)$满足在$[a,b]$上连续,在(a,b)内可导,$f(a)=f(b)$,则至少存在一点 $\xi\in(a,b)$,使 $f'(\xi)=0$.

定理 3(拉格朗日中值定理)　设 $f(x)$在$[a,b]$上连续,在(a,b)内可导,则至少存在一点 $\xi\in(a,b)$,使 $f(b)-f(a)=f'(\xi)(b-a)$.

定理 4(柯西中值定理)　设函数 $f(x)$,$g(x)$在$[a,b]$上连续,在(a,b)内

可导，且$g'(x)\neq 0$，则至少存在一点$\xi\in(a,b)$，使$\dfrac{f(b)-f(a)}{g(b)-g(a)}=\dfrac{f'(\xi)}{g'(\xi)}$.

定理5（泰勒中值定理） 设$f(x)$在点x_0的邻域内有$n+1$阶导数，则对此邻域内的x存在点ξ，使

$$f(x)=f(x_0)+f'(x_0)(x-x_0)+\frac{f''(x_0)}{2!}(x-x_0)^2+\cdots+\frac{f^{(n)}(x_0)}{n!}(x-x_0)^n+R_n(x)$$

其中$R_n(x)=\dfrac{f^{(n+1)}(\xi)}{(n+1)!}(x-x_0)^{n+1}$，$\xi$介于$x_0$与$x$之间，称为拉格朗日型余项，上述公式称为$f(x)$的$n$阶泰勒公式.

当$x_0=0$时，此公式称为麦克劳林公式.

8. 导数在几何上的应用

(1)切线、法线方程

$f'(x_0)$是曲线$y=f(x)$在点$(x_0,f(x_0))$处的切线斜率，该曲线在点$(x_0,f(x_0))$处的切线方程、法线方程依次为

$$y-f(x_0)=f'(x_0)(x-x_0)$$

$$y-f(x_0)=-\frac{1}{f'(x_0)}(x-x_0)$$

(2)极值

定理1 设函数$f(x)$在点x_0处连续，在点x_0的某去心邻域内可导，当点x从点x_0的左侧经过点x_0而变到x_0的右侧时：

如果$f'(x)$由“+”变到“−”时，则$f(x_0)$为极大值；

如果$f'(x)$由“−”变到“+”时，则$f(x_0)$为极小值.

定理2 设x_0为$f(x)$的一个驻点(即$f'(x_0)=0$)，且$f''(x_0)$存在，则当$f''(x_0)>0$时，$f(x_0)$为极小值；当$f''(x_0)<0$时，$f(x_0)$为极大值.

(3)凸凹性

设函数$y=f(x)$在(a,b)内有二阶导数，且$f''(x)>0$(或$f''(x)<0$)，则曲线$y=f(x)$在(a,b)内为凹的(或为凸的).

(4)渐近线公式

若$\lim\limits_{x\to c}f(x)=\infty$(可以是单侧极限)，则直线$x=c$为曲线$y=f(x)$的铅直渐近线.($c$是函数$y=f(x)$的间断点或端点)

若$\lim\limits_{x\to\infty}f(x)=c$(可以是单侧极限)，则直线$y=c$为曲线$y=f(x)$的水平渐近线.

若$\lim\limits_{x\to\infty}\frac{f(x)}{x}=a\neq0$，$\lim\limits_{x\to\infty}[f(x)-ax]=b$ 均存在（可以是单侧极限），则直线 $y=ax+b$ 是曲线 $y=f(x)$ 的斜渐近线.

(5)曲率与曲率中心公式

曲线 $y=f(x)$ 在点 (x,y) 处的曲率为

$$k=\frac{|y''|}{(1+y'^2)^{\frac{3}{2}}}$$

曲率中心公式为

$$\begin{cases}\xi=1-\dfrac{1+y'^2}{y''}y',\\ \eta=y+\dfrac{1+y'^2}{y''}\end{cases}$$

曲率半径为

$$R=\frac{1}{K}$$

(6)常用麦克劳林公式

$$e^x=1+x+\frac{x^2}{2!}+\cdots+\frac{x^n}{n!}+\frac{e^{\theta x}}{(n+1)!}x^{n+1},\ 0<\theta<1$$

$$\sin x=x-\frac{x^3}{3!}+\frac{x^5}{5!}-\cdots+(-1)^{n-1}\frac{x^{2n-1}}{(2n-1)!}+$$

$$\frac{\sin\left[\theta x+(2n+1)\frac{\pi}{2}\right]}{(2n+1)!}x^{2n+1},0<\theta<1$$

$$\cos x=1-\frac{x^2}{2!}+\frac{x^4}{4!}-\cdots+(-1)^n\frac{x^{2n}}{(2n)!}+\frac{\cos\left[\theta x+(2n+2)\frac{\pi}{2}\right]}{(2n+2)!}x^{2n+2},0<\theta<1$$

$$\ln(1+x)=x-\frac{x^2}{2}+\frac{x^3}{3}-\cdots+(-1)^{n-1}\frac{x^n}{n}+(-1)^n\frac{x^{n+1}}{(n+1)(1+\theta x)^{n+1}},0<\theta<1$$

$$(1+x)^\mu=1+\mu x+\frac{\mu(\mu-1)}{2!}x^2+\cdots+\frac{\mu(\mu-1)\cdots(\mu-n+1)}{n!}x^n+$$

$$\frac{\mu(\mu-1)\cdots(\mu-n)}{(n+1)!}(1+\theta x)^{\mu-n-1}x^{n+1},\ 0<\theta<1$$

补充知识：

达布定理 设 $f(x)$ 在 $[a,b]$ 内可导，则对介于 $f'_+(a)$ 与 $f'_-(b)$ 之间的一切值 k，必有 $\xi\in[a,b]$，使 $f'(\xi)=k$.

第三部分　一元函数积分学

1. 不定积分的基本概念

(1)原函数与不定积分

设 $F(x)$ 在 I 上可导且 $F'(x)=f(x)$ 或 $\mathrm{d}F(x)=f(x)\mathrm{d}x$，则称 $F(x)$ 为 $f(x)$ 的一个原函数，称集合 $F(x)+c$ 为 $f(x)$ 的不定积分(也称 $F(x)+c$ 为 $f(x)$ 原函数的统一表达式)，记为 $\int f(x)\mathrm{d}x=F(x)+c$，其中 c 为任意常数.

(2)不定积分的性质

$$\left(\int f(x)\mathrm{d}x\right)'=f(x) \text{ 或 } \mathrm{d}\int f(x)\mathrm{d}x=f(x)\mathrm{d}x$$

$$\int f'(x)\mathrm{d}x=f(x)+c \text{ 或} \int \mathrm{d}f(x)=f(x)+c$$

2. 不定积分基本公式

$\int x^n\mathrm{d}x=\frac{1}{n+1}x^{n+1}+c,\ n\neq -1$　　$\int \frac{1}{x}\mathrm{d}x=\ln|x|+c$

$\int a^x\mathrm{d}x=\frac{a^x}{\ln a}+c,\ a>0, a\neq 1$　　$\int \mathrm{e}^x\mathrm{d}x=\mathrm{e}^x+c$

$\int \sin x\mathrm{d}x=-\cos x+c$　　$\int \cos x\mathrm{d}x=\sin x+c$

$\int \frac{1}{\cos^2 x}\mathrm{d}x=\tan x+c$　　$\int \frac{1}{\sin^2 x}\mathrm{d}x=-\cot x+c$

$\int \frac{1}{\sqrt{a^2-x^2}}\mathrm{d}x=\arcsin\frac{x}{a}+c$　　$\int \frac{1}{a^2+x^2}\mathrm{d}x=\frac{1}{a}\arctan\frac{x}{a}+c$

$\int \tan x\mathrm{d}x=-\ln|\cos x|+c$　　$\int \cot x\mathrm{d}x=\ln|\sin x|+c$

$\int \frac{1}{\cos x}\mathrm{d}x=\ln|\sec x+\tan x|+c$　　$\int \csc x\mathrm{d}x=\ln|\csc x-\cot x|+c$

$\int \frac{1}{x^2-a^2}\mathrm{d}x=\frac{1}{2a}\ln\left|\frac{x-a}{x+a}\right|+c$

$\int \frac{1}{\sqrt{x^2\pm a^2}}\mathrm{d}x=\ln\left|x+\sqrt{x^2\pm a^2}\right|+c$

$\int \sqrt{a^2-x^2}\mathrm{d}x=\frac{x}{2}\sqrt{a^2-x^2}+\frac{a^2}{2}\arcsin\frac{x}{a}+c$

$\int \sqrt{x^2\pm a^2}\mathrm{d}x=\frac{x}{2}\sqrt{x^2\pm a^2}\pm\frac{a^2}{2}\ln\left|x+\sqrt{x^2\pm a^2}\right|+c$

3. 不定积分的计算

(1)第一换元积分法(凑微分法)

$$\int f[\varphi(x)]\varphi'(x)\mathrm{d}x = \int f[\varphi(x)]\mathrm{d}\varphi(x) \xlongequal{u=\varphi(x)} \int f(u)\mathrm{d}u$$

(2)第二换元积分法

$$\int f(x)\mathrm{d}x \xlongequal{x=\varphi(t)} \int f(\varphi(t))\varphi'(t)\mathrm{d}t$$

注 由于积分之后还要将 t 换为 x 的函数,所以要求 $x=\varphi(t)$ 有反函数 $t=\varphi^{-1}(x)$.

(3)分部积分法

$$\int f'(x)g(x)\mathrm{d}x = f(x)g(x) - \int f(x)g'(x)\mathrm{d}x$$

或

$$\int g(x)\mathrm{d}f(x) = f(x)g(x) - \int f(x)\mathrm{d}g(x)$$

(4)简单的有理函数的积分

任一有理函数可分解为一个多项式(对于真分式此为零多项式)与若干个部分分式的和.这些部分分式的形式为

$$\int \frac{1}{(x-a)^n}\mathrm{d}x \quad n \in \mathbf{N}$$

$$\int \frac{Ax+B}{(x^2+px+q)^n}\mathrm{d}x \quad p^2 < 4q, n \in \mathbf{N}$$

这两种形式的部分分式都是可用第一换元积分法积分的.

4. 定积分的基本概念

(1)定义:设函数 $f(x)$ 在区间$[a,b]$上有定义,用分点

$$a=x_1<x_2<\cdots<x_i<x_{i+1}<\cdots<x_n<x_{n+1}=b$$

将$[a,b]$分为 n 个小区间$[x_i,x_{i+1}]$,记 $\Delta x_i = x_{i+1}-x_i$,$\lambda=\max\limits_{1\leqslant i\leqslant n}\{\Delta x_i\}$.任取 $\xi_i\in[x_i,x_{i+1}]$,$i=1,2,\cdots,n$.如果乘积的和式

$$\sum_{i=1}^{n} f(\xi_i)\Delta x_i$$

(称为积分和)的极限

$$\lim_{\lambda\to 0}\sum_{i=1}^{n} f(\xi_i)\Delta x_i$$

存在,且这个极限值与 x_i 和 ξ_i 的取法无关,则说 $f(x)$ 在$[a,b]$上可积,且称此

极限值为 $f(x)$ 在区间 $[a,b]$ 上的定积分，用记号 $\int_a^b f(x)\mathrm{d}x$ 表示之，即

$$\int_a^b f(x)\mathrm{d}x = \lim_{\lambda\to 0}\sum_{i=1}^{n} f(\xi_i)\Delta x_i$$

(2) $f(x)$ 在 $[a,b]$ 上可积的必要条件是 $f(x)$ 在 $[a,b]$ 上有界；

$f(x)$ 在 $[a,b]$ 上连续是 $f(x)$ 在 $[a,b]$ 上可积的充分条件；

$f(x)$ 在 $[a,b]$ 上除去有限个有界间断点外均连续，则 $f(x)$ 在 $[a,b]$ 上可积.

(3) 定积分的主要性质：

性质 1（可加性） $\int_a^b f(x)\mathrm{d}x = \int_a^c f(x)\mathrm{d}x + \int_c^b f(x)\mathrm{d}x$，其中 c 可以在区间 $[a,b]$ 内，也可以在区间外.

性质 2（保向性） 若在区间 $[a,b]$ 上，$f(x) \leqslant g(x)$，则有 $\int_a^b f(x)\mathrm{d}x \leqslant \int_a^b g(x)\mathrm{d}x$.

性质 3（绝对值性质） $\left|\int_a^b f(x)\mathrm{d}x\right| \leqslant \int_a^b |f(x)|\mathrm{d}x \, (a < b)$.

性质 4（积分中值定理） 设 $f(x)\in C[a,b]$，则至少存在一点 $\xi\in[a,b]$，使得

$$\int_a^b f(x)\mathrm{d}x = f(\xi)(b-a)$$

5. 变限的定积分

定理 若 $f(x)\in C[a,b]$，$\varphi(x)$，$\psi(x)$ 可导，则

$$\frac{\mathrm{d}}{\mathrm{d}x}\left(\int_{\psi(x)}^{\varphi(x)} f(t)\mathrm{d}t\right) = f(\varphi(x))\varphi'(x) - f(\psi(x))\psi'(x)$$

6. 定积分的计算

定理 1（牛顿－莱布尼茨公式） 如果 $F(x)$ 是 $[a,b]$ 区间上连续函数 $f(x)$ 的一个原函数，则

$$\int_a^b f(x)\mathrm{d}x = F(x)\Big|_a^b = F(b) - F(a)$$

定理 2（换元积分法） 设 $f(x)\in C[a,b]$，对变换 $x=\varphi(t)$，若有常数 α,β 满足：

(1) $\varphi(\alpha)=a$，$\varphi(\beta)=b$；

(2) 在 α,β 界定的区间上，$a\leqslant\varphi(t)\leqslant b$；

(3) 在 α,β 界定的区间上，$\varphi(t)$ 有连续的导数，则

$$\int_a^b f(x)\mathrm{d}x=\int_\alpha^\beta f[\varphi(t)]\varphi'(t)\mathrm{d}t$$

定理3(分部积分法)　设 $u(x),v(x)$ 在区间 $[a,b]$ 上有连续的导数,则

$$\int_a^b u(x)v'(x)\mathrm{d}x=u(x)v(x)\Big|_a^b-\int_a^b u'(x)v(x)\mathrm{d}x$$

其他定积分公式:

(1) 若 $f(x)$ 为偶函数,则 $\int_{-a}^a f(x)\mathrm{d}x=2\int_0^a f(x)\mathrm{d}x$.

(2) 若 $f(x)$ 为奇函数,则 $\int_{-a}^a f(x)\mathrm{d}x=0$.

(3)设 $f(x)$ 是 $(-\infty,+\infty)$ 上以 T 为周期的分段连续有界函数,则对任何实数 a 都有

$$\int_a^{a+T} f(x)\mathrm{d}x=\int_0^{T} f(x)\mathrm{d}x$$

(4) $\int_0^\pi xf(\sin x)\mathrm{d}x=\frac{\pi}{2}\int_0^\pi f(\sin x)\mathrm{d}x=\pi\int_0^{\frac{\pi}{2}} f(\sin x)\mathrm{d}x$.

(5)对任何自然数 n,有

$$I_n=\int_0^{\frac{\pi}{2}}\sin^n x\mathrm{d}x=\int_0^{\frac{\pi}{2}}\cos^n x\mathrm{d}x=\begin{cases}\dfrac{(n-1)(n-3)\cdots 2}{n(n-2)\cdots 3},\text{当 } n \text{ 为奇数时}\\[2ex]\dfrac{(n-1)(n-3)\cdots 1}{n(n-2)\cdots 2}\,\dfrac{\pi}{2},\text{当 } n \text{ 为偶数时}\end{cases}$$

(6) $\int_{\frac{\pi}{2}k_1}^{\frac{\pi}{2}k_2}\sin^2 nx\mathrm{d}x=\frac{1}{2}\left(\frac{\pi}{2}k_2-\frac{\pi}{2}k_1\right),\int_{\frac{\pi}{2}k_1}^{\frac{\pi}{2}k_2}\cos^2 nx\mathrm{d}x=\frac{1}{2}\left(\frac{\pi}{2}k_2-\frac{\pi}{2}k_1\right)$,

其中,k_1,k_2,n 是任意的整数.此种积分值都是积分区间长度的一半.

(7)三角函数系的正交性:任取三角函数系 $F=\{1,\cos x,\sin x,\cos 2x,\sin 2x,\cdots,\cos mx,\sin mx,\cdots\}$ 中两个不同的函数,它们的乘积在 $[0,2\pi]$ 上的积分都为零.例如

$$\int_0^{2\pi}\cos 2x\sin 3x\mathrm{d}x=0,\int_0^{2\pi}\cos 7x\mathrm{d}x=0$$

7.定积分在几何与物理上的应用

(1)当 $f(x)\geqslant g(x),x\in[a,b]$,则 $y=f(x),y=g(x)$ 与直线 $x=a,x=b$ 所围面积

$$S=\int_a^b[f(x)-g(x)]\mathrm{d}x$$

(2)在极坐标下,当 $r_2(\theta)\geqslant r_1(\theta),\theta\in[\alpha,\beta]$,则 $r=r_2(\theta),r=r_1(\theta)$ 与射线

$\theta=\alpha,\theta=\beta$所围面积

$$S=\frac{1}{2}\int_{\alpha}^{\beta}[r_2^2(\theta)-r_1^2(\theta)]\mathrm{d}\theta$$

(3)已知横截面面积为$S=S(x),x\in[a,b]$的立体体积

$$V=\int_a^b S(x)\mathrm{d}x$$

特别地，$y=f(x),y=g(x)$ ($f(x)\geqslant g(x)\geqslant 0,x\in[a,b]$)与直线$x=a,x=b$所围平面图形的面积绕$x$轴旋转一周所得到旋转体的体积

$$V=\pi\int_a^b[f^2(x)-g^2(x)]\mathrm{d}x$$

(4)曲线$y=f(x),x\in[a,b]$的弧长

$$s=\int_a^b\sqrt{1+y'^2}\,\mathrm{d}x$$

极坐标下，曲线$r=r(\theta),\theta\in[\alpha,\beta]$的弧长

$$s=\int_{\alpha}^{\beta}\sqrt{r^2(\theta)+r'^2(\theta)}\,\mathrm{d}\theta$$

曲线的函数方程为$\begin{cases}x=\varphi(t)\\y=\psi(t)\end{cases},t\in[t_1,t_2]$的弧长

$$s=\int_{t_1}^{t_2}\sqrt{\varphi'^2(t)+\psi'^2(t)}\,\mathrm{d}t$$

(5)$y=f(x),x\in[a,b]$与$y=0,x=a,x=b$所围平面图形的面积绕x轴旋转所得旋转体的侧面积

$$S=\int_a^b 2\pi f(x)\sqrt{1+f'^2(x)}\,\mathrm{d}x\quad f(x)\geqslant 0$$

物理应用要根据相应的物理量计算公式建立定积分计算公式.

8. 广义积分

(1)无穷区间上的反常积分

$$\int_a^{+\infty}f(x)\mathrm{d}x=\lim_{b\to+\infty}\int_a^b f(x)\mathrm{d}x$$

若右端的极限存在，则称反常积分收敛，否则称反常积分发散. 若$F(x)$是$f(x)$的一个原函数，则

$$\int_a^{+\infty}f(x)\mathrm{d}x=F(+\infty)-F(a)\quad F(+\infty)=\lim_{b\to+\infty}F(b)$$

(2)无界函数的反常积分

设$\lim\limits_{x\to b^-}f(x)=\infty$，取$\varepsilon>0$

$$\int_a^b f(x)\mathrm{d}x = \lim_{\varepsilon \to 0} \int_a^{b-\varepsilon} f(x)\mathrm{d}x$$

若右端的极限存在，则称反常积分收敛，否则反常积分发散，若 $F(x)$ 是 $f(x)$ 的一个原函数，则

$$\int_a^b f(x)\mathrm{d}x = F(b^-) - F(a) \quad F(b^-) = \lim_{x \to b^-} F(x)$$

$x = b$ 称为 $\int_a^b f(x)\mathrm{d}x$ 的瑕点，故这种反常积分又称为瑕积分.

(3)三个基本结论：

广义积分 $\int_1^{+\infty} \frac{1}{x^p}\mathrm{d}x$，当且仅当 $p > 1$ 时收敛；

广义积分 $\int_a^b \frac{1}{(b-x)^\lambda}\mathrm{d}x$，当且仅当 $\lambda < 1$ 时收敛；

广义积分 $\int_a^b \frac{1}{(x-a)^\lambda}\mathrm{d}x$，当且仅当 $\lambda < 1$ 时收敛.

补充知识：

反常积分收敛法：

(1)设函数 $f(x)$ 在区间 $[a, +\infty)$ 上连续，且 $f(x) \geqslant 0$，若函数

$$F(x) = \int_a^x f(t)\mathrm{d}t$$

在 $[a, +\infty)$ 上有界，则反常积分 $\int_a^{+\infty} f(t)\mathrm{d}t$ 收敛.

(2)(比较判别法)设函数 $f(x), g(x)$ 在 $[a, +\infty)$ 上连续，且

$$0 \leqslant f(x) \leqslant g(x) \quad x \in [a, +\infty)$$

则有：① 当 $\int_a^{+\infty} g(x)\mathrm{d}x$ 收敛时，$\int_a^{+\infty} f(x)\mathrm{d}x$ 收敛；

② 当 $\int_a^{+\infty} f(x)\mathrm{d}x$ 发散时，$\int_a^{+\infty} g(x)\mathrm{d}x$ 发散.

(3)(比较判别法极限形式)设函数 $f(x), g(x)$ 在 $[a, +\infty)$ 上连续，$g(x) > 0$，且 $\lim\limits_{x \to +\infty} \frac{f(x)}{g(x)} = c$(有限或 ∞)：

① 当 $c \neq 0$ 时，$\int_a^{+\infty} g(x)\mathrm{d}x$ 与 $\int_a^{+\infty} f(x)\mathrm{d}x$ 同时收敛或同时发散；

② 当 $c = 0$ 时，$\int_a^{+\infty} g(x)\mathrm{d}x$ 收敛，则 $\int_a^{+\infty} f(x)\mathrm{d}x$ 也收敛；

③ 当 $c=\infty$ 时，$\int_a^{+\infty} g(x)\mathrm{d}x$ 发散，则$\int_a^{+\infty} f(x)\mathrm{d}x$ 也发散.

(4)(绝对收敛准则) 若$\int_a^{+\infty} |f(x)|\mathrm{d}x$ 收敛，则$\int_a^{+\infty} f(x)\mathrm{d}x$ 也收敛$\Big($此时称反常积分$\int_a^{+\infty} f(x)\mathrm{d}x$ 绝对收敛$\Big)$.

第四部分　向量运算与空间解析几何

1. 向量的基本概念与向量的运算

(1)向量：既有方向又有大小的量称为向量，记为 $\boldsymbol{a}$ 或 $\vec{a}$，以 A 为起点 B 为终点的向量记为$\overrightarrow{AB}$，$\boldsymbol{a}$ 的模记为$|\boldsymbol{a}|$.

空间向量在直角坐标系下的表示：$\boldsymbol{a}=a_x\boldsymbol{i}+a_y\boldsymbol{j}+a_z\boldsymbol{k}$ 或(a_x,a_y,a_z)，其中 a_x,a_y,a_z 称为 $\boldsymbol{a}$ 在坐标轴上的投影，$|\boldsymbol{a}|=\sqrt{a_x^2+a_y^2+a_z^2}$.

单位向量：$|\boldsymbol{a}|=1$，称 $\boldsymbol{a}$ 为单位向量，若 $\boldsymbol{a}\neq\boldsymbol{0}$ 则与 $\boldsymbol{a}$ 同向的单位向量为

$$\boldsymbol{a}^0=\frac{\boldsymbol{a}}{|\boldsymbol{a}|}=(\cos(\boldsymbol{a},\boldsymbol{i}),\cos(\boldsymbol{a},\boldsymbol{j}),\cos(\boldsymbol{a},\boldsymbol{k}))$$

$\cos(\boldsymbol{a},\boldsymbol{i}),\cos(\boldsymbol{a},\boldsymbol{j}),\cos(\boldsymbol{a},\boldsymbol{k})$称为 $\boldsymbol{a}$ 的方向余弦

$$\cos^2(\boldsymbol{a},\boldsymbol{i})+\cos^2(\boldsymbol{a},\boldsymbol{j})+\cos^2(\boldsymbol{a},\boldsymbol{k})=1$$

(2)向量的运算

点乘：$\boldsymbol{a}\cdot\boldsymbol{b}=|\boldsymbol{a}|\cdot|\boldsymbol{b}|\cos(\boldsymbol{a},\boldsymbol{b})=a_xb_x+a_yb_y+a_zb_z$.

叉乘：$\boldsymbol{a}\times\boldsymbol{b}\perp\boldsymbol{a},\boldsymbol{a}\times\boldsymbol{b}\perp\boldsymbol{b}$ 且满足右手系

$$|\boldsymbol{a}\times\boldsymbol{b}|=|\boldsymbol{a}|\ |\boldsymbol{b}|\sin(\boldsymbol{a},\boldsymbol{b})$$

为以 $\boldsymbol{a},\boldsymbol{b}$ 为边的平行四边形面积

$$\boldsymbol{a}\times\boldsymbol{b}=\begin{vmatrix}\boldsymbol{i} & \boldsymbol{j} & \boldsymbol{k}\\ a_x & a_y & a_z\\ b_x & b_y & b_z\end{vmatrix},\boldsymbol{a}\times\boldsymbol{b}=-\boldsymbol{b}\times\boldsymbol{a}$$

混合积：$(\boldsymbol{a}\times\boldsymbol{b})\cdot\boldsymbol{c}=\begin{vmatrix}a_x & a_y & a_z\\ b_x & b_y & b_z\\ c_x & c_y & c_z\end{vmatrix}$，其绝对值为以 $\boldsymbol{a},\boldsymbol{b},\boldsymbol{c}$ 为棱的平行六面体的体积.

(3)向量间的关系

$$\boldsymbol{a} \perp \boldsymbol{b} \Leftrightarrow \boldsymbol{a} \cdot \boldsymbol{b}=0$$

$$\langle \boldsymbol{a}, \boldsymbol{b} \rangle=\arccos \frac{\boldsymbol{a} \cdot \boldsymbol{b}}{|\boldsymbol{a}||\boldsymbol{b}|}$$

$$\boldsymbol{a} /\!/ \boldsymbol{b} \Leftrightarrow \boldsymbol{a} \times \boldsymbol{b}=\mathbf{0} \Leftrightarrow \frac{a_x}{b_x}=\frac{a_y}{b_y}=\frac{a_z}{b_z}$$

$$\boldsymbol{a}, \boldsymbol{b}, \boldsymbol{c} \text{ 共面} \Leftrightarrow (\boldsymbol{a} \times \boldsymbol{b}) \cdot \boldsymbol{c}=(\boldsymbol{a}, \boldsymbol{b}, \boldsymbol{c})=0 \Leftrightarrow \boldsymbol{a}, \boldsymbol{b}, \boldsymbol{c} \text{ 线性相关}$$

2. 空间的平面

(1)平面的点法式方程：已知平面上一点 $M_0(x_0, y_0, z_0)$ 及平面的法向量 $\boldsymbol{n}=(A, B, C)$. 设 $M(x, y, z)$ 是平面上任意一点，用点法式方程 $\overrightarrow{M_0 M} \cdot \boldsymbol{n}=0$，即

$$A(x-x_0)+B(y-y_0)+C(z-z_0)=0$$

(2)平面的一般式方程

$$Ax+By+Cz+D=0$$

(3)平面的截距式方程

$$\frac{x}{a}+\frac{y}{b}+\frac{z}{c}=1$$

(4)点 $P_0(x_0, y_0, z_0)$ 到平面 $Ax+By+Cz+D=0$ 的距离

$$d=\frac{|Ax_0+By_0+Cz_0+D|}{\sqrt{A^2+B^2+C^2}}$$

3. 空间的直线

(1)直线的点向式方程：过点 $M_0(x_0, y_0, z_0)$，方向向量为 $\boldsymbol{l}=(m, n, p)$ 的直线方程为

$$\frac{x-x_0}{m}=\frac{y-y_0}{n}=\frac{z-z_0}{p}$$

(2)直线的一般式方程

$$\begin{cases} A_1 x+B_1 y+C_1 z+D_1=0 \\ A_2 x+B_2 y+C_2 z+D_2=0 \end{cases}$$

(3)直线的参数式方程：过点 $M_0(x_0, y_0, z_0)$，方向向量为 $\boldsymbol{l}=(m, n, p)$ 的直线方程为

$$x=x_0+mt,\ y=y_0+nt,\ z=z_0+pt$$

(4)点到直线的距离：点 $P_0(x_0, y_0, z_0)$ 到直线 $\frac{x-x_1}{m}=\frac{y-y_1}{n}=\frac{z-z_1}{p}$ 的距离

$$d=\frac{\left\|\begin{vmatrix} \boldsymbol{i} & \boldsymbol{j} & \boldsymbol{k} \\ x_1-x_0 & y_1-y_0 & z_1-z_0 \\ m & n & p \end{vmatrix}\right\|}{\sqrt{m^2+n^2+p^2}}$$

(5)公垂线的长：两不平行直线$\frac{x-x_1}{m_1}=\frac{y-y_1}{n_1}=\frac{z-z_1}{p_1}$与$\frac{x-x_2}{m_2}=\frac{y-y_2}{n_2}=\frac{z-z_2}{p_2}$间的最短距离

$$d=\frac{|\overrightarrow{M_1M_2}\cdot(\boldsymbol{\tau}_1\times\boldsymbol{\tau}_2)|}{|\boldsymbol{\tau}_1\times\boldsymbol{\tau}_2|}$$

其中，$\boldsymbol{M}_1=(x_1,y_1,z_1)$，$\boldsymbol{M}_2=(x_2,y_2,z_2)$，$\boldsymbol{\tau}_1=(m_1,n_1,p_1)$，$\boldsymbol{\tau}_2=(m_2,n_2,p_2)$.

4. 空间的曲面

(1)球面：球面的标准方程为

$$(x-a)^2+(y-b)^2+(z-c)^2=R^2$$

(2)柱面：方程 $F(x,y)=0$ 表示母线平行于 z 轴的柱面，准线为$\begin{cases}F(x,y)=0\\ z=0\end{cases}$.

(3)旋转曲面：

xOy 平面上的曲线 $y=f(x^2)$ 绕 y 轴旋转一周的旋转曲面方程为 $y=f(x^2+z^2)$；

曲线 $x=x(t)$，$y=y(t)$，$z=z(t)$绕 z 轴旋转的旋转面方程为

$$x^2+y^2=[x(\varphi(z))]^2+[y(\varphi(z))]^2$$

其中设 $z=z(t)$存在单值的反函数 $t=\varphi(z)$.

(4)二次曲面的标准方程：

1)椭球面：$\frac{x^2}{a^2}+\frac{y^2}{b^2}+\frac{z^2}{c^2}=1$；

2)单叶双曲面：$\frac{x^2}{a^2}+\frac{y^2}{b^2}-\frac{z^2}{c^2}=1$；

3)双叶双曲面：$\frac{x^2}{a^2}-\frac{y^2}{b^2}-\frac{z^2}{c^2}=1$；

4)二次锥面：$\frac{x^2}{a^2}+\frac{y^2}{b^2}-\frac{z^2}{c^2}=0$；

5)椭球抛物面：$z=\frac{x^2}{a^2}+\frac{y^2}{b^2}$；

6)双曲抛物面：$z=\frac{x^2}{a^2}-\frac{y^2}{b^2}$.

(5)空间曲面的切平面与法线：

已知空间曲面Σ:$F(x,y,z)=0$,若函数F可微,点$P_0(x_0,y_0,z_0)\in\Sigma$,则

$$\boldsymbol{n}=(F'_x,F'_y,F'_z)|_P$$

为曲面Σ在点P的法向量;曲面Σ在点P的切平面方程为

$$F'_x(P)(x-x_0)+F'_y(P)(y-y_0)+F'_z(P)(z-z_0)=0$$

曲面Σ在点P的法线方程为

$$\frac{x-x_0}{F'_x(P)}=\frac{y-y_0}{F'_y(P)}=\frac{z-z_0}{F'_z(P)}$$

(6)空间曲线的切线与法平面：

设空间曲线Γ,其参数方程为$x=\varphi(t),y=\psi(t),z=\omega(t)$,则$t=t_0$时曲线$\Gamma$的切线方程为

$$\frac{x-\varphi(t_0)}{\varphi'(t_0)}=\frac{y-\psi(t_0)}{\psi'(t_0)}=\frac{z-\omega(t_0)}{\omega'(t_0)}$$

曲线Γ在$t=t_0$时法平面方程为

$$\varphi'(t_0)(x-\varphi(t_0))+\psi'(t_0)(y-\psi(t_0))+\omega'(t_0)(z-\omega(t_0))=0$$

第五部分　多元函数微分学

1. 基本概念

(1)极限

设函数$f(x,y)$在区域D上有定义,$P_0(x_0,y_0)\in D$或为D的边界上的一点,若对任意给定的$\varepsilon>0$,总存在$\delta>0$,当点$P(x,y)$满足

$$0<|P_0P|=\sqrt{(x-x_0)^2+(y-y_0)^2}<\delta$$

及$P\in D$时,恒有

$$|f(x,y)-A|<\varepsilon$$

则称常数A为$(x,y)\to(x_0,y_0)$时$f(x,y)$的极限,记作$\lim\limits_{(x,y)\to(x_0,y_0)}f(x,y)=A$或$\lim\limits_{\substack{x\to x_0\\y\to y_0}}f(x,y)=A$.

(2)偏导数

$$\left.\frac{\partial f}{\partial x}\right|_{(a,b)}=f'_x(a,b)\overset{\text{def}}{=\!=}\lim_{\square\to0}\frac{f(a+\square,b)-f(a,b)}{\square}$$

$$\left.\frac{\partial f}{\partial y}\right|_{(a,b)}=f'_y(a,b)\xlongequal{\text{def}}\lim_{\square\to 0}\frac{f(a,b+\square)-f(a,b)}{\square}$$

(3)全微分

设 $z=f(x,y)$ 在点 $P_0(x_0,y_0)$ 的某邻域内有定义，若存在常数 A,B 使下式成立

$$\Delta z=z(x_0+\Delta x,y_0+\Delta y)-z(x_0,y_0)=A\Delta x+B\Delta y+o(\rho)$$

其中
$$\rho=\sqrt{(\Delta x)^2+(\Delta y)^2}$$

则称 $z=f(x,y)$ 在点 P_0 处可微并记 $\mathrm{d}z\,|_{P_0}=A\Delta x+B\Delta y$，称为函数 $z=f(x,y)$ 在点 P_0 处的全微分. 全微分的公式

$$\mathrm{d}z=\frac{\partial z}{\partial x}\mathrm{d}x+\frac{\partial z}{\partial y}\mathrm{d}y$$

重要关系如下：

偏导数连续→函数可微 ↗ 函数连续→极限存在
↘ 偏导数存在

(4)方向导数，梯度

设 $u=f(x,y,z)$ 在点 $M_0(x_0,y_0,z_0)$ 的某一邻域内有定义，L 为以 M_0 为顶点的一射线，$M(x,y,z)\in L$ 是该邻域内任一点，$\boldsymbol{l}=\overrightarrow{M_0M}$，$\rho=|\overrightarrow{M_0M}|$，若 $\lim\limits_{\rho\to 0}\frac{f(x,y,z)-f(x_0,y_0,z_0)}{\rho}$ 存在，则称此极限为 $f(x,y,z)$ 在点 M_0 沿 $\boldsymbol{l}$ 方向的方向导数，记为 $\left.\frac{\partial u}{\partial \boldsymbol{l}}\right|_{M_0}$，即

$$\left.\frac{\partial u}{\partial \boldsymbol{l}}\right|_{M_0}=\lim_{\rho\to 0}\frac{f(x,y,z)-f(x_0,y_0,z_0)}{\rho}$$

定理 设 $u=u(x,y,z)$ 在 $P_0(x_0,y_0,z_0)$ 处可微，向量 $\boldsymbol{l}$ 的单位向量 $\boldsymbol{l}^0=(\cos\alpha,\cos\beta,\cos\gamma)$，则 u 在点 P_0 沿 $\boldsymbol{l}$ 方向的方向导数为

$$\left.\frac{\partial u}{\partial \boldsymbol{l}}\right|_{P_0}=\left.\left(\frac{\partial u}{\partial x}\cos\alpha+\frac{\partial u}{\partial y}\cos\beta+\frac{\partial u}{\partial z}\cos\gamma\right)\right|_{P_0}$$

梯度 设 $u=u(x,y,z)$ 在点 $P_0(x_0,y_0,z_0)$ 处可微，u 在 P_0 处的梯度在直角坐标中的计算公式为 $\left.\mathrm{grad}\,u\right|_{P_0}=\left\{\frac{\partial u}{\partial x},\frac{\partial u}{\partial y},\frac{\partial u}{\partial z}\right\}_{P_0}$.

方向导数与梯度的关系：$\left.\frac{\partial u}{\partial \boldsymbol{l}}\right|_{P_0}=|\mathrm{grad}\,u|_{P_0}\cos\theta$，其中 θ 为 $(\mathrm{grad}\,u)_{P_0}$ 与 $\boldsymbol{l}^0$ 的夹角，$0\leqslant\theta\leqslant\pi$.

梯度方向为方向导数取最大值时的方向,梯度的模为方向导数的最大值.

(5)散度,旋度

设 $\mathbf{A}(x,y,z)=\{P(x,y,z),Q(x,y,z),R(x,y,z)\}$,$P,Q,R$ 有一阶连续偏导数,则 $\mathbf{A}$ 的散度 $\operatorname{div}\mathbf{A}=\frac{\partial P}{\partial x}+\frac{\partial Q}{\partial y}+\frac{\partial R}{\partial z}$.

旋度 $\operatorname{rot}\mathbf{A}=\begin{vmatrix} \boldsymbol{i} & \boldsymbol{j} & \boldsymbol{k} \\ \frac{\partial}{\partial x} & \frac{\partial}{\partial y} & \frac{\partial}{\partial z} \\ P & Q & R \end{vmatrix}$.

2. 偏导数、全微分、方向导数、梯度的计算

定理 1 设函数 $z=f(u,v)$ 可微,$u=u(x,y)$,$v=v(x,y)$ 具有一阶偏导数,并且由它们可构成 z 关于 (x,y) 在某区域 D 内的复合函数,则在 D 内有复合函数求导法则

$$\frac{\partial z}{\partial x}=\frac{\partial z}{\partial u}\frac{\partial u}{\partial x}+\frac{\partial z}{\partial v}\frac{\partial v}{\partial x},\frac{\partial z}{\partial y}=\frac{\partial z}{\partial u}\frac{\partial u}{\partial y}+\frac{\partial z}{\partial v}\frac{\partial v}{\partial y}$$

定理 2(隐函数存在定理) 设函数 $F(x,y)$ 在 (a,b) 某邻域内连续可微,$F(a,b)=0$,$F'_y(a,b)\neq 0$,则存在 $x=a$ 的邻域 U 和唯一的函数 $y=f(x)$ $(x\in U)$,使得

$$b=f(a),\ \forall x\in U,\ F(x,f(x))=0$$

这里 $f(x)$ 在 $x=a$ 处可导,且

$$f'(a)=-\frac{F'_x(a,b)}{F'_y(a,b)}$$

3. 极值与最值

(1)极值的必要条件

设 $z=f(x,y)$ 在点 $P_0(x_0,y_0)$ 使 z 取到极值,且 $f(x,y)$ 在 P_0 存在偏导数,则 $f'_x(x_0,y_0)=0$,$f'_y(x_0,y_0)=0$. 若 $\begin{cases} f'_x(x_0,y_0)=0 \\ f'_y(x_0,y_0)=0 \end{cases}$,则称 (x_0,y_0) 为 $f(x,y)$ 的驻点.

(2)二元函数极值的充分条件

设 $z=f(x,y)$ 在点 $P_0(x_0,y_0)$ 具有二阶连续偏导数,并设点 P_0 是 $f(x,y)$ 的驻点,记

$$A=f''_{xx}(x_0,y_0),B=f''_{xy}(x_0,y_0),C=f''_{yy}(x_0,y_0)$$

则:

1)当 $B^2-AC<0,A>0$ 时,$f(x_0,y_0)$为极小值;

2)当 $B^2-AC<0,A<0$ 时,$f(x_0,y_0)$为极大值;

3)当 $B^2-AC>0$ 时,$f(x_0,y_0)$不是极值;

4)当 $B^2-AC=0$ 时,不能确定 $f(x_0,y_0)$是否为极值.

(3)拉格朗日乘数法(在约束条件下极值的必要条件的求法)

欲求 $W=f(x,y,z)$在约束条件 $\varphi(x,y,z)=0$ 下的极值的必要条件,其中 f,φ 均可微,作

$$F(x,y,z,\lambda)=f(x,y,z)+\lambda\varphi(x,y,z)$$

则

$$\begin{cases}F'_x=f'_x+\lambda\varphi'_x=0\\F'_y=f'_y+\lambda\varphi'_y=0\\F'_z=f'_z+\lambda\varphi'_z=0\\F'_\lambda=\varphi(x,y,z)=0\end{cases}$$

即为 W 在约束条件 $\varphi(x,y,z)=0$ 下取极值的必要条件.

(4)应用题中的最值问题的解题步骤

1)建立目标函数及相应的定义域 D,如果有约束条件,也应同时写出.

2)求出驻点(有约束条件时,可用拉格朗日乘数法求出驻点).

3)按实际问题检查,如果最大(小)必定存在,则最大(小)值点必定在 D 的内部.

4)比较驻点处函数值的大小,即得.

(5)设闭域 D 是由光滑曲线 $\varphi(x,y)=0$ 所围,则函数 $z=f(x,y)$在 D 上的最值的求法

1)求 $z=f(x,y)$在 D 内的驻点.

2)求函数 $F(x,y,\lambda)=f(x,y)+\lambda\varphi(x,y)$的驻点.

3)比较函数 $f(x,y)$在上述驻点的函数值大小,即得.

第六部分　多元函数积分学

1. 二重积分,三重积分

(1)二重积分的性质

1)区域可加性:$D=D_1+D_2,D_1\cap D_2=\varnothing$,则

$$\iint_D f(x,y)\mathrm{d}\sigma = \iint_{D_1} f(x,y)\mathrm{d}\sigma + \iint_{D_2} f(x,y)\mathrm{d}\sigma$$

2)积分不等式：$\forall (x,y)\in D$，$f(x,y)\leqslant g(x,y)$，则

$$\iint_D f(x,y)\mathrm{d}\sigma \leqslant \iint_D g(x,y)\mathrm{d}\sigma$$

3)积分中值定理：设 $f(x,y)$ 在闭区域 D 上连续，则 $\exists(\xi,\eta)\in D$，使得

$$\iint_D f(x,y)\mathrm{d}\sigma = f(\xi,\eta)\sigma$$

以上各式中出现的函数均假定可积.

(2)积分对称性的应用

1)若 D 关于直线 $x=0$ 对称，则

$$\iint_D f(x,y)\mathrm{d}x\mathrm{d}y = \begin{cases} 0, & 若\ f(-x,y)=-f(x,y) \\ 2\iint_{D_1} f(x,y)\mathrm{d}x\mathrm{d}y, & 若\ f(-x,y)=f(x,y) \end{cases}$$

其中 $D_1=D\cap\{x\mid x>0\}$.

2)若 D 关于直线 $y=x$ 对称，则

$$\iint_D f(x,y)\mathrm{d}x\mathrm{d}y = \iint_D f(y,x)\mathrm{d}x\mathrm{d}y$$

$$\iint_{D_1} f(x,y)\mathrm{d}x\mathrm{d}y = \iint_{D_2} f(y,x)\mathrm{d}x\mathrm{d}y$$

其中，$D=D_1+D_2$ 且 D_1 与 D_2 关于 $y=x$ 对称.

3)平移变换的应用

$$\iint_D f(x,y)\mathrm{d}x\mathrm{d}y \xlongequal[y=v+b]{x=u+a} \iint_{D'} f[u+a,v+b]\mathrm{d}u\mathrm{d}v$$

(3)二重积分的变量代换

$$\iint_D f(x,y)\mathrm{d}x\mathrm{d}y = \iint_{D'} f(x(u,v),y(u,v))\left|\frac{\partial(x,y)}{\partial(u,v)}\right|\mathrm{d}x\mathrm{d}y$$

D' 是在该变换的逆变换 $u=u(x,y)$，$v=v(x,y)$ 下 xOy 平面上的区域 D 在 uOv 平面上的象.

2. 重积分的计算

(1)二重积分的计算

1)直角坐标下

$$\iint_D f(x,y)\mathrm{d}x\mathrm{d}y = \int_a^b \mathrm{d}x\int_{\varphi_1(x)}^{\varphi_2(x)} f(x,y)\mathrm{d}y$$

其中

$$D=\{(x,y)\mid \varphi_1(x)\leqslant y\leqslant \varphi_2(x),a\leqslant x\leqslant b\}$$

$$\iint_D f(x,y)\mathrm{d}x\mathrm{d}y = \int_a^b \mathrm{d}y\int_{\varphi_1(y)}^{\varphi_2(y)} f(x,y)\mathrm{d}x$$

其中

$$D=\{(x,y)\mid \varphi_1(y)\leqslant x\leqslant \varphi_2(y),a\leqslant y\leqslant b\}$$

2)极坐标下

$$\iint_D f(x,y)\mathrm{d}x\mathrm{d}y = \iint_{D'} f(r\cos\theta,r\sin\theta)r\mathrm{d}r\mathrm{d}\theta$$

(2)三重积分的计算

1)直角坐标下

$$\iiint_\Omega f(x,y,z)\mathrm{d}x\mathrm{d}y\mathrm{d}z = \iint_D \mathrm{d}x\mathrm{d}y\int_{\varphi_1(x,y)}^{\varphi_2(x,y)} f(x,y,z)\mathrm{d}z$$

其中

$$\Omega=\{(x,y,z)\mid \varphi_1(x,y)\leqslant z\leqslant \varphi_2(x,y),(x,y)\in D\}$$

$$\iiint_\Omega f(x,y,z)\mathrm{d}x\mathrm{d}y\mathrm{d}z = \int_a^b \mathrm{d}z\iint_{D_z} f(x,y,z)\mathrm{d}x\mathrm{d}y$$

其中

$$\Omega=\{(x,y,z)\mid a\leqslant z\leqslant b,(x,y)\in D_z\}$$

2)球坐标下

$$\iiint_\Omega f(x,y,z)\mathrm{d}x\mathrm{d}y\mathrm{d}z = \iiint_{\Omega'} f(\rho\sin\varphi\cos\theta,\rho\sin\varphi\sin\theta,\rho\cos\varphi)\rho^2\sin\varphi\mathrm{d}\rho\mathrm{d}\varphi\mathrm{d}\theta$$

3. 重积分的应用

(1)曲面面积:设曲面方程为 $z=f(x,y)$,它的定义域为 D_{xy},且 $f(x,y)$ 在 D_{xy} 上具有连续的一阶偏导数 $\frac{\partial z}{\partial x},\frac{\partial z}{\partial y}$,则其面积

$$S=\iint_{D_{xy}}\sqrt{1+\left(\frac{\partial z}{\partial x}\right)^2+\left(\frac{\partial z}{\partial y}\right)^2}\mathrm{d}x\mathrm{d}y$$

(2)重心的计算:设物体的体密度函数为 $\rho=f(x,y,z),(x,y,z)\in\Omega$,则其重心 $M^*(x^*,y^*,z^*)$ 的坐标计算公式为

$$x^* = \frac{1}{m}\iiint_{\Omega} xf(x,y,z)\mathrm{d}v, y^* = \frac{1}{m}\iiint_{\Omega} yf(x,y,z)\mathrm{d}v, z^* = \frac{1}{m}\iiint_{\Omega} zf(x,y,z)\mathrm{d}v$$

其中 $m = \iiint_{\Omega} f(x,y,z)\mathrm{d}v$.

(3)转动惯量的计算：设物体的体密度函数为 $\rho = f(x,y,z)$，$(x,y,z) \in \Omega$，则此物体关于直线 l 的转动惯量为

$$J = \iiint_{\Omega} r^2 f(x,y,z)\mathrm{d}v$$

其中 r 为 Ω 中的点到直线 l 的距离.

4. 曲线积分

(1)第一型曲线积分(对弧长的曲线积分)

1) 曲线积分 $\int_C f(x,y,z)\mathrm{d}s$ 的意义：

①若 $f(x,y,z)=1$，积分为曲线 C 的弧长.

②若 $f(x,y,z)>0$ 为曲线 C 的线密度，则积分为曲线 C 的质量.

③若 C 为平面曲线，$f(x,y,z)=f(x,y)\geqslant 0$，则积分为以 C 为准线的柱面面积.

2) 曲线积分 $\int_C f(x,y,z)\mathrm{d}s$ 的计算：

若曲线 C 的方程为 $\begin{cases} x=x(t) \\ y=y(t) \\ z=z(t) \end{cases}$，起点 $t=\alpha$，终点 $t=\beta$，则

$$\mathrm{d}s = \sqrt{(\mathrm{d}x)^2+(\mathrm{d}y)^2+(\mathrm{d}z)^2} = \sqrt{[x'(t)]^2+[y'(t)]^2+[z'(t)]^2}\,\mathrm{d}t$$

$$\int_C f(x,y,z)\mathrm{d}s = \int_{\min\{\alpha,\beta\}}^{\max\{\alpha,\beta\}} f[x(t),y(t),z(t)]\sqrt{[x'(t)]^2+[y'(t)]^2+[z'(t)]^2}\,\mathrm{d}t$$

(2)第二型曲线积分(对坐标的曲线积分)

1) $\int_C P(x,y)\mathrm{d}x + Q(x,y)\mathrm{d}y = \int_C \boldsymbol{F}\cdot \mathrm{d}\boldsymbol{s}$ 的意义：

若 $\boldsymbol{F}=\{P,Q\}$ 为力，$\mathrm{d}\boldsymbol{s}=\{\mathrm{d}x,\mathrm{d}y\}$ 为位移，则积分为质点在力 $\boldsymbol{F}$ 的作用下由曲线的起点沿曲线 C 运动到曲线的终点所作的功.

2)两类曲线积分的关系

$$\int_C P\mathrm{d}x + Q\mathrm{d}y = \int_C [P\cos(\widehat{\boldsymbol{\tau},x}) + Q\cos(\widehat{\boldsymbol{\tau},y})]\mathrm{d}s$$

其中 $\boldsymbol{\tau}$ 为曲线在任一点处的切线矢量(由起点指向终点).

3)对坐标的曲线积分的计算方法：

①$\int_{\widehat{AB}} P\mathrm{d}x+Q\mathrm{d}y=-\int_{\widehat{BA}} P\mathrm{d}x+Q\mathrm{d}y$；

②若

$$\widehat{AB}:\begin{cases}x=x(t)\\ y=y(t)\end{cases}$$

$$A:t=\alpha$$

$$B:t=\beta$$

则 $$\int_{\widehat{AB}} P\mathrm{d}x+Q\mathrm{d}y=\int_{\alpha}^{\beta}\{P[x(t),y(t)]x'(t)+Q[x(t),y(t)]y'(t)\}\mathrm{d}t$$

③ 若 C 是 xOy 平面上的区域 D 的正向边界曲线，$P,Q\in C^1(D)$，则

$$\oint_C P\mathrm{d}x+Q\mathrm{d}y=\iint_D\left(\frac{\partial Q}{\partial x}-\frac{\partial P}{\partial y}\right)\mathrm{d}x\mathrm{d}y$$

④若 C 是空间曲面 Σ 的正向边界曲线，$P,Q,R\in C^1(\Sigma)$，则

$$\oint_C P\mathrm{d}x+Q\mathrm{d}y+R\mathrm{d}z=\iint_\Sigma\begin{vmatrix}\boldsymbol{i}&\boldsymbol{j}&\boldsymbol{k}\\ \frac{\partial}{\partial x}&\frac{\partial}{\partial y}&\frac{\partial}{\partial z}\\ P&Q&R\end{vmatrix}\cdot\mathrm{d}\boldsymbol{s}=\iint_\Sigma \mathrm{rot}\,\boldsymbol{v}\cdot\mathrm{d}\boldsymbol{s}$$

其中，$\boldsymbol{v}=\{P,Q,R\}$，$\mathrm{rot}\,\boldsymbol{v}=\begin{vmatrix}\boldsymbol{i}&\boldsymbol{j}&\boldsymbol{k}\\ \frac{\partial}{\partial x}&\frac{\partial}{\partial y}&\frac{\partial}{\partial z}\\ P&Q&R\end{vmatrix}$为 $\boldsymbol{v}$ 的旋度，其方向为在该点环量面密度最大的方向. 曲面的正侧与封闭曲线 C 的走向满足右手螺旋法则.

4)$\int_C P\mathrm{d}x+Q\mathrm{d}y$ 与路径无关的充要条件：

平面曲线积分$\int_C P\mathrm{d}x+Q\mathrm{d}y$ 与路径无关

$\Leftrightarrow\forall$ 封闭曲线 C:$\oint_C P\mathrm{d}x+Q\mathrm{d}y=0$

$\Leftrightarrow P\mathrm{d}x+Q\mathrm{d}y=\mathrm{d}u$

$\Leftrightarrow\dfrac{\partial Q}{\partial x}=\dfrac{\partial P}{\partial y}$（单连通域，$P,Q$ 有连续导数）

推广上述结论可得$\oint_C P\mathrm{d}x+Q\mathrm{d}y+R\mathrm{d}z$ 与路径无关的条件.

若 $P\mathrm{d}x+Q\mathrm{d}y=\mathrm{d}u$，则

$$u(x,y)=\int_{(x_0,y_0)}^{(x,y)} P(x,y)\mathrm{d}x+Q(x,y)\mathrm{d}y$$

5. 曲面积分

(1)对面积的曲面积分

1)$\iint\limits_{\Sigma} f(x,y,z)\mathrm{d}s$ 的意义：

当 $f\equiv 1$ 时，积分为曲面 Σ 的面积；

当 $f>0$ 为 Σ 的面密度时，积分为 Σ 的质量.

2)$\iint\limits_{\Sigma} f(x,y,z)\mathrm{d}s$ 的计算：

若 Σ 的方程为 $z=z(x,y)$，则 Σ 在 xOy 平面投影域为 D_{xy}

$$\iint\limits_{\Sigma} f(x,y,z)\mathrm{d}s=\iint\limits_{D_{xy}} f[x,y,z(x,y)]\sqrt{1+\left(\frac{\partial z}{\partial x}\right)^2+\left(\frac{\partial z}{\partial y}\right)^2}\,\mathrm{d}x\mathrm{d}y$$

同理有

$$\iint\limits_{\Sigma} f(x,y,z)\mathrm{d}s=\iint\limits_{D_{xz}} f[x,y(x,z),z]\sqrt{1+\left(\frac{\partial y}{\partial x}\right)^2+\left(\frac{\partial y}{\partial z}\right)^2}\,\mathrm{d}x\mathrm{d}z$$

$$\iint\limits_{\Sigma} f(x,y,z)\mathrm{d}s=\iint\limits_{D_{yz}} f[x(y,z),y,z]\sqrt{1+\left(\frac{\partial x}{\partial y}\right)^2+\left(\frac{\partial x}{\partial z}\right)^2}\,\mathrm{d}y\mathrm{d}z$$

(2)对坐标的曲面积分

1)$\iint\limits_{\Sigma} P\mathrm{d}y\mathrm{d}z+Q\mathrm{d}z\mathrm{d}x+R\mathrm{d}x\mathrm{d}y$ 的意义：

若 $\boldsymbol{v}=(P,Q,R)$，$\mathrm{d}\boldsymbol{s}=(\mathrm{d}y\mathrm{d}z,\mathrm{d}z\mathrm{d}x,\mathrm{d}x\mathrm{d}y)$，积分表示在单位时间内流体经过曲面 Σ 流向指定一侧的流量，其中 $\boldsymbol{v}$ 为流体速度.

2)两种曲面积分的关系

$$\iint\limits_{\Sigma} P\mathrm{d}y\mathrm{d}z+Q\mathrm{d}z\mathrm{d}x+R\mathrm{d}x\mathrm{d}y=\iint\limits_{\Sigma}[P\cos(\boldsymbol{n},\boldsymbol{i})+Q\cos(\boldsymbol{n},\boldsymbol{j})+R\cos(\boldsymbol{n},\boldsymbol{k})]\mathrm{d}s$$

3)$\iint\limits_{\Sigma} P\mathrm{d}y\mathrm{d}z+Q\mathrm{d}z\mathrm{d}x+R\mathrm{d}x\mathrm{d}y$ 的计算

$$\iint\limits_{\Sigma}\boldsymbol{v}\cdot\mathrm{d}\boldsymbol{s}=-\iint\limits_{-\Sigma}\boldsymbol{v}\cdot\mathrm{d}\boldsymbol{s}$$

其中 $-\Sigma$ 表示曲面 Σ 且与 Σ 相反的一侧.

① $\iint\limits_{\Sigma} P(x,y,z)\mathrm{d}y\mathrm{d}z\xlongequal{\Sigma:x=x(y,z)}(\pm)\iint\limits_{D_{yz}} P[x(y,z),y,z]\mathrm{d}y\mathrm{d}z$，其中 Σ 的

方程为$x=x(y,z)$，D_{yz}为Σ在yOz平面的投影. 当Σ的指定一侧的法向量与x轴正向夹角小于$\frac{\pi}{2}$时，取“+”；大于$\frac{\pi}{2}$时取“−”. 同理可计算$\iint\limits_{\Sigma} Q\mathrm{d}z\mathrm{d}x$，$\iint\limits_{\Sigma} R\mathrm{d}x\mathrm{d}y$.

②$\oint\!\!\!\oint\limits_{\Sigma} P\mathrm{d}y\mathrm{d}z+Q\mathrm{d}z\mathrm{d}x+R\mathrm{d}x\mathrm{d}y=(\pm)\iiint\limits_{\Omega}\left(\frac{\partial P}{\partial x}+\frac{\partial Q}{\partial y}+\frac{\partial R}{\partial z}\right)\mathrm{d}v$，其中，$P,Q,R$在$\Sigma$所围区域$\Omega$内有连续的偏导数，且当积分沿$\Sigma$的外侧进行时取“+”.

$\oint\!\!\!\oint\limits_{\Sigma} P\mathrm{d}y\mathrm{d}z+Q\mathrm{d}z\mathrm{d}x+R\mathrm{d}x\mathrm{d}y=\iint\limits_{\Sigma}\boldsymbol{v}\cdot\mathrm{d}\boldsymbol{s}=(\pm)\iiint\limits_{\Omega}\mathrm{div}\,\boldsymbol{v}\mathrm{d}v$即高斯公式，其中$\mathrm{div}\,\boldsymbol{v}=\frac{\partial P}{\partial x}+\frac{\partial Q}{\partial y}+\frac{\partial R}{\partial z}$，即$\boldsymbol{v}$的散度，若$\mathrm{div}\,\boldsymbol{v}|_{M_0}>0$，则$M_0$为流速场$\boldsymbol{v}$的“泉”.

③$\iint\limits_{\Sigma} P\mathrm{d}y\mathrm{d}z+Q\mathrm{d}z\mathrm{d}x+R\mathrm{d}x\mathrm{d}y=\left[\iint\limits_{\Sigma}+\iint\limits_{\Sigma^*}-\iint\limits_{\Sigma^*}\right]P\mathrm{d}y\mathrm{d}z+Q\mathrm{d}z\mathrm{d}x+R\mathrm{d}x\mathrm{d}y=(\pm)\iiint\limits_{\Omega}\left(\frac{\partial P}{\partial x}+\frac{\partial Q}{\partial y}+\frac{\partial R}{\partial z}\right)\mathrm{d}v-\iint\limits_{\Sigma^*}P\mathrm{d}y\mathrm{d}z+Q\mathrm{d}z\mathrm{d}x+R\mathrm{d}x\mathrm{d}y$，其中，$P,Q,R$在封闭曲面$\Sigma+\Sigma^*$所围区域$\Omega$内有连续的偏导数.

④$\iint\limits_{\Sigma} P\mathrm{d}y\mathrm{d}z+Q\mathrm{d}z\mathrm{d}x+R\mathrm{d}x\mathrm{d}y=(\pm)\iint\limits_{D_{xy}}\left[P\left(-\frac{\partial z}{\partial x}\right)+Q\left(-\frac{\partial z}{\partial y}\right)+R\right]\mathrm{d}x\mathrm{d}y$，其中$\Sigma$的方程为$z=z(x,y)$，$D_{xy}$为$\Sigma$在$xOy$平面的投影. 当$\Sigma$的指定一侧的法向量与$z$轴正向夹角小于$\frac{\pi}{2}$时取“+”.

⑤$\iint\limits_{\Sigma} P\mathrm{d}y\mathrm{d}z \xlongequal{\text{若}\Sigma\text{关于}x=0\text{对称}} \begin{cases}0, & P\text{关于}x\text{是偶函数}\\ 2\iint\limits_{\Sigma_1}P\mathrm{d}y\mathrm{d}z, & P\text{关于}x\text{是奇函数}\end{cases}$，其中$\Sigma_1=\Sigma\cap\{x|x>0\}$，同理可写出其他.

⑥当Σ为垂直于yOz平面的柱面时，则有

$$\iint\limits_{\Sigma} P\mathrm{d}y\mathrm{d}z=0$$

同理可写出其他.

补充知识

含参变量积分的可微性

(1) 设函数$f(t,x)$在$[\alpha,\beta]\times[a,b]$上连续可微，则函数$I(t)=\int_a^b f(t,$

$x)\mathrm{d}x$ 在区间$[\alpha,\beta]$上连续可微，并且

$$I'(t)=\int_a^b \frac{\partial f(t,x)}{\partial t}\mathrm{d}x$$

(2) 设函数 $f(t,x)$ 在$[\alpha,\beta]\times[a,b]$上连续可微，$\varphi(t),\psi(t)$ 在区间$[\alpha,\beta]$上连续可微，并且 $a\leqslant\varphi(t),\psi(t)\leqslant b,\forall t\in[\alpha,\beta]$，则函数 $I(t)=\int_{\varphi(t)}^{\psi(t)} f(t,x)\mathrm{d}x$ 在区间$[\alpha,\beta]$上连续可微，并且

$$I'(t)=\int_{\varphi(t)}^{\psi(t)}\frac{\partial f(t,x)}{\partial t}\mathrm{d}x-\varphi'(t)f(t,\varphi(t))+\psi'(t)f(t,\psi(t))$$

第七部分　微分方程

1. 基本概念

(1)凡是联系自变量 x 与这个自变量的未知函数 $y=y(x)$以及直到它的 n 阶导数或微分的方程式 $F(x,y,y',y'',\cdots,y^{(n)})=0$，称为常微分方程，简称为微分方程或方程.

(2)在微分方程中出现的未知函数的最高阶导数的阶数，称为微分方程的阶.

(3)凡满足微分方程的函数(即把它和它的导数代入微分方程后，能使方程变为恒等式)，称为该微分方程的解. 对 n 阶微分方程，含有 n 个彼此独立的任意常数的解的表达式，称为该方程的通解. 不包含任意常数的解称为该方程的特解.

(4)当自变量取某值时，要求未知函数及其导数取给定值的条件，称为该方程的初始条件(初值条件). 求微分方程满足初始条件的解的问题，称为初值问题(或柯西问题).

(5)微分方程的特解的几何图形称为积分曲线. 通解的几何图形是积分曲线族.

2. 一阶微分方程

(1)可分离变量型方程

形如$\dfrac{\mathrm{d}y}{\mathrm{d}x}=f(x)g(y)$的方程，称为可分离变量型方程. 这种方程的解法是将变量分离等号两侧，即

$$\frac{\mathrm{d}y}{g(y)}=f(x)\mathrm{d}x, g(y)\neq 0$$

然后两端分别积分，得到通解

$$\int\frac{\mathrm{d}y}{g(y)}=\int f(x)\mathrm{d}x+c, g(y)\neq 0$$

其中 c 为任意常数，如果存在 y_0 使得 $g(y_0)=0$，而 $y=y_0$ 也是方程的解，但它不包含在通解中，称为奇解. 应补上此解而得到方程的全部解.

(2)可化为分离变量型的一些方程

1)齐次方程. 若微分方程 $\frac{\mathrm{d}y}{\mathrm{d}x}=f(x,y)$ 中的函数 $f(x,y)$ 可写成 $\frac{y}{x}$ 的函数时，即 $f(x,y)=\varphi\left(\frac{y}{x}\right)$，这种方程称为齐次方程，即

$$\frac{\mathrm{d}y}{\mathrm{d}x}=\varphi\left(\frac{y}{x}\right)$$

这种方程只需作变换 $u=\frac{y}{x}$，即可化为可分离变量型方程，事实上，由 $y=ux$ 可得

$$\frac{\mathrm{d}y}{\mathrm{d}x}=u+x\frac{\mathrm{d}u}{\mathrm{d}x}$$

从而得 $u+x\frac{\mathrm{d}u}{\mathrm{d}x}=\varphi(u)$，化为可分离变量型

$$\frac{\mathrm{d}u}{\mathrm{d}x}=\frac{\varphi(u)-u}{x}$$

解出通解后将 $u=\frac{y}{x}$ 代入即得原方程的通解.

2)可化为齐次方程的方程

$$\frac{\mathrm{d}y}{\mathrm{d}x}=f\left(\frac{ax+by+c}{a_1x+b_1y+c_1}\right)$$

其中，a,b,c,a_1,b_1,c_1 都是常数.

当 $c=c_1=0$ 时，上述方程为齐次方程.

当 c 和 c_1 至少有一个不为零时，分两种情况讨论：

①当 $\Delta=\begin{vmatrix} a & b \\ a_1 & b_1 \end{vmatrix}\neq 0$ 时，令 $\begin{cases} x=X+h \\ y=Y+k \end{cases}$ 代入原方程，于是得

$$\frac{\mathrm{d}Y}{\mathrm{d}X}=f\left(\frac{aX+bY+ah+bk+c}{a_1X+b_1Y+a_1h+b_1k+c_1}\right)$$

由方程组$\begin{cases}ah+bk+c=0\\a_1h+b_1k+c_1=0\end{cases}$确定出 h,k 便把上述方程化为齐次方程

$$\frac{\mathrm{d}Y}{\mathrm{d}X}=f\left(\frac{aX+bY}{a_1X+b_1Y}\right)$$

②当 $\Delta=0$，令$\frac{a}{a_1}=\frac{b}{b_1}=\frac{1}{m}$，则原方程可写成

$$\frac{\mathrm{d}y}{\mathrm{d}x}=f\left(\frac{ax+by+c}{m(ax+by)+c_1}\right)$$

因而只需令 $v=ax+by$ 便可化为可分离变量型方程$\frac{1}{b}\left(\frac{\mathrm{d}v}{\mathrm{d}x}-a\right)=f\left(\frac{v+c}{mv+c_1}\right)$.

(3)一阶线性方程

1)一阶线性方程：

齐次方程$\frac{\mathrm{d}y}{\mathrm{d}x}+P(x)y=0$ 的通解

$$y=C\mathrm{e}^{-\int P(x)\mathrm{d}x}$$

非齐次方程$\frac{\mathrm{d}y}{\mathrm{d}x}+P(x)y=Q(x)$的通解

$$y=\mathrm{e}^{-\int P(x)\mathrm{d}x}\left[c+\int Q(x)\mathrm{e}^{\int P(x)\mathrm{d}x}\mathrm{d}x\right]$$

2)可化为一阶线性方程的伯努利方程. 形如

$$\frac{\mathrm{d}y}{\mathrm{d}x}+P(x)y=Q(x)y^n\quad n\neq 0,1$$

的方程称为伯努利方程. 其解法是作变换 $z=y^{1-n}$ 便可化为一阶线性方程

$$\frac{\mathrm{d}z}{\mathrm{d}x}+(1-n)P(x)z=(1-n)Q(x)$$

得出通解后再将 $z=y^{1-n}$ 代入，即得伯努利方程的通解.

(4)全微分方程

形如 $P(x,y)\mathrm{d}x+Q(x,y)\mathrm{d}y=0$ 且满足条件$\frac{\partial P}{\partial y}=\frac{\partial Q}{\partial x}$，$(x,y)\in D$ 的微分方程称为全微分方程(或称恰当方程)，它的通解为

$$\int_{x_0}^{x}P(x,y_0)\mathrm{d}x+\int_{y_0}^{y}Q(x,y)\mathrm{d}y=C$$

式中 C 是任意常数，(x_0,y_0)是区域 D 内适当选定的点 $M_0(x_0,y_0)$的坐标.

3. 高阶微分方程的几个特殊类型

(1)形如 $y^{(n)}=f(x)$的微分方程进行 n 次积分便得到其通解

$$y=\underbrace{\int\cdots\int}_{n} f(x)\mathrm{d}x+\frac{c_1x^{n-1}}{(n-1)!}+\frac{c_2x^{n-2}}{(n-2)!}+\cdots+c_{n-1}x+c_n$$

其中，$c_1,c_2,\cdots,c_n$ 为任意常数.

(2)形如 $y''=f(x,y')$ 的方程，其特点是在方程中不含未知函数，采用降阶法，即令 $y'=p$，显然 $y''=p'$，原方程化为一阶微分方程

$$p'=f(x,p)$$

求其通解 $p=\varphi(x,c_1)$，然后再积分得 $y=\int\varphi(x,c_1)\mathrm{d}x+c_2$.

(3)形如 $y''=f(y,y')$ 的微分方程，其特点是在方程中不含自变量 x，设 $y'=p$，而

$$y''=\frac{\mathrm{d}p}{\mathrm{d}x}=\frac{\mathrm{d}p}{\mathrm{d}y}\frac{\mathrm{d}y}{\mathrm{d}x}=p\frac{\mathrm{d}p}{\mathrm{d}y}$$

原方程化为 $p\frac{\mathrm{d}p}{\mathrm{d}y}=f(y,p)$，它的通解为 $p=\varphi(y,c_1)$，积分得其通解

$$\int\frac{\mathrm{d}y}{\varphi(y,c_1)}=x+c_2$$

4. n 阶线性微分方程

n 阶线性微分方程的一般形式是

$$y^{(n)}+p_1y^{(n-1)}+p_2y^{(n-2)}+\cdots+p_ny=f \qquad (*)$$

其中，$p_1,p_2,\cdots,p_n,f$ 都是 x 的已知函数，且它们在某区间 I 内连续. 当 $f\equiv 0$ 时，称这个线性方程是齐次的，否则是非齐次的.

定理 1 设 $y_1,y_2,\cdots,y_n$ 是齐次方程 $y^{(n)}+p_1y^{(n-1)}+\cdots+p_ny=0$ 的 n 个线性无关的解，则 $Y=c_1y_1+c_2y_2+\cdots+c_ny_n$ 是它的通解. 这里 $c_1,c_2,\cdots,c_n$ 为任意常数.

定理 2 设 y^* 为 n 阶非齐次线性方程(*)的一个特解，而对应于方程(*)的 n 阶齐次线性方程的通解为 Y，则方程(*)的通解是 $y=Y+y^*$，即

$$y=c_1y_1+c_2y_2+\cdots+c_ny_n+y^*$$

定理 3 如果 y_1 是方程 $y^{(n)}+p_1y^{(n-1)}+\cdots+p_ny=f_1$ 的解，y_2 是方程 $y^{(n)}+p_1y^{(n-1)}+\cdots+p_ny=f_2$ 的解，则 y_1+y_2 是方程 $y^{(n)}+p_1y^{(n-1)}+\cdots+p_ny=f_1+f_2$ 的解，这称为叠加原理.

定理 4 n 阶非齐次线性方程(*)的任意两个特解的差是对应的 n 阶齐次线性方程的一个特解；n 阶非齐次线性方程(*)的任意两个特解的平均值仍是方程(*)的一个特解.

5. n 阶常系数齐次线性微分方程

(1)n 阶常系数齐次线性微分方程解法

对于 n 阶常系数齐次线性方程

$$y^{(n)}+p_1y^{(n-1)}+\cdots+p_ny=0$$

其中,$p_1,p_2,\cdots,p_n$ 为常数,它也有相应的特征方程

$$r^n+p_1r^{n-1}+\cdots+p_n=0$$

根据特征方程的根,可写出其对应的微分方程的解如下:

特征方程的根	通解中的对应项
单实根 r	给出一项 ce^{rx}
一对单复根 $r_1,r_2=\alpha\pm i\beta$	给出两项 $e^{\alpha x}(c_1\cos\beta x+c_2\sin\beta x)$
k 重实根 r	给出 k 项 $e^{rx}(c_1+c_2x+\cdots+c_kx^{k-1})$
一对 m 重复根 $r_1,r_2=\alpha\pm i\beta$	给出 $2m$ 项 $e^{\alpha x}[(c_1+c_2x+\cdots+c_mx^{m-1})\cos\beta x+(d_1+d_2x+\cdots+d_mx^{m-1})\sin\beta x]$

(2)n 阶常系数非齐次线性方程解法

设二阶常系数非齐次线性方程 $y''+py'+qy=f(x)$,其中,p,q 为常数,$f(x)$为已知函数.根据非齐次线性方程的通解的结构,要先求对应齐次方程 $y''+py'+qy=0$ 的通解 $c_1y_1+c_2y_2$,然后再设法求出非齐次方程的一个特解 y^*,则非齐次方程的通解为

$$y=c_1y_1+c_2y_2+y^*$$

非齐次方程 $y''+py'+qy=f(x)$的特解 y^* 可根据 $f(x)$的形式用待定系数的方法求出:

1)$f(x)=a_0x^m+a_1x^{m-1}+\cdots+a_m$.

设 $y^*=x^k(b_0x^m+b_1x^{m-1}+\cdots+b_m)$,其中当 $q\neq0$ 时,$k=0$;当 $q=0,p\neq0$ 时,$k=1$;当 $q=p=0$ 时,$k=2$.

2)$f(x)=e^{\alpha x}(a_0x^m+a_1x^{m-1}+\cdots+a_m)$.

设 $y^*=x^ke^{\alpha x}(b_0x^m+b_1x^{m-1}+\cdots+b_m)$,其中当 α 不是特征根时,$k=0$;当 α 是单特征根时,$k=1$;当 α 是二重根时,$k=2$.

3)$f(x)=e^{\alpha x}[(a_0x^m+a_1x^{m-1}+\cdots+a_m)\cos\beta x+(c_0x^l+\cdots+c_l)\sin\beta x]$.

设 $y^*=x^ke^{\alpha x}[(b_0x^n+b_1x^{n-1}+\cdots+b_n)\cos\beta x+(d_0x^n+d_1x^{n-1}+\cdots+d_n)\cdot\sin\beta x]$,其中 $n=\max\{m,l\}$. 当 $\alpha\pm i\beta$ 不是特征根时,$k=0$;当 $\alpha\pm i\beta$ 是特征时,$k=1$.

对于 n 阶常系数线性非齐次方程中 $f(x)$ 具有上述情形时，可同样设 y^*，但要注意 x^k 的指数 k 应随特征根的重复次数递增而递增，即 k 为特征根的重数而定.

(3)可化为常系数线性方程的方程——欧拉方程.

形如 $x^n y^{(n)}+p_1 x^{n-1} y^{(n-1)}+\cdots+p_{n-1} x y'+p_n y=f(x)$，其中，$p_1, p_2, \cdots, p_{n-1}, p_n$ 是常数的线性方程，称为欧拉方程，这种方程只需作变换 $x=\mathrm{e}^t$ 或 $t=\ln x$ 即可化为常系数线性方程，因为

$$\frac{\mathrm{d}y}{\mathrm{d}x}=\frac{\mathrm{d}y}{\mathrm{d}t}\frac{\mathrm{d}t}{\mathrm{d}x}=\frac{1}{x}\frac{\mathrm{d}y}{\mathrm{d}t} \quad 即 \quad xy'(x)=y'(t)$$

$$\frac{\mathrm{d}^2 y}{\mathrm{d}x^2}=\frac{\mathrm{d}}{\mathrm{d}x}\left(\frac{1}{x}\frac{\mathrm{d}y}{\mathrm{d}t}\right)=\frac{1}{x^2}\left(\frac{\mathrm{d}^2 y}{\mathrm{d}t^2}-\frac{\mathrm{d}y}{\mathrm{d}t}\right) \quad 即 \quad x^2 y''(x)=y''(t)-y'(t)$$

若用记号 D 代表对 t 求导$\left(D=\frac{\mathrm{d}}{\mathrm{d}t}\right)$的运算，则有 $xy'=Dy$，$x^2 y''=D(D-1)y$，$x^3 y'''=D(D-1)(D-2)y$，一般地

$$x^k y^{(k)}=D(D-1)(D-2)\cdots(D-k+1)y$$

代入欧拉方程后，可得以 t 为自变量的常系数线性方程，在求出这个方程的解后，把 t 换成 $\ln x$，即得原方程的解.

第八部分　无穷级数

1. 数项级数的定义与性质

(1)级数收敛和发散

定义　将数列 $\{u_n\}$ 的各项依次用“+”连接所得的式子：$u_1+u_2+\cdots+u_n+\cdots$ 称为无穷级数，记为 $\sum\limits_{n=1}^{\infty} u_n$，即 $\sum\limits_{n=1}^{\infty} u_n=u_1+u_2+\cdots+u_n+\cdots$

令 $S_n=u_1+u_2+\cdots+u_n$ 为级数 $\sum\limits_{n=1}^{\infty} u_n$ 的前 n 项和.

若 $\lim\limits_{n\to\infty} S_n=S$(存在)，则称级数 $\sum\limits_{n=1}^{\infty} u_n$ 收敛，S 为此级数的和，记为 $S=\sum\limits_{n=1}^{\infty} u_n$.

若极限 $\lim\limits_{n\to\infty} S_n$ 不存在，则称此级数 $\sum\limits_{n=1}^{\infty} u_n$ 发散.

(2)级数性质

1)两个收敛级数的和(或差)所得到的级数仍然收敛,但对于一个收敛级数和一个发散级数的和(或差)所得到的级数是发散的.

2)收敛级数加括号后所成的级数仍然收敛于原来的和.

3) 级数收敛的必要条件:若级数 $\sum_{n=1}^{\infty} u_n$ 收敛,则 $\lim_{n \to \infty} u_n = 0$. 由此得到若 $\lim_{n \to \infty} u_n \neq 0$,则级数 $\sum_{n=1}^{\infty} u_n$ 发散.

(4)正项级数收敛的充要条件是其部分和数列有界.

2. 正项级数收敛性的判别法

正项级数 $\sum_{n=1}^{\infty} u_n (u_n \geqslant 0, n = 1, 2, \cdots)$ 是很重要的一类级数. 后面可以看到许多任意项级数收敛性的问题会归结为正项级数收敛性问题.

(1)比较判别法

设正项级数 $\sum_{n=1}^{\infty} u_n$ 和 $\sum_{n=1}^{\infty} v_n$,当 $n > N$,恒有 $u_n \leqslant k v_n (k > 0$ 常数),则当 $\sum_{n=1}^{\infty} v_n$ 收敛时,$\sum_{n=1}^{\infty} u_n$ 收敛;当 $\sum_{n=1}^{\infty} u_n$ 发散时,$\sum_{n=1}^{\infty} v_n$ 发散.

(2)比较判别法的极限形式

设正项级数 $\sum_{n=1}^{\infty} u_n$ 和 $\sum_{n=1}^{\infty} v_n$,若 $\lim_{n \to \infty} \frac{u_n}{v_n} = d$,则:

当 $0 < d < +\infty$ 时,级数 $\sum_{n=1}^{\infty} u_n$ 和 $\sum_{n=1}^{\infty} v_n$ 同时收敛或同时发散.

当 $d = 0$ 时,若 $\sum_{n=1}^{\infty} v_n$ 收敛,则 $\sum_{n=1}^{\infty} u_n$ 也收敛.

当 $d = +\infty$ 时,若 $\sum_{n=1}^{\infty} v_n$ 发散,则 $\sum_{n=1}^{\infty} u_n$ 也发散.

等比级数

$$\sum_{n=0}^{\infty} aq^n = \begin{cases} \text{收敛其和为} \dfrac{a}{1-q}, \text{当} \mid q \mid < 1 \\ \text{发散,当} \mid q \mid \geqslant 1 \end{cases}$$

p — 级数

$$\sum_{n=1}^{\infty} \frac{1}{n^p} = \begin{cases} \text{收敛,当} \ p > 1 \\ \text{发散,当} \ p \leqslant 1 \end{cases}$$

(3)比值判别法

设正项级数$\sum_{n=1}^{\infty}u_n$,若$\lim\limits_{n\to\infty}\frac{u_{n+1}}{u_n}=\rho$,则当$\rho<1$时,级数$\sum_{n=1}^{\infty}u_n$收敛;当$\rho>1\left(\text{或}\lim\limits_{n\to\infty}\frac{u_{n+1}}{u_n}=\infty\right)$时,级数$\sum_{n=1}^{\infty}u_n$发散;当$\rho=1$时不定,但若有$\frac{u_{n+1}}{u_n}>1(n>N)$则级数发散. 当$n>N$时,$\frac{u_{n+1}}{u_n}\leqslant r<1$(其中$r$为常数)则级数$\sum_{n=1}^{\infty}u_n$收敛.

(4)根值判别法

设正项级数$\sum_{n=1}^{\infty}u_n$,若$\lim\limits_{n\to\infty}\sqrt[n]{u_n}=\rho$,则当$\rho<1$时,级数$\sum_{n=1}^{\infty}u_n$收敛;当$\rho>1$时,级数$\sum_{n=1}^{\infty}u_n$发散;当$\rho=1$时,不定. 但若有$n>N$时,$\sqrt[n]{u_n}>1$,则级数发散,当$n>N$,$\sqrt[n]{u_n}\leqslant r<1$时(其中$r$为常数)级数$\sum_{n=1}^{\infty}u_n$收敛.

(5)积分判别法

若有一单调下降的非负连续函数$f(x)(1\leqslant x<+\infty)$适合$u_n=f(n)$,$n=1,2,\cdots$,则当$\int_1^{+\infty}f(x)\mathrm{d}x$收敛时,$\sum_{n=1}^{\infty}u_n$也收敛;当$\int_1^{+\infty}f(x)\mathrm{d}x$发散时,$\sum_{n=1}^{\infty}u_n$也发散.

这里需要指出:上述各种判别法基于下面的定理:正项级数收敛的充要条件是它的部分和数列有界,即正项级数$\sum_{n=1}^{\infty}u_n$收敛$\Leftrightarrow S_n=\sum_{k=1}^{n}u_k$是有界数列.

3. 任意项级数

(1)绝对收敛和条件收敛

若任意项级数$\sum_{n=1}^{\infty}u_n$的每项取绝对值而得到正项级数$\sum_{n=1}^{\infty}|u_n|$收敛,则称$\sum_{n=1}^{\infty}u_n$为绝对收敛.

若任意项级数$\sum_{n=1}^{\infty}u_n$收敛,但每项取绝对值而得到的级数$\sum_{n=1}^{\infty}|u_n|$发散,则称$\sum_{n=1}^{\infty}u_n$为条件收敛.

定理 若级数$\sum_{n=1}^{\infty}|u_n|$收敛,则级数$\sum_{n=1}^{\infty}u_n$收敛且为绝对收敛.

(2)交错级数和交错级数判别法

若任意项级数各项符号恰好是正负相间的级数称为交错级数，即一般形式为

$$\sum_{n=1}^{\infty}(-1)^{n-1}u_n \quad u_n>0, n=1,2,\cdots$$

莱布尼茨判别法　若交错级数 $\sum_{n=1}^{\infty}(-1)^{n-1}u_n$ 满足条件：① $u_n \geqslant u_{n+1}$，$n=1,2,\cdots$，② $\lim_{n\to\infty}u_n=0$，则交错级数 $\sum_{n=1}^{\infty}(-1)^{n-1}u_n$ 收敛，其和 $S\leqslant u_1$，其余项的绝对值 $|r_n|\leqslant u_{n+1}$.

4. 幂级数

幂级数 $\sum_{n=0}^{\infty}a_nx^n$，其中常数 $a_0,a_1,\cdots$ 称为幂级数的系数.

(1)幂级数的收敛域

如果幂级数 $\sum_{n=0}^{\infty}a_nx^n$ 不是仅在 $x=0$ 一点收敛，也不是在整个数轴上都收敛则必存在正数 R，它具有下列性质：

当 $|x|<R$ 时，幂级数 $\sum_{n=0}^{\infty}a_nx^n$ 绝对收敛；

当 $|x|>R$ 时，幂级数 $\sum_{n=0}^{\infty}a_nx^n$ 发散；

当 $x=R, x=-R$ 时，幂级数 $\sum_{n=0}^{\infty}a_nx^n$ 可能收敛也可能发散.

称正数 R 为幂级数 $\sum_{n=0}^{\infty}a_nx^n$ 的收敛半径.

定理　设幂级数 $\sum_{n=0}^{\infty}a_nx^n (a_n\neq 0)$，收敛半径 R

$$R=\lim_{n\to\infty}\left|\frac{a_n}{a_{n+1}}\right|\left(\text{或 } R=\lim_{n\to\infty}\frac{1}{\sqrt[n]{|a_n|}}\right)$$

则 $(-R,R)$ 为幂级数的收敛区间，若 $0<R<+\infty$ 时，验证 $x=\pm R$ 时幂级数是否收敛，若收敛则该点为收敛域内的点.

(2)幂级数在收敛区间内的分析性质

性质 1　幂级数 $\sum_{n=0}^{\infty}a_nx^n$ 的和函数 $s(x)$ 在收敛域上是连续的，特别在

$(-R,R)$ 上是连续的.

性质 2 幂级数 $\sum_{n=0}^{\infty} a_n x^n$ 在收敛域内的任一闭子区间可逐项积分，特别

$\int_0^x S(x)\mathrm{d}x = \int_0^x (\sum_{n=0}^{\infty} a_n x^n)\mathrm{d}x = \sum_{n=0}^{\infty}\int_0^x a_n x^n \mathrm{d}x = \sum_{n=0}^{\infty} \frac{a_n}{n+1}x^{n+1}$，其中上限 x 为 $(-R,R)$ 中的任一点，$\sum_{n=0}^{\infty} \frac{a_n}{n+1}x^{n+1}$ 的收敛半径仍为 R.

性质 3 幂级数 $\sum_{n=0}^{\infty} a_n x^n$ 在收敛区间 $(-R,R)$ 内收敛于 $s(x)$，则对幂级数可以逐项微分，即 $s'(x) = \left(\sum_{n=0}^{\infty} a_n x^n\right)' = \sum_{n=0}^{\infty}(a_n x^n)'$ 且微分后的级数的收敛半径仍为 R.

5. 幂级数展开与求和

常用的几个重要函数的麦克劳林级数

$$\frac{1}{1-x} = \sum_{n=0}^{\infty} x^n \quad |x| < 1$$

$$\mathrm{e}^x = \sum_{n=0}^{\infty} \frac{x^n}{n!} \quad |x| < +\infty$$

$$\sin x = \sum_{n=0}^{\infty}(-1)^n \frac{x^{2n+1}}{(2n+1)!} \quad |x| < +\infty$$

$$\cos x = \sum_{n=0}^{\infty}(-1)^n \frac{x^{2n}}{(2n)!} \quad |x| < +\infty$$

$$\ln(1+x) = \sum_{n=0}^{\infty}(-1)^n \frac{x^{n+1}}{n+1} \quad -1 < x \leqslant 1$$

$$(1+x)^{\alpha} = 1 + \sum_{n=1}^{\infty} \frac{\alpha(\alpha-1)\cdots(\alpha-n+1)}{n!}x^n \quad |x| < 1 \qquad (*)$$

注意式(*)的展开式端点的收敛情况：$\alpha > 0$ 时，$x = \pm 1$ 时绝对收敛. $-1 < \alpha < 0$ 时，$x = 1$ 时条件收敛，$x = -1$ 时发散；$\alpha \leqslant -1$ 时，$x = \pm 1$ 时均发散.

6. 傅里叶级数

(1)周期函数展成傅里叶级数

设函数 $f(x)$ 在区间$[-\pi,\pi]$上连续或只有有限个第一类间断点，且分段单调，则由傅里叶系数

$$a_n = \frac{1}{\pi}\int_{-\pi}^{\pi} f(x)\cos nx\,\mathrm{d}x \quad n = 0,1,2,\cdots$$

$$b_n = \frac{1}{\pi}\int_{-\pi}^{\pi} f(x)\sin nx\,\mathrm{d}x \quad n = 1,2,\cdots$$

所定出的傅里叶级数

$$\frac{a_0}{2} + \sum_{n=1}^{\infty}(a_n\cos nx + b_n\sin nx)$$

在区间$[-\pi,\pi]$上收敛,并且它的和

$$\begin{cases} \text{当 } x \text{ 为 } f(x) \text{ 的连续点时,等于 } f(x) \\ \text{当 } x \text{ 为 } f(x) \text{ 的间断点时,等于} \dfrac{f(x^+)+f(x^-)}{2} \\ \text{当 } x=-\pi \text{ 或 } x=\pi \text{ 时,等于} \dfrac{f(-\pi^+)+f(\pi^-)}{2} \end{cases}$$

(2)奇偶函数的傅里叶级数

设 $f(x)$ 是以 2π 为周期的奇函数,且在$[-\pi,\pi]$上可积,则 $f(x) \sim \sum\limits_{n=1}^{\infty} b_n\sin nx$ 为正弦级数,其中 $b_n = \frac{2}{\pi}\int_0^{\pi} f(x)\sin nx\,\mathrm{d}x, n = 1,2,\cdots$

设 $f(x)$ 是以 2π 为周期的偶函数,且在$[-\pi,\pi]$上可积,则 $f(x) \sim \frac{a_0}{2} + \sum\limits_{n=1}^{\infty} a_n\cos nx$ 为余弦级数,其中 $a_n = \frac{2}{\pi}\int_0^{\pi} f(x)\cos nx\,\mathrm{d}x, n = 0,1,2,\cdots$

有时需要将区间$[0,\pi]$(或$[-\pi,0]$)上函数 $f(x)$ 展成正弦级数或余弦级数,我们将函数延拓到$[-\pi,0]$(或$[0,\pi]$)上,使延拓后的函数在区间$[-\pi,\pi]$上是奇函数或偶函数,从而就使函数 $f(x)$ 在$[0,\pi]$(或$[-\pi,0]$)上展成正弦级数$\sum\limits_{n=1}^{\infty} b_n\sin nx$,其中

$$b_n = \frac{2}{\pi}\int_0^{\pi} f(x)\sin nx\,\mathrm{d}x \quad n = 1,2,3,\cdots$$

或展成余弦级数$\frac{a_0}{2} + \sum\limits_{n=1}^{\infty} a_n\cos nx$,其中

$$a_n = \frac{2}{\pi}\int_0^{\pi} f(x)\cos nx\,\mathrm{d}x \quad n = 0,1,2,\cdots$$

(3)以 $2l$ 为周期的函数的傅里叶级数

若 $f(x)$ 为以 $2l$ 为周期的函数,$f(x)$ 在$[-l,l]$上满足收敛定理条件也可以展成傅里叶级数$\frac{a_0}{2} + \sum\limits_{n=1}^{\infty} a_n\cos\frac{n\pi x}{l} + \sum\limits_{n=1}^{\infty} b_n\sin\frac{n\pi x}{l}$,其中

$$a_n = \frac{1}{l}\int_{-l}^{l} f(x)\cos\frac{n\pi x}{l}\mathrm{d}x \quad n = 0,1,2,\cdots$$

$$b_n = \frac{1}{l}\int_{-l}^{l} f(x)\sin\frac{n\pi x}{l}\mathrm{d}x \quad n = 1,2,\cdots$$

对于在$[-l,l]$上的奇偶函数，及$[0,l]$（或$[-l,0]$）上的函数展成傅里叶级数与$[-\pi,\pi]$，$[0,\pi]$（或$[-\pi,0]$）相似.

第九部分 行列式与矩阵

1. *n* 阶行列式的定义

2. *n* 阶行列式的性质

(1)行列式与它的转置行列式相等.

(2)互换行列式的两行(列)，行列式变号.

(3)行列式的某一行(列)所有元素的公因子可以提到行列式符号的外面.

(4)若行列式的某一行(列)的元素都是两数之和，那么这个行列式等于两个行列式的和.

(5)行列式的任一行(列)的元素乘以同一个数后，加到另一行(列)的对应元素上去，行列式不变.

(6)行列式中任一行(列)中各元素与其代数余子式的乘积之和等于该行列式.

(7)行列式中任一行(列)中各元素与另一行(列)对应元素的代数余子式的乘积之和等于零.

(8)行列式的乘法. 设

$$D_1 = \begin{vmatrix} a_{11} & a_{12} & \cdots & a_{1n} \\ \vdots & \vdots & & \vdots \\ a_{n1} & a_{n2} & \cdots & a_{nn} \end{vmatrix}, D_2 = \begin{vmatrix} b_{11} & b_{12} & \cdots & b_{1n} \\ \vdots & \vdots & & \vdots \\ b_{n1} & b_{n2} & \cdots & b_{nn} \end{vmatrix}$$

记

$$c_{ij} = \sum_{k=1}^{n} a_{ik}b_{kj}, D = \begin{vmatrix} c_{11} & c_{12} & \cdots & c_{1n} \\ \vdots & \vdots & & \vdots \\ c_{n1} & c_{n2} & \cdots & c_{nn} \end{vmatrix}$$

则 $D = D_1D_2$.

3. Crammer 法则解方程组

4. 矩阵的概念

(1)矩阵的定义

$m\times n$ 个实数 a_{ij}，$i=1,2,\cdots,m$；$j=1,2,\cdots,n$ 排成 m 行 n 列的矩形数表

$$\boldsymbol{A}=\begin{pmatrix} a_{11} & a_{12} & \cdots & a_{1n} \\ a_{12} & a_{22} & \cdots & a_{2n} \\ \vdots & \vdots & & \vdots \\ a_{m1} & a_{n2} & \cdots & a_{mn} \end{pmatrix}$$

叫做矩阵，记作 $\boldsymbol{A}_{m\times n}$，$m\times n$ 叫做矩阵的维数.

矩形数表叫做矩阵，矩阵中的每个数叫做矩阵的元素.

(2)矩阵的三种变换

①互换矩阵的两行；

②把某一行同乘(除)以一个非零的数；

③某一行乘以一个数加到另一行.

5. 矩阵的性质

(1)矩阵的和(差)

加法交换律：$\boldsymbol{A}+\boldsymbol{B}=\boldsymbol{B}+\boldsymbol{A}$.

加法结合律：$(\boldsymbol{A}+\boldsymbol{B})+\boldsymbol{C}=\boldsymbol{A}+(\boldsymbol{B}+\boldsymbol{C})$.

(2)矩阵的数乘

分配律：$\gamma(\boldsymbol{A}+\boldsymbol{B})=\gamma\boldsymbol{A}+\gamma\boldsymbol{B}$；$(\gamma+\lambda)\boldsymbol{A}=\gamma\boldsymbol{A}+\lambda\boldsymbol{A}$.

结合律：$(\gamma\lambda)\boldsymbol{A}=\gamma(\lambda\boldsymbol{A})=\lambda(\gamma\boldsymbol{A})$.

(3)矩阵的乘积

设 $\boldsymbol{A}$ 是 $m\times k$ 矩阵，$\boldsymbol{B}$ 是 $k\times n$ 矩阵，$\boldsymbol{C}$ 为 $m\times n$ 矩阵.

如果矩阵 $\boldsymbol{C}$ 中第 i 行第 j 列元素 C_{ij} 是矩阵 $\boldsymbol{A}$ 第 i 个行向量与矩阵 $\boldsymbol{B}$ 的第 j 个列向量的数量积，那么 $\boldsymbol{C}$ 矩阵叫做 $\boldsymbol{A}$ 与 $\boldsymbol{B}$ 的乘积. 记作：$\boldsymbol{C}=\boldsymbol{AB}$.

分配律：$\boldsymbol{A}(\boldsymbol{B}+\boldsymbol{C})=\boldsymbol{AB}+\boldsymbol{AC}$，$(\boldsymbol{B}+\boldsymbol{C})\boldsymbol{A}=\boldsymbol{BA}+\boldsymbol{CA}$.

结合律：$R(\boldsymbol{AB})=(R\boldsymbol{A})\boldsymbol{B}=\boldsymbol{A}(R\boldsymbol{B})$，$(\boldsymbol{AB})\boldsymbol{C}=\boldsymbol{A}(\boldsymbol{BC})$.

注：交换律不成立，即 $\boldsymbol{AB}\neq\boldsymbol{BA}$.

(4)矩阵转置

$(\boldsymbol{A}')'=\boldsymbol{A}$，$(\boldsymbol{A}+\boldsymbol{B})'=\boldsymbol{A}'+\boldsymbol{B}'$.

$(k\boldsymbol{A})'=k\boldsymbol{A}'$，$(\boldsymbol{AB})'=\boldsymbol{B}'\boldsymbol{A}'$.

(5)逆矩阵

$(\boldsymbol{A}^{-1})^{-1}=\boldsymbol{A},(\boldsymbol{AB})^{-1}=\boldsymbol{B}^{-1}\boldsymbol{A}^{-1}$.

$(k\boldsymbol{A})^{-1}=\frac{1}{k}\boldsymbol{A}^{-1},(\boldsymbol{A}')^{-1}=(\boldsymbol{A}^{-1})'$.

注：一般情况$(\boldsymbol{A}\pm\boldsymbol{B})^{-1}\neq\boldsymbol{A}^{-1}\pm\boldsymbol{B}^{-1}$.

(6)方阵的行列式

$|\boldsymbol{A}'|=|\boldsymbol{A}|,|k\boldsymbol{A}|=k^n|\boldsymbol{A}|,|\boldsymbol{AB}|=|\boldsymbol{A}||\boldsymbol{B}|$.

(7)方阵的幂

$\boldsymbol{A}^k\boldsymbol{A}^l=\boldsymbol{A}^{k+l}=\boldsymbol{A}^l\boldsymbol{A}^k,(\boldsymbol{A}^k)^l=\boldsymbol{A}^{kl},(\boldsymbol{A}^m)'=(\boldsymbol{A}')^m$.

6. 判定 n 阶方阵 $\boldsymbol{A}$ 可逆的方法

(1)$\boldsymbol{A}$ 可逆$\Leftrightarrow|\boldsymbol{A}|\neq0$；

(2)$\boldsymbol{A}$ 可逆$\Leftrightarrow$存在矩阵 $\boldsymbol{B}$ 使 $\boldsymbol{AB}=\boldsymbol{E}$(或 $\boldsymbol{BA}=\boldsymbol{E}$)；

(3)n 阶数字阵 $\boldsymbol{A}$ 可逆$\Leftrightarrow R(\boldsymbol{A})=n$；

(4)不存在非零矩阵 $\boldsymbol{B}$，使 $\boldsymbol{AB}=\boldsymbol{O}$(或 $\boldsymbol{BA}=\boldsymbol{O}$)；

(5)$\boldsymbol{A}$ 的行(列)向量组线性无关；

(6)$\boldsymbol{A}$ 与单位阵 $\boldsymbol{E}_n$ 等价；

(7)$\boldsymbol{A}$ 经初等行变换可化成 $\boldsymbol{E}_n$；

(8)$\boldsymbol{A}$ 可表示为有限个初等方阵的乘积；

(9)$\boldsymbol{A}$ 的特征值不等于零；

(10)$\boldsymbol{A}^*$ 可逆.

7. 求 $\boldsymbol{A}^{-1}$ 的方法

(1)用公式 $\boldsymbol{A}^{-1}=\frac{1}{|\boldsymbol{A}|}\boldsymbol{A}^*$，其中 $\boldsymbol{A}^*$ 为 $\boldsymbol{A}$ 的伴随矩阵；

(2)用初等变换法

$$(\boldsymbol{A}\ \vdots\ \boldsymbol{E})\xrightarrow{\text{初等行变换}}(\boldsymbol{E}\ \vdots\ \boldsymbol{A}^{-1})$$

$$\begin{pmatrix}\boldsymbol{A}\\ \cdots\\ \boldsymbol{E}\end{pmatrix}\xrightarrow{\text{初等列变换}}\begin{pmatrix}\boldsymbol{E}\\ \cdots\\ \boldsymbol{A}^{-1}\end{pmatrix}$$

(3)若方阵 $\boldsymbol{A},\boldsymbol{B}$ 满足 $\boldsymbol{AB}=\boldsymbol{E}$(或 $\boldsymbol{BA}=\boldsymbol{E}$)，则 $\boldsymbol{A}^{-1}=\boldsymbol{B}$.

(4)用分块矩阵求逆.

8. 矩阵秩的性质

(1)$0\leqslant R(\boldsymbol{A})\leqslant\min\{m,n\}$；

(2)$\boldsymbol{A}=\boldsymbol{O} \Leftrightarrow R(\boldsymbol{A})=0$;

(3)$R(\boldsymbol{A}')=R(\boldsymbol{A})$;

(4)$R(\boldsymbol{A}+\boldsymbol{B}) \leqslant R(\boldsymbol{A})+R(\boldsymbol{B})$;

(5)$R(k\boldsymbol{A})=\begin{cases}0 & \text{当 } k=0 \\ R(\boldsymbol{A}) & \text{当 } k\neq 0\end{cases}$;

(6)设 $\boldsymbol{A},\boldsymbol{D}$ 为方阵(不一定同阶),若 $\boldsymbol{A}$ 可逆,则

$$\begin{vmatrix} \boldsymbol{A} & \boldsymbol{B} \\ \boldsymbol{C} & \boldsymbol{D} \end{vmatrix} = |\boldsymbol{A}|\,|\boldsymbol{D}-\boldsymbol{C}\boldsymbol{A}^{-1}\boldsymbol{B}|$$

若 $\boldsymbol{D}$ 可逆,则

$$\begin{vmatrix} \boldsymbol{A} & \boldsymbol{B} \\ \boldsymbol{C} & \boldsymbol{D} \end{vmatrix} = |\boldsymbol{D}|\,|\boldsymbol{A}-\boldsymbol{B}\boldsymbol{D}^{-1}\boldsymbol{C}|$$

特别地,若 $\boldsymbol{A},\boldsymbol{B},\boldsymbol{C},\boldsymbol{D}$ 均为同阶方阵,$\boldsymbol{A}$ 可逆且 $\boldsymbol{AC}=\boldsymbol{CA}$,则有

$$\begin{vmatrix} \boldsymbol{A} & \boldsymbol{B} \\ \boldsymbol{C} & \boldsymbol{D} \end{vmatrix} = |\boldsymbol{AD}-\boldsymbol{CB}|$$

(7)设方阵 $\boldsymbol{A},\boldsymbol{B}$ 可表示为

$$\boldsymbol{A}=\begin{pmatrix} \boldsymbol{A}_1 & & & \\ & \boldsymbol{A}_2 & & \\ & & \ddots & \\ & & & \boldsymbol{A}_s \end{pmatrix},\boldsymbol{B}=\begin{pmatrix} & & & \boldsymbol{B}_1 \\ & & \boldsymbol{B}_2 & \\ & ⋰ & & \\ \boldsymbol{B}_t & & & \end{pmatrix}$$

其中 $\boldsymbol{A}_i(i=1,2,\cdots,s)$,$\boldsymbol{B}_j(j=1,2,\cdots,t)$ 均为方块阵,则

$$\boldsymbol{A}^m=\begin{pmatrix} \boldsymbol{A}_1^m & & & \\ & \boldsymbol{A}_2^m & & \\ & & \ddots & \\ & & & \boldsymbol{A}_s^m \end{pmatrix}$$

$$|\boldsymbol{A}|=\prod_{i=1}^{s}|\boldsymbol{A}_i|$$

进一步,若 $|\boldsymbol{A}_i|\neq 0$,$|\boldsymbol{B}_j|\neq 0$,则 $\boldsymbol{A},\boldsymbol{B}$ 可逆且

$$\boldsymbol{A}^{-1}=\begin{pmatrix} \boldsymbol{A}_1^{-1} & & & \\ & \boldsymbol{A}_2^{-1} & & \\ & & \ddots & \\ & & & \boldsymbol{A}_s^{-1} \end{pmatrix},\boldsymbol{B}^{-1}=\begin{pmatrix} & & & \boldsymbol{B}_t^{-1} \\ & & ⋰ & \\ & \boldsymbol{B}_2^{-1} & & \\ \boldsymbol{B}_1^{-1} & & & \end{pmatrix}$$

第十部分　n 维向量空间与线性方程组

1. n 维向量

定义　n 个数 $a_1,a_2,\cdots,a_n$ 构成的有序数组，记作 $\boldsymbol{\alpha}=(a_1,a_2,\cdots,a_n)$，称为 n 维行向量. n 个数 $a_1,a_2,\cdots,a_n$ 构成的有序数组，记作 $\boldsymbol{\alpha}=(a_1,a_2,\cdots,a_n)'$，称为 n 维列向量. 若干个同维数的列向量(或同维数的行向量)所组成的集合叫做向量组.

线性运算

若 $\boldsymbol{\alpha}=(a_1,a_2,\cdots,a_n)$，$\boldsymbol{\beta}=(b_1,b_2,\cdots,b_n)$.

加法：$\boldsymbol{\alpha}+\boldsymbol{\beta}\overset{\Delta}{=}(a_1+b_1,a_2+b_2,\cdots,a_n+b_n)$.

数乘：$k\boldsymbol{\alpha}\overset{\Delta}{=}(ka_1,ka_2,\cdots,ka_n)$.

减法：$\boldsymbol{\alpha}-\boldsymbol{\beta}\overset{\Delta}{=}\boldsymbol{\alpha}+(-\boldsymbol{\beta})=(a_1-b_1,a_2-b_2,\cdots,a_n-b_n)$.

运算律

若 $\boldsymbol{\alpha}=(a_1,a_2,\cdots,a_n)$，$\boldsymbol{\beta}=(b_1,b_2,\cdots,b_n)$，$\boldsymbol{\gamma}=(c_1,c_2,\cdots,c_n)$.

(1) $\boldsymbol{\alpha}+\boldsymbol{\beta}=\boldsymbol{\beta}+\boldsymbol{\alpha}$；

(2) $(\boldsymbol{\alpha}+\boldsymbol{\beta})+\boldsymbol{\gamma}=\boldsymbol{\alpha}+(\boldsymbol{\beta}+\boldsymbol{\gamma})$；

(3) $\boldsymbol{\alpha}+\boldsymbol{0}=\boldsymbol{\alpha}$；

(4) $\boldsymbol{\alpha}+(-\boldsymbol{\alpha})=\boldsymbol{0}$；

(5) $1\boldsymbol{\alpha}=\boldsymbol{\alpha}$；

(6) $k(l\boldsymbol{\alpha})=(kl)\boldsymbol{\alpha}$；

(7) $k(\boldsymbol{\alpha}+\boldsymbol{\beta})=k\boldsymbol{\alpha}+k\boldsymbol{\beta}$；

(8) $(k+l)\boldsymbol{\alpha}=k\boldsymbol{\alpha}+l\boldsymbol{\alpha}$.

2. 线性组合与线性相关

定义 1　对 n 维向量 $\boldsymbol{\alpha}$ 及 $\boldsymbol{\alpha}_1,\cdots,\boldsymbol{\alpha}_n$ 若有数组 $k_1,\cdots,k_m$ 使得

$$\boldsymbol{\alpha}=k_1\boldsymbol{\alpha}_1+\cdots+k_m\boldsymbol{\alpha}_m$$

称 $\boldsymbol{\alpha}$ 为 $\boldsymbol{\alpha}_1,\cdots,\boldsymbol{\alpha}_m$ 的线性组合或 $\boldsymbol{\alpha}$ 可由 $\boldsymbol{\alpha}_1,\cdots,\boldsymbol{\alpha}_m$ 线性表示.

定义 2　对 n 维向量组 $\boldsymbol{\alpha}_1,\cdots,\boldsymbol{\alpha}_m$，若有数组 $k_1,\cdots,k_m$ 不全为 0，使得

$$k_1\boldsymbol{\alpha}_1+\cdots+k_m\boldsymbol{\alpha}_m=\boldsymbol{0}$$

称向量组 $\boldsymbol{\alpha}_1,\cdots,\boldsymbol{\alpha}_m$ 线性相关，否则称为线性无关.

定理 1 向量组$\boldsymbol{\alpha}_1,\boldsymbol{\alpha}_2,\cdots,\boldsymbol{\alpha}_m$线性相关$\Leftrightarrow\boldsymbol{\alpha}_1,\boldsymbol{\alpha}_2,\cdots,\boldsymbol{\alpha}_m$中至少有一个向量可由其余$m-1$个向量线性表示.

定理 2 n维向量组$\boldsymbol{\alpha}_1,\boldsymbol{\alpha}_2,\cdots,\boldsymbol{\alpha}_m$线性相关$\Leftrightarrow \boldsymbol{Ax}=\boldsymbol{0}$有非零解,其中$\boldsymbol{A}=(\boldsymbol{\alpha}_1,\boldsymbol{\alpha}_2,\cdots,\boldsymbol{\alpha}_m)$.

定理 3 若向量组$\boldsymbol{\alpha}_1,\boldsymbol{\alpha}_2,\cdots,\boldsymbol{\alpha}_m$线性无关,$\boldsymbol{\alpha}_1,\boldsymbol{\alpha}_2,\cdots,\boldsymbol{\alpha}_m,\boldsymbol{\beta}$线性相关,则$\boldsymbol{\beta}$可由$\boldsymbol{\alpha}_1,\boldsymbol{\alpha}_2,\cdots,\boldsymbol{\alpha}_m$线性表示,且表示式唯一.

注 ①单个零向量线性相关,单个非零向量线性无关;②含零向量的任何向量组线性相关;③基本向量组$\boldsymbol{e}_1,\boldsymbol{e}_2,\cdots,\boldsymbol{e}_n$线性无关;④有两个向量相等的向量组线性相关;⑤$m>n$时,$m$个$n$维向量必线性相关(特别:$m=n+1$);⑥$n$个$n$维向量线性无关$\Leftrightarrow$它们所构成方阵的行列式不为零;⑦$n$维向量空间任一线性无关组最多只能包含$n$个向量.

3. 等价向量组

设向量组$\boldsymbol{T}_1:\boldsymbol{\alpha}_1,\boldsymbol{\alpha}_2,\cdots,\boldsymbol{\alpha}_r,\boldsymbol{T}_2:\boldsymbol{\beta}_1,\boldsymbol{\beta}_2,\cdots,\boldsymbol{\beta}_s$. 若$\boldsymbol{\alpha}_i(i=1,2,\cdots,r)$可由$\boldsymbol{\beta}_1,\boldsymbol{\beta}_2,\cdots,\boldsymbol{\beta}_s$线性表示,称$\boldsymbol{T}_1$可由$\boldsymbol{T}_2$线性表示.

若$\boldsymbol{T}_1$与$\boldsymbol{T}_2$可以互相线性表示,称$\boldsymbol{T}_1$与$\boldsymbol{T}_2$等价.

(1)自反性:$\boldsymbol{T}_1$与$\boldsymbol{T}_2$等价.

(2)对称性:$\boldsymbol{T}_1$与$\boldsymbol{T}_2$等价$\Rightarrow\boldsymbol{T}_2$与$\boldsymbol{T}_1$等价.

(3)传递性:$\boldsymbol{T}_1$与$\boldsymbol{T}_2$等价,$\boldsymbol{T}_2$与$\boldsymbol{T}_3$等价$\Rightarrow\boldsymbol{T}_1$与$\boldsymbol{T}_3$等价.

4. 极大线性无关组

设向量组为$\boldsymbol{A}$,如果在$\boldsymbol{A}$中有r个向量$\boldsymbol{\alpha}_1,\boldsymbol{\alpha}_2,\cdots,\boldsymbol{\alpha}_r$满足:

(1)$\boldsymbol{\alpha}_1,\boldsymbol{\alpha}_2,\cdots,\boldsymbol{\alpha}_r$线性无关;

(2)任意$r+1$个向量线性相关(如果有$r+1$个向量的话).

称$\boldsymbol{\alpha}_1,\boldsymbol{\alpha}_2,\cdots,\boldsymbol{\alpha}_r$为向量组$\boldsymbol{A}$的一个极大线性无关组,简称极大无关组.

基本性质:

性质 1 任何一个极大无关组都与向量组本身等价.

性质 2 向量组的任意两个极大无关组都是等价的.

定理 一个向量组的任意两个极大无关组等价,且所包含向量的个数相同.

5. 向量组的秩

定义 向量组的极大无关组所含向量的个数称为这个向量组的秩,记做$R(\boldsymbol{\alpha}_1,\boldsymbol{\alpha}_2,\cdots,\boldsymbol{\alpha}_s)$.

关于向量组的秩的结论:

(1)零向量组的秩为0；

(2)向量组 $\boldsymbol{\alpha}_1,\boldsymbol{\alpha}_2,\cdots,\boldsymbol{\alpha}_s$ 线性无关$\Leftrightarrow R(\boldsymbol{\alpha}_1,\boldsymbol{\alpha}_2,\cdots,\boldsymbol{\alpha}_s)=s$，向量组 $\boldsymbol{\alpha}_1$，$\boldsymbol{\alpha}_2,\cdots,\boldsymbol{\alpha}_s$ 线性相关$\Leftrightarrow R(\boldsymbol{\alpha}_1,\boldsymbol{\alpha}_2,\cdots,\boldsymbol{\alpha}_s)<s$；

(3)如果向量组 $\boldsymbol{\alpha}_1,\boldsymbol{\alpha}_2,\cdots,\boldsymbol{\alpha}_s$ 可以由向量组 $\boldsymbol{\beta}_1,\boldsymbol{\beta}_2,\cdots,\boldsymbol{\beta}_t$ 线性表示，则 $R(\boldsymbol{\alpha}_1,\boldsymbol{\alpha}_2,\cdots,\boldsymbol{\alpha}_s)\leqslant R(\boldsymbol{\beta}_1,\boldsymbol{\beta}_2,\cdots,\boldsymbol{\beta}_t)$；

(4)等价的向量组必有相同的秩.

注 两个有相同的秩的向量组不一定等价.

两个向量组有相同的秩，并且其中一个可以被另一个线性表示，则这两个向量组等价.

6.向量空间的基与维数

定义 设 V 是向量空间，如果 r 个向量 $\boldsymbol{\alpha}_1,\boldsymbol{\alpha}_2,\cdots,\boldsymbol{\alpha}_r\in V$，且满足：

(1) $\boldsymbol{\alpha}_1,\boldsymbol{\alpha}_2,\cdots,\boldsymbol{\alpha}_r$ 线性无关；

(2) V 中任何一向量都可由 $\boldsymbol{\alpha}_1,\boldsymbol{\alpha}_2,\cdots,\boldsymbol{\alpha}_r$ 线性表示，那么，就称向量组 $\boldsymbol{\alpha}_1$，$\boldsymbol{\alpha}_2,\cdots,\boldsymbol{\alpha}_r$ 是向量空间 V 的一个基，r 称为向量空间 V 的维数，记作 $\dim V=r$，并称 V 是 r 维向量空间.

注 ①只含有零向量的向量空间没有基，规定其维数为0. ②如果把向量空间看作向量组，可知，V 的基就是向量组的极大无关组，V 的维数就是向量组的秩. ③向量空间的基不唯一.

7.基变换与坐标变换

设 $\boldsymbol{\alpha}_1,\boldsymbol{\alpha}_2,\cdots,\boldsymbol{\alpha}_r$ 及 $\boldsymbol{\beta}_1,\boldsymbol{\beta}_2,\cdots,\boldsymbol{\beta}_r$（假设它们均为列向量）为向量空间 V 的两组基，则存在 r 阶可逆阵 $\boldsymbol{P}$，使

$$(\boldsymbol{\beta}_1,\boldsymbol{\beta}_2,\cdots,\boldsymbol{\beta}_r)=(\boldsymbol{\alpha}_1,\boldsymbol{\alpha}_2,\cdots,\boldsymbol{\alpha}_r)\boldsymbol{P}$$

称此式为由基 $\boldsymbol{\alpha}_1,\boldsymbol{\alpha}_2,\cdots,\boldsymbol{\alpha}_r$ 到基 $\boldsymbol{\beta}_1,\boldsymbol{\beta}_2,\cdots,\boldsymbol{\beta}_r$ 的基变换公式，$\boldsymbol{P}$ 为相应的过渡阵.

设 $\boldsymbol{\alpha}\in V$，且 $\boldsymbol{\alpha}$ 在基 $\boldsymbol{\alpha}_1,\boldsymbol{\alpha}_2,\cdots,\boldsymbol{\alpha}_r$ 到基 $\boldsymbol{\beta}_1,\boldsymbol{\beta}_2,\cdots,\boldsymbol{\beta}_r$ 下的坐标分别为 $\boldsymbol{x}=(x_1,x_2,\cdots,x_r)'$ 及 $\boldsymbol{y}=(y_1,y_2,\cdots,y_r)'$，则有坐标变换公式

$$\boldsymbol{x}=\boldsymbol{P}\boldsymbol{y}$$

或

$$\boldsymbol{y}=\boldsymbol{P}^{-1}\boldsymbol{x}$$

8.线性方程组

线性方程组(一般式)

$$\begin{cases} a_{11}x_1+a_{12}x_2+\cdots+a_{1n}x_n=b_1 \\ a_{21}x_1+a_{22}x_2+\cdots+a_{2n}x_n=b_2 \\ \quad\vdots \\ a_{m1}x_1+a_{m2}x_2+\cdots+a_{mn}x_n=b_m \end{cases}$$

表示成矩阵形式 $\boldsymbol{Ax}=\boldsymbol{b}$,其中

$$\boldsymbol{A}=\begin{pmatrix} a_{11} & a_{12} & \cdots & a_{1n} \\ a_{21} & a_{22} & \cdots & a_{2n} \\ \vdots & \vdots & & \vdots \\ a_{m1} & a_{m2} & \cdots & a_{mn} \end{pmatrix}, \boldsymbol{x}=\begin{pmatrix} x_1 \\ x_2 \\ \vdots \\ x_n \end{pmatrix}, \boldsymbol{b}=\begin{pmatrix} b_1 \\ b_2 \\ \vdots \\ b_m \end{pmatrix}$$

若 $\boldsymbol{b}=\boldsymbol{0}$,称之为齐次线性方程组,否则称之为非齐次线性方程组.

9. 齐次线性方程组 $\boldsymbol{AX}=\boldsymbol{0}$

(1)记 $S=\{\boldsymbol{X}|\boldsymbol{AX}=\boldsymbol{0},\boldsymbol{X}\in\mathbf{R}^n\}$,则 S 为 $n-R(\mathbf{A})$维向量空间.

(2)任意齐次线性方程组均有解.

(3)$\boldsymbol{AX}=\boldsymbol{0}$ 只有零解(唯一解)$\Leftrightarrow R(\mathbf{A})=n$.

(4)$\boldsymbol{AX}=\boldsymbol{0}$ 有非零解(有无穷多解)$\Leftrightarrow R(\mathbf{A})=r<n$.

(5)当 $R(\mathbf{A})=m<n$ 时,$\boldsymbol{AX}=\boldsymbol{0}$ 有非零解.

(6)齐次线性方程组的解的任意线性组合仍为其解.

10. 非齐次线性方程组 $\boldsymbol{AX}=\boldsymbol{b}$(其中 $\boldsymbol{A}=(\boldsymbol{\alpha}_1,\boldsymbol{\alpha}_2,\cdots,\boldsymbol{\alpha}_n)$)

(1)$\boldsymbol{AX}=\boldsymbol{b}$ 有解$\Leftrightarrow\boldsymbol{b}$ 可由向量组 $\boldsymbol{\alpha}_1,\boldsymbol{\alpha}_2,\cdots,\boldsymbol{\alpha}_n$ 线性表示$\Leftrightarrow\boldsymbol{\alpha}_1,\boldsymbol{\alpha}_2,\cdots,\boldsymbol{\alpha}_n$ 与 $\boldsymbol{\alpha}_1,\boldsymbol{\alpha}_2,\cdots,\boldsymbol{\alpha}_n,\boldsymbol{b}$ 等价$\Leftrightarrow R(\mathbf{A})=R(\mathbf{A}\vdots\boldsymbol{b})$.

(2)$\boldsymbol{AX}=\boldsymbol{b}$ 无解$\Leftrightarrow R(\mathbf{A})\neq R(\mathbf{A}\vdots\boldsymbol{b})$($R(\mathbf{A})=R(\mathbf{A}\vdots\boldsymbol{b})-1$).

(3)$\boldsymbol{AX}=\boldsymbol{b}$ 有唯一解$\Leftrightarrow R(\mathbf{A})=R(\mathbf{A}\vdots\boldsymbol{b})=n$.

(4)$\boldsymbol{AX}=\boldsymbol{b}$ 有无穷多解$\Leftrightarrow R(\mathbf{A})=R(\mathbf{A}\vdots\boldsymbol{b})=r<n$.

(5)$\boldsymbol{AX}=\boldsymbol{b}$ 的任意两个解之差是其导出组 $\boldsymbol{AX}=\boldsymbol{0}$ 的解. $\boldsymbol{AX}=\boldsymbol{b}$ 的解与其导出组 $\boldsymbol{AX}=\boldsymbol{0}$的解之和仍为 $\boldsymbol{AX}=\boldsymbol{b}$ 的解.

(6)当 $R(\mathbf{A})=R(\mathbf{A}\vdots\boldsymbol{b})=r<n$ 时,设 $\boldsymbol{AX}=\boldsymbol{b}$ 的一个解(特解)为 $\boldsymbol{\eta}^*$,其导出组的基础解系为 $\boldsymbol{\tau}_1,\boldsymbol{\tau}_2,\cdots,\boldsymbol{\tau}_{n-r}$,则

$$\boldsymbol{X}=\boldsymbol{\eta}^*+k_1\boldsymbol{\tau}_1+k_2\boldsymbol{\tau}_2+\cdots+k_{n-r}\boldsymbol{\tau}_{n-r},\ k_1,k_2,\cdots,k_{n-r}\in\mathbf{R}$$

是 $\boldsymbol{AX}=\boldsymbol{b}$ 的通解.

(7)设 $\mathbf{A}$ 为 $m\times n$ 阵,$R(\mathbf{A})=m$,则对任意向量 $\boldsymbol{b}$,方程组 $\boldsymbol{AX}=\boldsymbol{b}$ 均有解.

(8)设 $\boldsymbol{\tau}_1,\boldsymbol{\tau}_2,\cdots,\boldsymbol{\tau}_s$ 为非齐次线性方程组 $\boldsymbol{AX}=\boldsymbol{b}$ 的解,对任意实数 k_1,

$k_2,\cdots,k_s$，当 $k_1+k_2+\cdots+k_s=1$ 时，$k_1\boldsymbol{\tau}_1+k_2\boldsymbol{\tau}_2+\cdots+k_s\boldsymbol{\tau}_s$ 为 $\boldsymbol{AX}=\boldsymbol{b}$ 的解. 当 $k_1+k_2+\cdots+k_s=0$ 时，$k_1\boldsymbol{\tau}_1+k_2\boldsymbol{\tau}_2+\cdots+k_s\boldsymbol{\tau}_s$ 为 $\boldsymbol{AX}=\boldsymbol{b}$ 的导出组 $\boldsymbol{AX}=\boldsymbol{0}$ 的解.

第十一部分　相似矩阵及二次型

1. 向量的内积

定义　设 $\boldsymbol{x}=(x_1,x_2,\cdots,x_n)'$，$\boldsymbol{y}=(x_1,x_2,\cdots,x_n)'$，则定义 $\boldsymbol{x}$ 与 $\boldsymbol{y}$ 的内积（或称点积、数量积）为

$$[\boldsymbol{x},\boldsymbol{y}]=x_1y_1+x_2y_2+\cdots+x_ny_n=\boldsymbol{x}'\boldsymbol{y}$$

向量内积的性质：

①$[\boldsymbol{x},\boldsymbol{y}]=[\boldsymbol{y},\boldsymbol{x}]$；

②$k[\boldsymbol{x},\boldsymbol{y}]=[k\boldsymbol{x},\boldsymbol{y}]=[\boldsymbol{x},k\boldsymbol{y}]$；

③$[\boldsymbol{x}+\boldsymbol{y},\boldsymbol{z}]=[\boldsymbol{x},\boldsymbol{z}]+[\boldsymbol{y},\boldsymbol{z}]$；

④$[\boldsymbol{x},\boldsymbol{x}]\geqslant 0$ 且 $[\boldsymbol{x},\boldsymbol{x}]=0\Leftrightarrow \boldsymbol{x}=\boldsymbol{0}$；

⑤$[\boldsymbol{x},\boldsymbol{y}]^2\leqslant[\boldsymbol{x},\boldsymbol{x}][\boldsymbol{y},\boldsymbol{y}]$（施瓦茨不等式）.

2. 向量的长度及夹角

定义 1　设 $\boldsymbol{x}=(x_1,x_2,\cdots,x_n)'$，则定义向量 $\boldsymbol{x}$ 的长度（或称为范数）为

$$\|\boldsymbol{x}\|=\sqrt{[\boldsymbol{x},\boldsymbol{x}]}=\sqrt{x_1^2+x_2^2+\cdots+x_n^2}$$

性质

①非负性：当 $\boldsymbol{x}\neq\boldsymbol{0}$ 时，$\|\boldsymbol{x}\|>0$；当 $\boldsymbol{x}=\boldsymbol{0}$ 时，$\|\boldsymbol{x}\|=0$；

②齐次性：$\|\lambda\boldsymbol{x}\|=|\lambda|\,\|\boldsymbol{x}\|$；

③三角不等式：$\|\boldsymbol{x}+\boldsymbol{y}\|\leqslant\|\boldsymbol{x}\|+\|\boldsymbol{y}\|$.

定义 2　设 $\boldsymbol{x},\boldsymbol{y}$ 是两个 n 维非零向量，则定义 $\boldsymbol{x}$ 与 $\boldsymbol{y}$ 之间的夹角 θ 的余弦为

$$\cos\theta=\frac{[\boldsymbol{x},\boldsymbol{y}]}{\|\boldsymbol{x}\|\cdot\|\boldsymbol{y}\|}，即\ \theta=\arccos\frac{[\boldsymbol{x},\boldsymbol{y}]}{\|\boldsymbol{x}\|\cdot\|\boldsymbol{y}\|}$$

3. 正交向量组

定义 1　当 $[\boldsymbol{x},\boldsymbol{y}]=0$ 时称向量 $\boldsymbol{x}$ 与向量 $\boldsymbol{y}$ 正交；如果向量组 $\boldsymbol{x}_1,\boldsymbol{x}_2,\cdots,\boldsymbol{x}_n$ 中的向量两两正交，则称之为正交向量组.

注　两个 n 维非零向量 $\boldsymbol{x}$ 与 $\boldsymbol{y}$ 正交的充要条件是它们的夹角为 90°.

定理　任意一组正交向量组必线性无关.

定义 2　如果向量组 $\boldsymbol{e}_1,\boldsymbol{e}_2,\cdots,\boldsymbol{e}_n$ 满足以下条件：

①$\boldsymbol{e}_1,\boldsymbol{e}_2,\cdots,\boldsymbol{e}_n$ 两两正交；

②$\|\boldsymbol{e}_i\|=1(i=1,2,\cdots,n)$.

则称 $\boldsymbol{e}_1,\boldsymbol{e}_2,\cdots,\boldsymbol{e}_n$ 是一个规范正交向量组.

注　①$\boldsymbol{e}_1=(1,0,\cdots,0)',\boldsymbol{e}_2=(0,1,\cdots,0)',\cdots,\boldsymbol{e}_n=(0,0,\cdots,1)'$ 为 n 维向量空间 $\mathbf{R}^n$ 的一个规范正交向量组；

②设 $\boldsymbol{e}_1,\boldsymbol{e}_2,\cdots,\boldsymbol{e}_n$ 为 n 维线性空间 $\mathbf{R}^n$ 的一组规范正交向量组，$\boldsymbol{x},\boldsymbol{y}$ 是 $\mathbf{R}^n$ 中的两个向量且

$$\boldsymbol{x}=\lambda_1\boldsymbol{e}_1+\lambda_2\boldsymbol{e}_2+\cdots+\lambda_n\boldsymbol{e}_n,\boldsymbol{y}=\mu_1\boldsymbol{e}_1+\mu_2\boldsymbol{e}_2+\cdots+\mu_n\boldsymbol{e}_n$$

则 $[\boldsymbol{x},\boldsymbol{y}]=\lambda_1\boldsymbol{\mu}_1+\lambda_2\boldsymbol{\mu}_2+\cdots+\lambda_n\boldsymbol{\mu}_n$.

施密特正交化过程

设 $\boldsymbol{\alpha}_1,\boldsymbol{\alpha}_2,\cdots,\boldsymbol{\alpha}_r$ 是一个线性无关的向量组，通过以下方法可将之化为规范正交向量组：

①先将 $\boldsymbol{\alpha}_1,\boldsymbol{\alpha}_2,\cdots,\boldsymbol{\alpha}_r$ 正交化得正交向量组 $\boldsymbol{b}_1,\boldsymbol{b}_2,\cdots,\boldsymbol{b}_r$，取

$$\boldsymbol{b}_1=\boldsymbol{a}_1$$

$$\boldsymbol{b}_2=\boldsymbol{a}_2-\frac{[\boldsymbol{a}_2,\boldsymbol{b}_1]}{\|\boldsymbol{b}_1\|^2}\boldsymbol{b}_1$$

$$\boldsymbol{b}_3=\boldsymbol{a}_3-\frac{[\boldsymbol{a}_3,\boldsymbol{b}_1]}{\|\boldsymbol{b}_1\|^2}\boldsymbol{b}_1-\frac{[\boldsymbol{a}_3,\boldsymbol{b}_2]}{\|\boldsymbol{b}_2\|^2}\boldsymbol{b}_2$$

$$\vdots$$

$$\boldsymbol{b}_r=\boldsymbol{a}_r-\frac{[\boldsymbol{a}_r,\boldsymbol{b}_1]}{\|\boldsymbol{b}_1\|^2}\boldsymbol{b}_1-\frac{[\boldsymbol{a}_r,\boldsymbol{b}_2]}{\|\boldsymbol{b}_2\|^2}\boldsymbol{b}_2-\cdots-\frac{[\boldsymbol{a}_r,\boldsymbol{b}_{r-1}]}{\|\boldsymbol{b}_{r-1}\|^2}\boldsymbol{b}_{r-1}$$

②将正交向量组 $\boldsymbol{b}_1,\boldsymbol{b}_2,\cdots,\boldsymbol{b}_r$ 规范化得规范正交向量组 $\boldsymbol{e}_1,\boldsymbol{e}_2,\cdots,\boldsymbol{e}_r$，取

$$\boldsymbol{e}_1=\frac{1}{\|\boldsymbol{b}_1\|}\boldsymbol{b}_1,\boldsymbol{e}_2=\frac{1}{\|\boldsymbol{b}_2\|}\boldsymbol{b}_2,\cdots,\boldsymbol{e}_r=\frac{1}{\|\boldsymbol{b}_r\|}\boldsymbol{b}_r$$

4. 正交矩阵与正交变换

定义 1　如果 n 阶矩阵 $\boldsymbol{A}$ 满足 $\boldsymbol{AA}'=\boldsymbol{E}$，则称 $\boldsymbol{A}$ 是正交矩阵，简称正交阵.

正交矩阵的性质：

①设 $\boldsymbol{A}$ 是正交矩阵，则 $\boldsymbol{A}'=\boldsymbol{A}^{-1}$；

②设 $\boldsymbol{A}$ 是正交矩阵，则 $\boldsymbol{AA}'=\boldsymbol{A}'\boldsymbol{A}=\boldsymbol{E}$；

③设 $\boldsymbol{A}$ 是正交矩阵，则 $\boldsymbol{A}'$（或 $\boldsymbol{A}^{-1}$）也是正交矩阵；

④两个正交矩阵之积仍是正交矩阵；

⑤设 $\boldsymbol{A}$ 是正交矩阵，则 $|\boldsymbol{A}|=1$ 或 $|\boldsymbol{A}|=-1$.

定理 n 阶方阵 $\boldsymbol{A}$ 是正交矩阵的充要条件是 $\boldsymbol{A}$ 的 n 个行向量(或列向量)构成 $\mathbf{R}^n$ 的一个规范正交向量组.

定义 2 若 $\boldsymbol{P}$ 为正交阵，则线性变换 $\boldsymbol{y}=\boldsymbol{P}\boldsymbol{x}$ 称为正交变换.

性质 正交变换保持向量的长度不变.

5. 特征值与特征向量

定义 设 $\boldsymbol{A}$ 是 n 阶矩阵，若存在一个数 λ 和一个 n 维非零列向量 $\boldsymbol{x}$ 使得

$$\boldsymbol{A}\boldsymbol{x}=\lambda\boldsymbol{x}$$

则称 λ 为 $\boldsymbol{A}$ 的特征值，而称非零列向量 $\boldsymbol{x}$ 为矩阵 $\boldsymbol{A}$ 对应于特征值 λ 的特征向量.

注 ①$\boldsymbol{A}\boldsymbol{x}=\lambda\boldsymbol{x}$ 等价于

$$(\boldsymbol{A}-\lambda\boldsymbol{E})\boldsymbol{x}=\boldsymbol{0}$$

该齐次线性方程组有非零解的充要条件是 $|\boldsymbol{A}-\lambda\boldsymbol{E}|=0$.

上式是以 λ 为未知数的一元 n 次方程，称之为方阵 $\boldsymbol{A}$ 的特征方程；方程左端是 λ 的 n 次多项式，记为 $f(\lambda)$，称之为方阵 $\boldsymbol{A}$ 的特征多项式.

②任一个 n 阶矩阵 $\boldsymbol{A}$ 必有 n 个复的特征值(重根按重数计算).

③若 $\boldsymbol{x},\boldsymbol{y}$ 是 $\boldsymbol{A}$ 对应于特征值 λ 的特征向量，则 $\boldsymbol{x}$ 与 $\boldsymbol{y}$ 的非零线性组合 $k_1\boldsymbol{x}+k_2\boldsymbol{y}$ 也是 $\boldsymbol{A}$ 对应于特征值 λ 的特征向量(k_1,k_2 是不全为零的常数).

④对应于不同的特征值的特征向量不相等.

(1)特征根和特征向量的求法

第一步 解特征方程

$$|\boldsymbol{A}-\lambda\boldsymbol{E}|=\begin{vmatrix} a_{11}-\lambda & a_{12} & \cdots & a_{1n} \\ a_{21} & a_{22}-\lambda & \cdots & a_{2n} \\ \vdots & \vdots & & \vdots \\ a_{n1} & a_{n2} & \cdots & a_{nn}-\lambda \end{vmatrix}=0$$

求出特征值 $\lambda_1,\lambda_2,\cdots,\lambda_s$.

第二步 对每一特征值 λ_i，解齐次线性方程 $(\boldsymbol{A}-\lambda_i\boldsymbol{E})\boldsymbol{x}=\boldsymbol{0}$，求出其基础解系 $\boldsymbol{\alpha}_1,\boldsymbol{\alpha}_2,\cdots,\boldsymbol{\alpha}_r$，则矩阵 $\boldsymbol{A}$ 对应于特征根 λ_i 的所有特征向量可表示为 $k_1\boldsymbol{\alpha}_1+k_2\boldsymbol{\alpha}_2+\cdots+k_r\boldsymbol{\alpha}_r$.

(2)特征值与特征向量的性质

定理 1 设 n 阶方阵 $\boldsymbol{A}=(a_{ij})$ 的特征值为 $\lambda_1,\lambda_2,\cdots,\lambda_n$，则有：

①$\lambda_1+\lambda_2+\cdots+\lambda_n=a_{11}+a_{22}+\cdots+a_{nn}$；

②$\lambda_1\lambda_2\cdots\lambda_n=|\boldsymbol{A}|$.

定理 2 属于不同特征值的特征向量是线性无关的.

定理 3 矩阵$\boldsymbol{A}$和它的转置矩阵$\boldsymbol{A}'$具有相同的特征值.

定理 4 设λ是方阵$\boldsymbol{A}$的特征值，则λ^k是$\boldsymbol{A}^k$的特征值.

定理 5 设λ是可逆矩阵$\boldsymbol{A}$的特征值，则λ^{-1}是$\boldsymbol{A}^{-1}$的特征值.

6. 相似矩阵与相似变换

定义 设$\boldsymbol{A},\boldsymbol{B}$都是$n$阶矩阵，若有可逆矩阵$\boldsymbol{P}$，使

$$\boldsymbol{P}^{-1}\boldsymbol{A}\boldsymbol{P}=\boldsymbol{B}$$

则称$\boldsymbol{B}$是$\boldsymbol{A}$的相似矩阵，或说矩阵$\boldsymbol{A}$与$\boldsymbol{B}$相似. 对$\boldsymbol{A}$进行运算$\boldsymbol{P}^{-1}\boldsymbol{A}\boldsymbol{P}$称为对$\boldsymbol{A}$进行相似变换，可逆矩阵$\boldsymbol{P}$称为把$\boldsymbol{A}$变成$\boldsymbol{B}$的相似变换矩阵.

(1)相似矩阵的性质

①矩阵的相似关系是一种等价关系，它满足：

自反性：$\boldsymbol{A}$与$\boldsymbol{A}$本身相似；

对称性：若$\boldsymbol{A}$与$\boldsymbol{B}$相似，则$\boldsymbol{B}$与$\boldsymbol{A}$相似；

传递性：若$\boldsymbol{A}$与$\boldsymbol{B}$相似，$\boldsymbol{B}$与$\boldsymbol{C}$相似，则$\boldsymbol{A}$与$\boldsymbol{C}$相似.

②若$\boldsymbol{A}$与$\boldsymbol{B}$相似，则$\boldsymbol{A}^m$与$\boldsymbol{B}^m$相似(m为正整数).

③若n阶矩阵$\boldsymbol{A}$与$\boldsymbol{B}$相似，则$\boldsymbol{A}$与$\boldsymbol{B}$的特征多项式相同，从而$\boldsymbol{A}$与$\boldsymbol{B}$的特征值亦相同.

推论 若n阶方阵$\boldsymbol{A}$与对角阵$\boldsymbol{\Lambda}=\begin{pmatrix}\lambda_1 & & & \\ & \lambda_2 & & \\ & & \ddots & \\ & & & \lambda_n\end{pmatrix}$相似，则$\lambda_1,\lambda_2,\cdots,\lambda_n$即是$\boldsymbol{A}$的$n$个特征值.

(2)利用相似变换将方阵对角化

对n阶方阵$\boldsymbol{A}$，若可找到可逆矩阵$\boldsymbol{P}$，使$\boldsymbol{P}^{-1}\boldsymbol{A}\boldsymbol{P}=\boldsymbol{\Lambda}$为对角阵，这就称为把方阵$\boldsymbol{A}$对角化.

定理 n阶矩阵$\boldsymbol{A}$与对角矩阵相似(即$\boldsymbol{A}$能对角化)的充要条件是$\boldsymbol{A}$有n个线性无关的特征向量.

推论 如果n阶矩阵$\boldsymbol{A}$的n个特征值互不相等，则$\boldsymbol{A}$与对角阵相似.

(3)利用对角矩阵计算矩阵的幂及矩阵多项式

定理 1 设$\varphi(\boldsymbol{A})=a_0\boldsymbol{E}+a_1\boldsymbol{A}+a_2\boldsymbol{A}^2+\cdots+a_n\boldsymbol{A}^n$，若存在可逆矩阵$\boldsymbol{P}$使

$\boldsymbol{P}^{-1}\boldsymbol{A}\boldsymbol{P}=\boldsymbol{B}$ 为对角矩阵，则 $\boldsymbol{A}^k=\boldsymbol{P}\boldsymbol{B}^k\boldsymbol{P}^{-1}$，$\varphi(\boldsymbol{A})=\boldsymbol{P}\varphi(\boldsymbol{B})\boldsymbol{P}^{-1}$.

定理 2 设 $f(\lambda)$是矩阵 $\boldsymbol{A}$ 的特征多项式，则 $f(\boldsymbol{A})=0$.

7. 实对称矩阵

(1)实对称矩阵的性质

定理 1 实对称矩阵的特征值为实数.

定理 2 设 λ_1,λ_2 是对称阵 $\boldsymbol{A}$ 的两个特征值，$\boldsymbol{p}_1,\boldsymbol{p}_2$ 是对应的特征向量，若 $\lambda_1\neq\lambda_2$，则 $\boldsymbol{p}_1$ 与 $\boldsymbol{p}_2$ 正交.

定理 3 $\boldsymbol{A}$ 为 n 阶对称矩阵，则必有正交矩阵 $\boldsymbol{P}$，使 $\boldsymbol{P}^{-1}\boldsymbol{A}\boldsymbol{P}=\boldsymbol{\Lambda}$，其中 $\boldsymbol{\Lambda}$ 是一个以特征值为对角元素的对角矩阵.

定理 4 设 $\boldsymbol{A}$ 为 n 阶实对称矩阵，λ 是 $\boldsymbol{A}$ 的特征方程的 k 重根，则 $R(\boldsymbol{A}-\lambda\boldsymbol{E})=n-k$，从而对应特征值 λ 恰有 k 个线性无关的特征向量.

(2)利用正交矩阵将对称矩阵对角化的方法

利用正交矩阵将对称矩阵化为对角矩阵，其具体步骤为：

第一步：求出 $\boldsymbol{A}$ 的全部互不相等的特征值 $\lambda_1,\lambda_2,\cdots,\lambda_s$，它们的重数依次为 $k_1,k_2,\cdots,k_s(k_1+k_2+\cdots+k_s=n)$.

第二步：对每个 k_i 重特征值，解方程 $(\boldsymbol{A}-\lambda_i\boldsymbol{E})\boldsymbol{x}=\boldsymbol{0}$，得 k_i 个线性无关的特征向量. 再把它们正交化、单位化，得 k_i 个两两正交的单位特征向量. 因 $k_1+k_2+\cdots+k_s=n$，故共得 n 个两两正交的单位特征向量.

第三步：将这 n 个两两正交的单位特征向量构成正交阵 $\boldsymbol{P}$，则 $\boldsymbol{P}^{-1}\boldsymbol{A}\boldsymbol{P}=\boldsymbol{\Lambda}$.

8. 二次型及其有关概念

(1)概念

定义 1 含有 n 个变量 $x_1,x_2,\cdots,x_n$ 的二次齐次函数

$$f(x_1,x_2,\cdots,x_n)=a_{11}x_1^2+a_{22}x_2^2+\cdots+a_{nn}x_n^2+2a_{12}x_1x_2+2a_{13}x_1x_3+\cdots+2a_{n-1,n}x_{n-1}x_n$$

称为二次型.

定义 2 当 a_{ij} 是复数时，f 称为复二次型，当 a_{ij} 是实数时，f 称为实二次型.

定义 3 只含有平方项的二次型 $f=k_1y_1^2+k_2y_2^2+\cdots+k_ny_n^2$ 称为二次型的标准形(或法式).

定义 4 只含有平方项且平方项的系数只能是 $1,-1,0$ 这三个数的二次型称为二次型的规范形.

(2)二次型的表示方法

$$f=a_{11}x_1^2+a_{12}x_1x_2+\cdots+a_{1n}x_1x_n+a_{21}x_2x_1+a_{22}x_2^2+\cdots+$$

$$a_{2n}x_2x_n+\cdots+a_{n1}x_nx_1+a_{n2}x_nx_2+\cdots+a_{nn}x_n^2$$

$$=x_1(a_{11}x_1+a_{12}x_2+\cdots+a_{1n}x_n)+x_2(a_{21}x_1+a_{22}x_2+\cdots+a_{2n}x_n)+\cdots+$$

$$x_n(a_{n1}x_1+a_{n2}x_2+\cdots+a_{nn}x_n)$$

$$=(x_1,x_2,\cdots,x_n)\begin{pmatrix}a_{11}x_1+a_{12}x_2+\cdots+a_{1n}x_n\\a_{21}x_1+a_{22}x_2+\cdots+a_{2n}x_n\\\vdots\\a_{n1}x_1+a_{n2}x_2+\cdots+a_{nn}x_n\end{pmatrix}$$

$$=(x_1,x_2,\cdots,x_n)\begin{pmatrix}a_{11}&a_{12}&\cdots&a_{1n}\\a_{21}&a_{22}&\cdots&a_{2n}\\\vdots&\vdots&&\vdots\\a_{n1}&a_{n2}&\cdots&a_{nn}\end{pmatrix}\begin{pmatrix}x_1\\x_2\\\vdots\\x_n\end{pmatrix}$$

记 $\boldsymbol{A}=\begin{pmatrix}a_{11}&a_{12}&\cdots&a_{1n}\\a_{21}&a_{22}&\cdots&a_{2n}\\\vdots&\vdots&&\vdots\\a_{n1}&a_{n2}&\cdots&a_{nn}\end{pmatrix},\boldsymbol{x}=\begin{pmatrix}x_1\\x_2\\\vdots\\x_n\end{pmatrix}$

则二次型可记作 $f=\boldsymbol{x}'\boldsymbol{A}\boldsymbol{x}$,其中 $\boldsymbol{A}$ 为对称矩阵.

9.合同矩阵及其性质

定义 设 $\boldsymbol{A}$ 和 $\boldsymbol{B}$ 都是 n 阶矩阵,若有可逆矩阵 $\boldsymbol{C}$ 使 $\boldsymbol{B}=\boldsymbol{C}'\boldsymbol{A}\boldsymbol{C}$,则称矩阵 $\boldsymbol{A}$ 与 $\boldsymbol{B}$ 合同.

定理 设矩阵 $\boldsymbol{A}$ 与 $\boldsymbol{B}$ 合同,如果 $\boldsymbol{A}$ 是对称矩阵,则 $\boldsymbol{B}$ 也是对称矩阵,且 $R(\boldsymbol{A})=R(\boldsymbol{B})$.

10.化二次型为标准形

设 $\begin{cases}x_1=c_{11}y_1+c_{12}y_2+\cdots+c_{1n}y_n\\x_2=c_{21}y_1+c_{22}y_2+\cdots+c_{2n}y_n\\\quad\vdots\\x_n=c_{n1}y_1+c_{n2}y_2+\cdots+c_{nn}y_n\end{cases}$

设 $\boldsymbol{C}=(c_{ij})$,则上述可逆线性变换可记作 $\boldsymbol{x}=\boldsymbol{C}\boldsymbol{y}$,将其代入 $f=\boldsymbol{x}'\boldsymbol{A}\boldsymbol{x}$ 有

$$f=\boldsymbol{x}'\boldsymbol{A}\boldsymbol{x}=(\boldsymbol{C}\boldsymbol{y})'\boldsymbol{A}(\boldsymbol{C}\boldsymbol{y})=\boldsymbol{y}'(\boldsymbol{C}'\boldsymbol{A}\boldsymbol{C})\boldsymbol{y}$$

只要 $\boldsymbol{C}'\boldsymbol{A}\boldsymbol{C}=\begin{pmatrix} k_1 & & & \\ & k_2 & & \\ & & \ddots & \\ & & & k_n \end{pmatrix}$,即 $\boldsymbol{C}'\boldsymbol{A}\boldsymbol{C}$ 为对角阵,f 就可化为标准形

$$f=(y_1,\quad y_2,\quad \cdots,\quad y_n)\begin{pmatrix} k_1 & & & \\ & k_2 & & \\ & & \ddots & \\ & & & k_n \end{pmatrix}\begin{pmatrix} y_1 \\ y_2 \\ \vdots \\ y_n \end{pmatrix}$$

$$=k_1y_1^2+k_2y_2^2+\cdots+k_ny_n^2$$

因此化二次型为标准形实际上寻求可逆矩阵 $\boldsymbol{C}$,使 $\boldsymbol{C}'\boldsymbol{A}\boldsymbol{C}$ 为对角阵.

由于对任意的实对称矩阵 $\boldsymbol{A}$,总有正交矩阵 $\boldsymbol{P}$,使 $\boldsymbol{P}'\boldsymbol{A}\boldsymbol{P}=\boldsymbol{\Lambda}$. 把此结论应用于二次型,有以下结论:

定理 任给二次型 $f=\sum_{i,j=1}^{n}a_{ij}x_ix_j\ (a_{ij}=a_{ji})$,总有正交变换 $\boldsymbol{x}=\boldsymbol{P}\boldsymbol{y}$,使 f 化为标准形

$$f=\lambda_1y_1^2+\lambda_2y_2^2+\cdots+\lambda_ny_n^2$$

其中,$\lambda_1,\lambda_2,\cdots,\lambda_n$ 是 f 的矩阵 $\boldsymbol{A}=(a_{ij})$ 的特征值.

推论 任给二次型 $f=\sum_{i,j=1}^{n}a_{ij}x_ix_j\ (a_{ij}=a_{ji})$,总有可逆变换 $\boldsymbol{x}=\boldsymbol{C}\boldsymbol{z}$,使 $f(\boldsymbol{C}\boldsymbol{z})$ 为规范形.

(1)用正交变换化二次型为标准形的方法:

第一步 将二次型表示为矩阵形式 $f=\boldsymbol{x}'\boldsymbol{A}\boldsymbol{x}$,求出 $\boldsymbol{A}$;

第二步 求出 $\boldsymbol{A}$ 的全部互不相等的特征值 $\lambda_1,\lambda_2,\cdots,\lambda_s$,它们的重数依次为 $k_1,k_2,\cdots,k_s\ (k_1+k_2+\cdots+k_s=n)$;

第三步 对每个 k_i 重特征值,解方程 $(\boldsymbol{A}-\lambda_i\boldsymbol{E})\boldsymbol{x}=\boldsymbol{0}$,得 k_i 个线性无关的特征向量. 再把它们正交化、单位化,得 k_i 个两两正交的单位特征向量. 因 $k_1+k_2+\cdots+k_s=n$,故共得 n 个两两正交的单位特征向量.

第四步 将这 n 个两两正交的单位特征向量构成正交阵 $\boldsymbol{P}$,则 $\boldsymbol{P}^{-1}\boldsymbol{A}\boldsymbol{P}=\boldsymbol{\Lambda}$.

第五步 作正交变换 $\boldsymbol{x}=\boldsymbol{P}\boldsymbol{y}$,则得 f 的标准形 $f=\lambda_1y_1^2+\cdots+\lambda_ny_n^2$.

(2)用配方法化二次型为标准形的具体步骤:

①若二次型含有 x_i 的平方项,则先把含有 x_i 的乘积项集中,然后配方,

再用同样的方法对其余的变量进行配方，直到都配成平方项为止，经过可逆线性变换，就得到二次型的标准形；

②若二次型中不含有平方项，但是 $a_{ij}\neq 0(i\neq j)$，则先作可逆线性变换

$$\begin{cases}x_i=y_i-y_j\\ x_j=y_i+y_j \quad (k=1,2,\cdots,n \text{ 且 } k\neq i,j)\\ x_k=y_k\end{cases}$$

化二次型为含有平方项的二次型，然后再按①中方法配方.

11. 正定二次型

(1)惯性定理

设有实二次型 $f=\boldsymbol{x}'\boldsymbol{A}\boldsymbol{x}$，它的秩为 r，有两个实的可逆变换 $\boldsymbol{x}=\boldsymbol{C}\boldsymbol{y}$ 及 $\boldsymbol{x}=\boldsymbol{P}\boldsymbol{z}$；使

$$f=k_1y_1^2+k_2y_2^2+\cdots+k_ry_r^2 \quad (k_i\neq 0)$$

及

$$f=\lambda_1z_1^2+\lambda_2z_2^2+\cdots+\lambda_rz_r^2 \quad (\lambda_i\neq 0)$$

则 $k_1,\cdots,k_r$ 中正数的个数与 $\lambda_1,\cdots,\lambda_r$ 中正数的个数相等.

注 二次型的标准形中正系数的个数称为二次型的正惯性系数，负系数的个数称为二次型的负惯性系数. 若二次型 f 的秩为 r，正惯性系数为 p，则 f 的规范形为

$$f=y_1^2+\cdots+y_p^2-y_{p+1}^2-\cdots-y_r^2$$

(2)正(负)定二次型的概念

定义 设有实二次型 $f(\boldsymbol{x})=\boldsymbol{x}'\boldsymbol{A}\boldsymbol{x}$.

①如果对任何 $\boldsymbol{x}\neq\boldsymbol{0}$，都有 $f(\boldsymbol{x})>0$(显然 $f(\boldsymbol{0})=0$)，则 f 为正定二次型，并称对称矩阵 $\boldsymbol{A}$ 是正定的；

②如果对任何 $\boldsymbol{x}\neq\boldsymbol{0}$，都有 $f(\boldsymbol{x})<0$，则称 f 为负定二次型，并称对称矩阵 $\boldsymbol{A}$ 是负定的.

(3)正(负)定二次型的判别

定理 1 实二次型 $f=\boldsymbol{x}'\boldsymbol{A}\boldsymbol{x}$ 为正定的充分必要条件是：它的标准形的 n 个系数全为正.

推论 对称矩阵 $\boldsymbol{A}$ 为正定的充分必要条件是 $\boldsymbol{A}$ 的特征值全为正.

定理 2 对称矩阵 $\boldsymbol{A}$ 为正定的充分必要条件是 $\boldsymbol{A}$ 的各阶主子式为正，即

$$a_{11}>0,\begin{vmatrix}a_{11}&a_{12}\\a_{21}&a_{22}\end{vmatrix}>0,\cdots,\begin{vmatrix}a_{11}&\cdots&a_{1n}\\\vdots&&\vdots\\a_{n1}&\cdots&a_{nn}\end{vmatrix}>0$$

对称矩阵 $\boldsymbol{A}$ 为负定的充分必要条件是:$\boldsymbol{A}$ 的奇数阶主子式为负,而偶数阶主子式为正,即

$$(-1)^r\begin{vmatrix} a_{11} & \cdots & a_{1r} \\ \vdots & & \vdots \\ a_{r1} & \cdots & a_{rr} \end{vmatrix}>0 \quad (r=1,2,\cdots,n)$$

这个定理称为霍尔维茨定理.

(4)正定矩阵的一些简单性质

性质 1 设 $\boldsymbol{A}$ 为正定实对称阵,则 $\boldsymbol{A}',\boldsymbol{A}^{-1},\boldsymbol{A}^*$ 均为正定矩阵.

性质 2 若 $\boldsymbol{A},\boldsymbol{B}$ 均为 n 阶正定矩阵,则 $\boldsymbol{A}+\boldsymbol{B}$ 也是正定矩阵.

第二章　基础自测题

(一)极限与连续

1. $f(x)$是在实数轴上有定义且以 π 为周期的奇函数，且 $f(x)=\sin x-\cos x+2$, $0<x<\frac{\pi}{2}$，则当 $x\in\left(\frac{\pi}{2},\pi\right)$时，$f(x)=$________.

2. 设 $f(x)=\sqrt{x+|x|}$，则 $f(f(x))=$________.

3. 极限 $I=\lim\limits_{\substack{x\to 0\\ y\to 0}}\frac{\sin(x+y)}{x-y}=(\quad)$.

(A)1　　(B)0　　(C)-1　　(D)不存在

4. $\lim\limits_{x\to-\infty}\frac{\sqrt{x^2+3x}}{\sqrt[3]{x^3-2x^2}}=$________.

5. 设 m,n 均为正常数，则 $I=\lim\limits_{x\to\pi}\frac{\sin mx}{\sin nx}=$________.

6. 当 $x\to 0$ 时，$3x-4\sin x+\sin x\cos x$ 与 x^n 为同阶无穷小量，则 $n=$________.

7. 设 $a=$________，$b=$________时，函数 $f(x)=\sin x-\frac{ax}{1+bx^2}$ 在 $x\to 0$ 时关于 x 的无穷小量的阶数最高.

8. 当 $x\to 1$ 时，若 $1-\frac{m}{1+x+\cdots+x^{m-1}}$ 是 $x-1$ 的等价无穷小，则 $m=$________.

9. 设 $f(x)=\int_0^x\sin(x-t)\mathrm{d}t$，$g(x)=\int_0^1 x\ln(1+xt)\mathrm{d}t$，则当 $x\to 0$ 时，$f(x)$ 是 $g(x)$ 的(　).

(A)高阶无穷小　　(B)低阶无穷小

(C)等价无穷小　　(D)同阶非等价无穷小

10. $x\to 0$ 时，$F(x)=\int_0^x(x^2-t^2)f'(t)\mathrm{d}t$ 的导数与 x^2 为等价无穷小，求 $f'(0)$.

11. 求极限$\lim\limits_{x\to 0}\dfrac{\int_0^x\left(3\sin t+t^2\cos\dfrac{1}{t}\right)\mathrm{d}t}{(1+2\cos x)\int_0^x\ln(1+\sin t)\mathrm{d}t}$.

12. 设 $f(x)$为可导的连续函数,且 $f(0)=0$,则 $\lim\limits_{x\to 0}\dfrac{1}{x}\int_0^1 f(xt)\mathrm{d}t=$ ______.

13. 设 $f'(x)$连续,且 $f(0)=0, f'(0)\neq 0$,求$\lim\limits_{x\to 0}\dfrac{\int_0^{x^2}f(t)\mathrm{d}t}{x^2\int_0^x f(t)\mathrm{d}t}$.

14. 求极限 $\lim\limits_{x\to+\infty}\ln(1+2^x)\ln\left(1+\dfrac{3}{x}\right)$.

15. 求极限$\lim\limits_{x\to\infty}\left(x^3\ln\dfrac{x+1}{x-1}-2x^2\right)$.

16. 求极限$\lim\limits_{x\to 0}(x^2+2x\mathrm{e}^x+\mathrm{e}^{2x})^{\frac{2}{\sin x}}$.

17. 求极限$\lim\limits_{x\to\infty}\left(x\arctan\dfrac{1}{x}\right)^{x^2}$

18. 已知曲线 $y=f(x)$在点$(1,0)$处的切线在 y 轴上的截距为-1,求极限

$$I=\lim_{n\to\infty}\left[1+f\left(1+\frac{1}{n}\right)\right]^n$$

19. 已知 α,β 为常数,$f(x)$可导,则$\lim\limits_{\Delta x\to 0}\dfrac{f(x+\alpha\Delta x)-f(x-\beta\Delta x)}{\Delta x}$.

20. 设函数 $f(x)$ 是二次可微函数,且 $\lim\limits_{x\to 0}\dfrac{f(x)}{x}=1, f''(0)=2$,求 $\lim\limits_{x\to 0}\dfrac{f(x)-x}{x^2}$.

21. 设 $x_1=1, x_{n+1}+\sqrt{1-x_n}=0(n\geqslant 1)$,求$\lim\limits_{n\to\infty}x_n$.

22. 求$\lim\limits_{n\to\infty}\dfrac{1}{n^4}[\ln f(1)f(2)\cdots f(n)]$,其中 $f(x)=a^{x^3}$.

23. 设$\lim\limits_{x\to 0}\dfrac{\mathrm{e}^{\tan x}-\mathrm{e}^x}{x^k}=C(\neq 0)$,则 $k=$ ______,$C=$ ______.

24. 设 $a>0$,且$\lim\limits_{x\to 0}\dfrac{1}{x-\sin x}\int_0^x\dfrac{t^2}{\sqrt{a+t}}\mathrm{d}t=\lim\limits_{x\to\frac{\pi}{6}}\left[\sin\left(\dfrac{\pi}{6}-x\right)\tan 3x\right]$,则 $a=$ ______.

25. 设$\lim\limits_{x\to 0}\dfrac{\ln(1+x)-(ax+bx^2)}{\int_0^{x^2}\mathrm{e}^{t^2}\mathrm{d}t}=\int_{\mathrm{e}}^{+\infty}\dfrac{\mathrm{d}x}{x\ln^2 x}$,求 a,b 的值.

26. 试确定 a,b,c 的值，使 $\lim\limits_{x\to 0}\dfrac{ax-\sin x}{\displaystyle\int_b^x \frac{\ln(1+t^3)}{t}\mathrm{d}t}=c(\neq 0)$.

27. 问 a,b 为何值时，$f(x)=\begin{cases}\dfrac{1-\cos ax}{\ln(1+\sin^2 2x)}, & x<0\\ 1, & x=0\\ \dfrac{b\tan x+\displaystyle\int_0^x \sin(x-t)\mathrm{d}t}{x}, & x>0\end{cases}$，在点 $x=0$ 处是连续的.

28. 设 $y=\dfrac{2^{\frac{1}{x}}-1}{2^{\frac{1}{x}}+1}$ 在点 $x=0$ 处为(　).

(A)连续点　　(B)第一类间断点

(C)第二类间断点　　(D)可去间断点

29. 函数 $y=\dfrac{\mathrm{e}^{2x}-1}{x(x-1)}$ 的可去间断点为(　).

(A)$x=0,1$　(B)$x=1$　(C)$x=0$　(D)无可去间断点

30. 试确定 a,b 的值，使 $f(x)=\dfrac{\mathrm{e}^x-b}{(x-a)(x-b)}$ 有无穷间断点 $x=\mathrm{e}$ 及可去间断点 $x=1$.

31. 设常数 $k>0$，$f(x)=\ln x-\dfrac{x}{\mathrm{e}}+k$ 在 $(0,+\infty)$ 内零点个数是(　).

(A)3　(B)2　(C)1　(D)0

(二)一元微分学

1. 设 $f(x)=\begin{cases}\dfrac{1-\cos x}{\sqrt{x}}, & x>0\\ x^2 g(x), & x\leqslant 0\end{cases}$，其中 $g(x)$ 有界，则 $f(x)$ 在 $x=0$ 处(　).

(A)极限不存在　　(B)极限存在不连续

(C)连续但不可导　　(D)可导

2. 设 $f(x)=\lim\limits_{n\to\infty}\sqrt[n]{1+|x|^{3n}}$，则 $f(x)$ 在 $(-\infty,+\infty)$ 内有________个不可导点.

3. 方程$[\varphi(y)]^2+x\sin[\pi\varphi(y)]+2x-3=0$确定了$y$为$x$的函数，其中$\varphi$可微，且$\varphi(0)=\varphi'(0)=1$，求$\left.\frac{\mathrm{d}y}{\mathrm{d}x}\right|_{y=0}$.

4. 设严格单调函数$y=f(x)$有二阶连续导数，其反函数为$x=\varphi(y)$，且$f(1)=1,f'(1)=2,f''(1)=3$，则$\varphi''(1)=$________.

5. 已知$f(x)$在点$x=0$某邻域内连续，$f(0)=0,\lim\limits_{x\to 0}\frac{f(x)}{1-\cos x}=2$，则在$x=0$处，$f(x)$必定( ).

(A)不可导　　(B)可导且$f'(0)\neq 0$

(C)取得极大值　　(D)取得极小值

6. 设$f(x)$在$[0,1]$上满足$f''(x)>0$，则下列成立的是( ).

(A)$f'(1)>f'(0)>f(1)-f(0)$　　(B)$f'(1)>f(1)-f(0)>f'(0)$

(C)$f(1)-f(0)>f'(1)>f'(0)$　　(D)$f'(1)>f(0)-f(1)>f'(0)$

7. 设函数$g(x)$可微，$h(x)=\mathrm{e}^{1+g(x)}$，$h'(1)=1,g'(1)=2$，则$g(1)=$( ).

(A)$\ln 3-1$　(B)$-\ln 3-1$　(C)$-\ln 2-1$　(D)$\ln 2-1$

8. 设$f(x)$连续，在$x=1$处可导，$f(1+\sin x)-3f(1-\sin x)=8x+o(x),x\to 0$，则曲线$y=f(x)$在$x=1$处切线方程为________.

9. 设函数$f(x)$在$[0,3]$上连续，在$(0,3)$内存在二阶导数，且$2f(0)=\int_0^2 f(x)\mathrm{d}x=f(2)+f(3)$，证明：

(1)存在$\eta\in(0,2)$，使得$f(\eta)=f(0)$；

(2)存在$\xi\in(0,3)$，使得$f''(\xi)=0$.

10. 设函数$f(x)$在$[0,2]$上连续，在$(0,2)$内存在二阶导数，且$\lim\limits_{x\to\frac{1}{2}}\frac{f(x)}{\cos\pi x}=0$，$2\int_{\frac{1}{2}}^{1}f(x)\mathrm{d}x=f(2)$，证明：存在$\xi\in(0,2)$，使得$f''(\xi)=0$.

11. 已知$x<1$且$x\neq 0$，证明：$\frac{1}{x}+\frac{1}{\ln(1-x)}<1$.

(三)一元积分学

1. $\int\frac{1}{\sqrt{x}\ \sqrt{4-x}}\mathrm{d}x$.

2. $\int \frac{dx}{e^{1+x}+e^{3-x}}$.

3. $\int \frac{xe^x}{\sqrt{e^x-1}}dx$.

4. $\int \frac{1}{x^4(x^2+1)}dx$.

5. $\int x^2\cos^2 x dx$.

6. $\int \frac{xe^x}{(1+x)^2}dx$.

7. $\int \frac{x^3}{x^2+2x+2}dx$.

8. $\int \frac{x^2+1}{x^4+1}dx$.

9. $\int \frac{x}{\sqrt{3x+1}+\sqrt{2x+1}}dx$.

10. 已知 $f'(e^x)=xe^{-x}$ 且 $f(1)=0$,则 $f(x)=$________.

11. 计算定积分 $\int_{-2}^{2}\left(x^3\cos\frac{x}{2}+\frac{1}{2}\right)\sqrt{4-x^2}\,dx$.

12. 计算定积分 $\int_{-\frac{\pi}{2}}^{\frac{\pi}{2}}(x^3+\sin^2 x)\cos^2 x dx$.

13. 若 $f(x)=\frac{1}{1+x^2}+\sqrt{1-x^2}\int_0^1 f(x)dx$,求$\int_0^1 f(x)dx$.

14. 已知 $y=y(x)$ 由方程 $\int_0^y e^t dt+\int_0^{x^2}\frac{\sin t}{\sqrt{t}}dt=1(x>0)$ 所确定,求$\frac{dy}{dx}$.

15. 求常数 $a,b>0$,使得极限 $\lim\limits_{x\to 0}\frac{1}{bx-\sin x}\int_0^x\frac{t^2 dt}{\sqrt{a+t^2}}dt=1$.

16. 设 $f(x)$ 在 $x>0$ 时可微,其反函数为 $g(x)$,且 $\int_1^{f(x)} g(t)dt=\frac{1}{3}(x^{\frac{3}{2}}-8)$,求 $f(x)$.

17. 计算积分 $\int_{\frac{\pi}{3}}^{\frac{2\pi}{3}}(e^{\cos x}-e^{-\cos x})dx$.

18. 已知定积分 $\int_a^{2\ln 2}\frac{dx}{\sqrt{e^x-1}}=\frac{\pi}{6}$,求常数 a.

19. 求极限 $\lim\limits_{n\to\infty}\int_0^1 \frac{nx}{1+n^2x^4}\mathrm{d}x$.

20. 已知 $f(0)=2, f'(0)=2, f(3)=2, f'(3)=-2, f''(3)=0$, 求 $\int_0^3 (x+x^2)f'''(x)\mathrm{d}x$.

21. 已知 $\int_0^{\pi}[f(x)+f''(x)]\sin x\mathrm{d}x=5$, 且 $f(\pi)=2$, 求 $f(0)$.

22. 设函数 $f(x)$ 在区间$[0,2]$上有连续的二阶导函数,已知 $f(2)=\frac{1}{2}$, $f'(2)=0$, $\int_0^2 f(x)\mathrm{d}x=1$, 则 $\int_0^1 x^2 f''(2x)\mathrm{d}x$.

23. 计算 $\int_1^{+\infty}\frac{1}{\mathrm{e}^{1+x}+\mathrm{e}^{3-x}}\mathrm{d}x$.

(四)微分方程、空间解析几何

1. 求解积分方程 $\int_0^1 f(xt)\mathrm{d}t=nf(x)$.

2. 求微分方程 $\frac{1}{\sqrt{y}}y'-\frac{4x}{x^2+1}\sqrt{y}=x$ 的通解.

3. 设二阶常系数齐次线性微分方程 $y''+by'+y=0$ 的每一个解 $y(x)$ 都在区间$(0,+\infty)$上有界,则实数 b 的取值范围是(　　).

(A)$[0,+\infty)$　(B)$(-\infty,0)$　(C)$(-\infty,4]$　(D)$(-\infty,+\infty)$

4. 求一曲线,使曲线的切线、坐标轴和过切点与横轴平行的直线所围成的梯形面积等于 a^2,且曲线过点(a,a), $a>0$ 为常数.

5. 设连接两点 $A(0,1)$ 与 $B(1,0)$ 的一条凸弧,点 $P(x,y)$ 为凸弧 AB 的任意一点,已知凸弧与弦 AP 之间的面积为 x^3,求此凸弧的方程.

6. 在上平面求一条向上凹的曲线,其上任一点 $P(x,y)$ 处的曲率等于此曲线在该点处的法线段 PQ 长度的倒数(Q 是法线与 x 轴的交点),且曲线在点$(1,1)$处的切线与 x 轴平行.

7. 求微分方程 $x^2y''+2xy'-2y=x$ 的通解.

8. 已知 $|\boldsymbol{a}|=2$, $|\boldsymbol{b}|=\sqrt{2}$, 且 $\boldsymbol{a}\cdot\boldsymbol{b}=2$, 求 $|\boldsymbol{a}\times\boldsymbol{b}|$.

9. 求过点 $P(1,2,-1)$ 且与直线 $L:\begin{cases}x=-t+2\\y=3t-4\\z=t-1\end{cases}$ 垂直的平面 π 的方程.

10. 求平面 π 的方程，使得它过直线 $L_1:\dfrac{x-1}{1}=\dfrac{y-2}{0}=\dfrac{z-3}{-1}$，且平行于直线 $L_2:\dfrac{x+2}{2}=\dfrac{y-1}{1}=\dfrac{z}{1}$.

(五)多元微分学

1. 设 $f(x,y)=\dfrac{\sin xy\cos\sqrt{y+2}-(y-1)\cos x}{1+\sin x+\sin(y-1)}$，求 $\dfrac{\partial z}{\partial y}\Big|_{(0,1)}$.

2. 设二元函数 $f(x,y)=|x-y|\varphi(x,y)$，其中 $\varphi(x,y)$ 在点 $(0,0)$ 的一个邻域内连续. 证明：函数 $f(x,y)$ 在点 $(0,0)$ 可微的充要条件是 $\varphi(0,0)=0$.

3. 设 $f(u,v)$ 具有二阶连续偏导数，且满足 $\dfrac{\partial^2 f}{\partial u^2}+\dfrac{\partial^2 f}{\partial v^2}=1$，令 $g(x,y)=f\left[xy,\dfrac{1}{2}(x^2-y^2)\right]$，求 $\dfrac{\partial^2 g}{\partial x^2}+\dfrac{\partial^2 g}{\partial y^2}$.

4. 设变换 $\begin{cases}u=x-2y\\v=x+ay\end{cases}$ 可将方程 $6\dfrac{\partial^2 z}{\partial x^2}+\dfrac{\partial^2 z}{\partial x\partial y}-\dfrac{\partial^2 z}{\partial y^2}=0$ 化简为 $\dfrac{\partial^2 z}{\partial u\partial v}=0$，求常数 a 的值，其中 $z=z(x,y)$ 具有二阶连续偏导数.

5. 函数 $z=z(x,y)$ 是由方程 $x^2+y^2-z=\varphi(x+y+z)$ 所确定的函数，其中 φ 具有二阶导数，且 $\varphi'\neq-1$.

(1)求 $\mathrm{d}z$.

(2)记 $u(x,y)=\dfrac{1}{x-y}\left(\dfrac{\partial z}{\partial x}-\dfrac{\partial z}{\partial y}\right)$，求 $\dfrac{\partial u}{\partial x}$.

6. 设 $\varphi(u)$ 可导且 $\varphi(0)=1$，二元函数 $z=\varphi(x+y)\mathrm{e}^{xy}$ 满足 $\dfrac{\partial z}{\partial x}+\dfrac{\partial z}{\partial y}=0$，求 $\varphi(u)$.

7. 设 $f(u,v)$ 具有连续偏导数，且满足 $f_u'(u,v)+f_v'(u,v)=uv$，求 $y(x)=\mathrm{e}^{-2x}f(x,x)$ 所满足的一阶微分方程，并求其通解.

8. 已知 $f(x,y)$ 满足 $\dfrac{\partial f}{\partial x}=f(x,y)$，$\dfrac{\partial f}{\partial y}=\mathrm{e}^x\cos y$，$f(0,0)=0$，求 $f(x,y)$.

9. 设 $f(x,y)$ 满足 $\dfrac{\partial^2 f}{\partial x\partial y}=x+y$，且 $f(x,0)=x^2$，$f(0,y)=y$，求 $f(x,y)$.

10. 已知曲线 $C:\begin{cases}x^2+y^2-2z^2=0\\x+y+3z=5\end{cases}$，求 C 上距离 xOy 平面最远的点和最近的点.

(六)多元积分学

1. 设函数 $f(x,y)$ 连续，且满足方程：$f(x,y)=xy+\iint\limits_D f(x,y)\mathrm{d}x\mathrm{d}y$，其中 D 是由 $y=x^2$，$y=0$，$x=1$ 围成的区域，求 $f(x,y)$.

2. 设函数 $p(x)\geqslant 0$，$f(x)$，$g(x)$ 在区间 $[a,b]$ 上连续，且 $f(x)$，$g(x)$ 均单调增加，则

$$\int_a^b p(x)\mathrm{d}x\int_a^b p(x)f(x)g(x)\mathrm{d}x\geqslant\int_a^b p(x)f(x)\mathrm{d}x\int_a^b p(x)g(x)\mathrm{d}x$$

3. 计算二重积分 $\iint\limits_D\dfrac{x^2}{y^2}\mathrm{d}\sigma$，其中 D 是由直线 $x=2$，$y=x$ 及曲线 $xy=1$ 所围成的闭区域.

4. 计算二重积分 $\iint\limits_D \mathrm{e}^{x+y}\mathrm{d}\sigma$，其中 $D=\{(x,y)\mid |x|+|y|\leqslant 1\}$.

5. 计算二重积分 $\iint\limits_D\dfrac{\mathrm{d}\sigma}{\sqrt{x^2+y^2}\sqrt{4a^2-x^2-y^2}}$，其中 D：$x^2+y^2\leqslant 2ay$，$y\leqslant x$.

6. 计算二重积分 $\iint\limits_D\dfrac{y}{x}\mathrm{d}\sigma$，其中 D 是由圆周 $x^2+y^2=1$，$x^2+y^2=4$ 及直线 $y=0$，$y=x$ 所围成的第一象限的闭区域.

7. 计算二重积分 $\iint\limits_D\sqrt{R^2-x^2-y^2}\,\mathrm{d}\sigma$，其中 D 是由圆周 $x^2+y^2=Rx$ 所围成的闭区域.

8. 计算二重积分 $\iint\limits_D\sqrt{|y-x^2|}\,\mathrm{d}\sigma$，其中 $D=\{(x,y)\mid 0\leqslant x\leqslant 1,0\leqslant y\leqslant 2\}$.

9. 计算重积分 $\iint\limits_D\dfrac{1+xy}{1+x^2+y^2}\mathrm{d}\sigma$，其中 $D=\{(x,y)\mid x^2+y^2\leqslant 1,x\geqslant 0\}$.

10. 计算二重积分 $\iint\limits_D (x^2 + xy\mathrm{e}^{x^2+y^2})\mathrm{d}\sigma$.

(1)其中 D 为圆域 $x^2+y^2\leqslant 1$;

(2)其中 D 由直线 $y=x, y=-1, x=1$ 围成.

11. 计算二重积分 $\iint\limits_D x\ln(y+\sqrt{1+y^2})\mathrm{d}x\mathrm{d}y$，其中 D 是由 $y=4-x^2$，$y=-3x, x=1$ 所围成.

12. 设 $f(x)>0$ 连续，计算二重积分 $\iint\limits_D \dfrac{af(x)+bf(y)}{f(x)+f(y)}\mathrm{d}\sigma$，其中 D 是圆盘 $x^2+y^2\leqslant x+y$.

13. 设 $f(x)$ 在区间 $[0,r]$ 上连续，区域 Ω：$x^2+y^2+z^2\leqslant 2r^2, x^2+y^2\geqslant z^2$，$z\geqslant 0$，求证：$\iiint\limits_\Omega f(z)\mathrm{d}v = 2\pi\int_0^r (r^2-z^2)f(z)\mathrm{d}z$.

14. 计算 $\iiint\limits_\Omega (x^2+5xy^2\sin\sqrt{x^2+y^2})\mathrm{d}x\mathrm{d}y\mathrm{d}z$，其中 Ω 是由 $z=\dfrac{1}{2}(x^2+y^2)$，$z=1$，$z=4$ 围成.

15. 计算 $\int_L \cos\sqrt{x^2+y^2}\,\mathrm{d}s$，其中 L 是由 $x^2+y^2\leqslant 1$，$0\leqslant y\leqslant x$ 所确定的区域的边界.

16. 计算 $\int_L (x^2+y^2+z^2)\mathrm{d}s$，其中 L 是曲面 $x^2+y^2+z^2=\dfrac{9}{2}$ 与 $x+z=1$ 的交线.

17. 设曲线 C：$x^2+xy+y^2=a^2$ 的长度为 L，计算 $\int_C \dfrac{a\sin\mathrm{e}^x+b\sin\mathrm{e}^y}{\sin\mathrm{e}^x+\sin\mathrm{e}^y}\mathrm{d}s$.

18. 计算 $\int_L \dfrac{(x+y)\mathrm{d}x-(x-y)\mathrm{d}y}{x^2+y^2}$，其中 L 是圆周 $x^2+y^2=a^2$ 的正向.

19. 计算 $\int_L y\mathrm{d}x - x\mathrm{d}y + \mathrm{d}z$，其中 L 是曲面 $z=x^2+y^2$ 和 $x+y+z=\dfrac{1}{2}$ 的交线，从 z 轴的正向看是逆时针方向.

20. 计算 $\int_L \sqrt{x^2+y^2}\,\mathrm{d}x + y[xy+\ln(x+\sqrt{x^2+y^2})]\mathrm{d}y$，其中 L 是曲线 $y=\sin x$ 上从点 $(\pi,0)$ 到点 $(2\pi,0)$ 的弧.

21. 计算 $\int_L \dfrac{\mathrm{e}^x(1-\cos y)\mathrm{d}x-\mathrm{e}^x(y-\sin y)\mathrm{d}y}{|x|+|y|}$，其中 L：$|x|+|y|=1$ 的正向.

22. 求 $\lim\limits_{t\to 0^+}\dfrac{1}{t^2}\int_L (ax+by)\mathrm{d}x+(mx+ny)\mathrm{d}y$，其中 L 为圆周 $x^2+y^2=t^2$.

23. 计算 $\int_{AB}\left[\dfrac{1}{y}+yf(xy)\right]\mathrm{d}x+\left[xf(xy)-\dfrac{x}{y^2}\right]\mathrm{d}y$，其中函数 $f(x)$ 有连续导数，点 $A\left(3,\dfrac{2}{3}\right)$，$B(1,2)$.

24. 证明：$\iint\limits_{\Sigma}(1-x^2-y^2)\mathrm{d}S\leqslant\dfrac{2\pi}{15}(8\sqrt{2}-7)$，其中 Σ 为抛物面 $z=\dfrac{x^2+y^2}{2}$ 夹在平面 $z=0$ 和 $z=\dfrac{t}{2}(t>0)$ 之间的部分.

25. 设曲面 Σ：$\dfrac{x^2}{a^2}+\dfrac{y^2}{b^2}+\dfrac{z^2}{c^2}=1$ 上的点 (x,y,z) 处的切平面为 π，计算曲面积分 $\iint\limits_{\Sigma}\dfrac{1}{\lambda}\mathrm{d}S$，其中 λ 是坐标原点到 π 的距离.

26. 计算曲面积分 $\iint\limits_{\Sigma}(x+y+z)\mathrm{d}S$，其中 Σ 是 $z=x^2+y^2$，$z\leqslant 1$.

27. 计算曲面积分 $\iint\limits_{\Sigma}(x^2+2y^2+3z^2)\mathrm{d}S$，其中 Σ 是球面 $x^2+y^2+z^2=R^2$.

28. 计算曲面积分 $\iint\limits_{\Sigma}x^2\mathrm{d}y\mathrm{d}z+z\mathrm{d}x\mathrm{d}y$，其中 Σ 是锥面 $z=\sqrt{x^2+y^2}$，$z\leqslant 1$ 的下侧.

29. 计算曲面积分 $\iint\limits_{\Sigma}x^2\mathrm{d}y\mathrm{d}z+y^2\mathrm{d}z\mathrm{d}x+z^2\mathrm{d}x\mathrm{d}y$，其中 Σ 是曲面 $(x-1)^2+(y-1)^2+\dfrac{z^2}{4}=1$，$y\geqslant 1$，取外侧.

30. 设函数 $f(x)$ 具有连续导数，在围绕原点的任意光滑简单闭曲面 S 上，积分 $\oiint\limits_{S}xf(x)\mathrm{d}y\mathrm{d}z-xyf(x)\mathrm{d}z\mathrm{d}x-\mathrm{e}^{2x}z\mathrm{d}x\mathrm{d}y$ 的值恒为同一常数.

(1) 证明：对空间区域 $x>0$ 内的任意光滑简单闭曲面 Σ，有

$$\oiint\limits_{\Sigma}xf(x)\mathrm{d}y\mathrm{d}z-xyf(x)\mathrm{d}z\mathrm{d}x-\mathrm{e}^{2x}z\mathrm{d}x\mathrm{d}y=0$$

(2) 求函数 $f(x)(x>0)$ 满足 $\lim\limits_{x\to 0^+}f(x)=1$ 的表达式.

31. 计算曲面积分 $\iint\limits_{\Sigma}\dfrac{x\mathrm{d}y\mathrm{d}z+y\mathrm{d}z\mathrm{d}x+z\mathrm{d}x\mathrm{d}y}{(x^2+y^2+z^2)^{\frac{3}{2}}}$，其中 Σ 是椭球面 $x^2+2y^2+3z^2=1$ 的外侧.

32. 计算曲面积分 $\iint\limits_{\Sigma}(x^3\cos\alpha+y^3\cos\beta+z^3\cos\chi)\mathrm{d}S$，其中 Σ 是锥面 $z^2=x^2+y^2$，$-1\leqslant z\leqslant 0$，$\cos\alpha$ 等是曲面 Σ 上点 (x,y,z) 处外法线的方向余弦.

33. 计算曲线积分 $\int_{\Gamma}(y^2-z^2)\mathrm{d}x+(z^2-x^2)\mathrm{d}y+(x^2-y^2)\mathrm{d}z$，其中 Γ 是平面 $x+y+z=\frac{3}{2}a$ 与立方体 $0\leqslant x,y,z\leqslant a$ 的表面的交线，从 z 轴正向看是逆时针方向.

34. 计算曲线积分 $\int_{\Gamma}(x^2-yz)\mathrm{d}x+(y^2-zx)\mathrm{d}y+(z^2-xy)\mathrm{d}z$，其中 Γ 沿螺旋线 $x=a\cos t,y=a\sin t,z=bt$ 从点 $(a,0,0)$ 到点 $(a,0,2\pi b)$.

35. 计算圆柱面 $x^2+y^2=a^2$ 夹在平面 $z=y$ 与 xOy 之间的侧面积 A.

(七)无穷级数

1. 判断级数 $\sum_{n=1}^{\infty}\frac{n!a^n}{n^n}(a>0)$ 的收敛性.

2. 设 $a_n>0$，$p>1$，且 $\lim_{n\to\infty}n^p(\mathrm{e}^{\frac{1}{n}}-1)a_n=1$，若 $\sum_{n=1}^{\infty}a_n$ 收敛，求 p 的取值范围.

3. 判断级数 $\sum_{n=1}^{\infty}\left(n\ln\frac{2n+1}{2n-1}-1\right)$ 的收敛性.

4. 判断级数 $\sum_{n=1}^{\infty}\sin\left(n\pi+\frac{\pi}{n}\right)$ 的收敛性.

5. 判断级数 $\sum_{n=2}^{\infty}\frac{(-1)^n}{\sqrt{n}+(-1)^n}$ 的收敛性.

6. 设常数 $\lambda>0$，级数 $\sum_{n=1}^{\infty}a_n^2$ 收敛，判断级数 $\sum_{n=1}^{\infty}\frac{a_n}{\sqrt{n^2+\lambda}}$ 的收敛性.

7. 设幂级数 $\sum_{n=0}^{\infty}a_n(x+1)^n$ 的收敛域为 $(-4,2)$，求幂级数 $\sum_{n=0}^{\infty}a_n(x-3)^n$ 的收敛域.

8. 求幂级数 $\sum_{n=0}^{\infty}\frac{1}{n[3^n+(-2)^n]}x^n$ 的收敛域.

9. 将函数 $f(x)=\arctan\dfrac{1-2x}{1+2x}$ 展开成 x 的幂级数，并求 $\sum\limits_{n=0}^{\infty}\dfrac{(-1)^n}{2n+1}$ 的和.

10. 求幂级数 $\sum\limits_{n=0}^{\infty}(-1)^n\dfrac{2n^2+1}{(2n)!}x^{2n}$ 的和函数.

11. 设 $a_0=1,a_1=-2,a_2=\dfrac{7}{2},a_{n+1}=-\left(1+\dfrac{1}{n+1}\right)a_n\ (n\geqslant 2)$. 证明：当 $|x|<1$ 时，幂级数 $\sum\limits_{n=0}^{\infty}a_nx^n$ 收敛，并求其和函数 $S(x)$.

12. 设函数 $f(x)$ 是以 2π 为周期的周期函数，且 $f(x)=e^{ax}\ (0\leqslant x<2\pi)$，其中 $a\neq 0$，试将 $f(x)$ 展开成傅里叶级数，并求 $\sum\limits_{n=1}^{\infty}\dfrac{1}{1+n^2}$ 的和.

(八)线性代数

1. 设 n 元线性方程组 $\boldsymbol{Ax}=\boldsymbol{b}$，其中

$$\boldsymbol{A}=\begin{pmatrix}2a & 1 & & & & \\ a^2 & 2a & 1 & & & \\ & a^2 & 2a & 1 & & \\ & & \ddots & \ddots & \ddots & \\ & & & a^2 & 2a & 1 \\ & & & & a^2 & 2a\end{pmatrix}_{n\times n},\boldsymbol{x}=\begin{pmatrix}x_1\\x_2\\\vdots\\x_n\end{pmatrix},\boldsymbol{b}=\begin{pmatrix}1\\0\\\vdots\\0\end{pmatrix}$$

证明行列式 $|\boldsymbol{A}|=(n+1)a^n$.

2. 设 $\boldsymbol{\alpha}=(1,0,-1)^{\mathrm{T}}$，矩阵 $\boldsymbol{A}=\boldsymbol{\alpha}\boldsymbol{\alpha}^{\mathrm{T}}$，$n$ 为正整数，则 $|a\boldsymbol{E}-\boldsymbol{A}^n|=$ ________.

3. 设 $\boldsymbol{A},\boldsymbol{B}$ 为 3 阶矩阵，且 $|\boldsymbol{A}|=3$，$|\boldsymbol{B}|=2$，$|\boldsymbol{A}^{-1}+\boldsymbol{B}|=2$，则 $|\boldsymbol{A}+\boldsymbol{B}^{-1}|=$ ________.

4. 若 $\boldsymbol{\alpha}_1,\boldsymbol{\alpha}_2,\boldsymbol{\alpha}_3,\boldsymbol{\beta}_1,\boldsymbol{\beta}_2$ 都是 4 维列向量，且 4 阶行列式 $|\boldsymbol{\alpha}_1,\boldsymbol{\alpha}_2,\boldsymbol{\alpha}_3,\boldsymbol{\beta}_1|=m$，$|\boldsymbol{\alpha}_1,\boldsymbol{\alpha}_2,\boldsymbol{\beta}_2,\boldsymbol{\alpha}_3|=n$，则 4 阶行列式 $|\boldsymbol{\alpha}_3,\boldsymbol{\alpha}_2,\boldsymbol{\alpha}_1,\boldsymbol{\beta}_1+\boldsymbol{\beta}_2|=$ (   ).

(A) $m+n$　　(B) $-(m+n)$　　(C) $n-m$　　(D) $m-n$

5. 齐次方程组

$$\begin{cases}\lambda x_1+x_2+\lambda^2x_3=0\\ x_1+\lambda x_2+x_3=0\\ x_1+x_2+\lambda x_3=0\end{cases}$$

的系数矩阵为 $\boldsymbol{A}$，若存在三阶矩阵 $\boldsymbol{B}\neq\boldsymbol{O}$ 使得 $\boldsymbol{AB}=\boldsymbol{O}$，则(　).

(A)$\lambda=-2$ 且 $|\boldsymbol{B}|=0$　　(B)$\lambda=-2$ 且 $|\boldsymbol{B}|\neq 0$

(C)$\lambda=1$ 且 $|\boldsymbol{B}|=0$　　(D)$\lambda=1$ 且 $|\boldsymbol{B}|\neq 0$

6.设 $\boldsymbol{A}=\begin{pmatrix}1&0&1\\0&2&0\\1&0&1\end{pmatrix}$，而 $n\geqslant 2$ 为正整数，则 $\boldsymbol{A}^n-2\boldsymbol{A}^{n-1}=$______.

7.设 n 维行向量 $\boldsymbol{\alpha}=\left(\frac{1}{2},0,\cdots,0,\frac{1}{2}\right)$，矩阵 $\boldsymbol{A}=\boldsymbol{E}-\boldsymbol{\alpha}^{\mathrm{T}}\boldsymbol{\alpha}$，$\boldsymbol{\beta}=\boldsymbol{E}+2\boldsymbol{\alpha}^{\mathrm{T}}\boldsymbol{\alpha}$，其中 $\boldsymbol{E}$ 为 n 阶单位矩阵，则 $\boldsymbol{AB}=$(　).

(A)$\boldsymbol{O}$　　(B)$-\boldsymbol{E}$　　(C)$\boldsymbol{E}$　　(D)$\boldsymbol{E}+\boldsymbol{\alpha}^{\mathrm{T}}\boldsymbol{\alpha}$

8.设矩阵 $\boldsymbol{A}=(a_{ij})_{3\times 3}$ 满足 $\boldsymbol{A}^*=\boldsymbol{A}^{\mathrm{T}}$，其中 $\boldsymbol{A}^*$ 为 $\boldsymbol{A}$ 的伴随矩阵，$\boldsymbol{A}^{\mathrm{T}}$ 为 $\boldsymbol{A}$ 的转置矩阵. 若 a_{11},a_{12},a_{13} 为三个相等的正数，则 a_{11} 为(　).

(A)$\frac{\sqrt{3}}{3}$　　(B)3　　(C)$\frac{1}{3}$　　(D)$\sqrt{3}$

9.设 $\boldsymbol{A},\boldsymbol{B}$ 为 n 阶矩阵，$\boldsymbol{A}^*,\boldsymbol{B}^*$ 分别为 $\boldsymbol{A},\boldsymbol{B}$ 对应的伴随矩阵，分块矩阵 $\boldsymbol{C}=\begin{pmatrix}\boldsymbol{A}&\boldsymbol{O}\\\boldsymbol{O}&\boldsymbol{B}\end{pmatrix}$，则 $\boldsymbol{C}$ 的伴随矩阵 $\boldsymbol{C}^*=$(　).

(A)$\begin{pmatrix}|\boldsymbol{A}|\boldsymbol{A}^*&\boldsymbol{O}\\\boldsymbol{O}&|\boldsymbol{B}|\boldsymbol{B}^*\end{pmatrix}$　　(B)$\begin{pmatrix}|\boldsymbol{B}|\boldsymbol{B}^*&\boldsymbol{O}\\\boldsymbol{O}&|\boldsymbol{A}|\boldsymbol{A}^*\end{pmatrix}$

(C)$\begin{pmatrix}|\boldsymbol{A}|\boldsymbol{B}^*&\boldsymbol{O}\\\boldsymbol{O}&|\boldsymbol{B}|\boldsymbol{A}^*\end{pmatrix}$　　(D)$\begin{pmatrix}|\boldsymbol{B}|\boldsymbol{A}^*&\boldsymbol{O}\\\boldsymbol{O}&|\boldsymbol{A}|\boldsymbol{B}^*\end{pmatrix}$

10.设 n 维向量 $\boldsymbol{\alpha}=(a,0,\cdots,0,a)^{\mathrm{T}}$，$a<0$，$\boldsymbol{E}$ 是 n 阶单位矩阵

$$\boldsymbol{A}=\boldsymbol{E}-\boldsymbol{\alpha}\boldsymbol{\alpha}^{\mathrm{T}},\boldsymbol{B}=\boldsymbol{E}+\frac{1}{a}\boldsymbol{\alpha}\boldsymbol{\alpha}^{\mathrm{T}}$$

其中 $\boldsymbol{A}$ 的逆矩阵为 $\boldsymbol{B}$，则 $a=$______.

11.设矩阵 $\boldsymbol{A}$ 满足 $\boldsymbol{A}^2+\boldsymbol{A}-4\boldsymbol{E}=\boldsymbol{O}$，其中 $\boldsymbol{E}$ 为单位矩阵，则 $(\boldsymbol{A}-\boldsymbol{E})^{-1}=$______.

12.设 $\boldsymbol{A},\boldsymbol{P}$ 均为 3 阶矩阵，$\boldsymbol{P}^{\mathrm{T}}$ 为 $\boldsymbol{P}$ 的转置矩阵，且 $\boldsymbol{P}^{\mathrm{T}}\boldsymbol{A}\boldsymbol{P}=\begin{pmatrix}1&0&0\\0&1&0\\0&0&2\end{pmatrix}$，若 $\boldsymbol{P}=(\boldsymbol{\alpha}_1,\boldsymbol{\alpha}_2,\boldsymbol{\alpha}_3)$，$\boldsymbol{Q}=(\boldsymbol{\alpha}_1+\boldsymbol{\alpha}_2,\boldsymbol{\alpha}_2,\boldsymbol{\alpha}_3)$，则 $\boldsymbol{Q}^{\mathrm{T}}\boldsymbol{A}\boldsymbol{Q}$ 为(　).

(A)$\begin{pmatrix} 2 & 1 & 0 \\ 1 & 1 & 0 \\ 0 & 0 & 2 \end{pmatrix}$ (B)$\begin{pmatrix} 1 & 1 & 0 \\ 1 & 2 & 0 \\ 0 & 0 & 2 \end{pmatrix}$ (C)$\begin{pmatrix} 2 & 0 & 0 \\ 0 & 1 & 0 \\ 0 & 0 & 2 \end{pmatrix}$ (D)$\begin{pmatrix} 1 & 0 & 0 \\ 0 & 2 & 0 \\ 0 & 0 & 2 \end{pmatrix}$

13. 设$\boldsymbol{A},\boldsymbol{B},\boldsymbol{C}$均为$n$阶矩阵,$\boldsymbol{E}$为$n$阶单位矩阵,若$\boldsymbol{B}=\boldsymbol{E}+\boldsymbol{AB},\boldsymbol{C}=\boldsymbol{A}+\boldsymbol{CA}$,则$\boldsymbol{B}-\boldsymbol{C}$为(　).

(A)$\boldsymbol{E}$　　(B)$-\boldsymbol{E}$　　(C)$\boldsymbol{A}$　　(D)$-\boldsymbol{A}$

14. 设矩阵$\boldsymbol{A}=\begin{pmatrix} k & 1 & 1 & 1 \\ 1 & k & 1 & 1 \\ 1 & 1 & k & 1 \\ 1 & 1 & 1 & k \end{pmatrix}$,且$R(\boldsymbol{A})=3$,则$k=$________.

15. 设向量组$\boldsymbol{\alpha}_1=(a,2,10)^{\mathrm{T}},\boldsymbol{\alpha}_2=(-2,1,5)^{\mathrm{T}},\boldsymbol{\alpha}_3=(-1,1,4)^{\mathrm{T}},\boldsymbol{\beta}=(1,b,c)^{\mathrm{T}}$.试问:当$a,b,c$满足什么条件时:

(1)$\boldsymbol{\beta}$可由$\boldsymbol{\alpha}_1,\boldsymbol{\alpha}_2,\boldsymbol{\alpha}_3$线性表出,且表示唯一?

(2)$\boldsymbol{\beta}$不能由$\boldsymbol{\alpha}_1,\boldsymbol{\alpha}_2,\boldsymbol{\alpha}_3$线性表出?

(3)$\boldsymbol{\beta}$可由$\boldsymbol{\alpha}_1,\boldsymbol{\alpha}_2,\boldsymbol{\alpha}_3$线性表出,但表示不唯一?并求出一般表达式.

16. 设有向量组(Ⅰ):$\boldsymbol{\alpha}_1=(1,0,2)^{\mathrm{T}},\boldsymbol{\alpha}_2=(1,1,3)^{\mathrm{T}},\boldsymbol{\alpha}_3=(1,-1,a+2)^{\mathrm{T}}$和向量组(Ⅱ):$\boldsymbol{\beta}_1=(1,2,a+3)^{\mathrm{T}},\boldsymbol{\beta}_2=(2,1,a+6)^{\mathrm{T}},\boldsymbol{\beta}_3=(2,1,a+4)^{\mathrm{T}}$.试问:当$a$为何值时,向量组(Ⅰ)与(Ⅱ)等价?当$a$为何值时,向量组(Ⅰ)与(Ⅱ)不等价?

17. 设三阶矩阵$\boldsymbol{A}=\begin{pmatrix} 1 & 2 & -2 \\ 2 & 1 & 2 \\ 3 & 0 & 4 \end{pmatrix}$,三维列向量$\boldsymbol{\alpha}=(a,1,1)^{\mathrm{T}}$,已知$\boldsymbol{A\alpha}$与$\boldsymbol{\alpha}$线性相关,则$a=$________.

基础自测题答案

(一)

1. $-\sin x-\cos x-2$.　2. $\begin{cases}\sqrt[4]{8x},\ x\geqslant 0\\ 0,\ x<0\end{cases}$.　3. D.　4. -1.

5. $\frac{m}{n}(-1)^{m-n}$.　6. 5.　7. $a=1,b=\frac{1}{6}$.　8. 3.　9. C.

10. $\frac{1}{2}$.　11. 1.　12. $\frac{1}{2}f'(0)$.　13. 1.　14. $3\ln 2$.　15. $\frac{2}{3}$.

16. e^8.　17. $e^{-\frac{1}{3}}$.　18. e.　19. $(\alpha+\beta)f'(x)$.　20. 1.

21. $\frac{-1-\sqrt{5}}{2}$.　22. $\frac{1}{4}\ln a$.　23. $k=3,C=\frac{1}{3}$.　24. 36.

25. $a=1,b=\frac{3}{2}$.　26. $a=1,b=0,c=\frac{1}{2}$.　27. $a=\pm 2\sqrt{2},b=1$.

28. B.　29. C.　30. $a=1,b=e$.　31. B.

(二)

1. D.　2. 2.　3. $\frac{2}{\pi-2}$.　4. $-\frac{3}{8}$.　5. D.　6. B.　7. C.

8. $y=2(x-1)$.　9. 略.　10. 略.　11. 略.

(三)

1. $2\arcsin\frac{\sqrt{x}}{2}+C$.　2. $e^{-2}\arctan e^{x-1}+C$.

3. $2x\sqrt{e^x-1}-4\sqrt{e^x-1}+4\arctan\sqrt{e^x-1}+C$.

4. $-\frac{1}{3x^3}+\frac{1}{x}-\arctan\frac{1}{x}+C$.

5. $\frac{1}{6}x^3+\frac{1}{4}x^2\sin 2x-\frac{1}{4}x\cos 2x-\frac{1}{8}\sin 2x+C$.

6. $\frac{e^x}{1+x}+C$.　7. $\frac{1}{2}x^2-2x+\ln|x^2+2x+2|+2\arctan(x+1)+C$.

8. $\frac{1}{\sqrt{2}}\arctan\frac{x-\frac{1}{x}}{\sqrt{2}}+C$.　9. $\frac{2}{9}(3x+1)^{\frac{3}{2}}-\frac{1}{3}(2x+1)^{\frac{3}{2}}+C$.

10. $\frac{1}{2}(\ln x)^2$. 11. π. 12. $\frac{\pi}{8}$. 13. $\frac{\pi}{4-\pi}$. 14. $\frac{-2\sin x^2}{e^y}$.

15. $a=4, b=1$. 16. $f(x)=\sqrt{x}-1$. 17. 0. 18. $\ln 2$. 19. $\frac{\pi}{4}$.

20. 16. 21. $f(0)=3$. 22. 0. 23. $\frac{\pi}{4e^2}$.

(四)

1. $f(x)=C(nx)^{\frac{1}{n}-1}$. 2. $y=\frac{1}{16}(x^2+1)^2[C+\ln(x^2+1)]^2$. 3. A.

4. $x=\frac{y^2}{3a}+\frac{2a^2}{3y}$. 5. $y=5x-6x^2+1$. 6. $y=\frac{1}{2}(e^{x-1}+e^{1-x})$.

7. $y=C_1x+\frac{C_2}{x^2}+\frac{1}{3}x\ln|x|$. 8. $|\boldsymbol{a}\times\boldsymbol{b}|=2$. 9. $x-3y-z+4=0$.

10. $x-3y+z+2=0$.

(五)

1. -1. 2. 略. 3. x^2+y^2. 4. 3.

5. (1) $dz=\frac{2x-\varphi'}{\varphi'+1}dx+\frac{2y-\varphi'}{\varphi'+1}dy$. (2) $\frac{\partial u}{\partial x}=-\frac{2\varphi''(1+2x)}{(\varphi'+1)^3}$.

6. $\varphi(u)=e^{-\frac{1}{4}u^2}$. 7. $y'=x^2e^{-2x}-2y, y=e^{-2x}\left(\frac{1}{3}x^3+C\right)$.

8. $f(x,y)=e^x\sin y$. 9. $f(x,y)=\frac{1}{2}(x^2y+xy^2)+x^2+y$.

10. 最远的点$(-5,-5,5)$和最近的点$(1,1,1)$.

(六)

1. $f(x,y)=xy+\frac{1}{8}$. 2. 略. 3. $\frac{9}{4}$. 4. $e-\frac{1}{e}$. 5. $\frac{\pi^2}{32}$. 6. $\frac{3}{4}\ln 2$.

7. $\frac{1}{3}R^3\left(\pi-\frac{4}{3}\right)$. 8. $\frac{5}{6}+\frac{\pi}{4}$. 9. $\frac{\pi}{2}\ln 2$. 10. (1) $\frac{\pi}{4}$; (2) $\frac{2}{3}$.

11. 0. 12. $\frac{\pi}{4}(a+b)$. 13. 略. 14. 21π. 15. $\frac{\pi}{4}\cos 1+2\sin 1$.

16. 18π. 17. $\frac{a+b}{2}L$. 18. -2π. 19. -2π. 20. $\frac{4}{9}+\frac{3}{2}\pi^2$.

21. 0. 22. $\pi(m-b)$. 23. -4. 24. 略. 25. $\frac{4}{3}\pi abc\left(\frac{1}{a^2}+\frac{1}{b^2}+\frac{1}{c^2}\right)$.

26. $\frac{\pi}{60}(25\sqrt{5}+1)$. 27. $8\pi R^4$. 28. $-\frac{2}{3}\pi$. 29. $\frac{25}{3}\pi$.

30.(1)略.(2)$f(x)=\frac{1}{x}(e^{2x}-e^{x})(x>0)$.　31.$4\pi$.　32.$-\frac{1}{10}\pi$.

33.$-\frac{9}{2}a^3$.　34.$\frac{8}{3}\pi^3b^3$.　35.$4a^2$.

(七)

1.$0<a<e$ 时收敛,$a\geqslant e$ 时发散.　2. $p\in(2,+\infty)$.　3.收敛.

4.收敛.　5.发散.　6.绝对收敛.　7.$(0,6)$.　8.$[-3,3)$.

9.$f(x)=\frac{\pi}{4}-\sum\limits_{n=0}^{\infty}\frac{(-1)^n}{2n+1}(2x)^{2n+1},\ x\in\left(-\frac{1}{2},\frac{1}{2}\right]$.

10.$\left(1-\frac{x^2}{2}\right)\cos x-\frac{x}{2}\sin x$.

11.$S(x)=\frac{1}{(1+x)^2}\left(\frac{x^3}{3}+\frac{x^2}{2}+1\right)$.

12.$f(x)=e^{ax}=\frac{e^{2\pi a}-1}{\pi}\left[\frac{1}{2a}+\sum\limits_{n=1}^{\infty}\frac{a\cos nx-n\sin nx}{a^2+n^2}\right],0<x<2\pi$.

$\sum\limits_{n=1}^{\infty}\frac{1}{1+n^2}=\frac{\pi}{2}\frac{e^{2\pi}+1}{e^{2\pi}-1}-\frac{1}{2}$.

(八)

1.分析:用归纳法,记 n 阶行列式 $|\mathbf{A}|$ 的值为 D_n.

当 $n=1$ 时 $D_1=2a$,命题正确;当 $n=2$ 时,$D_2=\begin{vmatrix}2a & 1\\ a^2 & 2a\end{vmatrix}=3a^2$,命题正确;设 $n<k$,$D_n=(n+1)a^n$,命题正确,当 $n=k$ 时,按第一列展开,则有

$$D_k=2a\begin{vmatrix}2a & 1 & & & \\ a^2 & 2a & 1 & & \\ & a^2 & 2a & \ddots & \\ & & \ddots & \ddots & 1\\ & & & a^2 & 2a\end{vmatrix}_{k-1}+a^2(-1)^{2+1}\begin{vmatrix}1 & 0 & & & \\ a^2 & 2a & 1 & & \\ & a^2 & 2a & \ddots & \\ & & \ddots & \ddots & 1\\ & & & a^2 & 2a\end{vmatrix}_{k-1}$$

$$=2aD_{k-1}-a^2D_{k-2}=2a(ka^{k-1})-a^2[(k-1)a^{k-2}]=(k+1)a^k$$

所以 $|\mathbf{A}|=(n+1)a^n$.

2.分析:因为

$$\mathbf{A}=\boldsymbol{\alpha}\boldsymbol{\alpha}^{\mathrm{T}}=\begin{pmatrix}1\\0\\-1\end{pmatrix}(1,0,-1)=\begin{pmatrix}1 & 0 & -1\\ 0 & 0 & 0\\ -1 & 0 & 1\end{pmatrix}$$

而 $$\boldsymbol{\alpha}^{\mathrm{T}}\boldsymbol{\alpha}=(1,0,-1)\begin{pmatrix}1\\0\\-1\end{pmatrix}=2$$

则 $$\boldsymbol{A}^2=(\boldsymbol{\alpha}\boldsymbol{\alpha}^{\mathrm{T}})(\boldsymbol{\alpha}\boldsymbol{\alpha}^{\mathrm{T}})=\boldsymbol{\alpha}(\boldsymbol{\alpha}^{\mathrm{T}}\boldsymbol{\alpha})\boldsymbol{\alpha}^{\mathrm{T}}=2\boldsymbol{\alpha}\boldsymbol{\alpha}^{\mathrm{T}}=2\boldsymbol{A}$$

于是 $$\boldsymbol{A}^*=2^{n-1}\boldsymbol{A}$$

3. 分析：利用单位矩阵恒等变形，有

$$\boldsymbol{A}+\boldsymbol{B}^{-1}=(\boldsymbol{B}^{-1}\boldsymbol{B})\boldsymbol{A}+\boldsymbol{B}^{-1}(\boldsymbol{A}^{-1}\boldsymbol{A})=\boldsymbol{B}^{-1}(\boldsymbol{B}+\boldsymbol{A}^{-1})\boldsymbol{A}=\boldsymbol{B}^{-1}(\boldsymbol{A}^{-1}+\boldsymbol{B})\boldsymbol{A}$$

可见 $$|\boldsymbol{A}+\boldsymbol{B}^{-1}|=|\boldsymbol{B}^{-1}|\cdot|\boldsymbol{A}^{-1}+\boldsymbol{B}|\cdot|\boldsymbol{A}|=\frac{1}{2}\cdot 2\cdot 3=3$$

4. 分析：利用行列式的性质，有

$$\begin{aligned}|\boldsymbol{\alpha}_3,\boldsymbol{\alpha}_2,\boldsymbol{\alpha}_1,\boldsymbol{\beta}_1+\boldsymbol{\beta}_2|&=|\boldsymbol{\alpha}_3,\boldsymbol{\alpha}_2,\boldsymbol{\alpha}_1,\boldsymbol{\beta}_1|+|\boldsymbol{\alpha}_3,\boldsymbol{\alpha}_2,\boldsymbol{\alpha}_1,\boldsymbol{\beta}_2|\\&=-|\boldsymbol{\alpha}_1,\boldsymbol{\alpha}_2,\boldsymbol{\alpha}_3,\boldsymbol{\beta}_1|-|\boldsymbol{\alpha}_1,\boldsymbol{\alpha}_2,\boldsymbol{\alpha}_3,\boldsymbol{\beta}_2|\\&=-m+|\boldsymbol{\alpha}_1,\boldsymbol{\alpha}_2,\boldsymbol{\beta}_2,\boldsymbol{\alpha}_3|=n-m\end{aligned}$$

所以应选(C).

5. 分析：由 $\boldsymbol{AB}=\boldsymbol{O}$ 知 $R(\boldsymbol{A})+R(\boldsymbol{B})\leqslant 3$，又 $\boldsymbol{A}\neq\boldsymbol{O},\boldsymbol{B}\neq\boldsymbol{O}$，于是 $1\leqslant R(\boldsymbol{A})<3, 1\leqslant R(\boldsymbol{B})<3$. 故 $|\boldsymbol{B}|=0$.

显然，$\lambda=1$ 时 $\boldsymbol{A}=\begin{pmatrix}1&1&1\\1&1&1\\-1&1&1\end{pmatrix}$，有 $1\leqslant R(\boldsymbol{A})<3$. 故应选(C).

作为选择题，只需在 $\lambda=-2$ 与 $\lambda=1$ 中选择一个，因而可以用特殊值代入法.

6. 分析：由于 $\boldsymbol{A}^n-2\boldsymbol{A}^{n-1}=(\boldsymbol{A}-2\boldsymbol{E})\boldsymbol{A}^{n-1}$，而

$$\boldsymbol{A}-2\boldsymbol{E}=\begin{pmatrix}-1&0&1\\0&0&0\\1&0&-1\end{pmatrix}$$

易见 $(\boldsymbol{A}-2\boldsymbol{E})\boldsymbol{A}=\boldsymbol{O}$，从而 $\boldsymbol{A}^n-2\boldsymbol{A}^{n-1}=\boldsymbol{O}$.

7. 分析：利用矩阵乘法的分配律、结合律，有

$$\begin{aligned}\boldsymbol{AB}&=(\boldsymbol{E}-\boldsymbol{\alpha}^{\mathrm{T}}\boldsymbol{\alpha})(\boldsymbol{E}+2\boldsymbol{\alpha}^{\mathrm{T}}\boldsymbol{\alpha})=\boldsymbol{E}+2\boldsymbol{\alpha}^{\mathrm{T}}\boldsymbol{\alpha}-\boldsymbol{\alpha}^{\mathrm{T}}\boldsymbol{\alpha}-2\boldsymbol{\alpha}^{\mathrm{T}}\boldsymbol{\alpha}\boldsymbol{\alpha}^{\mathrm{T}}\boldsymbol{\alpha}\\&=\boldsymbol{E}+\boldsymbol{\alpha}^{\mathrm{T}}\boldsymbol{\alpha}-2\boldsymbol{\alpha}^{\mathrm{T}}(\boldsymbol{\alpha}\boldsymbol{\alpha}^{\mathrm{T}})\boldsymbol{\alpha}\end{aligned}$$

由于 $\boldsymbol{\alpha\alpha}^{\mathrm{T}}=\left(\frac{1}{2},0,\cdots,0,\frac{1}{2}\right)\begin{pmatrix}\frac{1}{2}\\0\\\vdots\\0\\\frac{1}{2}\end{pmatrix}=\frac{1}{2}$，故 $\boldsymbol{AB}=\boldsymbol{E}+\boldsymbol{\alpha}^{\mathrm{T}}\boldsymbol{\alpha}-2\times\frac{1}{2}\boldsymbol{\alpha}^{\mathrm{T}}\boldsymbol{\alpha}=\boldsymbol{E}$.

所以应选(C).

8.分析：因为 $\boldsymbol{A}^*=\boldsymbol{A}^{\mathrm{T}}$，即

$$\begin{pmatrix}A_{11}&A_{21}&A_{31}\\A_{12}&A_{22}&A_{32}\\A_{13}&A_{23}&A_{33}\end{pmatrix}=\begin{pmatrix}a_{11}&a_{21}&a_{31}\\a_{12}&a_{22}&a_{32}\\a_{13}&a_{23}&a_{33}\end{pmatrix}$$

由此可得 $a_{ij}=A_{ij}$，$\forall\, i,j=1,2,3$，那么

$$|\boldsymbol{A}|=a_{11}A_{11}+a_{12}A_{12}+a_{13}A_{13}=a_{11}^2+a_{12}^2+a_{13}^2=3a_{11}^2>0$$

又由 $\boldsymbol{A}^*=\boldsymbol{A}^{\mathrm{T}}$，两边取行列式并利用 $|\boldsymbol{A}^*|=|\boldsymbol{A}|^{n-1}$ 及 $|\boldsymbol{A}^{\mathrm{T}}|=|\boldsymbol{A}|$ 得 $|\boldsymbol{A}|^2=|\boldsymbol{A}|$.

从而 $|\boldsymbol{A}|=1$. 因此，$3a_{11}^2=1$，故 $a_{11}=\frac{\sqrt{3}}{3}$. 应选(A).

9.分析：对任何 n 阶矩阵 $\boldsymbol{A},\boldsymbol{B}$ 关系式要成立，那么 $\boldsymbol{A},\boldsymbol{B}$ 可逆时仍应成立，故可看 $\boldsymbol{A},\boldsymbol{B}$ 可逆时 $\boldsymbol{C}^*=?$

由于

$$\boldsymbol{C}^*=|\boldsymbol{C}|\boldsymbol{C}^{-1}=\begin{vmatrix}\boldsymbol{A}&\boldsymbol{O}\\\boldsymbol{O}&\boldsymbol{B}\end{vmatrix}\begin{pmatrix}\boldsymbol{A}&\boldsymbol{O}\\\boldsymbol{O}&\boldsymbol{B}\end{pmatrix}^{-1}=|\boldsymbol{A}||\boldsymbol{B}|\begin{pmatrix}\boldsymbol{A}^{-1}&\boldsymbol{O}\\\boldsymbol{O}&\boldsymbol{B}^{-1}\end{pmatrix}$$

$$=\begin{pmatrix}|\boldsymbol{A}||\boldsymbol{B}|\boldsymbol{A}^{-1}&\boldsymbol{O}\\\boldsymbol{O}&|\boldsymbol{A}||\boldsymbol{B}|\boldsymbol{B}^{-1}\end{pmatrix}$$

故应选(D).

10.分析：按可逆定义，有 $\boldsymbol{AB}=\boldsymbol{E}$，即

$$(\boldsymbol{E}-\boldsymbol{\alpha\alpha}^{\mathrm{T}})(\boldsymbol{E}+\frac{1}{a}\boldsymbol{\alpha\alpha}^{\mathrm{T}})=\boldsymbol{E}+\frac{1}{a}\boldsymbol{\alpha\alpha}^{\mathrm{T}}-\frac{1}{a}\boldsymbol{\alpha\alpha}^{\mathrm{T}}\boldsymbol{\alpha\alpha}^{\mathrm{T}}$$

由于 $\boldsymbol{\alpha}^{\mathrm{T}}\boldsymbol{\alpha}=2a^2$，而 $\boldsymbol{\alpha\alpha}^{\mathrm{T}}$ 是秩为 1 的矩阵，故

$$\boldsymbol{AB}=\boldsymbol{E}\Leftrightarrow\left(\frac{1}{a}-1-2a\right)\boldsymbol{\alpha\alpha}^{\mathrm{T}}=0\Leftrightarrow\frac{1}{a}-1-2a=0\Rightarrow a=\frac{1}{2},a=-1$$

已知 $a<0$，故应填：-1.

11. 分析：矩阵 $\boldsymbol{A}$ 的元素没有给出，因此用伴随矩阵、用初等行变换求逆的路均堵塞，应当考虑用定义法.

因为 $$(\boldsymbol{A}-\boldsymbol{E})(\boldsymbol{A}+2\boldsymbol{E})-2\boldsymbol{E}=\boldsymbol{A}^2+\boldsymbol{A}-4\boldsymbol{E}=\boldsymbol{O}$$

故 $$(\boldsymbol{A}-\boldsymbol{E})(\boldsymbol{A}+2\boldsymbol{E})=2\boldsymbol{E}$$

即 $$(\boldsymbol{A}-\boldsymbol{E})\cdot\frac{\boldsymbol{A}+2\boldsymbol{E}}{2}=\boldsymbol{E}$$

按定义知

$$(\boldsymbol{A}-\boldsymbol{E})^{-1}=\frac{1}{2}(\boldsymbol{A}+2\boldsymbol{E})$$

12. 分析：因为 $(\boldsymbol{\alpha}_1+\boldsymbol{\alpha}_2,\boldsymbol{\alpha}_2,\boldsymbol{\alpha}_3)=(\boldsymbol{\alpha}_1,\boldsymbol{\alpha}_2,\boldsymbol{\alpha}_3)\begin{pmatrix}1&0&0\\1&1&0\\0&0&1\end{pmatrix}$，则

$$\boldsymbol{Q}=\boldsymbol{P}\begin{pmatrix}1&0&0\\1&1&0\\0&0&1\end{pmatrix}$$

于是

$$\boldsymbol{Q}^{\mathrm{T}}\boldsymbol{A}\boldsymbol{Q}=\left(\boldsymbol{P}\begin{pmatrix}1&0&0\\1&1&0\\0&0&1\end{pmatrix}\right)^{\mathrm{T}}\boldsymbol{A}\left(\boldsymbol{P}\begin{pmatrix}1&0&0\\1&1&0\\0&0&1\end{pmatrix}\right)=\begin{pmatrix}1&0&0\\0&1&0\\0&0&1\end{pmatrix}(\boldsymbol{P}^{\mathrm{T}}\boldsymbol{A}\boldsymbol{P})\begin{pmatrix}1&0&0\\1&1&0\\0&0&1\end{pmatrix}$$

$$=\begin{pmatrix}1&1&0\\0&1&0\\0&0&1\end{pmatrix}\begin{pmatrix}1&&\\&1&\\&&2\end{pmatrix}\begin{pmatrix}1&0&0\\1&1&0\\0&0&1\end{pmatrix}=\begin{pmatrix}2&1&0\\1&1&0\\0&0&2\end{pmatrix}$$

应选(A).

13. 分析：由 $\boldsymbol{B}=\boldsymbol{E}+\boldsymbol{A}\boldsymbol{B}\Rightarrow(\boldsymbol{E}-\boldsymbol{A})\boldsymbol{B}=\boldsymbol{E}\Rightarrow\boldsymbol{B}=(\boldsymbol{E}-\boldsymbol{A})^{-1}$.

由 $\boldsymbol{C}=\boldsymbol{A}+\boldsymbol{C}\boldsymbol{A}\Rightarrow\boldsymbol{C}(\boldsymbol{E}-\boldsymbol{A})=\boldsymbol{A}\Rightarrow\boldsymbol{C}=\boldsymbol{A}(\boldsymbol{E}-\boldsymbol{A})^{-1}$.

那么 $\boldsymbol{B}-\boldsymbol{C}=(\boldsymbol{E}-\boldsymbol{A})^{-1}-\boldsymbol{A}(\boldsymbol{E}-\boldsymbol{A})^{-1}=(\boldsymbol{E}-\boldsymbol{A})(\boldsymbol{E}-\boldsymbol{A})^{-1}=\boldsymbol{E}$.

14. 分析：由于

$$|\boldsymbol{A}|=\begin{vmatrix}k&1&1&1\\1&k&1&1\\1&1&k&1\\1&1&1&k\end{vmatrix}=\begin{vmatrix}k+3&k+3&k+3&k+3\\1&k&1&1\\1&1&k&1\\1&1&1&k\end{vmatrix}$$

$$=(k+3)\begin{vmatrix}1&1&1&1\\1&k&1&1\\1&1&k&1\\1&1&1&k\end{vmatrix}=(k+3)\begin{vmatrix}1&1&1&1\\0&k-1&0&0\\0&0&k-1&0\\0&0&0&k-1\end{vmatrix}$$

$$=(k+3)(k-1)^3$$

那么 $$R(\boldsymbol{A})=3\Rightarrow|\boldsymbol{A}|=0$$

而 $k=1$ 时，显然 $R(\boldsymbol{A})=1$. 故必有 $k=-3$.

15. 分析：$\boldsymbol{\beta}$ 能否由 $\boldsymbol{\alpha}_1,\boldsymbol{\alpha}_2,\boldsymbol{\alpha}_3$ 线性表出等价于方程组 $x_1\boldsymbol{\alpha}_1+x_2\boldsymbol{\alpha}_2+x_3\boldsymbol{\alpha}_3=\boldsymbol{\beta}$ 是否有解. 通常用增广矩阵作初等行变换来讨论. 本题是三个方程三个未知数，因而也可从系数行列式讨论.

设 $x_1\boldsymbol{\alpha}_1+x_2\boldsymbol{\alpha}_2+x_3\boldsymbol{\alpha}_3=\boldsymbol{\beta}$，系数行列式

$$|\boldsymbol{A}|=|\boldsymbol{\alpha}_1,\boldsymbol{\alpha}_2,\boldsymbol{\alpha}_3|=\begin{vmatrix}a&-2&-1\\2&1&1\\10&5&4\end{vmatrix}=-a-4$$

(1) 当 $a\neq-4$ 时，$|\boldsymbol{A}|\neq0$，方程组有唯一解，即 $\boldsymbol{\beta}$ 可由 $\boldsymbol{\alpha}_1,\boldsymbol{\alpha}_2,\boldsymbol{\alpha}_3$ 线性表出，且表示唯一.

(2) 当 $a=-4$ 时，对增广矩阵作初等行变换，有

$$\overline{\boldsymbol{A}}=\left(\begin{array}{ccc:c}-4&-2&-1&1\\2&1&1&b\\10&5&4&c\end{array}\right)\to\left(\begin{array}{ccc:c}2&1&1&b\\0&0&1&2b+1\\0&0&-1&-5b+c\end{array}\right)\to\left(\begin{array}{ccc:c}2&1&1&b\\0&0&1&2b+1\\0&0&0&3b-c-1\end{array}\right)$$

故当 $3b-c\neq1$ 时，$R(\boldsymbol{A})=2$，$R(\overline{\boldsymbol{A}})=3$，方程组无解，即 $\boldsymbol{\beta}$ 不能由 $\boldsymbol{\alpha}_1,\boldsymbol{\alpha}_2,\boldsymbol{\alpha}_3$ 线性表出.

(3) 若 $a=-4$，且 $3b-c=1$，有 $R(\boldsymbol{A})=R(\overline{\boldsymbol{A}})=2<3$，方程组有无穷多解，即 $\boldsymbol{\beta}$ 可由 $\boldsymbol{\alpha}_1,\boldsymbol{\alpha}_2,\boldsymbol{\alpha}_3$ 线性表出，且表示法不唯一.

此时，增广矩阵化简为

$$\overline{\boldsymbol{A}}\to\left(\begin{array}{ccc:c}2&1&1&b\\0&0&1&2b+1\\0&0&0&0\end{array}\right)$$

取 x_1 为自由变量，解出 $x_1=t,x_3=2b+1,x_2=-2t-b-1$.

取 $\boldsymbol{\beta}=t\boldsymbol{\alpha}_1-(2t+b+1)\boldsymbol{\alpha}_2+(2b+1)\boldsymbol{\alpha}_3$，其中 t 为任意常数.

16. 分析：所谓向量组(Ⅰ)与(Ⅱ)等价，即向量组(Ⅰ)与(Ⅱ)可以互相线性表出，若方程组 $x_1\boldsymbol{\alpha}_1+x_2\boldsymbol{\alpha}_2+x_3\boldsymbol{\alpha}_3=\boldsymbol{\beta}$ 有解，即 $\boldsymbol{\beta}$ 可以由 $\boldsymbol{\alpha}_1,\boldsymbol{\alpha}_2,\boldsymbol{\alpha}_3$ 线性表

出.若对同一个 a,三个方程组 $x_1\boldsymbol{\alpha}_1+x_2\boldsymbol{\alpha}_2+x_3\boldsymbol{\alpha}_3=\boldsymbol{\beta}_i(i=1,2,3)$ 均有解,即向量组(Ⅱ)可以由(Ⅰ)线性表出.

对 $(\boldsymbol{\alpha}_1,\boldsymbol{\alpha}_2,\boldsymbol{\alpha}_3 \vdots \boldsymbol{\beta}_1,\boldsymbol{\beta}_2,\boldsymbol{\beta}_3)$ 作初等行变换,有

$$(\boldsymbol{\alpha}_1,\boldsymbol{\alpha}_2,\boldsymbol{\alpha}_3 \vdots \boldsymbol{\beta}_1,\boldsymbol{\beta}_2,\boldsymbol{\beta}_3)=\left(\begin{array}{ccc:ccc}1&1&1&1&2&2\\0&1&-1&2&1&1\\2&3&a+2&a+3&a+6&a+4\end{array}\right)\rightarrow$$

$$\left(\begin{array}{ccc:ccc}1&1&1&1&2&2\\0&1&-1&2&1&1\\0&1&a&a+1&a+2&a\end{array}\right)\rightarrow\left(\begin{array}{ccc:ccc}1&1&1&1&2&2\\0&1&-1&2&1&1\\0&0&a+1&a-1&a+1&a-1\end{array}\right)$$

(1)当 $a\neq-1$ 时,行列式 $|\boldsymbol{\alpha}_1,\boldsymbol{\alpha}_2,\boldsymbol{\alpha}_3|=a+1\neq0$,由克莱姆法则,知三个线性方程组 $x_1\boldsymbol{\alpha}_1+x_2\boldsymbol{\alpha}_2+x_3\boldsymbol{\alpha}_3=\boldsymbol{\beta}_i(i=1,2,3)$ 均有唯一解,所以,$\boldsymbol{\beta}_1,\boldsymbol{\beta}_2,\boldsymbol{\beta}_3$ 可由向量组(Ⅰ)线性表出.

由于行列式

$$|\boldsymbol{\beta}_1,\boldsymbol{\beta}_2,\boldsymbol{\beta}_3|=\begin{vmatrix}1&2&2\\2&1&1\\a+3&a+6&a+4\end{vmatrix}=\begin{vmatrix}1&2&0\\2&1&0\\a+3&a+6&-2\end{vmatrix}=6\neq0$$

故对 $\forall a$,方程组 $x_1\boldsymbol{\beta}_1+x_2\boldsymbol{\beta}_2+x_3\boldsymbol{\beta}_3=\boldsymbol{\alpha}_j(j=1,2,3)$ 恒有唯一解,即 $\boldsymbol{\alpha}_1,\boldsymbol{\alpha}_2,\boldsymbol{\alpha}_3$ 总可由向量组(Ⅱ)线性表出.

因此,当 $a\neq-1$ 时,向量组(Ⅰ)与(Ⅱ)等价.

(2)当 $a=-1$ 时,有

$$(\boldsymbol{\alpha}_1,\boldsymbol{\alpha}_2,\boldsymbol{\alpha}_3 \vdots \boldsymbol{\beta}_1,\boldsymbol{\beta}_2,\boldsymbol{\beta}_3)\rightarrow\left(\begin{array}{ccc:ccc}1&1&1&1&2&2\\0&1&-1&2&1&1\\0&0&0&-2&0&-2\end{array}\right)$$

由于秩 $R(\boldsymbol{\alpha}_1,\boldsymbol{\alpha}_2,\boldsymbol{\alpha}_3)\neq R(\boldsymbol{\alpha}_1,\boldsymbol{\alpha}_2,\boldsymbol{\alpha}_3,\boldsymbol{\beta}_1)$,线性方程组 $x_1\boldsymbol{\alpha}_1+x_2\boldsymbol{\alpha}_2+x_3\boldsymbol{\alpha}_3=\boldsymbol{\beta}_1$ 无解,故向量 $\boldsymbol{\beta}_1$ 不能由 $\boldsymbol{\alpha}_1,\boldsymbol{\alpha}_2,\boldsymbol{\alpha}_3$ 线性表示.因此,向量组(Ⅰ)与(Ⅱ)不等价.

17.分析:因为 $\boldsymbol{A\alpha}=\begin{pmatrix}1&2&-2\\2&1&2\\3&0&4\end{pmatrix}\begin{pmatrix}a\\1\\1\end{pmatrix}=\begin{pmatrix}a\\2a+3\\3a+4\end{pmatrix}$,那么由 $\boldsymbol{A\alpha},\boldsymbol{\alpha}$ 线性相关,有

$$\frac{a}{a}=\frac{2a+3}{1}=\frac{3a+4}{1},\Rightarrow a=-1$$

提　高　篇

第三章　专题分析

专题一　极限与连续

【例 1】 求函数 $f(x)=\lim\limits_{n\to\infty}\sqrt[n]{1+x^n+\left(\frac{x^2}{2}\right)^n}$ 的表达式.

解析　当 $0\leqslant|x|<1$ 时

$$f(x)=(1+0+0)^0=1$$

当 $x=1$ 时

$$f(1)=(1+1+0)^0=1$$

当 $x=-1$ 时,由于

$$\lim_{n\to\infty}\sqrt[2n]{1+(-1)^{2n}+\left(\frac{1}{2}\right)^{2n}}=(2+0)^0=1$$

$$\lim_{n\to\infty}\sqrt[2n+1]{1+(-1)^{2n+1}+\left(\frac{1}{2}\right)^{2n+1}}=\frac{1}{2}$$

故 $x=-1$ 时,$f(x)$无定义.

当 $1<x<2$ 时

$$f(x)=\lim_{n\to\infty}x\sqrt[n]{\frac{1}{x}+1+\left(\frac{x}{2}\right)^n}=x$$

当 $x=2$ 时

$$f(2)=\lim_{n\to\infty}\sqrt[n]{1+2\cdot 2^n}=\lim_{n\to\infty}2\sqrt[n]{\frac{1}{2^n}+2}=2$$

当$|x|>2$ 时

$$f(x)=\lim_{n\to\infty}\frac{x^2}{2}\sqrt[n]{\left(\frac{2}{x^2}\right)^n+\left(\frac{2}{x}\right)^n+1}=\frac{x^2}{2}$$

当$-2<x<-1$ 时,由于

$$\lim_{n\to\infty}\sqrt[2n]{1+x^{2n}+\left(\frac{x^2}{2}\right)^{2n}}=\lim_{n\to\infty}(-x)\sqrt[2n]{\left(\frac{1}{x^{2n}}\right)+1+\left(\frac{x}{2}\right)^{2n}}=-x$$

$$\lim_{n\to\infty}\sqrt[2n+1]{1+x^{2n+1}+\left(\frac{x^2}{2}\right)^{2n+1}}=\lim_{n\to\infty}x\cdot\sqrt[2n+1]{\left(\frac{1}{x^{2n+1}}\right)+1+\left(\frac{x}{2}\right)^{2n+1}}=x$$

故$-2<x<-1$ 时,$f(x)$无定义.

当 $x=-2$ 时，由于

$$\lim_{n\to\infty}\sqrt[2n]{1+(-2)^{2n}+2^{2n}}=\lim_{n\to\infty}2\cdot\sqrt[2n]{\frac{1}{2^{2n}}+2}=2$$

$$\lim_{n\to\infty}\sqrt[2n+1]{1+(-2)^{2n+1}+2^{2n+1}}=1$$

故 $x=-2$ 时，$f(x)$ 无定义.

【例 2】 求极限

$$\lim_{x\to+\infty}\left[\sqrt[4]{x^4+x^3+x^2+x+1}-\sqrt[3]{x^3+x^2+x+1}\cdot\frac{\ln(x+e^x)}{x}\right]$$

解析 可得

$$\text{原式}=\lim_{x\to+\infty}\left\{\left[\sqrt[4]{x^4+x^3+x^2+x+1}-\sqrt[3]{x^3+x^2+x+1}\right]+\left[\sqrt[3]{x^3+x^2+x+1}\cdot\left(1-\frac{\ln(x+e^x)}{x}\right)\right]\right\}$$

又

$$\begin{aligned}&\lim_{x\to+\infty}\left[\sqrt[3]{x^3+x^2+x+1}\cdot\left(1-\frac{\ln(x+e^x)}{x}\right)\right]\\&=\lim_{x\to+\infty}\left[\sqrt[3]{1+\frac{1}{x}+\frac{1}{x^2}+\frac{1}{x^3}}\cdot\ln\frac{e^x}{x+e^x}\right]\\&=\lim_{x\to+\infty}\left[\sqrt[3]{1+\frac{1}{x}+\frac{1}{x^2}+\frac{1}{x^3}}\cdot\ln\frac{1}{xe^{-x}+1}\right]=0\end{aligned}$$

而

$$\begin{aligned}&\lim_{x\to+\infty}\left[\sqrt[4]{x^4+x^3+x^2+x+1}-\sqrt[3]{x^3+x^2+x+1}\right]\\&=\lim_{x\to+\infty}x\left[\sqrt[4]{1+\frac{1}{x}+\frac{1}{x^2}+\frac{1}{x^3}+\frac{1}{x^4}}-\sqrt[3]{1+\frac{1}{x}+\frac{1}{x^2}+\frac{1}{x^3}}\right]\\&\overset{x=\frac{1}{t}}{=}\lim_{t\to0^+}\frac{\left[\sqrt[4]{t^4+t^3+t^2+t+1}-\sqrt[3]{t^3+t^2+t+1}\right]}{t}\\&=\lim_{t\to0^+}\frac{\left[\sqrt[4]{t^4+t^3+t^2+t+1}-1\right]}{t}-\lim_{t\to0^+}\frac{\left[\sqrt[3]{t^3+t^2+t+1}-1\right]}{t}\\&=\frac{1}{4}-\frac{1}{3}=-\frac{1}{12}\end{aligned}$$

故原式 $=-\frac{1}{12}$.

【例 3】 求极限 $\lim_{x\to2}\left(\sqrt{3-x}+\ln\frac{x}{2}\right)^{\frac{1}{\sin^2(x-2)}}$.

解析 令 $t=x-2$，有

$$\lim_{x\to 2}\frac{\ln\left(\sqrt{3-x}+\ln\frac{x}{2}\right)}{\sin^2(x-2)}=\lim_{t\to 0}\frac{\ln\left(\sqrt{1-t}+\ln\left(1+\frac{t}{2}\right)\right)}{\sin^2 t}$$

$$=\lim_{t\to 0}\frac{\ln\left(1+\left(\sqrt{1-t}-1+\ln\left(1+\frac{t}{2}\right)\right)\right)}{\sin^2 t}$$

$$=\lim_{t\to 0}\frac{\sqrt{1-t}-1+\ln\left(1+\frac{t}{2}\right)}{t^2}$$

(注:也可用洛必达法则)

$$=\lim_{t\to 0}\frac{\left[\frac{1}{2}(-t)+\frac{1}{2}\cdot\frac{1}{2}\left(\frac{1}{2}-1\right)t^2+o(t^2)\right]+\left[\frac{t}{2}-\frac{1}{2}\left(\frac{t}{2}\right)^2+o(t^2)\right]}{t^2}$$

$$=\lim_{t\to 0}\frac{-\frac{1}{4}t^2+o(t^2)}{t^2}=-\frac{1}{4}$$

故

$$\lim_{x\to 2}\left(\sqrt{3-x}+\ln\frac{x}{2}\right)^{\frac{1}{\sin^2(x-2)}}=e^{-\frac{1}{4}}$$

【例 4】 求极限 $\lim\limits_{x\to+\infty}(x^{\frac{1}{x}}-1)^{\frac{1}{\ln x}}$.

解析 原式$=\lim\limits_{x\to+\infty}e^{\frac{\ln(x^{\frac{1}{x}}-1)}{\ln x}}$,其中

$$\lim_{x\to+\infty}x^{\frac{1}{x}}=\lim_{x\to+\infty}e^{\frac{\ln x}{x}}=1$$

又

$$\lim_{x\to+\infty}\frac{\ln(x^{\frac{1}{x}}-1)}{\ln x}=\lim_{x\to+\infty}\frac{x^{\frac{1}{x}}(\frac{1}{x^2}-\frac{\ln x}{x^2})}{\frac{1}{x}(x^{\frac{1}{x}}-1)}=\lim_{x\to+\infty}\frac{1-\ln x}{x(x^{\frac{1}{x}}-1)}$$

$$=\lim_{x\to+\infty}\frac{1-\ln x}{x(e^{\frac{1}{x}\ln x}-1)}=\lim_{x\to+\infty}\frac{1-\ln x}{\ln x}=-1$$

故原式$=e^{-1}$.

【例 5】 设数列 $x_n=\frac{1\cdot 3\cdot 5\cdot\cdots\cdot(2n-1)}{2\cdot 4\cdot 6\cdot\cdots\cdot(2n)}(n=1,2,\cdots)$,求极限$\lim\limits_{n\to\infty}\sqrt[n]{x_n}$.

解析 首先

$$x_n=\frac{1\cdot 3\cdot 5\cdot\cdots\cdot(2n-1)}{2\cdot 4\cdot 6\cdot\cdots\cdot(2n)}=\frac{3}{2}\cdot\frac{5}{4}\cdot\cdots\cdot\frac{2n-1}{2n-2}\cdot\frac{1}{2n}>\frac{1}{2n}$$

又

$$x_n=\frac{1\cdot 3\cdot 5\cdot\cdots\cdot(2n-1)}{2\cdot 4\cdot 6\cdot\cdots\cdot(2n)}=\frac{1}{2}\cdot\frac{3}{4}\cdot\cdots\cdot\frac{2n-1}{2n}<\frac{2}{3}\cdot\frac{4}{5}\cdot\cdots\cdot\frac{2n}{2n+1}$$

$$=\frac{1}{\dfrac{1\cdot 3\cdot 5\cdot\cdots\cdot(2n-1)}{2\cdot 4\cdot 6\cdot\cdots\cdot(2n)}}\cdot\frac{1}{2n+1}$$

即 $x_n^2<\frac{1}{2n+1}$，故而$\sqrt[n]{\frac{1}{2n}}<\sqrt[n]{x_n}<\sqrt[2n]{\frac{1}{2n+1}}$，由夹逼定理$\lim\limits_{n\to\infty}\sqrt[n]{x_n}=1$.

【例 6】 计算$\lim\limits_{n\to\infty}\sqrt[n]{2^n+a^{2n}}$，其中 a 为常数.

解析 当$|a|\leqslant\sqrt{2}$时

$$2\leqslant\sqrt[n]{2^n+a^{2n}}\leqslant\sqrt[n]{2\cdot 2^n}=2\sqrt[n]{2}$$

而$\lim\limits_{n\to\infty}\sqrt[n]{2}=1$，由夹逼定理

$$\lim_{n\to\infty}\sqrt[n]{2^n+a^{2n}}=2$$

当$|a|>\sqrt{2}$时

$$a^2\leqslant\sqrt[n]{2^n+a^{2n}}\leqslant\sqrt[n]{2\cdot a^{2n}}=a^2\sqrt[n]{2}$$

同理

$$\lim_{n\to\infty}\sqrt[n]{2^n+a^{2n}}=a^2$$

综上，$\lim\limits_{n\to\infty}\sqrt[n]{2^n+a^{2n}}=\max\{2,a^2\}$.

【例 7】 计算 $\lim\limits_{n\to\infty}\sum\limits_{k=1}^{n}\frac{e^{\frac{k}{n}}}{n+\frac{1}{k}}$.

解析 因为 $$\sum_{k=1}^{n}\frac{e^{\frac{k}{n}}}{n+1}\leqslant\sum_{k=1}^{n}\frac{e^{\frac{k}{n}}}{n+\frac{1}{k}}\leqslant\sum_{k=1}^{n}\frac{e^{\frac{k}{n}}}{n}$$

而

$$\lim_{n\to\infty}\sum_{k=1}^{n}\frac{e^{\frac{k}{n}}}{n+1}=\lim_{n\to\infty}\frac{n}{n+1}\sum_{k=1}^{n}\frac{e^{\frac{k}{n}}}{n}=1\cdot\int_0^1 e^x\mathrm{d}x=e-1$$

$$\lim_{n\to\infty}\sum_{k=1}^{n}\frac{e^{\frac{k}{n}}}{n}=\int_0^1 e^x\mathrm{d}x=e-1$$

故 $$\text{原式}=e-1$$

注：类似的题目有

$$\lim_{n\to\infty}\left(\frac{\sin\frac{1}{n}}{n^2+1}+\frac{2\sin\frac{2}{n}}{n^2+2}+\cdots+\frac{n\sin\frac{n}{n}}{n^2+n}\right)$$

【例 8】 计算$\lim\limits_{n\to\infty}\left(\dfrac{1}{4n+1}+\dfrac{1}{4n+2}+\cdots+\dfrac{1}{4n+2n}\right)$.

解析 可得

$$\lim_{n\to\infty}\left(\frac{1}{4n+1}+\frac{1}{4n+2}+\cdots+\frac{1}{4n+2n}\right)$$
$$=\lim_{n\to\infty}\frac{1}{n}\sum_{i=1}^{n}\frac{1}{4+\dfrac{2i}{n}}=\int_0^2\frac{1}{4+x}\mathrm{d}x=\ln\frac{3}{2}$$

注:类似的题目有

$$\lim_{n\to\infty}\left(\frac{1}{\sqrt{n^2+4}}+\frac{1}{\sqrt{n^2+16}}+\cdots+\frac{1}{\sqrt{n^2+4n^2}}\right)=\frac{\ln(2+\sqrt{5})}{2}$$

【例 9】 计算$\lim\limits_{x\to 0}x\left[\dfrac{1}{x}\right]$.

解析 由于$\left[\dfrac{1}{x}\right]\leqslant\dfrac{1}{x}<\left[\dfrac{1}{x}\right]+1$,当 $x>0$ 时

$$x\left[\frac{1}{x}\right]\leqslant 1<x\left[\frac{1}{x}\right]+x$$

由左边不等式推知$\lim\limits_{x\to 0^+}x\left[\dfrac{1}{x}\right]\leqslant 1$,由右边不等式推知$\lim\limits_{x\to 0^+}x\left[\dfrac{1}{x}\right]\geqslant 1$,所以

$$\lim_{x\to 0^+}x\left[\frac{1}{x}\right]=1$$

当 $x<0$ 时

$$x\left[\frac{1}{x}\right]+x<1\leqslant x\left[\frac{1}{x}\right]$$

由左边不等式推知$\lim\limits_{x\to 0^-}x\left[\dfrac{1}{x}\right]\leqslant 1$,由右边不等式推知$\lim\limits_{x\to 0^-}x\left[\dfrac{1}{x}\right]\geqslant 1$,所以

$$\lim_{x\to 0^-}x\left[\frac{1}{x}\right]=1$$

因而

$$\lim_{x\to 0}x\left[\frac{1}{x}\right]=1$$

【例 10】 计算$\lim\limits_{n\to\infty}\dfrac{1!\ +2!\ +\cdots+n!}{n!}$.

解析 原式$=1+\lim\limits_{n\to\infty}\dfrac{1!\ +2!\ +\cdots+(n-1)!}{n!}$,由于

$$0<\frac{1!+2!+\cdots+(n-1)!}{n!}=\frac{1!+2!+\cdots+(n-2)!+(n-1)!}{n!}$$

$$<\frac{(n-2)(n-2)!+(n-1)!}{n!}<\frac{2(n-1)!}{n!}=\frac{2}{n}$$

因为$\frac{2}{n}\to 0$，由夹逼定理得$\lim\limits_{n\to\infty}\frac{1!+2!+\cdots+(n-1)!}{n!}=0$，故原式$=1$.

【例 11】 计算$\lim\limits_{x\to 0}\frac{\sin(e^x-1)-(e^{\sin x}-1)}{\sin^4 3x}$.

解析 $x\to 0$时，$\sin^4 3x\sim(3x)^4=81x^4$，应用麦克劳林公式，有

$$e^x-1=x+\frac{1}{2!}x^2+\frac{1}{3!}x^3+\frac{1}{4!}x^4+o(x^4)$$

$$=x+\frac{1}{2}x^2+\frac{1}{6}x^3+\frac{1}{24}x^4+o(x^4)$$

$$\sin x=x-\frac{1}{3!}x^3+o(x^4)=x-\frac{1}{6}x^3+o(x^4)$$

故

$$\sin(e^x-1)=\sin\left(x+\frac{1}{2}x^2+\frac{1}{6}x^3+\frac{1}{24}x^4+o(x^4)\right)$$

$$=\left(x+\frac{1}{2}x^2+\frac{1}{6}x^3+\frac{1}{24}x^4+o(x^4)\right)-$$

$$\frac{1}{6}\left(x+\frac{1}{2}x^2+\frac{1}{6}x^3+o(x^3)\right)^3+o(x^4)$$

$$=\left(x+\frac{1}{2}x^2+\frac{1}{6}x^3+\frac{1}{24}x^4+o(x^4)\right)-$$

$$\frac{1}{6}\left(x^3+3x^2\cdot\frac{1}{2}x^2\right)+o(x^4)$$

$$=x+\frac{1}{2}x^2-\frac{5}{24}x^4+o(x^4)$$

$$e^{\sin x}-1=e^{x-\frac{1}{6}x^3+o(x^4)}-1=\left(x-\frac{1}{6}x^3+o(x^4)\right)+\frac{1}{2}\left(x-\frac{1}{6}x^3+o(x^4)\right)^2+$$

$$\frac{1}{6}\left(x-\frac{1}{6}x^3+o(x^4)\right)^3+\frac{1}{24}\left(x-\frac{1}{6}x^3+o(x^4)\right)^4+o(x^4)$$

$$=\left(x-\frac{1}{6}x^3+o(x^4)\right)+\left(\frac{1}{2}x^2-\frac{1}{6}x^4+o(x^4)\right)+\left(\frac{1}{6}x^3+o(x^4)\right)+$$

$$\left(\frac{1}{24}x^4+o(x^4)\right)=x+\frac{1}{2}x^2-\frac{1}{8}x^4+o(x^4)$$

于是

$$原式=\lim_{x\to 0}\frac{\left(x+\frac{1}{2}x^2-\frac{5}{24}x^4\right)-\left(x+\frac{1}{2}x^2-\frac{1}{8}x^4\right)+o(x^4)}{81x^4}=-\frac{1}{972}$$

【例 12】 设 x_n 满足 $x_n^n+x_n-1=0,0<x_n<1$,求 $\lim\limits_{n\to\infty}x_n$.

解析 方法 1:令 $F(x)=x^n+x-1$,由 $F(0)=-1<0,F(1)=1>0$,$\exists x_n\in(0,1)$,使得 $x_n^n+x_n-1=0$.

令

$$G(x)=x^{n+1}+x-1,G(1)=1>0$$

$$G(x_n)=x_n^{n+1}+x_n-1<x_n^n+x_n-1=0$$

$$\exists x_{n+1}\in(x_n,1),使得\ x_{n+1}^{n+1}+x_{n+1}-1=0$$

故 $x_{n+1}>x_n$,$\{x_n\}$单调递增,因此$\lim\limits_{n\to\infty}x_n$ 收敛,记

$$\lim_{n\to\infty}x_n=A$$

$$\lim_{n\to\infty}x_n^n+\lim_{n\to\infty}x_n-1=0$$

若 $0\leqslant A<1$,$x_n\leqslant A$,则 $0<x_n^n\leqslant A^n\to 0$,故$\lim\limits_{n\to\infty}x_n^n=0$,可得$\lim\limits_{n\to\infty}x_n=1$,矛盾.

因此 $A=1$.

方法 2:设 $y^x+y-1=0$ 为隐函数,能确定函数 $y=f(x)$,则

$$x_n=f(n)$$

$$(y^x+y-1)x'=0\Rightarrow y^x(x\ln y)'+y'=0$$

$$\Rightarrow y^x\left(\ln y-\frac{x}{y}y'\right)+y'=0$$

$$\Rightarrow y'=-y^x\cdot\frac{\ln y}{\left(1+\frac{x}{y}\cdot y^x\right)}$$

由 $0<y<1$,当 $x\geqslant 1$ 时 $y'>0$. 故 y 单调递增,即$\{x_n\}$单调递增,因此$\lim\limits_{n\to\infty}x_n=A$ 存在. 以下同方法 1.

【例 13】 设 $f(x)\in C[0,1]$,且 $f(0)=f(1)$. 证明:$\exists\xi\in(0,1)$,使 $f(\xi)=f\left(\xi+\frac{1}{n}\right)$.

解析 设

$$F(x)=f(x)-f\left(x+\frac{1}{n}\right)\quad x\in\left[0,1-\frac{1}{n}\right]$$

$$F(0)=f(0)-f\left(\frac{1}{n}\right)$$

$$F\left(\frac{1}{n}\right)=f\left(\frac{1}{n}\right)-f\left(\frac{2}{n}\right)$$

$$F\left(\frac{2}{n}\right)=f\left(\frac{2}{n}\right)-f\left(\frac{3}{n}\right)$$

$$\vdots$$

$$F\left(1-\frac{1}{n}\right)=f\left(\frac{n-1}{n}\right)-f(1)$$

将这些式子累加起来

$$\sum_{i=0}^{n-1}F\left(\frac{i}{n}\right)=f(0)-f(1)=0$$

(1)若有 $F\left(\frac{k}{n}\right)=0$,则问题得证.

(2)若所有的 $F\left(\frac{i}{n}\right)\neq 0$,则若有 $F\left(\frac{k}{n}\right)>0$,则必有 $F\left(\frac{j}{n}\right)<0$,由零点定理可证在 $\frac{k}{n}$ 于 $\frac{j}{n}$ 之间存在 ξ,使 $F(\xi)=0$.

【例 14】 设数列 $\{x_n\}$ 为 $x_1=\sqrt{3}$, $x_2=\sqrt{3-\sqrt{3}}$, $x_{n+2}=\sqrt{3-\sqrt{3+x_n}}$ ($n=1,2,\cdots$),求证数列 $\{x_n\}$ 收敛,并求其极限.

解析 因为

$$|x_{n+2}-1|=\left|\sqrt{3-\sqrt{3+x_n}}-1\right|=\frac{|2-\sqrt{3+x_n}|}{\sqrt{3-\sqrt{3+x_n}}+1}$$

$$\leqslant\left|\sqrt{x_n+3}-2\right|=\frac{1}{\sqrt{x_n+3}+2}|x_n-1|$$

$$\leqslant\frac{1}{2}|x_n-1|$$

所以

$$|x_{2n}-1|\leqslant\frac{1}{2}|x_{2n-2}-1|\leqslant\cdots\leqslant\frac{1}{2^{n-1}}|x_2-1|=\frac{1}{2^{n-1}}\left|\sqrt{3-\sqrt{3}}-1\right|$$

$$|x_{2n+1}-1|\leqslant\frac{1}{2}|x_{2n-1}-1|\leqslant\cdots\leqslant\frac{1}{2^n}|x_1-1|=\frac{1}{2^n}|\sqrt{3}-1|$$

由于 $\lim\limits_{n\to\infty}\frac{1}{2^{n-1}}\left|\sqrt{3-\sqrt{3}}-1\right|=0$, $\lim\limits_{n\to\infty}\frac{1}{2^n}|\sqrt{3}-1|=0$,应用夹逼准则得 $x_{2n}\to 1$,

$x_{2n+1}\to 1$,故$\lim\limits_{n\to\infty}x_n=1$.

【例 15】 设$a>b>0$,定义数列$a_1=\dfrac{a+b}{2}$,$b_1=\sqrt{ab}$,$a_2=\dfrac{a_1+b_1}{2}$,$b_2=\sqrt{a_1b_1}$,…,$a_{n+1}=\dfrac{a_n+b_n}{2}$,$b_{n+1}=\sqrt{a_nb_n}$,…,求证:这两个数列皆收敛,且其极限相等.

解析 由于

$$0<b=\sqrt{b^2}<\sqrt{ab}<\frac{a+b}{2}<\frac{a+a}{2}=a$$

所以$0<b<b_1<a_1<a$.同理可得$0<b_1<b_2<a_2<a_1$,$0<b_2<b_3<a_3<a_2$.

归纳假设$0<b_{n-1}<b_n<a_n<a_{n-1}$,则

$$0<b_n=\sqrt{b_n^2}<\sqrt{a_nb_n}<\frac{a_n+b_n}{2}<\frac{a_n+a_n}{2}=a$$

所以$0<b_n<b_{n+1}<a_{n+1}<a_n$,由此得数列$\{a_n\}$单调减,有下界$b$;数列$\{b_n\}$单调增,有上界$a$.应用单调有界准则,它们皆收敛.设

$$\lim_{n\to\infty}a_n=A,\lim_{n\to\infty}b_n=B$$

在$a_{n+1}=\dfrac{a_n+b_n}{2}$,$b_{n+1}=\sqrt{a_nb_n}$两边令$n\to\infty$,得

$$2A=A+B,B^2=AB$$

由于$A>0$,$B>0$,所以$A=B$,即

$$\lim_{n\to\infty}a_n=\lim_{n\to\infty}b_n$$

【例 16】 设$\lim\limits_{n\to\infty}x_n=a$.求证:$\lim\limits_{n\to\infty}\dfrac{x_1+\cdots+x_n}{n}=a$.

解析 因为$\lim\limits_{n\to\infty}x_n=a$,所以对于任给的$\varepsilon>0$,存在$N$,使得

$$|x_n-a|<\varepsilon,当\ n>N$$

因此有

$$\begin{aligned}\left|\frac{x_1+\cdots+x_n}{n}-a\right|&\leqslant\frac{|x_1-a|+\cdots+|x_N-a|+|x_{N+1}-a|+\cdots+|x_n-a|}{n}\\&\leqslant\frac{|x_1-a|+\cdots+|x_N-a|}{n}+\frac{n-N}{n}\varepsilon\\&<\frac{|x_1-a|+\cdots+|x_N-a|}{n}+\varepsilon\end{aligned}$$

令

$$N'=\left[\frac{|x_1-a|+\cdots+|x_N-a|}{\varepsilon}\right]$$

则
$$\frac{|x_1-a|+\cdots+|x_N-a|}{n}<\varepsilon,当 n>N'$$

取 $\overline{N}=\max\{N,N'\}$，则当 $n>\overline{N}$ 时，就有
$$\left|\frac{x_1+\cdots+x_n}{n}-a\right|<\varepsilon+\varepsilon=2\varepsilon$$

由定义知 $\lim\limits_{n\to\infty}\dfrac{x_1+\cdots+x_n}{n}=a$.

注 利用此结果易证下面两个结论：

(1) $\lim\limits_{n\to\infty}x_n=a>0$，且 $x_n>0(n\geqslant 1)$，则 $\lim\limits_{n\to\infty}\left(\dfrac{x_1^{-1}+x_2^{-1}+\cdots+x_n^{-1}}{n}\right)^{-1}=a$.

(2) 设 $\lim\limits_{n\to\infty}x_n=a$，且 $x_n>0(n\geqslant 1)$，则 $\lim\limits_{n\to\infty}\sqrt[n]{x_1x_2\cdots x_n}=a$.

【例 17】 设 $\lim\limits_{n\to\infty}a_n=a$，证明：$\lim\limits_{n\to\infty}\dfrac{\sum\limits_{k=0}^{n}C_n^ka_k}{2^n}=a$.

解析 只需证 $a=0$ 的情形，$a\neq 0$ 时考虑 $a_n'=a_n-a$ 即可，故下设 $a=0$. 由极限定义，对任何 $\varepsilon>0$，存在自然数 N，当 $n>N$ 时，就有 $|a_n|<\varepsilon$. 于是 $n>N$ 时
$$\left|\frac{\sum\limits_{k=N+1}^{n}C_n^ka_k}{2^n}\right|\leqslant\frac{\sum\limits_{k=N+1}^{n}C_n^k|a_k|}{2^n}<\varepsilon$$

由于 $C_n^k=\dfrac{n(n-1)\cdots(n-k+1)}{k!}\leqslant n^k$，故 $0\leqslant\dfrac{C_n^k}{2^n}\leqslant\dfrac{n^k}{2^n}$，根据两边夹定理，有 $\lim\limits_{n\to\infty}\dfrac{C_n^k}{2^n}=0$，从而 $\lim\limits_{n\to\infty}\dfrac{\sum\limits_{k=0}^{N}C_n^ka_k}{2^n}=0$，故存在自然数 N_1，当 $n>N_1$ 时，有
$$\left|\frac{\sum\limits_{k=0}^{N}C_n^ka_k}{2^n}\right|<\varepsilon$$

因此，当 $n>\max\{N,N_1\}$ 时，有
$$\left|\frac{\sum\limits_{k=0}^{n}C_n^ka_k}{2^n}\right|\leqslant\left|\frac{\sum\limits_{k=0}^{N}C_n^ka_k}{2^n}\right|+\left|\frac{\sum\limits_{k=N+1}^{n}C_n^ka_k}{2^n}\right|<\varepsilon+\varepsilon=2\varepsilon$$

按极限定义知

$$\lim_{n\to\infty}\frac{\sum\limits_{k=0}^{n}C_n^k a_k}{2^n}=a$$

【例 18】 设$\lim\limits_{n\to\infty}a_n=A,\lim\limits_{n\to\infty}b_n=B$,求证:数列$\{c_n\}$收敛于$AB$,其中

$$c_n=\frac{a_1b_n+a_2b_{n-1}+\cdots+a_nb_1}{n}$$

解析 由题给条件得

$$a_n=A+\alpha_n,b_n=B+\beta_n$$

这里$\alpha_n\to 0,\beta_n\to 0(n\to\infty)$.于是

$$\begin{aligned}c_n&=\frac{1}{n}[(A+\alpha_1)(B+\beta_n)+(A+\alpha_2)(B+\beta_{n-1})+\cdots+(A+\alpha_n)(B+\beta_1)]\\&=AB+\frac{B}{n}(\alpha_1+\alpha_2+\cdots+\alpha_n)+\frac{A}{n}(\beta_1+\beta_2+\cdots+\beta_n)+\\&\quad\frac{1}{n}(\alpha_1\beta_n+\alpha_2\beta_{n-1}+\cdots+\alpha_n\beta_1)\end{aligned}\qquad(*)$$

由于$\alpha_n\to 0$,所以$\forall\varepsilon>0,\exists N\in\mathbf{N}$,当$n>N$时$|\alpha_n|<\frac{\varepsilon}{2}$,且

$$\begin{aligned}&\left|\frac{1}{n}(\alpha_1+\alpha_2+\cdots+\alpha_N+\alpha_{N+1}+\cdots+\alpha_n)\right|\\\leqslant&\frac{1}{n}|\alpha_1+\cdots+\alpha_N|+\frac{1}{n}(|a_{N+1}|+\cdots+|a_n|)\\\leqslant&\frac{1}{n}|a_1+\cdots+a_N|+\frac{n-N}{n}\frac{\varepsilon}{2}\\\leqslant&\frac{1}{n}|\alpha_1+\cdots+\alpha_N|+\frac{\varepsilon}{2}\end{aligned}$$

另一方面,由于$\lim\limits_{n\to\infty}\frac{1}{n}|\alpha_1+\alpha_2+\cdots+\alpha_N|=0$,所以$\forall\varepsilon>0,\exists M\in\mathbf{N}$,当$n>M$时,$\frac{1}{n}|\alpha_1+\alpha_2+\cdots+\alpha_N|<\frac{\varepsilon}{2}$.故$\forall\varepsilon>0$,取$K=\max\{N,M\}$,则当$n>K$时,有

$$\left|\frac{1}{n}(\alpha_1+\alpha_2+\cdots+\alpha_K+\alpha_{K+1}+\cdots+\alpha_n)\right|<\frac{\varepsilon}{2}+\frac{\varepsilon}{2}=\varepsilon$$

由极限的定义得$\frac{1}{n}(\alpha_1+\alpha_2+\cdots+\alpha_n)\to 0(n\to\infty)$,于是

$$\lim_{n\to\infty}\frac{B}{n}(\alpha_1+\alpha_2+\cdots+\alpha_n)=0$$

同理可得 $\beta_n\to 0$ 时，有

$$\lim_{n\to\infty}\frac{A}{n}(\beta_1+\beta_2+\cdots+\beta_n)=0$$

由于 $\alpha_n\to 0$，所以 $\exists k>0$，使得 $\forall n\in\mathbf{N}$，有 $|\alpha_n|<k$，于是

$$\frac{1}{n}|\alpha_1\beta_n+\alpha_2\beta_{n-1}+\cdots+\alpha_n\beta_1|\leqslant\frac{k}{n}|\beta_1+\beta_2+\cdots+\beta_n|$$

由于 $\beta_n\to 0$ 时

$$\lim_{n\to\infty}\frac{k}{n}|\beta_1+\beta_2+\cdots+\beta_n|=0$$

所以
$$\lim_{n\to\infty}\frac{1}{n}(\alpha_1\beta_n+\alpha_2\beta_{n-1}+\cdots+\alpha_n\beta_1)=0$$

综上，在式（ * ）中令 $n\to\infty$，即得 $\lim\limits_{n\to\infty}c_n=AB$.

【例 19】 设 $a\in\mathbf{R}$. 若数列 $\{x_n\}$ 的任一子列中都必有一个收敛于 a 的子列，则 $\{x_n\}$ 收敛于 a.

解析 反证. 若 $\{x_n\}$ 不收敛于 a，则存在 $\varepsilon>0$，对任何自然数 N，存在 $n>N$ 使得 $|x_n-a|\geqslant\varepsilon_0$. 取 $N=1$，则有 $n_1>1$ 使得 $|x_{n_1}-a|\geqslant\varepsilon_0$；取 $N=n_1$，则有 $n_2>n_1$ 使得 $|x_{n_2}-a|\geqslant\varepsilon_0$；取 $N=n_2$，则有 $n_3>n_2$ 使得 $|x_{n_3}-a|\geqslant\varepsilon_0$；……这样做下去，我们得到数列 $\{x_n\}$ 的一个子列 $\{x_{n_k}\}$，这个子列具有性质

$$|x_{n_k}-a|\geqslant\varepsilon_0\quad(k=1,2,\cdots)$$

根据极限定义和上述性质可见子列 $\{x_{n_k}\}$ 的任何子列都不收敛于 a，矛盾！所以必有 $\{x_n\}$ 收敛于 a.

【例 20】 设 $0<x_1<1$，$x_{n+1}=x_n(1-x_n)$，$n=1,2,\cdots,n$，求证：$\lim\limits_{n\to\infty}nx_n=1$.

解析 $0<x_1<1$，设 $x_n\in(0,1)$，则由 $x_{n+1}=x_n(1-x_n)$ 知 $x_{n+1}\in(0,1)$. 因此由数学归纳法，对一切自然数 n，有 $x_n\in(0,1)$. 于是 $x_{n+1}=x_n(1-x_n)<x_n$，即 $\{x_n\}$ 严格递减. 由单调收敛定理知数列 $\{x_n\}$ 收敛. 设 $\lim\limits_{n\to\infty}x_n=a$，在 $x_{n+1}=x_n(1-x_n)$ 两边令 $n\to\infty$ 取极限得 $a=a(1-a)$，从而 $a=0$.

由斯托尔兹定理

$$\lim_{n\to\infty}\frac{1}{nx_n}=\lim_{n\to\infty}\frac{\frac{1}{x_n}}{n}=\lim_{n\to\infty}\frac{\frac{1}{x_{n+1}}-\frac{1}{x_n}}{(n+1)-n}=\lim_{n\to\infty}\left[\frac{1}{x_n(1-x_n)}-\frac{1}{x_n}\right]$$

$$=\lim_{n\to\infty}\frac{1}{1-x_n}=\frac{1}{1-0}=1$$

所以 $\lim\limits_{n\to\infty}nx_n=1$.

【例 21】 设存在常数 $k\in(0,1)$使得对任何 $n>1$,有

$$|x_{n+1}-x_n|\leqslant k|x_n-x_{n-1}|$$

证明:数列$\{x_n\}$收敛.

解析 由$|x_n-x_{n-1}|\leqslant|x_{n-1}-x_{n-2}|\leqslant\cdots\leqslant k^{n-2}|x_2-x_1|$,知对任何自然数 p,有

$$|x_{n+p}-x_n|=\left|\sum_{i=n+1}^{n+p}(x_i-x_{i-1})\right|\leqslant\sum_{i=n+1}^{n+p}|x_i-x_{i-1}|\leqslant\sum_{i=n+1}^{n+p}k^{i-2}|x_2-x_1|$$

$$=|x_2-x_1|\frac{k^{n-1}-k^{n+p-1}}{1-k}\leqslant|x_2-x_1|\frac{k^{n-1}}{1-k}$$

则对任何 $\varepsilon>0$,由$\lim\limits_{n\to\infty}\frac{k^{n-1}}{1-k}=0$ 可知,存在自然数 N,使得 $n>N$ 时,有

$$|x_2-x_1|\frac{k^{n-1}}{1-k}<\varepsilon$$

于是 $n>N$ 时,对任何自然数 p,有

$$|x_{n+p}-x_n|\leqslant|x_2-x_1|\frac{k^{n-1}}{1-k}<\varepsilon$$

根据柯西收敛原理,数列$\{x_n\}$收敛.

专题二　一元微分学

【例 1】 已知函数 $f'(0)$存在,求满足 $f(x+y)=\frac{f(x)+f(y)}{1-f(x)f(y)}$的函数 $f(x)$.

解析 因为对任意的 x,y,均有

$$f(x+y)=\frac{f(x)+f(y)}{1-f(x)f(y)}$$

则令 $y=0$,得 $f(0)=0$. 由于

$$\lim_{y\to0}\frac{f(y)}{y}=\lim_{y\to0}\frac{f(y)-f(0)}{y-0}=f'(0)$$

$$f'(x)=\lim_{y\to0}\frac{f(x+y)-f(x)}{y}=\lim_{y\to0}\frac{\frac{f(x)+f(y)}{1-f(x)f(y)}-f(x)}{y}$$

$$=\lim_{y\to0}\frac{f(y)[1+f^2(x)]}{y[1-f(x)f(y)]}=f'(0)[1+f^2(x)]$$

即
$$\frac{f'(x)}{1+f^2(x)}=f'(0)$$
这是一阶可分离变量的微分方程.在方程两边同时对变量 x 积分,得
$$\arctan[f(x)]=f'(0)x$$
于是
$$f(x)=\tan[f'(0)x]$$

【例 2】 设有实数 $a_1,a_2,\cdots,a_n$,其中 $a_1<a_2<\cdots<a_n$,函数 $f(x)$ 在 $[a_1,a_n]$ 上有 n 阶导数,并满足 $f(a_1)=f(a_2)=\cdots=f(a_n)=0$. 证明:对每个 $c\in[a_1,a_n]$,都相应地存在 $\xi\in(a_1,a_n)$,使得
$$f(c)=\frac{(c-a_1)(c-a_2)\cdots(c-a_n)}{n!}f^{(n)}(\xi)$$

解析 当 $c=a_i(i=1,2,\cdots,n)$ 时,由 $f(c)=(c-a_1)(c-a_2)\cdots(c-a_n)=0$ 知,此时可取 $[a_1,a_n]$ 上任一点为 ξ,都有
$$f(c)=\frac{(c-a_1)(c-a_2)\cdots(c-a_n)}{n!}f^{(n)}(\xi)$$

当 $c\neq a_i(i=1,2,\cdots,n)$ 时,记
$$g(x)=(x-a_1)(x-a_2)\cdots(x-a_n)$$
$$F(x)=f(x)g(c)-f(c)g(x)$$
则 $F(x)$ 在 $[a_1,a_n]$ 上 n 阶可导,且
$$F(a_1)=F(a_2)=\cdots=F(a_n)=0$$
所以存在 $\xi\in(a_1,a_n)$,使得 $F^{(n)}(\xi)=0$,即
$$f^{(n)}(\xi)g(c)=f(c)g^{(n)}(\xi)$$
又 $g^{(n)}(x)=n!$,故存在 $\xi\in(a_1,a_n)$,使得
$$f(c)=\frac{(c-a_1)(c-a_2)\cdots(c-a_n)}{n!}f^{(n)}(\xi)$$

【例 3】 设函数 $f(x)$ 在 $[-2,2]$ 上二阶可导,且 $|f(x)|\leqslant 1$, $f(-2)=f(0)=f(2)$,又设 $[f(0)]^2+[f'(0)]^2=4$. 证明:存在 $\xi\in(-2,2)$,使得 $f(\xi)+f''(\xi)=0$.

解析 记 $F(x)=[f(x)]^2+[f'(x)]^2$,则 $F(x)$ 在 $[-2,2]$ 上可导.

由于 $f(x)$ 在 $[-2,2]$ 上可导及 $f(-2)=f(0)=f(2)$,所以存在 $a\in(-2,0)$ 及 $b\in(0,2)$,使得 $f'(a)=f'(b)=0$,由此得到
$$F(a)=[f(a)]^2+[f'(a)]^2\leqslant 1$$
$$F(b)=[f(b)]^2+[f'(b)]^2\leqslant 1$$
于是,由题设 $F(0)=4$ 知,$F(x)$ 在 $[a,b]$ 上的最大值 M 必在 (a,b) 内取到,即

存在 $\xi\in(a,b)$，使得 $F(\xi)=M$，从而 $F'(\xi)=0$，即

$$f'(\xi)[f(\xi)+f''(\xi)]=0$$

由于 $F(\xi)=[f(\xi)]^2+[f'(\xi)]^2\geqslant F(0)=4$，而 $f(\xi)\leqslant 1$，所以有 $f'(\xi)\neq 0$，故存在 $\xi\in(a,b)\subset(-2,2)$，使得 $f(\xi)+f''(\xi)=0$.

【例 4】 设函数 $f(x)$ 在 $[a,b]$ 上有连续的导数，且存在 $c\in(a,b)$，使得 $f'(c)=0$. 证明：存在 $\xi\in(a,b)$，使得 $f'(\xi)=\dfrac{f(\xi)-f(a)}{b-a}$.

解析 记 $F(x)=\mathrm{e}^{-\frac{x}{b-a}}[f(x)-f(a)]$，显然 $F(x)$ 在 $[a,b]$ 上可导，且 $F(a)=0$，下面分两种情形证明本题：

(1)设 $F(c)=0$（即 $f(c)=f(a)$），则由罗尔定理知存在 $\xi\in(a,c)\subset(a,b)$，使得 $F'(\xi)=0$，即 $f'(\xi)=\dfrac{f(\xi)-f(a)}{b-a}$.

(2)设 $F(c)\neq 0$（即 $f(c)\neq f(a)$），不妨设 $F(c)>0$，则对 $F(x)$ 在 $[a,c]$ 上应用拉格朗日定理，知存在 $x_1\in(a,c)$，使得

$$F'(x_1)=\frac{F(c)-F(a)}{c-a}=\frac{F(c)}{c-a}>0$$

另一方面

$$F'(c)=\mathrm{e}^{-\frac{c}{b-a}}\left[f'(c)-\frac{f(c)-f(a)}{c-a}\right]$$

$$=-\frac{1}{b-a}\mathrm{e}^{-\frac{c}{b-a}}[f(c)-f(b)]=-\frac{1}{b-a}F(c)<0$$

所以由 $F'(x)$ 在 $[a,c]$ 上连续及连续函数零点定理知存在 $\xi\in(a,c)\subset(a,b)$，使得 $F'(\xi)=0$，即 $f'(\xi)=\dfrac{f(\xi)-f(a)}{b-a}$.

【例 5】 设函数 $\varphi(x)$ 可导，且满足 $\varphi(0)=0$，又设 $\varphi'(x)$ 单调减少.

(1)证明：对 $x\in(0,1)$，有 $\varphi(1)x<\varphi(x)<\varphi'(0)x$.

(2)若 $\varphi(1)\geqslant 0$，$\varphi'(0)\leqslant 1$，任取 $x_0\in(0,1)$，令 $x_n=\varphi(x_{n-1})$ $(n=1,2,\cdots)$. 证明：$\lim\limits_{n\to\infty}x_n$ 存在，并求该极限值.

解析 (1)对任意 $x\in(0,1)$，在 $[0,x]$ 上应用拉格朗日中值定理，存在 $\xi_1\in(0,x)$，使得 $\varphi(x)-\varphi(0)=\varphi'(\xi_1)(x-0)$，即

$$\varphi(x)=\varphi'(\xi_1)x<\varphi'(0)x\quad \text{由于 } \varphi'(x) \text{ 是单调减少的} \qquad (*)$$

对任意 $x\in(0,1)$，在 $[x,1]$ 上应用拉格朗日中值定理，存在 $\xi_2\in(x,1)$，使得

$$\varphi(1)-\varphi(x)=\varphi'(\xi_2)(1-x)<\varphi'(\xi_1)(1-x)=\varphi'(\xi_1)-\varphi'(\xi_1)x$$

$$=\varphi'(\xi_1)-\varphi(x) \quad 利用式(*)$$

即 $\varphi(1)<\varphi'(\xi_1)$，由此得到 $\varphi(1)x<\varphi'(\xi_1)x=\varphi(x)$.

(2)由于 $x_{n+1}=\varphi(x_n)<\varphi'(0)x_n\leqslant x_n(n=0,1,2,\cdots)$，所以 $\{x_n\}$ 单调减少. 此外，由

$$x_{n+1}=\varphi(x_n)>\varphi(1)x_n>\varphi^2(1)x_{n-1}>\cdots>\varphi^{n+1}(1)x_0\geqslant 0$$

知 $\{x_n\}$ 有下界. 因此，由单调有界原理 $\lim\limits_{n\to\infty}x_n$ 存在，记为 A，显然 $A\geqslant 0$.

下面用反证法证明 $A=0$.

如果 $A>0$（显然 $A<x_0<1$），则令 $n\to\infty$ 对所给的递推式 $x_n=\varphi(x_{n-1})$ 的两边取极限得 $A=\varphi(A)$，由于 $A\in(0,1)$，由(1)的结论得

$$\varphi(A)<\varphi'(0)A\leqslant A$$

即得 $A<A$，矛盾. 故 $A=0$，因此 $\lim\limits_{n\to\infty}x_n=0$.

【例 6】 设 $f(x),g(x)$ 在 $[a,b]$ 上连续，在 (a,b) 内可导，且对于 (a,b) 内的一切 x 均有 $f'(x)g(x)-f(x)g'(x)\neq 0$. 证明：若 $f(x)$ 在 (a,b) 内有两个零点，则介于这两个零点之间，$g(x)$ 至少有一个零点.

解析 （用反证法）假设 $\forall x\in(x_1,x_2)$，$g(x)\neq 0$，这里 $f(x_1)=f(x_2)=0$. 令 $F(x)=\dfrac{f(x)}{g(x)}$，由于 $f'(x_1)g(x_1)-f(x_1)g'(x_1)=f'(x_1)g(x_1)\neq 0$，$f'(x_2)g(x_2)-f(x_2)g'(x_2)=f'(x_2)g(x_2)\neq 0$，所以 $g(x_1)\neq 0$，$g(x_2)\neq 0$. 于是 $F(x)$ 在 $[x_1,x_2]$ 上可导，且 $F(x_1)=F(x_2)=0$，应用罗尔定理，必 $\exists\xi\in(x_1,x_2)$，使得 $F'(\xi)=0$. 由于

$$F'(x)=\frac{f'(x)g(x)-f(x)g'(x)}{g^2(x)}$$

所以 $f'(\xi)g(\xi)-f(\xi)g'(\xi)=0$，此与条件 $\forall x\in(a,b)$，$f'(x)g(x)-f(x)g'(x)\neq 0$ 矛盾. 故 $g(x)$ 在 (x_1,x_2) 内至少有一个零点.

【例 7】 设 $f(x),g(x)$ 在 $[a,b]$ 上可微，且 $g'(x)\neq 0$. 证明：存在一点 $c(a<c<b)$，使得

$$\frac{f(a)-f(c)}{g(c)-g(b)}=\frac{f'(c)}{g'(c)}$$

解析 取辅助函数

$$F(x)=f(a)g(x)+g(b)f(x)-f(x)g(x)$$

则 $F(x)$ 在 $[a,b]$ 上可微，且 $F(a)=F(b)=f(a)g(b)$，应用罗尔定理，$\exists c\in(a,b)$，使得 $F'(c)=0$. 由于

$$F'(x)=f(a)g'(x)+g(b)f'(x)-[f'(x)g(x)+f(x)g'(x)]$$

则 $$F'(c)=f(a)g'(c)+g(b)f'(c)-[f'(c)g(c)+f(c)g'(c)]=0$$

化简得

$$g'(c)(f(a)-f(c))=f'(c)(g(c)-g(b))$$

由于 $g'(c)\neq 0$，且 $g(c)-g(b)\neq 0$(否则 $\exists\xi\in(c,b)$，使得 $g'(\xi)=0$，此与 $g'(x)\neq 0$ 矛盾)，所以上式等价于

$$\frac{f(a)-f(c)}{g(c)-g(b)}=\frac{f'(c)}{g'(c)}$$

【例 8】 设 $f(x)$ 在 $(0,1)$ 内有三阶导数，$0<a<b<1$. 证明：存在 $\xi\in(a,b)$，使得

$$f(b)=f(a)+\frac{1}{2}(b-a)(f'(a)+f'(b))-\frac{(b-a)^3}{12}f'''(\xi)$$

解析 令

$$\frac{12}{(b-a)^3}\left[f(a)-f(b)+\frac{1}{2}(b-a)(f'(a)+f'(b))\right]=k$$

则有恒等式

$$f(a)-f(b)+\frac{1}{2}(b-a)(f'(a)+f'(b))-\frac{(b-a)^3}{12}k\equiv 0 \qquad (*)$$

取辅助函数

$$F(x)=f(a)-f(x)+\frac{1}{2}(x-a)(f'(a)+f'(x))-\frac{(x-a)^3}{12}k$$

由式$(*)$得 $F(b)=0$，又 $F(x)$ 在 $(0,1)$ 内可导，$F(a)=0$，在 $[a,b]$ 上应用罗尔定理，必 $\exists\eta\in(a,b)$，使得 $F'(\eta)=0$. 由于

$$F'(x)=-f'(x)+\frac{1}{2}(f'(a)+f'(x))+\frac{1}{2}(x-a)f''(x)-\frac{(x-a)^2}{4}k$$

$$=\frac{1}{2}(f'(a)-f'(x))+\frac{1}{2}(x-a)f''(x)-\frac{(x-a)^2}{4}k$$

所以 $F'(a)=0$. 由于 $F'(x)$ 在 $(0,1)$ 内可导，$F'(a)=F'(\eta)=0$，对函数 $F'(x)$ 在 $[a,\eta]$ 上应用罗尔定理，必 $\exists\xi\in(a,\eta)\subset(a,b)$，使得

$$(F'(x))'\big|_\xi=F''(\xi)=0$$

因为

$$F''(x)=-\frac{1}{2}f''(x)+\frac{1}{2}f''(x)+\frac{1}{2}(x-a)f'''(x)-\frac{1}{2}(x-a)k$$

$$=\frac{1}{2}(x-a)(f'''(x)-k)$$

所以 $$F''(\xi)=\frac{1}{2}(\xi-a)(f'''(\xi)-k)=0$$

于是 $k=f'''(\xi)$，代入式($*$)即为所求证的等式.

【例 9】 设函数 $f(x)$ 在 $[0,1]$ 上二阶可导，$f(0)=f(1)$. 证明：存在 $\xi\in(0,1)$，使得 $2f'(\xi)+(\xi-1)f''(\xi)=0$.

解析 令 $G(x)=(x-1)f(x)$，则 $G(x)$ 在 $[0,1]$ 上满足拉格朗日中值定理的条件，故 $\exists c\in(0,1)$，使得

$$G'(c)=\frac{G(1)-G(0)}{1-0}=f(0)$$

即 $f(c)+(c-1)f'(c)=f(0)$. 令 $F(x)=f(x)+(x-1)f'(x)$，则 $F(c)=f(0)=f(1)=F(1)$. $F(x)$ 在 $[c,1]$ 上满足罗尔定理条件，所以 $\exists\xi\in(c,1)\subset(0,1)$，使得 $F'(\xi)=0$，即

$$2f'(\xi)+(\xi-1)f''(\xi)=0$$

【例 10】 设函数 $f(x)$ 在 $[0,1]$ 上可导，满足条件：$|f'(x)|\leqslant k|f(x)|$ $(0<k<1)$，$f(0)=0$. 证明：$f(x)\equiv 0$，$x\in[0,1]$.

解析 在 $|f'(x)|\leqslant k|f(x)|$ 中取 $x=0$，可得 $f'(0)=0$. $\forall x\in(0,1)$，应用拉格朗日中值定理，$\exists\xi_1\in(0,x)\subset(0,1)$，使得

$$f(x)=f(0)+f'(\xi_1)x=f'(\xi_1)x$$

于是

$$|f(x)|=|f'(\xi_1)|x\leqslant k|f(\xi_1)|x=k|f(\xi_1)-f(0)|x \tag{1}$$

在 $[0,\xi_1]$ 上再应用拉格朗日中值定理，$\exists\xi_2\in(0,\xi_1)$，使得

$$f(\xi_1)=f(0)+f'(\xi_2)\xi_1=f'(\xi_2)\xi_1$$

于是 $|f(\xi_1)|=|f'(\xi_2)|\xi_1\leqslant k|f(\xi_2)|x$，代入式(1)得

$$|f(x)|\leqslant k^2|f(\xi_2)|x^2 \tag{2}$$

在 $[0,\xi_2]$ 上再应用拉格朗日中值定理，$\exists\xi_3\in(0,\xi_2)$，使得

$$|f(x)|\leqslant k^3|f(\xi_3)|x^3 \tag{3}$$

如此继续下去，$\exists\xi_n\in(0,\xi_{n-1})$，使得

$$|f(x)|\leqslant k^n|f(\xi_n)|x^n \tag{4}$$

由于 $f(x)$ 在 $[0,1]$ 上连续，必有界，即 $\exists M>0$，使得 $|f(\xi_n)|\leqslant M$ $(n=1,2,\cdots)$，而 $0<k<1$，$0<x<1$，在式(4)右端令 $n\to\infty$ 得

$$\lim_{x\to\infty}k^n|f(\xi_n)|x^n=0$$

于是 $f(x)\equiv 0$，$0\leqslant x<1$，再由 $f\in C[0,1]$，得

$$\lim_{x\to 1^-} f(x)=\lim_{x\to 1^-} 0=0=f(1)$$

即 $f(1)=0$，于是 $f(x)\equiv 0, x\in[0,1]$.

【例 11】 设函数 $f(x)$ 在 $(-\infty,+\infty)$ 上有界，且二阶可导. 证明：$\exists\xi\in\mathbf{R}$，使得 $f''(\xi)=0$.

解析 (1)若 $\exists a,b\in(-\infty,+\infty)$，$a<b$，使得

$$f'(a)=f'(b)$$

令 $F(x)=f'(x)$，则 $F(x)$ 在 $[a,b]$ 上可导，且 $F(a)=F(b)$，应用罗尔定理，必 $\exists\xi\in(a,b)$，使得 $F'(\xi)=0$，即 $f''(\xi)=0$.

(2)若 $\forall a,b\in(-\infty,+\infty)$，$a<b$，$f'(a)\neq f'(b)$，则 $f'(x)$ 在 $(-\infty,+\infty)$ 上严格增或严格减. 不妨设 $f'(x)$ 在 $(-\infty,+\infty)$ 上严格增.

$\forall c\in(-\infty,+\infty)$，①若 $f'(c)\geqslant 0$，则 $f'(1+c)>0$，当 $x>1+c$ 时，在 $[1+c,x]$ 上应用拉格朗日中值定理，有

$$f(x)=f(1+c)+f'(\xi)(x-1-c)>f(1+c)+f'(1+c)(x-1-c)$$

这里 $1+c<\xi<x$. 令 $x\to+\infty$ 得 $\lim\limits_{x\to+\infty} f(x)=+\infty$，此与 $f(x)$ 在 $(-\infty,+\infty)$ 上有界矛盾. ②若 $f'(c)<0$，当 $x<c$ 时，在 $[x,c]$ 上应用拉格朗日中值定理，有

$$f(x)=f(c)+f'(\eta)(x-c)>f(c)+f'(c)(x-c)$$

这里 $x<\eta<c$. 令 $x\to-\infty$ 得 $\lim\limits_{x\to-\infty} f(x)=+\infty$，此与 $f(x)$ 在 $(-\infty,+\infty)$ 上有界矛盾. 此表明情况(2)不可能发生，只有第(1)种情况发生.

【例 12】 设函数 $f(x)$ 在 $[0,1]$ 上二阶可导，$f(0)=f(1)$，$|f''(x)|\leqslant 1$. 证明：当 $0\leqslant x\leqslant 1$ 时，$|f'(x)|\leqslant\dfrac{1}{2}$.

解析 $\forall x_0\in(0,1)$，函数 $f(x)$ 在 x_0 处的泰勒展开式为

$$f(x)=f(x_0)+f'(x_0)(x-x_0)+\frac{1}{2!}f''(\xi)(x-x_0)^2 \tag{1}$$

这里 ξ 介于 x_0 与 x 之间. 在式(1)中分别取 $x=0$ 与 $x=1$，得

$$f(0)=f(x_0)+f'(x_0)(0-x_0)+\frac{1}{2!}f''(\xi_1)(0-x_0)^2 \tag{2}$$

$$f(1)=f(x_0)+f'(x_0)(1-x_0)+\frac{1}{2!}f''(\xi_2)(1-x_0)^2 \tag{3}$$

这里 $\xi_1\in(0,x_0)$，$\xi_2\in(x_0,1)$. 式(3)减式(2)得

$$f'(x_0)=\frac{1}{2}f''(\xi_1)(0-x_0)^2-\frac{1}{2}f''(\xi_2)(1-x_0)^2$$

$$|f'(x_0)|\leqslant\frac{1}{2}|f''(\xi_1)|x_0^2+\frac{1}{2}|f''(\xi_2)|(1-x_0)^2$$

$$\leqslant\frac{1}{2}[x_0^2+(1-x_0)^2]=\frac{1}{2}(2x_0^2-2x_0+1)$$

$$=\frac{1}{2}\left(x_0-\frac{1}{2}\right)^2+\frac{1}{4}\leqslant\frac{1}{4}+\frac{1}{4}=\frac{1}{2}$$

由 $x_0\in(0,1)$ 的任意性得：$\forall x\in(0,1)$，有 $|f'(x)|\leqslant\frac{1}{2}$. 由于 $f(x)$ 在 $[0,1]$ 上连续，所以 $\forall x\in(0,1)$，有 $|f'(x)|\leqslant\frac{1}{2}$.

【例 13】 设函数 $f(x)$ 在 $(-1,1)$ 上任意阶可导，且 $f^{(n)}(0)\neq 0(n=1,2,3,\cdots)$，又设对 $0<|x|<1$ 和 $n\in\mathbf{N}$，有泰勒公式

$$f(x)=f(0)+f'(0)x+\cdots+\frac{f^{(n-1)}(0)}{(n-1)!}x^{n-1}+\frac{f^{(n)}(\theta x)}{n!}x^n$$

这里 $0<\theta<1$，试求 $\lim\limits_{x\to 0}\theta$.

解析 由题给条件得

$$f^{(n)}(\theta x)=\frac{n!\left(f(x)-f(0)-f'(0)x-\cdots-\frac{f^{(n-1)}(0)}{(n-1)!}x^{n-1}\right)}{x^n}$$

于是

$$\frac{f^{(n)}(\theta x)-f^{(n)}(0)}{\theta x}\cdot\theta$$

$$=\frac{n!\left(f(x)-f(0)-f'(0)x-\cdots-\frac{f^{(n-1)}(0)}{(n-1)!}x^{n-1}\right)-f^{(n)}(0)x^n}{x^{n+1}}\qquad(*)$$

由于

$$\lim_{x\to 0}\frac{f^{(n)}(\theta x)-f^{(n)}(0)}{\theta x}=f^{(n+1)}(0)\neq 0$$

$$\lim_{x\to 0}\frac{n!\left(f(x)-f(0)-f'(0)x-\cdots-\frac{f^{(n-1)}(0)}{(n-1)!}x^{n-1}\right)-f^{(n)}(0)x^n}{x^{n+1}}$$

$$=\lim_{x\to 0}\frac{n!\ f^{(n)}(x)-f^{(n)}(0)n!}{(n+1)!\ x}\quad n\text{ 次应用洛必达法则}$$

$$=\frac{1}{n+1}f^{(n+1)}(0)$$

故式(*)两边求极限得

$$f^{(n+1)}(0)\lim_{x\to 0}\theta=f^{(n+1)}(0)\cdot\frac{1}{n+1}$$

于是
$$\lim_{x\to 0}\theta=\frac{1}{n+1}$$

【例 14】 设函数 $f(x)$ 在 $[a,b]$ 上二阶可导，对于 $[a,b]$ 内每一点 x，$f(x)f''(x)\geqslant 0$，且在 $[a,b]$ 的任何子区间上 $f(x)$ 不恒等于零. 试证：$f(x)$ 在 $[a,b]$ 中至多有一个零点.

解析 方法 1：(反证法) 设 $f(x)$ 在 $[a,b]$ 中有两个零点 x_1 与 x_2 $(x_1<x_2)$. 因 $f(x)f''(x)\geqslant 0$，所以

$$(f(x)f'(x))'=[f'(x)]^2+f(x)f''(x)\geqslant 0$$

假设 $g(x)=f(x)f'(x)$，则 $g(x)$ 单调增. 又因为 $g(x_1)=g(x_2)=0$，故 $\forall x\in[x_1,x_2]$，$g(x)=0$. 由于 $\forall x\in[x_1,x_2]$，有

$$(f^2(x))'=2f(x)f'(x)=2g(x)=0$$

所以 $\forall x\in[x_1,x_2]$，$f^2(x)=k$，而 $f(x_1)=0$，于是 $\forall x\in[x_1,x_2]$，$f(x)=0$，从而导出了矛盾.

方法 2：(反证法) 设 x_1 与 x_2 $(x_1<x_2)$ 是 $f(x)$ 在 $[a,b]$ 中有两个相邻零点. 不妨设 $\forall x\in(x_1,x_2)$，$f(x)>0$. 由于 $f(x)f''(x)\geqslant 0$，所以 $f''(x)\geqslant 0$，$x\in[x_1,x_2]$，因此 $f'(x)$ 单调增.

在 x_1 的右邻域内 $f(x)>0$，所以 $f'(x_1)\geqslant 0$；在 x_2 的左邻域内 $f(x)>0$，所以 $f'(x_2)\leqslant 0$. 于是 $\forall x\in[x_1,x_2]$，$f'(x)=0$，而 $f(x_1)=0$，所以 $f(x)$ 在 $[x_1,x_2]$ 上为常数 0，导出了矛盾.

【例 15】 设 $f(x)=a_1\sin x+a_2\sin 2x+\cdots+a_n\sin nx$，其中，$a_1,a_2,\cdots,a_n$ 是实数，且 $|f(x)|\leqslant|\sin x|$，试证

$$|a_1+2a_2+\cdots+na_n|\leqslant 1$$

解析 方法 1

$$f'(0)=(a_1\sin x+a_2\sin 2x+\cdots+a_n\sin nx)\big|_{x=0}=a_1+2a_2+\cdots+na_n$$

$$|a_1+2a_2+\cdots+na_n|=|f'(0)|=\left|\lim_{x\to 0}\frac{f(x)-f(0)}{x}\right|=\left|\lim_{x\to 0}\frac{f(x)}{x}\right|$$

由题意知 $x\neq 0$ 时

$$\left|\frac{f(x)}{x}\right|\leqslant\left|\frac{\sin x}{x}\right|$$

由极限的保向性得

$$\lim_{x\to 0}\left|\frac{f(x)}{x}\right|\leqslant\lim_{x\to 0}\left|\frac{\sin x}{x}\right|$$

由于

$$\lim_{x\to 0}\left|\frac{f(x)}{x}\right|=\left|\lim_{x\to 0}\frac{f(x)}{x}\right|=|a_1+2a_2+\cdots+na_n|$$

$$\lim_{x\to 0}\left|\frac{f(x)}{x}\right|=\left|\lim_{x\to 0}\frac{f(x)}{x}\right|=1$$

于是
$$|a_1+2a_2+\cdots+na_n|\leqslant 1$$

方法 2:由于

$$\lim_{x\to 0}\frac{f(x)}{x}=\lim_{x\to 0}\left(a_1\ \frac{\sin x}{x}+a_2\ \frac{\sin 2x}{x}+\cdots+a_n\ \frac{\sin nx}{x}\right)=a_1+2a_2+\cdots+na_n$$

又
$$\left|\frac{f(x)}{x}\right|\leqslant\left|\frac{\sin x}{x}\right|$$

所以
$$\lim_{x\to 0}\left|\frac{f(x)}{x}\right|\leqslant\lim_{x\to 0}\left|\frac{\sin x}{x}\right|$$

而

$$\lim_{x\to 0}\left|\frac{f(x)}{x}\right|=\left|\lim_{x\to 0}\frac{f(x)}{x}\right|=|a_1+2a_2+\cdots+na_n|$$

$$\lim_{x\to 0}\left|\frac{f(x)}{x}\right|=\left|\lim_{x\to 0}\frac{f(x)}{x}\right|=1$$

于是
$$|a_1+2a_2+\cdots+na_n|\leqslant 1$$

【例 16】 设在$[0,2]$上定义的函数 $f(x)\in C^{(2)}$,且 $f(a)\geqslant f(a+b)$,$f''(x)\leqslant 0$.证明:对 $0<a<b<a+b<2$,恒有

$$\frac{af(a)+bf(b)}{a+b}\geqslant f(a+b)$$

解析 分别在区间$[a,b]$,$[b,a+b]$上应用拉格朗日中值定理,$\exists\xi\in(a,b)$和 $\eta\in(b,a+b)$,使得

$$f(b)-f(a)=f'(\xi)(b-a)$$

$$f(a+b)-f(b)=f'(\eta)(a+b-b)=af'(\eta)$$

因为 $f''(x)\leqslant 0$,所以 $f'(x)$单调减,故 $f'(\xi)\geqslant f'(\eta)$,即

$$\frac{f(b)-f(a)}{b-a}\geqslant\frac{f(a+b)-f(b)}{a}$$

$$\Leftrightarrow a(f(b)-f(a))\geqslant(f(a+b)-f(b))(b-a)$$

$$\Leftrightarrow af(b)+af(a)\geqslant bf(a+b)+af(a+b)+2a(f(a)-f(a+b))$$

因为 $f(a) \geqslant f(a+b)$，故

$$af(a)+bf(b) \geqslant (a+b)f(a+b)$$

即

$$\frac{af(a)+bf(b)}{a+b} \geqslant f(a+b)$$

【例 17】 设 $f(x)$ 在 $[0,1]$ 上连续，$(0,1)$ 内可导，$f(0)=0$，$f(1)=\frac{1}{4}$. 证明:存在 $\xi \in (0,\frac{1}{2})$，$\eta \in (\frac{1}{2},1)$，使得 $f'(\xi)+f'(\eta)=\xi^3+\eta^3$.

解析 令

$$F(x)=f(x)-\frac{1}{4}x^4$$

由

$$F(0)=F(1)=0$$

$$F(\frac{1}{2})-F(0)=\frac{1}{2}F'(\xi) \quad \xi \in (0,\frac{1}{2})$$

$$F(1)-F(\frac{1}{2})=\frac{1}{2}F'(\eta) \quad \eta \in (\frac{1}{2},1)$$

两式相加

$$F'(\xi)+F'(\eta)=0$$

故

$$f'(\xi)+f'(\eta)=\xi^3+\eta^3$$

【例 18】 设 $f(x)$ 在 $[0,1]$ 上连续，$(0,1)$ 内可导，$f(0)=0$，$f(1)=1$. 试证:对任意正数 a，b，在 $(0,1)$ 内一定存在互不相同的 ξ，η，使是

$$\frac{a}{f'(\xi)}+\frac{b}{f'(\eta)}=a+b$$

解析 由 $f(0)=0<\frac{a}{a+b}<1=f(1)$，又 $f(x) \in C[0,1]$，由闭区间连续函数的介值定理，存在 $c \in (0,1)$，使得

$$f(c)=\frac{a}{a+b}$$

$$\frac{f(c)-f(0)}{c-0}=f'(\xi) \quad \xi \in (0,c)$$

$$\frac{f(1)-f(c)}{1-c}=f'(\eta) \quad \eta \in (c,1)$$

两式联立，可得

$$\frac{a}{f'(\xi)}+\frac{b}{f'(\eta)}=a+b$$

【例 19】 设 $f(x)=a_0+a_1\cos x+a_2\cos 2x+\cdots+a_n\cos nx$，其中 a_0，a_1，$\cdots$，a_n 都是实数，$a_n>|a_0|+\cdots+|a_{n-1}|$．证明：$f^{(n)}(x)$在$(0,2\pi)$内至少有 n 个实根．

解析 由题设，$a_n>0$，取 $2n+1$ 个点

$$x=0,\frac{\pi}{n},\cdots,\frac{2n}{n}\pi$$

此时

$$nx=0,\pi,2\pi,\cdots,2n\pi$$

$$\cos nx=1,-1,1,-1,\cdots,(-1)^{n+1}$$

注意到当 $a_n\cos nx=\pm a_n$ 时，$f(x)$的正负与 $a_n\cos nx$ 正负一致，故由零点定理，这 $2n+1$ 个点内部有 $2n$ 个点使得 $f(x)=0$，由罗尔定理，$f'(x)$在$(0,2\pi)$内至少有 $2n-1$ 个实根，继续这样做下去，可得 $f^{(n)}(x)$在$(0,2\pi)$内至少有 n 个实根．

【例 20】 设 $f(x)$在$[a,b]$上可微，$f'(a)<f'(b)$．证明：对任意满足 $f'(a)<c<f'(b)$的 c，都一定存在 $\xi\in(a,b)$，使得 $f'(\xi)=c$．

解析 设 $F(x)=f(x)-cx$，$F(x)$在$[a,b]$上可导

$$F'(a)=f'(a)-c=\lim_{x\to a^+}\frac{F(x)-F(a)}{x-a}<0$$

由保序性，存在 $c_1\in(a,b)$使得

$$\frac{F(c_1)-F(a)}{c_1-a}<0$$

即 $F(c_1)<F(a)$，则 $F(a)$非 $F(x)$的最小值

$$F'(b)=f'(b)-c=\lim_{x\to b^-}\frac{F(x)-F(b)}{x-b}>0$$

同理，$\exists c_2\in(a,b)$，使得

$$\frac{F(c_2)-F(b)}{c_2-b}>0$$

即 $F(c_2)<F(b)$，则 $F(b)$非 $F(x)$的最小值．又 $F(x)$在$[a,b]$上连续，由费马引理，$\exists\xi\in(a,b)$使得 $f'(\xi)=c$．

【例 21】 设 $f(x)$在点 $x=0$ 可导，$f'(0)\neq 0$，对任意 $x\neq 0$，存在介于 0，x 之间一点 ξ，使得 $f(x)-f(0)=2f(\xi)$，求$\lim\limits_{x\to 0}\frac{\xi}{x}$．

解析 由 $\dfrac{f(\xi)-f(0)}{x}=\dfrac{f(\xi)-f(0)}{\xi}\cdot\dfrac{\xi}{x}$

得 $$\lim_{x\to 0}\frac{f(\xi)-f(0)}{x}=\lim_{x\to 0}\frac{f(\xi)-f(0)}{\xi}\cdot\lim_{x\to 0}\frac{\xi}{x}=f'(0)\lim_{x\to 0}\frac{\xi}{x}$$

故

$$f'(0)\lim_{x\to 0}\frac{\xi}{x}=\lim_{x\to 0}\frac{\frac{f(x)-f(0)}{2}-f(0)}{x}=\lim_{x\to 0}\frac{f(x)-3f(0)}{2x} \qquad (*)$$

又由 $$f(x)-f(0)=2f(\xi)$$

可得$\lim\limits_{x\to 0}f(x)-f(0)=\lim\limits_{\xi\to 0}2f(\xi)=0$,即 $f(0)=0$. 代入式(*)

$$f'(0)\cdot\lim_{x\to 0}\frac{\xi}{x}=\lim_{x\to 0}\frac{f(x)-f(0)}{2x}=\frac{1}{2}f'(0)$$

由 $f'(0)\neq 0$,故$\lim\limits_{x\to 0}\dfrac{\xi}{x}=\dfrac{1}{2}$.

【例 22】 设 $f(x)$在$[0,1]$上 n 次连续可导,在$(0,1)$中 $n+1$ 次可导,且 $f^{(k)}(0)=f^{(k)}(1)=0(k=0,1,2,\cdots,n)$. 证明:存在 $\xi\in(0,1)$,使得 $f(\xi)=f^{(n+1)}(\xi)$.

解析 令 $F(x)=[f(x)+f'(x)+\cdots+f^{(n-1)}(x)+f^{(n)}(x)]\mathrm{e}^{-x}$,$x\in[0,1]$,则 $F(x)$在$[0,1]$上连续,在$(0,1)$上可导,且

$$F'(x)=[f^{(n+1)}(x)-f(x)]\mathrm{e}^{-x}$$

由于 $F(0)=F(1)=0$,根据罗尔定理,存在 $\xi\in(0,1)$,使得 $F'(\xi)=0$,从而有

$$f(\xi)=f^{(n+1)}(\xi)$$

【例 23】 设 $f(x)$在$[a,b]$上可微,$0<a<b$. 证明:存在 $\xi\in(a,b)$使得

$$\frac{1}{a-b}\begin{vmatrix} a & b \\ f(a) & f(b)\end{vmatrix}=f(\xi)-\xi f'(\xi)$$

解析 要证的式子等价于

$$\frac{\frac{f(b)}{b}-\frac{f(a)}{a}}{\frac{1}{b}-\frac{1}{a}}=\frac{\frac{\xi f'(\xi)-f(\xi)}{\xi^2}}{-\frac{1}{\xi^2}}$$

令 $\varphi(x)=\dfrac{f(x)}{x}$,$\psi(x)=\dfrac{1}{x}$,对 $\varphi(x)$,$\psi(x)$在$[a,b]$上使用柯西中值定理就可证明上式.

【例 24】 设 $f(x)$ 在 $[a,b]$ 上连续，在 (a,b) 内可导，且有 $f(a)=a$，$\int_a^b f(x)\mathrm{d}x=\frac{1}{2}(b^2-a^2)$，求证：在 (a,b) 内至少有一点 ξ，使得

$$f'(\xi)=f(\xi)-\xi+1$$

解析 由

$$\int_a^b f(x)\mathrm{d}x=\frac{1}{2}(b^2-a^2)\Rightarrow\int_a^b(f(x)-x)\mathrm{d}x=0$$

对上面的右式应用积分中值定理，$\exists c\in(a,b)$，使得

$$\int_a^b(f(x)-x)\mathrm{d}x=(f(c)-c)(b-a)=0$$

于是 $f(c)-c=0(a<c<b)$. 取辅助函数

$$F(x)=\mathrm{e}^{-x}(f(x)-x)$$

则 $F(a)=F(c)=0$，且 $F(x)$ 在 $[a,c]$ 上连续，在 (a,c) 内可导，应用罗尔定理，$\exists\xi\in(a,c)\subset(a,b)$，使得 $F'(\xi)=0$. 因

$$F'(x)=\mathrm{e}^{-x}(f'(x)-1-f(x)+x)$$

则 $F'(\xi)=\mathrm{e}^{-\xi}(f'(\xi)-1-f(\xi)+\xi)=0$，即

$$f'(\xi)=f(\xi)-\xi+1$$

【例 25】 不查表，求方程 $x^2\sin\frac{1}{x}=2x-1\,997$ 的近似解，精确到 0.001.

解析 $x\neq0$，令 $u=\frac{1}{x}$，应用 $\sin u$ 的麦克劳林公式，有

$$\sin u=u+\frac{1}{2!}(-\sin(\theta u))u^2$$

这里 $0<\theta<1$，于是有

$$\sin\frac{1}{x}=\frac{1}{x}-\frac{1}{2x^2}\sin\frac{\theta}{x}$$

代入原方程得

$$x=1\,997-\frac{1}{2}\sin\frac{\theta}{x}$$

记 $a=-\frac{1}{2}\sin\frac{\theta}{x}$. 由于 $-\frac{1}{2}<a<\frac{1}{2}$，所以 $x>1\,976$，$0<\frac{1}{x}<\frac{1}{1\,976}$，$0<\frac{\theta}{x}<\frac{1}{1\,976}$，于是

$$|a|=\frac{1}{2}\sin\frac{\theta}{x}<\frac{1}{2}\cdot\frac{\theta}{x}<\frac{1}{2\times1\,976}<0.001$$

$$x=1\,977+a\approx1\,977$$

【例 26】 求使得不等式 $\mathrm{e}<\left(1+\frac{1}{n}\right)^{n+\beta}$ 对所有自然数 n 都成立的最小的数 β.

解析 原不等式等价于 $\beta>\frac{1}{\ln\left(1+\frac{1}{n}\right)}-n$. 令 $t=\frac{1}{n}$,则 $0<t\leqslant 1$. 证 $f(t)=\frac{1}{\ln(1+t)}-\frac{1}{t}$,问题化为求 $f(t)$ 的最大值. 由于

$$f'(t)=\frac{-1}{(1+t)\ln^2(1+t)}+\frac{1}{t^2}=\frac{(1+t)\ln(1+t)-t^2}{(1+t)t^2\ln^2(1+t)}$$

上式中分母是大于零的. 下面来判别分子的等号. 令 $g(x)=(1+t)\ln(1+t)-t^2\ (0<t\leqslant 1)$,则

$$g'(t)=\ln(1+t)+1-2t, g''(t)=\frac{-1-2t}{1+t}<0$$

所以曲线 $g(t)$ 是凸的,$g(t)$ 的最小值在其端点取得. 由于 $g(0)=0$,$g(1)=2\ln 2-1>0$,故当 $0<t\leqslant 1$ 时 $g(t)>0$. 因此当 $0<t\leqslant 1$ 时 $f'(t)>0$,所以 $f(t)$ 在$[0,1]$上严格增加,因而 $f(t)\leqslant f(1)=\frac{1}{\ln 2}-1$,故 $\beta=\frac{1}{\ln 2}-1$.

【例 27】 设 $a_1,a_2,\cdots,a_n$ 为常数,且

$$\left|\sum_{k=1}^{n}a_k\sin kx\right|\leqslant|\sin x|,\left|\sum_{j=1}^{n}a_{n-j+1}\sin jx\right|\leqslant|\sin x|$$

试证明

$$\left|\sum_{k=1}^{n}a_k\right|\leqslant\frac{2}{n+1}$$

解析 令 $f(x)=a_1\sin x+a_2\sin 2x+\cdots+a_n\sin nx$,则

$$\left|\frac{f(x)}{x}\right|\leqslant\left|\frac{\sin x}{x}\right|\Rightarrow\lim_{x\to 0}\left|\frac{f(x)}{x}\right|\leqslant\lim_{x\to 0}\left|\frac{\sin x}{x}\right|$$

因为

$$\lim_{x\to 0}\left|\frac{f(x)}{x}\right|=\left|\lim_{x\to 0}\frac{f(x)}{x}\right|=\left|\lim_{x\to 0}\frac{f(x)-f(0)}{x}\right|=|f'(0)|$$

$$=|a_1+2a_2+3a_3+\cdots+na_n|$$

$$\lim_{x\to 0}\left|\frac{\sin x}{x}\right|=\left|\lim_{x\to 0}\frac{\sin x}{x}\right|=1$$

所以
$$|a_1+2a_2+3a_3+\cdots+na_n|\leqslant 1$$

令 $g(x)=a_1\sin nx+a_2\sin(n-1)x+\cdots+a_n\sin x$,则

$$\left|\frac{g(x)}{x}\right| \leqslant \left|\frac{\sin x}{x}\right| \Rightarrow \lim_{x\to 0}\left|\frac{g(x)}{x}\right| \leqslant \lim_{x\to 0}\left|\frac{\sin x}{x}\right|$$

因为

$$\lim_{x\to 0}\left|\frac{g(x)}{x}\right| = \left|\lim_{x\to 0}\frac{g(x)}{x}\right| = \left|\lim_{x\to 0}\frac{g(x)-g(0)}{x}\right| = |g'(0)|$$

$$= |na_1+(n-1)a_2+\cdots+2a_{n-1}+a_n|$$

$$\lim_{x\to 0}\left|\frac{\sin x}{x}\right| = \left|\lim_{x\to 0}\frac{\sin x}{x}\right| = 1$$

所以 $|na_1+(n-1)a_2+\cdots+2a_{n-1}+a_n| \leqslant 1$

综上,有

$$\begin{aligned}&|(1+n)(a_1+a_2+\cdots+a_n)|\\&=|(a_1+na_1)+(2a_2+(n-1)a_2)+\cdots+(na_n+a_n)|\\&\leqslant|a_1+2a_2+\cdots+na_n|+|na_1+(n-1)a_2+\cdots+a_n|\leqslant 1+1=2\end{aligned}$$

于是 $\left|\sum_{k=1}^{n}a_k\right| \leqslant \frac{2}{1+n}$

专题三　一元积分学

【例 1】 设函数 $f(x)$ 在 $[a,b]$ 上不恒为零,其导数连续且 $f(a)=0$. 证明:存在 $\xi\in(a,b)$,使得 $|f'(\xi)| > \frac{1}{(b-a)^2}\int_a^b f(x)\mathrm{d}x$.

解析 当 $\int_a^b f(x)\mathrm{d}x < 0$ 时,对于任意 $x\in(a,b)$,有

$$|f'(\xi)| > \frac{1}{(b-a)^2}\int_a^b f(x)\mathrm{d}x$$

因此,此时可取 ξ 为 (a,b) 内的任一点.

当 $\int_a^b f(x)\mathrm{d}x = 0$ 时,必有 $x_0\in(a,b)$,使得 $f'(x_0)\neq 0$(实际上如果 $f'(x)\equiv 0$,$x\in(a,b)$,则 $f(x)\equiv C(x\in[a,b])$,如此得到 $f(x)\equiv C$,$x\in[a,b]$,这与题设矛盾),于是此时可取 $\xi = x_0$.

当 $\int_a^b f(x)\mathrm{d}x > 0$ 时,由

$$\frac{1}{b-a}\int_a^b f(x)\mathrm{d}x = f(\eta) = f(\eta) - f(a)$$

$$= f'(\xi_1)(\eta - a) \quad \eta \in (a,b), \xi_1 \in (a,\eta) \in (a,b)$$

知 $$f'(\xi_1) > \frac{1}{(b-a)(\eta-a)}\int_a^b f(x)\mathrm{d}x > \frac{1}{(b-a)^2}\int_a^b f(x)\mathrm{d}x$$

从而有

$$|f'(\xi)| > \frac{1}{(b-a)^2}\int_a^b f(x)\mathrm{d}x$$

由此可知,此时可取 $\xi = \xi_1$.

【例 2】 设函数 $f(x)$在$[a,b]$上有连续的导数,且 $f(a)=0$,证明

$$\int_a^b f^2(x)\mathrm{d}x \leqslant \frac{(b-a)^2}{2}\int_a^b [f'(x)]^2\mathrm{d}x$$

解析 记 $$F(x) = \frac{(x-a)^2}{2}\int_a^x [f'(t)]^2\mathrm{d}t - \int_a^x f^2(t)\mathrm{d}t.$$

有

$$\begin{aligned} F'(x) &= (x-a)\int_a^x [f'(t)]^2\mathrm{d}t + \frac{(x-a)^2}{2}[f'(t)]^2 - f^2(x) \\ &\geqslant (x-a)\int_a^x [f'(t)]^2\mathrm{d}t - \left[\int_a^x 1\cdot f'(t)\mathrm{d}t\right]^2 \\ &\geqslant (x-a)\int_a^x [f'(t)]^2\mathrm{d}t - \int_a^x 1^2\mathrm{d}t\int_a^x [f'(t)]^2\mathrm{d}t \\ &= (x-a)\int_a^x [f'(t)]^2\mathrm{d}t - (x-a)\int_a^x [f'(t)]^2\mathrm{d}t = 0 \end{aligned}$$

故 $F(b) \geqslant F(a) = 0$,即

$$\int_a^b f^2(x)\mathrm{d}x \leqslant \frac{(b-a)^2}{2}\int_a^b [f'(x)]^2\mathrm{d}x$$

【例 3】 设 $f(x) = \int_x^{x+\frac{\pi}{2}} |\sin t|\,\mathrm{d}t$.

(1)证明:函数 $f(x)$是以 π 为周期的周期函数.

(2)求函数 $f(x)$的值域.

(3)记曲线 $y=f(x)$,直线 $x=0$,$x=\pi$ 及 $y=0$ 围成的平面图形为 D,求 D 的面积 S.

解析 (1)对任意 $x \in (-\infty, +\infty)$,有

$$f(x+\pi) = \int_{x+\pi}^{(x+\pi)+\frac{\pi}{2}} |\sin t|\,\mathrm{d}t$$

令 $t - \pi = u$,有

$$f(x+\pi) = \int_x^{x+\frac{\pi}{2}} |\sin u|\,\mathrm{d}u = f(x)$$

故函数 $f(x)$ 是以 π 为周期的周期函数.

(2)因为 π 是 $f(x)$ 的一个周期,且是连续函数,所以只要算出 $f(x)$ 在 $[0,\pi]$ 上的最小值 m 和最大值 M,即得 $f(x)$ 的值域 $[m,M]$.

由

$$f'(x)=\left|\sin\left(x+\frac{\pi}{2}\right)\right|-|\sin x|$$

$$=|\cos x|-|\sin x|=\begin{cases}\cos x-\sin x, 0\leqslant x<\dfrac{\pi}{2}\\ -\cos x-\sin x, \dfrac{\pi}{2}\leqslant x\leqslant\pi\end{cases}$$

得 $f'(x)=0$ 在 $(0,\pi)$ 内的实根为 $\frac{\pi}{4}, \frac{3\pi}{4}$.

由于

$$f\left(\frac{\pi}{4}\right)=\int_{\frac{\pi}{4}}^{\frac{\pi}{4}+\frac{\pi}{2}}|\sin t|\,\mathrm{d}t=\int_{\frac{\pi}{4}}^{\frac{3\pi}{4}}\sin t\mathrm{d}t=-\cos t\Big|_{\frac{\pi}{4}}^{\frac{3\pi}{4}}=\sqrt{2}$$

$$f\left(\frac{3\pi}{4}\right)=\int_{\frac{\pi}{4}}^{\frac{3\pi}{4}+\frac{\pi}{2}}|\sin t|\,\mathrm{d}t=\int_{-\frac{\pi}{4}}^{\frac{\pi}{4}}|\sin t|\,\mathrm{d}t=2\int_0^{\frac{\pi}{4}}\sin t\mathrm{d}t=2-\sqrt{2}$$

$$f(0)=1=f(\pi)$$

故函数 $f(x)$ 的值域为 $[2-\sqrt{2},\sqrt{2}]$.

(3)D 的面积

$$S=\int_0^{\pi}|f(x)|\,\mathrm{d}x=\int_0^{\pi}f(x)\mathrm{d}x=xf(x)\Big|_0^{\pi}-\int_0^{\pi}xf'(x)\mathrm{d}x$$

$$=\pi f(\pi)-\left[\int_0^{\frac{\pi}{2}}x(\cos x-\sin x)\mathrm{d}x+\int_{\frac{\pi}{2}}^{\pi}x(-\cos x-\sin x)\mathrm{d}x\right]$$

其中,令 $u=x-\frac{\pi}{2}$,有

$$\int_{\frac{\pi}{2}}^{\pi}x(-\cos x-\sin x)\mathrm{d}x=\int_0^{\frac{\pi}{2}}\left(u+\frac{\pi}{2}\right)(\sin u-\cos u)\mathrm{d}u$$

$$=-\int_0^{\frac{\pi}{2}}x(\cos x-\sin x)\mathrm{d}x+\frac{\pi}{2}\int_0^{\frac{\pi}{2}}(\sin u-\cos u)\mathrm{d}u$$

$$=-\int_0^{\frac{\pi}{2}}x(\cos x-\sin x)\mathrm{d}x$$

故

$$S=\pi f(\pi)-\left[\int_0^{\frac{\pi}{2}}x(\cos x-\sin x)\mathrm{d}x-\int_0^{\frac{\pi}{2}}x(\cos x-\sin x)\mathrm{d}x\right]=\pi f(\pi)=\pi$$

【例 4】 设函数 $f(x)$，$g(x)$在$[0,1]$上有连续的导数，且 $f(0)=0$，$f'(x)\geqslant 0$，$g'(x)\geqslant 0$. 证明：对任意 $a\in[0,1]$，有

$$\int_0^a g(x)f'(x)\mathrm{d}x+\int_0^1 f(x)g'(x)\mathrm{d}x\geqslant f(a)g(1)$$

解析 记 $F(x)=\int_0^x g(t)f'(t)\mathrm{d}t+\int_0^1 f(t)g'(t)\mathrm{d}t-f(x)g(1)$，则 $F(x)$ 在 $[0,1]$ 上可导，且

$$F'(x)=g(x)f'(x)-f'(x)g(1)=f'(x)[g(x)-g(1)]\leqslant 0$$

所以对于任意 $a\in[0,1]$，有

$$\begin{aligned}F(a)\geqslant F(1)&=\int_0^1 g(t)f'(t)\mathrm{d}t+\int_0^1 f(t)g'(t)\mathrm{d}t-f(1)g(1)\\&=\int_0^1 \mathrm{d}[f(t)g(t)]-f(1)g(1)\\&=f(1)g(1)-f(0)g(0)-g(1)g(1)=0\end{aligned}$$

即
$$\int_0^a g(x)f'(x)\mathrm{d}x+\int_0^1 f(x)g'(x)\mathrm{d}x\geqslant f(a)g(1)$$

【例 5】 设函数 $f(x)$在$[0,1]$上有二阶连续的导数，证明：

(1)对任意 $\xi\in\left(0,\frac{1}{4}\right)$和 $\eta\in\left(\frac{3}{4},1\right)$有

$$|f'(x)|<2|f(\xi)-f(\eta)|+\int_0^1|f''(x)|\mathrm{d}x\quad x\in[0,1]$$

(2)当 $f(0)=f(1)=0$ 及 $f(x)\neq 0(x\in(0,1))$时有

$$\int_0^1\left|\frac{f''(x)}{f(x)}\right|\mathrm{d}x\geqslant 4$$

解析 (1)$f(x)$在$[\xi,\eta]$上满足拉格朗日中值定理条件，所以存在 $\theta\in(\xi,\eta)$，使得

$$f(\xi)-f(\eta)=f'(\theta)(\eta-\xi)$$

由此得到

$$|f(\xi)-f(\eta)|=|f'(\theta)||\eta-\xi|>\frac{1}{2}|f'(\theta)|$$

于是，对于 $x\in[0,1]$有

$$\begin{aligned}&|f'(x)|-2|f(\xi)-f(\eta)|<|f'(x)|-|f'(\theta)|\\&\leqslant|f'(x)-f(\theta)|\leqslant\left|\int_\theta^x f''(t)\mathrm{d}t\right|\leqslant\int_0^1|f''(x)|\mathrm{d}x\end{aligned}$$

即
$$|f'(x)|<2|f(\xi)-f(\eta)|+\int_0^1|f''(x)|\mathrm{d}x\quad x\in[0,1]$$

(2) $f(x)$在$[0,1]$上连续知$|f(x)|$也在$[0,1]$上连续,所以存在 $x_0 \in [0,1]$使得$|f(x_0)| = \max\limits_{0\leqslant x\leqslant 1}|f(x)|$,由于 $f(x)\neq 0$(当 $x\in(0,1)$),且 $f(0)=f(1)=0$,所以 $x_0\in(0,1)$,且$|f(x_0)|>0$.

$f(x)$在$[0,x_0]$和$[x_0,1]$上满足拉格朗日中值定理条件,所以存在 $\xi_1\in(0,x_0)$和 $\xi_2\in(x_0,1)$,使得

$$f(x_0)-f(0)=f'(\xi_1)(x_0-0),\text{即 } f(x_0)=f'(\xi_1)x_0$$

$$f(1)-f(x_0)=f'(\xi_2)(1-x_0),\text{即} -f(x_0)=f'(\xi_2)(1-x_0)$$

于是

$$\begin{aligned}\int_0^1\left|\frac{f''(x)}{f(x)}\right|\mathrm{d}x &\geqslant \frac{1}{|f(x_0)|}\int_0^1 |f''(x)|\,\mathrm{d}x \geqslant \frac{1}{|f(x_0)|}\left|\int_{\xi_1}^{\xi_2} f''(x)\mathrm{d}x\right| \\ &= \frac{1}{|f(x_0)|}\,|f'(\xi_2)-f'(\xi_1)| \\ &= \frac{1}{|f(x_0)|}\left|-\frac{f(x_0)}{1-x_0}-\frac{f(x_0)}{x_0}\right| \\ &= \frac{1}{1-x_0}+\frac{1}{x_0}=\frac{1}{x_0(1-x_0)} \\ &\geqslant \left.\frac{1}{x_0(1-x_0)}\right|_{x_0=\frac{1}{2}}=4\end{aligned}$$

【例 6】 设函数 $f(x)$在$[0,+\infty)$上是导数连续的函数,$f(0)=0$,$|f(x)-f'(x)|\leqslant 1$. 求证:$|f(x)|\leqslant \mathrm{e}^x-1$,$x\in[0,+\infty)$.

解析 方法 1:$\forall x>0$,因为

$$[\mathrm{e}^{-x}f(x)]'=\mathrm{e}^{-x}(f'(x)-f(x))$$

两边从 0 到 x 积分得

$$\int_0^x[\mathrm{e}^{-x}f(x)]'\mathrm{d}x=\mathrm{e}^{-x}f(x)=\int_0^x\mathrm{e}^{-x}(f'(x)-f(x))\mathrm{d}x$$

$$\Rightarrow \mathrm{e}^{-x}\,|f(x)|\leqslant\int_0^x\mathrm{e}^{-x}\,|f'(x)-f(x)|\,\mathrm{d}x\leqslant\int_0^x\mathrm{e}^{-x}\mathrm{d}x=1-\mathrm{e}^{-x}$$

即

$$|f(x)|\leqslant \mathrm{e}^x-1$$

方法 2:令 $F(x)=\mathrm{e}^{-x}(f(x)+1)$,则

$$F'(x)=\mathrm{e}^{-x}(f'(x)-f(x)-1)$$

由于$|f(x)-f'(x)|\leqslant 1$,所以 $f'(x)-f(x)-1\leqslant 0$,于是 $F'(x)\leqslant 0$,即 $F(x)$在$[0,+\infty)$上单调减,因此

$$F(x)\leqslant F(0)=f(0)+1=1$$

即 $$e^{-x}(f(x)+1)\leqslant 1\Leftrightarrow f(x)\leqslant e^{x}-1$$

令 $G(x)=e^{-x}(1-f(x))$，则

$$G'(x)=e^{-x}(-f'(x)+f(x)-1)$$

由于 $|f(x)-f'(x)|\leqslant 1$，所以 $-f'(x)+f(x)-1\leqslant 0$，于是 $G'(x)\leqslant 0$，即 $G(x)$ 在 $[0,+\infty)$ 上单调减，因此

$$G(x)\leqslant G(0)=1-f(0)=1$$

即 $$e^{-x}(1-f(x))\leqslant 1\Leftrightarrow f(x)\geqslant -(e^{x}-1)$$

于是 $\forall x\geqslant 0$，有

$$|f(x)|\leqslant e^{x}-1$$

【例 7】 设函数 $f(x)$ 在 $[a,b]$ 上连续，$\int_a^b f(x)\mathrm{d}x=\int_a^b f(x)e^{x}\mathrm{d}x=0$. 求证：$f(x)$ 在 (a,b) 内至少有两个零点.

解析 方法 1：令 $F(x)=\int_a^x f(t)\mathrm{d}t(a\leqslant x\leqslant b)$，则 $F(a)=F(b)=0$，且 $F'(x)=f(x)$. 应用分部积分和积分中值定理，有

$$\int_a^b f(x)e^{x}\mathrm{d}x=\int_a^b e^{x}\mathrm{d}F(x)=e^{x}F(x)\Big|_a^b-\int_a^b F(x)e^{x}\mathrm{d}x=0-F(c)e^{c}(b-a)$$

这里 $c\in(a,b)$，于是 $F(c)=0$. 分别在 $[a,c]$ 与 $[c,b]$ 上应用罗尔定理，$\exists\xi_1\in(a,c)$，$\exists\xi_2\in(c,b)$，使得 $F'(\xi_1)=F'(\xi_2)=0$，即 $f(\xi_1)=f(\xi_2)=0$. 于是 $f(x)$ 在 (a,b) 内至少有两个零点.

方法 2：由积分中值定理，有 $\int_a^b f(t)\mathrm{d}t=f(\xi_1)(b-a)$，$a<\xi_1<b$，得 $f(\xi_1)=0$.（反证）设 $f(x)$ 在 (a,b) 内仅有一个零点 ξ_1. 不妨设 $a<x<\xi_1$ 时，$f(x)>0$；$\xi_1<x<b$ 时，$f(x)<0$. 由条件得

$$\int_a^b (e^{\xi_1}-e^{x})f(x)\mathrm{d}x=0$$

又由于

$$\int_a^b (e^{\xi_1}-e^{x})f(x)\mathrm{d}x=\int_a^{\xi_1}(e^{\xi_1}\underset{(+)}{-}e^{x})\underset{(+)}{f(x)}\mathrm{d}x+\int_{\xi_1}^b (e^{\xi_1}\underset{(-)}{-}e^{x})\underset{(-)}{f(x)}\mathrm{d}x>0+0=0$$

从而导出了矛盾，故 $f(x)$ 在 (a,b) 内至少有两个零点.

【例 8】 设函数 $f(x)$ 在 $[0,1]$ 上可积，且当 $0\leqslant x<y\leqslant 1$ 时

$$|f(x)-f(y)|\leqslant|\arctan x-\arctan y|$$

又 $f(1)=0$. 求证：$\left|\int_0^1 f(x)\mathrm{d}x\right| \leqslant \frac{1}{2}\ln 2$.

解析 因 $f(1)=0$，所以

$$\begin{aligned}\left|\int_0^1 f(x)\mathrm{d}x\right| &\leqslant \int_0^1 |f(x)|\mathrm{d}x = \int_0^1 |f(x)-f(1)|\mathrm{d}x \\ &\leqslant \int_0^1 |\arctan x - \arctan y|\mathrm{d}x = \int_0^1 \left(\frac{\pi}{4}-\arctan x\right)\mathrm{d}x \\ &= \frac{\pi}{4} - \arctan x\Big|_0^1 + \int_0^1 \frac{x}{1+x^2}\mathrm{d}x \\ &= \frac{1}{2}\ln(1+x^2)\Big|_0^1 = \frac{1}{2}\ln 2\end{aligned}$$

【例 9】 设函数 $f(x)$ 在 $[a,b]$ 上单调增加且连续，求证

$$\int_a^b xf(x)\mathrm{d}x \geqslant \frac{a+b}{2}\int_a^b f(x)\mathrm{d}x$$

解析 令

$$F(x) = 2\int_a^x tf(t)\mathrm{d}t - (a+x)\int_a^x f(t)\mathrm{d}t$$

这里 $a \leqslant x \leqslant b$，则 $F(a)=0$. 由于

$$\begin{aligned}F'(x) &= 2xf(x) - \int_a^x f(t)\mathrm{d}t - (a+x)f(x) \\ &= xf(x) - af(x) - f(\xi)(x-a) \\ &= (x-a)(f(x)-f(\xi))\end{aligned}$$

其中，$a<\xi<x$，ξ 是应用积分中值定理得到的，而 $f(x)$ 在 $[a,b]$ 上单调增，所以 $f(x) \geqslant f(\xi)$，于是 $F'(x) \geqslant 0$，故 $F(x)$ 在 $[a,b]$ 上单调增，$F(b) \geqslant F(a)=0$，即

$$\int_a^b xf(x)\mathrm{d}x \geqslant \frac{a+b}{2}\int_a^b f(x)\mathrm{d}x$$

【例 10】 设函数 $f(x)$ 定义于 $[0,1]$ 且单调减、可积，求证：$\forall a \in (0,1)$，有

$$\int_0^a f(x)\mathrm{d}x \geqslant a\int_0^1 f(x)\mathrm{d}x$$

解析 （这里没有 $f(x)$ 连续的条件，故不能用积分中值定理）由于 $f(x)$ 单调减，故有

$$\int_0^a f(x)\mathrm{d}x \geqslant af(a), \int_a^1 f(x)\mathrm{d}x \leqslant f(a)(1-a)$$

由此得

$$\frac{1}{1-a}\int_a^1 f(x)\mathrm{d}x \leqslant f(a) \leqslant \frac{1}{a}\int_0^a f(x)\mathrm{d}x$$

$$a\int_a^1 f(x)\mathrm{d}x \leqslant (1-a)\int_0^a f(x)\mathrm{d}x$$

$$a\left(\int_a^1 f(x)\mathrm{d}x + \int_0^a f(x)\mathrm{d}x\right) \leqslant \int_0^a f(x)\mathrm{d}x$$

于是有

$$\int_0^a f(x)\mathrm{d}x \geqslant a\int_0^1 f(x)\mathrm{d}x$$

【例 11】 设函数 $f(x)$ 在 $[0,+\infty)$ 上连续且单调减少，$0<a<b$，求证

$$a\int_0^b f(x)\mathrm{d}x \geqslant b\int_0^a f(x)\mathrm{d}x$$

解析 方法 1：令 $F(x)=x\int_0^a f(x)\mathrm{d}x - a\int_0^x f(t)\mathrm{d}t\,(x>a)$，利用积分中值定理，有

$$\begin{aligned} F'(x) &= \int_0^a f(x)\mathrm{d}x - af(x) = f(\xi)(a-0) - af(x) \\ &= a[f(\xi)-f(x)] \quad 0<\xi<a<x \end{aligned}$$

由于 $f(x)$ 单调减，所以 $F'(x)\geqslant 0$，故 $x>a$ 时 $F(x)$ 单调增，即 $x>a$ 时 $F(x)\geqslant F(a)=0$. 取 $x=b$ 得 $F(b)\geqslant 0$，即原不等式成立.

方法 2

$$\begin{aligned} \text{原式} &\Leftrightarrow a\left[\int_0^a f(x)\mathrm{d}x + \int_a^b f(x)\mathrm{d}x\right] \leqslant b\int_0^a f(x)\mathrm{d}x \\ &\Leftrightarrow a\int_a^b f(x)\mathrm{d}x \leqslant (b-a)\int_0^a f(x)\mathrm{d}x \qquad (*) \end{aligned}$$

因为 $\int_a^b f(x)\mathrm{d}x = f(\xi_1)(b-a)$，$\int_0^a f(x)\mathrm{d}x = f(\xi_2)a$，这里 $0<\xi_2<a<\xi_1<b$，而 $f(x)$ 单调减，所以 $f(\xi_1)\leqslant f(\xi_2)$，故

$$a(b-a)f(\xi_1) \leqslant (b-a)af(\xi_2)$$

成立，故式 $(*)$ 成立.

【例 12】 设函数 $f(x)$ 在 $\left[-\frac{1}{a},a\right]$ 上连续（其中 $a>0$），且 $f(x)\geqslant 0$，$\int_{-\frac{1}{a}}^a xf(x)\mathrm{d}x = 0$，求证：$\int_{-\frac{1}{a}}^a x^2 f(x)\mathrm{d}x \leqslant \int_{-\frac{1}{a}}^a f(x)\mathrm{d}x$.

解析 当 $-\frac{1}{a}\leqslant x\leqslant a$ 时

$$(a-x)\left(x+\frac{1}{a}\right)\geqslant 0$$

又 $f(x)\geqslant 0$,所以 $(a-x)\left(x+\frac{1}{a}\right)f(x)\geqslant 0$,即

$$\left(1-x^2+\left(a-\frac{1}{a}\right)x\right)f(x)\geqslant 0$$

应用定积分的保向性,上式两边从 $-\frac{1}{a}$ 到 a 积分得

$$\int_{-\frac{1}{a}}^{a} f(x)\mathrm{d}x-\int_{-\frac{1}{a}}^{a} x^2 f(x)\mathrm{d}x+\left(a-\frac{1}{a}\right)\int_{-\frac{1}{a}}^{a} xf(x)\mathrm{d}x\geqslant 0$$

由此即得

$$\int_{-\frac{1}{a}}^{a} x^2 f(x)\mathrm{d}x\leqslant\int_{-\frac{1}{a}}^{a} f(x)\mathrm{d}x$$

【例 13】 设函数 $f(x)$ 在 $[0,1]$ 上连续,$\int_0^1 f(x)\mathrm{d}x=0$,$\int_0^1 xf(x)\mathrm{d}x=1$.
求证:(1) $\exists\,\xi\in[0,1]$,使得 $|f(\xi)|>4$;(2) $\exists\,\eta\in[0,1]$,使得 $|f(\eta)|=4$.

解析 (1)(反证法)设 $\forall\, x\in[0,1]$,有 $|f(x)|\leqslant 4$. 由于

$$\int_0^1\left(x-\frac{1}{2}\right)f(x)\mathrm{d}x=\int_0^1 xf(x)\mathrm{d}x-\frac{1}{2}\int_0^1 f(x)\mathrm{d}x=1$$

$$\int_0^1\left(x-\frac{1}{2}\right)f(x)\mathrm{d}x\leqslant\int_0^1\left|x-\frac{1}{2}\right||f(x)|\mathrm{d}x\leqslant 4\int_0^1\left|x-\frac{1}{2}\right|\mathrm{d}x$$

$$\int_0^1\left|x-\frac{1}{2}\right|\mathrm{d}x=\int_0^{\frac{1}{2}}\left(\frac{1}{2}-x\right)\mathrm{d}x+\int_{\frac{1}{2}}^1\left(x-\frac{1}{2}\right)\mathrm{d}x=\frac{1}{4}$$

所以

$$\int_0^1\left|x-\frac{1}{2}\right||f(x)|\mathrm{d}x=1$$

$$\int_0^1(4-|f(x)|)\left|x-\frac{1}{2}\right|\mathrm{d}x=0$$

于是 $|f(x)|\equiv 4\,(0\leqslant x\leqslant 1)\Rightarrow\int_0^1 f(x)\mathrm{d}x=4$ 或 $\int_0^1 f(x)\mathrm{d}x=-4$. 此与条件 $\int_0^1 f(x)\mathrm{d}x=0$ 矛盾,故 $\exists\,\xi\in[0,1]$,使得 $|f(x)|>4$.

(2)因 $f\in C[0,1]$,故 $|f(x)|\in C[0,1]$. 应用积分中值定理,$\exists\,\lambda\in(0,1)$,使得

$$\int_0^1 f(x)\mathrm{d}x=f(\lambda)=0$$

于是$|f(\lambda)|=0$,对连续函数$|f(x)|$,因$|f(\lambda)|=0$,$|f(\xi)|>4$,应用介值定理,$\exists\,\eta\in[0,1]$,使得$|f(\eta)|=4$.

【例 14】 设函数$f(x)$在$[0,1]$上连续可导,$f(1)-f(0)=1$,求证

$$\int_0^1 (f'(x))^2\mathrm{d}x\geqslant 1$$

解析 方法1:应用柯西-施瓦兹不等式,有

$$\left(\int_0^1 1\cdot f'(x)\mathrm{d}x\right)^2\geqslant\int_0^1 1^2\mathrm{d}x\cdot\int_0^1(f'(x))^2\mathrm{d}x$$

由于$\int_0^1 (f'(x))^2\mathrm{d}x=(f(1)-f(0))^2=1$,于是

$$\int_0^1 (f'(x))^2\mathrm{d}x\geqslant 1$$

方法2:令

$$F(x)=x\int_0^x (f'(t))^2\mathrm{d}t-\left(\int_0^x f'(t)\mathrm{d}t\right)^2\quad 0\leqslant x\leqslant 1$$

则$F(0)=0$,由于

$$\begin{aligned}F'(x)&=\int_0^x (f'(t))^2\mathrm{d}t+x(f'(x))^2-2f'(x)\int_0^x f'(t)\mathrm{d}t\\&=\int_0^x (f'(t))^2\mathrm{d}t+\int_0^x (f'(x))^2\mathrm{d}t-2f'(x)\int_0^x f'(t)\mathrm{d}t\\&=\int_0^x (f'(x)-f'(t))^2\mathrm{d}t\geqslant 0\end{aligned}$$

所以$F(x)$单调增,于是$F(1)\geqslant F(0)=0$,即

$$\begin{aligned}\int_0^1 (f'(t))^2\mathrm{d}t-\left(\int_0^1 f'(t)\mathrm{d}t\right)^2&=\int_0^1 (f'(t))^2\mathrm{d}t-(f(1)-f(0))^2\\&=\int_0^1 (f'(x))^2\mathrm{d}x-1\geqslant 0\end{aligned}$$

即

$$\int_0^1 (f'(x))^2\mathrm{d}x\geqslant 1$$

【例 15】 设函数$f(x)$在$[a,b]$上可导,$f'(x)$在$[a,b]$上可积,$f(a)=f(b)=0$.求证:$\forall\,x\in[a,b]$,有

$$|f(x)|\leqslant\frac{1}{2}\int_a^b|f'(x)|\mathrm{d}x$$

解析 由于

$$\int_a^x f'(t)\mathrm{d}t=f(x)-f(a)=f(x)\quad a\leqslant x\leqslant b$$

$$\int_x^b f'(t)\mathrm{d}t = f(b) - f(x) = -f(x) \quad a \leqslant x \leqslant b$$

所以 $\forall x \in [a,b]$,有

$$|f(x)| = \left|\int_a^x f'(t)\mathrm{d}t\right| \leqslant \int_a^x |f'(t)|\mathrm{d}t$$

$$|f(x)| = \left|\int_x^b f'(t)\mathrm{d}t\right| \leqslant \int_x^b |f'(t)|\mathrm{d}t$$

两式相加得

$$2|f(x)| \leqslant \int_a^b |f'(t)|\mathrm{d}t \leqslant \int_a^b |f'(x)|\mathrm{d}x$$

即
$$|f(x)| \leqslant \frac{1}{2}\int_a^b |f'(x)|\mathrm{d}x$$

【例 16】 设函数 $f(x)$在$[0,2]$上连续可导,$f(a) = f(b) = 0$,$|f'(x)| \leqslant 1$.求证:$1 < \int_0^2 f(x)\mathrm{d}x < 3$.

解析 当 $0 \leqslant x \leqslant 1$ 时,应用拉格朗日中值定理,有

$$f(x) = f(0) + f'(\xi)x = 1 + f'(\xi)x \quad 0 < \xi < x$$

则 $1 - x \leqslant f(x) \leqslant 1 + x$,当 $1 \leqslant x \leqslant 2$ 时,应用拉格朗日中值定理,有

$$f(x) = f(2) + f'(\eta)(x-2) = 1 + f'(\eta)(x-2) \quad x < \eta < 2$$

则 $x - 1 \leqslant f(x) \leqslant 3 - x$.于是

$$\int_0^2 f(x)\mathrm{d}x = \int_0^1 f(x)\mathrm{d}x + \int_1^2 f(x)\mathrm{d}x < \int_0^1 (1+x)\mathrm{d}x + \int_1^2 (3-x)\mathrm{d}x = 3$$

上式取不等号是因为不可能出现

$$f(x) = \begin{cases} 1+x, 0 \leqslant x \leqslant 1 \\ 3-x, 1 \leqslant x \leqslant 2 \end{cases}$$

的情况(此时 $f(x)$在 $x-1$ 处不可导).同样,有

$$\int_0^2 f(x)\mathrm{d}x = \int_0^1 f(x)\mathrm{d}x + \int_1^2 f(x)\mathrm{d}x > \int_0^1 (1-x)\mathrm{d}x + \int_1^2 (x-1)\mathrm{d}x = 1$$

上式中取不等号是因为不可能出现

$$f(x) = \begin{cases} 1-x, 0 \leqslant x \leqslant 1 \\ x-1, 1 \leqslant x \leqslant 2 \end{cases}$$

的情况(此时 $f(x)$在 $x-1$ 处不可导).

【例 17】 设函数 $f(x)$在$[0,1]$上连续可导,求证

$$\int_0^1 |f(x)|\mathrm{d}x \leqslant \max\left\{\int_0^1 |f'(x)|\mathrm{d}x, \left|\int_0^1 f(x)\mathrm{d}x\right|\right\}$$

解析 (1)若 $f(x)$ 在 $(0,1)$ 上满足 $f(x)>0$ 或 $f(x)<0$,则

$$\int_0^1 |f(x)|\,\mathrm{d}x = \left|\int_0^1 f(x)\mathrm{d}x\right|$$

(2)若上述(1)不成立,应用零点定理知 $\exists c\in(0,1)$,使得 $f(c)=0$,且

$$\int_c^x f'(x)\mathrm{d}x = f(x)-f(c) = f(x)$$

这里 $x\in[0,1]$. 于是

$$|f(x)| = \left|\int_c^x f'(x)\mathrm{d}x\right| \leqslant \left|\int_c^x |f'(x)|\,\mathrm{d}x\right| \leqslant \int_0^1 f'(x)\mathrm{d}x$$

两边从 0 到 1 积分得

$$\int_0^1 |f(x)|\,\mathrm{d}x \leqslant \int_0^1 |f'(x)|\,\mathrm{d}x$$

由(1)与(2)即得

$$\int_0^1 |f(x)|\,\mathrm{d}x \leqslant \max\left\{\int_0^1 |f'(x)|\,\mathrm{d}x, \left|\int_0^1 f(x)\mathrm{d}x\right|\right\}$$

【例 18】 设函数 $f(x)$ 在 $[0,1]$ 上连续可导,求证:$\forall x\in[0,1]$,有

$$|f(x)| \leqslant \int_0^1 (|f(x)|+|f'(x)|)\mathrm{d}x$$

解析 方法 1:因 $f(x)\in C[0,1]$,所以 $|f(x)|\in C[0,1]$. 由最值定理,$\exists x_0\in[0,1]$,使得 $\forall x\in[0,1]$,$|f(x)|\leqslant|f(x_0)|$. 由于

$$\int_{x_0}^x f'(x)\mathrm{d}x = f(x)-f(x_0) \Rightarrow f(x_0) = f(x)-\int_{x_0}^x f'(x)\mathrm{d}x$$

$$|f(x_0)| \leqslant |f(x)| + \left|\int_{x_0}^x f'(x)\mathrm{d}x\right| \leqslant |f(x)| + \int_0^1 |f'(x)|\,\mathrm{d}x$$

应用定积分的保向性,两边从 0 到 1 积分得

$$\begin{aligned}\int_0^1 |f(x_0)|\,\mathrm{d}x &\leqslant \int_0^1 \left(|f(x)| + \int_0^1 |f'(x)|\,\mathrm{d}x\right)\mathrm{d}x \\ &= \int_0^1 (|f(x)|+|f'(x)|)\mathrm{d}x\end{aligned}$$

即 $\forall x\in[0,1]$,有

$$|f(x)| \leqslant |f(x_0)| \leqslant \int_0^1 (|f(x)|+|f'(x)|)\mathrm{d}x$$

方法 2:因 $f(x)\in C[0,1]$,应用积分中值定理,$\exists \xi\in(0,1)$ 使得

$$\int_0^1 f(x)\mathrm{d}x = f(\xi)$$

另一方面,由于

$$\int_{\xi}^{x} f'(x)\mathrm{d}x = f(x) - f(\xi) \Rightarrow f(x) = f(\xi) + \int_{\xi}^{x} f'(x)\mathrm{d}x$$

所以

$$|f(x)| \leqslant |f(\xi)| + \left|\int_{\xi}^{x} f'(x)\mathrm{d}x\right| \leqslant \left|\int_{0}^{1} f(x)\mathrm{d}x\right| + \int_{0}^{1} |f'(x)|\mathrm{d}x$$

$$\leqslant \int_{0}^{1} (|f(x)| + |f'(x)|)\mathrm{d}x$$

【例 19】 设函数 $f(a)=0$，$f(x)$在$[a,b]$上的导数连续，求证

$$\frac{1}{(b-a)^2}\int_{a}^{b} |f(x)|\mathrm{d}x \leqslant \frac{1}{2}\max_{x\in[a,b]} |f'(x)| \quad x\in[a,b]$$

解析 应用拉格朗日中值定理，$\exists \xi\in(a,x)$，这里 $a<x\leqslant b$，使得

$$f(x)-f(a)=f'(\xi)(x-a) \Rightarrow |f(x)| \leqslant M|x-a|$$

这里 $M=\max\limits_{x\in[a,b]}|f'(x)|$(由于$|f'(x)|$在$[a,b]$上连续，所以$|f'(x)|$在$[a,b]$上有最大值 M). 上式两边从 a 到 b 积分得

$$\int_{a}^{b} |f(x)|\mathrm{d}x \leqslant M\int_{a}^{b} |x-a|\mathrm{d}x = M\int_{a}^{b}(x-a)\mathrm{d}x$$

$$= \frac{1}{2}M(b-a)^2 = \frac{1}{2}\max|f'(x)| \cdot (b-a)^2$$

即

$$\frac{1}{(b-a)^2}\int_{a}^{b} |f(x)|\mathrm{d}x \leqslant \frac{1}{2}\max_{x\in[a,b]} |f'(x)|$$

【例 20】 设函数 $f(x)$在$[a,b]$上连续可导，$f(a)=f(b)=0$，求证

$$\int_{a}^{b} |f(x)|\mathrm{d}x \leqslant \frac{(b-a)^2}{4}\max_{x\in[a,b]} |f'(x)|$$

解析 由于$|f'(x)|$在$[a,b]$上连续，所以$|f'(x)|$在$[a,b]$上有最大值 M，$\forall x\in(a,b)$，则有

$$f(x)=f(a)+f'(\xi)(x-a)=f'(\xi)(x-a)$$
$$f(x)=f(b)+f'(\eta)(x-b)=f'(\eta)(x-b)$$

这里 $a<\xi<x$，$x<\eta<b$. 于是有

$$|f(x)| \leqslant M(x-a),\ |f(x)| \leqslant M(b-x)$$

$\forall x_0\in(a,b)$，则

$$\int_{a}^{b} |f(x)|\mathrm{d}x = \int_{a}^{x_0} |f(x)|\mathrm{d}x + \int_{x_0}^{b} |f(x)|\mathrm{d}x$$

$$\leqslant M\int_{a}^{x_0}(x-a)\mathrm{d}x + M\int_{x_0}^{b}(b-x)\mathrm{d}x$$

$$=M\left[x_0^2-(a+b)x_0+\frac{1}{2}(a^2+b^2)\right] \quad (*)$$

令 $u=x_0^2-(a+b)x_0+\frac{1}{2}(a^2+b^2)$，则 $u'=2x_0-(a+b)$. 由 $u'=0$ 得驻点 $x_0=\frac{1}{2}(a+b)$，又 $u''=2>0$，所以 $u\left(\frac{a+b}{2}\right)=\frac{1}{4}(b-a)^2$ 为 u 的最小值.

由于式(*)对(a,b)中的任意 x_0 皆成立，取 $x_0=\frac{1}{2}(a+b)$，即得

$$\int_a^b |f(x)|\mathrm{d}x\leqslant\frac{(b-a)^2}{4}M=\frac{(b-a)^2}{4}\max_{x\in[a,b]}|f'(x)|$$

【例 21】 设函数 $f(x)$二阶可导，$f''(x)\geqslant 0$，$g(x)$为连续函数，$a>0$，求证

$$\frac{1}{a}\int_0^a f(g(x))\mathrm{d}x\geqslant f\left(\frac{1}{a}\int_0^a g(x)\mathrm{d}x\right)$$

解析 $f(x)$在 $x=x_0$ 处的一阶泰勒展开式为

$$f(x)=f(x_0)+f'(x_0)(x-x_0)+\frac{1}{2!}f''(\xi)(x-x_0)^2$$
$$\geqslant f(x_0)+f'(x_0)(x-x_0)$$

这里 ξ 介于 x 与 x_0 之间，令 $x=g(t)$，$x_0=\frac{1}{a}\int_0^a g(x)\mathrm{d}x$，则

$$f(g(t))\geqslant f\left(\frac{1}{a}\int_0^a g(x)\mathrm{d}x\right)+f'\left(\frac{1}{a}\int_0^a g(x)\mathrm{d}x\right)\left(g(t)-\frac{1}{a}\int_0^a g(x)\mathrm{d}x\right)$$

应用定积分的保向性，此式两边从 0 到 a 积分得

$$\int_0^a f(g(t))\mathrm{d}t\geqslant af\left(\frac{1}{a}\int_0^a g(x)\mathrm{d}x\right)+f'\left(\frac{1}{a}\int_0^a g(x)\mathrm{d}x\right)\left(\int_0^a g(t)\mathrm{d}t-\int_0^a g(x)\mathrm{d}x\right)$$
$$=af\left(\frac{1}{a}\int_0^a g(x)\mathrm{d}x\right)$$
$$\Leftrightarrow\frac{1}{a}\int_0^a f(g(x))\mathrm{d}x\geqslant f\left(\frac{1}{a}\int_0^a g(x)\mathrm{d}x\right)$$

【例 22】 设函数 $f(x)$在$[a,+\infty)$上二阶可导，$M_1>0$，$M_2>0$，且$|f(x)|\leqslant M_1$，$|f''(x)|\leqslant M_2$，求证：$\forall x\in[a,+\infty)$，有

$$|f'(x)|\leqslant 2\sqrt{M_1M_2}$$

解析 $\forall x_0\in[a,+\infty)$，$f(x)$在 $x=x_0$ 处的一阶泰勒展开式为

$$f(x)=f(x_0)+f'(x_0)(x-x_0)+\frac{1}{2!}f''(\xi)(x-x_0)^2$$

这里 ξ 介于 x 与 x_0 之间，所以

$$f'(x_0)=\frac{1}{x-x_0}[f(x)-f(x_0)]-\frac{1}{2}f''(\xi)(x-x_0)$$

$$f'(x_0)\leqslant\frac{1}{|x-x_0|}[|f(x)|+|f(x_0)|]+\frac{1}{2}|f''(\xi)||x-x_0|$$

$$\leqslant\frac{2}{h}M_1+\frac{1}{2}M_2h$$

这里 $h=|x-x_0|$. 令 $g(h)=\frac{2}{h}M_1+\frac{1}{2}M_2h$,则

$$g'(h)=-\frac{2}{h^2}M_1+\frac{1}{2}M_2=0$$

的唯一解为 $h_0=2\sqrt{\frac{M_1}{M_2}}$,因 $g''(h_0)=\frac{4}{h_0^3}M_1>0$,所以 $g(h)$ 的最小值为 $g(h_0)=2\sqrt{M_1M_2}$. 于是

$$|f'(x_0)|\leqslant\min\left(\frac{2}{h}M_1+\frac{1}{2}M_2h\right)=2\sqrt{M_1M_2}$$

由 $x_0\in[a,+\infty)$ 的任意性即得 $\forall x\in[a,+\infty)$,有

$$|f'(x)|\leqslant2\sqrt{M_1M_2}$$

【例 23】 设函数 $f(x)$ 在 $[0,2]$ 上二次连续可微, $f(1)=0$. 证明: $\left|\int_0^2 f(x)\mathrm{d}x\right|\leqslant\frac{1}{3}M$,其中 $M=\max\limits_{x\in[0,2]}|f''(x)|$.

解析 $f(x)$ 在 $x=1$ 处的一阶泰勒展开式为

$$f(x)=f(1)+f'(1)(x-1)+\frac{1}{2!}f''(\xi)(x-1)^2$$

这里 $x\in[0,2]$, ξ 介于 x 与 1 之间,上式两边积分得

$$\int_0^2 f(x)\mathrm{d}x=f'(1)\int_0^2(x-1)\mathrm{d}x+\frac{1}{2!}\int_0^2 f''(\xi)(x-1)^2\mathrm{d}x$$

$$=f'(1)\ \frac{1}{2}(x-1)^2\Big|_0^2+\frac{1}{2}\int_0^2 f''(\xi)(x-1)^2\mathrm{d}x$$

$$=\frac{1}{2}\int_0^2 f''(\xi)(x-1)^2\mathrm{d}x$$

故

$$\left|\int_0^2 f(x)\mathrm{d}x\right|\leqslant\frac{1}{2}\int_0^2|f''(\xi)|(x-1)^2\mathrm{d}x\leqslant\frac{M}{2}\int_0^2(x-1)^2\mathrm{d}x=\frac{1}{3}M$$

【例 24】 设函数 $f(x)$ 在 $[0,1]$ 上具有二阶连续导数,且 $f(0)=f(1)=0$,

$f(x)\neq 0$. 证明：$\int_0^1 |f''(x)|\mathrm{d}x \geqslant 4\max\limits_{x\in[0,1]}|f(x)|$.

解析 因$|f(x)|$在$[0,1]$上连续，$|f(0)|=|f(1)|=0$，故$\exists x_0\in(0,1)$，使$|f(x)|$在x_0处取最大值$|f(x_0)|$，即

$$|f(x_0)|=\max_{x\in[0,1]}|f(x)|$$

对$f(x)$在区间$[0,x_0]$与$[x_0,1]$上分别运用拉格朗日中值定理，$\exists \alpha\in(0,x_0)$，$\beta\in(x_0,1)$，使得

$$f(x_0)-f(0)=f'(\alpha)x_0,\ f(1)-f(x_0)=f'(\beta)(1-x_0)$$

即$f(x_0)=f'(\alpha)x_0$，$f(x_0)=f'(\beta)(1-x_0)$. 于是

$$\begin{aligned}\int_0^1|f''(x)|\mathrm{d}x &\geqslant \int_\alpha^\beta|f''(x)|\mathrm{d}x\geqslant\left|\int_\alpha^\beta f''(x)\mathrm{d}x\right|\\ &=|f'(\beta)-f'(\alpha)|=\left|\frac{f(x_0)}{x_0-1}-\frac{f(x_0)}{x_0}\right|\\ &=|f(x_0)|\left|\frac{1}{x_0(x_0-1)}\right|\\ &=|f(x_0)|\frac{1}{x_0(1-x_0)}\quad \alpha<x_0<\beta\end{aligned}$$

令$g(x)=x(1-x)$，则$g(x)$在$x=\frac{1}{2}$处取最大值$g\left(\frac{1}{2}\right)=\frac{1}{4}$，则$\frac{1}{g(x)}$ $(0<x<1)$在$x=\frac{1}{2}$处取最小值4，因此$\frac{1}{x_0(1-x_0)}\geqslant 4$. 于是

$$\int_0^1|f''(x)|\mathrm{d}x\geqslant 4|f(x_0)|=4\max_{x\in[0,1]}|f(x)|$$

【例 25】 设函数$f(x)$在$[a,b]$上具有二阶导数，且$f'(a)=f'(b)=0$. 证明：$\exists\xi\in(a,b)$，使得

$$\int_a^b f(x)\mathrm{d}x=(b-a)\frac{f(a)+f(b)}{2}+\frac{1}{6}(b-a)^3f''(\xi)$$

解析 因$F(x)=\int_a^x f(t)\mathrm{d}t$，则$F'(x)=f(x)$，$F''(x)=f'(x)$，$F'''(x)=f''(x)$，且$F(a)=0$，$F''(a)=F''(b)=0$. 函数$F(x)$在$x=a$处的二阶泰勒展开式为

$$\begin{aligned}F(x)&=F(a)+F'(a)(x-a)+\frac{1}{2!}F''(a)(x-a)^2+\frac{1}{3!}F'''(\xi_1)(x-a)^3\\ &=f(a)(x-a)+\frac{1}{6}f''(\xi_1)(x-a)^3\end{aligned}$$

这里 ξ_1 介于 a 与 x 之间，令 $x=b$ 得

$$\int_a^b f(x)\mathrm{d}x = f(a)(b-a)+\frac{1}{6}(b-a)^3 f''(\xi_2) \tag{1}$$

这里 $a\leqslant\xi_2\leqslant b$. 函数 $F(x)$ 在 $x=b$ 处的二阶泰勒展开式为

$$\begin{aligned}F(x) &= F(b)+F'(b)(x-b)+\frac{1}{2!}F''(b)(x-b)^2+\frac{1}{3!}F'''(\eta_1)(x-b)^3\\ &= \int_a^b f(x)\mathrm{d}x+f(b)(x-b)+\frac{1}{6}f''(\eta_1)(x-b)^3\end{aligned}$$

这里 η_1 介于 b 与 x 之间，令 $x=a$ 得

$$0=\int_a^b f(x)\mathrm{d}x-f(b)(b-a)-\frac{1}{6}(b-a)^3 f''(\eta_2) \tag{2}$$

这里 $a\leqslant\eta_2\leqslant b$. 式(1)－(2)得

$$\int_a^b f(x)\mathrm{d}x=\frac{1}{2}[f(a)+f(b)](b-a)+\frac{1}{12}[f''(\xi_2)+f''(\eta_2)](b-a)^3 \tag{3}$$

若 $f''(\xi_2)=f''(\eta_2)$，则 $\xi=\xi_2$ 或 $\eta=\eta_2$，代入式(3)即得原式；若 $f''(\xi_2)\neq f''(\eta_2)$，由于 $f''(x)$ 在 $[a,b]$ 上连续，由最值定理，$f''(x)$ 在 $[a,b]$ 上有最大值 M 与最小值 m，则

$$m<\frac{1}{2}[f''(\xi_2)+f''(\eta_2)]<M$$

再应用介值定理，$\exists\,\xi\in(a,b)$，使得

$$f''(\xi)=\frac{1}{2}[f''(\xi_2)+f''(\eta_2)]$$

于是有

$$\int_a^b f(x)\mathrm{d}x=(b-a)\frac{f(a)+f(b)}{2}+\frac{1}{6}(b-a)^3 f''(\xi)$$

【例 26】 设函数 $f(x)$ 在 $[0,1]$ 上有连续的二阶导数，且 $f'(0)=f'(1)$. 证明：$\exists\,\xi\in(0,1)$，使得

$$\int_0^1 f(x)\mathrm{d}x=\frac{f(0)+f(1)}{2}+\frac{1}{24}f''(\xi)$$

解析 令 $F(x)=\int_0^x f(t)\mathrm{d}t$，又 $F(x)$ 在 $x=0$ 处的二阶泰勒展开式为

$$\begin{aligned}F(x)&=F(0)+F'(0)x+\frac{1}{2!}F''(0)x^2+\frac{1}{3!}F'''(\xi_1)x^3\\ &=f(0)x+\frac{1}{2}f'(0)x^2+\frac{1}{6}f''(\xi_1)x^3\end{aligned}$$

令 $x=\frac{1}{2}$，得

$$F\left(\frac{1}{2}\right)=\frac{1}{2}f(0)+\frac{1}{8}f'(0)+\frac{1}{48}f''(\xi_2) \tag{1}$$

$F(x)$在 $x=1$ 处的二阶泰勒展开式为

$$\begin{aligned}F(x) &= F(1)+F'(1)(x-1)+\frac{1}{2!}F''(1)(x-1)^2+\frac{1}{3!}F'''(\eta_1)(x-1)^3\\ &=\int_0^1 f(x)\mathrm{d}x+f(1)(x-1)+\frac{1}{2}f'(1)(x-1)^2+\frac{1}{6}f''(\eta_1)(x-1)^3\end{aligned}$$

令 $x=\frac{1}{2}$，得

$$F\left(\frac{1}{2}\right)=\int_0^1 f(x)\mathrm{d}x-\frac{1}{2}f(1)+\frac{1}{8}f'(1)-\frac{1}{48}f''(\eta_2) \tag{2}$$

以上 $0<\xi_1<x,0<\xi_2<\frac{1}{2},x<\eta_1<1,\frac{1}{2}<\eta_2<1$. 式(2)－(1)得

$$\int_0^1 f(x)\mathrm{d}x=\frac{1}{2}(f(0)+f(1))+\frac{1}{24}\cdot\frac{f''(\xi_2)+f''(\eta_2)}{2} \tag{3}$$

若 $f''(\xi_2)=f''(\eta_2)$，则 $\xi=\xi_2$ 或 $\xi=\eta_2$，代入式(3)即得原式；若 $f''(\xi_2)\neq f''(\eta_2)$，由于 $f''(x)$在$[0,1]$上连续，由最值定理，$f''(x)$在$[0,1]$上有最大值 M 与最小值 m，则

$$m<\frac{1}{2}[f''(\xi_2)+f''(\eta_2)]<M$$

再应用介值定理，$\exists\,\xi\in(\xi_2,\eta_2)\subset(0,1)$，使得

$$f''(\xi)=\frac{1}{2}[f''(\xi_2)+f''(\eta_2)]$$

代入式(3)即为所求.

【例 27】 求$\int\frac{x+\sin x\cos x}{(\cos x-x\sin x)^2}\mathrm{d}x$.

解析 因为$(x\tan x)'=x\sec^2 x+\tan x$，所以

$$\begin{aligned}\text{原式} &= \int\frac{x\sec^2 x+\tan x}{(1-x\tan x)^2}\mathrm{d}x=\int\frac{1}{(x\tan x-1)^2}\mathrm{d}(x\tan x)\\ &=\frac{-1}{x\tan x-1}+C=\frac{1}{1-x\tan x}+C\end{aligned}$$

【例 28】 求$\int\ln[(x+a)^{x+a}\cdot(x+b)^{x+b}]\frac{1}{(x+a)(x+b)}\mathrm{d}x$.

解析　可得

$$\text{原式}=\int\left(\frac{\ln(x+a)}{x+b}+\frac{\ln(x+b)}{x+a}\right)dx$$
$$=\int\ln(x+a)d\ln(x+b)+\int\frac{\ln(x+b)}{x+a}dx$$
$$=\ln(x+a)\ln(x+b)-\int\frac{\ln(x+b)}{x+a}dx+\int\frac{\ln(x+b)}{x+a}dx$$
$$=\ln(x+a)\ln(x+b)+C$$

【例 29】　已知 $f''(x)$ 连续，$f'(x)\neq 0$，求

$$\int\left[\frac{f(x)}{f'(x)}-\frac{f^2(x)f''(x)}{(f'(x))^3}\right]dx$$

解析　对被积函数的第二项分部积分，有

$$\int\frac{f^2(x)f''(x)}{[f'(x)]^3}dx=\int\frac{f^2(x)}{[f'(x)]^3}df'(x)=-\frac{1}{2}\int f^2(x)d\frac{1}{[f'(x)]^2}$$
$$=-\frac{f^2(x)}{2[f'(x)]^2}+\int\frac{1}{2[f'(x)]^2}df^2(x)$$
$$=-\frac{f^2(x)}{2[f'(x)]^2}+\int\frac{f(x)}{f'(x)}dx$$

于是

$$\text{原式}=\int\frac{f(x)}{f'(x)}dx+\frac{f^2(x)}{2[f'(x)]^2}-\int\frac{f(x)}{f'(x)}dx=\frac{f^2(x)}{2[f'(x)]^2}+C$$

【例 30】　求 $\displaystyle\int\frac{e^{-\sin x}\sin 2x}{\sin^4\left(\frac{\pi}{4}-\frac{x}{2}\right)}dx$.

解析　原式 $=\displaystyle\int\frac{8\sin x e^{-\sin x}}{(1-\sin x)^2}\cos x dx$，令 $\sin x-1=u$，则

$$\text{原式}=8\int\frac{(u+1)e^{-(u+1)}}{u^2}du=\frac{8}{e}\left(\int\frac{e^{-u}}{u}du+\int\frac{e^{-u}}{u^2}du\right)$$
$$=\frac{8}{e}\left[\int\frac{e^{-u}}{u}du+\left(-\frac{e^{-u}}{u}-\int\frac{e^{-u}}{u}du\right)\right]=-8\cdot\frac{e^{-u-1}}{u}+C$$
$$=\frac{8e^{-\sin x}}{1-\sin x}+C$$

【例 31】　求 $\displaystyle\int\frac{dx}{\sqrt{(x-\alpha)(\beta-x)}}(\alpha<x<\beta)$.

解析　令　$x=\alpha\cos^2\varphi+\beta\sin^2\varphi\quad\left(0<\varphi<\frac{\pi}{2}\right)$

于是

$$x-\alpha=(\beta-\alpha)\sin^2\varphi$$
$$\beta-x=(\beta-\alpha)\cos^2\varphi$$
$$\mathrm{d}x=2(\beta-\alpha)\sin\varphi\cos\varphi\mathrm{d}\varphi$$

则

$$原式=2\int d\varphi=2\varphi+C=2\arctan\sqrt{\frac{x-\alpha}{\beta-x}}+C.$$

【例 32】 求$\int\frac{\mathrm{d}x}{x+\sqrt{x^2-x+1}}$.

解析 令$\sqrt{x^2-x+1}=t-x$,则

$$x=\frac{t^2-1}{2t-1},\mathrm{d}x=\frac{2(t^2-t+1)}{(2t-1)}\mathrm{d}t$$

$$原式=\int\frac{2t^2-2t+2}{t(2t-1)^2}\mathrm{d}t=\int\left[\frac{2}{t}-\frac{3}{2t-1}+\frac{3}{(2t-1)^2}\right]\mathrm{d}t$$
$$=-\frac{3}{2}\frac{1}{2t-1}+2\ln|t|-\frac{3}{2}\ln|2t-1|+C$$

【例 33】 研究积分$\int_0^{\infty}\frac{x^{\alpha}\mathrm{d}x}{1+x^{\beta}\sin^2 x}$的级数性.

解析 用$f(x)$表示被积函数,当x在$n\pi$与$(n+1)\pi$之间变化时有

$$\frac{(n\pi)^{\alpha}}{1+[(n+1)\pi]^{\beta}\sin^2 x}\leqslant f(x)\leqslant\frac{[(n+1)\pi]^2}{1+(n\pi)^{\beta}\sin^2 x}$$

由
$$\int_{n\pi}^{(n+1)\pi}\frac{\mathrm{d}x}{1+A\sin^2 x}=\int_0^{\pi}\frac{\mathrm{d}x}{1+A\sin^2 x}=\frac{\pi}{\sqrt{1+A}}$$

得
$$\frac{n^{\alpha}\pi^{\alpha+1}}{\sqrt{1+(n+1)^{\beta}\pi^{\beta}}}\leqslant\int_{n\pi}^{(n+1)\pi}f(x)\mathrm{d}x\leqslant\frac{(n\pi)^{\alpha}\pi^{\alpha+1}}{\sqrt{1+n^{\beta}\pi^{\beta}}}$$

现在对n从0到∞求和

$$\sum_{n=0}^{\infty}\frac{n^{\alpha}\pi^{\alpha+1}}{\sqrt{1+(n+1)^{\beta}\pi^{\beta}}}\leqslant\int_0^{\infty}f(x)\mathrm{d}x\leqslant\sum_{n=0}^{\infty}\frac{(n+1)^{\alpha}\pi^{\alpha+1}}{\sqrt{1+n^{\beta}\pi^{\beta}}}$$

因两端的级数与级数$\sum_{n=0}^{\infty}n^{\alpha-\frac{1}{2}\beta}$同时收敛或发散,所以中间的积分也与级数$\sum_{n=0}^{\infty}n^{\alpha-\frac{1}{2}\beta}$同时收敛或发散.故当$\beta>2(\alpha+1)$时收敛,当$\beta\leqslant 2(\alpha+1)$时发散.

【例 34】 设$f(x)$在$[a,b]$上连续,对一切$\alpha,\beta(a\leqslant\alpha\leqslant\beta\leqslant b)$,有

$$\left|\int_\alpha^\beta f(x)\mathrm{d}x\right| \leqslant M\mid\beta-\alpha\mid^{1+\delta}$$

其中,M,δ 为正常数.求证:$f(x)\equiv 0, x\in[a,b]$.

解析 $\forall x_0\in[a,b]$,应用积分中值定理,有

$$\int_{x_0}^{x_0+h} f(x)\mathrm{d}x = f(x_0+\theta h)h$$

这里 $x_0+h\in[a,b], h\neq 0, 0<\theta<1$. 所以

$$\left|\int_{x_0}^{x_0+h} f(x)\mathrm{d}x\right| = \mid f(x_0+\theta h)h\mid \leqslant M\mid h\mid^{1+\delta}$$

$$\mid f(x_0+\theta h)\mid \leqslant M\mid h\mid^{\delta}$$

由于 $M>0,\delta>0,\lim\limits_{h\to 0}M\mid h\mid^{\delta}=0$,且 $f(x)$ 在 x_0 处连续,得

$$\lim_{h\to 0}\mid f(x_0+\theta h)\mid = 0, \lim_{h\to 0}f(x_0+\theta h) = f(x_0) = 0$$

由 $x_0\in[a,b]$ 的任意性得 $f(x)\equiv 0, x\in[a,b]$.

【例 35】 设 $\varphi_i(x)\in C[a,b]$,其中 $i=1,2,3,\cdots$,且 $\int_a^b \varphi_i^2(x)\mathrm{d}x=1$,求证:$\exists N\in\mathbf{N}$ 及常数 $c_i(i=1,2,\cdots,N)$,使得

$$\sum_{i=1}^N c_i^2 = 1, \max_{x\in[a,b]}\left|\sum_{i=1}^N c_i\varphi_i(x)\right| > 100$$

解析 取 $N\in\mathbf{N}$,且 $N>10\,000(b-a)$,则

$$\int_a^b\left(\sum_{i=1}^N\varphi_i^2(x)\right)\mathrm{d}x = N \tag{1}$$

应用积分中值定理,$\exists\xi\in(a,b)$,使得

$$\int_a^b\left(\sum_{i=1}^N\varphi_i^2(x)\right)\mathrm{d}x = \sum_{i=1}^N\varphi_i^2(\xi)\cdot(b-a) \tag{2}$$

取

$$c_i = \frac{\varphi_i(\xi)}{\sqrt{\varphi_1^2(\xi)+\varphi_2^2(\xi)+\cdots+\varphi_N^2(\xi)}} \quad (i=1,2,\cdots,N)$$

则 $\sum\limits_{i=1}^N c_i^2 = 1$,且由(1),(2) 两式可得

$$\sum_{i=1}^N c_i\varphi_i(\xi) = \sqrt{\sum_{i=1}^N\varphi_i^2(\xi)} = \sqrt{\frac{N}{b-a}} > \sqrt{10\,000} = 100$$

于是

$$\max_{x\in[a,b]}\left|\sum_{i=1}^N c_i\varphi_i(x)\right| > 100$$

【例 36】 设 $f(x)$在$[0,1]$上连续,$\int_0^1 f(x)\mathrm{d}x=0,\int_0^2 xf(x)\mathrm{d}x=1$. 求证:

(1) $\exists \xi \in [0,1]$,使得 $|f(\xi)| > 4$;(2) $\exists \eta \in [0,1]$,使得 $|f(\eta)| = 4$.

解析 (1)(反证法)设 $\forall x \in [0,1]$,有 $|f(x)| \leqslant 4$. 由于

$$\int_0^1 \left(x - \frac{1}{2}\right) f(x) \mathrm{d}x = \int_0^1 x f(x) \mathrm{d}x - \frac{1}{2}\int_0^1 f(x) \mathrm{d}x$$

$$\int_0^1 \left(x - \frac{1}{2}\right) f(x) \mathrm{d}x \leqslant \int_0^1 \left|x - \frac{1}{2}\right| |f(x)| \mathrm{d}x \leqslant 4\int_0^1 \left|x - \frac{1}{2}\right| \mathrm{d}x$$

又

$$\int_0^1 \left|x - \frac{1}{2}\right| \mathrm{d}x = \int_0^{\frac{1}{2}} \left(\frac{1}{2} - x\right) \mathrm{d}x + \int_{\frac{1}{2}}^1 \left(x - \frac{1}{2}\right) \mathrm{d}x$$

$$= \left(\frac{1}{2}x - \frac{1}{2}x^2\right)\Big|_0^{\frac{1}{2}} + \left(\frac{x^2}{2} - \frac{1}{2}x\right)\Big|_{\frac{1}{2}}^1 = \frac{1}{8} + \frac{1}{8} = \frac{1}{4}$$

所以

$$\int_0^1 \left|x - \frac{1}{2}\right| |f(x)| \mathrm{d}x = 1$$

$$\int_0^1 (4 - |f(x)|) \left|x - \frac{1}{2}\right| \mathrm{d}x = 0$$

于是 $|f(x)| \equiv 4 (0 \leqslant x \leqslant 1) \Rightarrow \int_0^1 f(x) \mathrm{d}x = 4$ 或 $\int_0^1 f(x) \mathrm{d}x = -4$. 此与条件 $\int_0^1 f(x) \mathrm{d}x = 0$ 矛盾. 故 $\exists \xi \in [0,1]$,使得 $|f(\xi)| > 4$.

(2) 因 $f \in C[0,1]$,故 $|f(x)| \in C[0,1]$. 应用积分中值定理,$\exists \lambda \in (0,1)$,使得

$$\int_0^1 f(x) \mathrm{d}x = f(\lambda) = 0$$

于是 $|f(\lambda)| = 0$. 对连续函数 $|f(x)|$,因 $|f(\lambda)| = 0$,$|f(\xi)| > 4$,应用介值定理,$\exists \eta \in [0,1]$,使得 $|f(\eta)| = 4$.

【例 37】 证明

$$\int_0^{\pi} x a^{\sin x} \mathrm{d}x \cdot \int_0^{\frac{\pi}{2}} a^{-\cos x} \mathrm{d}x \geqslant \frac{\pi^3}{4} \quad a > 0 \text{ 为常数}$$

解析 令 $x = \frac{\pi}{2} + t$,并应用奇函数在对称区间上积分的性质,有

$$\int_0^{\pi} x a^{\sin x} \mathrm{d}x = \int_{-\frac{\pi}{2}}^{\frac{\pi}{2}} \left(\frac{\pi}{2} + t\right) a^{\cos t} \mathrm{d}t = \frac{\pi}{2}\int_{-\frac{\pi}{2}}^{\frac{\pi}{2}} a^{\cos t} \mathrm{d}t + \int_{-\frac{\pi}{2}}^{\frac{\pi}{2}} t a^{\cos t} \mathrm{d}t$$

$$= \pi \int_0^{\frac{\pi}{2}} a^{\cos x} \mathrm{d}x + 0 = \pi \int_0^{\frac{\pi}{2}} a^{\cos x} \mathrm{d}x$$

代入原式左边,应用柯西－施瓦兹不等式得

$$\pi\left(\int_0^{\frac{\pi}{2}} a^{\cos x}\mathrm{d}x\right)\cdot\left(\int_0^{\frac{\pi}{2}} a^{-\cos x}\mathrm{d}x\right)\geqslant\pi\left(\int_0^{\frac{\pi}{2}} a^{\frac{\cos x}{2}}\cdot a^{-\frac{\cos x}{2}}\mathrm{d}x\right)^2=\frac{1}{4}\pi^3$$

专题四　微分方程

【例1】 求微分方程 $y''+y=x+\cos^2 x$ 的通解.

解析　$y''+y=0$ 的通解为

$$y=C_1\cos x+C_2\sin x$$

又 $x+\cos^2 x=\left(x+\frac{1}{2}\right)+\frac{\cos 2x}{2}$,可得 $y''+y=x+\frac{1}{2}$的特解为 $y_1^*=x+\frac{1}{2}$,又令 $y''+y=\frac{\cos 2x}{2}$的特解为 $y_2^*=A\cos 2x+B\sin 2x$,代入方程可解得

$$A=-\frac{1}{6},B=0\Rightarrow y_2^*=-\frac{1}{6}\cos 2x$$

综上,原方程的通解为

$$y=C_1\cos x+C_2\sin x+x+\frac{1}{2}-\frac{1}{6}\cos 2x$$

【例2】 设四阶常系数线性齐次微分方程有一个解为 $y_1=x\mathrm{e}^x\cos 2x$,求其通解.

解析　由特解 $y_1=x\mathrm{e}^x\cos 2x$,表明特征方程有二重特征根 $\lambda=1\pm 2\mathrm{i}$,故特征方程为

$$(\lambda-1-2\mathrm{i})^2(\lambda-1+2\mathrm{i})^2=0$$

化简 $(\lambda^2-2\lambda+5)^2=\lambda^4-4\lambda^3+14\lambda^2-20\lambda+25=0$,于是所求的微分方程为 $y^{(4)}-4y^{(3)}+14y''-20y'+25=0$,此方程的通解为

$$y=\mathrm{e}^x[(C_1+C_2x)\cos 2x+(C_3+C_4x)\sin 2x]$$

【例3】 求二阶微分方程 $y''+y'-2y=\frac{\mathrm{e}^x}{1+\mathrm{e}^x}$的通解.

解析　由于 $y''+y'-2y=(y''+2y')-(y'+2y)=(y'+2y)'-(y'+2y)$,所以令 $u=y'+2y$,则所给微分方程成为一阶线性微分方程

$$u'-u=\frac{\mathrm{e}^x}{1+\mathrm{e}^x}$$

它的通解为

$$u=e^x[C_1-\ln(1+e^{-x})]$$

于是
$$y'+2y=e^x[C_1-\ln(1+e^{-x})]$$

方程的通解为

$$y=e^{-2x}\left\{C_2+\int e^{3x}[C_1-\ln(1+e^{-x})]dx\right\}$$

其中

$$\int e^{3x}[C_1-\ln(1+e^{-x})]dx=\frac{1}{3}\int[C_1-\ln(1+e^{-x})]de^{3x}$$

$$=\frac{1}{3}e^{3x}[C_1-\ln(1+e^{-x})]-\frac{1}{3}\int\frac{e^{2x}}{1+e^{-x}}dx$$

$$=\frac{1}{3}e^{3x}[C_1-\ln(1+e^{-x})]-\frac{1}{3}\int\left(e^{2x}-e^x+1-\frac{e^{-x}}{1+e^{-x}}\right)dx$$

$$=\frac{1}{3}e^{3x}[C_1-\ln(1+e^{-x})]-\frac{1}{6}e^{2x}+\frac{1}{3}e^x-\frac{1}{3}x-\frac{1}{3}\ln(1+e^{-x})$$

故

$$y=\frac{1}{3}C_1e^x+C_2e^{-2x}-\frac{1}{3}e^{-x}\ln(1+e^x)-\frac{1}{6}+\frac{1}{3}e^{-x}-$$
$$\frac{1}{3}xe^{-2x}-\frac{1}{3}e^{-2x}\ln(1+e^{-x})$$

【例 4】 设 $f(x)$ 可微，且满足 $x=\int_0^x f(t)dt+\int_0^x tf(t-x)dt$，求：

(1) $f(x)$ 的表达式；

(2) $\int_{-\frac{\pi}{4}}^{\frac{3\pi}{4}}|f(x)|dx$（其中 $n=2,3,\cdots$）.

解析 (1)由于

$$\int_0^x tf(t-x)dt=\int_{-x}^0(u+x)f(u)du=\int_{-x}^0 tf(t)dt+x\int_{-x}^0 f(t)dt$$

所以，题设中的等式成为

$$x=\int_0^x f(u)du+\int_{-x}^0 tf(t)dt+x\int_{-x}^0 f(t)dt$$

上式两边求导得

$$1=f(x)-xf(-x)+\int_{-x}^0 f(t)dt+xf(-x)$$

即
$$1=f(x)+\int_{-x}^0 f(t)dt$$

两边求导

$$f'(x)+f(-x)=0 \tag{1}$$

再求导

$$f''(x)-f'(-x)=0 \tag{2}$$

式(1)中 x 换为 $-x$ 得

$$f'(-x)+f(x)=0 \tag{3}$$

由式(2),(3)得

$$f''(x)+f(x)=0$$

它的通解为

$$f(x)=C_1\cos x+C_2\sin x$$
$$f'(x)=-C_1\sin x+C_2\cos x$$

由前式 $f(0)=1, f'(0)=-1$,得到 $C_1=1, C_2=-1$,将它们代入通解得

$$f(x)=\cos x-\sin x=\sqrt{2}\cos\left(x+\frac{\pi}{4}\right)$$

(2)可得

$$\int_{-\frac{\pi}{4}}^{\frac{3\pi}{4}} | f(x) | \mathrm{d}x = \int_{-\frac{\pi}{4}}^{\frac{3\pi}{4}} (\sqrt{2})^n \left|\cos\left(x+\frac{\pi}{4}\right)\right|^n \mathrm{d}x \quad 令\ t=x+\frac{\pi}{4}$$

$$= 2^{\frac{n}{2}}\int_0^{\pi} | \cos t |^n \mathrm{d}x = 2^{\frac{n}{2}}\int_{-\frac{\pi}{2}}^{\frac{\pi}{2}} | \cos t |^n \mathrm{d}x$$

$$= 2^{\frac{n+2}{2}}\int_0^{\frac{\pi}{2}} \cos^n t\,\mathrm{d}x$$

$$= \begin{cases} 2^{\frac{n+2}{2}} \cdot \dfrac{(n-1)\cdot(n-3)\cdot\cdots\cdot 2}{n\cdot(n-2)\cdot\cdots\cdot 3}, n=3,5,\cdots \\ 2^{\frac{n+2}{2}} \cdot \dfrac{(n-1)\cdot(n-3)\cdot\cdots\cdot 1}{n\cdot(n-2)\cdot\cdots\cdot 2}\cdot\dfrac{\pi}{2}, n=2,4,\cdots \end{cases}$$

【例 5】 设微分方程 $y''-\frac{1}{x}y'+q(x)y=0$ 有两个满足 $y_1y_2=1$ 的特解 $y_1(x)$和 $y_2(x)$,求该微分方程的通解.

解析 (1)当 $y_1(x)=a$ 时,由 $y_1y_2=1$ 知 $a\neq 0$,并且由 $y_1(x)=a$ 是所给微分方程

$$y''-\frac{1}{x}y'+q(x)y=0$$

的特解,知 $aq(x)=0$,由此可得 $q(x)=0$,因此此时上式化为

$$y''-\frac{1}{x}y'=0$$

此方程有特解 x^2，与 $y_1(x)=a$ 线性无关，因此方程通解为

$$y=C_1a+C_2x^2$$

(2)当 $y_1(x)$ 不恒为常数时，则由 $y_1y_2=1$ 知 y_1 和 $y_2=\frac{1}{y_1}$ 是微分方程两个线性无关的特解. 于是方程通解为 $y=C_1y_1+C_2\frac{1}{y_1}$，下面计算 $y_1(x)$ 和 $q(x)$.

将 y_1 和 $\frac{1}{y_1}$ 分别代入方程

$$y_1''-\frac{1}{x}y_1'+q(x)y_1=0 \tag{1}$$

$$\left(\frac{1}{y_1}\right)''-\frac{1}{x}\left(\frac{1}{y_1}\right)'+q(x)\left(\frac{1}{y_1}\right)=0 \tag{2}$$

由式(2)得

$$-\frac{y_1''y_1-2(y_1')^2}{y_1^3}+\frac{1}{x}\frac{y_1'}{y_1^2}+q(x)\frac{1}{y_1}=0$$

将式(1)代入得

$$q(x)=-\frac{(y_1')^2}{y_1^2}$$

将其代入式(1)得

$$\frac{y_1''}{y_1}-\left(\frac{y_1'}{y_1}\right)^2-\frac{1}{x}\frac{y_1'}{y_1}=0$$

令 $z=\frac{y_1'}{y_1}$，则上式化为

$$\frac{\mathrm{d}z}{\mathrm{d}x}-\frac{1}{x}\cdot z=0$$

它有特解 $z=2x$，因此可取特解 $y_1(x)=\mathrm{e}^{x^2}$，$y_2(x)=\mathrm{e}^{-x^2}$. 由此得到

$$q(x)=-\frac{(y_1')^2}{y_1^2}=-4x^2$$

故通解

$$y=C_1\mathrm{e}^{x^2}+C_2\mathrm{e}^{-x^2}$$

【例 6】 求二阶微分方程 $y''+(4x+\mathrm{e}^{2y})(y')^3=0$(其中 $y'\neq0$)的通解.

解析 因为

$$\frac{\mathrm{d}y}{\mathrm{d}x}=\left(\frac{\mathrm{d}x}{\mathrm{d}y}\right)^{-1}$$

$$\frac{d^2y}{dx^2}=\frac{d}{dx}\left(\frac{dy}{dx}\right)=\frac{d}{dy}\left(\frac{dx}{dy}\right)^{-1}\cdot\frac{dy}{dx}=-\left(\frac{dx}{dy}\right)^{-2}\cdot\frac{d^2x}{dy^2}\cdot\frac{dy}{dx}=-\frac{d^2x}{dy^2}\left(\frac{dy}{dx}\right)^3$$

所以,所给的微分方程成为

$$-\frac{d^2x}{dy^2}\left(\frac{dy}{dx}\right)^3+(4x+e^{2y})\left(\frac{dy}{dx}\right)^3=0$$

即

$$\frac{d^2x}{dy^2}-4x=e^{2y}$$

齐次方程的通解为

$$x=C_1e^{-2y}+C_2e^{2y}$$

设特解 $x^*=Aye^{2y}$,将它代入方程得 $A=\frac{1}{4}$,从而

$$x^*=\frac{1}{4}ye^{2y}$$

所以原方程的通解为

$$x=C_1e^{-2y}+C_2e^{2y}+\frac{1}{4}ye^{2y}$$

【例 7】 将 $x=x(y)$ 满足的方程 $\frac{d^2x}{dy^2}+(y+\sin x)(\frac{dx}{dy})^3=0$,变换为 $y=y(x)$ 所满足的微分方程,并求所得微分方程的通解.

解析 设 $y=g(x)$,$x=f(y)$,由反函数求导公式,得

$$g'(x)=\frac{1}{f'(y)}$$

$$g''(x)=-\frac{f''(y)}{[f'(y)]^2}\cdot y'=-\frac{f'(y)}{[f'(y)]^3}$$

故

$$\frac{dx}{dy}=\frac{1}{y'},\frac{d^2x}{dy^2}=-\frac{y''}{[y']^3}$$

代入原方程,得

$$-\frac{y''}{(y')^3}+(y+\sin x)\frac{1}{(y')^3}=0$$

即

$$y''-y=\sin x$$

它的齐次方程对应的特征方程为

$$\lambda^2-1=0$$

故

$$\lambda=\pm1$$

设此微分方程特解 $y^*=a\cos x+b\sin x$ 代入方程得

$$-2a\cos x-2b\sin x=\sin x$$

即 $a=0,b=-\dfrac{1}{2}$，则

$$y^*=-\frac{1}{2}\sin x$$

故微分方程通解为

$$y=C_1\mathrm{e}^x+C_2\mathrm{e}^{-x}-\frac{1}{2}\sin x$$

【例 8】 (1)求微分方程 $y'+\sin(x-y)=\sin(x+y)$ 的通解；(2)求可微函数 $f(t)$，使之满足 $f(t)=\cos 2t+\int_0^t f(u)\sin u\mathrm{d}u$.

解析 (1)应用三角公式，原方程等价于

$$y'+\sin x\cdot\cos y-\cos x\cdot\sin y=\sin x\cdot\cos y+\cos x\cdot\sin y$$

即 $y'=2\cos x\cdot\sin y$，此为变量可分离的方程，分离变量得

$$\frac{\mathrm{d}y}{\sin y}=2\cos x\mathrm{d}x$$

两边积分得 $\ln(\csc y-\cot y)=2\sin x+C_1$，即通解为

$$\csc y-\cot y=C\mathrm{e}^{2\sin x}$$

(2)等号两端对 t 求导，得

$$f'(t)-\sin t\cdot f(t)=2\sin 2t$$

此为一阶线性微分方程，通解为

$$\begin{aligned}f(t)&=\mathrm{e}^{\int\sin\mathrm{d}t}\left(C-\int 2\sin 2t\cdot\mathrm{e}^{-\int\sin t\mathrm{d}t}\mathrm{d}t\right)\\&=\mathrm{e}^{-\cos t}\left(C-2\int\sin 2t\cdot\mathrm{e}^{\cos t}\mathrm{d}t\right)=4(\cos t-1)+C\mathrm{e}^{\sin t}\end{aligned}$$

【例 9】 设 $u_0=0,u_1=1,u_{n+1}=au_n+bu_{n-1},n=1,2,\cdots$. 设 $f(x)=\sum\limits_{n=1}^{\infty}\dfrac{u_n}{n!}x^n$，试导出 $f(x)$ 满足的微分方程.

解析 已知 $f(x)=\sum\limits_{n=1}^{\infty}\dfrac{u_n}{n!}x^n$，对 x 求导得

$$\begin{aligned}f'(x)&=\sum_{n=1}^{\infty}\frac{u_n}{(n-1)!}x^{n-1}=1+\sum_{n=2}^{\infty}\frac{u_n}{(n-1)!}x^{n-1}\\&=1+\sum_{n=2}^{\infty}\frac{au_{n-1}+bu_{n-2}}{(n-1)!}x^{n-1}\\&=1+a\sum_{n=2}^{\infty}\frac{u_{n-1}}{(n-1)!}x^{n-1}+b\sum_{n=2}^{\infty}\frac{u_{n-2}}{(n-1)!}x^{n-1}\end{aligned}$$

$$= 1 + af(x) + b\sum_{n=1}^{\infty}\frac{u_{n-1}}{n!}x^n$$

再求导,得

$$f''(x) = af'(x) + b\sum_{n=1}^{\infty}\frac{u_{n-1}}{(n-1)!}x^{n-1} = af'(x) + b\sum_{n=0}^{\infty}\frac{u_n}{n!}x^n$$
$$= af'(x) + bf(x)$$

$f(x)$ 满足微分方程

$$\begin{cases} f''(x) - af'(x) - bf(x) = 0 \\ f(0) = 0, f'(0) = 1 \end{cases}$$

专题五　多元微分学与空间解析几何

【例 1】 设函数 $f(x,y,z)$连续,且

$$\int_0^1 \mathrm{d}x\int_0^{\sqrt{1-x^2}}\mathrm{d}y\int_{\frac{1}{4}(x^2+y^2)}^{\frac{1}{4}}f(x,y,z)\mathrm{d}z = \iiint_{\Omega}f(x,y,z)\mathrm{d}v$$

求 Ω 的边界曲面 S 上的点 $P(x_0,y_0,z_0)$,使 S 在点 P 处的切平面 π 经过曲线 $\Gamma:\begin{cases} x^2-y^2+z^2=1 \\ xy+xz=-2 \end{cases}$ 在点 $Q(1,-1,-1)$处的切线 l.

解析 记 $F(x,y,z)=x^2-y^2+z^2-1$,$G(x,y,z)=xy+xz+2$,则 Γ 在点 $Q(1,-1,-1)$处的切向量为

$$(F'_x,F'_y,F'_z)\big|_Q\times(G'_x,G'_y,G'_z)\big|_Q=(4,2,6)$$

所以,Γ 在点 $Q(1,-1,-1)$处的切线 l 的方程为

$$\frac{x-1}{4}=\frac{y+1}{2}=\frac{z+1}{6}$$

即
$$\begin{cases} x-2y-3=0 \\ 3x-2z-5=0 \end{cases}$$

由 $\int_0^1 \mathrm{d}x\int_0^{\sqrt{1-x^2}}\mathrm{d}y\int_{\frac{1}{4}(x^2+y^2)}^{\frac{1}{4}}f(x,y,z)\mathrm{d}z = \iiint_{\Omega}f(x,y,z)\mathrm{d}v$ 知

$$\Omega=\left\{(x,y,z)\,\middle|\,\frac{1}{4}(x^2+y^2)\leqslant z\leqslant\frac{1}{4},0\leqslant y\leqslant\sqrt{1-x^2},0\leqslant x\leqslant 1\right\}$$

即 Ω 是由抛物面 $z=\frac{1}{4}(x^2+y^2)$的第一象限部分和三个平面 $x=0$,$y=0$,$z=$

$\frac{1}{4}$围成的立体. 记 $S=S_1+S_2$,其中 S_1 是 S 位于三个平面上的部分,S_2 是 S 位于抛物面上的部分,由于上述三个平面的切平面就是它们自己,不可能经过 l,因此点 $P(x_0,y_0,z_0)$要从 S_2 上去寻找.

设经过 l 的切平面 π 的方程为

$$(3x-2z-5)+\lambda(x-2y-3)=0$$

即

$$(\lambda+3)x-2\lambda y-2z=3\lambda+5$$

记 $H(x,y,z)=\frac{1}{4}(x^2+y^2)-z$,则 S_2 在点 $P(x_0,y_0,z_0)$的法向量为

$$(H'_x,H'_y,H'_z)|_P=\left(\frac{1}{2}x,\frac{1}{2}y,-1\right)\Big|_P=\left(\frac{1}{2}x_0,\frac{1}{2}y_0,-1\right)$$

于是有以下方程组

$$\begin{cases}\dfrac{\lambda+3}{\frac{1}{2}x_0}=\dfrac{-2\lambda}{\frac{1}{2}y_0}=\dfrac{-2}{-1}\\(\lambda+3)x_0-2\lambda y_0-2z_0=3\lambda+5\\z_0=\dfrac{1}{4}(x_0^2+y_0^2)\end{cases}$$

解得

$$x_0=3-\frac{1}{\sqrt{5}},y_0=\frac{2}{\sqrt{5}},z_0=\frac{5}{2}-\frac{3}{2\sqrt{5}}$$

即

$$P=\left(3-\frac{1}{\sqrt{5}},\frac{2}{\sqrt{5}},\frac{5}{2}-\frac{3}{2\sqrt{5}}\right)$$

【例 2】 设对于任意 x,y,有 $\left(\frac{\partial f}{\partial x}\right)^2+\left(\frac{\partial f}{\partial y}\right)^2=4$,请用变量代换 $\begin{cases}x=uv\\y=\frac{1}{2}(u^2-v^2)\end{cases}$将 $f(x,y)$变换成 $g(u,v)$,并:

(1)求满足 $a\left(\frac{\partial g}{\partial u}\right)^2-b\left(\frac{\partial g}{\partial v}\right)^2=u^2+v^2$ 中的常数 a,b 的值;

(2)对(1)求得的 a,b,将(1)中的表达式用极坐标 r,θ 表示.

解析 $\frac{\partial g}{\partial u}=\frac{\partial f}{\partial x}v+\frac{\partial f}{\partial y}u,\frac{\partial g}{\partial v}=\frac{\partial f}{\partial x}u-\frac{\partial f}{\partial y}v$.

将它们代入 $a\left(\frac{\partial g}{\partial u}\right)^2-b\left(\frac{\partial g}{\partial v}\right)^2=u^2+v^2$,得

$$a\left(\frac{\partial f}{\partial x}v+\frac{\partial f}{\partial y}u\right)^2-b\left(\frac{\partial f}{\partial x}u-\frac{\partial f}{\partial y}v\right)^2=u^2+v^2$$

即

$$(av^2-bu^2)\left(\frac{\partial f}{\partial x}\right)^2+2(auv+buv)\frac{\partial f}{\partial x}\cdot\frac{\partial f}{\partial y}+(au^2-bv^2)\left(\frac{\partial f}{\partial y}\right)^2=u^2+v^2$$

将$\left(\frac{\partial f}{\partial y}\right)^2=4-\left(\frac{\partial f}{\partial x}\right)^2$ 代入上式得

$$(a+b)(v^2-u^2)\left(\frac{\partial f}{\partial x}\right)^2+2(a+b)uv\frac{\partial f}{\partial x}\cdot\frac{\partial f}{\partial y}+4au^2-4bv^2=u^2+v^2$$

由此可得

$$\begin{cases}a+b=0\\4a=1\\4b=-1\end{cases}$$

即
$$a=\frac{1}{4},\ b=-\frac{1}{4}$$

(2)由 $r=\sqrt{u^2+v^2}$,$\theta=\arctan\frac{v}{u}$,得

$$\frac{\partial g}{\partial u}=\frac{\partial g}{\partial r}\frac{\partial r}{\partial u}+\frac{\partial g}{\partial \theta}\frac{\partial \theta}{\partial u}=\frac{\partial g}{\partial r}\frac{u}{\sqrt{u^2+v^2}}-\frac{\partial g}{\partial \theta}\frac{v}{u^2+v^2}=\frac{\partial g}{\partial r}\cos\theta-\frac{\partial g}{\partial \theta}\frac{\sin\theta}{r}$$

$$\frac{\partial g}{\partial v}=\frac{\partial g}{\partial r}\frac{\partial r}{\partial v}+\frac{\partial g}{\partial \theta}\frac{\partial \theta}{\partial v}=\frac{\partial g}{\partial r}\frac{v}{\sqrt{u^2+v^2}}+\frac{\partial g}{\partial \theta}\frac{u}{u^2+v^2}=\frac{\partial g}{\partial r}\sin\theta-\frac{\partial g}{\partial \theta}\frac{\cos\theta}{r}$$

将它们代入由(1)算得的等式

$$\frac{1}{4}\left(\frac{\partial g}{\partial u}\right)^2+\frac{1}{4}\left(\frac{\partial g}{\partial v}\right)^2=u^2+v^2$$

得
$$\left(\frac{\partial g}{\partial r}\cos\theta-\frac{\partial g}{\partial \theta}\frac{\sin\theta}{r}\right)^2+\left(\frac{\partial g}{\partial r}\sin\theta-\frac{\partial g}{\partial \theta}\frac{\cos\theta}{r}\right)^2=4r^2$$

即
$$\left(\frac{\partial g}{\partial r}\right)^2+\frac{1}{r^2}\left(\frac{\partial g}{\partial \theta}\right)^2=4r^2$$

【例 3】 (1)设函数 $f(t)$在$[1,+\infty)$上有连续的二阶导数,$f(1)=0$,$f'(1)=1$,且二元函数 $z=(x^2+y^2)f(x^2+y^2)$满足

$$\frac{\partial^2 z}{\partial x^2}+\frac{\partial^2 z}{\partial y^2}=0$$

求 $f(t)$在$[1,+\infty)$上的最大值.

(2)设函数 $f(t)$在$(0,+\infty)$上有连续的二阶导数,$f(1)=0$,$f'(1)=1$,又

$u=f(\sqrt{x^2+y^2+z^2})$满足

$$\frac{\partial^2 u}{\partial x^2}+\frac{\partial^2 u}{\partial y^2}+\frac{\partial^2 u}{\partial z^2}=0$$

求 $f(t)$在$(0,+\infty)$上的表达式.

解析 (1)令 $t=x^2+y^2$,则 $z=tf(t)$,所以

$$\frac{\partial z}{\partial x}=\frac{\partial t}{\partial x}f(t)+tf'(t)\frac{\partial t}{\partial x}=2x[f(t)+tf'(t)]$$

$$\begin{aligned}\frac{\partial^2 z}{\partial x^2}&=2[f(t)+tf'(t)]+4x^2[2f'(t)+tf''(t)]\\&=2f(t)+(8x^2+2t)f'(t)+4x^2tf''(t)\end{aligned}$$

同理

$$\frac{\partial^2 z}{\partial y^2}=2f(t)+(8y^2+2t)f'(t)+4y^2tf''(t)$$

于是

$$\frac{\partial^2 z}{\partial x^2}+\frac{\partial^2 z}{\partial y^2}=4t^2f''(t)+12tf'(t)+4f(t)=0 \quad \text{(二阶欧拉方程)}$$

令 $t=e^x$,上式化为

$$\frac{d^2 f}{du^2}+2\frac{df}{du}+f=0$$

它的通解为

$$f(t)=C_1ue^{-u}+C_2e^{-u}=\frac{C_1\ln t+C_2}{t}$$

利用 $f(1)=0,f'(1)=1$ 得 $C_2=0,C_1=1$,故

$$f(t)=\frac{\ln t}{t}$$

由 $f'(t)=\frac{1-\ln t}{t^2}$,可得 $f(t)$在$[1,+\infty)$上的最大值为 $f(e)=\frac{1}{e}$.

(2)记 $t=\sqrt{x^2+y^2+z^2}$,则 $u=f(t)$,所以

$$\frac{\partial u}{\partial x}=f'(t)\frac{x}{\sqrt{x^2+y^2+z^2}}=f'(t)\frac{x}{t}$$

$$\frac{\partial^2 u}{\partial x^2}=f''(t)\frac{x^2}{t^2}+f'(t)\frac{t^2-x^2}{t^3}$$

同理

$$\frac{\partial^2 u}{\partial y^2}=f''(t)\frac{y^2}{t^2}+f'(t)\frac{t^2-y^2}{t^3}$$

$$\frac{\partial^2 u}{\partial z^2}=f''(t)\frac{z^2}{t^2}+f'(t)\frac{t^2-z^2}{t^3}$$

于是

$$\frac{\partial^2 u}{\partial x^2}+\frac{\partial^2 u}{\partial y^2}+\frac{\partial^2 u}{\partial z^2}=f''(t)+\frac{2}{t}f'(t)=0$$

由此可得

$$f'(t)=\frac{C_1}{t^2}$$

将 $f'(1)=1$ 代入得 $C_1=1$,故 $f'(t)=\frac{1}{t^2}$,从而

$$f(t)=C_2-\frac{1}{t}$$

将 $f(1)=0$ 代入得 $C_2=1$,故 $f(t)=1-\frac{1}{t}$.

【例 4】 在椭球面 Σ:$2x^2+2y^2+z^2=1$ 上求一点 $P(x_0,y_0,z_0)$ $(x_0>0, z_0>0)$,使得 Σ 在点 P 处的法向量与向量 $(-1,1,1)$ 垂直,且使函数 $\varphi(x,y,z)=x^2+y^2+z^2$ 在点 P 处的梯度的模为最小.

解析 在 Σ 上求使 $|\mathrm{grad}\,\varphi(x,y,z)|=\sqrt{4x^2+4y^2+9z^4}$ 取最小值点,即为计算函数 $g(x,y,z)=\sqrt{4x^2+4y^2+9z^4}$ 在 $2x^2+2y^2+z^2=1$ 下最小值,或计算 $f(z)=2-2z^2+9z^4\,(z>0)$ 在 $2x^2+2y^2+z^2=1$ 下最小值.有

$$f'(z)=-4z+36z^3=36z\left(z^2-\frac{1}{9}\right)=36z\left(z+\frac{1}{3}\right)\left(z-\frac{1}{3}\right)$$

在 $z>0$ 上,$f'(z)=0$ 仅有根 $z=\frac{1}{3}$,且

$$f'(z)<0 \quad 0<z<\frac{1}{3}$$

$$f'(z)>0 \quad z>\frac{1}{3}$$

所以 $f(z)(z>0)$ 在 $z=\frac{1}{3}$ 处取到最小值.

将 $z=\frac{1}{3}$ 代入约束条件 $2x^2+2y^2+z^2=1$ 得到 $x^2+y^2=\frac{4}{9}$. 于是 $|\mathrm{grad}\,\varphi(x,y,z)|$ 在半圆 C:$\begin{cases}x^2+y^2=\frac{4}{9}\\ z=\frac{1}{3}\end{cases}$ $(x>0)$ 的每一点处都取到最小值.

设$(x,y,z)\in C$,且Σ在该点处的法向量与$(-1,1,1)$垂直,则x,y,z满足

$$\begin{cases} x^2+y^2=\dfrac{4}{9} \\ z=\dfrac{1}{3} \\ (4x,4y,2z)\cdot(-1,1,1)=0 \end{cases}$$

解得$x=\dfrac{\sqrt{31}+1}{12}$,$y=\dfrac{\sqrt{31}-1}{12}$,$z=\dfrac{1}{3}$,因此所求的点

$$P(x_0,y_0,z_0)=\left(\frac{\sqrt{31}+1}{12},\frac{\sqrt{31}-1}{12},\frac{1}{3}\right)$$

【例 5】 设函数$u=u(x,y)$有连续的二阶偏导数,且满足方程

$$\operatorname{div}(\operatorname{grad} u)-2\frac{\partial^2 u}{\partial y^2}=0$$

(1)用变量代换$\xi=x-y$,$\eta=x+y$将上述方程化为以ξ,η为自变量的方程;

(2)已知$u(x,2x)=x$,$u'_x(x,2x)=x^2$,求$u(x,y)$.

解析 (1)记$\operatorname{div}(\operatorname{grad} u)=\operatorname{div}(u'_x,u'_y)=u''_{xx}+u''_{yy}$,于是原方程化为

$$\frac{\partial^2 u}{\partial x^2}+\frac{\partial^2 u}{\partial y^2}-2\frac{\partial^2 u}{\partial y^2}=\frac{\partial^2 u}{\partial x^2}-\frac{\partial^2 u}{\partial y^2}=0 \tag{1}$$

由于

$$\frac{\partial u}{\partial x}=\frac{\partial u}{\partial \xi}\frac{\partial \xi}{\partial x}+\frac{\partial u}{\partial \eta}\frac{\partial \eta}{\partial x}=\frac{\partial u}{\partial \xi}+\frac{\partial u}{\partial \eta}$$

$$\frac{\partial u}{\partial y}=\frac{\partial u}{\partial \xi}\frac{\partial \xi}{\partial y}+\frac{\partial u}{\partial \eta}\frac{\partial \eta}{\partial y}=-\frac{\partial u}{\partial \xi}+\frac{\partial u}{\partial \eta}$$

$$\frac{\partial^2 u}{\partial x^2}=\frac{\partial^2 u}{\partial \xi^2}\frac{\partial \xi}{\partial x}+\frac{\partial^2 u}{\partial \xi\partial \eta}\ \frac{\partial \eta}{\partial x}+\frac{\partial^2 u}{\partial \eta\partial \xi}\ \frac{\partial \xi}{\partial x}+\frac{\partial^2 u}{\partial \eta^2}\frac{\partial \eta}{\partial x}=\frac{\partial^2 u}{\partial \xi^2}+2\frac{\partial^2 u}{\partial \xi\partial \eta}+\frac{\partial^2 u}{\partial \eta^2} \tag{2}$$

$$\frac{\partial^2 u}{\partial y^2}=-\frac{\partial^2 u}{\partial \xi^2}\frac{\partial \xi}{\partial y}-\frac{\partial^2 u}{\partial \xi\partial \eta}\ \frac{\partial \eta}{\partial y}+\frac{\partial^2 u}{\partial \eta\partial \xi}\ \frac{\partial \xi}{\partial y}+\frac{\partial^2 u}{\partial \eta^2}\frac{\partial \eta}{\partial y}=\frac{\partial^2 u}{\partial \xi^2}-2\frac{\partial^2 u}{\partial \xi\partial \eta}+\frac{\partial^2 u}{\partial \eta^2} \tag{3}$$

将式(2)与(3)代入式(1)得

$$\frac{\partial^2 u}{\partial \xi\partial \eta}=0$$

(2)将方程$\dfrac{\partial^2 u}{\partial \xi\partial \eta}=0$两边对$\eta$积分得

$$\frac{\partial u}{\partial \xi}=\varphi(\xi) \quad \varphi(\xi)\text{为 }\xi\text{ 的任意可微函数}$$

此式两边对 η 积分得

$$u=\int\varphi(\xi)\mathrm{d}\xi+g(\eta)=f(\xi)+g(\eta)$$

这里 f,g 为任意可微函数. 于是

$$u(x,y)=f(x-y)+g(x+y) \tag{4}$$

由条件 $u(x,2x)=x$ 得

$$f(-x)+g(3x)=x \tag{5}$$

式(4)两边对 x 求偏导,得

$$u_x'=f'(x-y)+g'(x+y)$$

由条件 $u_x'(x,2x)=x^2$ 得

$$u_x'(x,2x)=f'(-x)+g'(3x)=x^2 \tag{6}$$

式(6)两边对 x 积分,得

$$-3f(-x)+g(3x)=x^3+C \tag{7}$$

联立式(5)与(7)解得

$$f(-x)=\frac{1}{4}(x-x^3)-\frac{1}{4}C,\ g(3x)=\frac{1}{4}(3x+x^3)+\frac{1}{4}C$$

由此可得

$$f(x)=\frac{1}{4}(x^3-x)-\frac{1}{4}C,\ g(x)=\frac{1}{4}x+\frac{1}{108}x^3+\frac{1}{4}C$$

于是由式(4)可得所求函数为

$$u(x,y)=\frac{1}{4}(x-y)^3+\frac{1}{108}(x+y)^3+\frac{1}{2}y$$

【例 6】 已知曲面 $4x^2+4y^2-z^2=1$ 与平面 $x+y-z=0$ 的交线在 xy 平面上的投影为一椭圆,求此椭圆的面积.

解析 方法 1:椭圆的方程为 $3x^2+3y^2-2xy=1$. 椭圆的中心在原点,在椭圆上任取一点 (x,y),它到原点的距离 $d=\sqrt{x^2+y^2}$.

令 $F=x^2+y^2+\lambda(3x^2+3y^2-2xy-1)$,则

$$\begin{cases}F_x'=2(1+3\lambda)x-2\lambda y=0\\F_y'=2(1+3\lambda)y-2\lambda x=0\\F_x'=3x^2+3y^2-2xy-1=0\end{cases}$$

由上一、二两式推得 $y=x$ 或 $y=-x$,故驻点为

$$P_1\left(\frac{1}{2},\frac{1}{2}\right),P_2\left(-\frac{1}{2},-\frac{1}{2}\right),P_3\left(\frac{\sqrt{2}}{4},-\frac{\sqrt{2}}{4}\right),P_4\left(-\frac{\sqrt{2}}{4},\frac{\sqrt{2}}{4}\right)$$

因此 $d(P_1)=d(P_2)=\frac{\sqrt{2}}{2}$，$d(P_3)=d(P_4)=\frac{1}{2}$分别为椭圆的长、短轴，于是椭圆的面积为 $S=\pi\frac{\sqrt{2}}{2}\cdot\frac{1}{2}=\frac{\sqrt{2}}{4}\pi$.

方法 2：椭圆的方程为 $3x^2+3y^2-2xy=1$. 椭圆的中心在原点，作坐标系的旋转变换，令$\begin{cases}x=\frac{1}{\sqrt{2}}u-\frac{1}{\sqrt{2}}v\\ y=\frac{1}{\sqrt{2}}u+\frac{1}{\sqrt{2}}v\end{cases}$，代入椭圆方程得 $2u^2+4v^2=1$，因此 $a=\frac{1}{\sqrt{2}}$，$b=\frac{1}{2}$，分别为椭圆的长、短轴，于是椭圆的面积为 $S=\pi\frac{\sqrt{2}}{2}\cdot\frac{1}{2}=\frac{\sqrt{2}}{4}\pi$.

【例 7】 设 f 可微，$\frac{\partial f}{\partial x}=-f$，$\lim\limits_{n\to\infty}\left[\frac{f(0,y+\frac{1}{n})}{f(0,y)}\right]^{(n)}=e^{\cot y}$，$f(0,\frac{\pi}{2})=1$，求 $f(x,y)$.

解析 由

$$\lim_{n\to\infty}\left[\frac{f(0,y+\frac{1}{n})}{f(0,y)}\right]^n$$

$$=\lim_{n\to\infty}\left\{\left[1+\frac{f(0,y+\frac{1}{n})-f(0,y)}{f(0,y)}\right]^{\frac{f(0,y)}{f(0,y+\frac{1}{n})-f(0,y)}}\right\}^{\frac{f(0,y+\frac{1}{n})-f(0,y)}{f(0,y)}\cdot n}=e^{\cot y}$$

故

$$\lim_{n\to\infty}\frac{f(0,y+\frac{1}{n})-f(0,y)}{\frac{1}{n}}\cdot\frac{1}{f(0,y)}=f'_y(0,y)\frac{1}{f(0,y)}=\cot y$$

$$f'_y(0,y)=\cot y\cdot f(0,y)$$

即
$$f_y(0,y)=Ce^{\int\cot y\mathrm{d}y}=C\sin y$$

由 $f(0,\frac{\pi}{2})=1$，得

$$C=1,f(0,y)=\sin y$$

又 $f'_x=-f$，得

$$f(x,y)=C(y)\mathrm{e}^{-x}$$

代入，$f(0,y)=\sin y$，得

$$C(y)=\sin y$$

故

$$f(x,y)=\sin y\cdot\mathrm{e}^{-x}$$

【例 8】 设一礼堂的顶部是一个半椭球面，其方程为 $z=4\sqrt{1-\frac{x^2}{16}-\frac{y^2}{36}}$，求下雨时过房顶上点$(1,3,\sqrt{11})$处的雨水行走的路线方程.

解析 流水下落方向即函数 $z=4\sqrt{1-\frac{x^2}{16}-\frac{y^2}{32}}$ 的梯度反方向

$$\mathrm{grad}\ z=\left\{\frac{\partial z}{\partial x},\frac{\partial z}{\partial y}\right\}=k\{\mathrm{d}x,\mathrm{d}y\}$$

即

$$\begin{cases}\dfrac{\mathrm{d}y}{\mathrm{d}x}=\dfrac{4}{9}\cdot\dfrac{y}{x}\\ y(1)=3\end{cases}$$

由此得

$$y=A\mathrm{e}^{\int\frac{4}{9}\frac{1}{x}\mathrm{d}x}=Ax^{\frac{4}{9}}$$

将$(1,3)$代入，得 $A=3$，故雨水行走的路线方程为

$$\begin{cases}y=3x^{\frac{4}{9}}\\ z=4\sqrt{1-\dfrac{x^2}{16}-\dfrac{y^2}{36}}\end{cases}$$

【例 9】 求使函数

$$f(x,y)=\frac{1}{y^2}\exp\left\{-\frac{1}{2y^2}[(x-a)^2+(y-b)^2]\right\}\quad(y\neq0,b>0)$$

达到最大值的(x_0,y_0)以及相应的 $f(x_0,y_0)$.

解析 方法 1：记 $g(x,y)=\ln f(x,y)$，则

$$g(x,y)=-2\ln|y|-\frac{1}{2y^2}[(x-a)^2+(y-b)^2]$$

且 $g(x,y)$与 $f(x,y)$有相同的极大值点. 由于

$$\frac{\partial g(x,y)}{\partial x}=-\frac{1}{y^2}(x-a)$$

$$\frac{\partial g(x,y)}{\partial y}=-\frac{2}{y}+\frac{1}{y^3}[(x-a)^2+(y-b)^2]-\frac{1}{y^2}(y-b)$$

令$\frac{\partial g(x,y)}{\partial x}=0$，$\frac{\partial g(x,y)}{\partial y}=0$，解得驻点$(x_1,y_1)=\left(a,\frac{b}{2}\right)$，$(x_2,y_2)=(a,$

$-b)$.

当 $y>0$ 时，因为

$$A_1=\left.\frac{\partial^2 g}{\partial x^2}\right|_{\left(a,\frac{b}{2}\right)}=-\frac{4}{b^2}<0$$

$$B_1=\left.\frac{\partial^2 g}{\partial x\partial y}\right|_{\left(a,\frac{b}{2}\right)}=0,C_1=\left.\frac{\partial^2 g}{\partial y^2}\right|_{\left(a,\frac{b}{2}\right)}=-\frac{28}{b^2}$$

因 $\Delta=B_1^2-A_1C_1=-\frac{112}{b^4}$，因此 $f(x,y)$ 在 $\left(a,\frac{b}{2}\right)$ 点达到极大值 $f\left(a,\frac{b}{2}\right)=\frac{4}{b^2\sqrt{\mathrm{e}}}$. 在半平面 $y>0$ 上，$f(x,y)$ 可微，且驻点唯一，所以 $f\left(a,\frac{b}{2}\right)=\frac{4}{b^2\sqrt{\mathrm{e}}}$ 是 $f(x,y)$ 在 $y>0$ 上的最大值.

当 $y<0$ 时，因为

$$A_2=\left.\frac{\partial^2 g}{\partial x^2}\right|_{(a,-b)}=-\frac{1}{b^2}<0$$

$$B_2=\left.\frac{\partial^2 g}{\partial x\partial y}\right|_{(a,-b)}=0,C_2=\left.\frac{\partial^2 g}{\partial y^2}\right|_{(a,-b)}=-\frac{3}{b^2}$$

同理可得 $f(a,-b)=\frac{1}{b^2\mathrm{e}^2}$ 是 $f(x,y)$ 在 $y<0$ 上的最大值.

由于 $f\left(a,\frac{b}{2}\right)=\frac{4}{b^2\sqrt{\mathrm{e}}}>f(a,-b)=\frac{1}{b^2\mathrm{e}^2}$，故 $f\left(a,\frac{b}{2}\right)=\frac{4}{b^2\sqrt{\mathrm{e}}}$ 是函数 $f(x,y)$ 的最大值.

方法 2：驻点 $(x_1,y_1)=\left(a,\frac{b}{2}\right)$，$(x_2,y_2)=(a,-b)$ 的求法同方法 1.

当 $y\neq 0$ 时，$f(x,y)$ 可微. $\forall c\in\mathbf{R}$，当 $(x,y)\to(c,0)$ 时，由于

$$|f(x,y)|\leqslant\frac{1}{y^2}\exp\left\{-\frac{1}{2y^2}(y-b)^2\right\}=\frac{1}{y^2}\exp\left\{-\frac{1}{2}\left(1-\frac{b}{y}\right)^2\right\}=t^2\mathrm{e}^{-\frac{(bt-1)^2}{2}}$$

其中 $t=\frac{1}{y}$，且 $y\to 0$ 时，$t\to\infty$，令 $h(t)=t^2\mathrm{e}^{-\frac{(bt-1)^2}{2}}$，应用洛必达法则，有

$$\lim_{t\to\infty}h(t)=\lim_{t\to\infty}\frac{t^2}{\mathrm{e}^{\frac{1}{2}(bt-1)^2}}=\lim_{t\to\infty}\frac{2t}{b(bt-1)\mathrm{e}^{\frac{1}{2}(bt-1)^2}}=\lim_{t\to\infty}\frac{2}{(b^2(bt-1)^2+b^2)\mathrm{e}^{\frac{1}{2}(bt-1)^2}}=0$$

所以 $\lim\limits_{(x,y)\to(c,0)}f(x,y)=0$，又显然 $\lim\limits_{\rho\to\infty}f(x,y)=0\ (\rho=\sqrt{x^2+y^2})$，于是

$$\max f(x,y)=\max\left\{f\left(a,\frac{b}{2}\right),f(a,-b),0\right\}=\max\left\{\frac{4}{b^2\sqrt{\mathrm{e}}},\frac{1}{b^2\mathrm{e}^2},0\right\}=\frac{4}{b^2\sqrt{\mathrm{e}}}$$

【例 10】 如图，$ABCD$ 是等腰梯形，$BC/\!/AD$，$AB+BC+CD=8$，求 AB，

BC,AD 的长,使该梯形绕 AD 旋转一周所得旋转体的体积最大.

解析 令 $BC=x,AD=y(0<x<y<8)$,则 $AB=\frac{8-x}{2}$. 设 $BE\perp AD$,则

A E D B C

例 10 题图

$AE=\frac{y-x}{2},BE=\sqrt{AB^2-AE^2}=\sqrt{\left(\frac{8-x}{2}\right)^2-\left(\frac{y-x}{2}\right)^2}$

$$\begin{aligned}V&=\frac{2}{3}\pi BE^2\cdot AE+\pi BE^2x=\pi BE^2\left(\frac{2}{3}AE+x\right)\\&=\pi\left[\left(\frac{8-x}{2}\right)^2-\left(\frac{y-x}{2}\right)^2\right]\left(\frac{2x+y}{3}\right)\\&=\frac{\pi}{12}(8-2x+y)(8-y)(2x+y)\end{aligned}$$

由

$$\begin{cases}\dfrac{\partial V}{\partial x}=\dfrac{2\pi}{3}(8-y)(2-x)=0\\\dfrac{\partial V}{\partial y}=\dfrac{\pi}{12}[(8-y)(2x+y)-(8-2x+y)(2x+y)+(8-2x+y)(8-y)]=0\end{cases}$$

解得唯一驻点 $P(2,4)$,由于

$$A=\frac{\partial^2V}{\partial x^2}\bigg|_P=-\frac{2\pi}{3}(8-y)\bigg|_P=-\frac{8\pi}{3},B=\frac{\partial^2V}{\partial x\partial y}\bigg|_P=\frac{2\pi}{3}(x-2)\bigg|_P=0$$

$$C=\frac{\partial^2V}{\partial y^2}\bigg|_P=-\frac{\pi}{2}y\bigg|_P=-2\pi$$

又 $\Delta=B^2-AC=-\frac{16}{3}\pi^2<0,A<0$,所以 $x=2,y=4$ 时 V 取最大值,于是 $AB=3,BC=2,AD=4$ 为所求的值.

【例 11】 已知点 $P(1,0,-1)$ 与 $Q(3,1,2)$,在平面 $x-2y+z=12$ 上求一点 M,使得 $|PM|+|MQ|$ 最小.

解析 从 P 作直线 l 垂直于平面,l 的方程为

$$x=1+t,y=-2t,z=-1+t$$

代入平面方程解得 $t=2$,所以直线 l 与平面的交点为 $P_0(3,-4,1)$,P 关于平面的对称点为 $P_1(5,-8,3)$,连接 P_1Q,其方程为

$$x=3+2t,y=1-9t,z=2+t$$

代入平面方程解得 $t=\frac{3}{7}$. 于是所求点 M 的坐标为 $M\left(\frac{27}{7},-\frac{20}{7},\frac{17}{7}\right)$.

【例 12】 在平面 $\Pi: x+2y-z=20$ 内作一直线 Γ，使直线 Γ 过另一直线 $L: \begin{cases} x-2y+2z=1 \\ 3x+y-4z=3 \end{cases}$ 与平面 Π 的交点，且 Γ 与 L 垂直，求直线 Γ 的参数方程.

解析 直线 L 的方向向量为 $\boldsymbol{l}=(1,-2,2)\times(3,1,-4)=(6,10,7)$，且直线 L 上有点 $(1,0,0)$，故直线 L 的参数方程为 $x=1+6t, y=10t, z=7t$，代入平面方程解得 $t=1$，故直线 L 与平面 Π 的交点为 $(7,10,7)$. 平面 Π 的法向量为 $\boldsymbol{n}=(1,2,-1)$，所求直线 Γ 的方向向量为 $\boldsymbol{l}_1=\boldsymbol{l}\times\boldsymbol{n}=(6,7,10)\times(1,2,-1)=-(24,-13,-2)$，于是所求直线 Γ 的参数方程为

$$x=7+24t, y=10-13t, z=7-2t$$

【例 13】 设直线 $\begin{cases} x+2y-3z=2 \\ 2x-y+z=3 \end{cases}$ 在平面 $z=1$ 上的投影为直线 L，求点 $(1,2,1)$ 与直线 L 的距离.

解析 取平面束 $x+2y-3z-2+\lambda(2x-y+z-3)=0$，其法向量为 $\boldsymbol{n}_1=(1+2\lambda, 2-\lambda, -3+\lambda)$，平面 $z=1$ 的法向量为 $\boldsymbol{n}_2=(0,0,1)$，$\boldsymbol{n}_1\perp\boldsymbol{n}_2$，所以 $\boldsymbol{n}_1\cdot\boldsymbol{n}_2=\lambda-3=0$，故 $\lambda=3$. 故投影平面的方程为 $7x-y-11=0$. 因而投影直线 L 的方程为 $\begin{cases} 7x-y-11=0 \\ z=1 \end{cases}$，其方向向量为

$$\boldsymbol{l}=(7,-1,0)\times(0,0,1)=-(1,7,0)$$

又 L 过点 $P_1(1,-4,1)$，于是点 $P_0(1,2,1)$ 到直线 L 的距离为

$$d=\frac{|\overrightarrow{P_1P_0}\times\boldsymbol{l}|}{|\boldsymbol{l}|}=\frac{|(0,6,0)\times(1,7,0)|}{|(1,7,0)|}=\frac{|(0,0,-6)|}{\sqrt{50}}=\frac{3}{25}\sqrt{50}$$

【例 14】 记曲面 $z=x^2+y^2-2x-y$ 在区域 $D: x\geqslant 0, y\geqslant 0, 2x+y\leqslant 4$ 上的最低点 P 处的切平面为 π，曲线 $\begin{cases} x^2+y^2+z^2=6 \\ x+y+z=0 \end{cases}$ 在点 $(1,1,-2)$ 处的切线为 l，求点 P 到 l 在 π 上的投影 l' 的距离 d.

解析 由 $z'_x=2x-2=0, z'_y=2y-1=0$ 解得驻点为 $\left(1,\frac{1}{2}\right)$. 在驻点处

$$A=z''_{xx}=2,\ B=z''_{xy}=0,\ C=z''_{yy}=2$$

$\Delta=B^2-AC<0$，且 $A>0$，所以 $z\left(1,\frac{1}{2}\right)=-\frac{5}{4}$ 为极小值，而驻点唯一，故 $z\left(1,\frac{1}{2}\right)=-\frac{5}{4}$ 为最小值，即点 $P\left(1,\frac{1}{2},-\frac{5}{4}\right)$ 为曲面上最低点.

曲面在点 P 处的切平面 π 的方程为 $z=-\frac{5}{4}$.

记 P_0 为 $(1,1,-2)$，曲面 $x^2+y^2+z^2=6$ 在 P_0 的法向量 $\boldsymbol{n}_1$ 与平面 $x+y+z=0$ 在 P_0 的法向量 $\boldsymbol{n}_2$ 分别为

$$\boldsymbol{n}_1=(2,2,-4),\boldsymbol{n}_2=(1,1,1)$$

故其交线在 P_0 的切向量为

$$\boldsymbol{l}=\boldsymbol{n}_1\times\boldsymbol{n}_2=(2,2,-4)\times(1,1,1)=6(1,-1,0)$$

于是切线 l 的方程为

$$\frac{x-1}{1}=\frac{y-1}{-1}=\frac{z+2}{0}$$

写为一般式为 $\begin{cases}x+y-z=0\\z+2=0\end{cases}$，过直线 l 的平面束方程为

$$(x+y-2)+\lambda(z+2)=0$$

其法向量 $\boldsymbol{n}_\lambda=(1,1,\lambda)$，令 $\boldsymbol{n}_\lambda\perp\boldsymbol{\eta}_\pi$，$\boldsymbol{\eta}_\pi=(0,0,1)$，故 $\lambda=0$，即过 l 的平面 $x+y-2=0$ 与平面 π 垂直，于是 l 在平面 π 内的投影 l' 的方程为

$$\begin{cases}x+y-2=0\\z=-\frac{5}{4}\end{cases}$$

点 $\left(1,\frac{1}{2},-\frac{5}{4}\right)$ 到 l' 的距离为

$$d=\frac{\left|1+\frac{1}{2}-2\right|}{\sqrt{1+1}}=\frac{1}{2\sqrt{2}}=\frac{1}{4}\sqrt{2}$$

专题六　多元积分学

【例 1】 计算 $\iint\limits_D\frac{(x+y)\ln\left(1+\frac{y}{x}\right)}{\sqrt{1-x-y}}\mathrm{d}x\mathrm{d}y$，其中 D：$x+y\leqslant1,x\geqslant0,y\geqslant0$.

解析 方法 1：令 $u=x+y,v=\frac{y}{x}$，则 $x=\frac{u}{1+v},y=\frac{uv}{1+v}$，$D'$：$0\leqslant u\leqslant1$，$v\geqslant0$，且

$$J=\frac{\partial(x,y)}{\partial(u,v)}=\frac{u}{(1+v)^2}$$

于是有

$$\iint\limits_D \frac{(x+y)\ln\left(1+\dfrac{y}{x}\right)}{\sqrt{1-x-y}}\mathrm{d}x\mathrm{d}y=\int_0^1\mathrm{d}u\int_0^{+\infty}\frac{u\ln(1+v)}{\sqrt{1-u}}\frac{u}{(1+v)^2}\mathrm{d}v$$

$$=\int_0^1\frac{u^2}{\sqrt{1-u}}\mathrm{d}u\int_0^{+\infty}\frac{\ln(1+v)}{(1+v)^2}\mathrm{d}v=\frac{16}{15}\times 1=\frac{16}{15}$$

方法 2:令 $u=x+y,v=x$,则 $x=v,y=u-v,D':0\leqslant u\leqslant 1,0\leqslant v\leqslant u$,且

$$J=\frac{\partial(x,y)}{\partial(u,v)}=-1$$

于是有

$$\iint\limits_D \frac{(x+y)\ln\left(1+\dfrac{y}{x}\right)}{\sqrt{1-x-y}}\mathrm{d}x\mathrm{d}y=\int_0^1\mathrm{d}u\int_0^{+\infty}\frac{u}{\sqrt{1-u}}\ln\frac{u}{v}\mathrm{d}v=\int_0^1\frac{u^2}{\sqrt{1-u}}\mathrm{d}u=\frac{16}{15}$$

【例 2】 设 $f(x)$连续可导,$a>0$,求 $\int_0^a\mathrm{d}x\int_0^x\frac{f'(y)}{\sqrt{(a-x)(x-y)}}\mathrm{d}y$.

解析 交换二次积分的次序,有

$$\text{原式}=\int_0^a\mathrm{d}y\int_y^a\frac{f'(y)}{\sqrt{\left(\dfrac{a-y}{2}\right)^2-\left(\dfrac{a+y}{2}-x\right)^2}}\mathrm{d}x$$

$$=\int_0^a\mathrm{d}y\int_{-\frac{\pi}{2}}^{\frac{\pi}{2}}f'(y)\mathrm{d}t\qquad \frac{a+y}{2}-x=\frac{a-y}{2}\sin t$$

$$=\pi\int_0^a f'(y)\mathrm{d}t=\pi[f(a)-f(0)]$$

【例 3】 设 $x\geqslant 0,f_0(x)>0$,若 $f_n(x)=\int_0^x f_{n-1}(t)\mathrm{d}t,n=1,2,3,\cdots$,求证:$f_n(x)=\frac{1}{(n-1)!}\int_0^x(x-t)^{n-1}f_0(t)\mathrm{d}t$.

解析 用数学归纳法证明.当 $n=1$ 时

$$f_1(x)=\int_0^x f_0(t)\mathrm{d}t=\frac{1}{(1-1)!}\int_0^x(x-t)^{1-1}f_0(t)\mathrm{d}t$$

成立.

假设 $n=k$,即

$$f_k(x)=\frac{1}{(k-1)!}\int_0^x(x-t)^{k-1}f_0(t)\mathrm{d}t=\frac{1}{(k-1)!}\int_0^x(x-u)^{k-1}f_0(u)\mathrm{d}u$$

则

$$f_{k+1}(x)=\int_0^x f_k(t)\mathrm{d}t=\int_0^x\left[\frac{1}{(k-1)!}\int_0^t (t-u)^{k-1}f_0(u)\mathrm{d}u\right]\mathrm{d}t$$

$$=\frac{1}{(k-1)!}\int_0^x \mathrm{d}t\int_0^t (t-u)^{k-1}f_0(u)\mathrm{d}u \quad \text{交换积分次序}$$

$$=\frac{1}{(k-1)!}\int_0^x \mathrm{d}u\int_u^x (t-u)^{k-1}f_0(u)\mathrm{d}u$$

$$=\frac{1}{k!}\int_0^x (x-u)^k f_0(u)\mathrm{d}u=\frac{1}{k!}\int_0^x (x-t)^k f_0(t)\mathrm{d}t$$

所以结论成立.

【例 4】 设 $f(x)$连续,$D=\left\{(x,y)\,\middle|\,|x|\leqslant\frac{a}{2},|y|\leqslant\frac{a}{2}\right\}$,求证

$$\iint_D f(x-y)\mathrm{d}x\mathrm{d}y=\int_{-a}^{a}(a-|x|)f(x)\mathrm{d}x$$

解析 二重积分化为二次积分得

$$\iint_D f(x-y)\mathrm{d}x\mathrm{d}y=\int_{-\frac{a}{2}}^{\frac{a}{2}}\mathrm{d}y\int_{-\frac{a}{2}}^{\frac{a}{2}}f(x-y)\mathrm{d}x \tag{1}$$

对于含参数 y 的定积分$\int_{-\frac{a}{2}}^{\frac{a}{2}}f(x-y)\mathrm{d}x$,令 $x-y=t$,则

$$\int_{-\frac{a}{2}}^{\frac{a}{2}}f(x-y)\mathrm{d}x=\int_{-\frac{a}{2}-y}^{\frac{a}{2}-y}f(t)\mathrm{d}t \tag{2}$$

将式(2) 代入式(1) 得

$$\iint_D f(x-y)\mathrm{d}x\mathrm{d}y=\int_{-\frac{a}{2}}^{\frac{a}{2}}\mathrm{d}y\int_{-\frac{a}{2}-y}^{\frac{a}{2}-y}f(t)\mathrm{d}x \tag{3}$$

交换式(3)右端二次积分的次序,有

$$\int_{-\frac{a}{2}}^{\frac{a}{2}}\mathrm{d}y\int_{-\frac{a}{2}-y}^{\frac{a}{2}-y}f(t)\mathrm{d}x=\int_{-a}^{0}\mathrm{d}t\int_{-\frac{a}{2}-t}^{\frac{a}{2}}f(t)\mathrm{d}y+\int_0^a\mathrm{d}t\int_{-\frac{a}{2}}^{\frac{a}{2}-t}f(t)\mathrm{d}y$$

$$=\int_{-a}^{0}(a+t)f(t)\mathrm{d}t+\int_0^a(a-t)f(t)\mathrm{d}t$$

$$=\int_{-a}^{0}(a-|t|)f(t)\mathrm{d}t+\int_0^a(a-|t|)f(t)\mathrm{d}t$$

$$=\int_{-a}^{a}(a-|t|)f(t)\mathrm{d}t$$

【例 5】 若函数 $f(x)$与 $g(x)$皆连续,且具有相同的单调性,求证

$$\int_0^1 f(x)g(x)\mathrm{d}x\geqslant\int_0^1 f(x)\mathrm{d}x\cdot\int_0^1 g(x)\mathrm{d}x$$

解析 由于 $f(x)$ 与 $g(x)$ 具有相同的单调性，$\forall x,y\in[0,1]$，则

$$[f(x)-f(y)][g(x)-g(y)]\geqslant 0$$

取区域 $D=\{(x,y)\mid 0\leqslant x\leqslant 1,0\leqslant y\leqslant 1\}$，则二重积分

$$\iint_D[f(x)-f(y)][g(x)-g(y)]\mathrm{d}x\mathrm{d}y\geqslant 0$$

上式化为

$$\iint_D[f(x)g(x)+f(y)g(y)]\mathrm{d}x\mathrm{d}y\geqslant\iint_D[f(x)g(y)+f(y)g(x)]\mathrm{d}x\mathrm{d}y$$

由于

$$\iint_D f(x)g(x)\mathrm{d}x\mathrm{d}y=\int_0^1 f(x)g(x)\mathrm{d}x$$

$$\iint_D f(y)g(y)\mathrm{d}x\mathrm{d}y=\int_0^1 f(y)g(y)\mathrm{d}y=\int_0^1 f(x)g(x)\mathrm{d}x$$

$$\iint_D f(x)g(y)\mathrm{d}x\mathrm{d}y=\int_0^1 f(x)\mathrm{d}x\cdot\int_0^1 g(y)\mathrm{d}y=\int_0^1 f(x)\mathrm{d}x\cdot\int_0^1 g(x)\mathrm{d}x$$

$$\iint_D f(y)g(x)\mathrm{d}x\mathrm{d}y=\int_0^1 f(y)\mathrm{d}y\cdot\int_0^1 g(x)\mathrm{d}x=\int_0^1 f(x)\mathrm{d}x\cdot\int_0^1 g(x)\mathrm{d}x$$

代入上不等式即得结论.

【例 6】 设 $f(x,y)$ 在 $x^2+y^2\leqslant 1$ 内有连续偏导且边界取值为 0，求 $\lim\limits_{\varepsilon\to 0^+}\dfrac{1}{2\pi}\iint\limits_{\varepsilon^2\leqslant x^2+y^2\leqslant 1}\dfrac{xf'_x+yf'_y}{x^2+y^2}\mathrm{d}\sigma$.

解析 设 $\qquad D:\varepsilon^2\leqslant\alpha^2+y^2\leqslant 1$

则

$$\begin{aligned}\iint_D\frac{xf'_x+yf'_y}{x^2+y^2}\mathrm{d}\sigma&=\int_0^{2\pi}\mathrm{d}\theta\int_\varepsilon^1\frac{r\cos\theta f'_x+r\sin\theta f'_y}{r^2}\cdot r\mathrm{d}r\\&=\int_0^{2\pi}\mathrm{d}\theta\int_\varepsilon^1[\cos\theta f'_x+\sin\theta f'_y]\mathrm{d}r=\int_0^{2\pi}\mathrm{d}\theta\int_\varepsilon^1\frac{\partial z}{\partial r}\mathrm{d}r\\&=\int_0^{2\pi}f(r\cos\theta,r\sin\theta)\Big|_\varepsilon^1\mathrm{d}\theta=-\int_0^{2\pi}f(\varepsilon\cos\theta,\varepsilon\sin\theta)\mathrm{d}\theta\\&=-2\pi f(\varepsilon\cos\theta^*,\varepsilon\sin\theta^*)\quad\theta^*\in(0,2\pi)\end{aligned}$$

故原式 $=\lim\limits_{\varepsilon\to 0^+}\dfrac{1}{2\pi}[-2\pi f(\varepsilon\cos\theta^*,\varepsilon\sin\theta^*)]=-f(0,0)$.

【例 7】 设 $f(x)$ 满足 $f(x)=x^2+x\int_0^{x^2}f(x^2-t)\mathrm{d}t+\iint_D f(xy)\mathrm{d}x\mathrm{d}y$，其中 D

是以$(-1,-1)$，$(1,-1)$，$(1,1)$为顶点的三角形，$f(1)=0$，求$\int_0^1 f(x)\mathrm{d}x$.

解析 方程两边取二重积分，设$\iint\limits_D f(xy)\mathrm{d}x\mathrm{d}y=A$，则

$$A=\iint\limits_D f(xy)\mathrm{d}x\mathrm{d}y=\iint\limits_D x^2y^2\mathrm{d}x\mathrm{d}y+\iint\limits_D xy\mathrm{d}x\mathrm{d}y\int_0^{x^2y^2}f(u)\mathrm{d}u+\iint\limits_D f(xy)\mathrm{d}x\mathrm{d}y\iint\limits_D\mathrm{d}x\mathrm{d}y$$

即
$$A=\iint\limits_D x^2y^2\mathrm{d}x\mathrm{d}y+0+2A$$

得
$$A=-\iint\limits_D x^2y^2\mathrm{d}x\mathrm{d}y=-\int_{-1}^1\mathrm{d}x\int_{-1}^x x^2y^2\mathrm{d}y=-\frac{2}{9}$$

又
$$f(1)=0=1+\int_0^1 f(u)\mathrm{d}u-\frac{2}{9}$$

故
$$\int_0^1 f(u)\mathrm{d}u=-\frac{7}{9}$$

【例 8】 设$f(x)\in C[0,1]$，$f(x)=x+\int_x^1 f(y)f(y-x)\mathrm{d}y$，求$\int_0^1 f(x)\mathrm{d}x$.

解析 方程两边取定积分，得

$$\begin{aligned}\int_0^1 f(x)\mathrm{d}x&=\int_0^1 x\mathrm{d}x+\int_0^1\mathrm{d}x\int_x^1 f(y)f(y-x)\mathrm{d}y\\&=\frac{1}{2}+\int_0^1 f(y)\mathrm{d}y\int_0^y f(y-x)\mathrm{d}x\\&=\frac{1}{2}+\int_0^1 f(y)\mathrm{d}y\int_0^y f(t)\mathrm{d}t\\&=\frac{1}{2}+\int_0^1[\int_0^y f(t)\mathrm{d}t]\mathrm{d}[\int_0^y f(t)\mathrm{d}t]\\&=\frac{1}{2}+\frac{1}{2}[\int_0^y f(t)\mathrm{d}t]^2\Big|_0^1\\&=\frac{1}{2}+\frac{1}{2}(\int_0^1 f(t)\mathrm{d}t)^2\end{aligned}$$

故
$$\int_0^1 f(x)\mathrm{d}x=1$$

【例 9】 证明：$\frac{3}{2}\pi<\iiint\limits_{x^2+y^2+z^2\leqslant 1}\sqrt[3]{x+2y-2z+5}\,\mathrm{d}x\mathrm{d}y\mathrm{d}z<3\pi$.

解析 首先求$f=x+2y-2z+5$在$x^2+y^2+z^2\leqslant 1$上的最大值与最小值.在$x^2+y^2+z^2<1$的内部，由于

$$f'_x=1\neq 0,\ f'_y=2\neq 0,\ f'_z=-2\neq 0$$

所以 f 在 $x^2+y^2+z^2<1$ 上无驻点. 在 $x^2+y^2+z^2=1$ 上,应用拉格朗日乘数法,令

$$F=x+2y-2z+5+\lambda(x^2+y^2+z^2-1)$$

由

$$\begin{cases}F'_x=1+2\lambda x=0\\F'_x=2+2\lambda y=0\\F'_x=-2+2\lambda z=0\\F'_x=x^2+y^2+z^2-1=0\end{cases}$$

解得可疑的条件极值点 $P_1\left(\frac{1}{3},\frac{2}{3},-\frac{2}{3}\right)$,$P_2\left(-\frac{1}{3},-\frac{2}{3},\frac{2}{3}\right)$. 由于连续函数 f 在有界闭集 $x^2+y^2+z^2=1$ 有最大值和最小值,所以 $f(P_1)=8$,$f(P_2)=2$分别是 f 的最大值与最小值. 又由于 f 与 $f^{\frac{1}{3}}$ 有相同的极值点,故

$$\sqrt[3]{2}=\sqrt[3]{f}=\sqrt[3]{x+2y-2z+5}\leqslant\sqrt[3]{8}$$

由积分的保向性得

$$\sqrt[3]{2}\iiint\limits_{\Omega}\mathrm{d}V\leqslant\iiint\limits_{x^2+y^2+z^2\leqslant1}\sqrt[3]{x+2y-2z+5}\,\mathrm{d}x\mathrm{d}y\mathrm{d}z\leqslant2\iiint\limits_{\Omega}\mathrm{d}V$$

由于 $\iiint\limits_{\Omega}\mathrm{d}V=\frac{4}{3}\pi$,因此

$$\frac{3}{2}\pi<\iiint\limits_{x^2+y^2+z^2\leqslant1}\sqrt[3]{x+2y-2z+5}\,\mathrm{d}x\mathrm{d}y\mathrm{d}z<3\pi$$

【例 10】 设函数 $f(x,y,z)$连续

$$\int_0^1\mathrm{d}x\int_0^1\mathrm{d}y\int_0^{x^2+y^2}f(x,y,z)\mathrm{d}z=\iiint\limits_{\Omega}f(x,y,z)\mathrm{d}v$$

记 Ω 在 xOz 平面上的投影区域为 D_{xz}.

(1)求二重积分 $I=\iint\limits_{D_{xz}}\sqrt{|z-x^2|}\,\mathrm{d}\sigma$.

(2)写出三重积分 $\iiint\limits_{\Omega}f(x,y,z)\mathrm{d}v$ 的积分次序为 y,z,x 的三次积分.

解析 (1)由所给的积分等式知

$$\Omega=\{(x,y,z)\mid0\leqslant z\leqslant x^2+y^2,0\leqslant y\leqslant1,0\leqslant x\leqslant1\}$$

即 Ω 是由抛物面 $z=x^2+y^2$,平面 $x=1$,$y=1$ 及三坐标平面围成的立体,它在 xOz 平面上的投影区域 D_{xz} 为图中曲边梯形 $OABC$,其中曲边$\overset{\frown}{BC}$:$z=x^2+1$(它

是曲线$\begin{cases}z=x^2+y^2\\y=1\end{cases}$在 xOz 平面的投影），其余三条为直线 $x=0,x=1$ 以及 $z=0$.

下面计算二重积分 $I=\iint\limits_{D_{xz}}\sqrt{|z-x^2|}\,d\sigma$，为了去掉绝对值，如图将 D_{xz} 划分为 D_1 与 D_2 两部分，如图所示，其中

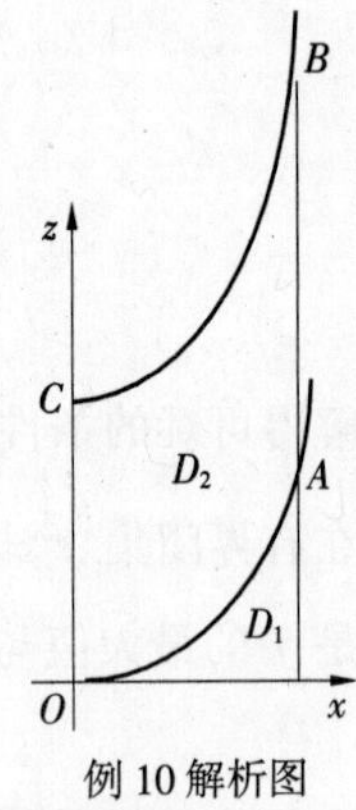

例 10 解析图

$$D_1=\{(x,z)\,|\,0\leqslant z\leqslant x^2,0\leqslant x\leqslant 1\}$$
$$D_2=\{(x,z)\,|\,x^2\leqslant z\leqslant x^2+1,0\leqslant x\leqslant 1\}$$

于是

$$I=\iint\limits_{D_{xz}}\sqrt{|z-x^2|}\,d\sigma=\iint\limits_{D_1}\sqrt{x^2-z}\,d\sigma+\iint\limits_{D_2}\sqrt{z-x^2}\,d\sigma$$
$$=\int_0^1dx\int_0^{x^2}\sqrt{x^2-z}\,dz+\int_0^1dx\int_{x^2}^{x^2+1}\sqrt{z-x^2}\,dz$$
$$=\int_0^1\frac{2}{3}x^3dx+\int_0^1\frac{2}{3}xdx=\frac{1}{6}+\frac{2}{3}=\frac{5}{6}$$

(2)由于

$$\Omega=\{(x,y,z)\,|\,y_1(x,z)\leqslant y\leqslant y_2(x,z),(x,z)\in D_{xz}=D_1+D_2\}$$

其中

$$y_1(x,z)=\begin{cases}0,(x,z)\in D_1\\\sqrt{z-x^2},(x,z)\in D_2\end{cases}$$
$$y_2(x,z)=1,(x,z)\in D_{xz}$$

所以

$$\iiint\limits_{\Omega}f(x,y,z)dv=\iint\limits_{D_{xz}}d\sigma\int_{y_1(x,z)}^{y_2(x,z)}f(x,y,z)dy$$
$$=\iint\limits_{D_1}d\sigma\int_0^1f(x,y,z)dy+\iint\limits_{D_2}d\sigma\int_{\sqrt{z-x^2}}^1f(x,y,z)dy$$
$$=\int_0^1dx\int_0^{x^2}dz\int_0^1f(x,y,z)dy+\int_0^1dx\int_{x^2}^{x^2+1}dz\int_{\sqrt{z-x^2}}^1f(x,y,z)dy$$

【例 11】 计算三重积分 $\iiint\limits_{\Omega}[e^{(x^2+y^2+z^2)^{\frac{3}{2}}}+\tan(x+y+z)]dv$，其中

$$\Omega=\{(x,y,z)\,|\,x^2+y^2+z^2\leqslant 1\}$$

解析 可得

$$\iiint\limits_{\Omega}e^{(x^2+y^2+z^2)^{\frac{3}{2}}}dv=\int_0^{2\pi}d\theta\int_0^{\pi}d\varphi\int_0^1e^{r^3}r^2\sin\varphi dr$$

$$= 2\pi\int_0^{\pi}\sin\varphi d\varphi\int_0^1 e^{r^3}r^2 dr = \frac{4\pi}{3}(e-1)$$

由于 Ω 关于平面 $\Pi: x+y+z=0$ 对称，且 $\tan(x+y+z)$ 在对称点处的值互为相反数，所以

$$\iiint_{\Omega}\tan(x+y+z)dv = 0$$

故
$$\iiint_{\Omega}\left[e^{(x^2+y^2+z^2)^{\frac{3}{2}}} + \tan(x+y+z)\right]dv = \frac{4\pi}{3}(e-1)$$

【例 12】 设 S 为上半椭球面 $\frac{x^2}{2}+\frac{y^2}{2}+z^2=1(z\geqslant 0)$，点 $P(x,y,z)\in S$，Π 是 S 在点 P 处的切平面，$d(x,y,z)$ 为原点到 Π 的距离，求：

(1) $I_1 = \iint_S \frac{z}{d(x,y,z)}dS$；

(2) $I_2 = \iint_{S(\text{上侧})} \frac{1}{d^2(x,y,z)}(dydz+dzdx+dxdy)$.

解析 记 $F(x,y,z)=\frac{x^2}{2}+\frac{y^2}{2}+z^2-1$，则

$$F'_x(x,y,z)=x, F'_y(x,y,z)=y; F'_z(x,y,z)=2z$$

所以 S 在点 P 处的切平面 Π 的方程为

$$x(X-x)+y(Y-y)+2z(Z-z)=0$$

即
$$xX+yY+2zZ-2=0$$

由此得到原点到 Π 的距离

$$d(x,y,z)=\frac{2}{\sqrt{x^2+y^2+4z^2}}$$

(1) $I_1 = \iint_S \frac{z}{d(x,y,z)}dS = \frac{1}{2}\iint_S z\sqrt{x^2+y^2+4z^2}\,dS.$

设 $D_{xy}=\{(x,y)\mid x^2+y^2\leqslant 2\}$ 是 S 在 xOy 平面的投影

$$I_1 = \frac{1}{2}\iint_{D_{xy}} z\sqrt{x^2+y^2+4z^2}\sqrt{1+(z'_x)^2+(z'_y)^2}\Big|_{z=\sqrt{1-\frac{x^2}{2}-\frac{y^2}{2}}}d\sigma$$

$$= \frac{1}{4}\iint_{D_{xy}}(4-x^2-y^2)d\sigma = \frac{1}{4}\int_0^{2\pi}d\theta\int_0^{\sqrt{2}}(4-r^2)rdr = \frac{3\pi}{2}$$

(2)由于 S 在点 P 处的法向量为 $(x,y,2z)$，所以它的上侧的方向余弦为

$$\cos\alpha=\frac{x}{\sqrt{x^2+y^2+4z^2}}$$

$$\cos\beta=\frac{y}{\sqrt{x^2+y^2+4z^2}}$$

$$\cos\gamma=\frac{2z}{\sqrt{x^2+y^2+4z^2}}$$

因此

$$\mathrm{d}y\mathrm{d}z=\cos\alpha\mathrm{d}S=\frac{x}{2}d(x,y,z)\mathrm{d}S$$

$$\mathrm{d}z\mathrm{d}x=\cos\beta\mathrm{d}S=\frac{y}{2}d(x,y,z)\mathrm{d}S$$

$$\mathrm{d}x\mathrm{d}y=\cos\gamma\mathrm{d}S=zd(x,y,z)\mathrm{d}S$$

将它们代入 I_2，得

$$\begin{aligned}I_2&=\iint\limits_{S(\text{上侧})}\frac{1}{d^2(x,y,z)}(\mathrm{d}y\mathrm{d}z+\mathrm{d}z\mathrm{d}x+\mathrm{d}x\mathrm{d}y)\\&=\iint\limits_{S}\frac{1}{d^2(x,y,z)}\left(\frac{x}{2}+\frac{y}{2}+z\right)d(x,y,z)\mathrm{d}S\\&=\frac{1}{2}\iint\limits_{S}\frac{1}{d(x,y,z)}(x+y+2z)\mathrm{d}S\end{aligned}$$

由于 S 关于平面 $x=0$ 对称，在对称点处 $\frac{x}{d(x,y,z)}$ 的值互为相反数，故

$$\iint\limits_{S}\frac{x}{d(x,y,z)}\mathrm{d}S=0$$

同理

$$\iint\limits_{S}\frac{y}{d(x,y,z)}\mathrm{d}S=0$$

所以 $I_2=\iint\limits_{S}\frac{z}{d(x,y,z)}\mathrm{d}S=I_1=\frac{3\pi}{2}.$

【例 13】 设曲面 $S_1:z=13-x^2-y^2$ 和球面 $S_2:x^2+y^2+z^2=25$.

(1)S_1 将 S_2 分成三块，求这三块曲面面积；

(2)记 $\Omega:x^2+y^2+z^2\leqslant 25$，求 Ω 位于 S_1 之内部分的体积 V.

解析 (1)S_1 与 S_2 交线方程为

$$\begin{cases}z=13-x^2-y^2\\x^2+y^2+z^2=25\end{cases}$$

它即为圆

$$\begin{cases}x^2+y^2=9\\z=4\end{cases}\text{和}\begin{cases}x^2+y^2=16\\z=-3\end{cases}$$

$\Sigma_1=\{(x,y,z)\mid z=\sqrt{25-x^2-y^2},4\leqslant z\leqslant 5\}$，它在 xOy 平面的投影

$$D_{xy}=\{(x,y)\mid x^2+y^2\leqslant 9\}$$

所以 Σ_1 的面积

$$\iint\limits_{\Sigma_1}\mathrm{d}S=\iint\limits_{D_{xy}}\frac{5}{\sqrt{25-x^2-y^2}}\mathrm{d}\sigma=\int_0^{2\pi}\mathrm{d}\theta\int_0^3\frac{5}{\sqrt{25-r^2}}r\mathrm{d}r=10\pi$$

$\Sigma_2=\{(x,y,z)\mid z=-\sqrt{25-x^2-y^2},-5\leqslant z\leqslant -3\}$，它在 xOy 平面的投影

$$D'_{xy}=\{(x,y)\mid x^2+y^2\leqslant 16\}$$

所以 Σ_2 的面积

$$\iint\limits_{\Sigma_2}\mathrm{d}S=\iint\limits_{D'_{xy}}\frac{5}{\sqrt{25-x^2-y^2}}\mathrm{d}\sigma=\int_0^{2\pi}\mathrm{d}\theta\int_0^4\frac{5}{\sqrt{25-r^2}}r\mathrm{d}r=20\pi$$

由此可得 Σ_3 的面积 $=4\pi\cdot 5^2-10\pi-20\pi=70\pi$.

(2)Ω 位于 S_1 之内部分可看做平面区域 D 绕 z 轴旋转一周而成的旋转体的体积，将 D 分成三部分进行计算

$$\begin{aligned}V&=\pi\left[\int_4^5(\sqrt{25-z^2})^2\mathrm{d}z+\int_{-3}^4(\sqrt{13-z})^2\mathrm{d}z+\int_{-5}^{-3}(\sqrt{25-z^2})^2\mathrm{d}z\right]\\&=\pi\left[\int_4^5(25-z^2)\mathrm{d}z+\int_{-3}^4(13-z)\mathrm{d}z+\int_{-5}^{-3}(25-z^2)\mathrm{d}z\right]=\frac{63}{2}\pi\end{aligned}$$

【例 14】 设 $f(r,t)=\oint_{x^2+xy+y^2=r^2}\dfrac{y\mathrm{d}x-x\mathrm{d}y}{(x^2+y^2)^t}$，求极限 $\lim\limits_{r\to+\infty}f(r,t)$.

解析 令 $\begin{cases}x=u+v\\y=u-v\end{cases}$，则 $x^2+xy+y^2=3u^2+v^2$，于是令

$$\begin{cases}u=\dfrac{r}{\sqrt{3}}\cos\theta\\v=r\sin\theta\end{cases}$$

从而得积分曲线的参数表示

$$\begin{cases}x=\dfrac{r}{\sqrt{3}}(\cos\theta+\sqrt{3}\sin\theta)\\y=\dfrac{r}{\sqrt{3}}(\cos\theta-\sqrt{3}\sin\theta)\end{cases}$$

$$f(r,t)=\oint_{x^2+xy+y^2=r^2}\frac{y\mathrm{d}x-x\mathrm{d}y}{(x^2+y^2)^t}=\int_0^{2\pi}\frac{\sqrt{3}\left(\dfrac{2r^2}{3}\right)}{\left(\dfrac{2r^2}{3}\right)^t(\cos^2\theta+3\sin^2\theta)^t}\mathrm{d}\theta$$

$$=\sqrt{3}\left(\frac{2r^2}{3}\right)^{1-t}\int_0^{2\pi}\frac{1}{(\cos^2\theta+3\sin^2\theta)^t}\mathrm{d}\theta$$

对任意实数 t，$\int_0^{2\pi}\frac{1}{(\cos^2\theta+3\sin^2\theta)^t}\mathrm{d}\theta$ 是定积分，其值大于零，且与 r 无关，所以

$$\lim_{r\to+\infty}f(r,t)=\lim_{r\to+\infty}\sqrt{3}\left(\frac{2r^2}{3}\right)^{1-t}\int_0^{2\pi}\frac{1}{(\cos^2\theta+3\sin^2\theta)^t}\mathrm{d}\theta$$

显然 $t>1$ 时，$\lim\limits_{r\to+\infty}f(r,t)=0$；$t<1$ 时，$\lim\limits_{r\to+\infty}f(r,t)=\infty$；此外 $t=1$ 时

$$\lim_{r\to+\infty}f(r,t)=\lim_{r\to+\infty}\sqrt{3}\int_0^{2\pi}\frac{1}{(\cos^2\theta+3\sin^2\theta)}\mathrm{d}\theta=4\sqrt{3}\int_0^{\frac{\pi}{2}}\frac{1}{\cos^2\theta+3\sin^2\theta}\mathrm{d}\theta$$

$$=4\int_0^{\frac{\pi}{2}}\frac{1}{1+3\tan^2\theta}\,\mathrm{d}\sqrt{3}\tan\theta=2\pi$$

因此

$$\lim_{r\to+\infty}f(r,t)=\begin{cases}0, & t>1\\ 2\pi, & t=1\\ \infty, & t<1\end{cases}$$

【例 15】 设曲面 Σ 是由空间曲线 C：$x=t,y=2t,z=t^2(0\leqslant t\leqslant 1)$ 绕 z 轴旋转一周而成的旋转曲面，其法向量与 z 轴正向成钝角，已知连续函数 $f(x,y,z)$ 满足

$$f(x,y,z)=(x+y+z)^2+\iint_\Sigma f(x,y,z)\mathrm{d}y\mathrm{d}z+x^2\mathrm{d}x\mathrm{d}y$$

求 $f(x,y,z)$ 的表达式.

解析 C 绕 z 轴旋转一周而成的旋转曲面方程为

$$\begin{cases}x^2+y^2=5t^2\\ z=t^2\end{cases}$$

即 Σ：$x^2+y^2=5z(0\leqslant z\leqslant 1)$，于是

$$\iint_\Sigma x^2\mathrm{d}x\mathrm{d}y=-\iint_{D_{xy}}x^2\mathrm{d}x\mathrm{d}y\quad 其中\ D_{xy}=\{(x,y)\mid x^2+y^2\leqslant 5\}$$

$$=-\int_0^{2\pi}\mathrm{d}\theta\int_0^{\sqrt{5}}r^2\cos^2\theta r\,\mathrm{d}r=-\frac{25}{4}\int_0^{2\pi}\cos^2\theta\mathrm{d}\theta=-\frac{25}{4}\pi$$

记 $A=\iint\limits_\Sigma f(x,y,z)\mathrm{d}y\mathrm{d}z$，则题设的等式成为

$$f(x,y,z)=(x+y+z)^2+A-\frac{25}{4}\pi$$

于是又

$$\iint_{\Sigma} f(x,y,z)\mathrm{d}y\mathrm{d}z = \iint_{\Sigma}\left[(x+y+z)^2 + A - \frac{25}{4}\pi\right]\mathrm{d}y\mathrm{d}z$$

即

$$A = \iint_{\Sigma}\left[(x+y+z)^2 + A - \frac{25}{4}\pi\right]\mathrm{d}y\mathrm{d}z$$

$$= \iint_{\Sigma+S}\left[(x+y+z)^2 + A - \frac{25}{4}\pi\right]\mathrm{d}y\mathrm{d}z -$$

$$\iint_{S}\left[(x+y+z)^2 + A - \frac{25}{4}\pi\right]\mathrm{d}y\mathrm{d}z$$

其中 $S=\{(x,y,z)\mid x^2+y^2\leqslant 5, z=1\}$

是 Σ 在平面 $z=1$ 上的投影的上侧

$$= \iiint_{\Omega} \frac{\partial\left[(x+y+z)^2 + A - \frac{25}{4}\pi\right]}{\partial x}\mathrm{d}v$$

其中 Ω 是由外侧闭曲面 $\Sigma+S$ 围成的立体

$$= \iiint_{\Omega} 2(x+y+z)\mathrm{d}v = \iiint_{\Omega} 2z\mathrm{d}v = \iint_{D_{xy}}\mathrm{d}\sigma\int_{\frac{1}{2}(x^2+y^2)}^{1} 2z\mathrm{d}z$$

$$= \int_0^{2\pi}\mathrm{d}\theta\int_0^{\sqrt{5}}\left(1-\frac{1}{25}r^4\right)r\mathrm{d}r = \frac{10}{3}\pi$$

故

$$f(x,y,z) = (x+y+z)^2 - \frac{35}{12}\pi$$

【例 16】 已知点 $A(1,0,0)$ 与点 $B(1,1,1)$，Σ 是由直线 $\overline{AB}$ 绕 z 轴旋转一周而成的旋转曲面介于 $z=0$ 与 $z=1$ 之间部分的外侧，函数 $f(x)$ 在 $(-\infty,+\infty)$ 内具有连续导数，计算曲面积分

$$I = \iint_{\Sigma}[xf(xy)-2x]\mathrm{d}y\mathrm{d}z + [y^2 - yf(xy)]\mathrm{d}z\mathrm{d}x + (z+1)^2\mathrm{d}x\mathrm{d}y$$

解析 $\overline{AB}$ 的参数方程为

$$\begin{cases} x=1 \\ y=t \quad 0\leqslant t\leqslant 1 \\ z=t \end{cases}$$

则由

$$x^2+y^2 = 1+t^2 = 1+z^2$$

知，Σ 的方程为

$$x^2+y^2=1+z^2 \quad 0\leqslant t\leqslant 1$$

于是

$$I=\iint_{\Sigma}[xf(xy)-2x]\mathrm{d}y\mathrm{d}z+[y^2-yf(xy)]\mathrm{d}z\mathrm{d}x+(z+1)^2\mathrm{d}x\mathrm{d}y$$

$$=\iint_{\Sigma+S_0+S_1}-\iint_{S_0}-\iint_{S_1}$$

其中，S_0，S_1 分别是平面 $z=0$ 与 $z=1$ 被 Σ 截下部分，前者为下侧，后者为上侧，它们在 xOy 平面上的投影分别为 $D'_{xy}=\{(x,y)\mid x^2+y^2\leqslant 1\}$ 与 $D'_{xy}=\{(x,y)\mid x^2+y^2\leqslant 2\}$，$\Sigma+S_0+S_1$ 组成闭曲面外侧，记由它围成的立体为 Ω

$$I=\iiint_{\Omega}2(y+z)\mathrm{d}v+\iint_{D'_{xy}}\mathrm{d}\sigma-\iint_{D'_{xy}}4\mathrm{d}\sigma=\iiint_{\Omega}2z\mathrm{d}v+\iint_{D'_{xy}}\mathrm{d}\sigma-\iint_{D'_{xy}}4\mathrm{d}\sigma$$

$$=2\int_0^1\mathrm{d}z\iint_{D_z}z\mathrm{d}\sigma+\pi-8\pi$$

其中 $D_z=\{(x,y)\mid x^2+y^2=1+z^2\}$ 是

Ω 的纵坐标为 z 的截面在 xOy 平面的投影

$$=2\int_0^1 z\cdot\pi(1+z^2)\mathrm{d}z-7\pi=\frac{3}{2}\pi-7\pi=-\frac{13}{2}\pi$$

【例 17】 求曲线积分 $\int_{\Gamma}|y-x|\mathrm{d}y+z\mathrm{d}z$，其中 Γ 为

$$\begin{cases}x^2+y^2+z^2=1\\x^2+y^2+z^2=2z\end{cases}$$

其方向与 z 轴正方向满足右手法则.

解析 曲线 Γ 的方程可写为 $x^2+y^2=\dfrac{3}{4}$，$z=\dfrac{1}{2}$，将 Γ 的位于 $y=x$ 上方的部分记为 Γ_1，位于 $y=x$ 下方的部分记为 Γ_2，Γ 与 $y=x$ 的交点记为 A，B. 将 Γ 所围的圆域用 $\overline{AB}$ 分为 D_1 与 D_2，则

$$\text{原式}=\int_{\Gamma_1}(y-x)\mathrm{d}y+\int_{\Gamma_2}(x-y)\mathrm{d}y+0$$

$$=\int_{\Gamma_1+\overline{AB}}(y-x)\mathrm{d}y+\int_{\Gamma_2+\overline{BA}}(x-y)\mathrm{d}y$$

$$=\iint_{D_1}\left[\frac{\partial}{\partial x}(y-x)-\frac{\partial}{\partial y}0\right]\mathrm{d}x\mathrm{d}y+\iint_{D_2}\left[\frac{\partial}{\partial x}(x-y)-\frac{\partial}{\partial y}0\right]\mathrm{d}x\mathrm{d}y$$

$$=\iint_{D_1}(-1)\mathrm{d}x\mathrm{d}y+\iint_{D_2}1\mathrm{d}x\mathrm{d}y=0$$

【例 18】 设 $f(x)$ 连续可导，$f(1)=1$，G 为不包含原点的单连通域，任取 $M,N\in G$，在 G 内曲线积分 $\int_M^N \frac{1}{2x^2+f(y)}(y\mathrm{d}x-x\mathrm{d}y)$ 与路径无关.

(1)求 $f(x)$.

(2)求 $\int_\Gamma \frac{1}{2x^2+f(y)}(y\mathrm{d}x-x\mathrm{d}y)$，其中 Γ 为 $x^{\frac{2}{3}}+y^{\frac{2}{3}}=a^{\frac{2}{3}}$，取正向.

解析 记 $P(x,y)=\frac{y}{2x^2+f(y)}$，$Q(x,y)=\frac{-x}{2x^2+f(y)}$，因为在 G 内曲线积分 $\int_M^N P\mathrm{d}x+Q\mathrm{d}y$ 与路径无关，所以 $\forall (x,y)\in G$ 有 $\frac{\partial Q}{\partial x}=\frac{\partial P}{\partial y}$，即

$$\frac{2x^2-f(y)}{(2x^2+f(y))^2}=\frac{2x^2-f(y)-yf'(y)}{(2x^2+f(y))^2}$$

由此推得 $yf'(y)=2f(y)$，又 $f(1)=1$，解此变量可分离的微分方程得 $f(y)=y^2$. 于是 $f(x)=x^2$.

取小椭圆 $\Gamma_\varepsilon:2x^2+y^2=\varepsilon^2$，取正向，$\varepsilon$ 为充分小的正数，使得 Γ_ε 位于 Γ 的内部. 设 Γ 与 Γ_ε 所包围的区域为 D. 在 D 上，P,Q 的一阶偏导数连续，$Q'_x=P'_y$，应用格林公式得

$$\int_{\Gamma+\Gamma_\varepsilon^-} P\mathrm{d}x+Q\mathrm{d}y=\iint_D (Q'_x-P'_y)\mathrm{d}x\mathrm{d}y=0$$

这里 Γ_ε^- 为负向(即顺时针方向)，于是

$$\text{原式}=\int_\Gamma P\mathrm{d}x+Q\mathrm{d}y=-\int_{\Gamma_\varepsilon^-} P\mathrm{d}x+Q\mathrm{d}y=\int_{\Gamma_\varepsilon} P\mathrm{d}x+Q\mathrm{d}y$$

$$=\int_0^{2\pi}\frac{1}{\sqrt{2}}\left(\frac{-\varepsilon^2\sin^2\theta-\varepsilon^2\cos^2\theta}{\varepsilon^2}\right)\mathrm{d}\theta=-\sqrt{2}\pi$$

【例 19】 计算曲线积分 $\oint_L \frac{u\mathrm{d}v-v\mathrm{d}u}{u^2+v^2}$，其中 $u=ax+by$，$v=cx+\mathrm{d}y$ $(ad-bc\neq 0)$，L 为 xOy 平面上环绕坐标原点的单闭曲线，取逆时针方向.

解析 将 $u=ax+by$，$v=cx+\mathrm{d}y$ 代入原式得

$$\text{原式}=(ad-bc)\oint_L \frac{x\mathrm{d}y-y\mathrm{d}x}{(ax+by)^2+(cx+\mathrm{d}y)^2}$$

记 $P=\frac{-y}{(ax+by)^2+(cx+dy)^2}$，$Q=\frac{x}{(ax+by)^2+(cx+dy)^2}$

则 $$Q'_x=P'_y=\frac{(b^2+d^2)y^2-(a^2+c^2)x^2}{[(ax+by)^2+(cx+dy)^2]^2}$$

由于$(u,v)=(0,0)\Leftrightarrow(x,y)=(0,0)$，所以在$(x,y)\neq(0,0)$的区域上，曲线积分与路线无关. 在单闭曲线 L 内部取椭圆 Γ：$(ax+by)^2+(cx+dy)^2=\rho^2$（逆时针方向），$\rho>0$ 充分小，则

$$原式=(ad-bc)\oint_L\frac{x\mathrm{d}y-y\mathrm{d}x}{(ax+by)^2+(cx+dy)^2}$$

$$=(ad-bc)\frac{1}{\rho^2}\oint_\Gamma x\mathrm{d}y-y\mathrm{d}x=(ad-bc)\frac{1}{\rho^2}\iint_D 2\mathrm{d}x\mathrm{d}y$$

这里 D 为椭圆 Γ 包围的区域，对上式右边的二重积分作换元变换，令 $u=ax+by,v=cx+dy$，则

$$J=\frac{\partial(x,y)}{\partial(u,v)}=\frac{1}{\frac{\partial(u,v)}{\partial(x,y)}}=\frac{1}{ad-bc}$$

于是

$$原式=\frac{ad-bc}{\rho^2}\cdot\iint_{D_1}2\,|\,J\,|\,\mathrm{d}u\mathrm{d}v\quad D_1\text{ 为圆域 }u^2+v^2=\rho^2$$

$$=\frac{ad-bc}{\rho^2}\frac{2}{|\,ad-bc\,|}\cdot\pi\rho^2=\pm2\pi$$

这里$\pm$的选取是当 $ad-bc>0$ 时取正号，当 $ad-bc<0$ 时取负号.

【例 20】 设 S 表示球面 $x^2+y^2+z^2=1$ 的外侧位于 $x^2+y^2-x\leqslant0,z\geqslant0$ 的部分，试计算 $I=\iint_S x^2\mathrm{d}y\mathrm{d}z+y^2\mathrm{d}z\mathrm{d}x+z^2\mathrm{d}x\mathrm{d}y$.

解析 曲面 S 在 xOy 平面上的投影为

$$D=\{(x,y)\,|\,x^2+y^2\leqslant x\}$$

由于 $F=x^2+y^2+z^2-1$，$\boldsymbol{n}=(F'_x,F'_y,F'_z)=2(x,y,z)$，故

$$\frac{\mathrm{d}y\mathrm{d}z}{x}=\frac{\mathrm{d}z\mathrm{d}x}{y}=\frac{\mathrm{d}x\mathrm{d}y}{z}$$

于是

$$原式=\iint_D\left(\frac{x^3}{z}+\frac{y^3}{z}+z^2\right)\bigg|_{z=\sqrt{1-x^2-y^2}}\mathrm{d}x\mathrm{d}y$$

$$=\iint_D\left(\frac{x^3}{\sqrt{1-x^2-y^2}}+1-x^2-y^2\right)\mathrm{d}x\mathrm{d}y$$

$\left(\text{因为}\dfrac{y^3}{z}\text{ 关于 } y \text{ 为奇函数}, D \text{ 关于 } y=0 \text{ 对称,故}\iint\limits_D \dfrac{y^3}{z}\mathrm{d}x\mathrm{d}y=0\right)$

$$= 2\int_0^1 \mathrm{d}\rho\int_0^{\arccos\rho} \frac{\rho^4}{\sqrt{1-\rho^2}}\cos^3\theta\mathrm{d}\theta + \frac{\pi}{4} - 2\int_0^{\frac{\pi}{2}}\mathrm{d}\theta\int_0^{\cos\theta}\rho^3\mathrm{d}\rho$$

$$= 2\int_0^1 \frac{\rho^4}{\sqrt{1-\rho^2}}\left(\sqrt{1-\rho^2} - \frac{1}{3}(1-\rho^2)^{\frac{3}{2}}\right)\mathrm{d}\rho + \frac{\pi}{4} - \frac{3}{32}\pi$$

$$= \frac{38}{105} + \frac{5}{32}\pi$$

【例 21】 计算曲面积分

$$\iint\limits_\Sigma yz(y-z)\mathrm{d}y\mathrm{d}z + zx(z-x)\mathrm{d}z\mathrm{d}x + xy(x-y)\mathrm{d}x\mathrm{d}y$$

其中 Σ 是上半球面 $z=\sqrt{4Rx-x^2-y^2}\ (R\geqslant 1)$ 在柱面 $\left(x-\dfrac{3}{2}\right)^2+y^2=1$ 之内部分的上侧.

解析 记 $F(x,y,z)=x^2+y^2+z^2-4Rx=0\ (z\geqslant 0)$,则曲面 Σ 的法向量为 $\boldsymbol{n}=(x-2R,y,z)$,于是

$$\frac{\mathrm{d}y\mathrm{d}z}{x-2R}=\frac{\mathrm{d}z\mathrm{d}x}{y}=\frac{\mathrm{d}x\mathrm{d}y}{z}$$

$$\text{原式}=\iint\limits_\Sigma\left[yz(y-z)\frac{1}{z}(x-2R)+zx(z-x)\frac{y}{z}+xy(x-y)\right]\mathrm{d}x\mathrm{d}y$$

$$=2R\iint\limits_\Sigma y(z-y)\mathrm{d}x\mathrm{d}y$$

记曲面 Σ 在 xOy 平面上的投影区域为 D,D:$\left(x-\dfrac{3}{2}\right)^2+y^2\leqslant 1$,则

$$\text{原式}=2R\iint\limits_D y(\sqrt{4Rx-x^2-y^2}-y)\mathrm{d}x\mathrm{d}y$$

$$=2R\iint\limits_D y\sqrt{4Rx-x^2-y^2}\mathrm{d}x\mathrm{d}y-2R\iint\limits_D y^2\mathrm{d}x\mathrm{d}y$$

$$=0-2R\iint\limits_D y^2\mathrm{d}x\mathrm{d}y$$

令 $x=\dfrac{3}{2}+u, y=v$,记 $D_1: u^2+v^2\leqslant 1$,则

$$\text{原式}=-2R\iint\limits_{D_1} v^2\mathrm{d}u\mathrm{d}v\quad u=\rho\cos\theta, v=\rho\sin\theta$$

$$=-2R\int_0^{2\pi}\mathrm{d}\theta\int_0^1\rho^3\sin^2\theta\mathrm{d}\rho=-\frac{1}{2}\pi R$$

【例 22】 设 Σ 为 $x^2+y^2+z^2=1(z\geqslant 0)$ 的外侧，连续函数 $f(x,y)$ 满足

$$f(x,y)=2(x-y)^2+\iint\limits_{\Sigma}x(z^2+\mathrm{e}^z)\mathrm{d}y\mathrm{d}z+y(z^2+\mathrm{e}^z)\mathrm{d}z\mathrm{d}x+ [zf(x,y)-2\mathrm{e}^z]\mathrm{d}x\mathrm{d}y$$

求 $f(x,y)$.

解析 设

$$\iint\limits_{\Sigma}x(z^2+\mathrm{e}^z)\mathrm{d}y\mathrm{d}z+y(z^2+\mathrm{e}^z)\mathrm{d}z\mathrm{d}x+[zf(x,y)-2\mathrm{e}^z]\mathrm{d}x\mathrm{d}y=a$$

则 $f(x,y)=2(x-y)^2+a$. 设 D 为 xOy 平面上的圆 $x^2+y^2\leqslant 1$，Σ_1 为 D 的下侧，Ω 为 Σ 与 Σ_1 包围的区域，应用高斯公式，有

$$\begin{aligned}a=&\iint\limits_{\Sigma+\Sigma_1}x(z^2+\mathrm{e}^z)\mathrm{d}y\mathrm{d}z+y(z^2+\mathrm{e}^z)\mathrm{d}z\mathrm{d}x+[zf(x,y)-2\mathrm{e}^z]\mathrm{d}x\mathrm{d}y-\\&\iint\limits_{\Sigma_1}x(z^2+\mathrm{e}^z)\mathrm{d}y\mathrm{d}z+y(z^2+\mathrm{e}^z)\mathrm{d}z\mathrm{d}x+[zf(x,y)-2\mathrm{e}^z]\mathrm{d}x\mathrm{d}y\\=&\iiint\limits_{\Omega}[2z^2+2(x-y)^2+a]\mathrm{d}V+\iint\limits_{D}(-2)\mathrm{d}x\mathrm{d}y\\=&\iiint\limits_{\Omega}[2(x^2+y^2+z^2)-4xy+a]\mathrm{d}V-2\pi\\=&2\int_0^{2\pi}\mathrm{d}\theta\int_0^{\frac{\pi}{2}}\sin\varphi\mathrm{d}\varphi\int_0^1 r^4\mathrm{d}r-0+\frac{2}{3}\pi a-2\pi\\=&-\frac{6}{5}\pi+\frac{2}{3}\pi a\end{aligned}$$

故 $a=\dfrac{18\pi}{5(2\pi-3)}$，于是 $f(x,y)=2(x-y)^2+\dfrac{18\pi}{5(2\pi-3)}$.

【例 23】 设 $f(x,y)$ 是定义在区域 $0\leqslant x\leqslant 1,0\leqslant y\leqslant 1$ 上的二元函数，$f(0,0)=0$，且在点 $(0,0)$ 处 $f(x,y)$ 可微，求极限

$$\lim_{x\to 0^+}\frac{\int_0^{x^2}\mathrm{d}t\int_x^{\sqrt{t}}f(t,u)\mathrm{d}u}{1-\mathrm{e}^{-\frac{x^4}{4}}}$$

解析 交换积分次序，有

$$\int_0^{x^2}\mathrm{d}t\int_x^{\sqrt{t}}f(t,u)\mathrm{d}u=-\int_0^x\left(\int_0^{u^2}f(t,u)\mathrm{d}t\right)\mathrm{d}u$$

应用洛必达法则与积分中值定理,则

$$原式=\lim_{x\to 0^+}\frac{-\int_0^x\left(\int_0^{u^2}f(t,u)\mathrm{d}t\right)\mathrm{d}u}{\frac{x^4}{4}}=\lim_{x\to 0^+}\frac{-\int_0^{x^2}f(t,x)\mathrm{d}t}{x^3}$$

$$=\lim_{x\to 0^+}\frac{f(\xi(x),x)\cdot x^2}{x^3}=-\lim_{x\to 0^+}\frac{f(\xi(x),x)}{x}\quad(0<\xi(x)<x^2)$$

由于 $f(x,y)$在$(0,0)$处可微,$f(0,0)=0$,及 $\xi(x)=o(x)$,所以

$$f(\xi(x),x)=f(0,0)+f'_x(0,0)\xi(x)+f'_y(0,0)x+o(\sqrt{\xi^2(x)+x^2})$$
$$=f'_y(0,0)x+o(x)$$

因此

$$原式=-\lim_{x\to 0^+}\frac{f'_y(0,0)x+o(x)}{x}-f'_y(0,0)$$

【例 24】 设 $x\geqslant 0,f_0(x)>0$,若 $f_n(x)=\int_0^x f_{n-1}(t)\mathrm{d}t(n=1,2,3,\cdots)$,求证

$$f_n(x)=\frac{1}{(n-1)!}\int_0^x(x-t)^{n-1}f_0(t)\mathrm{d}t\qquad(*)$$

解析 用数学归纳法证明,当 $n=1$ 时

$$f_1(x)=\int_0^x f_0(t)\mathrm{d}t=\frac{1}{(1-1)!}\int_0^x(x-t)^{1-1}f_0(t)\mathrm{d}t$$

所以(*)$(n=1)$ 成立. 假设(*)$(n=k)$ 成立,即

$$f_k(x)=\frac{1}{(k-1)!}\int_0^x(x-t)^{k-1}f_0(t)\mathrm{d}t=\frac{1}{(k-1)!}\int_0^x(x-u)^{k-1}f_0(u)\mathrm{d}u$$

则

$$f_{k+1}(x)=\int_0^x f_k(t)\mathrm{d}t=\int_0^x\left[\frac{1}{(k-1)!}\int_0^t(t-u)^{k-1}f_0(u)\mathrm{d}u\right]\mathrm{d}t$$

$$=\frac{1}{(k-1)!}\int_0^x\mathrm{d}t\int_0^t(t-u)^{k-1}f_0(u)\mathrm{d}u\quad(交换积分次序)$$

$$=\frac{1}{(k-1)!}\int_0^x\mathrm{d}u\int_u^x(t-u)^{k-1}f_0(u)\mathrm{d}t$$

$$=\frac{1}{(k-1)!}\int_0^x\left[\frac{1}{k}(t-u)^k\Big|_u^x f_0(u)\right]\mathrm{d}u$$

$$=\frac{1}{k!}\int_0^x(x-u)^k f_0(u)\mathrm{d}u=\frac{1}{k!}\int_0^x(x-t)^k f_0(t)\mathrm{d}t$$

所以(*)$(n=k+1)$成立,因此(*)对任意正整数 n 成立.

【例 25】 求证不等式

$$\frac{\pi}{2}(1-\mathrm{e}^{-\frac{x^2}{2}})<\left(\int_0^x \mathrm{e}^{-\frac{1}{2}t^2}\mathrm{d}t\right)^2<\frac{\pi}{2}(1-\mathrm{e}^{-x^2})\quad (x>0)$$

解析 取 $D=\{(u,v)\mid 0\leqslant u\leqslant x, 0\leqslant v\leqslant x\}$,则

$$\iint_D \mathrm{e}^{-\frac{1}{2}(u^2+v^2)}\mathrm{d}u\mathrm{d}v=\int_0^x \mathrm{e}^{-\frac{1}{2}u^2}\mathrm{d}u\cdot\int_0^x \mathrm{e}^{-\frac{1}{2}v^2}\mathrm{d}v=(\int_0^x \mathrm{e}^{-\frac{1}{2}t^2}\mathrm{d}t)^2$$

取 $D_1=\{(u,v)\mid u^2+v^2\leqslant x^2, u\geqslant 0, v\geqslant 0\}$,$D_2=\{(u,v)\mid u^2+v^2\leqslant 2x^2, u\geqslant 0, v\geqslant 0\}$,则 D_1 为 D 的真子集,D 为 D_2 的真子集,而 $\mathrm{e}^{-\frac{1}{2}(u^2+v^2)}>0$,所以

$$\iint_D \mathrm{e}^{-\frac{1}{2}(u^2+v^2)}\mathrm{d}u\mathrm{d}v>\iint_{D_1}\mathrm{e}^{-\frac{1}{2}(u^2+v^2)}\mathrm{d}u\mathrm{d}v=\int_0^{\frac{\pi}{2}}\mathrm{d}\theta\int_0^x \mathrm{e}^{-\frac{1}{2}\rho^2}\rho\mathrm{d}\rho$$

$$=\frac{\pi}{2}\cdot(-\mathrm{e}^{-\frac{1}{2}\rho^2})\Big|_0^x=\frac{\pi}{2}(1-\mathrm{e}^{-\frac{1}{2}x^2})$$

$$\iint_D \mathrm{e}^{-\frac{1}{2}(u^2+v^2)}\mathrm{d}u\mathrm{d}v<\iint_{D_2}\mathrm{e}^{-\frac{1}{2}(u^2+v^2)}\mathrm{d}u\mathrm{d}v=\int_0^{\frac{\pi}{2}}\mathrm{d}\theta\int_0^{\sqrt{2}x}\mathrm{e}^{-\frac{1}{2}\rho^2}\rho\mathrm{d}\rho$$

$$=\frac{\pi}{2}(-\mathrm{e}^{-\frac{1}{2}\rho^2})\Big|_0^{\sqrt{2}x}=\frac{\pi}{2}(1-\mathrm{e}^{-x^2})$$

【例 26】 设二元函数 $f(x,y)$ 在区域 $D=\{0\leqslant x\leqslant 1, 0\leqslant y\leqslant 1\}$ 上具有连续的四阶偏导数,$f(x,y)$ 在 D 的边界上恒为 0,且

$$\left|\frac{\partial^4 f}{\partial x^2\partial y^2}\right|\leqslant 3$$

试证明

$$\left|\iint_D f(x,y)\mathrm{d}x\mathrm{d}y\right|\leqslant\frac{1}{48}$$

(揭示:考虑二重积分 $\iint_D xy(1-x)(1-y)\frac{\partial^4 f}{\partial x^2\partial y^2}\mathrm{d}\sigma$)

解析 运用分部积分法,考察二重积分,有

$$\iint_D xy(1-x)(1-y)\frac{\partial^4 f}{\partial x^2\partial y^2}\mathrm{d}x\mathrm{d}y$$

$$=\int_0^1 x(1-x)\mathrm{d}x\int_0^1 y(1-y)\frac{\partial^4 f}{\partial x^2\partial y^2}\mathrm{d}y$$

$$=\int_0^1 x(1-x)\left[y(1-y)\frac{\partial^3 f}{\partial x^2\partial y}\Big|_0^1+\int_0^1(2y-1)\frac{\partial^3 f}{\partial x^2\partial y}\mathrm{d}y\right]\mathrm{d}x$$

$$=\int_0^1 x(1-x)\mathrm{d}x\int_0^1(2y-1)\frac{\partial^3 f}{\partial x^2\partial y}\mathrm{d}y$$

$$=\int_0^1 x(1-x)\left[(2y-1)\frac{\partial^2 f}{\partial x^2}\Big|_0^1-2\int_0^1\frac{\partial^2 f}{\partial x^2}\mathrm{d}y\right]\mathrm{d}x$$

$$=\int_0^1 x(1-x)\left[\frac{\partial^2 f(x,1)}{\partial x^2}+\frac{\partial^2 f(x,0)}{\partial x^2}\right]\mathrm{d}x-2\int_0^1\left[\int_0^1 x(1-x)\frac{\partial^2 f}{\partial x^2}\mathrm{d}x\right]\mathrm{d}y$$

$$=x(1-x)[f'_x(x,1)+f'_x(x,0)]\Big|_0^1+\int_0^1(2x-1)[f'_x(x,1)+$$

$$f'_x(x,0)]\mathrm{d}x-2\int_0^1\left[x(1-x)f'_x(x,y)\Big|_0^1+\int_0^1(2x-1)f'_x(x,y)\mathrm{d}x\right]\mathrm{d}y$$

$$=0+(2x-1)[f(x,1)+f(x,0)]\Big|_0^1-2\int_0^1[f(x,1)+f(x,0)]\mathrm{d}x-$$

$$2\int_0^1\left[(2x-1)f(x,y)\Big|_0^1-2\int_0^1 f(x,y)\mathrm{d}x\right]\mathrm{d}y$$

$$=4\iint_D f(x,y)\mathrm{d}\sigma$$

因此

$$\left|\iint_D f(x,y)\mathrm{d}\sigma\right|=\frac{1}{4}\left|\iint_D xy(1-x)(1-y)\frac{\partial^4 f}{\partial x^2\partial y^2}\mathrm{d}\sigma\right|$$

$$\leqslant\frac{3}{4}\left|\iint_D xy(1-x)(1-y)\mathrm{d}\sigma\right|=\frac{1}{48}$$

【例 27】 设Γ为$x^2+y^2=2x(y\geqslant 0)$上从$O(0,0)$到$A(2,0)$的一段弧，连续函数$f(x)$满足

$$f(x)=x^2+\int_\Gamma y[f(x)+\mathrm{e}^x]\mathrm{d}x+(\mathrm{e}^x-xy^2)\mathrm{d}y$$

求$f(x)$.

解析 设$\int_\Gamma y[f(x)+\mathrm{e}^x]\mathrm{d}x+(\mathrm{e}^x-xy^2)\mathrm{d}y=a$，则$f(x)=x^2+a$，记$\Gamma$与$\overline{AO}$包围的区域为$D$，应用格林公式，有

$$a=\int_{\Gamma+\overline{AO}}y[f(x)+\mathrm{e}^x]\mathrm{d}x+(\mathrm{e}^x-xy^2)\mathrm{d}y-\int_{\overline{AO}}y[f(x)+\mathrm{e}^x]\mathrm{d}x+(\mathrm{e}^x-xy^2)\mathrm{d}y$$

$$=-\iint_D(\mathrm{e}^x-y^2-x^2-a-\mathrm{e}^x)\mathrm{d}x\mathrm{d}y-0$$

$$=\iint_D(x^2+y^2)\mathrm{d}x\mathrm{d}y+a\iint_D\mathrm{d}x\mathrm{d}y=\int_0^{\frac{\pi}{2}}\mathrm{d}\theta\int_0^{2\cos\theta}\rho^3\mathrm{d}\rho+\frac{\pi}{2}a$$

$$=\int_0^{\frac{\pi}{2}}4\cos^4\theta\mathrm{d}\theta+\frac{\pi}{2}a=\frac{3}{4}\pi+\frac{\pi}{2}a$$

解得 $a=\dfrac{3\pi}{2(2-\pi)}$，于是 $f(x)=x^2+\dfrac{3\pi}{2(2-\pi)}$.

【例 28】 设函数 $f(x,y)$ 在区域 $D: x^2+y^2\leqslant 1$ 上有二阶连续偏导数，且 $\dfrac{\partial^2 f}{\partial x^2}+\dfrac{\partial^2 f}{\partial y^2}=\mathrm{e}^{-(x^2+y^2)}$，证明

$$\iint_D\left(x\frac{\partial f}{\partial x}+y\frac{\partial f}{\partial y}\right)\mathrm{d}x\mathrm{d}y=\frac{\pi}{2\mathrm{e}}$$

解析 运用极坐标变换，有

$$\iint_D\left(x\frac{\partial f}{\partial x}+y\frac{\partial f}{\partial y}\right)\mathrm{d}x\mathrm{d}y=\int_0^1\rho\mathrm{d}\rho\int_0^{2\pi}(\rho\cos\theta f'_x+\rho\sin\theta f'_y)\mathrm{d}\theta$$

其中 $\int_\theta^{2\pi}(\rho\cos\theta f'_x+\rho\sin\theta f'_y)\mathrm{d}\theta$ 可看作沿半径为 $\rho(0\leqslant\rho\leqslant 1)$ 的圆周 l 的逆向的曲线积分. 因 $x=\rho\cos\theta, y=\rho\sin\theta$，所以 $\mathrm{d}x=-\rho\sin\theta\mathrm{d}\theta, \mathrm{d}y=\rho\cos\theta\mathrm{d}\theta$. 记 D 是半径为 ρ 的圆域，应用格林公式，上述积分化为

$$\begin{aligned}\int_0^1\rho\oint_l[-f'_y\mathrm{d}x+f'_x\mathrm{d}y]\mathrm{d}\rho&=\int_0^1\rho\left[\iint_D(f''_{xx}+f''_{yy})\mathrm{d}x\mathrm{d}y\right]\mathrm{d}\rho\\&=\int_0^1\rho\left(\int_0^{2\pi}\mathrm{d}\theta\int_0^\rho\mathrm{e}^{-t^2}t\mathrm{d}t\right)\mathrm{d}\rho\\&=\pi\int_0^1(1-\mathrm{e}^{-\rho^2})\rho\mathrm{d}\rho=\frac{\pi}{2\mathrm{e}}\end{aligned}$$

【例 29】 设 $P(x,y), Q(x,y)$ 在全平面上具有连续的一阶偏导数，沿着平面上的任意半圆周 $L: y=y_0+\sqrt{R^2-(x-x_0)^2}$，曲线积分 $\int_L P(x,y)\mathrm{d}x+Q(x,y)\mathrm{d}y=0$，其中 x_0, y_0 为任意实数，R 为任意正实数. 求证：(1) $P(x,y)\equiv 0$；(2) $\dfrac{\partial Q}{\partial x}\equiv 0$.

解析 (1) $\forall(x_0,y_0)\in\mathbf{R}^2, \forall R>0$，以 (x_0,y_0) 为圆心，以 R 为半径作上半圆周 L，如图取逆时针方向，起点为 $A(x_0-R,y_0)$，终点为 $R(x_0+R,y_0)$，则

$$\int_{L+\overline{AB}}P\mathrm{d}x+Q\mathrm{d}y=\iint_D(Q'_x-P'_y)\mathrm{d}x\mathrm{d}y \qquad (1)$$

例 29 题解析图

对式(1) 右端应用积分中值定理，$\exists(\xi,\eta)\in D$，有

$$\iint_D(Q'_x-P'_y)\mathrm{d}x\mathrm{d}y=(Q'_x-P'_y)\Big|_{(\xi,y)}\cdot\frac{\pi}{2}R^2 \qquad (2)$$

对式(1) 左端有

$$\int_{L+\overline{AB}} P\mathrm{d}x+Q\mathrm{d}y=\int_{L} P\mathrm{d}x+Q\mathrm{d}y+\int_{\overline{AB}} P\mathrm{d}x+Q\mathrm{d}y=0+\int_{x_0+R}^{x_0+R} P(x,y_0)\mathrm{d}x$$

对此式右端应用定积分中值定理，$\exists\, c\in(x_0-R,x_0+R)$，有

$$\int_{x_0-R}^{x_0+R} P(x,y_0)\mathrm{d}x=P(c,y_0)\cdot 2R \tag{3}$$

将式(2) 与(3) 代入式(1) 得

$$2P(c,y_0)=\frac{1}{2}\pi R\cdot(Q'_x-P'_y)\Big|_{(\xi,y)}$$

令 $R\to 0$，此时 $c\to x_0$，$(\xi,\eta)\to(x_0,y_0)$，得 $P(x_0,y_0)=0$，由 $(x_0,y_0)\in\mathbf{R}^2$ 的任意性，即得 $P(x,y)\equiv 0$.

(2)(反证法) 假设 $\exists\,(a,b)\in\mathbf{R}^2$，使得 $Q'_x(a,b)>0$(或 <0)，由于 $Q\in C^{(1)}(\mathbf{R})$，所以 $\exists\,(a,b)$ 的邻域 U，使得 $Q'_x\big|_{(x,y)\in U}>0$(或 <0)，在邻域 U 内取上半圆周 L，则

$$\int_{L+\overline{AB}} P\mathrm{d}x+Q\mathrm{d}y=\int_{\overline{AB}} Q\mathrm{d}y=0=\iint_D Q'_x\mathrm{d}x\mathrm{d}y>0(\text{或}<0)$$

此为矛盾式，故有 $\dfrac{\partial Q}{\partial x}\equiv 0$.

【例 30】 计算曲面积分

$$I=\iint_S \frac{2\mathrm{d}y\mathrm{d}z}{x\cos^2 x}+\frac{\mathrm{d}z\mathrm{d}x}{\cos^2 y}-\frac{\mathrm{d}x\mathrm{d}y}{z\cos^2 z}$$

其中 S 是球面 $x^2+y^2+z^2=1$ 的外侧.

解析 由 S 的对称性，可知

$$I=\iint_S\left(\frac{1}{z\cos^2 z}+\frac{1}{\cos^2 z}\right)\mathrm{d}x\mathrm{d}y$$

且

$$\iint_S \frac{1}{\cos^2 z}\mathrm{d}x\mathrm{d}y=\iint_{x^2+y^2\leqslant 1}\frac{1}{\cos^2\sqrt{1-x^2-y^2}}\mathrm{d}x\mathrm{d}y-\iint_{x^2+y^2\leqslant 1}\frac{1}{\cos^2(-\sqrt{1-x^2-y^2})}\mathrm{d}x\mathrm{d}y$$

于是

$$I=\iint_S \frac{1}{z\cos^2 z}\mathrm{d}x\mathrm{d}y$$

$$=\iint_{x^2+y^2\leqslant 1}\frac{1}{\sqrt{1-x^2-y^2}\cos^2\sqrt{1-x^2-y^2}}\mathrm{d}x\mathrm{d}y-$$

$$\iint\limits_{x^2+y^2\leqslant 1}\frac{1}{-\sqrt{1-x^2-y^2}\cos(-\sqrt{1-x^2-y^2})}\mathrm{d}x\mathrm{d}y$$

$$=2\iint\limits_{x^2+y^2\leqslant 1}\frac{1}{\sqrt{1-x^2-y^2}\cos^2\sqrt{1-x^2-y^2}}\mathrm{d}x\mathrm{d}y$$

$$=2\int_0^{2\pi}\mathrm{d}\theta\int_0^1\frac{1}{\sqrt{1-\rho^2}\cos^2\sqrt{1-\rho^2}}\rho\mathrm{d}\rho=-4\pi\int_0^1\frac{1}{\cos\sqrt{1-p^2}}\mathrm{d}(\sqrt{1-\rho^2})$$

$$=-4\pi\tan\sqrt{1-\rho^2}\Big|_0^1=4\pi\tan 1$$

【例 31】 设 S 表示球面 $x^2+y^2+z^2=1$ 的外侧位于 $x^2+y^2-x\leqslant 0,z\geqslant 0$ 的部分，试计算 $I=\iint\limits_S x^2\mathrm{d}y\mathrm{d}z+y^2\mathrm{d}z\mathrm{d}x+z^2\mathrm{d}x\mathrm{d}y$.

解析 曲面 S 在 xOy 平面上的投影为

$$D=\{(x,y)\mid x^2+y^2\leqslant x\}$$

由于 $F=x^2+y^2+z^2-1,n=(F'_x,F'_y,F'_z)=2(x,y,z)$，故

$$\frac{\mathrm{d}y\mathrm{d}z}{x}=\frac{\mathrm{d}z\mathrm{d}x}{y}=\frac{\mathrm{d}x\mathrm{d}y}{z}$$

于是

$$\text{原式}=\iint\limits_D\left(\frac{x^3}{z}+\frac{y^3}{z}+z^2\right)\Big|_{z=\sqrt{1-x^2-y^2}}\mathrm{d}x\mathrm{d}y$$

$$=\iint\limits_D\left(\frac{x^3}{\sqrt{1-x^2-y^2}}+1-x^2-y^2\right)\mathrm{d}x\mathrm{d}y$$

$$\left(\text{因为}\frac{y^3}{z}\text{关于 } y \text{ 为奇函数}, D \text{ 关于 } y=0 \text{ 对称，故}\iint\limits_D\frac{y^3}{z}\mathrm{d}x\mathrm{d}y=0\right)$$

$$=2\int_0^1\mathrm{d}\rho\int_0^{\arccos\rho}\frac{\rho^4}{\sqrt{1-\rho^2}}\cos^3\theta\mathrm{d}\theta+\frac{\pi}{4}-2\int_0^{\frac{\pi}{2}}\mathrm{d}\theta\int_0^{\cos\theta}\rho^3\mathrm{d}\rho$$

$$=2\int_0^1\frac{\rho^4}{\sqrt{1-\rho^2}}\left(\sin\theta-\frac{1}{3}\sin^3\theta\right)\Big|_0^{\arccos\varphi}\mathrm{d}\rho+\frac{\pi}{4}-\frac{1}{2}\int_0^{\frac{\pi}{2}}\cos^4\theta\mathrm{d}\theta$$

$$=2\int_0^1\frac{\rho^4}{\sqrt{1-\rho^2}}\left(\sqrt{1-\rho^2}-\frac{1}{3}(1-\rho^2)^{\frac{3}{2}}\right)\mathrm{d}\rho+\frac{\pi}{4}-$$

$$\frac{1}{2}\left(\frac{3}{8}\theta+\frac{1}{4}\sin 2\theta+\frac{1}{32}\sin 4\theta\right)\Big|_0^{\frac{\pi}{2}}$$

$$=2\int_0^1\left(\frac{2}{3}\rho^4+\frac{1}{3}\rho^6\right)\mathrm{d}\rho+\frac{\pi}{4}-\frac{3}{32}\pi=\frac{38}{105}+\frac{5}{32}\pi$$

专题七　无穷级数

【例 1】　设 $u_1>0$,$\{u_n\}$是单调增加数列.证明:$\sum_{n=1}^{\infty}\left(1-\frac{u_n}{u_{n+1}}\right)$收敛的充分必要条件是$\{u_n\}$有上界.

解析　充分性:由$\{u_n\}$有上界知存在 $M>0$,使得 $u_n\leqslant M(n=1,2,\cdots)$,于是由$\{u_n\}$单调增加知 $\sum_{n=1}^{\infty}\left(1-\frac{u_n}{u_{n+1}}\right)$是正项级数,并且

$$\sum_{k=1}^{n}\left(1-\frac{u_k}{u_{k+1}}\right)=\sum_{k=1}^{n}\frac{u_{k+1}-u_k}{u_{k+1}}\leqslant\frac{1}{u_2}\sum_{k=1}^{n}(u_{k+1}-u_k)=\frac{1}{u_2}(u_{n+1}-u_1)$$
$$\leqslant\frac{2M}{u_2}\quad n=1,2,\cdots$$

因此$\sum_{n=1}^{\infty}\left(1-\frac{u_n}{u_{n+1}}\right)$收敛.

必要性:设$\sum_{n=1}^{\infty}\left(1-\frac{u_n}{u_{n+1}}\right)$收敛,则由柯西收敛原理知,对$\frac{1}{2}>0$,存在正整数 N,对于任意 $n>N$ 有

$$\sum_{k=N}^{n}\left(1-\frac{u_k}{u_{k+1}}\right)<\frac{1}{2}\tag{1}$$

如果$\{u_n\}$不是有上界的,则对于 u_N,存在 $m>N$,使得 $u_m\geqslant 2u_N$,于是有

$$\sum_{k=N}^{m-1}\left(1-\frac{u_k}{u_{k+1}}\right)=\sum_{k=N}^{m-1}\frac{u_{k+1}-u_k}{u_{k+1}}\geqslant\frac{1}{u_m}\sum_{k=N}^{m-1}(u_{k+1}-u_k)$$
$$=\frac{1}{u_m}(u_m-u_N)=1-\frac{u_N}{u_m}\geqslant\frac{1}{2}\tag{2}$$

显然式(1),(2)矛盾,由此可知$\{u_n\}$是有上界的.

【例 2】　(1)设函数 $f(x)$在点 $x=0$ 的某个邻域内有连续的导数,且$\lim\limits_{x\to 0}\frac{f(x)}{x}=a>0$,证明:$\sum_{n=1}^{\infty}f\left(\frac{1}{n}\right)$发散,而$\sum_{n=1}^{\infty}(-1)^n f\left(\frac{1}{n}\right)$条件收敛.

(2)设偶函数 $f(x)$在点 $x=0$ 的某个邻域内有连续的二阶导数,且 $f(0)=1$,证明:级数 $\sum_{n=1}^{\infty}\left|f\left(\frac{1}{n}\right)-1\right|$绝对收敛.

解析　(1)由$\lim\limits_{x\to 0}\frac{f(x)}{x}=a$ 知 $f(0)=0$,$f'(0)=a>0$,所以存在 $\delta>0$,在

$(0,\delta)$内 $f'(x)>0$，由此得 $f(x)>f(0)=0$，因此可以认为 $\sum\limits_{n=1}^{\infty}f\left(\frac{1}{n}\right)$是正项级数，$\sum\limits_{n=1}^{\infty}(-1)^n f\left(\frac{1}{n}\right)$是交错级数.

由 $f(x)$在点 $x=0$ 处的泰勒公式 $f(x)=f(0)+f'(\xi)x=f'(\xi)x$，得

$$f\left(\frac{1}{n}\right)=f'(\xi)\frac{1}{n}$$

于是有

$$\lim_{n\to\infty}\frac{f\left(\frac{1}{n}\right)}{\frac{1}{n}}=\lim_{n\to\infty}f'(\xi)=\lim_{\xi\to 0}f'(\xi)=f'(0)=a>0$$

所以$\sum\limits_{n=1}^{\infty}f\left(\frac{1}{n}\right)$发散.

由于在$(0,\delta)$内 $f'(x)>0$，所以$\left\{f\left(\frac{1}{n}\right)\right\}$单调减少，此外

$$\lim_{n\to\infty}f\left(\frac{1}{n}\right)=\lim_{n\to\infty}f'(\xi)\frac{1}{n}=0$$

所以，由莱布尼茨定理知交错级数$\sum\limits_{n=1}^{\infty}(-1)^n f\left(\frac{1}{n}\right)$收敛，但上面已证$\sum\limits_{n=1}^{\infty}f\left(\frac{1}{n}\right)$发散，即$\sum\limits_{n=1}^{\infty}\left|(-1)^n f\left(\frac{1}{n}\right)\right|$发散，因此$\sum\limits_{n=1}^{\infty}(-1)^n f\left(\frac{1}{n}\right)$条件收敛.

(2)由于偶函数 $f(x)$在点 $x=0$ 处可导，所以 $f'(0)=0$，因此由 $f(x)$在点 $x=0$ 处的一阶泰勒公式

$$f(x)=f(0)+f'(0)x+\frac{1}{2}f''(\xi)x^2=1+\frac{1}{2}f''(\xi)x^2$$

得 $f\left(\frac{1}{n}\right)-1=\frac{1}{2}f''(\xi)\frac{1}{n^2}\left(\xi\in\left(0,\frac{1}{n}\right)\right)$，于是有

$$\left|f\left(\frac{1}{n}\right)-1\right|=\frac{1}{2n^2}|f''(\xi)|\leqslant\frac{M}{2n^2}\quad n\geqslant N, N\text{ 是某个充分大的正整数}$$

因此级数$\sum\limits_{n=1}^{\infty}\left|f\left(\frac{1}{n}\right)-1\right|$绝对收敛.

【例 3】 设 $a_n>0(n=1,2,\cdots)$，$S_n=a_1+a_2+\cdots+a_n$，试判别级数 $\sum\limits_{n=1}^{\infty}\frac{a_n}{S_n^2}$ 的敛散性.

解析 记 $b_n=\frac{a_n}{S_n^2}$，因 S_n 严格增，即 $S_{n-1}<S_n$，有

$$b_n=\frac{a_n}{S_n^2}<\frac{S_n-S_{n-1}}{S_{n-1}S_n}=\frac{1}{S_{n-1}}-\frac{1}{S_n}$$

记 $c_n=\frac{1}{S_{n-1}}-\frac{1}{S_n}$，则 $c_1+c_2+\cdots+c_n=\frac{1}{S_1}-\frac{1}{S_n}<\frac{1}{a_1}$，这表明正项级数 $\sum\limits_{n=2}^{\infty}c_n$ 的部分和有上界，故 $\sum\limits_{n=2}^{\infty}c_n$ 收敛. 据比较判别法得 $\sum\limits_{n=2}^{\infty}b_n$ 收敛，于是 $\sum\limits_{n=2}^{\infty}b_n=\sum\limits_{n=1}^{\infty}\frac{a_n}{S_n^2}$.

【例 4】 试讨论级数 $\sum\limits_{n=2}^{\infty}\left(1-\frac{1}{n}\right)^{n\ln n}$ 的敛散性.

解析 当 $n\to\infty$ 时，有

$$\ln\left[\left(1-\frac{1}{n}\right)^{n\ln n}\right]=n\ln n\ln\left(1-\frac{1}{n}\right)=n\ln n\cdot\left[-\left(\frac{1}{n}+\frac{1}{2n^2}+o\left(\frac{1}{n^2}\right)\right)\right]$$

$$=-\ln n-\frac{\ln n}{2n}+o\left(\frac{1}{n}\right)\ln n\sim-\ln n$$

所以

$$\left(1-\frac{1}{n}\right)^{n\ln n}\sim e^{-\ln n}=\frac{1}{n}\quad n\to\infty$$

而级数 $\sum\limits_{n=2}^{\infty}\frac{1}{n}$ 发散，故原级数亦发散.

【例 5】 设数列 $\{a_n\}$ 单调增加，证明：级数 $\sum\limits_{n=1}^{\infty}\frac{1}{a_n}$ 收敛的充分必要条件是级数 $\sum\limits_{n=1}^{\infty}\frac{n}{a_1+a_2+\cdots+a_n}$ 收敛.

解析 先证充分性. 因为正数列 $\{a_n\}$ 单调增加，则

$$0<\frac{1}{a_n}=\frac{n}{na_n}\leqslant\frac{n}{a_1+a_2+\cdots+a_n}$$

又级数 $\sum\limits_{n=1}^{\infty}\frac{n}{a_1+a_2+\cdots+a_n}$ 收敛，由比较判别法知，级数 $\sum\limits_{n=1}^{\infty}\frac{1}{a_n}$ 收敛.

再证必要性. 因为正数列 $\{a_n\}$ 单调增加，则

$$0<u_{2n}=\frac{2n}{a_1+a_2+\cdots+a_{2n}}\leqslant\frac{2n}{a_{n+1}+a_{n+2}+\cdots+a_{2n}}\leqslant\frac{2n}{na_n}=\frac{2}{a_n}$$

$$0<u_{2n+1}=\frac{2n+1}{a_1+a_2+\cdots+a_{2n+1}}\leqslant\frac{2n+1}{a_1+\cdots+a_{2n}}\leqslant\frac{2n+1}{na_n}\leqslant\frac{3}{a_n}$$

因为级数 $\sum\limits_{n=1}^{\infty}\frac{1}{a_n}$ 收敛，由比较判别法知，正项级数 $\sum\limits_{n=1}^{\infty}u_{2n}$ 及 $\sum\limits_{n=1}^{\infty}u_{2n+1}$ 都收

敛,从而级数 $\sum_{n=1}^{\infty}(u_{2n}+u_{2n+1})$ 收敛. 因此,级数 $\sum_{n=2}^{\infty}u_n$ 收敛,进一步,级数 $\sum_{n=1}^{\infty}\frac{n}{a_1+a_2+\cdots+a_n}$ 收敛.

【例 6】 设函数 $\varphi(x)$ 是 $(-\infty,+\infty)$ 上连续的周期函数,周期为 1,且 $\int_0^1\varphi(x)\mathrm{d}x=0$,函数 $f(x)$ 在 $[0,1]$ 上有连续的导数,$a_n=\int_0^1 f(x)\varphi(nx)\mathrm{d}x$,证明:$\sum_{n=1}^{\infty}a_n^2$ 收敛.

解析 作积分换元,令 $nx=t$,则

$$a_n=\int_0^1 f(x)\varphi(nx)\mathrm{d}x=\frac{1}{n}\int_0^n f\left(\frac{t}{n}\right)\varphi(t)\mathrm{d}t$$

令 $G(x)=\int_0^x\varphi(t)\mathrm{d}t$,则 $G(0)=0,G'(x)=\varphi(x)$,且

$$G(n)=\int_0^n\varphi(t)\mathrm{d}t=n\int_0^1\varphi(t)\mathrm{d}t=0$$

$$\begin{aligned}G(x+n)&=\int_0^{x+n}\varphi(t)\mathrm{d}t=\int_0^x\varphi(t)\mathrm{d}t+\int_x^{x+n}\varphi(t)\mathrm{d}t\\&=\int_0^x\varphi(t)\mathrm{d}t+n\int_0^1\varphi(t)\mathrm{d}t=\int_0^x\varphi(t)\mathrm{d}t+0=G(x)\end{aligned}$$

所以 $G(x)$ 是在 $(-\infty,+\infty)$ 上连续可导的周期函数,于是 $G(x)$ 在 $(-\infty,+\infty)$ 上有界,记 $|G(x)|\leqslant M_1$. $\forall x\in(-\infty,+\infty)$,有

$$\begin{aligned}a_n&=\frac{1}{n}\int_0^n f\left(\frac{t}{n}\right)\mathrm{d}G(t)=\frac{1}{n}\left[f\left(\frac{t}{n}\right)G(t)\Big|_0^n-\int_0^n f'\left(\frac{t}{n}\right)\frac{1}{n}G(t)\mathrm{d}t\right]\\&=\frac{1}{n}\int_0^n f'\left(\frac{t}{n}\right)G(t)\mathrm{d}t\end{aligned}$$

因 $f'(x)$ 在 $[0,1]$ 上连续,所以 $f'(x)$ 在 $[0,1]$ 上有界,即 $\forall x\in[0,1]$ 有

$$|f'(x)|\leqslant M_2$$

于是

$$|a_n|\leqslant\frac{1}{n^2}\int_0^n M_1M_2\mathrm{d}t=\frac{M_1M_2}{n}\Rightarrow a_n^2\leqslant\frac{(M_1M_2)^2}{n^2}$$

而 $\sum_{n=1}^{\infty}\frac{(M_1M_2)^2}{n^2}$ 收敛,故由比较判别法得 $\sum_{n=1}^{\infty}a_n^2$ 收敛.

【例 7】 (1)先讨论级数 $\sum_{n=1}^{\infty}\left(\frac{1}{n}-\ln\left(1+\frac{1}{n}\right)\right)$ 的敛散性,又已知 $x_n=1+\frac{1}{2}+\cdots+\frac{1}{n}-\ln(1+n)$. 证明:数列 $\{x_n\}$ 收敛.

(2)求$\lim\limits_{n\to\infty}\frac{1}{\ln n}\left(1+\frac{1}{2}+\cdots+\frac{1}{n}\right)$.

解析 (1)应用$\ln(1+x)$的麦克劳林展式,有

$$\ln(1+x)=x-\frac{1}{2}x^2+o(x^2)\quad x\to 0$$

所以当n充分大时,有

$$\ln\left(1+\frac{1}{n}\right)=\frac{1}{n}-\frac{1}{2n^2}+o\left(\frac{1}{n^2}\right)$$

$$\frac{1}{n}-\ln\left(1+\frac{1}{n}\right)=\frac{1}{2n^2}+o\left(\frac{1}{n^2}\right)\sim\frac{1}{2n^2}$$

而级数$\sum\limits_{n=1}^{\infty}\frac{1}{2n^2}$收敛,所以级数$\sum\limits_{n=1}^{\infty}\left(\frac{1}{n}-\ln\left(1+\frac{1}{n}\right)\right)$收敛.该级数的部分和为

$$\sum_{R=1}^{n}\left(\frac{1}{R}-\ln\left(1+\frac{1}{R}\right)\right)=1+\frac{1}{2}+\cdots+\frac{1}{n}-\ln(1+n)=x_n$$

所以数列$\{x_n\}$收敛.

(2)由于$\lim\limits_{n\to\infty}\frac{1}{\ln n}=0$,设$x_n\to A$,则

$$\lim_{n\to\infty}\frac{x_n}{\ln n}=\lim_{n\to\infty}\frac{1+\frac{1}{2}+\cdots+\frac{1}{n}}{\ln n}-\frac{\ln(1+n)}{\ln n}=0 \qquad (*)$$

应用洛必达法则,有

$$\lim_{x\to+\infty}\frac{\ln(1+x)}{\ln x}=\lim_{x\to+\infty}\frac{\frac{1}{1+x}}{\frac{1}{x}}=\lim_{x\to+\infty}\frac{1}{1+\frac{1}{x}}=1$$

所以$\lim\limits_{n\to\infty}\frac{\ln(1+n)}{\ln n}=1$,由式(*)即得

$$\lim_{n\to\infty}\frac{1}{\ln n}\left(1+\frac{1}{2}+\cdots+\frac{1}{n}\right)=\lim_{n\to\infty}\frac{\ln(1+n)}{\ln n}=1$$

【例8】 对常数p,讨论级数$\sum\limits_{n=1}^{\infty}(-1)^{n+1}\frac{\sqrt{n+1}-\sqrt{n}}{n^p}$,何时绝对收敛?何时条件收敛?何时发散?

解析 令$a_n=\frac{\sqrt{n+1}-\sqrt{n}}{n^p}(>0)$,则

$$a_n=\frac{1}{(\sqrt{n+1}+\sqrt{n})n^p}=\frac{1}{\sqrt{n}\left(\sqrt{1+\frac{1}{n}}+1\right)n^p}\sim\frac{1}{2n^{p+\frac{1}{2}}}$$

故当 $p+\frac{1}{2}>1\left(即\ p>\frac{1}{2}\right)$时$\sum\limits_{n=1}^{\infty}a_n$ 收敛,则原级数绝对收敛;当 $p+\frac{1}{2}\leqslant 1\left(即\ p\leqslant\frac{1}{2}\right)$时$\sum\limits_{n=1}^{\infty}a_n$ 发散,则原级数非绝对收敛.

当 $0<p+\frac{1}{2}\leqslant 1\left(即-\frac{1}{2}<p\leqslant\frac{1}{2}\right)$时显然 $a_n\to 0$(当 $n\to\infty$).令

$$f(x)=x^p(\sqrt{x+1}+\sqrt{x})\quad x>0$$

由于

$$f'(x)=x^{p-1}(\sqrt{x+1}+\sqrt{x})\left(p+\frac{\sqrt{x}}{2\sqrt{x+1}}\right)$$

且 $x^{p-1}>0$, $\sqrt{x+1}+\sqrt{x}>0$,而

$$\lim_{x\to+\infty}\left(p+\frac{\sqrt{x}}{2\sqrt{x+1}}\right)=p+\frac{1}{2}>0$$

所以 x 充分大时 $f(x)$ 单调增加,于是 n 充分大时,$a_n=\frac{1}{f(n)}$单调减少,应用莱布尼茨判别法推知$-\frac{1}{2}<p\leqslant\frac{1}{2}$时原级数条件收敛.

当 $p+\frac{1}{2}\leqslant 0$ 时 $a_n\not\to 0(n\to\infty)$,故 $p\leqslant-\frac{1}{2}$时原级数发散.

【例 9】 设 $a_0=0, a_{n+1}=\sqrt{2+a_n}, n=0,1,2,\cdots$

讨论级数 $\sum\limits_{n=1}^{\infty}(-1)^{n-1}\sqrt{2-a_n}$ 是绝对收敛、条件收敛还是发散.

解析 令 $a_0=0, a_1=\sqrt{2+0}=\sqrt{2}>a_0$,归纳设 $0\leqslant a_{n-1}<a_n\Rightarrow 2+a_{n-1}<2+a_n\Rightarrow\sqrt{2+a_{n-1}}<\sqrt{2+a_n}$,即 $a_n<a_{n+1}$,数列$\{a_n\}$单调增.$a_1<2$,归纳设 $a_n<2$,则 $\sqrt{2+a_n}<2$,即 $a_{n+1}<2$,所以数列$\{a_n\}$有上界.据单调有界准则得$\{a_n\}$收敛.令$\lim\limits_{n\to\infty}a_n=A$,则有 $A=\sqrt{2+A}$,解得 $A=2$,于是$\lim\limits_{n\to\infty}a_n=2$.

令 $b_n=\sqrt{2-a_n}$,由于

$$\lim_{n\to\infty}\frac{b_{n+1}}{b_n}=\lim_{n\to\infty}\frac{\sqrt{2-a_{n+1}}}{\sqrt{2-a_n}}=\lim_{n\to\infty}\frac{\sqrt{2-\sqrt{2+a_n}}}{\sqrt{2-a_n}}$$

$$=\lim_{n\to\infty}\sqrt{\frac{4-(2+a_n)}{(2-a_n)(2+\sqrt{2+a_n})}}=\lim_{n\to\infty}\frac{1}{\sqrt{2+\sqrt{2+a_n}}}=\frac{1}{2}$$

据比值判别法得$\sum\limits_{n=1}^{\infty}b_n$收敛，即原级数绝对收敛.

【例 10】 设$f(x)$在$(-\infty,+\infty)$上有定义，在$x=0$的邻域内f有连续的导数，且$\lim\limits_{x\to 0}\frac{f(x)}{x}=a>0$，讨论级数$\sum\limits_{n=1}^{\infty}(-1)^{n+1}f\left(\frac{1}{n}\right)$的敛散性.

解析 由于$\lim\limits_{x\to 0}\frac{f(x)}{x}=a>0$，所以$x\to 0$时，$f(x)\sim ax$，$f\left(\frac{1}{n}\right)\sim\frac{a}{n}$，而级数$\sum\limits_{n=1}^{\infty}\frac{a}{n}$发散，所以级数$\sum\limits_{n=1}^{\infty}(-1)^{n+1}f\left(\frac{1}{n}\right)$非绝对收敛，又由条件可得$f(0)=0$，又

$$f'(0)=\lim_{x\to 0}\frac{f(x)-f(0)}{x}=\lim_{x\to 0}\frac{f(x)}{x}=a$$

且$a>0$，因$f'(x)$在$x=0$连续，所以存在$x=0$的某邻域U，其内$f'(x)>0$，因而在U中$f(x)$严格增，于是当n充分大时，有

$$f\left(\frac{1}{n+1}\right)<f\left(\frac{1}{n}\right)$$

即$\left\{f\left(\frac{1}{n}\right)\right\}$单调减，且$\lim\limits_{n\to\infty}f\left(\frac{1}{n}\right)=f(0)=0$，应用莱布尼茨法则即得原级数条件收敛.

【例 11】 对于级数$\sum\limits_{n=1}^{\infty}a_n\,(a_n>0)$，若$\lim\limits_{n\to\infty}\frac{\ln\left(\frac{1}{a_n}\right)}{\ln n}=\lambda$. 求证：当$\lambda>1$时级数$\sum\limits_{n=1}^{\infty}a_n$收敛；当$\lambda<1$时级数$\sum\limits_{n=1}^{\infty}a_n$发散.

解析 (1)当$\lambda>1$时，取$p:1<p<\lambda$，由极限性质，$\exists N\in\mathbf{N}$，当$n\geqslant N$时，有

$$\frac{\ln\frac{1}{a_n}}{\ln n}>p\Rightarrow a_n<\frac{1}{n^p}$$

而$p>1$时$\sum\limits_{n=1}^{\infty}\frac{1}{n^p}$收敛，所以$\sum\limits_{n=N}^{\infty}a_n$收敛，因而$\sum\limits_{n=1}^{\infty}a_n$收敛.

(2) 当$\lambda<1$时，取$p:\lambda<p<1$，由极限性质，$\exists N\in\mathbf{N}$，当$n\geqslant N$时，有

$$\frac{\ln\frac{1}{a_n}}{\ln n}<p\Rightarrow a_n>\frac{1}{n^p}$$

而 $p<1$ 时 $\sum_{n=M}^{\infty}\frac{1}{n^p}$ 发散,所以 $\sum_{n=N}^{\infty}a_n$ 发散,因而 $\sum_{n=1}^{\infty}a_n$ 发散.

【例 12】 设 $f(x)=\frac{1}{1-x-x^2}$,$a_n=\frac{1}{n!}f^{(n)}(0)$,求证:级数 $\sum_{n=0}^{\infty}\frac{a_{n+1}}{a_na_{n+2}}$ 收敛,并求其和.

解析 令 $F(x)=(1-x-x^3)f(x)$,则 $F(x)=1$. 根据莱布尼兹公式,对上式两边求 $n+2$ 阶导数,有

$$F^{(n+2)}(x)=f^{(n+2)}(x)(1-x-x^2)+C_{n+2}^1f^{(n+1)}(x)(-1-2x)+C_{n+2}^2f^{(n)}(x)(-2)=0$$

令 $x=0$ 得

$$(n+2)!\ a_{n+2}+C_{n+2}^1a_{n+1}(n+1)!\ (-1)+C_{n+2}^2a_nn!\ (-2)=0$$

$$(n+2)!\ a_{n+2}-(n+2)!\ a_{n+1}-(n+2)!\ a_n=0$$

于是
$$a_{n+2}=a_{n+1}+a_n$$

且 $a_0=\frac{1}{0!}f^{(0)}(0)=1$,$a_1=\frac{1}{1!}f'(0)=\left.\frac{-(-1-2x)}{(1-x-x^2)^2}\right|_{x=0}=1$,归纳可得 $n\to\infty$ 时有 $a_n\to\infty$,原级数的部分和

$$\begin{aligned}S_n&=\sum_{k=0}^{n}\frac{a_{k+1}}{a_k\cdot a_{k+2}}=\sum_{k=0}^{n}\frac{a_{k+2}-a_k}{a_k\cdot a_{k+2}}=\sum_{k=0}^{n}\left(\frac{1}{a_k}-\frac{1}{a_{k+2}}\right)\\&=\left(\frac{1}{a_0}-\frac{1}{a_2}\right)+\left(\frac{1}{a_1}-\frac{1}{a_3}\right)+\left(\frac{1}{a_2}-\frac{1}{a_4}\right)+\cdots+\left(\frac{1}{a_{n-1}}-\frac{1}{a_{n+1}}\right)+\left(\frac{1}{a_n}-\frac{1}{a_{n+2}}\right)\\&=\frac{1}{a_0}+\frac{1}{a_1}-\frac{1}{a_{n+1}}-\frac{1}{a_{n+2}}\to 2\quad(n\to\infty)\end{aligned}$$

于是级数 $\sum_{n=0}^{\infty}\frac{a_{n+1}}{a_na_{n+2}}$ 收敛,且和为 2.

【例 13】 讨论级数 $1-\frac{1}{2^p}+\frac{1}{\sqrt{3}}-\frac{1}{4^p}+\frac{1}{\sqrt{5}}-\frac{1}{6^p}+\cdots$ 的敛散性(p 为常数).

解析 当 $p=\frac{1}{2}$ 时,原式 $=\sum_{n=1}^{\infty}(-1)^{n+1}\frac{1}{\sqrt{n}}$,由于此为交错级数,$\frac{1}{\sqrt{n}}$ 单调减少收敛于 0,由莱布尼茨判别法得 $p=\frac{1}{2}$ 时,原级数收敛.

当 $p\leqslant 0$ 时,原级数的通项 $a_n\nrightarrow 0$,所以原级数发散.

当 $p>\frac{1}{2}$时，考虑加括号(两项一括)的级数

$$\sum_{n=1}^{\infty}\left(\frac{1}{\sqrt{2n-1}}-\frac{1}{(2n)^{p}}\right) \tag{1}$$

由于 $n\to\infty$ 时$\frac{1}{\sqrt{2n-1}}-\frac{1}{(2n)^{p}}\left(\text{在 } p>\frac{1}{2}\text{ 时}\right)$与$\frac{1}{\sqrt{2n-1}}$同阶，而$\frac{1}{\sqrt{2n-1}}$与$\frac{1}{\sqrt{n}}$同阶，$\sum\limits_{n=1}^{\infty}\frac{1}{\sqrt{n}}$发散，所以 $p>\frac{1}{2}$ 时，加括号的级数(1)发散，因而原级数也发散.

当 $0<p<\frac{1}{2}$ 时，考虑如下加括号的级数

$$1-\sum_{n=1}^{\infty}\left(\frac{1}{(2n)^{p}}-\frac{1}{\sqrt{2n+1}}\right) \tag{2}$$

由于 $n\to\infty$ 时，$\frac{1}{(2n)^{p}}-\frac{1}{\sqrt{2n+1}}\left(\text{在 } p<\frac{1}{2}\text{ 时}\right)$与$\frac{1}{(2n)^{p}}$同阶，而$\frac{1}{(2n)^{p}}$与$\frac{1}{n^{p}}$同阶，$\sum\limits_{n=1}^{\infty}\frac{1}{n^{p}}$发散，所以 $0<p<\frac{1}{2}$ 时，加括号的级数(2)发散，因而原级数也发散.

综上所述，原级数仅当 $p=\frac{1}{2}$时收敛.

【例 14】 设 k 为常数，试判别级数 $\sum\limits_{n=2}^{\infty}(-1)^{n}\frac{1}{n^{k}(\ln n)^{2}}$ 的敛散性，何时绝对收敛?何时条件收敛?何时发散?

解析 记 $a_{n}=\frac{1}{n^{k}(\ln n)^{2}}$，当 $k>1$ 时，因为

$$\lim_{n\to\infty}\frac{a_{n}}{\frac{1}{n^{k}}}=\lim_{n\to\infty}\frac{1}{(\ln n)^{2}}=0$$

而级数$\sum\limits_{n=1}^{\infty}\frac{1}{n^{k}}$收敛，所以 $k>1$ 时$\sum\limits_{n=1}^{\infty}a_{n}$收敛，故原级数在 $k>1$ 时绝对收敛.

当 $k=1$ 时，因为

$$\sum_{i=2}^{n}\frac{1}{i(\ln i)^{2}}\leqslant\frac{1}{2(\ln 2)^{2}}+\sum_{i=3}^{n}\int_{i-1}^{i}\frac{1}{x(\ln x)^{2}}\mathrm{d}x\leqslant\frac{1}{2(\ln 2)^{2}}+\int_{2}^{+\infty}\frac{1}{x(\ln x)^{2}}\mathrm{d}x$$

$$=\frac{1}{2(\ln 2)^{2}}-\frac{1}{\ln x}\bigg|_{2}^{+\infty}=\frac{1}{2(\ln 2)^{2}}+\frac{1}{\ln 2}$$

故级数 $\sum_{n=1}^{\infty}\frac{1}{n(\ln n)^2}$ 的部分和有上界，所以 $k=1$ 时，$\sum_{n=1}^{\infty}a_n$ 收敛，故原级数在 $k=1$ 时绝对收敛.

当 $k<1$ 时，因为

$$\lim_{n\to\infty}\frac{a_n}{\frac{1}{n}}=\lim_{n\to\infty}\frac{n^{1-k}}{(\ln n)^2}=+\infty$$

而 $\sum_{n=1}^{\infty}\frac{1}{n}$ 发散，所以 $k<1$ 时原级数非绝对收敛.

当 $0\leqslant k<1$ 时，$\{a_n\}$ 单调减，且

$$\lim_{n\to\infty}a_n=\lim_{n\to\infty}\frac{1}{n^k(\ln n)^2}=0$$

应用莱布尼茨判别法得原级数在 $0\leqslant k<1$ 时条件收敛.

当 $k<0$ 时，因为

$$\lim_{n\to\infty}a_n=\lim_{n\to\infty}\frac{n^{-k}}{(\ln n)^2}=+\infty$$

所以 $k<0$ 时原级数发散.

综上得：$k\geqslant 1$ 绝对收敛，$0\leqslant k<1$ 时条件收敛，$k<0$ 时发散.

【例 15】 求级数 $\sum_{n=1}^{\infty}\left(1+\frac{1}{2}+\frac{1}{3}+\cdots+\frac{1}{n}\right)x^n$ 的收敛半径及和函数.

解析 令 $a_n=1+\frac{1}{2}+\frac{1}{3}+\cdots+\frac{1}{n}$，则 $n\geqslant 1$ 时均有 $1\leqslant a_n\leqslant n$，而 $\lim\limits_{n\to\infty}\sqrt[n]{n}=1$，由夹逼准则可知 $\lim\limits_{n\to\infty}\frac{1}{\sqrt[n]{|a_n|}}=1$，所以幂级数的收敛半径 $R=1$.

令

$$u_n(x)=x^n\quad n=0,1,2,\cdots$$

$$v_0(x)=0,v_n(x)=\frac{1}{n}x^n\quad n=1,2,3,\cdots$$

易知级数 $\sum_{n=0}^{\infty}u_n(x)$，$\sum_{n=0}^{\infty}v_n(x)$ 在 $(-1,1)$ 绝对收敛，应用绝对收敛级数的乘法规则，有

$$\begin{aligned}\sum_{n=1}^{\infty}a_nx^n&=\sum_{n=0}^{\infty}\left(x^n\cdot 0+x^{n-1}\cdot x+x^{n-2}\cdot\frac{1}{2}x^2+\cdots+1\cdot\frac{1}{n}x^n\right)\\&=\sum_{n=0}^{\infty}[u_n(x)v_0(x)+u_{n-1}(x)v_1(x)+\cdots+u_0(x)v_n(x)]\end{aligned}$$

$$= \left(\sum_{n=0}^{\infty} u_n(x)\right) \cdot \left(\sum_{n=0}^{\infty} v_n(x)\right)$$

$$= \frac{1}{1-x}(-\ln(1-x))(|x|<1)$$

级数的和函数为$\frac{\ln(1-x)}{x-1}$.

【例 16】 设 a_n 是曲线 $y=x^n$ 与 $y=x^{n+1}(n=1,2,\cdots)$ 所围区域的面积，记 $S_1=\sum_{n=1}^{\infty} a_n$，$S_2=\sum_{n=0}^{\infty} a_{2n-1}$，求 S_1 与 S_2 的值.

解析 根据题意有

$$a_n = \int_0^1 (x^n - x^{n+1})\mathrm{d}x = \left(\frac{1}{n+1}x^{n+1} - \frac{1}{n+2}x^{n+2}\right)\Big|_0^1$$

$$= \frac{1}{n+1} - \frac{1}{n+2} = \frac{1}{(n+1)(n+2)}$$

$$a_{2n-1} = \frac{1}{2n \cdot (2n+1)}$$

由于 $a_n = \frac{1}{(n+1)(n+2)} \sim \frac{1}{n^2}$，而 $\sum_{n=1}^{\infty}\frac{1}{n^2}$ 收敛，所以级数 S_1 收敛；由于 $a_{2n-1} = \frac{1}{2n \cdot (2n+1)} \sim \frac{1}{4n^2}$，而 $\sum_{n=1}^{\infty}\frac{1}{4n^2}$ 收敛，所以级数 S_2 收敛

$$S_1 = \sum_{n=1}^{\infty} a_n = \lim_{n\to\infty}\sum_{k=1}^{n} a_k = \lim_{n\to\infty}\sum_{k=1}^{n}\frac{1}{(k+1)(k+2)}$$

$$= \lim_{n\to\infty}\left(\frac{1}{2} - \frac{1}{3} + \frac{1}{3} - \frac{1}{4} + \cdots + \frac{1}{n+1} - \frac{1}{n+2}\right)$$

$$= \lim_{n\to\infty}\left(\frac{1}{2} - \frac{1}{n+2}\right) = \frac{1}{2}$$

$$S_2 = \sum_{n=1}^{\infty} a_{2n-1} = \sum_{n=1}^{\infty}\frac{1}{2n(2n+1)} = \sum_{n=1}^{\infty}\left(\frac{1}{2n} - \frac{1}{2n+1}\right)$$

由于 $\sum_{n=2}^{\infty}(-1)^n\frac{1}{n}$ 显然是收敛的，所以加括号的级数 $\sum_{n=1}^{\infty}\left(\frac{1}{2n} - \frac{1}{2n+1}\right)$ 也收敛，且 $\sum_{n=1}^{\infty}\left(\frac{1}{2n} - \frac{1}{2n+1}\right) = \sum_{n=2}^{\infty}(-1)^n\frac{1}{n}$.

由于 $\sum_{n=1}^{\infty}(-1)^n\frac{x^n}{n} = \sum_{n=1}^{\infty}\frac{1}{n}(-x)^n = -\ln(1+x)$，收敛域为 $(-1,1]$，所以

$\sum_{n=1}^{\infty}(-1)^n\frac{1}{n}=-\ln(1+1)=-\ln 2$,于是

$$\sum_{n=2}^{\infty}(-1)^n\frac{1}{n}=1-\ln 2$$

$$S_2=\sum_{n=1}^{\infty}\left(\frac{1}{2n}-\frac{1}{2n+1}\right)=\sum_{n=2}^{\infty}(-1)^n\frac{1}{n}=1-\ln 2$$

【例 17】 证明:当 $p\geqslant 1$ 时,有

$$\sum_{n=1}^{\infty}\frac{1}{(n+1)\sqrt[p]{n}}\leqslant p$$

解析 令 $x_n=\frac{1}{(n+1)\sqrt[p]{n}}$,于是

$$x_n=n^{1-\frac{1}{p}}\frac{1}{n(n+1)}=n^{1-\frac{1}{p}}\left(\frac{1}{n}-\frac{1}{n+1}\right)=n^{1-\frac{1}{p}}\left(\left(\frac{1}{\sqrt[p]{n}}\right)^p-\left(\frac{1}{\sqrt[p]{n+1}}\right)^p\right)$$

由拉格朗日中值定理,存在 $\theta\in(0,1)$,使得

$$\left(\frac{1}{\sqrt[p]{n}}\right)^p-\left(\frac{1}{\sqrt[p]{n+1}}\right)^p=p\left(\frac{1}{\sqrt[p]{n+\theta}}\right)^{p-1}\left(\frac{1}{\sqrt[p]{n}}-\frac{1}{\sqrt[p]{n+1}}\right)$$

于是

$$x_n=\left(\frac{n}{n+\theta}\right)^{1-\frac{1}{p}}p\left(\frac{1}{\sqrt[p]{n}}-\frac{1}{\sqrt[p]{n+1}}\right)\leqslant p\left(\frac{1}{\sqrt[p]{n}}-\frac{1}{\sqrt[p]{n+1}}\right)$$

又 $\sum_{n=1}^{\infty}\left(\frac{1}{\sqrt[p]{n}}-\frac{1}{\sqrt[p]{n+1}}\right)=\lim_{n\to\infty}\left(1-\frac{1}{\sqrt[p]{2n}}\right)=1$,因此

$$\sum_{n=1}^{\infty}\frac{1}{(n+1)\sqrt[p]{n}}\leqslant p\sum_{n=1}^{\infty}\left(\frac{1}{\sqrt[p]{n}}-\frac{1}{\sqrt[p]{n+1}}\right)=p$$

【例 18】 求幂级数 $\sum_{n=1}^{\infty}\frac{1}{1+\frac{1}{2}+\cdots+\frac{1}{n}}x^n$ 的收敛域.

解析 令 $a_n=\frac{1}{1+\frac{1}{2}+\cdots+\frac{1}{n}}$,因级数 $\sum_{n=1}^{\infty}\frac{1}{n}$ 发散,故部分和

$$1+\frac{1}{2}+\cdots+\frac{1}{n}\to+\infty\quad n\to\infty$$

由于 $n\to\infty$ 时

$$\frac{a_n}{a_{n+1}}=\frac{1+\frac{1}{2}+\cdots+\frac{1}{n}+\frac{1}{n+1}}{1+\frac{1}{2}+\cdots+\frac{1}{n}}=1+\frac{1}{n+1}\cdot\frac{1}{1+\frac{1}{2}+\cdots+\frac{1}{n}}\to 1$$

所以收敛半径 $R=1$. $x=1$ 时,原级数为 $\sum_{n=1}^{\infty} a_n$,由于

$$a_n=\frac{1}{1+\frac{1}{2}+\cdots+\frac{1}{n}}>\frac{1}{1+1+\cdots+1}=\frac{1}{n}$$

应用比较判别法得 $\sum_{n=1}^{\infty} a_n$ 发散. $x=-1$ 时,原级数为 $\sum_{n=1}^{\infty}(-1)^n a_n$. 因 $a_n \to 0$,且数列 $\{a_n\}$ 单调减,应用莱布尼茨判别法得 $\sum_{n=1}^{\infty}(-1)^n a_n$ 收敛. 所以原幂级数的收敛域为 $[-1,1)$.

【例 19】 求级数 $\sum_{n=1}^{\infty} \frac{x^{2^n}}{x^{2^{n+1}}-1}(|x|<1)$ 的和函数.

解析 因为 $$\frac{x^{2^n}}{x^{2^{n+1}}-1}=\frac{x^{2^n}+1-1}{(x^{2^n}+1)(x^{2^n}-1)}=\frac{1}{x^{2^n}-1}-\frac{1}{x^{2^{n+1}}-1}$$

所以原级数的部分和函数为

$$S_n(x)=\sum_{k=0}^{n} \frac{x^{2^k}}{x^{2^{k+1}}-1}=\sum_{k=0}^{n}\left(\frac{1}{x^{2^k}-1}-\frac{1}{x^{2^{k+1}}-1}\right)=\frac{1}{x-1}-\frac{1}{x^{2^{n+1}}-1}$$

由于 $|x|<1$,所以 $\lim_{n\to\infty} x^{2^{n+1}}=0$,于是

$$\lim_{n\to\infty} S_n(x)=\lim_{n\to\infty}\left(\frac{1}{x-1}-\frac{1}{x^{2^{n+1}}-1}\right)=\frac{1}{x-1}+1=\frac{x}{x-1} \quad |x|<1$$

从而

$$\sum_{n=1}^{\infty} \frac{x^{2^n}}{x^{2^{n+1}}-1}=\frac{x}{x-1} \quad |x|<1$$

【例 20】 求 $\dfrac{1+\frac{\pi^4}{5!}+\frac{\pi^8}{9!}+\frac{\pi^{12}}{13!}+\cdots}{\frac{1}{3!}+\frac{\pi^4}{7!}+\frac{\pi^8}{11!}+\frac{\pi^{12}}{15!}+\cdots}$.

解析 记

$$p=1+\frac{\pi^4}{5!}+\frac{\pi^8}{9!}+\frac{\pi^{12}}{13!}+\cdots$$

$$q=\frac{1}{3!}+\frac{\pi^4}{7!}+\frac{\pi^8}{11!}+\frac{\pi^{12}}{15!}+\cdots$$

则 $$\pi p-\pi^3 q=\pi-\frac{\pi^3}{3!}+\frac{\pi^5}{5!}-\frac{\pi^7}{7!}+\frac{\pi^9}{9!}+\cdots$$

由于 $\sin x$ 的幂级数展开式为

$$\sin x = x - \frac{x^3}{3!} + \frac{x^5}{5!} - \frac{x^7}{7!} + \frac{x^9}{9!} + \cdots$$

所以
$$\pi p - \pi^3 q = \sin \pi = 0$$

原式$\frac{p}{q} = \pi^2$.

【例 21】 设函数 $f(x) = \begin{cases} \frac{x^2+1}{x}\arctan x, & x \neq 0 \\ 1, & x = 0 \end{cases}$ 的麦克劳林展开式为 $f(x) = \sum_{n=0}^{\infty} a_n x^n$，求幂级数$\sum_{n=1}^{\infty} |a_{2n}| x^n (0 < x < 1)$ 的和函数.

解析 由于当$|x|<1$时，$(\arctan x)' = \frac{1}{1+x^2} = \sum_{n=0}^{\infty}(-1)^n x^{2n}$，所以

$$\arctan x = \sum_{n=0}^{\infty}(-1)^n \frac{1}{2n+1} x^{2n+1} \quad |x| < 1$$

因此，当 $0<|x|<1$ 时

$$\begin{aligned}
f(x) &= \frac{x^2+1}{x}\arctan x = \left(x + \frac{1}{x}\right)\sum_{n=0}^{\infty}(-1)^n \frac{1}{2n+1} x^{2n+1} \\
&= \sum_{n=0}^{\infty}(-1)^n \frac{1}{2n+1} x^{2(n+1)} + \sum_{n=0}^{\infty}(-1)^n \frac{1}{2n+1} x^{2n} \\
&= \sum_{m=1}^{\infty}(-1)^{m-1} \frac{1}{2m-1} x^{2m} + \sum_{n=0}^{\infty}(-1)^n \frac{1}{2n+1} x^{2n} \quad \text{其中 } m = n+1 \\
&= \sum_{n=1}^{\infty}(-1)^{n-1} \frac{1}{2n-1} x^{2n} + \sum_{n=0}^{\infty}(-1)^n \frac{1}{2n+1} x^{2n} \\
&= 1 + \sum_{n=1}^{\infty}(-1)^{n-1}\left(\frac{1}{2n-1} - \frac{1}{2n+1}\right) x^{2n} \\
&= 1 + \sum_{n=1}^{\infty}(-1)^{n-1} \frac{2}{4n^2-1} x^{2n} \quad 0 < |x| < 1
\end{aligned}$$

显然，上式在 $x=0$ 时也成立，所以

$$a_{2n} = (-1)^{n-1} \frac{2}{4n^2-1} \quad n = 1, 2, \cdots$$

下面计算幂级数$\sum_{n=1}^{\infty} |a_{2n}| x^n = \sum_{n=1}^{\infty} \frac{2}{4n^2-1} x^n$ 在$(0,1)$内的和函数 $S(x)$ 则

$$S(x) = \sum_{n=1}^{\infty} \frac{2}{4n^2-1} x^n = \sum_{n=1}^{\infty} \frac{1}{2n-1} x^n - \sum_{n=1}^{\infty} \frac{1}{2n+1} x^n \tag{1}$$

对 $x\in(0,1)$，记 $f_1(x)=\sum\limits_{n=1}^{\infty}\frac{1}{2n-1}x^n$，则 $f'_1(x)=\sum\limits_{n=1}^{\infty}\frac{n}{2n-1}x^{n-1}$，所以

$$2xf'_1(x)-f_1(x)=\sum_{n=1}^{\infty}x^n=\frac{x}{1-x}$$

即

$$f'_1(x)-\frac{1}{2x}f_1(x)=\frac{1}{2(1-x)}$$

解此一阶线性微分方程得

$$f_1(x)=\sqrt{x}\left[C_1+\frac{1}{2}\ln\frac{1+\sqrt{x}}{1-\sqrt{x}}\right] \tag{2}$$

由 $\lim\limits_{x\to 0^+}\frac{1}{\sqrt{x}}f_1(x)=\left(\sum\limits_{n=1}^{\infty}\frac{1}{2n-1}x^{n-\frac{1}{2}}\right)\Big|_{x=0}=0$，得 $C_1=0$，所以

$$f_1(x)=\frac{1}{2}\sqrt{x}\ln\frac{1+\sqrt{x}}{1-\sqrt{x}}$$

对 $x\in(0,1)$，记 $f_2(x)=\sum\limits_{n=1}^{\infty}\frac{1}{2n+1}x^n$，则

$$f_2(x)=\sum_{m=2}^{\infty}\frac{1}{2m-1}x^{m-1}\quad m=n+1$$

$$=\frac{1}{x}\left(\sum_{m=1}^{\infty}\frac{1}{2m-1}x^m-x\right)=\frac{1}{x}f_1(x)-1 \tag{3}$$

将式(2)，(3)代入式(1)可得

$$S(x)=f_1(x)-f_2(x)=f_1(x)-\frac{1}{x}f_1(x)+1$$

$$=\left(1-\frac{1}{x}\right)f_1(x)+1=\frac{1}{2}\left(1-\frac{1}{x}\right)\sqrt{x}\ln\frac{1+\sqrt{x}}{1-\sqrt{x}}+1\quad 0<x<1$$

【例 22】 将函数 $f(x)=\sum\limits_{n=1}^{\infty}\frac{1}{4^n\cdot n}(x+1)^{2n}(-3<x<1)$ 展开成 x 的幂级数.

解析 $f(x)=\sum\limits_{n=1}^{\infty}\frac{1}{4^n\cdot n}(x+1)^{2n}=\sum\limits_{n=1}^{\infty}\frac{1}{n}\left[\left(\frac{x+1}{2}\right)^2\right]^n$，令 $t=\left(\frac{x+1}{2}\right)^2$

有

$$f(x)=\sum_{n=1}^{\infty}\frac{1}{n}t^n=-\ln(1-t)=-\ln\left[1-\left(\frac{x+1}{2}\right)^2\right]$$

$$=2\ln 2+\ln(3+x)+\ln(1-x)$$

所以

$$f(x)=2\ln 2+\ln(3+x)+\ln(1-x)=2\ln 2+\ln 3+\ln\left(1+\frac{x}{3}\right)+\ln(1-x)$$

$$=2\ln 2+\ln 3+\sum_{n=1}^{\infty}(-1)^{n-1}\frac{1}{n}\left(\frac{x}{3}\right)^n-\sum_{n=1}^{\infty}\frac{1}{n}x^n$$

$$=2\ln 2+\ln 3+\sum_{n=1}^{\infty}\frac{1}{n}\left[(-1)^{n-1}\frac{1}{3^n}-1\right]x^n \qquad (*)$$

由于 $\ln\left(1+\frac{x}{3}\right)=\sum_{n=1}^{\infty}(-1)^{n-1}\frac{1}{n}\left(\frac{x}{3}\right)^n$ 成立范围为 $(-3,3]$；$\ln(1-x)=-\sum_{n=1}^{\infty}\frac{1}{n}x^n$ 成立范围为 $[-1,1)$. 所以式(*)仅在 $[-1,1)$ 上成立，即

$$f(x)=2\ln 2+\ln 3+\sum_{n=1}^{\infty}\frac{1}{n}\left[(-1)^{n-1}\frac{1}{3^n}-1\right]x^n \quad x\in[-1,1)$$

【例 23】 设函数 $f(x)=\sum_{n=1}^{\infty}\frac{x^n}{n^2}(0\leqslant x\leqslant 1)$，且已知 $f(1)=\sum_{n=1}^{\infty}\frac{1}{n^2}=\frac{\pi^2}{6}$.

(1)证明：$f(x)+f(1-x)+\ln x\ln(1-x)=\frac{\pi^2}{6}(0\leqslant x\leqslant 1)$.

(2)求积分 $\int_0^1\frac{1}{2-x}\ln\frac{1}{x}\mathrm{d}x$.

解析 (1)定义

$$\ln x\ln(1-x)\big|_{x=1}=\lim_{x\to 1^-}\ln x\ln(1-x)=\lim_{x\to 1^-}\frac{\ln(1-x)}{\frac{1}{\ln x}}$$

$$=\lim_{x\to 1^-}\frac{x\ln^2 x}{1-x}=\lim_{x\to 1^-}\frac{\ln^2 x+2\ln x}{-1}=0$$

同样定义

$$\ln x\ln(1-x)\big|_{x=0}=\lim_{x\to 0^+}\ln x\ln(1-x)\overset{t=1-x}{=}\lim_{t\to 1^-}\ln t\ln(1-t)=0$$

则 $F(x)=f(x)+f(1-x)+\ln x\ln(1-x)$ 在 $[0,1]$ 上连续，且对 $x\in(0,1)$ 有

$$F'(x)=f'(x)+f'(1-x)+\frac{\ln(1-x)}{x}-\frac{\ln x}{1-x}$$

$$=\left[f'(x)+\frac{\ln(1-x)}{x}\right]-\left[f'(1-x)+\frac{\ln x}{1-x}\right] \qquad (1)$$

其中

$$f'(x)+\frac{\ln(1-x)}{x}=\left(\sum_{n=1}^{\infty}\frac{x^n}{n^2}\right)'-\frac{\ln(1-x)}{x}=\sum_{n=1}^{\infty}\frac{1}{n}x^{n-1}-\frac{\ln(1-x)}{x}$$

$$=\frac{1}{x}\sum_{n=1}^{\infty}\frac{1}{n}x^n+\frac{\ln(1-x)}{x}$$

$$=-\frac{\ln(1-x)}{x}+\frac{\ln(1-x)}{x}=0 \tag{2}$$

$$f'(1-x)+\frac{\ln x}{1-x}\xlongequal{t=1-x}f'(t)+\frac{\ln(1-t)}{t}=0 \tag{3}$$

将式(2),(3)代入式(1)得 $F'(x)=0(0<x<1)$. 于是 $F(x)=C(0\leqslant x\leqslant 1)$. 由于

$$C=F(1)=f(1)+f(0)+\ln x\ln(1-x)\Big|_{x=1}=f(1)=\sum_{n=1}^{\infty}\frac{1}{n^2}=\frac{\pi^2}{6}$$

(2)令 $t=2-x$,则

$$\int_0^1\frac{1}{2-x}\ln\frac{1}{x}\mathrm{d}x=-\int_1^2\frac{\ln(2-t)}{t}\mathrm{d}t=-\int_1^2\frac{\ln 2+\ln\left(1-\frac{t}{2}\right)}{t}\mathrm{d}t$$

$$=-\int_1^2\frac{\ln 2}{t}\mathrm{d}t-\int_1^2\frac{-\sum\limits_{n=1}^{\infty}\frac{1}{n}\left(\frac{t}{2}\right)^n}{t}\mathrm{d}t$$

$$=-\ln^2 2+\int_1^2\sum_{n=1}^{\infty}\frac{1}{2^n\cdot n}t^{n-1}\mathrm{d}t$$

$$=-\ln^2 2+\sum_{n=1}^{\infty}\frac{1}{2^n\cdot n}\int_1^2 t^{n-1}\mathrm{d}t$$

$$=-\ln^2 2+\sum_{n=1}^{\infty}\frac{1}{n^2}-\sum_{n=1}^{\infty}\frac{1}{n^2}\cdot\left(\frac{1}{2}\right)^n$$

$$=-\ln^2 2+\frac{\pi^2}{6}-f\left(\frac{1}{2}\right)=-\ln^2 2+\frac{\pi^2}{6}-\frac{1}{2}\left(\frac{\pi^2}{6}-\ln^2 2\right)$$

$\left(\text{由(1)知 } f\left(\frac{1}{2}\right)+f\left(1-\frac{1}{2}\right)+\ln\frac{1}{2}\ln\left(1-\frac{1}{2}\right)=\frac{\pi^2}{6}\text{,所以 } f\left(\frac{1}{2}\right)\right)$

$$\text{上式}=\frac{1}{2}\left(\frac{\pi^2}{6}-\ln^2 2\right)=\frac{\pi^2}{12}-\frac{1}{2}\ln^2 2$$

专题八　线性代数

【例 1】 设

$$\boldsymbol{D}=\begin{bmatrix}\boldsymbol{A} & \boldsymbol{C}\\ \boldsymbol{C}^{\mathrm{T}} & \boldsymbol{B}\end{bmatrix}$$

为正定矩阵,其中 $\boldsymbol{A},\boldsymbol{B}$ 分别为 m 阶,n 阶对称矩阵,$\boldsymbol{E}_m,\boldsymbol{E}_n$ 分别为 m 阶,n 阶

单位矩阵，$\boldsymbol{C}$ 为 $m\times n$ 矩阵.

(1)计算 $\boldsymbol{P}^{\mathrm{T}}\boldsymbol{D}\boldsymbol{P}$，其中

$$\boldsymbol{P}=\begin{pmatrix}\boldsymbol{E}_m & -\boldsymbol{A}^{-1}\boldsymbol{C}\\ \boldsymbol{O} & \boldsymbol{E}_n\end{pmatrix}$$

(2)利用(1)的结果判断矩阵 $\boldsymbol{B}-\boldsymbol{C}^{\mathrm{T}}\boldsymbol{A}^{-1}\boldsymbol{C}$ 是否为正定矩阵，并证明你的结论.

解析 (1)因 $\boldsymbol{P}^{\mathrm{T}}\begin{pmatrix}\boldsymbol{E}_m & \boldsymbol{O}\\ -\boldsymbol{C}^{\mathrm{T}}\boldsymbol{A}^{-1} & \boldsymbol{E}_n\end{pmatrix}$，有

$$\begin{aligned}\boldsymbol{P}^{\mathrm{T}}\boldsymbol{D}\boldsymbol{P}&=\begin{pmatrix}\boldsymbol{E}_m & \boldsymbol{O}\\ -\boldsymbol{C}^{\mathrm{T}}\boldsymbol{A}^{-1} & \boldsymbol{E}_n\end{pmatrix}\begin{pmatrix}\boldsymbol{A} & \boldsymbol{C}\\ \boldsymbol{C}^{\mathrm{T}} & \boldsymbol{B}\end{pmatrix}\begin{pmatrix}\boldsymbol{E}_m & -\boldsymbol{A}^{-1}\boldsymbol{C}\\ \boldsymbol{O} & \boldsymbol{E}_n\end{pmatrix}\\&=\begin{pmatrix}\boldsymbol{A} & \boldsymbol{C}\\ \boldsymbol{O} & \boldsymbol{B}-\boldsymbol{C}^{\mathrm{T}}\boldsymbol{A}^{-1}\boldsymbol{C}\end{pmatrix}\begin{pmatrix}\boldsymbol{E}_m & -\boldsymbol{A}^{-1}\boldsymbol{C}\\ \boldsymbol{O} & \boldsymbol{E}_n\end{pmatrix}\\&=\begin{pmatrix}\boldsymbol{A} & \boldsymbol{O}\\ \boldsymbol{O} & \boldsymbol{B}-\boldsymbol{C}^{\mathrm{T}}\boldsymbol{A}^{-1}\boldsymbol{C}\end{pmatrix}\end{aligned}$$

(2)矩阵 $\boldsymbol{B}-\boldsymbol{C}^{\mathrm{T}}\boldsymbol{A}^{-1}\boldsymbol{C}$ 是正定矩阵.

由(1)的结果可知，矩阵 $\boldsymbol{D}$ 合同于矩阵

$$\boldsymbol{M}=\begin{pmatrix}\boldsymbol{A} & \boldsymbol{O}\\ \boldsymbol{O} & \boldsymbol{B}-\boldsymbol{C}^{\mathrm{T}}\boldsymbol{A}^{-1}\boldsymbol{C}\end{pmatrix}$$

又 $\boldsymbol{D}$ 为正定矩阵，可知矩阵 $\boldsymbol{M}$ 为正定矩阵.

因矩阵 $\boldsymbol{M}$ 为对称矩阵，故 $\boldsymbol{B}-\boldsymbol{C}^{\mathrm{T}}\boldsymbol{A}^{-1}\boldsymbol{C}$ 为对称矩阵. 对 m 维向量 $\boldsymbol{X}=(0,0,\cdots,0)^{\mathrm{T}}$ 及任意的 $\boldsymbol{Y}=(y_1,y_2,\cdots,y_n)^{\mathrm{T}}\neq\boldsymbol{0}$，有

$$(\boldsymbol{X}^{\mathrm{T}},\boldsymbol{Y}^{\mathrm{T}})\begin{pmatrix}\boldsymbol{A} & \boldsymbol{O}\\ \boldsymbol{O} & \boldsymbol{B}-\boldsymbol{C}^{\mathrm{T}}\boldsymbol{A}^{-1}\boldsymbol{C}\end{pmatrix}\begin{pmatrix}\boldsymbol{X}\\ \boldsymbol{Y}\end{pmatrix}>0$$

则 $\boldsymbol{Y}^{\mathrm{T}}(\boldsymbol{B}-\boldsymbol{C}^{\mathrm{T}}\boldsymbol{A}^{-1}\boldsymbol{C})\boldsymbol{Y}>0$. 故 $\boldsymbol{B}-\boldsymbol{C}^{\mathrm{T}}\boldsymbol{A}^{-1}\boldsymbol{C}$ 为正定矩阵.

【例 2】 设 3 阶实对称矩阵 $\boldsymbol{A}$ 的各行元素之和为 3，向量 $\boldsymbol{\alpha}_1=(-1,2,-1)^{\mathrm{T}}$，$\boldsymbol{\alpha}_2=(0,-1,1)^{\mathrm{T}}$ 是线性方程组 $\boldsymbol{A}\boldsymbol{x}=\boldsymbol{0}$ 的两个解.

(1)求 $\boldsymbol{A}$ 的特征值与特征向量；

(2)求正交矩阵 $\boldsymbol{Q}$ 和对角矩阵 $\boldsymbol{\Lambda}$，使得 $\boldsymbol{Q}^{\mathrm{T}}\boldsymbol{A}\boldsymbol{Q}=\boldsymbol{\Lambda}$.

解析 (1)由于矩阵 $\boldsymbol{A}$ 的各行元素之和均为 3，所以

$$\boldsymbol{A}\begin{pmatrix}1\\1\\1\end{pmatrix}=\begin{pmatrix}3\\3\\3\end{pmatrix}=3\begin{pmatrix}1\\1\\1\end{pmatrix}$$

因为 $\boldsymbol{A\alpha}_1=\mathbf{0}$，$\boldsymbol{A\alpha}_2=\mathbf{0}$，即 $\boldsymbol{A\alpha}_1=0\boldsymbol{\alpha}_1$，$\boldsymbol{A\alpha}_2=0\boldsymbol{\alpha}_2$，故 $\lambda_1=\lambda_2=0$ 是 $\boldsymbol{A}$ 的二重特征值，$\boldsymbol{\alpha}_1$，$\boldsymbol{\alpha}_2$ 为 $\boldsymbol{A}$ 的属于特征值 0 的两个线性无关特征向量；$\lambda_3=3$ 是 $\boldsymbol{A}$ 的一个特征值，$\boldsymbol{\alpha}_3=(1,1,1)^{\mathrm{T}}$ 为 $\boldsymbol{A}$ 的属于特征值 3 的特征向量.

总之，$\boldsymbol{A}$ 的特征值为 0,0,3. 属于特征值 0 的全体特征向量为 $k_1\boldsymbol{\alpha}_1+k_2\boldsymbol{\alpha}_2$（$k_1$，$k_2$ 不全为零），属于特征值 3 的全体特征向量为 $k_3\boldsymbol{\alpha}$（$k_3\neq 0$）.

(2)对 $\boldsymbol{\alpha}_1$，$\boldsymbol{\alpha}_2$ 正交化. 令

$$\boldsymbol{\xi}_1=\boldsymbol{\alpha}_1=(-1,2,-1)^{\mathrm{T}},\boldsymbol{\xi}_2=\boldsymbol{\alpha}_2-\frac{(\boldsymbol{\alpha}_2,\boldsymbol{\xi}_1)}{(\boldsymbol{\xi}_1,\boldsymbol{\xi}_1)}\boldsymbol{\xi}_1=\frac{1}{2}(-1,0,1)^{\mathrm{T}}$$

再分别将 $\boldsymbol{\xi}_1$，$\boldsymbol{\xi}_2$，$\boldsymbol{\alpha}_3$ 单位化，得

$$\boldsymbol{\beta}_1=\frac{\boldsymbol{\xi}_1}{\|\boldsymbol{\xi}_1\|}=\frac{1}{\sqrt{6}}(-1,2,-1)^{\mathrm{T}}$$

$$\boldsymbol{\beta}_2=\frac{\boldsymbol{\xi}_2}{\|\boldsymbol{\xi}_2\|}=\frac{1}{\sqrt{2}}(-1,0,1)^{\mathrm{T}}$$

$$\boldsymbol{\beta}_3=\frac{\boldsymbol{\xi}_3}{\|\boldsymbol{\xi}_3\|}=\frac{1}{\sqrt{3}}(1,1,1)^{\mathrm{T}}$$

令

$$\boldsymbol{Q}=(\boldsymbol{\beta}_1,\boldsymbol{\beta}_2,\boldsymbol{\beta}_3)=\begin{pmatrix}-\frac{1}{\sqrt{6}} & -\frac{1}{\sqrt{2}} & \frac{1}{\sqrt{3}}\\ \frac{2}{\sqrt{6}} & 0 & \frac{1}{\sqrt{3}}\\ -\frac{1}{\sqrt{6}} & \frac{1}{\sqrt{2}} & \frac{1}{\sqrt{3}}\end{pmatrix},\boldsymbol{\Lambda}=\begin{pmatrix}0 & & \\ & 0 & \\ & & 3\end{pmatrix}$$

那么 $\boldsymbol{Q}$ 为正交矩阵，且 $\boldsymbol{Q}^{\mathrm{T}}\boldsymbol{AQ}=\boldsymbol{\Lambda}$.

【例 3】 已知

$$\boldsymbol{A}=\begin{pmatrix}1 & 0 & 1\\ 0 & 1 & 1\\ -1 & 0 & a\\ 0 & a & -1\end{pmatrix}$$

二次型 $f(x_1,x_2,x_3)=\boldsymbol{x}^{\mathrm{T}}(\boldsymbol{A}^{\mathrm{T}}\boldsymbol{A})\boldsymbol{x}$ 的秩为 2.

(1)求实数 a 的值；

(2)求正交变换 $\boldsymbol{x}=\boldsymbol{Qy}$ 将 f 化为标准型.

解析 因为 $R(\boldsymbol{A}^{\mathrm{T}}\boldsymbol{A})=R(\boldsymbol{A})$，对 $\boldsymbol{A}$ 施以初等行变换

$$A=\begin{pmatrix}1&0&1\\0&1&1\\-1&0&a\\0&a&-1\end{pmatrix}\to\begin{pmatrix}1&0&1\\0&1&1\\0&0&a+1\\0&0&0\end{pmatrix}$$

所以，当 $a=-1$ 时，$R(\boldsymbol{A})=2$.

(1)由于 $a=-1$，所以

$$\boldsymbol{A}^{\mathrm{T}}\boldsymbol{A}=\begin{pmatrix}2&0&2\\0&2&2\\2&2&4\end{pmatrix}$$

矩阵 $\boldsymbol{A}^{\mathrm{T}}\boldsymbol{A}$ 的特征多项式为

$$|\lambda\boldsymbol{E}-\boldsymbol{A}^{\mathrm{T}}\boldsymbol{A}|=\begin{vmatrix}\lambda-2&0&-2\\0&\lambda-2&-2\\-2&-2&\lambda-4\end{vmatrix}=\lambda(\lambda-2)(\lambda-6)$$

于是 $\boldsymbol{A}^{\mathrm{T}}\boldsymbol{A}$ 的特征值为 $\lambda_1=2,\lambda_2=6,\lambda_3=0$.

当 $\lambda_1=2$ 时，由方程组 $(2\boldsymbol{E}-\boldsymbol{A}^{\mathrm{T}}\boldsymbol{A})\boldsymbol{x}=\boldsymbol{0}$，可得属于 2 的一个单位特征向量

$$\frac{1}{\sqrt{2}}\begin{pmatrix}1\\-1\\0\end{pmatrix}$$

当 $\lambda_2=6$ 时，由方程组 $(6\boldsymbol{E}-\boldsymbol{A}^{\mathrm{T}}\boldsymbol{A})\boldsymbol{x}=\boldsymbol{0}$，可得属于 6 的一个单位特征向量

$$\frac{1}{\sqrt{6}}\begin{pmatrix}1\\1\\2\end{pmatrix}$$

当 $\lambda_3=0$ 时，由方程组 $\boldsymbol{A}^{\mathrm{T}}\boldsymbol{A}\boldsymbol{x}=\boldsymbol{0}$，可得属于 0 的一个单位特征向量

$$\frac{1}{\sqrt{3}}\begin{pmatrix}1\\1\\-1\end{pmatrix}$$

令

$$\begin{pmatrix}\frac{1}{\sqrt{2}}&\frac{1}{\sqrt{6}}&\frac{1}{\sqrt{3}}\\-\frac{1}{\sqrt{2}}&\frac{1}{\sqrt{6}}&\frac{1}{\sqrt{3}}\\0&\frac{2}{\sqrt{6}}&-\frac{1}{\sqrt{3}}\end{pmatrix}$$

则 f 在正交变换 $\boldsymbol{x}=\boldsymbol{Q}\boldsymbol{y}$ 下的标准型为 $f=2y_1^2+6y_2^2$.

【例 4】 设 $\mathbf{C}^{n\times n}$ 为复矩阵全体在通常运算下所构成的复数域 $\mathbf{C}$ 上的线性空间

$$\boldsymbol{F}=\begin{pmatrix} 0 & 0 & \cdots & 0 & -a_n \\ 1 & 0 & \cdots & 0 & -a_{n-1} \\ 0 & 1 & \cdots & 0 & -a_{n-2} \\ \vdots & \vdots & & \vdots & \vdots \\ 0 & 0 & \cdots & 1 & -a_1 \end{pmatrix}$$

(1)假设

$$\boldsymbol{A}=\begin{pmatrix} a_{11} & a_{12} & \cdots & a_{1n} \\ a_{21} & a_{22} & \cdots & a_{2n} \\ \vdots & \vdots & & \vdots \\ a_{n1} & a_{n2} & \cdots & a_{nn} \end{pmatrix}$$

若 $\boldsymbol{AF}=\boldsymbol{FA}$,证明

$$\boldsymbol{A}=a_{n,1}\boldsymbol{F}^{n-1}+a_{n-1,1}\boldsymbol{F}^{n-2}+\cdots+a_{2,1}\boldsymbol{F}+a_{1,1}\boldsymbol{E}$$

其中 $\boldsymbol{E}$ 为 n 阶单位矩阵.

(2)求 $\mathbf{C}^{n\times n}$ 的子空间 $\mathbf{C}(\boldsymbol{F})=\{\boldsymbol{X}\in\mathbf{C}^{n\times n}\mid \boldsymbol{FX}=\boldsymbol{XF}\}$ 的维数.

解析 (1)记

$$\boldsymbol{A}=\{\boldsymbol{\alpha}_1,\boldsymbol{\alpha}_2,\cdots,\boldsymbol{\alpha}_n\},\boldsymbol{M}=a_{n,1}\boldsymbol{F}^{n-1}+a_{n-1,1}\boldsymbol{F}^{n-2}+\cdots+a_{2,1}\boldsymbol{F}+a_{1,1}\boldsymbol{E}$$

要证明 $\boldsymbol{M}=\boldsymbol{A}$,只需证明 $\boldsymbol{A}$ 与 $\boldsymbol{M}$ 的各个列向量对应相等即可.若以 $\boldsymbol{e}_i$ 记第 i 个基本单位列向量.于是,只需证明:对每个 i,有 $\boldsymbol{Me}_i=\boldsymbol{Ae}_i(=\alpha_i)$.

若记 $\boldsymbol{\beta}=(-a_n,-a_{n-1},\cdots,-a_1)^{\mathrm{T}}$,则 $\boldsymbol{F}=(\boldsymbol{e}_2,\boldsymbol{e}_3,\cdots,\boldsymbol{e}_n,\boldsymbol{\beta})$.注意到

$$\boldsymbol{Fe}_1=\boldsymbol{e}_2,\boldsymbol{F}^2\boldsymbol{e}_1=\boldsymbol{Fe}_2=\boldsymbol{e}_3,\cdots,\boldsymbol{F}^{n-1}\boldsymbol{e}_1=\boldsymbol{F}(\boldsymbol{F}^{n-2}\boldsymbol{e}_1)=\boldsymbol{Fe}_{n-1}=\boldsymbol{e}_n$$

由

$$\begin{aligned}\boldsymbol{Me}_1&=(a_{n,1}\boldsymbol{F}^{n-1}+a_{n-1,1}\boldsymbol{F}^{n-2}+\cdots+a_{2,1}\boldsymbol{F}+a_{1,1}\boldsymbol{E})\boldsymbol{e}_1\\&=a_{n,1}\boldsymbol{F}^{n-1}\boldsymbol{e}_1+a_{n-1,1}\boldsymbol{F}^{n-2}\boldsymbol{e}_1+\cdots+a_{2,1}\boldsymbol{Fe}_1+a_{1,1}\boldsymbol{Ee}_1\\&=a_{n,1}\boldsymbol{e}_n+a_{n-1,1}\boldsymbol{e}_{n-1}+\cdots+a_{2,1}\boldsymbol{e}_2+a_{1,1}\boldsymbol{e}_1\\&=\boldsymbol{\alpha}_1=\boldsymbol{Ae}_1\end{aligned}$$

知

$$\boldsymbol{Me}_2=\boldsymbol{MFe}_1=\boldsymbol{FMe}_1=\boldsymbol{FAe}_1=\boldsymbol{AFe}_1=\boldsymbol{Ae}_2$$

$$\boldsymbol{Me}_3=\boldsymbol{MF}^2\boldsymbol{e}_1=\boldsymbol{F}^2\boldsymbol{Me}_1=\boldsymbol{F}^2\boldsymbol{Ae}_1=\boldsymbol{AF}^2\boldsymbol{e}_1=\boldsymbol{Ae}_3$$

$$Me_n=MF^{n-1}e_1=F^{n-1}Me_1=F^{n-1}Ae_1=AF^{n-1}e_1=Ae_n$$

所以$M=A$.

(2)由(1),$\mathbf{C}(F)=\mathrm{span}\{E,F,F^2,\cdots,F^{n-1}\}$.

设$x_0F+x_1F+x_2F^2+\cdots+x_{n-1}F^{n-1}=O$,等式两边同时右乘$e_1$,利用$Fe_1=e_2,F^2e_1=Fe_2=e_3,\cdots,F^{n-1}e_1=F(F^{n-2}e_1)=Fe_{n-1}=e_n$,得

$$\begin{aligned}0=Oe_1&=(x_0E+x_1F+x_2F^2+\cdots+x_{n-1}F^{n-1})e_1\\&=x_0Ee_1+x_1Fe_1+x_2F^2e_1+\cdots+x_{n-1}F^{n-1}e_1\\&=x_0e_1+x_1e_2+x_2e_3+\cdots+x_{n-1}e_n\end{aligned}$$

因$e_1,e_2,e_3,\cdots,e_n$线性无关,故$x_0=x_1=x_2=\cdots=x_{n-1}=0$.

所以,$E,F,F^2,\cdots,F^{n-1}$线性无关.因此,$E,F,F^2,\cdots,F^{n-1}$是$\mathbf{C}(F)$的基,特别地,$\dim\mathbf{C}(F)=n$.

【例5】 设n阶方阵A和B满足$AB=B+2A$,且B相似于对角矩阵,证明:存在可逆矩阵P,使得$P^{-1}AP$与$P^{-1}BP$都是对角矩阵.

解析 首先证2不是B的特征值.假设2是B的特征值,则有$x\neq 0$使$Bx=2x$,于是$ABx=Bx+2Ax=2x+2Ax$,推得$x=0$,矛盾.故2不是B的特征值,从而$B-2E$(其中E为n阶单位矩阵)可逆.

由$AB=B+2A$得$A(B-2E)=B$.由于$B-2E$可逆,于是$A=B(B-2E)^{-1}$.根据题设知,存在可逆矩阵P,使得$P^{-1}BP=\Lambda$,其中Λ为对角矩阵,则

$$P^{-1}AP=P^{-1}BPP^{-1}(B-2E)^{-1}P=\Lambda(P^{-1}BP-2E)^{-1}=\Lambda(\Lambda-2E)^{-1}$$

其中$\Lambda(\Lambda-2E)^{-1}$仍是对角阵,故可逆矩阵P,使得$P^{-1}AP$与$P^{-1}BP$都是对角矩阵.

【例6】 设A为n阶实对称矩阵,E为n阶单位矩阵.求证:对充分小的正数ε,$E+\varepsilon A$为正定矩阵.

解析 可证$E+\varepsilon A$为实对称矩阵.因为存在正交矩阵T,使

$$T^{-1}AT=\mathrm{diag}(\lambda_1,\lambda_2,\cdots,\lambda_n)$$

其中,$\lambda_1,\lambda_2,\cdots,\lambda_n$为$A$的全部实特征值.令

$$\lambda_0=\max\{|\lambda_1|,|\lambda_2|,\cdots,|\lambda_n|\}$$

不妨设$\lambda_0>0$(因为若$\lambda_0=0$,则$\lambda_1=\lambda_2=\cdots=\lambda_n=0$,$A=O$,结论已证).再令$\varepsilon=\dfrac{1}{(\lambda_0+1)}$,则

$$\frac{\lambda_i}{\lambda_0+1}<1\quad i=1,2,\cdots,n$$

从而

$$1+\frac{\lambda_i}{\lambda_0+1}>0 \quad i=1,2,\cdots,n$$

又有

$$\boldsymbol{T}^{-1}(\boldsymbol{E}+\varepsilon\boldsymbol{A})\boldsymbol{T}=\mathrm{diag}\left(1+\frac{\lambda_1}{\lambda_0+1},1+\frac{\lambda_2}{\lambda_0+1},\cdots,1+\frac{\lambda_n}{\lambda_0+1}\right)$$

故 $\boldsymbol{E}+\varepsilon\boldsymbol{A}$ 为正定阵.

【例 7】 已知平面上三条不同直线的方程分别为

$$l_1: ax+2by+3c=0$$
$$l_2: bx+2cy+3a=0$$
$$l_3: cx+2ay+3b=0$$

证明:这三条直线交于一点的充分必要条件为 $a+b+c=0$.

解析 必要性.设三条直线 l_1,l_2,l_3 交于一点,则线性方程组

$$\begin{cases}ax+2by=-3c\\bx+2cy=-3a\\cx+2ay=-3b\end{cases}$$

有唯一解,故系数矩阵

$$\mathbf{A}=\begin{pmatrix}a & 2b\\b & 2c\\c & 2a\end{pmatrix}$$

与增广矩阵

$$\overline{\mathbf{A}}=\begin{pmatrix}a & 2b & -3c\\b & 2c & -3a\\c & 2a & -3b\end{pmatrix}$$

的秩均为 2,于是 $|\overline{\mathbf{A}}|=0$.由于

$$|\overline{\mathbf{A}}|=\begin{vmatrix}a & 2b & -3c\\b & 2c & -3a\\c & 2a & -3b\end{vmatrix}=6(a+b+c)(a^2+b^2+c^2-ab-ac-bc)$$

$$=3(a+b+c)[(a-b)^2+(b-c)^2+(c-a)^2]$$

但依据题设 $(a-b)^2+(b-c)^2+(c-a)^2\neq0$,故

$$a+b+c=0$$

充分性.由 $a+b+c=0$,则从必要性的证明可知,$|\overline{\mathbf{A}}|=0$,故 $R(\overline{\mathbf{A}})<3$.

由于

$$\begin{vmatrix} a & 2b \\ b & 2c \end{vmatrix}=2(ac-b^2)=-2[a(a+b)+b^2]=-2\left[\left(a+\frac{1}{2}\right)^2+\frac{3}{4}b^2\right]\neq 0$$

故 $R(\mathbf{A})=2$. 于是

$$R(\mathbf{A})=R(\overline{\mathbf{A}})=2$$

因此方程组

$$\begin{cases} ax+2by=-3c \\ bx+2cy=-3a \\ cx+2ay=-3b \end{cases}$$

有唯一解，即三直线 l_1,l_2,l_3 交于一点.

【例 8】 某试验性生产线每年一月份进行熟练工与非熟练工的人数统计，然后将六分之一的熟练工支援其他生产部门，其缺额由招收新的非熟练工补齐. 新、老非熟练工经过培训及实践至年终考核有五分之二成为熟练工. 设第 n 年一月份统计的熟练工和非熟练工所占百分比分别为 x_n 和 y_n，记成向量 $\begin{pmatrix} x_n \\ y_n \end{pmatrix}$.

(1)求 $\begin{pmatrix} x_{n+1} \\ y_{n+1} \end{pmatrix}$ 与 $\begin{pmatrix} x_n \\ y_n \end{pmatrix}$ 的关系式并写成矩阵形式

$$\begin{pmatrix} x_{n+1} \\ y_{n+1} \end{pmatrix}=\mathbf{A}\begin{pmatrix} x_n \\ y_n \end{pmatrix}$$

(2)验证 $\boldsymbol{\eta}_1=\begin{pmatrix} 4 \\ 1 \end{pmatrix}$，$\boldsymbol{\eta}_2=\begin{pmatrix} -1 \\ 1 \end{pmatrix}$ 是 $\mathbf{A}$ 的两个线性无关的特征向量，并求出相应的特征值.

(3)当 $\begin{pmatrix} x_1 \\ y_1 \end{pmatrix}=\begin{pmatrix} \frac{1}{2} \\ \frac{1}{2} \end{pmatrix}$ 时，求 $\begin{pmatrix} x_{n+1} \\ y_{n+1} \end{pmatrix}$.

解析 (1)

$$\begin{cases} x_{n+1}=\dfrac{5}{6}x_n+\dfrac{2}{5}\left(\dfrac{1}{6}x_n+y_n\right) \\ y_{n+1}=\dfrac{3}{5}\left(\dfrac{1}{6}x_n+y_n\right) \end{cases}$$

化简得

$$\begin{cases} x_{n+1}=\frac{9}{10}x_n+\frac{2}{5}y_n \\ y_{n+1}=\frac{1}{10}x_n+\frac{3}{5}y_n \end{cases}$$

即

$$\begin{pmatrix} x_{n+1} \\ y_{n+1} \end{pmatrix}=\begin{pmatrix} \frac{9}{10} & \frac{2}{5} \\ \frac{1}{10} & \frac{3}{5} \end{pmatrix}\begin{pmatrix} x_n \\ y_n \end{pmatrix}$$

可见

$$\boldsymbol{A}=\begin{pmatrix} \frac{9}{10} & \frac{2}{5} \\ \frac{1}{10} & \frac{3}{5} \end{pmatrix}$$

(2)因为行列式

$$|(\boldsymbol{\eta}_1,\boldsymbol{\eta}_2)|=\begin{vmatrix} 4 & -1 \\ 1 & 1 \end{vmatrix}=5\neq 0$$

可见 $\boldsymbol{\eta}_1,\boldsymbol{\eta}_2$ 线性无关. 又

$$\boldsymbol{A\eta}_1=\begin{pmatrix} 4 \\ 1 \end{pmatrix}=\boldsymbol{\eta}_1$$

故 $\boldsymbol{\eta}_1$ 为 $\boldsymbol{A}$ 的特征向量,且对应的特征值为 $\lambda_1=1$

$$\boldsymbol{A\eta}_2=\begin{pmatrix} -\frac{1}{2} \\ \frac{1}{2} \end{pmatrix}=\frac{1}{2}\boldsymbol{\eta}_2$$

故 $\boldsymbol{\eta}_2$ 为 $\boldsymbol{A}$ 的特征向量,且对应的特征值为 $\lambda_2=\frac{1}{2}$.

(3)因为

$$\begin{pmatrix} x_{n+1} \\ y_{n+1} \end{pmatrix}=\boldsymbol{A}\begin{pmatrix} x_n \\ y_n \end{pmatrix}=\boldsymbol{A}^2\begin{pmatrix} x_{n-1} \\ y_{n-1} \end{pmatrix}=\cdots=\boldsymbol{A}^n\begin{pmatrix} x_1 \\ y_1 \end{pmatrix}=\boldsymbol{A}^n\begin{pmatrix} \frac{1}{2} \\ \frac{1}{2} \end{pmatrix}$$

因此只要计算 $\boldsymbol{A}^n$ 即可. 令

$$\boldsymbol{P}=(\boldsymbol{\eta}_1,\boldsymbol{\eta}_2)=\begin{pmatrix} 4 & -1 \\ 1 & 1 \end{pmatrix}$$

则由

$$\boldsymbol{P}^{-1}\boldsymbol{A}\boldsymbol{P}=\begin{pmatrix}\lambda_1 & 0\\ 0 & \lambda_2\end{pmatrix}$$

有

$$\boldsymbol{A}=\boldsymbol{P}\begin{pmatrix}\lambda_1 & 0\\ 0 & \lambda_2\end{pmatrix}\boldsymbol{P}^{-1}$$

于是

$$\boldsymbol{A}^n=\boldsymbol{P}\begin{pmatrix}\lambda_1 & 0\\ 0 & \lambda_2\end{pmatrix}^n\boldsymbol{P}^{-1}=\begin{pmatrix}4 & -1\\ 1 & 1\end{pmatrix}\begin{pmatrix}1 & 0\\ 0 & \left(\frac{1}{2}\right)^n\end{pmatrix}\begin{pmatrix}4 & -1\\ 1 & 1\end{pmatrix}^{-1}$$

$$=\frac{1}{5}\begin{pmatrix}4+\left(\frac{1}{2}\right)^n & 4-4\left(\frac{1}{2}\right)^n\\ 1-\left(\frac{1}{2}\right)^n & 1+4\left(\frac{1}{2}\right)^n\end{pmatrix}$$

因此

$$\begin{pmatrix}x_{n+1}\\ y_{n+1}\end{pmatrix}=\boldsymbol{A}^n\begin{pmatrix}\frac{1}{2}\\ \frac{1}{2}\end{pmatrix}=\frac{1}{10}\begin{pmatrix}8-3\left(\frac{1}{2}\right)^n\\ 2+3\left(\frac{1}{2}\right)^n\end{pmatrix}$$

【例 9】 设 $\boldsymbol{A}$ 是 $m\times n$ 矩阵，$\boldsymbol{B}$ 是 $s\times t$ 矩阵，$\boldsymbol{C}$ 是 $m\times t$ 矩阵，记 $R(\boldsymbol{M})$ 表示矩阵 $\boldsymbol{M}$ 的秩.

(1)求证：若矩阵方程 $\boldsymbol{AXB}=\boldsymbol{C}$ 有解，则

$$R(\boldsymbol{A})=R(\boldsymbol{A},\boldsymbol{C})\text{且}R(\boldsymbol{B})=R\begin{pmatrix}\boldsymbol{B}\\ \boldsymbol{C}\end{pmatrix}$$

(2)问(1)中逆命题是否成立？若成立，请给予证明；若不成立，请举反例.

(3)在什么情况下，(1)中的解是唯一的？请证明结论.

解析　(1)若 $\boldsymbol{AXB}=\boldsymbol{C}$ 有解，把 $\boldsymbol{XB}$ 看作未定元 $\boldsymbol{Y}$，即 $\boldsymbol{AY}=\boldsymbol{C}$ 有解，故 $R(\boldsymbol{A})=R(\boldsymbol{A},\boldsymbol{C})$. 同理把 $\boldsymbol{AX}$ 看作未定元 $\boldsymbol{Z}$，则 $\boldsymbol{AXB}=\boldsymbol{C}$ 有解，即 $\boldsymbol{ZB}=\boldsymbol{C}$ 有解，从而 $R(\boldsymbol{B})=R\begin{pmatrix}\boldsymbol{B}\\ \boldsymbol{C}\end{pmatrix}$.

(2)(1)的逆命题成立，即若 $R(\boldsymbol{A})=R(\boldsymbol{A},\boldsymbol{C})$ 且 $R(\boldsymbol{B})=R\begin{pmatrix}\boldsymbol{B}\\ \boldsymbol{C}\end{pmatrix}$，则 $\boldsymbol{AXB}=\boldsymbol{C}$

有解. 事实上,设 $R(\boldsymbol{A})=r, R(\boldsymbol{B})=l$,则存在可逆矩阵 $\boldsymbol{P},\boldsymbol{Q},\boldsymbol{S},\boldsymbol{T}$,使得

$$\boldsymbol{A}=\boldsymbol{P}\begin{pmatrix}\boldsymbol{E}_r & \boldsymbol{O}\\ \boldsymbol{O} & \boldsymbol{O}\end{pmatrix}\boldsymbol{Q}, \boldsymbol{B}=\boldsymbol{S}\begin{pmatrix}\boldsymbol{E}_l & \boldsymbol{O}\\ \boldsymbol{O} & \boldsymbol{O}\end{pmatrix}\boldsymbol{T}$$

记 $\boldsymbol{P}^{-1}\boldsymbol{C}\boldsymbol{T}^{-1}$ 为 $\tilde{\boldsymbol{C}}$.

由 $r=R(\boldsymbol{A})=R(\boldsymbol{A},\boldsymbol{C})$ 知,$\boldsymbol{A}$ 的列向量可表出 $\boldsymbol{C}$ 的列向量,而 $\boldsymbol{C}$ 的列向量可表出 $\boldsymbol{C}\boldsymbol{T}^{-1}\boldsymbol{Q}$ 的列向量,从而 $\boldsymbol{A}$ 的列向量可表出 $\boldsymbol{C}\boldsymbol{T}^{-1}\boldsymbol{Q}$ 的列向量,进而 $\boldsymbol{P}^{-1}\boldsymbol{A}\boldsymbol{Q}^{-1}$ 可表出 $\boldsymbol{P}^{-1}\boldsymbol{C}\boldsymbol{T}^{-1}\boldsymbol{Q}\boldsymbol{Q}^{-1}$ 的列向量,即 $\begin{pmatrix}\boldsymbol{E}_r & \boldsymbol{O}\\ \boldsymbol{O} & \boldsymbol{O}\end{pmatrix}$ 的列向量可表出 $\tilde{\boldsymbol{C}}$ 的列向量. 若将 $\tilde{\boldsymbol{C}}$ 分块为 $\begin{pmatrix}\boldsymbol{C}_1 & \boldsymbol{C}_2\\ \boldsymbol{C}_3 & \boldsymbol{C}_4\end{pmatrix}$,其中 $\boldsymbol{C}_1$ 是 $r\times l$ 阶矩阵,由 $\begin{pmatrix}\boldsymbol{E}_r & \boldsymbol{O}\\ \boldsymbol{O} & \boldsymbol{O}\end{pmatrix}$ 的每个列向量后 $m-r$ 个元素全为 0,得 $\boldsymbol{C}_3=\boldsymbol{O},\boldsymbol{C}_4=\boldsymbol{O}$.

同理由 $R(\boldsymbol{B})=R\begin{pmatrix}\boldsymbol{B}\\ \boldsymbol{C}\end{pmatrix}$ 知,$\boldsymbol{B}$ 的行向量可表出 $\boldsymbol{C}$ 的行向量,从而 $\boldsymbol{B}$ 的行向量可表出 $\boldsymbol{S}\boldsymbol{P}^{-1}\boldsymbol{C}$ 的行向量,进而 $\begin{pmatrix}\boldsymbol{E}_r & \boldsymbol{O}\\ \boldsymbol{O} & \boldsymbol{O}\end{pmatrix}$ 的行向量可表出 $\tilde{\boldsymbol{C}}$ 的行向量,最终得 $\boldsymbol{C}_2=\boldsymbol{O}$.

令

$$\boldsymbol{X}=\boldsymbol{Q}^{-1}\begin{pmatrix}\boldsymbol{C}_1 & \boldsymbol{O}\\ \boldsymbol{O} & \boldsymbol{O}\end{pmatrix}\boldsymbol{S}^{-1}$$

则

$$\boldsymbol{AXB}=\boldsymbol{P}\begin{pmatrix}\boldsymbol{E}_r & \boldsymbol{O}\\ \boldsymbol{O} & \boldsymbol{O}\end{pmatrix}\boldsymbol{Q}\boldsymbol{Q}^{-1}\begin{pmatrix}\boldsymbol{C}_1 & \boldsymbol{O}\\ \boldsymbol{O} & \boldsymbol{O}\end{pmatrix}\boldsymbol{S}^{-1}\boldsymbol{S}\begin{pmatrix}\boldsymbol{E}_l & \boldsymbol{O}\\ \boldsymbol{O} & \boldsymbol{O}\end{pmatrix}\boldsymbol{T}=\boldsymbol{P}\begin{pmatrix}\boldsymbol{C}_1 & \boldsymbol{O}\\ \boldsymbol{O} & \boldsymbol{O}\end{pmatrix}\boldsymbol{T}=\boldsymbol{C}$$

即 $\boldsymbol{X}$ 是 $\boldsymbol{AXB}=\boldsymbol{C}$ 的解.

(3)当 $\boldsymbol{A}$ 列满秩,$\boldsymbol{B}$ 行满秩时,$\boldsymbol{AXB}=\boldsymbol{C}$ 有唯一解. 当 $\boldsymbol{A}$ 列满秩时,$\boldsymbol{AY}=\boldsymbol{C}$ 有唯一解 $\boldsymbol{Y}=(\boldsymbol{A}^{\mathrm{T}}\boldsymbol{A})^{-1}\boldsymbol{A}^{\mathrm{T}}\boldsymbol{C}$;又当 $\boldsymbol{B}$ 行满秩时,$\boldsymbol{XB}=\boldsymbol{Y}$ 有唯一解

$$\boldsymbol{Y}=(\boldsymbol{A}^{\mathrm{T}}\boldsymbol{A})^{-1}\boldsymbol{A}^{\mathrm{T}}\boldsymbol{C}\boldsymbol{B}^{\mathrm{T}}(\boldsymbol{B}\boldsymbol{B}^{\mathrm{T}})^{-1}$$

【例 10】 设 3 阶矩阵 $\boldsymbol{A}$ 的特征值为 $\lambda_1=1,\lambda_2=2,\lambda_3=3$,对应的特征向量依次为

$$\boldsymbol{\xi}_1=\begin{pmatrix}1\\1\\1\end{pmatrix},\boldsymbol{\xi}_2=\begin{pmatrix}1\\2\\4\end{pmatrix},\boldsymbol{\xi}_1=\begin{pmatrix}1\\3\\9\end{pmatrix}$$

又 $\boldsymbol{\beta}=2\boldsymbol{\xi}_1-2\boldsymbol{\xi}_2+\boldsymbol{\xi}_3$，求 $\boldsymbol{A}^n\boldsymbol{\beta}$（$n$ 为正整数）.

解析 由于

$$\boldsymbol{\beta}=2\boldsymbol{\xi}_1-2\boldsymbol{\xi}_2+\boldsymbol{\xi}_3=(\boldsymbol{\xi}_1,\boldsymbol{\xi}_2,\boldsymbol{\xi}_3)\begin{pmatrix}2\\-2\\1\end{pmatrix}$$

又由于

$$\boldsymbol{A}^n\boldsymbol{\xi}_1=\lambda_1^n\boldsymbol{\xi}_1=\boldsymbol{\xi}_1,\boldsymbol{A}^n\boldsymbol{\xi}_2=\lambda_2^n\boldsymbol{\xi}_2=2^n\boldsymbol{\xi}_2,\boldsymbol{A}^n\boldsymbol{\xi}_3=\lambda_3^n\boldsymbol{\xi}_3=3^n\boldsymbol{\xi}_3$$

所以

$$\begin{aligned}\boldsymbol{A}^n\boldsymbol{\beta}&=\boldsymbol{A}^n(\boldsymbol{\xi}_1,\boldsymbol{\xi}_2,\boldsymbol{\xi}_3)\begin{pmatrix}2\\-2\\1\end{pmatrix}=(\boldsymbol{A}^n\boldsymbol{\xi}_1,\boldsymbol{A}^n\boldsymbol{\xi}_2,\boldsymbol{A}^n\boldsymbol{\xi}_3)\begin{pmatrix}2\\-2\\1\end{pmatrix}\\&=(\boldsymbol{\xi}_1,2^n\boldsymbol{\xi}_2,3^n\boldsymbol{\xi}_3)\begin{pmatrix}2\\-2\\1\end{pmatrix}=\begin{pmatrix}1&2^n&3^n\\1&2^{n+1}&3^{n+1}\\1&2^{n+1}&3^{n+2}\end{pmatrix}\begin{pmatrix}2\\-2\\1\end{pmatrix}\\&=\begin{pmatrix}2-2^{n+1}+3^n\\2-2^{n+2}+3^{n+1}\\2-2^{n+3}+3^{n+2}\end{pmatrix}\end{aligned}$$

【例 11】 设有线性方程组

$$\begin{cases}ax_1+bx_2+bx_3=0\\bx_1+ax_2+bx_3=0\\bx_1+bx_2+ax_3=0\end{cases}$$

其中，a,b 不全为 0.

(1)a,b 为何值时方程组有非零解.

(2)写出相应的基础解系及通解.

(3)求解空间的维数.

解析 (1)齐次方程组有非零解的充要条件是系数行列式

$$\begin{vmatrix}a&b&b\\b&a&b\\b&b&a\end{vmatrix}=0$$

即
$$(a-b)^2(a+2b)=0$$

故 $a=b\neq0$ 或 $a=-2b\neq0$ 时，方程组有非零解.

(2)当 $a=b\neq0$ 时，方程组为

$$x_1+x_2+x_3=0$$

即

$$x_1=-x_2-x_3$$

其基础解系为

$$\boldsymbol{\xi}_1=\begin{pmatrix}-1\\1\\0\end{pmatrix},\boldsymbol{\xi}_2=\begin{pmatrix}-1\\0\\1\end{pmatrix}$$

通解为

$$k_1\begin{pmatrix}-1\\1\\0\end{pmatrix}+k_2\begin{pmatrix}-1\\0\\1\end{pmatrix}$$

其中,k_1,k_2 为任意常数.

当 $a=-2b\neq 0$ 时,方程组为

$$\begin{cases}-2x_1+x_2+x_3=0\\x_1-2x_2+x_3=0\\x_1+x_2-2x_3=0\end{cases}$$

解得基础解系为

$$\begin{pmatrix}1\\1\\1\end{pmatrix}$$

通解为

$$k\begin{pmatrix}1\\1\\1\end{pmatrix}$$

其中 k 为任意常数.

(3)当 $a=b\neq 0$ 时,解空间维数为 2;当 $a=-2b\neq 0$ 时,解空间维数为 1.

【例 12】 设 $\boldsymbol{\xi}_1,\boldsymbol{\xi}_2,\cdots,\boldsymbol{\xi}_n$ 是 n 阶方阵的分别属于不同特征值的特征向量,$\boldsymbol{\alpha}=\boldsymbol{\xi}_1+\boldsymbol{\xi}_2+\cdots+\boldsymbol{\xi}_n$. 试证:$\boldsymbol{\alpha},\boldsymbol{A\alpha},\cdots,\boldsymbol{A}^{n-1}\boldsymbol{\alpha}$ 线性无关.

解析 设 $\boldsymbol{A}$ 的 n 个互不相同的特征值为 $\lambda_1,\lambda_2,\cdots,\lambda_n$,对应的特征向量依次为 $\boldsymbol{\xi}_1,\boldsymbol{\xi}_2,\cdots,\boldsymbol{\xi}_n$,则 $\boldsymbol{A\alpha}=\boldsymbol{A}(\boldsymbol{\xi}_1+\boldsymbol{\xi}_2+\cdots+\boldsymbol{\xi}_n)=\boldsymbol{A\xi}_1+\boldsymbol{A\xi}_2+\cdots+\boldsymbol{A\xi}_n=\lambda_1\boldsymbol{\xi}_1+\lambda_2\boldsymbol{\xi}_2+\cdots+\lambda_n\boldsymbol{\xi}_n,\cdots,\boldsymbol{A}^{n-1}\boldsymbol{\alpha}=\lambda_1^{n-1}\boldsymbol{\xi}_1+\lambda_2^{n-1}\boldsymbol{\xi}_2+\cdots+\lambda_n^{n-1}\boldsymbol{\xi}_n$.

设有一组数 $k_0,k_1,\cdots,k_{n-1}$,使得

$$k_0\boldsymbol{\alpha}+k_1\boldsymbol{A\alpha}+\cdots+k_{n-1}\boldsymbol{A}^{n-1}\boldsymbol{\alpha}=\boldsymbol{0}$$

即

$$k_0(\boldsymbol{\xi}_1+\cdots+\boldsymbol{\xi}_n)+k_1(\lambda_1\boldsymbol{\xi}_1+\cdots+\lambda_n\boldsymbol{\xi}_n)+\cdots+k_{n-1}(\lambda_1^{n-1}\boldsymbol{\xi}_1+\cdots+\lambda_n^{n-1}\boldsymbol{\xi}_n)=\mathbf{0}$$

可得

$$(k_0+k_1\lambda_1+\cdots+k_{n-1}\lambda_1^{n-1})\boldsymbol{\xi}_1+(k_0+k_1\lambda_2+\cdots+k_{n-1}\lambda_2^{n-1})\boldsymbol{\xi}_2+\cdots+$$
$$(k_0+k_1\lambda_n+\cdots+k_{n-1}\lambda_n^{n-1})\boldsymbol{\xi}_n=\mathbf{0}$$

由于 $\boldsymbol{\xi}_1,\boldsymbol{\xi}_2,\cdots,\boldsymbol{\xi}_n$ 线性无关,所以

$$\begin{cases}k_0+k_1\lambda_1+\cdots+k_{n-1}\lambda_1^{n-1}=0\\k_0+k_1\lambda_2+\cdots+k_{n-1}\lambda_2^{n-1}=0\\\qquad\vdots\\k_0+k_1\lambda_n+\cdots+k_{n-1}\lambda_n^{n-1}=0\end{cases}$$

即

$$\begin{pmatrix}1&\lambda_1&\cdots&\lambda_1^{n-1}\\1&\lambda_2&\cdots&\lambda_2^{n-1}\\\vdots&\vdots&&\vdots\\1&\lambda_n&\cdots&\lambda_n^{n-1}\end{pmatrix}\begin{pmatrix}k_0\\k_1\\\vdots\\k_{n-1}\end{pmatrix}=\mathbf{0}$$

又由于

$$\begin{vmatrix}1&\lambda_1&\cdots&\lambda_1^{n-1}\\1&\lambda_2&\cdots&\lambda_2^{n-1}\\\vdots&\vdots&&\vdots\\1&\lambda_n&\cdots&\lambda_n^{n-1}\end{vmatrix}=\prod_{1\leqslant j\leqslant i\leqslant n}(\lambda_i-\lambda_j)\neq 0$$

所以 $k_0=k_1=\cdots=k_{n-1}=0$,即 $\boldsymbol{\alpha},\boldsymbol{A\alpha},\cdots,\boldsymbol{A}^{n-1}\boldsymbol{\alpha}$ 线性无关.

【例 13】 设二次型 $f=x_1^2+x_2^2+x_3^2+2ax_1x_2+2bx_2x_3+2x_1x_3$ 经正交变换 $\boldsymbol{X}=\boldsymbol{PY}$ 化成 $f=y_2^2+2y_3^2$,其中 $\boldsymbol{X}=(x_1,x_2,x_3)^{\mathrm{T}}$,$\boldsymbol{Y}=(y_1,y_2,y_3)^{\mathrm{T}}$,$\boldsymbol{P}$ 是 3 阶正交矩阵,求 a,b 及满足上述条件的一个 $\boldsymbol{P}$.

解析 正交变换前后二次型的矩阵分别为

$$\boldsymbol{A}=\begin{pmatrix}1&a&1\\a&1&b\\1&b&1\end{pmatrix},\boldsymbol{B}=\begin{pmatrix}0&0&0\\0&1&0\\0&0&2\end{pmatrix}$$

故二次型可以写成 $f=\boldsymbol{X}^{\mathrm{T}}\boldsymbol{AX}$ 和 $f=\boldsymbol{Y}^{\mathrm{T}}\boldsymbol{BY}$,且 $\boldsymbol{B}=\boldsymbol{P}^{\mathrm{T}}\boldsymbol{AP}=\boldsymbol{P}^{-1}\boldsymbol{AP}$.

由 $\boldsymbol{A},\boldsymbol{B}$ 相似知 $|\lambda\boldsymbol{E}-\boldsymbol{A}|=|\lambda\boldsymbol{E}-\boldsymbol{B}|$(其中 $\boldsymbol{E}$ 为三阶单位矩阵),即

$$\lambda^3-3\lambda^2+(2-a^2-b^2)\lambda+(a-b)^2=\lambda^3-2\lambda^2+2\lambda$$

比较系数得:$a=0,b=0$.由

$$P^{-1}AP=B=\begin{pmatrix}0&0&0\\0&1&0\\0&0&2\end{pmatrix}$$

知 A 的特征值是 0,1,2.

解方程组$(0E-A)x=0$,得

$$\xi_1=\begin{pmatrix}1\\0\\-1\end{pmatrix}$$

单位化得

$$P_1=\frac{\xi_1}{|\xi_1|}=\begin{pmatrix}\frac{\sqrt{2}}{2}\\0\\-\frac{\sqrt{2}}{2}\end{pmatrix}$$

解方程组$(E-A)x=0$,得

$$\xi_2=\begin{pmatrix}0\\1\\0\end{pmatrix},P_2=\xi_2$$

解方程组$(2E-A)x=0$,得

$$\xi_3=\begin{pmatrix}1\\0\\1\end{pmatrix}$$

单位化得

$$P_3=\frac{\xi_3}{|\xi_3|}\begin{pmatrix}\frac{\sqrt{2}}{2}\\0\\\frac{\sqrt{2}}{2}\end{pmatrix}$$

故

$$\boldsymbol{P}=(\boldsymbol{P}_1,\boldsymbol{P}_2,\boldsymbol{P}_3)=\begin{pmatrix}\frac{\sqrt{2}}{2} & 0 & \frac{\sqrt{2}}{2}\\ 0 & 1 & 0\\ -\frac{\sqrt{2}}{2} & 0 & \frac{\sqrt{2}}{2}\end{pmatrix}$$

【例 14】 设 $\boldsymbol{A}$ 为实反对称矩阵，$\boldsymbol{D}$ 为对角元全大于 0 的对角阵，证明：$|\boldsymbol{A}+\boldsymbol{D}|>0$.

解析 首先证 $|\boldsymbol{A}+\boldsymbol{D}|\neq 0$. 若 $|\boldsymbol{A}+\boldsymbol{D}|=0$，则 $(\boldsymbol{A}+\boldsymbol{D})\boldsymbol{x}=\boldsymbol{0}$ 有非零解，设为 $\boldsymbol{x}_1$，即 $(\boldsymbol{A}+\boldsymbol{D})\boldsymbol{x}_1=\boldsymbol{0}$，从而 $\boldsymbol{x}^{\mathrm{T}}(\boldsymbol{A}+\boldsymbol{D})\boldsymbol{x}_1=0$，进而 $\boldsymbol{x}_1^{\mathrm{T}}\boldsymbol{A}\boldsymbol{x}_1+\boldsymbol{x}_1^{\mathrm{T}}\boldsymbol{D}\boldsymbol{x}_1=0$.

因为 $\boldsymbol{A}$ 为反对称矩阵，所以 $\boldsymbol{x}_1^{\mathrm{T}}\boldsymbol{A}\boldsymbol{x}_1=0$，故 $\boldsymbol{x}_1^{\mathrm{T}}\boldsymbol{D}\boldsymbol{x}_1=0$，但

$$\boldsymbol{D}=\mathrm{diag}(a_1,a_2,\cdots,a_n)\quad a_i>0,i=1,2,\cdots,n$$

所以 $\boldsymbol{x}_1^{\mathrm{T}}\boldsymbol{D}\boldsymbol{x}_1>0$，此为矛盾. 因此 $|\boldsymbol{A}+\boldsymbol{D}|\neq 0$.

下面证 $|\boldsymbol{A}+\boldsymbol{D}|>0$. 令

$$f(x)=|x\boldsymbol{A}+\boldsymbol{D}|\quad x\in[0,1]$$

假设 $|\boldsymbol{A}+\boldsymbol{D}|<0$，因为

$$f(0)=|\boldsymbol{D}|>0,f(1)=|\boldsymbol{A}+\boldsymbol{D}|<0$$

由介值定理，存在 $x_0\in(0,1)$，使得

$$f(x_0)=|x_0\boldsymbol{A}+\boldsymbol{D}|=0$$

于是

$$x_0\left|\boldsymbol{A}+\frac{\boldsymbol{D}}{x_0}\right|=0$$

其中 $\frac{\boldsymbol{D}}{x_0}$ 为对角元全大于 0 的对角阵. 但借助于 $|\boldsymbol{A}+\boldsymbol{D}|\neq 0$ 的证明，这与 $\left|\boldsymbol{A}+\frac{\boldsymbol{D}}{x_0}\right|\neq 0$ 矛盾. 故 $|\boldsymbol{A}+\boldsymbol{D}|>0$.

【例 15】 设矩阵 $\boldsymbol{A}$ 的伴随矩阵

$$\boldsymbol{A}^*=\begin{pmatrix}1 & 0 & 0 & 0\\ 0 & 1 & 0 & 0\\ 1 & 0 & 1 & 0\\ 0 & -3 & 0 & 8\end{pmatrix}$$

且 $\boldsymbol{A}\boldsymbol{B}\boldsymbol{A}^{-1}=\boldsymbol{B}\boldsymbol{A}^{-1}+3\boldsymbol{E}$，其中 $\boldsymbol{E}$ 为 4 阶单位矩阵，求矩阵 $\boldsymbol{B}$.

解析 由 $\boldsymbol{A}\boldsymbol{A}^*=\boldsymbol{A}^*\boldsymbol{A}=|\boldsymbol{A}|\boldsymbol{E}$，知 $|\boldsymbol{A}^*|=|\boldsymbol{A}|^{n-1}$，因此有

$$8=|\boldsymbol{A}^*|=|\boldsymbol{A}|^3$$

于是得 $|\boldsymbol{A}|=2$. 在等式 $\boldsymbol{A}\boldsymbol{B}\boldsymbol{A}^{-1}=\boldsymbol{B}\boldsymbol{A}^{-1}+3\boldsymbol{E}$ 两边先右乘 $\boldsymbol{A}$，再左乘 $\boldsymbol{A}^*$，得

$$2\boldsymbol{B}=\boldsymbol{A}^*\boldsymbol{B}+3\boldsymbol{A}^*\boldsymbol{A}=\boldsymbol{A}^*\boldsymbol{B}+6\boldsymbol{E}$$

从而

$$(2\boldsymbol{E}-\boldsymbol{A}^*)\boldsymbol{B}=6\boldsymbol{E}$$

于是

$$\boldsymbol{B}=6(2\boldsymbol{E}-\boldsymbol{A}^*)^{-1}=6\begin{pmatrix}1&0&0&0\\0&1&0&0\\-1&0&1&0\\0&3&0&-6\end{pmatrix}^{-1}=\begin{pmatrix}6&0&0&0\\0&6&0&0\\6&0&6&0\\0&3&0&-1\end{pmatrix}$$

【例 16】 求出平面上 n 点

$$(x_i,y_i)\quad i=1,2,\cdots,n,n\geqslant 3$$

位于一条直线上的充要条件.

解析 设 n 点所共直线为 $y=kx+b$,则关于 k,b 的方程组 $y_i=kx_i+b(i=1,2,\cdots,n)$有解,从而矩阵

$$\begin{pmatrix}x_1&1\\x_2&1\\\vdots&\vdots\\x_n&1\end{pmatrix}\text{与}\begin{pmatrix}x_1&1&y_1\\x_2&1&y_2\\\vdots&\vdots&\vdots\\x_n&1&y_n\end{pmatrix}$$

的秩相等,故

$$R\begin{pmatrix}x_1&1&y_1\\x_2&1&y_2\\\vdots&\vdots&\vdots\\x_n&1&y_n\end{pmatrix}<3$$

反之,若

$$R\begin{pmatrix}x_1&1&y_1\\x_2&1&y_2\\\vdots&\vdots&\vdots\\x_n&1&y_n\end{pmatrix}<3$$

则当 $x_1=x_2=\cdots=x_n$ 时,此 n 点共线.否则 $x_1,x_2,\cdots,x_n$ 不全相等时,有

$$R\begin{pmatrix}x_1&1\\x_2&1\\\vdots&\vdots\\x_n&1\end{pmatrix}=2,\text{但 }R\begin{pmatrix}x_1&1&y_1\\x_2&1&y_2\\\vdots&\vdots&\vdots\\x_n&1&y_n\end{pmatrix}<3$$

故

$$R\begin{pmatrix} x_1 & 1 & y_1 \\ x_2 & 1 & y_2 \\ \vdots & \vdots & \vdots \\ x_n & 1 & y_n \end{pmatrix}=2$$

从而

$$\begin{pmatrix} x_1 & 1 \\ x_2 & 1 \\ \vdots & \vdots \\ x_n & 1 \end{pmatrix} 与 \begin{pmatrix} x_1 & 1 & y_1 \\ x_2 & 1 & y_2 \\ \vdots & \vdots & \vdots \\ x_n & 1 & y_n \end{pmatrix}$$

的秩相等.

方程组(未知量为 k,b)

$$\begin{cases} kx_1+b=y_1 \\ kx_2+b=y_2 \\ \qquad\vdots \\ kx_n+b=y_n \end{cases}$$

有解,于是 n 点共线,故平面上 n 点

$$(x_i,y_i) \quad i=1,2,\cdots,n,n\geqslant 3$$

共线的充要条件为

$$R\begin{pmatrix} x_1 & 1 & y_1 \\ x_2 & 1 & y_2 \\ \vdots & \vdots & \vdots \\ x_n & 1 & y_n \end{pmatrix}<3$$

即

$$R\begin{pmatrix} x_1 & y_1 & 1 \\ x_2 & y_2 & 1 \\ \vdots & \vdots & \vdots \\ x_n & y_n & 1 \end{pmatrix}<3$$

【例 17】 求极限

$$\lim_{h\to 0}\frac{1}{h^3}\begin{vmatrix} f(x) & f(x+h) & f(x+2h) \\ g(x) & g(x+h) & g(x+2h) \\ s(x) & s(x+h) & s(x+2h) \end{vmatrix}$$

其中，$f(x),g(x),s(x)$存在2阶导数.

解析 由于$f(x),g(x),s(x)$存在2阶导数，把所求极限进行适当变形，利用初等列变换，可得

$$
\text{原式}\xlongequal[c_2-c_1]{c_3-2c_2+c_1}\lim_{h\to 0}\frac{1}{h^3}\begin{vmatrix} f(x) & f(x+h) & f(x+2h) \\ g(x) & g(x+h) & g(x+2h) \\ s(x) & s(x+h) & s(x+2h) \end{vmatrix}
$$

$$
=\begin{vmatrix} f(x) & \lim\limits_{h\to 0}\dfrac{f(x+h)-f(x)}{h} & \lim\limits_{h\to 0}\dfrac{f(x+2h)-2f(x+h)+f(x)}{h^2} \\ g(x) & \lim\limits_{h\to 0}\dfrac{g(x+h)-g(x)}{h} & \lim\limits_{h\to 0}\dfrac{g(x+2h)-2g(x+h)+g(x)}{h^2} \\ s(x) & \lim\limits_{h\to 0}\dfrac{s(x+h)-s(x)}{h} & \lim\limits_{h\to 0}\dfrac{s(x+2h)-2s(x+h)+s(x)}{h^2} \end{vmatrix}
$$

再利用导数定义和洛必达法则，得

$$
\text{原式}=\begin{vmatrix} f(x) & f'(x) & \lim\limits_{h\to 0}\dfrac{2f'(x+2h)-2f'(x+h)}{2h} \\ g(x) & g'(x) & \lim\limits_{h\to 0}\dfrac{2g'(x+2h)-2g'(x+h)}{2h} \\ s(x) & s'(x) & \lim\limits_{h\to 0}\dfrac{2s'(x+2h)-2s'(x+h)}{2h} \end{vmatrix}
$$

$$
=\begin{vmatrix} f(x) & f'(x) & f''(x) \\ g(x) & g'(x) & g''(x) \\ s(x) & s'(x) & s''(x) \end{vmatrix}
$$

【例 18】 设n阶实对称矩阵$\boldsymbol{A}$满足$\boldsymbol{A}^3-2\boldsymbol{A}^2-3\boldsymbol{A}=\boldsymbol{O}$，且$R(\boldsymbol{A})=r$，又$\boldsymbol{A}$的正惯性指数为$k$，其中$n>r>k>0$，求行列式$|2\boldsymbol{E}-\boldsymbol{A}|$的值.

解析 设$\boldsymbol{A}\boldsymbol{x}=\lambda\boldsymbol{x}$，即$\lambda$是$\boldsymbol{A}$的特征值，$\boldsymbol{x}$是对应的特征向量，则有

$$
\boldsymbol{0}=(\boldsymbol{A}^3-2\boldsymbol{A}^2-3\boldsymbol{A})\boldsymbol{x}=(\lambda^3-2\lambda^2-3\lambda)\boldsymbol{x}
$$

由$\boldsymbol{x}\neq\boldsymbol{0}$得$\lambda^3-2\lambda^2-3\lambda=\lambda(\lambda+1)(\lambda-3)=0$，即$\boldsymbol{A}$的互异特征值为$0,-1,3$. 由于$\boldsymbol{A}$是实对称矩阵，所以$\boldsymbol{A}$可(正交)相似于对角矩阵，且由$R(\boldsymbol{A})=r$和正惯性指数为$k$知，3是$\boldsymbol{A}$的$k$重特征值，$-1$是$\boldsymbol{A}$的$r-k$重特征值，0是$\boldsymbol{A}$的$n-r$重特征值. 于是存在$n$阶正交矩阵$\boldsymbol{Q}$，使得

$$
\boldsymbol{Q}^{-1}\boldsymbol{A}\boldsymbol{Q}=\boldsymbol{\Lambda}=\begin{pmatrix} 3\boldsymbol{E}_k & & \\ & -\boldsymbol{E}_{r-k} & \\ & & \boldsymbol{O}_{n-r} \end{pmatrix}
$$

从而

$$|2\boldsymbol{E}-\boldsymbol{A}|=|2\boldsymbol{E}-\boldsymbol{Q\Lambda Q}^{-1}|=|\boldsymbol{Q}(2\boldsymbol{E}-\boldsymbol{\Lambda})\boldsymbol{Q}^{-1}|=|2\boldsymbol{E}-\boldsymbol{\Lambda}|$$

$$=\begin{vmatrix}-\boldsymbol{E}_k & & \\ & 3\boldsymbol{E}_{r-k} & \\ & & 2\boldsymbol{E}_{n-r}\end{vmatrix}=(-1)^k 3^{r-k} 2^{n-r}$$

【例 19】 设 $\boldsymbol{A}$ 是 $n\times n$ 矩阵. 证明:$\boldsymbol{A}$ 的秩等于 1 的充分必要条件是存在不全为零的 n 个数 $a_1,\cdots,a_n$ 和不全为零的 n 个数 $b_1,\cdots,b_n$,使得

$$\boldsymbol{A}=\begin{pmatrix}a_1b_1 & a_1b_2 & \cdots & a_1b_n \\ a_2b_1 & a_2b_2 & \cdots & a_2b_n \\ \vdots & \vdots & & \vdots \\ a_nb_1 & a_nb_2 & \cdots & a_nb_n\end{pmatrix}$$

解析 必要性. 已知 $R(\boldsymbol{A})=1$. 令 $\boldsymbol{A}=(\boldsymbol{\alpha}_1,\boldsymbol{\alpha}_2,\cdots,\boldsymbol{\alpha}_n)$,设 $\boldsymbol{\alpha}_i$ 为 $\boldsymbol{\alpha}_1,\cdots,\boldsymbol{\alpha}_n$ 的极大线性无关组,则有

$$\boldsymbol{\alpha}_j=k_j\boldsymbol{\alpha}_i \quad j=1,\cdots,i-1,i+1,\cdots,n$$

于是

$$\boldsymbol{A}=(k_1\boldsymbol{\alpha}_1,\cdots,k_{i-1}\boldsymbol{\alpha}_i,\boldsymbol{\alpha}_{i1},k_{i+1}\boldsymbol{\alpha}_i,\cdots,k_n\boldsymbol{\alpha}_n)=\boldsymbol{\alpha}_i(k_i,\cdots,k_{i-1},1,k_{i+1},\cdots,k_n)$$

记 $\boldsymbol{\alpha}_i=(a_1,\cdots,a_n)^{\mathrm{T}}$,且 $\boldsymbol{\alpha}_i\neq\boldsymbol{0}$. 又记

$$b_1=k_1,\cdots,b_{i-1}=k_{i-1},b_i=1,b_{i+1}=k_{i+1},\cdots,b_n=k_n$$

则 $b_1,\cdots,b_n$ 不全为零,且

$$\boldsymbol{A}=\begin{pmatrix}a_1\\a_2\\\vdots\\a_n\end{pmatrix}(b_1,b_2,\cdots,b_n)=\begin{pmatrix}a_1b_1 & a_1b_2 & \cdots & a_1b_n \\ a_2b_1 & a_2b_2 & \cdots & a_2b_n \\ \vdots & \vdots & & \vdots \\ a_nb_1 & a_nb_2 & \cdots & a_nb_n\end{pmatrix}$$

充分性. 设

$$\boldsymbol{A}=\begin{pmatrix}a_1b_1 & a_1b_2 & \cdots & a_1b_n \\ a_2b_1 & a_2b_2 & \cdots & a_2b_n \\ \vdots & \vdots & & \vdots \\ a_nb_1 & a_nb_2 & \cdots & a_nb_n\end{pmatrix}$$

其中,$a_1,\cdots,a_n$ 不全为零,$b_1,\cdots,b_n$ 不全为零. 令

$$\boldsymbol{\alpha}=(a_1,\cdots,a_n)^{\mathrm{T}},\boldsymbol{\beta}=(b_1,\cdots,b_n)^{\mathrm{T}}$$

则有 $\boldsymbol{A}=\boldsymbol{\alpha\beta}^{\mathrm{T}}$. 于是 $R(\boldsymbol{A})\leqslant R(\boldsymbol{\alpha})=1$,又由 $\boldsymbol{A}\neq\boldsymbol{O}$ 知 $R(\boldsymbol{A})\geqslant 1$,故 $R(\boldsymbol{A})=1$.

【例 20】 A 和 B 是 $n\times n$ 复矩阵，满足 $R(\boldsymbol{AB}-\boldsymbol{BA})=1$，证明：$(\boldsymbol{AB}-\boldsymbol{BA})^2=\boldsymbol{O}$.

解析 令 $\boldsymbol{C}=\boldsymbol{AB}-\boldsymbol{BA}$. 由 $R(\boldsymbol{C})=1$，则 $\boldsymbol{C}$ 至多一个特征根非 0. 又由 $\operatorname{tr}(\boldsymbol{AB}-\boldsymbol{BA})=0$，得知 $\boldsymbol{C}$ 所有特征根为 0. 由约当标准型，可知 $\boldsymbol{C}$ 必为 2×2 矩阵，且满足 $\boldsymbol{C}^2=\boldsymbol{O}$.

【例 21】 设 $\boldsymbol{A}$ 是 $n\times n$ 矩阵，满足对角线为 0，其余位置严格大于 0 的正实数. 试确定 $\boldsymbol{A}$ 的最小秩.

解析 当 $n=1$ 时，最小矩阵为 $\boldsymbol{O}$，秩为 0.

当 $n=2$ 时，$|\boldsymbol{A}|=0-ab<0$，因此 $R(\boldsymbol{A})=2$.

当 $n\geqslant 3$ 时，下证 $\min R(\boldsymbol{A})=3$.

注意到 $\boldsymbol{A}$ 矩阵前三行是线性无关的. 不然，假设相关，则存在系数 c_1,c_2,c_3，使得线性组合为 0. 观察矩阵 $\boldsymbol{A}$ 第一列，则知 c_2,c_3 逆号，或者全为 0. 同理知 c_1,c_3 和 c_2,c_3 也满足. 这样 $c_1=c_2=c_3=0$.

以下只需给出一个 $\boldsymbol{A}$，满足 $R(\boldsymbol{A})=3$. 例如

$$\begin{pmatrix} 0^2 & 1^2 & 2^2 & \cdots & (n-1)^2 \\ (-1)^2 & 0^2 & 1^2 & \cdots & (n-2)^2 \\ \vdots & \vdots & \vdots & & \vdots \\ (-n+1)^2 & (-n+2)^2 & (-n+3)^2 & \cdots & 0^2 \end{pmatrix}=((i-j)^2)_{i,j=1}^n$$

$$=\begin{pmatrix} 1^2 \\ 2^2 \\ \vdots \\ n^2 \end{pmatrix}(1,1,\cdots,1)-2\begin{pmatrix} 1 \\ 2 \\ \vdots \\ n \end{pmatrix}(1,2,\cdots,n)+\begin{pmatrix} 1 \\ 1 \\ \vdots \\ 1 \end{pmatrix}(1^2,2^2,\cdots,n^2)$$

是三个秩为 1 的矩阵的和，秩至多为 3.

【例 22】 是否存在实 3×3 矩阵 $\boldsymbol{A}$，满足 $\operatorname{tr}(\boldsymbol{A})=0$，且 $\boldsymbol{A}^2+\boldsymbol{A}^{\mathrm{T}}=\boldsymbol{E}$?

解析 不可能.

假设 $\operatorname{tr}(\boldsymbol{A})=0$，且 $\boldsymbol{A}^2+\boldsymbol{A}^{\mathrm{T}}=\boldsymbol{E}$ 取转置，则

$$\boldsymbol{A}=\boldsymbol{E}-(\boldsymbol{A}^2)^{\mathrm{T}}=\boldsymbol{E}-(\boldsymbol{A}^{\mathrm{T}})^2=\boldsymbol{E}-(\boldsymbol{E}-\boldsymbol{A}^2)^2=2\boldsymbol{A}^2-\boldsymbol{A}^4$$

$$\boldsymbol{A}^4-2\boldsymbol{A}^2+\boldsymbol{A}=\boldsymbol{O}$$

多项式 $x^4-2x^2+x=x(x-1)(x^2+x-1)$ 的解为 $0,1,\dfrac{-1\pm\sqrt{5}}{2}$. 这些可能为 $\boldsymbol{A}$ 的特征根. 由 $\operatorname{tr}(\boldsymbol{A})=0$，可知特征根的和为 0. 由于 $\operatorname{tr}(\boldsymbol{A}^2)=\operatorname{tr}(\boldsymbol{E}-\boldsymbol{A}^{\mathrm{T}})=3$. 得知 $\boldsymbol{A}^2$ 特征根的平方是 3. 可验证这是不可能的.

【例 23】 设 $A,B\in M_n(C)$ 是 $n\times n$ 的矩阵，满足

$$A^2B+BA^2=2ABA$$

证明：存在正整数 k，使得 $(AB-BA)^k=O$.

解析 方法 1：设 $A\in M_n(C)$. 对任意的 $X\in M_n(C)$，令 $\Delta X=AX-XA$. 往证矩阵 ΔB 幂零矩阵.

由 $A^2B+BA^2=2ABA$. 等价于

$$\Delta^2B=\Delta(\Delta B)=0 \tag{1}$$

这样可知 Δ 是线性的，并且是一个导子，即满足莱布尼茨公式

$$\Delta(XY)=(\Delta X)Y+X(\Delta Y)\quad \forall X,Y\in M_n(C) \tag{2}$$

这样可以推导出以下公式

$$\Delta(X_1\cdots X_k)=(\Delta X_1)X_2\cdots X_k+\cdots+X_1\cdots X_{j-1}(\Delta X_j)X_{j+1}\cdots X_k+X_1\cdots X_{k-1}\Delta X_k \tag{3}$$

利用以上方程，可以得到

$$\Delta^k(B^k)=k!\,(\Delta B)^k\quad \forall k\in \mathbf{N}$$

由以上关系，只需证明 $\Delta^n(B^n)=0$.

观察方程(3)和 $\Delta^2B=0$ 可推导出 $\Delta^{k+1}B^k=0$，这样对任意的 k，有

$$\Delta^k(B^j)=0\quad \forall k,j\in \mathbf{N},j<k \tag{4}$$

由凯莱一哈密顿定理，存在 $\alpha_0,\alpha_1,\cdots,\alpha_{n-1}\in \mathbf{C}$，使得

$$B^n=\alpha_0E+\alpha_1B+\cdots+\alpha_{n-1}B^{n-1}$$

结合方程(4)可得 $\Delta^nB^n=0$.

方法 2：设 $X=AB-BA$. 矩阵 X 和 A 交换，因为

$$AX-XA=(A^2B-ABA)-(ABA-BA^2)=A^2B+BA^2-2ABA=O$$

因而对于任意的 $m\geqslant 0$，有

$$X^{m+1}=X^m(AB-BA)=AX^mB-X^mBA$$

两边方程同时取迹(trace)，那么

$$\mathrm{tr}X^{m+1}=\mathrm{tr}A(X^mB)-\mathrm{tr}(X^mB)A=0$$

而 $\mathrm{tr}X^{m+1}$ 是 X 所有特征根 $m+1$ 次的和. 而 $\mathrm{tr}X,\cdots,\mathrm{tr}X^n$ 唯一地确定了矩阵 X 的特征根. 故 X 所有特征根都是 0，这样可知 X 是幂零矩阵.

【例 24】 设 A,B,C 是 $n\times n$ 的实矩阵. 证明：如果 $(A-B)C=BA^{-1}$，那么 $C(A-B)=A^{-1}B$.

解析 条件 $(A-B)C+BA^{-1}$ 等价于 $AC-BC-BA^{-1}+AA^{-1}=E$，其中 E 是单位矩阵. 等价于 $(A-B)(C+A^{-1})=E$，因而 $(A-B)^{-1}=C+A^{-1}$，则 $(C+$

$A^{-1})(A-B)=E$,展开证毕.

【例 25】 设 n 是正整数,矩阵 $A=(a_{ij})_{1\leqslant i,j\leqslant n}$,满足如果 $i+j$ 是素数,$a_{ij}=0$,其他为 0. 证明:$|\det A|=k^2$,其中 k 为整数.

解析 称如下矩阵为 B 型阵

$$\begin{pmatrix} 0 & b_{12} & 0 & \cdots & b_{1,2k-2} & 0 \\ b_{21} & 0 & b_{23} & \cdots & 0 & b_{2,2k-1} \\ 0 & b_{32} & 0 & \cdots & b_{3,2k-2} & 0 \\ \vdots & \vdots & \vdots & & \vdots & \vdots \\ b_{2k-2,1} & 0 & b_{2k-2,3} & \cdots & 0 & b_{2k-2,2k-1} \\ 0 & b_{2k-1,2} & 0 & \cdots & b_{2k-1,2k-2} & 0 \end{pmatrix}$$

注意到 B 型矩阵行列式为 0,因为 $2k$ 列展开的向量空间至多为 $2k-1$ 维.

称矩阵为 C 型,如果

$$C^{\mathrm{T}}=\begin{pmatrix} 0 & c_{11} & 0 & c_{12} & \cdots & 0 & c_{1k} \\ c_{11} & 0 & c_{12} & 0 & \cdots & c_{1k} & 0 \\ 0 & c_{21} & 0 & c_{22} & \cdots & 0 & c_{2k} \\ c_{21} & 0 & c_{22} & 0 & \cdots & c_{2k} & 0 \\ \vdots & \vdots & \vdots & \vdots & & \vdots & \vdots \\ 0 & c_{k1} & 0 & c_{k2} & \cdots & 0 & c_{kk} \\ c_{k1} & 0 & c_{k2} & 0 & \cdots & c_{kk} & 0 \end{pmatrix}$$

由行列变换可得

$$|\det C^{\mathrm{T}}|=\left|\det\begin{pmatrix} C & 0 \\ 0 & C \end{pmatrix}\right|=|\det C|^2$$

其中 C 为系数为 c_{ij} 的矩阵.

设 X' 是矩阵 A 通过变换将第一行变为$(1\quad 0\quad 0\quad \cdots\quad 0)$,$\bar{Y}$ 是将矩阵 A 的 a_{11} 变为 0 而得到的矩阵. 由行列式多元线性,可得 $\det(A)=\det(X')+\det(Y)$.

注意到

$$X'=\begin{pmatrix} 1 & \mathbf{0} \\ \boldsymbol{v} & X \end{pmatrix}$$

X 为$(n-1)\times(n-1)$部分,$\boldsymbol{v}$ 是某一向量. 因而 $\det(A)=\det(X)+\det(Y)$.

以下考虑两类情况:

如果 n 为奇数，那么 $\boldsymbol{X}$ 是 $\boldsymbol{C}$ 型矩阵，$\boldsymbol{Y}$ 是 $\boldsymbol{B}$ 型矩阵，因而 $|\det(\boldsymbol{A})|=|\det(\boldsymbol{X})|$.

如果 n 是偶数，那么 $\boldsymbol{X}$ 是 $\boldsymbol{B}$ 型矩阵，$\boldsymbol{Y}$ 是 $\boldsymbol{C}$ 型矩阵，因而 $|\det(\boldsymbol{A})|=|\det(\boldsymbol{Y})|$.

素数集合可选择 $\{2\}\cup\{3,5,7,9,11,\cdots\}$.

【例 26】 设 $n>1$ 是正奇数，并且 $\boldsymbol{A}=(a_{ij})_{i,j=1,\cdots,n}$ 是 $n\times n$ 的矩阵，满足

$$a_{ij}=\begin{cases}2 & i=j\\ 1 & i-j\equiv\pm 2(\bmod n)\\ 0 & 其他\end{cases}$$

确定 $\boldsymbol{A}$ 的行列式.

解析 注意到 $\boldsymbol{A}=\boldsymbol{B}^2$，其中 $b_{ij}=\begin{cases}1 & i-j\equiv\pm 1(\bmod n)\\ 0 & 其他\end{cases}$. 因而只需确定 $\boldsymbol{B}$ 的行列式.

相对于第一行展开，并且相对于第一列展开

$$\boldsymbol{B}|=\begin{vmatrix}0 & 1 & & & & & 1\\ 1 & 0 & 1 & & & & \\ & 1 & 0 & 1 & & & \\ & & 1 & \ddots & \ddots & & \\ & & & \ddots & 0 & 1 & \\ & & & & 1 & 0 & 1\\ 1 & & & & & 1 & 0\end{vmatrix}$$

$$=-\begin{vmatrix}1 & 1 & & & & \\ & 0 & 1 & & & \\ & 1 & \ddots & \ddots & & \\ & & \ddots & 0 & 1 & \\ & & & 1 & 0 & 1\\ 1 & & & & 1 & 0\end{vmatrix}+\begin{vmatrix}1 & 0 & 1 & & & \\ & 1 & 0 & 1 & & \\ & & 1 & \ddots & \ddots & \\ & & & \ddots & 0 & 1\\ & & & & 1 & 0\\ 1 & & & & & 1\end{vmatrix}$$

$$=-\left(\begin{vmatrix}0 & 1 & & & \\ 1 & \ddots & \ddots & & \\ & \ddots & 0 & 1 & \\ & & 1 & 0 & 1\\ & & & 1 & 0\end{vmatrix}-\begin{vmatrix}1 & & & & \\ 0 & 1 & & & \\ 1 & \ddots & \ddots & & \\ & \ddots & 0 & 1 & \\ & & 1 & 0 & 1\end{vmatrix}\right)+$$

$$
\left(\begin{vmatrix}1 & 0 & 1 & & \\ & 1 & \ddots & \ddots & \\ & & \ddots & 0 & 1 \\ & & & 1 & 0 \\ & & & & 1\end{vmatrix}-\begin{vmatrix}0 & 1 & & & \\ 1 & 0 & 1 & & \\ & 1 & \ddots & \ddots & \\ & & \ddots & 0 & 1 \\ & & & 1 & 0\end{vmatrix}\right)
$$

$$
=-(0-1)+(1-0)=2
$$

因而 $|\mathbf{A}|=4$.

【例 27】 设 $n\geqslant 2$ 为正数. 如果 $n\times n$ 矩阵 $\mathbf{A}$ 的取值恰好为 $1,2,\cdots,n^2$，试问矩阵 $\mathbf{A}$ 秩数的最小值，最大值？

解析 $\mathbf{A}$ 最小秩为 2，最大为 n，下只需证明，秩 $\mathbf{A}$ 可能是 2，可能是 n，不可能是 1.

(1)$R(\mathbf{A})$ 至少是 2. 考虑任意矩阵 $\mathbf{A}=(a_{ij})$ 取值于 $1,2,\cdots,n^2$. 由于行列变换不改变秩. 可假设 $1=a_{11}<a_{21}<\cdots<a_{n1}$ 且 $a_{11}<a_{12}<\cdots<a_{1n}$. 因而 $a_{n1}\geqslant n$，$a_{1n}\geqslant n$，且如上不等式至少一个为严格满足. 因而

$$
\begin{vmatrix}a_{11} & a_{1n} \\ a_{n1} & a_{nn}\end{vmatrix}<1\cdot n^2-n\cdot n=0
$$

因而

$$
R(\mathbf{A})\geqslant R\begin{pmatrix}a_{11} & a_{1n} \\ a_{n1} & a_{nn}\end{pmatrix}\geqslant 2
$$

(2)$R(\mathbf{A})$ 可以取到 2. 例如

$$
\boldsymbol{T}=\begin{pmatrix}1 & 2 & \cdots & n \\ n+1 & n+2 & \cdots & 2n \\ \vdots & \vdots & & \vdots \\ n^2-n+1 & n^2-n+2 & \cdots & n^2\end{pmatrix}
$$

第 i 行是 $(1,2,\cdots,n)+n(i-1)\cdot(1,1,\cdots,1)$，他们都是由 $(1,2,\cdots,n)$ 和 $(1,1,\cdots,1)$ 生成的. 这样 $R(\mathbf{A})=2$.

(3)$R(\mathbf{A})$ 也可以取到 n. 例如将奇数放在对角线上，将偶数放到上三角，下三角放任意的数，那么可知矩阵 $\mathbf{A}$ 行列式为奇数. 非奇异. 证毕.

【例 28】 在所有实 $n\times n$ 矩阵构成的线性空间中，试确定线性子空间 V 的最大维数，其中 V 满足

$$
\forall\, \boldsymbol{X},\boldsymbol{Y}\in V,\quad \mathrm{tr}(\boldsymbol{XY})=0
$$

解析 如果 $\mathbf{A}$ 是非零对称矩阵，那么 $\mathrm{tr}(\mathbf{A}^2)=\mathrm{tr}(\mathbf{A}^{\mathrm{T}}\mathbf{A})$ 是 $\mathbf{A}$ 的系数的平

方和,必为正数.因而V不能包含任意非0对称矩阵.

记S是所有$n\times n$实对称矩阵构成的空间那么$\dim S=\frac{n(n+1)}{2}$.由于$V\cap S=\{0\}$,因而

$$\dim V+\dim S\leqslant n^2$$

故有$\dim V\leqslant n^2-\frac{n(n+1)}{2}=\frac{n(n-1)}{2}$.

严格上三角矩阵构成空间维数为$\frac{n(n-1)}{2}$,且满足条件.故V最大维数为

$$\frac{n(n-1)}{2}$$

【例 29】 设$\boldsymbol{A}$是$n\times n$矩阵,满足第(i,j)位置取值是$i+j$,确定矩阵$\boldsymbol{A}$的秩.

解析 方法1:$n=1$时,秩为1.如果$n\geqslant 2$.由于$\boldsymbol{A}=(i)_{i,j=1}^{n}+(j)_{i,j=1}^{n}$,矩阵$\boldsymbol{A}$是两个秩为1矩阵的和.因而矩阵$\boldsymbol{A}$的秩至多为2.而左上角$2\times 2$行列式为$-1$,因而秩为2.因此$n=1,R(\boldsymbol{A})=1$.$n\geqslant 2,R(\boldsymbol{A})=2$.

方法2:考虑$n\geqslant 2$

$$R\begin{pmatrix}2&3&\cdots&n+1\\3&4&\cdots&n+2\\\vdots&\vdots&&\vdots\\n+1&n+2&\cdots&2n\end{pmatrix}=R\begin{pmatrix}2&3&\cdots&n+1\\1&1&\cdots&1\\\vdots&\vdots&&\vdots\\1&1&\cdots&1\end{pmatrix}$$

$$=R\begin{pmatrix}1&2&\cdots&n\\1&1&\cdots&1\\0&0&\cdots&0\\\vdots&\vdots&&\vdots\\0&0&\cdots&0\end{pmatrix}=2$$

【例 30】 设$\boldsymbol{A}$是实4×2矩阵,$\boldsymbol{B}$是实2×4矩阵,满足

$$\boldsymbol{AB}=\begin{pmatrix}1&0&-1&0\\0&1&0&-1\\-1&0&1&0\\0&-1&0&1\end{pmatrix}$$

试确定$\boldsymbol{BA}$.

解析　设$\boldsymbol{A}=\begin{pmatrix}\boldsymbol{A}_1\\\boldsymbol{A}_2\end{pmatrix}$,$\boldsymbol{B}=(\boldsymbol{B}_1\quad\boldsymbol{B}_2)$,其中,$\boldsymbol{A}_1,\boldsymbol{A}_2,\boldsymbol{B}_1,\boldsymbol{B}_2$为$2\times2$矩阵.那么

$$\begin{pmatrix}1&0&-1&0\\0&1&0&-1\\-1&0&1&0\\0&-1&0&1\end{pmatrix}=\begin{pmatrix}\boldsymbol{A}_1\\\boldsymbol{A}_2\end{pmatrix}(\boldsymbol{B}_1\quad\boldsymbol{B}_2)=\begin{pmatrix}A_1B_1&A_1B_2\\A_2B_1&A_2B_2\end{pmatrix}$$

故
$$\boldsymbol{A}_1\boldsymbol{B}_1=\boldsymbol{A}_2\boldsymbol{B}_2=\boldsymbol{E}_2,\boldsymbol{A}_2\boldsymbol{B}_2=\boldsymbol{A}_2\boldsymbol{B}_1=-\boldsymbol{E}_2$$

这样
$$\boldsymbol{BA}=(\boldsymbol{B}_1\quad\boldsymbol{B}_2)\begin{pmatrix}\boldsymbol{A}_1\\\boldsymbol{A}_2\end{pmatrix}=\boldsymbol{B}_1\boldsymbol{A}_1+\boldsymbol{B}_2\boldsymbol{A}_2=2\boldsymbol{E}_2=\begin{pmatrix}2&0\\0&2\end{pmatrix}$$

【例31】　设$\boldsymbol{A}$和$\boldsymbol{B}$是$n\times n$实矩阵,满足$\boldsymbol{AB}+\boldsymbol{A}+\boldsymbol{B}=\boldsymbol{O}$.证明:$\boldsymbol{AB}=\boldsymbol{BA}$.

解析　由于$(\boldsymbol{A}+\boldsymbol{E})(\boldsymbol{B}+\boldsymbol{E})=\boldsymbol{AB}+\boldsymbol{A}+\boldsymbol{B}+\boldsymbol{E}=\boldsymbol{E}$,因此$\boldsymbol{A}+\boldsymbol{E}$和$\boldsymbol{B}+\boldsymbol{E}$互为逆矩阵.这样

$$(\boldsymbol{A}+\boldsymbol{E})(\boldsymbol{B}+\boldsymbol{E})=(\boldsymbol{B}+\boldsymbol{E})(\boldsymbol{A}+\boldsymbol{E})$$

即$\boldsymbol{AB}=\boldsymbol{BA}$.

【例32】　设$\boldsymbol{A}$是$n\times n$的实矩阵,满足$3\boldsymbol{A}^3=\boldsymbol{A}^2+\boldsymbol{A}+\boldsymbol{E}$.证明:$\boldsymbol{A}^k$收敛于一个幂零矩阵.

解析　矩阵$\boldsymbol{A}$的极小多项式为$3x^3-x^2-x-1$的因子.由于特征方程有三个不同的根,则$\boldsymbol{A}$可对角化$\boldsymbol{A}=\boldsymbol{C}^{-1}\boldsymbol{DC}$,其中$\boldsymbol{D}$为对角矩阵.其中$\boldsymbol{A},\boldsymbol{D}$特征根都是多项式$3x^3-x^2-x-1$的根.其中一根为1,其他两根绝对值小于1.因而,对角元素D^k趋于0,1.极限矩阵$\boldsymbol{M}=\lim\boldsymbol{D}^k$是幂零的.因此$\lim\boldsymbol{A}^k=\boldsymbol{C}^{-1}\boldsymbol{MC}$是幂零矩阵.

【例33】　设$\boldsymbol{A}$是$n\times n$复矩阵,满足对于任意的复数$\lambda\in\mathbf{C}$,有$\boldsymbol{A}\neq\lambda\boldsymbol{E}$.

证明:$\boldsymbol{A}$相似于某个矩阵,满足主对角线至多一个非零元.

解析　当$n=1$时,显然.$n=2$时,记$\boldsymbol{A}=\begin{pmatrix}a&b\\c&d\end{pmatrix}$.如果$b\neq0$,并且$c\neq0$或者$b=c=0$,那么$\boldsymbol{A}$相似于

$$\begin{pmatrix}1&0\\\frac{a}{b}&1\end{pmatrix}\begin{pmatrix}a&b\\c&d\end{pmatrix}\begin{pmatrix}1&0\\-\frac{a}{b}&1\end{pmatrix}=\begin{pmatrix}0&b\\c-\frac{ad}{b}&a+d\end{pmatrix}$$

或者

$$\begin{pmatrix}1 & -\frac{a}{c}\\0 & 1\end{pmatrix}\begin{pmatrix}a & b\\c & d\end{pmatrix}\begin{pmatrix}1 & \frac{a}{c}\\0 & 1\end{pmatrix}=\begin{pmatrix}0 & b-\frac{ad}{c}\\c & a+d\end{pmatrix}$$

如果 $b=c=0$ 且 $a\neq d$,那么 $\boldsymbol{A}$ 相似于

$$\begin{pmatrix}1 & 1\\0 & 1\end{pmatrix}\begin{pmatrix}a & 0\\0 & d\end{pmatrix}\begin{pmatrix}1 & -1\\0 & 1\end{pmatrix}=\begin{pmatrix}a & d-a\\0 & d\end{pmatrix}$$

对于 $b\neq 0$,同样可以证明.

假设 $n>3$,且 $n'<n$ 时,命题成立.假设

$$\boldsymbol{A}=\begin{pmatrix}\boldsymbol{A}' & *\\ * & \boldsymbol{\beta}\end{pmatrix}_n$$

其中 $\boldsymbol{A}'$ 是 $(n-1)\times(n-1)$ 矩阵.假设 $\boldsymbol{A}'\neq\lambda'\boldsymbol{E}$,故存在矩阵使得

$$\boldsymbol{P}^{-1}\boldsymbol{A}'\boldsymbol{P}=\begin{pmatrix}0 & *\\ * & \boldsymbol{\alpha}\end{pmatrix}_{n-1}$$

这样

$$\boldsymbol{B}=\begin{pmatrix}\boldsymbol{P}^{-1} & 0\\0 & 1\end{pmatrix}\begin{pmatrix}\boldsymbol{A}' & *\\ * & \boldsymbol{\beta}\end{pmatrix}\begin{pmatrix}\boldsymbol{P} & 0\\0 & 1\end{pmatrix}=\begin{pmatrix}\boldsymbol{P}^{-1}\boldsymbol{A}'\boldsymbol{P} & *\\ * & \boldsymbol{\beta}\end{pmatrix}$$

相似于矩阵 $\boldsymbol{A}$,对角元为 $(0,0,\cdots,0,\boldsymbol{\alpha},\boldsymbol{\beta})$,同理 $\boldsymbol{B}$ 可看作 $\begin{pmatrix}0 & *\\ * & \boldsymbol{C}\end{pmatrix}_n$ 其中 $\boldsymbol{C}$ 是对角元为 $(0,\cdots,0,\boldsymbol{\alpha},\boldsymbol{\beta})$ 的 $(n-1)\times(n-1)$ 矩阵.如果假设对于 $\boldsymbol{C}$ 也成立,那么有 $\boldsymbol{Q}^{-1}\boldsymbol{C}\boldsymbol{Q}=\boldsymbol{D}$,其中 $\boldsymbol{D}=\begin{pmatrix}0 & *\\ * & \gamma\end{pmatrix}_{n-1}$ 因而

$$\boldsymbol{E}=\begin{pmatrix}1 & 0\\0 & \boldsymbol{Q}^{-1}\end{pmatrix}\cdot\boldsymbol{B}\cdot\begin{pmatrix}1 & 0\\0 & \boldsymbol{Q}\end{pmatrix}=\begin{pmatrix}1 & 0\\0 & \boldsymbol{Q}^{-1}\end{pmatrix}\begin{pmatrix}0 & *\\ * & \boldsymbol{C}\end{pmatrix}\begin{pmatrix}1 & 0\\0 & \boldsymbol{Q}\end{pmatrix}=\begin{pmatrix}0 & *\\ * & \boldsymbol{D}\end{pmatrix}$$

相似于 $\boldsymbol{A}$,对角线为 $(0,0,\cdots,0,\gamma)$,证毕.

若假设对于 $n-1=2$ 不成立,这时矩阵

$$\boldsymbol{P}^{-1}\boldsymbol{A}\boldsymbol{P}=\begin{pmatrix}0 & a & b\\c & d & 0\\e & 0 & d\end{pmatrix}$$

其中 $d\neq 0$.注意到 a,b,c,e 不能同时为 0.如果 $b\neq 0$,那么 $\boldsymbol{A}$ 相似于

$$\begin{pmatrix}1 & 0 & 0\\0 & 1 & 0\\1 & 0 & 1\end{pmatrix}\begin{pmatrix}0 & a & b\\c & d & 0\\e & 0 & d\end{pmatrix}\begin{pmatrix}1 & 0 & 0\\0 & 1 & 0\\-1 & 0 & 1\end{pmatrix}=\begin{pmatrix}-b & a & b\\c & d & 0\\e-b-d & a & b+d\end{pmatrix}$$

继续之前的程序,矩阵的对角元为$(0,d-b,d+b)$.

对于$a\neq0,c\neq0,e\neq0$同理可证,证毕.

【例 34】 设$\boldsymbol{A}$是$m\times m$实矩阵,e^{A}定义为$\sum_{n=0}^{\infty}\frac{1}{n!}\boldsymbol{A}^{n}$.如果对于所有实多项式$p$和$m\times m$实矩阵$\boldsymbol{A},\boldsymbol{B}$,证明:$p(e^{\boldsymbol{AB}})$幂零当且仅当$p(e^{\boldsymbol{BA}})$幂零.如果命题不正确,请举出反例.

解析 首先证明对于任意多项式q和$m\times m$矩阵$\boldsymbol{A},\boldsymbol{B}$,那么$q(e^{\boldsymbol{AB}})$和$q(e^{\boldsymbol{BA}})$特征多项式相同,这个易证.对于任意的矩阵$\boldsymbol{X}$,$q(e^{\boldsymbol{X}})=\sum_{n=0}^{\infty}c_n\boldsymbol{X}^{n}$,其中$c_n$为与$q$有关的系数.令

$$\boldsymbol{C}=\sum_{n=1}^{\infty}c_n\cdot(\boldsymbol{BA})^{n-1}\boldsymbol{B}=\sum_{n=1}^{\infty}c_n\cdot\boldsymbol{B}(\boldsymbol{AB})^{n-1}$$

那么$q(e^{\boldsymbol{AB}})=c_0\boldsymbol{E}+\boldsymbol{AC}$,且$q(e^{\boldsymbol{BA}})=c_0\boldsymbol{E}+\boldsymbol{CA}$.

由于$\boldsymbol{AC}$和$\boldsymbol{CA}$特征多项式相同.记这个多项式为$f(x)$.那么$q(e^{\boldsymbol{AB}})$和$q(e^{\boldsymbol{BA}})$特征多项式都是$f(x-c_0)$.

下面假设$p(e^{\boldsymbol{AB}})$是幂零的,即存在k,使得$(p(e^{\boldsymbol{AB}}))^{k}=0$.取$q=p^{k}$,那么$q(e^{\boldsymbol{AB}})=0$特征多项式是$x^{m}$,因而$q(e^{\boldsymbol{BA}})$也成立.由凯莱一哈密顿定理,有

$$(q(e^{\boldsymbol{BA}}))^{m}=(p(e^{\boldsymbol{BA}}))^{km}=0$$

这说明$q(e^{\boldsymbol{BA}})$也是幂零的.

【例 35】 1)证明对任意的$m\in\mathbf{N}$,存在实$m\times m$矩阵$\boldsymbol{A}$,使得$\boldsymbol{A}^{3}=\boldsymbol{A}+\boldsymbol{E}$,其中$\boldsymbol{E}$是单位阵.

2)如果矩阵$\boldsymbol{A}$满足$\boldsymbol{A}^{3}=\boldsymbol{A}+\boldsymbol{E}$,那么$\det\boldsymbol{A}>0$

解析 1)对角阵

$$\boldsymbol{A}=\lambda\boldsymbol{E}=\begin{pmatrix}\lambda & & 0\\ & \ddots & \\ 0 & & \lambda\end{pmatrix}$$

是方程$\boldsymbol{A}^{3}=\boldsymbol{A}+\boldsymbol{E}$的解,当且仅当$\lambda^{3}=\lambda+1$,因为$\boldsymbol{A}^{3}-\boldsymbol{A}-\boldsymbol{E}=(\lambda^{3}-\lambda-1)\boldsymbol{E}$有实根,证毕.

2)易知特征多项式$p(x)=x^{3}-x-1$有一个正实根和一对共轭的复根.其中实根可以由$p(0)<0$判定.那么记矩阵$\boldsymbol{A}$的实根为λ_1,丛数为α,共轭复根为λ_2和λ_3.由于特征多项式为实系数,那么λ_2和λ_3的丛数相同,记做β,这样

$$\det \boldsymbol{A}=\lambda_1^{\alpha}\lambda_2^{\beta}\lambda_3^{\beta}=\lambda_1^{\alpha}\cdot(\lambda_2\lambda_3)^{\beta}$$

由于 λ_1 和 $\lambda_2\lambda_3=|\lambda_2|^2$ 是正数，因而 $\det \boldsymbol{A}>0$.

【例 36】 设 V 是 10 维实线性空间，U_1 和 U_2 是两个线性子空间，满足 $U_1\subseteq U_2$，$\dim_R U_1=3$ 和 $\dim_R U_2=6$. 设 Σ 是从 $T:V\to V$ 的线性映射，并且 U_1U_1 是其不变子空间(i. e.，$T(U_1)\subseteq U_1$，$T(U_2)\subseteq U_2$). 计算 Σ 作为实线性空间的维数.

解析 取 U_1 的基底 $\{\boldsymbol{v}_1,\boldsymbol{v}_2,\boldsymbol{v}_3\}$，那么可找到向量 $\boldsymbol{v}_4$，$\boldsymbol{v}_5$ 和 $\boldsymbol{v}_6$ 作为 U_2 的基底. 同理，可以寻找到向量 $\boldsymbol{v}_7,\cdots,\boldsymbol{v}_{10}$ 作为 V 的基底.

设 $\boldsymbol{T}\in\Sigma$ 是同态，并且以 U_1 和 U_2 为不变子空间. 那么矩阵 $\boldsymbol{T}$ 相对于基底 $\{\boldsymbol{v}_1,\cdots,\boldsymbol{v}_{10}\}$ 的形式如下

$$\begin{pmatrix}
* & * & * & * & * & * & * & * & * & * \\
 & * & * & * & * & * & * & * & * & * \\
 & * & * & * & * & * & * & * & * & * \\
0 & 0 & 0 & * & * & * & * & * & * & * \\
0 & 0 & 0 & * & * & * & * & * & * & * \\
0 & 0 & 0 & * & * & * & * & * & * & * \\
0 & 0 & 0 & 0 & 0 & 0 & * & * & * & * \\
0 & 0 & 0 & 0 & 0 & 0 & * & * & * & * \\
0 & 0 & 0 & 0 & 0 & 0 & * & * & * & * \\
0 & 0 & 0 & 0 & 0 & 0 & * & * & * & *
\end{pmatrix}$$

因而有 $\dim_R\Sigma=9+18+40=67$.

【例 37】 设 $\boldsymbol{M}$ 是 $2n\times 2n$ 的可逆矩阵，由如下矩阵块表示

$$\boldsymbol{M}=\begin{pmatrix}\boldsymbol{A} & \boldsymbol{B}\\ \boldsymbol{C} & \boldsymbol{D}\end{pmatrix},\boldsymbol{M}^{-1}=\begin{pmatrix}\boldsymbol{E} & \boldsymbol{F}\\ \boldsymbol{G} & \boldsymbol{H}\end{pmatrix}$$

证明：$\det \boldsymbol{M}\det \boldsymbol{H}=\det \boldsymbol{A}$.

解析 设 $\boldsymbol{E}$ 是 $n\times n$ 单位矩阵，那么

$$\det \boldsymbol{M}\det \boldsymbol{H}=\det\begin{pmatrix}\boldsymbol{A} & \boldsymbol{B}\\ \boldsymbol{C} & \boldsymbol{D}\end{pmatrix}\cdot\det\begin{pmatrix}\boldsymbol{E} & \boldsymbol{F}\\ \boldsymbol{O} & \boldsymbol{H}\end{pmatrix}=\det\begin{pmatrix}\boldsymbol{A} & \boldsymbol{O}\\ \boldsymbol{C} & \boldsymbol{E}\end{pmatrix}=\det \boldsymbol{A}$$

【例 38】 设 $\boldsymbol{A}$，$\boldsymbol{B}$ 是实 $n\times n$ 矩阵，满足 $\boldsymbol{A}^2+\boldsymbol{B}^2=\boldsymbol{AB}$. 证明：如果 $\boldsymbol{BA}-\boldsymbol{AB}$ 是可逆矩阵，那么 n 可被 3 整除.

解析 设 $\boldsymbol{S}=\boldsymbol{A}+\omega\boldsymbol{B}$，其中 $\omega=-\dfrac{1}{2}+\mathrm{i}\,\dfrac{\sqrt{3}}{2}$. 那么由于 $\bar{\omega}+1=-\omega$，则

$$\boldsymbol{S}\overline{\boldsymbol{S}}=(\boldsymbol{A}+\omega\boldsymbol{B})(\boldsymbol{A}+\bar{\omega}\boldsymbol{B})=\boldsymbol{A}^2+\omega\boldsymbol{BA}+\bar{\omega}\boldsymbol{AB}+\boldsymbol{B}^2$$
$$=\boldsymbol{AB}+\omega\boldsymbol{BA}+\bar{\omega}\boldsymbol{AB}=\omega(\boldsymbol{BA}-\boldsymbol{AB})$$

由于 $\det(\boldsymbol{S}\overline{\boldsymbol{S}})=\det \boldsymbol{S}\det \overline{\boldsymbol{S}}$ 是实数且 $\det \omega(\boldsymbol{BA}-\boldsymbol{AB})=\omega^n\det(\boldsymbol{BA}-\boldsymbol{AB})$，$\det(\boldsymbol{BA}-\boldsymbol{AB})\neq 0$，那么 ω^n 必是实数，这样 n 必被 3 整除.

【例 39】 对于 $j=0,\cdots,n$，$a_j=a_0+jd$，其中 a_0，d 为固定的实数. 令

$$\boldsymbol{A}=\begin{pmatrix} a_0 & a_1 & a_2 & \cdots & a_n \\ a_1 & a_0 & a_1 & \cdots & a_{n-1} \\ a_2 & a_1 & a_0 & \cdots & a_{n-2} \\ \vdots & \vdots & \vdots & & \vdots \\ a_n & a_{n-1} & a_{n-2} & \cdots & a_0 \end{pmatrix}$$

计算 $\boldsymbol{A}$ 的行列式.

解析 将 $\boldsymbol{A}$ 第一列加到最后一列，可得

$$\det(\boldsymbol{A})=(a_0+a_n)\det\begin{pmatrix} a_0 & a_1 & a_2 & \cdots & 1 \\ a_1 & a_0 & a_1 & \cdots & 1 \\ a_2 & a_1 & a_0 & \cdots & 1 \\ \vdots & \vdots & \vdots & & \vdots \\ a_n & a_{n-1} & a_{n-2} & \cdots & 1 \end{pmatrix}$$

将 $(n-1)$ 行 -1 倍加到 n 行，以此类推. 可得

$$\det(\boldsymbol{A})=(a_0+a_n)\det\begin{pmatrix} a_0 & a_1 & a_2 & \cdots & 1 \\ d & -d & -d & \cdots & 0 \\ d & d & -d & & 0 \\ \vdots & \vdots & \vdots & & \vdots \\ d & d & d & \cdots & 0 \end{pmatrix}$$

因而

$$\det(\boldsymbol{A})=(-1)^n(a_0+a_n)\det\begin{pmatrix} d & -d & -d & \cdots & -d \\ d & d & -d & \cdots & -d \\ d & d & d & \cdots & -d \\ \vdots & \vdots & \vdots & & \vdots \\ d & d & d & \cdots & d \end{pmatrix}$$

【例 40】 设 $\boldsymbol{X}$ 是非奇异矩阵，其中，$\boldsymbol{X}_1,\boldsymbol{X}_2,\cdots,\boldsymbol{X}_n$ 为 $\boldsymbol{X}$ 的列向量. 设 $\boldsymbol{Y}$ 是列向量为 $\boldsymbol{X}_2,\boldsymbol{X}_3,\cdots,\boldsymbol{X}_n,\boldsymbol{0}$ 的矩阵. 证明：矩阵 $\boldsymbol{A}=\boldsymbol{Y}\boldsymbol{X}^{-1}$ 和 $\boldsymbol{B}=\boldsymbol{X}^{-1}\boldsymbol{Y}$ 秩为

$n-1$，且只有 0 个特征根.

解析 令 $\boldsymbol{J}=(a_{ij})$ 是 $n\times n$ 矩阵，满足 $a_{ij}=1$，其中 $i=j+1$，其他 $a_{ij}=0$. 可知 $\boldsymbol{J}$ 的秩为 $n-1$，且特征根全为 0. 考虑 $\boldsymbol{Y}=\boldsymbol{X}\boldsymbol{J}$，则

$$\boldsymbol{A}=\boldsymbol{Y}\boldsymbol{X}^{-1}=\boldsymbol{X}\boldsymbol{J}\boldsymbol{X}^{-1},\boldsymbol{B}=\boldsymbol{X}^{-1}\boldsymbol{Y}=\boldsymbol{J}$$

这样可知 $\boldsymbol{A},\boldsymbol{B}$ 的秩为 $n-1$，特征根都是 0.

【例 41】 1)设 $\boldsymbol{A}$ 是 $n\times n,n\geqslant 2$ 的可逆对称实矩阵. 证明：$z_n\leqslant n^2-2n$，其中 z_n 是矩阵 $\boldsymbol{A}^{-1}$ 中零的个数.

2)在以下可逆矩阵中，$\boldsymbol{A}^{-1}$ 中有多少个零元

$$\boldsymbol{A}=\begin{pmatrix} 1 & 1 & 1 & 1 & \cdots & 1 \\ 1 & 2 & 2 & 2 & \cdots & 2 \\ 1 & 2 & 1 & 1 & \cdots & 1 \\ 1 & 2 & 1 & 2 & \cdots & 2 \\ \vdots & \vdots & \vdots & \vdots & & \vdots \\ 1 & 2 & 1 & 2 & \cdots & \end{pmatrix}$$

解析 1)记矩阵 $\mathbf{A}$ 和 $\mathbf{A}^{-1}$ 的元素分别为 a_{ij} 和 b_{ij}. 那么对于 $k\neq m$，有

$$\sum_{i=0}^{n}a_{ki}b_{im}=0$$

由于 a_{ij} 是正数，可得$\{b_{im}\mid i=1,2,\cdots,n\}$中至少一个正数，一个负数. 这样 $\mathbf{A}^{-1}$ 中至少每列有两个非零元.

2)对于 $i=1,2,\cdots,n-1,b_{11}=2,b_{nn}=(-1)^n,b_{i,i+1}=b_{i+1,i}=(-1)^i$，其余都是 0.

第四章　竞赛试题参考

浙江省 2004 年大学生数学竞赛试题及参考答案(节选)

一、计算题

1. 计算 $\lim\limits_{x\to 0}\dfrac{\int_0^x e^t\cos t\mathrm{d}t - x - \dfrac{x^2}{2}}{(x-\tan x)(\sqrt{x+1}-1)}$.

2. 计算 $\int_0^{\pi}\dfrac{\pi+\cos x}{x^2-\pi x+2\,004}\mathrm{d}x$.

3. 求函数 $f(x,y)=x^2+4y^2+15y$ 在 $\Omega=\{(x,y)\mid 4x^2+y^2\leqslant 1\}$ 上的最大、最小值.

4. 计算：$\iint\limits_D \max(xy,x^3)\mathrm{d}\sigma$，其中 $D=\{(x,y)\mid -1\leqslant x\leqslant 1,0\leqslant y\leqslant 1\}$.

二、设 $f(x)=\arctan\dfrac{1-x}{1+x}$，求 $f^{(n)}(0)$.

三、设椭圆 $\dfrac{x^2}{4}+\dfrac{y^2}{9}=1$ 在点 $A\left(1,\dfrac{3\sqrt{3}}{2}\right)$ 的切线交 y 轴于点 B，设 l 为从 A 到 B 的直线段，试计算

$$\int_l\left(\frac{\sin y}{x+1}-\sqrt{3}y\right)\mathrm{d}x+[\cos y\ln(x+1)+2\sqrt{3}x-\sqrt{3}]\mathrm{d}y$$

四、已知函数 $f(x)$ 连续，$a<b$，且 $\int_a^b|f(x)|\mathrm{d}x=0$，求证：$f(x)\equiv 0,x\in(a,b)$.

五、已知函数 $f(x)$ 在 $[0,1]$ 上连续，证明

$$\left(\int_0^1\frac{f(x)}{t^2+x^2}\mathrm{d}x\right)^2\leqslant\frac{\pi}{2t}\int_0^1\frac{f^2(x)}{t^2+x^2}\mathrm{d}x\quad t>0$$

参考答案

一、1. 解

$$\lim_{x\to 0}\frac{\int_0^x e^t\cos t\mathrm{d}t-x-\frac{x^2}{2}}{(x-\tan x)(\sqrt{x+1}-1)}=\lim_{x\to 0}\frac{\int_0^x e^t\cos t\mathrm{d}t-x-\frac{x^2}{2}}{-\frac{1}{3}x^3\cdot\frac{1}{2}x}$$

$$=\lim_{x\to 0}\frac{e^x\cos x-1-x}{x^3}\left(-\frac{3}{2}\right)=\frac{1}{2}$$

2. 解：作变换 $x-\frac{\pi}{2}=t$，得

$$\int_0^{\pi}\frac{\pi+\cos x}{x^2-\pi x+2\,004}\mathrm{d}x=\int_{-\frac{\pi}{2}}^{\frac{\pi}{2}}\frac{\pi+\sin t}{t^2-\frac{\pi^2}{4}+2\,004}\mathrm{d}t$$

$$=\pi\int_{-\frac{\pi}{2}}^{\frac{\pi}{2}}\frac{1}{t^2+a^2}\mathrm{d}t+\int_{-\frac{\pi}{2}}^{\frac{\pi}{2}}\frac{\sin t}{t^2+a^2}\mathrm{d}t$$

其中 $a=\sqrt{2\,004-\frac{\pi^2}{4}}$

因为 $\int_{-\frac{\pi}{2}}^{\frac{\pi}{2}}\frac{\sin t}{t^2+a^2}\mathrm{d}t=0$，而

$$\int_{-\frac{\pi}{2}}^{\frac{\pi}{2}}\frac{1}{t^2+a^2}\mathrm{d}t=\frac{2}{a}\arctan\frac{\pi}{2a}$$

所以

$$\int_0^{\pi}\frac{\pi+\cos x}{x^2-\pi x+2\,004}\mathrm{d}x=\frac{2\pi}{a}\arctan\frac{\pi}{2a}=\frac{2\pi}{\sqrt{2\,004-\frac{\pi^2}{4}}}\arctan\frac{\pi}{2\sqrt{2\,004-\frac{\pi^2}{4}}}$$

3. 解：令 $\begin{cases}f'_x=2x=0\\f'_y=8y+15=0\end{cases}$，得驻点 $\left(0,-\frac{15}{8}\right)$ 不在 Ω 上，所以最大、最小值必在 Ω 的边界 $4x^2+y^2=1$ 上.

作拉格朗日函数

$$F(x,y,\lambda)=x^2+4y^2+15y+\lambda(4x^2+y^2-1)$$

由 $\begin{cases}F'_x=0\\F'_y=0\\F'_\lambda=0\end{cases}$，得 $\begin{cases}2x+8\lambda x=0\\8y+15+2\lambda y=0\\4x^2+y^2=1\end{cases}$，解得 $\begin{cases}x=0\\y=\pm 1\end{cases}$.

所以最大、最小值分别为 $f(0,1)=19$，$f(0,-1)=-11$.

4.解

$$\iint_D \max(xy,x^3)\mathrm{d}\sigma=\int_{-1}^{0}\mathrm{d}x\int_0^{x^2}xy\mathrm{d}y+\int_0^1\mathrm{d}x\int_{x^2}^1 xy\mathrm{d}y+$$

$$\int_0^1\mathrm{d}x\int_0^{x^2}x^3\mathrm{d}y+\int_{-1}^0\mathrm{d}x\int_{x^2}^1 x^3\mathrm{d}y=\frac{1}{6}$$

二、解：$f'(x)=\dfrac{-1}{x^2+1}$，$(x^2+1)f'(x)=-1$，两边对 x 求 $n-1$ 阶导数，由莱布尼茨公式得

$$(x^2+1)f^{(n)}(x)+2(n-1)xf^{(n-1)}(x)+2\,\frac{(n-1)(n-2)}{2}f^{(n-2)}(x)=0$$

令 $x=0$，得

$$f^{(n)}(0)=-(n-1)(n-2)f^{(n-2)}(0)$$

又因

$$f''(0)=0,f'(0)=-1$$

故

$$f^{(n)}(0)=\begin{cases}0, & \text{当 } n \text{ 为偶数时}\\ (-1)^{\frac{n+1}{2}}(n-1)!, & \text{当 } n \text{ 为奇数时}\end{cases}$$

三、解：切线方程为

$$y-\frac{3\sqrt{3}}{2}=-\frac{3}{2\sqrt{3}}(x-1)$$

所以点 B 坐标为 $(0,2\sqrt{3})$，取点 $C\left(0,\dfrac{3\sqrt{3}}{2}\right)$，连接 CA，有

$$\int=\oint_{l+\overline{BC}+\overline{CA}}-\int_{\overline{BC}}-\int_{\overline{CA}}$$

由格林公式

$$\oint_{l+\overline{BC}+\overline{CA}}=\iint_D\left[\frac{\cos y}{x+1}+2\sqrt{3}-\frac{\cos y}{x+1}+\sqrt{3}\right]\mathrm{d}x\mathrm{d}y=3\sqrt{3}\iint_D\mathrm{d}x\mathrm{d}y=\frac{9}{4}$$

$$\int_{\overline{BC}}=\int_{2\sqrt{3}}^{\frac{3\sqrt{3}}{2}}(-\sqrt{3})\mathrm{d}y=\frac{3}{2}$$

$$\int_{\overline{CA}}=\int_0^1\left(\frac{\sin\frac{3\sqrt{3}}{2}}{x+1}-\sqrt{3}\cdot\frac{3\sqrt{3}}{2}\right)\mathrm{d}x=\sin\frac{3\sqrt{3}}{2}\ln 2-\frac{9}{2}$$

故所求积分为$\frac{21}{4}-\sin\frac{3\sqrt{3}}{2}\ln 2$.

四、证明:用反证法.假设有一点$x_0\in(a,b)$,$f(x_0)\neq 0$,不妨设$f(x_0)>0$.

由$f(x)$的连续性,存在$\delta>0$,使对$\forall x\in[x_0-\delta,x_0+\delta]\subset(a,b)$有$f(x)>0$.

并设$f(x)$在$[x_0-\delta,x_0+\delta]$的最小值为$m>0$,则

$$\int_a^b |f(x)| \mathrm{d}x \geqslant \int_a^b m\mathrm{d}x = m(b-a) > 0$$

与$\int_a^b |f(x)| \mathrm{d}x = 0$矛盾,所以

$$f(x) \equiv 0 \quad x \in (a,b)$$

若$f(a)\neq 0$,则$\exists\delta>0$,使得对$\forall x\in[a,a+\delta]$,$|f(x)|\geqslant m>0$.

若$f(b)\neq 0$,则$\exists\delta>0$,使得对$\forall x\in[b-\delta,b]$,$|f(x)|\geqslant m>0$.

以下同理,总之,$f(x)\equiv 0$,$x\in(a,b)$.

五、证明:由柯西-施瓦兹不等式可得

$$\begin{aligned}\left(\int_0^1\frac{f(x)}{t^2+x^2}\mathrm{d}x\right)^2 &\leqslant \left[\int_0^1\left(\frac{1}{\sqrt{t^2+x^2}}\cdot\frac{f(x)}{\sqrt{t^2+x^2}}\right)\mathrm{d}x\right]^2 \\ &\leqslant \int_0^1\frac{1}{t^2+x^2}\mathrm{d}x\int_0^1\frac{f^2(x)}{t^2+x^2}\mathrm{d}x = \frac{1}{t}\arctan\frac{1}{t}\int_0^1\frac{f^2(x)}{t^2+x^2}\mathrm{d}x \\ &\leqslant \frac{\pi}{2t}\int_0^1\frac{f^2(x)}{t^2+x^2}\mathrm{d}x\end{aligned}$$

浙江省 2006 年大学生数学竞赛试题及参考答案(节选)

一、计算题

1. 计算$\lim\limits_{n\to\infty} n\left[\left(1+\dfrac{x}{n}\right)^n-\mathrm{e}^x\right]$.

2. 计算$\displaystyle\int\frac{1+x^4+x^8}{x(1-x^8)}\mathrm{d}x$.

3. 求$\displaystyle\int_0^1\mathrm{d}y\int_y^1\left[\frac{\mathrm{e}^{x^2}}{x}-\mathrm{e}^{y^2}\right]\mathrm{d}x$.

4. 求过(1,2,3)且与曲面 $z=x+(y-z)^3$ 的所有切平面皆垂直的平面方程.

二、设 $f(x)=\mathrm{e}^x-\dfrac{x^3}{6}$,问 $f(x)=0$ 有几个实根?并说明理由.

三、求级数 $\left(\sum\limits_{n=1}^{\infty}x^n\right)^3$ 中 x^{20} 的系数.

四、计算$\displaystyle\int_C xy\,\mathrm{d}s$,其中 C 是球面 $x^2+y^2+z^2=R^2$ 与平面 $x+y+z=0$ 的交线.

五、求最小的实数 c,使得满足$\displaystyle\int_0^1|f(x)|\,\mathrm{d}x=1$ 的连续函数都有

$$\int_0^1 f(\sqrt{x})\,\mathrm{d}x\leqslant c$$

参考答案

一、1. 解:$\lim\limits_{y\to\infty} y\left[\left(1+\dfrac{x}{y}\right)^y-\mathrm{e}^x\right]=\lim\limits_{t\to 0}\dfrac{(1+tx)^{\frac{1}{t}}-\mathrm{e}^x}{t}$(设 $t=\dfrac{1}{y}$).

由洛必达法则,上述极限等价于

$$\lim_{t\to 0}(1+tx)^{\frac{1}{t}}\frac{\dfrac{tx}{1+tx}-\ln(1+tx)}{t^2}$$

而

$$\frac{tx}{1+tx}=tx-(tx)^2+o(t^2),\ln(1+tx)=tx-\frac{(tx)^2}{2}+o(t^2)$$

$$\lim_{t\to 0}\frac{\frac{tx}{1+tx}-\ln(1+tx)}{t^2}=-\frac{x^2}{2}$$

$$\lim_{y\to\infty} y\left[\left(1+\frac{x}{y}\right)^y-\mathrm{e}^x\right]=\mathrm{e}^x\left(-\frac{x^2}{2}\right)$$

故原极限$=\mathrm{e}^x\left(-\frac{x^2}{2}\right)$.

2. 解

$$\int\frac{1+x^4+x^8}{x(1-x^8)}\mathrm{d}x=\int\left[\frac{1}{x}+\frac{2x^7}{1-x^8}+\frac{1}{2}\cdot\frac{x^3}{1-x^4}+\frac{1}{2}\cdot\frac{x^3}{1+x^4}\right]\mathrm{d}x$$

$$=\ln|x|-\frac{1}{4}\ln|1-x^8|+\frac{1}{8}\ln\left|\frac{1+x^4}{1-x^4}\right|+C$$

3. 解

$$\int_0^1\mathrm{d}y\int_y^1\left[\frac{\mathrm{e}^{x^2}}{x}-\mathrm{e}^{y^2}\right]\mathrm{d}x=\int_0^1\mathrm{d}y\int_y^1\frac{\mathrm{e}^{x^2}}{x}\mathrm{d}x-\int_0^1\mathrm{d}y\int_y^1\mathrm{e}^{y^2}\mathrm{d}x$$

$$=\int_0^1\mathrm{d}x\int_0^x\frac{\mathrm{e}^{x^2}}{x}\mathrm{d}y-\int_0^1\mathrm{e}^{y^2}(1-y)\mathrm{d}y$$

$$=\int_0^1\mathrm{e}^{x^2}\mathrm{d}x-\int_0^1\mathrm{e}^{y^2}(1-y)\mathrm{d}y$$

$$=\int_0^1 y\mathrm{e}^{y^2}\mathrm{d}y=\frac{1}{2}(\mathrm{e}-1)$$

4. 解：曲面上过一点的切平面的法向量为$(-1,-3(y-z)^2,1+3(y-z)^2)$，与这些方向垂直的方向为$(1,1,1)$，因此所求的平面方程为$(x-1)+(y-2)+(z-3)=0$，即$x+y+z-6=0$.

二、解：当$x\leqslant 0$时，$\mathrm{e}^x-\frac{x^3}{6}>0$；

当$x>0$时，$\mathrm{e}^x=\sum_{n=0}^{+\infty}\frac{x^n}{n!}>\frac{x^3}{3!}$.

因此方程没有实根.

三、解：$\left(\sum_{n=1}^{\infty}x^n\right)^3=\left(\frac{x}{1-x}\right)^3=\left(\frac{1}{1-x}\right)^3x^3$，而

$$\frac{1}{1-x}=\sum_{n=0}^{\infty}x^n,\frac{1}{(1-x)^3}=\sum_{n=0}^{\infty}\frac{(n+1)(n+2)}{2}x^n$$

因此x^{20}的系数为$\frac{19\times 18}{2}=171$.

四、解：由于曲线C方程中的变量x,y,z具有轮换对称性，故有

$$\int_C xy\,ds = \int_C xz\,ds = \int_C yz\,ds = \frac{1}{3}\int_C (xy + xz + yz)\,ds$$

$$= \frac{1}{6}\int_C [(x+y+z)^2 - (x^2+y^2+z^2)]\,ds$$

$$= -\frac{1}{6}R^2 \cdot 2\pi R$$

即原积分$=-\frac{1}{3}R^3\pi$.

五、解：$\int_0^1 |f(\sqrt{x})|\,dx = \int_0^1 |f(t)|\,2t\,dt \leqslant 2\int_0^1 |f(t)|\,dt = 2$.

另一方面，取 $f_n(x) = (n+1)x^n$，则$\int_0^1 |f_n(x)|\,dx = \int_0^1 f_n(x)\,dx = 1$，而

$$\int_0^1 f_n(\sqrt{x})\,dx = 2\int_0^1 t f_n(t)\,dt = 2\,\frac{n+1}{n+2} = 2\left(1 - \frac{1}{n+2}\right) \to 2 \quad n \to \infty$$

因此最小的实数 $c=2$.

浙江省 2007 年大学生数学竞赛试题及参考答案

一、计算题

1. 计算 $\int \frac{x^9}{\sqrt{x^5+1}} \mathrm{d}x$.

2. 计算 $\lim\limits_{x \to 0} \frac{(1+x)^{\frac{1}{x}} - (1+2x)^{\frac{1}{2x}}}{\sin x}$.

3. 求 p 的值,使 $\int_a^b (x+p)^{2\,007} \mathrm{e}^{(x+p)^2} \mathrm{d}x = 0$.

4. 计算 $\int_0^a \mathrm{d}x \int_0^b \mathrm{e}^{\max\{b^2x^2, a^2y^2\}} \mathrm{d}y (a > 0, b > 0)$.

5. 计算 $\iint\limits_S (x^2+y) \mathrm{d}S$,其中 S 为圆柱面 $x^2+y^2=4(0 \leqslant z \leqslant 1)$.

二、设

$$u_n = 1 + \frac{1}{2} - \frac{2}{3} + \frac{1}{4} + \frac{1}{5} - \frac{2}{6} + \cdots + \frac{1}{3n-2} + \frac{1}{3n-1} - \frac{2}{3n}$$

$$v_n = \frac{1}{n+1} + \frac{1}{n+2} + \cdots + \frac{1}{3n}$$

求:(1) $\frac{u_{10}}{v_{10}}$;(2) $\lim\limits_{n \to \infty} u_n$.

三、如图,有一张边长为 4π 的正方形纸 $AA'B'B$,C,D 分别为 AA',BB' 的中点,E 为 DB' 的中点,现将纸卷成圆柱形,使 A 与 A' 重合,B 与 B' 重合,并将圆柱垂直放在 xOy 平面上,且 B 与原点 O 重合,D 落在 y 轴正向上,此时求:

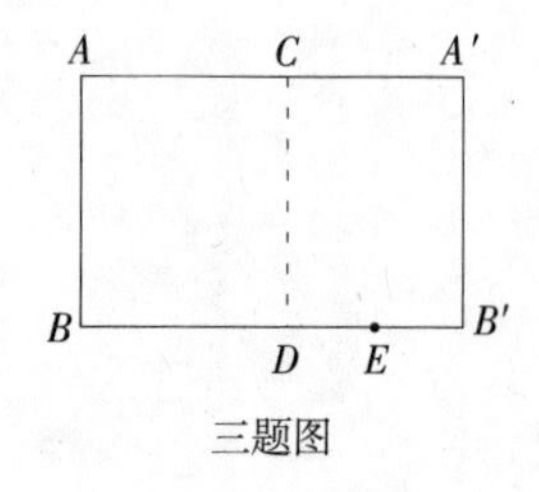

三题图

(1)通过 C,E 两点的直线绕 z 轴旋转所得旋转曲面方程;

(2)此旋转曲面,xOy 平面和过点 A 垂直于 z 轴的平面所围成的立体体积.

四、求函数 $f(x,y,z) = \frac{x^2+yz}{x^2+y^2+z^2}$ 在 $D = \{(x,y,z) \mid 1 \leqslant x^2+y^2+z^2 \leqslant 4\}$ 的最大值、最小值.

五、设幂级数 $\sum_{n=0}^{\infty} a_n x^n$ 的系数满足 $a_0 = 2, na_n = a_{n-1} + n - 1, n = 1,2,3,\cdots$，求此幂级数的和函数 $S(x)$.

六、已知 $f(x)$ 二阶可导，且 $f(x) > 0, f''(x)f(x) - [f'(x)]^2 \geqslant 0, x \in \mathbf{R}$.

(1) 证明：$f(x_1)f(x_2) \geqslant f^2\left(\dfrac{x_1 + x_2}{2}\right), \forall x_1, x_2 \in \mathbf{R}$.

(2) 若 $f(0) = 1$，证明：$f(x) \geqslant e^{f'(0)x}, x \in \mathbf{R}$.

参考答案

一、1. 解

$$原积分 = \frac{1}{5}\int \frac{x^5}{\sqrt{x^5 + 1}} dx^5 = \frac{1}{5}\int \frac{x^5 + 1 - 1}{\sqrt{x^5 + 1}} dx^5$$

$$= \frac{2}{15}(x^5 + 1)^{\frac{3}{2}} - \frac{2}{5}\sqrt{x^5 + 1} + C$$

2. 解：由洛必达法则知，原极限等价于

$$\lim_{x \to 0}\left[(1+x)^{\frac{1}{x}} \frac{x - (1+x)\ln(1+x)}{x^2(1+x)} - \frac{1}{2}(1+2x)^{\frac{1}{2x}} \frac{2x - (1+2x)\ln(1+2x)}{x^2(1+2x)}\right]$$

而

$$\lim_{x \to 0} \frac{x - (1+x)\ln(1+x)}{x^2(1+x)} = -\frac{1}{2}$$

$$\lim_{x \to 0} \frac{1}{2} \cdot \frac{2x - (1+2x)\ln(1+2x)}{x^2(1+2x)} = -1$$

故原极限 $= \dfrac{e}{2}$.

3. 解：当取 p 满足 $a + p = -(b + p)$，即 $p = -\dfrac{b+a}{2}$ 时

$$\int_a^b (x + p)^{2\,007} e^{(x+p)^2} dx = \int_{a+p}^{b+p} x^{2\,007} e^{x^2} dx = \int_{-\frac{b-a}{2}}^{\frac{b-a}{2}} x^{2\,007} e^{x^2} dx = 0$$

4. 解

$$原积分 = \int_0^a dx \int_0^{\frac{b}{a}x} e^{b^2x^2} dy + \int_0^a dx \int_{\frac{b}{a}x}^b e^{a^2y^2} dy$$

$$= \int_0^a \frac{b}{a} x e^{b^2x^2} dy + \int_0^b dy \int_0^{\frac{b}{a}y} e^{a^2y^2} dx$$

$$= \frac{1}{2ab}(e^{b^2a^2}-1)+\frac{1}{2ab}(e^{b^2a^2}-1)=\frac{1}{ab}(e^{b^2a^2}-1)$$

5.解：因为 S 圆柱面关于 y 对称，且 y 是奇函数，所以 $\iint\limits_S y\,dS=0$，又由对称性知

$$原积分=\iint\limits_S x^2 dS=\iint\limits_S y^2 dS=\iint\limits_S \frac{1}{2}(x^2+y^2)dS=\frac{1}{2}\times 4\times 2\pi\times 2\times 1=8\pi$$

二、解

$$u_n=\sum_{k=1}^{n}\left(\frac{1}{3k-2}+\frac{1}{3k-1}-\frac{2}{3k}\right)=\sum_{k=1}^{n}\left(\frac{1}{3k-2}+\frac{1}{3k-1}+\frac{1}{3k}-\frac{3}{3k}\right)$$

$$=\sum_{k=1}^{n}\left(\frac{1}{3k-2}+\frac{1}{3k-1}+\frac{1}{3k}\right)u_n-\sum_{k=1}^{n}\left(\frac{1}{k}\right)$$

$$=\frac{1}{n+1}+\frac{1}{n+2}+\cdots+\frac{1}{3n}=v_n$$

(1) $\frac{u_{10}}{v_{10}}=1$；

(2) $u_n=\sum_{k=1}^{2n}\frac{1}{n+k}=\sum_{k=1}^{2n}\frac{1}{1+\frac{k}{n}}\cdot\frac{1}{n}$，$\lim\limits_{n\to\infty}u_n=\int_0^2\frac{1}{1+x}dx=\ln 3$.

三、解：圆柱面为 $S:\{(x,y,z)\mid x^2+(y-2)^2=4,0\leqslant z\leqslant 4\pi\}$，点 D 坐标为 $(0,4,0)$，点 E 坐标为 $(2,2,0)$.

(1)点 C 坐标为 $(0,4,4\pi)$，过 C,E 两点的直线方程为 $\frac{x-2}{-2}=\frac{y-2}{2}=\frac{z}{4\pi}$，故旋转曲面方程为 $x^2+y^2=8+\frac{1}{2\pi^2}z^2$.

(2)旋转曲面在垂直于 z 轴方向的截面是一个半径为 $\sqrt{8+\frac{1}{2\pi^2}z^2}$ 的圆，所以所求体积 V 为 $V=\int_0^{4\pi}\pi\left(\sqrt{8+\frac{1}{2\pi^2}z^2}\right)dz=32\pi^2+\frac{32}{3}\pi$.

四、解：$f(x,y,z)$ 在 D 的最大、最小值，即为 $g(x,y,z)=x^2+yz$ 在 $D'=\{(x,y,z)\mid x^2+y^2+z^2=1\}$ 的最大、最小值.

$x^2+yz\leqslant x^2+\frac{y^2+z^2}{2}=\frac{x^2}{2}+\frac{1}{2}\leqslant 1$，而 $g(1,0,0)=1$，即最大值为 1.

$x^2+yz\geqslant x^2-\frac{y^2+z^2}{2}=\frac{3x^2}{2}-\frac{1}{2}\geqslant-\frac{1}{2}$，而 $g\left(0,-\frac{\sqrt{2}}{2},\frac{\sqrt{2}}{2}\right)=-\frac{1}{2}$，即最

小值为$-\frac{1}{2}$.

五、解：$S(x)=\sum\limits_{n=0}^{\infty}a_nx^n$，则

$$S'(x)=\sum_{n=1}^{\infty}na_nx^{n-1}=\sum_{n=1}^{\infty}a_{n-1}x^{n-1}+\sum_{n=1}^{\infty}(n-1)x^{n-1}$$

$$=S(x)+\sum_{n=0}^{\infty}(n+1)x^{n+1}=S(x)+\frac{x}{(1-x)^2}$$

即

$$S'(x)=S(x)+\frac{x}{(1-x)^2}$$

且

$$S(0)=a_0=2$$

解方程

$$S(x)=Ce^x+\frac{1}{1-x}$$

由$S(0)=a_0=2$，得$C=2$，故

$$S(x)=2e^x+\frac{1}{1-x}$$

六、证明：(1)记$g(x)=\ln f(x)$，则

$$g'(x)=\frac{f'(x)}{f(x)},g''(x)=\frac{f(x)f''(x)-(f'(x))^2}{(f(x))^2}>0$$

$$\frac{g(x_1)+g(x_2)}{2}\geqslant g\left(\frac{x_1+x_2}{2}\right)$$

即

$$f(x_1)f(x_2)\geqslant f^2\left(\frac{x_1+x_2}{2}\right)$$

(2)有

$$g(x)=g(0)+g'(0)x+\frac{g''(\xi)}{2}x^2$$

$$=\ln f(0)+\frac{f'(0)}{f(0)}x+\frac{f(x)f''(x)-(f'(x))^2}{2(f(x))^2}\bigg|_{x=\xi}x^2\geqslant f'(0)x$$

即$f(x)\geqslant e^{f'(0)x}$，$x\in\mathbf{R}$.

浙江省 2008 年大学生数学竞赛试题及参考答案

一、计算题

1. 计算$\lim\limits_{x\to 0}\left(\dfrac{e^x+e^{2x}+e^{3x}}{3}\right)^{\frac{1}{\sin x}}$.

2. 计算$\displaystyle\int\frac{1}{\cos(3+x)\sin(5+x)}dx$.

3. 设 $f(x)=x^3\arcsin x$，求 $f^{(2\,008)}(0)$.

4. 求函数 $f(x,y)=4x^4+y^4-2x^2-2\sqrt{2}xy-y^2$ 的极值.

5. 假设立体 I 由 $1-z=x^2+y^2$ 与 $z=0$ 围成，密度为 ρ；立体 II 由 $1+z=\sqrt{x^2+y^2}$ 与 $z=0$ 围成，密度为 1. 已知立体 I 和立体 II 组成的立体其重心位于原点$(0,0,0)$，求 ρ 的值.

二、(1)证明：$f_n(x)=x^n+nx-2$（n 为正整数）在$(0,+\infty)$上有唯一正根 a_n.

(2)计算$\lim\limits_{x\to\infty}(1+a_n)^n$.

三、已知$\displaystyle\int_0^2\sin(x^2)dx=a$，求$\displaystyle\iint_D\sin(x-y)^2dxdy$，其中 $D=\{(x,y)\mid |x|\leqslant 1,|y|\leqslant 1\}$.

四、设曲线 $L:\begin{cases}z=\sqrt{4a^2-x^2-y^2}\\x^2+y^2=2ax\end{cases}$ $(a>0)$在 yOz 平面上的投影曲线为 Γ_{yz}，计算$\displaystyle\int_{\Gamma_{yz}}\left(\frac{4a^2-z^2}{2a}\cdot y^2+y^2z^2\right)dy+\left(\frac{2}{3}y^3z+e^z\sin z\right)dz$.

五、证明：对 $\forall x\in\mathbf{R}$，$1+x+\dfrac{x^2}{2!}+\dfrac{x^3}{3!}+\dfrac{x^4}{4!}>0$.

六、已知 $a_1>0$，$a_2>0$.

(1)若存在数列满足条件：

①$y_n>0$；②$\lim\limits_{n\to\infty}y_n=0$；③$y_n=a_1y_{n+1}+a_2y_{n+2}$，$n=1,2,3,\cdots$

证明：$a_1+a_2>1$.

(2)若 $a_1+a_2>1$，证明：存在满足条件①，②，③的数列$\{y_n\}$.

参考答案

一、1. 解：$\lim\limits_{x\to 0}\left(\dfrac{e^{x}+e^{2x}+e^{3x}}{3}\right)^{\frac{1}{\sin x}}=e^{2}$.

2. 解：$\cos(3+x)\sin(5+x)=\cos(x+3)[\sin(x+3)\cos 2+\cos(x+3)\cdot$ $\sin 2]$，原积分$=\displaystyle\int\frac{\sec^{2}(x+3)}{\tan(3+x)\cos 2+\sin 2}dx=\frac{1}{\cos 2}\ln|\tan(x+3)+\tan 2|+C$.

3. 解：$(\arcsin x)'=\dfrac{1}{\sqrt{1-x^{2}}}$，而

$$\frac{1}{\sqrt{1-x^{2}}}=\sum_{n=1}^{+\infty}\frac{(2n-1)!!}{2^{n}n!}x^{2n}+1$$

两边从 0 到 x 积分得

$$\arcsin x=\sum_{n=1}^{+\infty}\frac{(2n-1)!!}{2^{n}n!(2n+1)}x^{2n+1}+x$$

即
$$f(x)=\sum_{n=1}^{+\infty}\frac{(2n-1)!!}{2^{n}n!(2n+1)}x^{2n+4}+x^{4}$$

则
$$f^{(2\,008)}(0)=\frac{(2\,003)!!}{2^{1\,002}1\,002!\,(2\,005)}2\,008!$$

4. 解：$f'_{x}=16x^{3}-4x-2\sqrt{2}y=0$，$f'_{y}=4y^{3}-2y-2\sqrt{2}x=0$，得

$$16x^{3}=4\sqrt{2}y^{3},y=\sqrt{2}x$$

解得

$$(0,0),\left(\frac{\sqrt{2}}{2},1\right),\left(\frac{\sqrt{2}}{2},-1\right)$$

f 在$(0,0)$处 $f(x,-\sqrt{2}x)=8x^{4}-8x^{2}<0$，$|x|<1$ 时，f 在$(0,0)$处没取到极值，在$\left(\dfrac{\sqrt{2}}{2},1\right)$及$\left(\dfrac{\sqrt{2}}{2},-1\right)$处取到极小值$-2$.

5. 解：由题设

$$\iiint\limits_{\mathrm{I}}\rho z\,dV+\iiint\limits_{\mathrm{II}}z\,dV=0$$

而

$$\iiint\limits_{\mathrm{I}}\rho z\,dV=\rho\int_{0}^{1}z\,dz\iint\limits_{x^{2}+y^{2}\leqslant 1-z}dx\,dy=\rho\pi\int_{0}^{1}z(1-z)\,dz=\frac{\rho\pi}{6}$$

$$\iiint_{\Pi} z\mathrm{d}V = \int_{-1}^{0} z\mathrm{d}z \iint_{x^2+y^2\leqslant(1+z)^2} \mathrm{d}x\mathrm{d}y = \pi\int_{-1}^{0} z(1+z)^2\mathrm{d}z = -\frac{\pi}{12}$$

$$\frac{\rho\pi}{6}-\frac{\pi}{12}=0,\rho=\frac{1}{2}$$

二、(1)证明：$f_n(x)=nx^{n-1}+n>0$，$f(x)$在$(0,+\infty)$上严格单调增加，且$f_n\left(\frac{1}{n}\right)<0, f_n\left(\frac{2}{n}\right)>0$，所以$f_n$在$(0,+\infty)$上有唯一的零点$a_n$.

(2)易知，当n充分大时

$$\frac{2}{n}>\left(\frac{2}{n}-\frac{2}{n^2}\right)^n$$

所以
$$f_n\left(\frac{2}{n}-\frac{2}{n^2}\right)=\left(\frac{2}{n}-\frac{2}{n^2}\right)^n-\frac{2}{n}<0$$

而
$$f_n\left(\frac{2}{n}\right)>0, a_n\in\left(\frac{2}{n}-\frac{2}{n^2},\frac{2}{n}\right)$$

有
$$\left(1+\frac{2}{n}-\frac{2}{n^2}\right)^n<(1+a_n)^n<\left(1+\frac{2}{n}\right)^n$$

由夹逼定理知$\lim\limits_{x\to\infty}(1+a_n)^n=\mathrm{e}^2$.

三、解

$$\iint_D \sin(x-y)^2\mathrm{d}x\mathrm{d}y=\oint_{\partial D} -y\sin(x-y)^2\mathrm{d}x+y\sin(x-y)^2\mathrm{d}y$$

$$=\int_{-1}^{1} y\sin(1-y)^2\mathrm{d}y+\int_{1}^{-1} y\sin(-1-y)^2\mathrm{d}y+$$

$$\int_{-1}^{1}\sin(x+1)^2\mathrm{d}x+\int_{1}^{-1}\sin(x-1)^2\mathrm{d}x$$

$$=2\int_{-1}^{1} y\sin(1-y)^2\mathrm{d}y+2\int_{-1}^{1}\sin(x+1)^2\mathrm{d}x$$

$$=2\int_{-1}^{1}(y-1)\sin(1-y)^2\mathrm{d}y+4\int_{-1}^{1}\sin(x+1)^2\mathrm{d}x$$

$$=4a+\cos 4-1$$

四、解：记曲面$z=\sqrt{4a^2-x^2-y^2}$被$x^2+y^2=2ax$所截部分为S，S在yOz平面上的投影为σ_{yz}，在xOy平面上的投影为σ_{xy}，则

$$\text{原积分}=\iint_{\sigma_{yz}}\frac{z}{a}y^2\mathrm{d}y\mathrm{d}z=\iint_S\frac{xz}{2a^2}y^2\mathrm{d}S=\iint_{\sigma_{xy}}\frac{x}{a}y^2\mathrm{d}x\mathrm{d}y$$

$$=\frac{1}{a}\int_0^a\mathrm{d}r\int_0^{2\pi}(a+r\cos\theta)r^2\sin^2\theta r\,\mathrm{d}\theta$$

$$=\frac{1}{a}\int_0^a ar^3\pi \mathrm{d}r=\frac{\pi}{4}a^4$$

五、证明:设

$$f(x)=1+x+\frac{x^2}{2!}+\frac{x^3}{3!}+\frac{x^4}{4!}$$

则

$$f'(x)=1+x+\frac{x^2}{2}+\frac{x^3}{3!}$$

$$f''(x)=1+x+\frac{x^2}{2}$$

而 $f''(x)=\frac{(x+1)^2}{2}+\frac{1}{2}>0$,$f'(x)$ 严格单调增加,可知 $f'(x)$ 有唯一的零点 x_0,即 $f(x)$ 在点 x_0 处取最小值,而 $f(x_0)=f'(x_0)+\frac{x_0^4}{4!}>0$,即 $f(x)>0$.

六、(1)证明:(反证法)若 $a_1+a_2\leqslant 1$,则当 $y_{n+1}\geqslant y_{n+2}$ 时

$$y_n=a_1y_{n+1}+a_2y_{n+2}\leqslant(a_1+a_2)y_{n+1}\leqslant y_{n+1}$$

而 $y_{n+1}\leqslant y_{n+2}$ 时,可得 $y_n\leqslant y_{n+2}$,即 $\{y_n\}$ 中有一子列 $\{y_{n_k}\}$ 是单调递增,这与 $y_n\to 0$ 矛盾,因此 $a_1+a_2>1$.

(2)取 $y_n=\lambda^n$,其中

$$\lambda=\frac{2}{a_1+\sqrt{a_1^2+4a_2}}=\frac{-a_1+\sqrt{a_1^2+4a_2}}{2a_2}$$

则 $$a_1y_{n+1}+a_2y_{n+2}=\lambda^{n+1}\left(\frac{-a_1+\sqrt{a_1^2+4a_2}}{2}+a_1\right)=\lambda^n=y_n$$

且 $$a_1+\sqrt{a_1^2+4a_2}>a_1^2+4(1-a_1)=(2-a_1)^2$$

$\lambda<\frac{2}{a_1+|2-a_1|}\leqslant 1$,即 $y_n\to 0$.

天津市 2004 年大学生数学竞赛试题及参考答案(节选)

一、填空

1. 设函数 $f(x)=\ln\frac{1+x}{1-x}$,则函数 $f\left(\frac{x}{2}\right)+f\left(\frac{1}{x}\right)$ 的定义域为________.

2. 设要使函数 $f(x)=\begin{cases}(\cos x)^{\frac{1}{x^2}}, & x\neq 0\\ a, & x=0\end{cases}$ 在区间 $(-\infty,+\infty)$ 上连续,则 $a=$________.

3. 设函数 $y=y(x)$ 由参数方程 $\begin{cases}x=f(t)-\pi\\ y=f(e^{3t}-1)\end{cases}$ 所确定,其中 f 可导,且 $f'(0)\neq 0$,则 $\left.\frac{dy}{dx}\right|_{t=0}=$________.

4. 由方程 $xyz+\sqrt{x^2+y^2+z^2}=\sqrt{2}$ 所确定的函数 $z=z(x,y)$ 在点 $(1,0,-1)$ 处的全微分 $dz=$________.

5. 设 $z=\frac{1}{x}f(xy)+y\varphi(x+y)$,其中 f,φ 具有二阶连续导数,则 $\frac{\partial^2 z}{\partial x\partial y}=$________.

二、设函数 $f(x)$ 在点 $x=0$ 的某邻域内具有二阶导数,且 $\lim\limits_{x\to 0}\left(1+x+\frac{f(x)}{x}\right)^{\frac{1}{x}}=e^3$,求 $f(0)$,$f'(0)$,$f''(0)$ 及 $\lim\limits_{x\to 0}\left(1+\frac{f(x)}{x}\right)^{\frac{1}{x}}$.

三、计算 $\int\frac{\ln(1+x)-\ln x}{x(1+x)}dx$.

四、求函数 $f(x)=x^2\ln(1+x)$ 在点 $x=0$ 处的 100 阶导数值.

五、设 $f(x)$ 为定义在 $(-\infty,+\infty)$ 上,以 $T>0$ 为周期的连续函数,且 $\int_0^T f(x)dx=A$,求 $\lim\limits_{x\to+\infty}\frac{\int_0^x f(t)dt}{x}$.

六、在椭球面 $2x^2+2y^2+z^2=1$ 上求一点,使函数 $f(x,y,z)=x^2+y^2+z^2$ 在该点沿方向 $\boldsymbol{l}=\boldsymbol{i}-\boldsymbol{j}$ 的方向导数最大.

七、设正整数 $n>1$,证明:$x^{2n}+a_1x^{2n-1}+\cdots+a_{2n-1}x-1=0$ 至少有两个实根.

八、设 $x_0>0$，$x_n=\dfrac{2(1+x_{n-1})}{2+x_{n-1}}(n=1,2,\cdots)$. 证明：$\lim\limits_{n\to\infty}x_n$ 存在，并求之.

九、计算曲面积分 $I=\iint\limits_{\Sigma}xz^2\mathrm{d}y\mathrm{d}z-\sin x\mathrm{d}x\mathrm{d}y$，其中 Σ 是曲线 $\begin{cases}y=\sqrt{1+z^2}\\x=0\end{cases}$ $(1\leqslant z\leqslant 2)$ 绕 z 轴旋转而成的旋转面，其法线向量与 z 轴正向的夹角为锐角.

十、设 $P(x,y)$，$Q(x,y)$ 具有连续的偏导数，且对以任意点 (x_0,y_0) 为圆心，以任意正数 r 为半径的上半圆 L：$x=x_0+r\cos\theta$，$y=y_0+r\sin\theta(0\leqslant\theta\leqslant\pi)$，恒有 $\int_L P(x,y)\mathrm{d}x+Q(x,y)\mathrm{d}y=0$. 证明：$P(x,y)\equiv 0$，$\dfrac{\partial Q(x,y)}{\partial x}\equiv 0$.

十一、设函数 $f(x)$ 在 $[0,1]$ 上连续，且 $\int_0^1 f(x)\mathrm{d}x=0$，$\int_0^1 xf(x)\mathrm{d}x=1$. 试证：

(1) $\exists\, x_0\in[0,1]$，使得 $|f(x_0)|>4$；

(2) $\exists\, x_1\in[0,1]$，使得 $|f(x_1)|=4$.

参考答案

一、1. $1<|x|<2$. 2. $\mathrm{e}^{-\frac{1}{2}}$. 3. 3.

4. $\mathrm{d}x-\sqrt{2}\mathrm{d}y$. 5. $yf''(xy)+\varphi'(x+y)+y\varphi''(x+y)$.

二、解：由
$$\lim_{x\to 0}\left(1+x+\frac{f(x)}{x}\right)^{\frac{1}{x}}=\mathrm{e}^3$$
得
$$\lim_{x\to 0}\frac{1}{x}\ln\left(1+x+\frac{f(x)}{x}\right)=3$$
由无穷小比较，可知
$$\lim_{x\to 0}\ln\left(1+x+\frac{f(x)}{x}\right)=0$$
以及
$$\lim_{x\to 0}\frac{x+\dfrac{f(x)}{x}}{x}=3$$
从而 $1+\dfrac{f(x)}{x^2}=3+\alpha$，其中 $\lim\limits_{x\to 0}\alpha=0$，即

$$f(x)=2x^2+o(x^2)$$

由此可得

$$f(0)=0, f'(0)=0, f''(0)=4$$

并有

$$\lim_{x\to 0}\left(1+\frac{f(x)}{x}\right)^{\frac{1}{x}}=\lim_{x\to 0}\left(1+\frac{2x^2+o(x^2)}{x}\right)^{\frac{1}{x}}=\mathrm{e}^2$$

三、解

$$\begin{aligned}\int\frac{\ln(1+x)-\ln x}{x(1+x)}\mathrm{d}x &= \int[\ln(1+x)-\ln x]\left(\frac{1}{x}-\frac{1}{1+x}\right)\mathrm{d}x \\ &= \int -\left(\frac{\ln(x+1)}{x+1}-\frac{\ln x}{x}\right)\mathrm{d}x + \\ &\quad \int\frac{\ln(1+x)}{x}\mathrm{d}x+\int\frac{\ln x}{1+x}\mathrm{d}x \\ &= -\frac{1}{2}[\ln(1+x)-\ln x]^2+C\end{aligned}$$

四、解:由泰勒公式

$$f(x)=x^3-\frac{x^4}{2}+\frac{x^5}{3}-\cdots-\frac{x^{100}}{98}+\cdots$$

故 $$\frac{1}{100!}f^{(100)}(0)=-\frac{1}{98}, f^{(100)}(0)=-9\ 900\times 97!$$

五、解:对于充分大的 $x>0$,必存在正整数 n,使得

$$nT\leqslant x\leqslant (n+1)T$$

又

$$\begin{aligned}\int_0^{kT}f(t)\mathrm{d}t &= \int_0^T f(t)\mathrm{d}t+\int_T^{2T}f(t)\mathrm{d}t+\cdots+\int_{(k-1)T}^{kT}f(t)\mathrm{d}t \\ &= k\int_0^T f(t)\mathrm{d}t = kA \quad k=1,2,\cdots\end{aligned}$$

故有

$$nA\leqslant\int_0^x f(t)\mathrm{d}t\leqslant (n+1)A$$

及

$$\frac{A}{T}\leftarrow\frac{nA}{(n+1)T}=\frac{\int_0^{nT}f(t)\mathrm{d}t}{(n+1)T}\leqslant\frac{\int_0^x f(t)\mathrm{d}t}{x}\leqslant\frac{\int_0^{(n+1)T}f(t)\mathrm{d}t}{nT}=\frac{(n+1)A}{nT}\to\frac{A}{T}$$

由夹逼定理,$\lim\limits_{x\to+\infty}\dfrac{\int_0^x f(t)\mathrm{d}t}{x}=\dfrac{A}{T}$.

六、解：函数 $f(x,y,z)=x^2+y^2+z^2$ 的方向导数$\frac{\partial f}{\partial l}=\sqrt{2}(x-y)$.

由题意，即求函数$\sqrt{2}(x-y)$在条件 $2x^2+2y^2+z^2=1$ 下的最大值.

设 $$F(x,y,z,\lambda)=\sqrt{2}(x-y)+\lambda(2x^2+2y^2+z^2-1)$$

则

$$\begin{cases}\frac{\partial f}{\partial x}=\sqrt{2}+4\lambda x=0\\ \frac{\partial f}{\partial y}=-\sqrt{2}+4\lambda y=0\\ \frac{\partial f}{\partial z}=2\lambda z=0\\ \frac{\partial f}{\partial \lambda}=2x^2+2y^2+z^2-1=0\end{cases}$$

得 $z=0$ 及 $x=-y=\pm\frac{1}{2}$，即得驻点为

$$M_1=\left(\frac{1}{2},-\frac{1}{2},0\right),M_2=\left(-\frac{1}{2},\frac{1}{2},0\right)$$

因最大值存在，比较$\left.\frac{\partial f}{\partial l}\right|_{M_1}=\sqrt{2}$，$\left.\frac{\partial f}{\partial l}\right|_{M_2}=-\sqrt{2}$的大小，由此可知 $M_1=\left(\frac{1}{2},-\frac{1}{2},0\right)$为所求.

七、证明：设 $f(x)=x^{2n}+a_1x^{2n-1}+\cdots+a_{2n-1}x-1$，则其在$(-\infty,+\infty)$上连续，且 $f(0)=-1$，$\lim\limits_{x\to\infty}f(x)=+\infty$. 因此，当 $x\to+\infty$时，必存在 $x_1>0$，使得 $f(x_1)>0$. 由连续函数介值定理可知，至少有一点 $\xi_1\in(0,x_1)$，使得 $f(\xi_1)=0$；同理，当 $x\to-\infty$时，必存在 $x_2<0$，使得 $f(x_2)>0$. 由连续函数介值定理可知，至少有一点 $\xi_2\in(x_2,0)$，使得 $f(\xi_2)=0$. 综上，方程至少有两个实根.

八、证明：对于一切的 n 恒有

$$x_n=1+\frac{x_{n-1}}{2+x_{n-1}}>1$$

$$x_n=2-\frac{2}{2+x_{n-1}}<2$$

因此数列$\{x_n\}$有界，又

$$x_{n+1}-x_n=\left(2-\frac{2}{2+x_n}\right)-\left(2-\frac{2}{2+x_{n-1}}\right)$$

$$=2\left(\frac{1}{2+x_{n-1}}-\frac{1}{2+x_n}\right)=\frac{2(x_n-x_{n-1})}{(2+x_{n-1})(2+x_n)}$$

$$x_n-x_{n-1}=\frac{2(x_{n-1}-x_{n-2})}{(2+x_{n-2})(2+x_{n-1})}$$

$$\vdots$$

$$x_2-x_1=\frac{2(x_1-x_0)}{(2+x_0)(2+x_1)}$$

于是可知，x_n-x_{n-1}与 x_1-x_0 同号，故当 $x_1>x_0$ 时，数列$\{x_n\}$单调增加；当$x_1<x_0$ 时，数列$\{x_n\}$单调减少. 也就是说，数列$\{x_n\}$为单调有界数列，故有极限.

设$\lim\limits_{n\to\infty}x_n=a$，两端取极限，$a=\lim\limits_{n\to\infty}x_n=\dfrac{2(1+a)}{2+a}$，解得$\lim\limits_{n\to\infty}x_n=\sqrt{2}$.

九、解：旋转曲面方程为 $x^2+y^2-z^2=1$，补充曲面

$$\Sigma_1:\begin{cases}x^2+y^2\leqslant 5\\ z=2\end{cases}，其法向量与 z 轴正向相反$$

$$\Sigma_2:\begin{cases}x^2+y^2\leqslant 2\\ z=1\end{cases}，其法向量与 z 轴正向相同$$

设由曲面 Σ,Σ_1,Σ_2 所围成的区域为 Ω

$$I=\iint\limits_{\Sigma}xz^2\mathrm{d}y\mathrm{d}z-\sin x\mathrm{d}x\mathrm{d}y=\iint\limits_{\Sigma+\Sigma_1+\Sigma_2}-\iint\limits_{\Sigma_1}-\iint\limits_{\Sigma_2}$$

$$=\iiint\limits_{\Omega}z^2\mathrm{d}x\mathrm{d}y\mathrm{d}z-\iint\limits_{x^2+y^2\leqslant 5}\sin x\mathrm{d}x\mathrm{d}y-\iint\limits_{x^2+y^2\leqslant 2}\sin x\mathrm{d}x\mathrm{d}y$$

$$=-\frac{128\pi}{15}$$

十、证明：记上半圆周 L 的直径为 AB，取 $AB+L$ 为逆时针方向；又命 D 为 $AB+L$ 所包围的区域，由格林公式有

$$\int_{AB}P(x,y)\mathrm{d}x+Q(x,y)\mathrm{d}y=\int_{AB+L}-\int_{L}=\int_{AB+L}P(x,y)\mathrm{d}x+Q(x,y)\mathrm{d}y$$

$$=\iint\limits_{D}\left(\frac{\partial Q}{\partial x}-\frac{\partial P}{\partial y}\right)\mathrm{d}x\mathrm{d}y=\left(\frac{\partial Q}{\partial x}-\frac{\partial P}{\partial y}\right)\bigg|_{M_1}\cdot\frac{\pi r^2}{2}$$

其中 $M_1\in D$ 为某一点. 另一方面

$$\int_{AB}P(x,y)\mathrm{d}x+Q(x,y)\mathrm{d}y=\int_{x_0-r}^{x_0+r}P(x_0,y_0)\mathrm{d}x=P(\xi,y_0)2r$$

于是有

$$\left(\frac{\partial Q}{\partial x}-\frac{\partial P}{\partial y}\right)\bigg|_{M_1}\cdot\frac{\pi r^2}{2}=P(\xi,y_0)2r$$

命 $r\to 0$,两边取极限,得到 $P(x_0,y_0)=0$,由 (x_0,y_0) 的任意性,知 $P(x,y)\equiv 0$,且 $\lim\limits_{r\to 0}\frac{\partial Q(x,y)}{\partial x}\bigg|_{M_1}=0$,即 $\frac{\partial Q(x,y)}{\partial x}\bigg|_{(x_0,y_0)}=0$,类似 $\frac{\partial Q(x,y)}{\partial x}\equiv 0$.

十一、证明:(1)用反证法,即假设当 $x\in[0,1]$ 时,恒有 $|f(x)|\leqslant 4$ 成立,于是有

$$1=\left|\int_0^1\left(x-\frac{1}{2}\right)f(x)\mathrm{d}x\right|\leqslant\int_0^1\left|x-\frac{1}{2}\right|\,|f(x)|\,\mathrm{d}x\leqslant 4\int_0^1\left|x-\frac{1}{2}\right|\mathrm{d}x\leqslant 1$$

因此有

$$\int_0^1\left|x-\frac{1}{2}\right|\,|f(x)|\,\mathrm{d}x=1,4\int_0^1\left|x-\frac{1}{2}\right|\mathrm{d}x=1$$

从而有 $\int_0^1\left|x-\frac{1}{2}\right|(4-|f(x)|)\mathrm{d}x=0$,于是有 $|f(x)|\equiv 4$,即 $f(x)=\pm 4$,这显然与 $\int_0^1 f(x)\mathrm{d}x=0$ 矛盾,故结论成立.

(2)用反证法,只需证明 $\exists x_2\in[0,1]$,使得 $|f(x_2)|<4$ 即可. 这是显然的,因为若不然,则由 $f(x)$ 在 $[0,1]$ 的连续性知,必有 $f(x)\geqslant 4$ 或 $f(x)\leqslant -4$ 成立. 这与 $\int_0^1 f(x)\mathrm{d}x=0$ 矛盾. 再由 $f(x)$ 的连续性及(1)的结果,利用介值定理即可得到结论.

天津市 2006 年大学数学竞赛试题及参考答案(节选)

一、填空

1. 若 $f(x)=\begin{cases}\dfrac{1-e^{\sin x}}{\arctan\dfrac{x}{2}},x>0\\ ae^{2x}-1,x\leqslant 0\end{cases}$ 是 $(-\infty,+\infty)$ 上的连续函数，则 $a=$ ________.

2. 函数 $y=x+2\sin x$ 在区间 $\left[\dfrac{\pi}{2},\pi\right]$ 上的最大值为________.

3. $\int_{-2}^{2}(|x|+x)e^{-|x|}\,dx=$ ________.

4. 由曲线 $\begin{cases}3x^2+2y^2=12\\ z=0\end{cases}$ 绕 y 轴旋转一周得到的旋转面在点 $(0,\sqrt{3},\sqrt{2})$ 处的指向外侧的单位法向量为________.

5. 设函数 $z=z(x,y)$ 由方程 $z-y-x+xe^{z-y-x}=\sqrt{2}$ 所确定，则 $dz=$ ________.

二、设函数 $f(x)$ 具有连续的二阶导数，且 $\lim\limits_{x\to 0}\dfrac{f(x)}{x}=0$，$f''(0)=4$，求 $\lim\limits_{x\to 0}\left[1+\dfrac{f(x)}{x}\right]^{\frac{1}{x}}$.

三、设函数 $y=y(x)$ 由参数方程 $\begin{cases}x=1+2t^2\\ y=\int_{1}^{1+2\ln t}\dfrac{e^u}{u}du\end{cases}$ $(t>1)$ 所确定，求 $\left.\dfrac{d^2y}{dx^2}\right|_{x=9}$.

四、设 n 为自然数，计算积分 $I_n=\int_{0}^{\frac{\pi}{2}}\dfrac{\sin(2n+1)x}{\sin x}dx$.

五、设 $f(x)$ 是除 $x=0$ 点外处处连续的奇函数，$x=0$ 为其第一类跳跃间断点，证明：$\int_{0}^{x}f(t)\,dt$ 是连续的偶函数，但在 $x=0$ 点处不可导.

六、设 $f(u,v)$ 有一阶连续偏导数，$z=f(x^2-y^2,\cos(xy))$，$x=r\cos\vartheta$，

$y=r\sin\vartheta$，证明

$$\frac{\partial z}{\partial r}\cos\vartheta-\frac{1}{r}\frac{\partial z}{\partial\vartheta}\sin\vartheta=2x\frac{\partial z}{\partial u}-y\frac{\partial z}{\partial v}\sin(xy)$$

七、设函数 $f(u)$ 连续，在点 $u=0$ 处可导，且 $f(0)=0$，$f'(0)=-3$ 求：

$$\lim_{t\to0}\frac{1}{\pi t^4}\iiint\limits_{x^2+y^2+z^2\leqslant t^2}f(\sqrt{x^2+y^2+z^2})\mathrm{d}x\mathrm{d}y\mathrm{d}z.$$

八、计算 $I=\oint_L\frac{-y\mathrm{d}x+x\mathrm{d}y}{|x|+|x+y|}$，其中 L 为 $|x|+|x+y|=1$ 正向一周.

九、(1)证明：当 $|x|$ 充分小时，不等式 $0\leqslant\tan^2x-x^2\leqslant x^4$ 成立.

(2)设 $x_n=\sum\limits_{k=1}^{n}\tan^2\frac{1}{\sqrt{n+k}}$，求 $\lim\limits_{n\to\infty}x_n$.

十、设常数 $k>\ln2-1$，证明：当 $x>0$ 且 $x\neq1$ 时，$(x-1)(x-\ln^2x+2k\ln x-1)>0$.

十一、设匀质半球壳的半径为 R，密度为 μ，在球壳的对称轴上，有一条长为 l 的均匀细棒，其密度为 ρ. 若棒的近壳一端与球心的距离为 a，$a>R$，求此半球壳对棒的引力.

参考答案

一、1. -1. 2. $\frac{2\pi}{3}+\sqrt{3}$. 3. $2-6\mathrm{e}^{-2}$.

4. $\frac{1}{\sqrt5}\{0,\sqrt2,\sqrt3\}$. 5. $\frac{1+(x-1)\mathrm{e}^{z-y-x}}{1+x\mathrm{e}^{z-y-x}}\mathrm{d}x+\mathrm{d}y$.

二、解：由题设可推知 $f(0)=0$，$f'(0)=0$，于是有

$$\lim_{x\to0}\frac{f(x)}{x^2}=\lim_{x\to0}\frac{f'(x)}{2x}=\lim_{x\to0}\frac{f''(x)}{2}=2$$

故

$$\lim_{x\to0}\left[1+\frac{f(x)}{x}\right]^{\frac{1}{x}}=\lim_{x\to0}\left\{\left[1+\frac{f(x)}{x}\right]^{\frac{x}{f(x)}}\right\}^{\frac{f(x)}{x^2}}=\lim_{x\to0}\exp\left\{\frac{f(x)}{x^2}\ln\left[1+\frac{f(x)}{x}\right]^{\frac{x}{f(x)}}\right\}=\mathrm{e}^2$$

三、解：由 $\frac{\mathrm{d}y}{\mathrm{d}t}=\frac{\mathrm{e}^{1+2\ln t}}{1+2\ln t}\cdot\frac{2}{t}=\frac{2\mathrm{e}t}{1+2\ln t}$，$\frac{\mathrm{d}x}{\mathrm{d}t}=4t$，得到 $\frac{\mathrm{d}y}{\mathrm{d}x}=\frac{\mathrm{e}}{2(1+2\ln t)}$，所以

$$\frac{d^2y}{dx^2}=\frac{d}{dt}\left(\frac{dy}{dx}\right)\cdot\frac{1}{\frac{dx}{dt}}=\frac{d}{dt}\left(\frac{e}{2(1+2\ln t)}\right)\cdot\frac{1}{4t}=-\frac{\frac{2}{t}e}{2(1+2\ln t)^2}\cdot\frac{1}{4t}$$

$$=-\frac{e}{4t^2(1+2\ln t)^2}$$

而当 $x=9$ 时，由 $x=1+2t^2$ 及 $t>1$，得 $t=2$，故

$$\left.\frac{d^2y}{dx^2}\right|_{x=9}=-\left.\frac{e}{4t^2(1+2\ln t)^2}\right|_{t=2}=-\frac{e}{16(1+2\ln 2)^2}$$

四、解：注意到：对于每个固定的 n，总有

$$\lim_{x\to 0}\frac{\sin(2n+1)x}{\sin x}=2n+1$$

所以被积函数在点 $x=0$ 处有界（$x=0$ 不是被积函数的奇点）. 又

$$\sin(2n+1)x-\sin(2n-1)x=2\cos 2nx\sin x$$

于是有

$$I_n-I_{n-1}=\int_0^{\frac{\pi}{2}}\frac{\sin(2n+1)x-\sin(2n-1)x}{\sin x}dx=2\int_0^{\frac{\pi}{2}}\cos 2nx\,dx$$

$$=\left.\frac{1}{n}\sin 2nx\right|_0^{\frac{\pi}{2}}=0$$

上面的等式对于一切大于 1 的自然数均成立，故有 $I_n=I_{n-1}=\cdots=I_1$. 所以

$$I_n=I_1=\int_0^{\frac{\pi}{2}}\frac{\sin 3x}{\sin x}dx=\int_0^{\frac{\pi}{2}}\frac{\cos 2x\sin x+\sin 2x\cos x}{\sin x}dx$$

$$=\int_0^{\frac{\pi}{2}}\cos 2x\,dx+2\int_0^{\frac{\pi}{2}}\cos^2 x\,dx=\frac{\pi}{2}$$

五、证明：因为 $x=0$ 是 $f(x)$ 的第一类跳跃间断点，所以 $\lim\limits_{x\to 0^+}f(x)$ 存在，设为 A，则 $A\neq 0$；又因 $f(x)$ 为奇函数，所以 $\lim\limits_{x\to 0^-}f(x)=-A$.

令

$$\varphi(x)=\begin{cases}f(x)-A, x>0\\ 0, x=0\\ f(x)+A, x<0\end{cases}$$

则 $\varphi(x)$ 在 $x=0$ 点处连续，从而 $\varphi(x)$ 在 $(-\infty,+\infty)$ 上处处连续，且 $\varphi(x)$ 是奇函数：

当 $x>0$，则 $-x<0$

$$\varphi(-x)=f(-x)+A=-f(x)+A=-[f(x)-A]=-\varphi(x)$$

当 $x<0$，则 $-x>0$

$$\varphi(-x)=f(-x)-A=-f(x)-A=-[f(x)+A]=-\varphi(x)$$

即 $\varphi(x)$ 是连续的奇函数，于是 $\int_0^x \varphi(t)\mathrm{d}t$ 是连续的偶函数，且在点 $x=0$ 处可导. 又

$$\int_0^x \varphi(t)\mathrm{d}t=\int_0^x f(t)\mathrm{d}t-A\mid x\mid$$

即

$$\int_0^x f(t)\mathrm{d}t=\int_0^x \varphi(t)\mathrm{d}t+A\mid x\mid$$

所以 $\int_0^x f(t)\mathrm{d}t$ 是连续的偶函数，但在点 $x=0$ 处不可导.

六、解：设：$u=x^2-y^2$，$v=\cos(xy)$，则

$$\frac{\partial z}{\partial r}=\frac{\partial z}{\partial x}\cdot\frac{\partial x}{\partial r}+\frac{\partial z}{\partial y}\cdot\frac{\partial y}{\partial r}$$

$$=\frac{\partial x}{\partial r}\left(\frac{\partial z}{\partial u}\cdot\frac{\partial u}{\partial x}+\frac{\partial z}{\partial v}\cdot\frac{\partial v}{\partial x}\right)+\frac{\partial y}{\partial r}\left(\frac{\partial z}{\partial u}\cdot\frac{\partial u}{\partial y}+\frac{\partial z}{\partial v}\cdot\frac{\partial v}{\partial y}\right)$$

$$=2\frac{\partial z}{\partial u}(x\cos\vartheta-y\sin\vartheta)-\frac{\partial z}{\partial v}\sin(xy)\cdot(y\cos\vartheta+x\sin\vartheta)$$

类似可得

$$\frac{\partial z}{\partial\vartheta}=-2r\frac{\partial z}{\partial u}(x\sin\vartheta+y\cos\vartheta)+\frac{\partial z}{\partial v}r\sin(xy)\cdot(y\sin\vartheta-x\cos\vartheta)$$

代入原式左边，得到

$$\frac{\partial z}{\partial r}\cos\vartheta-\frac{1}{r}\frac{\partial z}{\partial\vartheta}\sin\vartheta$$

$$=2\cos\vartheta\cdot\frac{\partial z}{\partial u}(x\cos\vartheta-y\sin\vartheta)-\cos\vartheta\cdot\frac{\partial z}{\partial v}\cdot\sin(xy)(y\cos\vartheta+x\sin\vartheta)+$$

$$2\frac{\partial z}{\partial u}\cdot\sin\vartheta(x\sin\vartheta+y\cos\vartheta)-\frac{\partial z}{\partial v}\sin(xy)\sin\vartheta(y\sin\vartheta-x\cos\vartheta)$$

$$=2x\frac{\partial z}{\partial u}-y\frac{\partial z}{\partial v}\sin(xy)$$

七、解：记 $G(t)=\dfrac{1}{\pi t^4}\iiint\limits_{x^2+y^2+z^2\leqslant t^2} f(\sqrt{x^2+y^2+z^2})\mathrm{d}x\mathrm{d}y\mathrm{d}z$，应用球坐标，并同时注意到积分区域与被积函数的对称性，有

$$G(t)=\frac{8}{\pi t^4}\int_0^{\frac{\pi}{2}}\mathrm{d}\vartheta\int_0^{\frac{\pi}{2}}\sin\varphi\mathrm{d}\varphi\int_0^t f(r)r^2\mathrm{d}r=\frac{4\int_0^t f(r)r^2\mathrm{d}r}{t^4}$$

于是有

$$\lim_{t\to 0} G(t) = \lim_{t\to 0}\frac{4\int_0^t f(r)r^2\,\mathrm{d}r}{t^4} = \lim_{t\to 0}\frac{4f(t)t^2}{4t^3} = \lim_{t\to 0}\frac{f(t)-f(0)}{t} = f'(0) = -3$$

八、解：因为 L 为 $|x|+|x+y|=1$，故

$$I = \oint_L -y\mathrm{d}x + x\mathrm{d}y \xlongequal{\text{格林公式}} \iint_D [1-(-1)]\mathrm{d}\sigma = 2\iint_D \mathrm{d}\sigma$$

其中 D 为 L 所围区域，故 $\iint_D \mathrm{d}\sigma$ 为 D 的面积. 为此我们对 L 加以讨论，用以搞清 D 的面积.

当 $x\geqslant 0$ 且 $x+y\geqslant 0$ 时，$|x|+|x+y|-1=2x+y-1=0$；

当 $x\geqslant 0$ 且 $x+y\leqslant 0$ 时，$|x|+|x+y|-1=-y-1=0$；

当 $x\leqslant 0$ 且 $x+y\geqslant 0$ 时，$|x|+|x+y|-1=y-1=0$；

当 $x\leqslant 0$ 且 $x+y\leqslant 0$ 时，$|x|+|x+y|-1=-2x-y-1=0$.

故 D 的面积为 $2\times 1=2$. 从而 $I=\oint_L \frac{-y\mathrm{d}x+x\mathrm{d}y}{|x|+|x+y|}=4$.

九、证明：(1) 因为

$$\lim_{x\to 0}\frac{\tan^2 x - x^2}{x^4} = \lim_{x\to 0}\frac{\tan x - x}{x^3}\cdot\lim_{x\to 0}\frac{\tan x + x}{x}$$

$$= 2\lim_{x\to 0}\frac{\sec^2 x - 1}{3x^2} = \frac{2}{3}\lim_{x\to 0}\frac{\tan^2 x}{x^2} = \frac{2}{3}$$

又注意到当 $|x|$ 充分小时，$\tan x\geqslant x$，所以成立不等式 $0\leqslant \tan^2 x - x^2\leqslant x^4$.

(2) 由(1)知，当 n 充分大时有，$\frac{1}{n+k}\leqslant \tan^2\frac{1}{\sqrt{n+k}}\leqslant \frac{1}{n+k}+\frac{1}{(n+k)^2}$，故

$$\sum_{k=1}^{n}\frac{1}{n+k}\leqslant x_n\leqslant \sum_{k=1}^{n}\frac{1}{n+k}+\sum_{k=1}^{n}\frac{1}{(n+k)^2}\leqslant \sum_{k=1}^{n}\frac{1}{n+k}+\frac{1}{n}$$

而 $\sum_{k=1}^{n}\frac{1}{n+k}=\frac{1}{n}\sum_{k=1}^{n}\frac{1}{1+\frac{k}{n}}$，于是

$$\lim_{n\to\infty}\sum_{k=1}^{n}\frac{1}{n+k} = \lim_{n\to\infty}\frac{1}{n}\sum_{k=1}^{n}\frac{1}{1+\frac{k}{n}} = \int_0^1\frac{1}{1+x}\mathrm{d}x = \ln 2$$

由夹逼定理知 $\lim_{n\to\infty} x_n = \ln 2$.

十、证明：设函数

$$f(x) = x - \ln^2 x + 2k\ln x - 1\quad (x>0)$$

故要证

$$(x-1)(x-\ln^2 x+2k\ln x-1)>0$$

只需证：当 $0<x<1$ 时，$f(x)<0$；当 $1<x$ 时，$f(x)>0$.

显然：$f'(x)=1-\dfrac{2\ln x}{x}+\dfrac{2k}{x}=\dfrac{1}{x}(x-2\ln x+2k)$.

命：$\varphi(x)=x-2\ln x+2k$，则 $\varphi'(x)=1-\dfrac{2}{x}=\dfrac{x-2}{x}$.

当 $x=2$ 时，$\varphi'(x)=0$，$x=2$ 为唯一驻点. 又 $\varphi''(x)=\dfrac{2}{x^2}$，$\varphi''(2)=\dfrac{1}{2}>0$，所以 $x=2$ 为 $\varphi(x)$ 的唯一极小值点，故 $\varphi(2)=2(1-\ln 2)+2k=2[k-(\ln 2-1)]>0$ 为 $\varphi(x)$ 的最小值($x>0$)，即当 $x>0$ 时 $f'(x)>0$，从而 $f(x)$ 严格单调递增.

又因 $f(1)=0$，所以当 $0<x<1$ 时，$f(x)<0$；当 $1<x$ 时，$f(x)>0$.

十一、解：设球心在坐标原点上，半球壳为上半球面，细棒位于正 z 轴上，则由于对称性，所求引力在 x 轴与 y 轴上的投影 F_x 及 F_y 均为零.

设 k 为引力常数，则半球壳对细棒引力在 z 轴方向的分量为

$$\begin{aligned}F_z &= k\rho\mu\iint_\Sigma \mathrm{d}s\int_a^{a+l}\frac{z-z_1}{[x^2+y^2+(z-z_1)^2]^{\frac{3}{2}}}\mathrm{d}z_1\\ &= k\rho\mu\iint_\Sigma\{[x^2+y^2+(z-a-l)^2]^{-\frac{1}{2}}-[x^2+y^2+(z-a)^2]^{-\frac{1}{2}}\}\mathrm{d}s\end{aligned}$$

记 $M_1=2\pi R^2\mu$，$M_2=l\rho$. 在球坐标下计算 F_z，得到

$$\begin{aligned}F_z &= 2\pi k\rho\mu R^2\int_0^\pi\{[R^2+(a+l)^2-2R(a+l)\cos\vartheta]^{-\frac{1}{2}}-[R^2+a^2-2a\cos\vartheta]^{-\frac{1}{2}}\sin\vartheta\}\mathrm{d}\vartheta\\ &= \frac{kM_1M_2}{Rl}\left[\frac{\sqrt{R^2+a^2}+R}{a}+\frac{\sqrt{R^2+(a+l)^2}-R}{a+l}\right]\end{aligned}$$

若半球壳仍为上半球面，但细棒位于负 z 轴上，则

$$F_z=\frac{GM_1M_2}{Rl}\left[\frac{\sqrt{R^2+(a+l)^2}-R}{a}-\frac{\sqrt{R^2+a^2}-R}{a+l}\right]$$

天津市 2008 年大学数学竞赛试题及参考答案(节选)

一、填空

1. 设 $f(0)>0$, $f'(0)=0$, 则 $\lim\limits_{n\to\infty}\left[\dfrac{f\left(\frac{1}{n}\right)}{f(0)}\right]^n=$______.

2. 设函数 $y(x)$ 由方程 $\sin(xy)-\dfrac{1}{y-x}=1$ 所确定,则曲线 $y=y(x)$ 上对应于点 $x=0$ 处的切线方程为______.

3. $\displaystyle\int_{-1}^{1}\frac{2x^2+x\cos x}{1+\sqrt{1-x^2}}\mathrm{d}x=$______.

4. 函数 $u=\sqrt{x^2+y^2+z^2}$ 在点 $M(1,1,1)$ 处,沿曲面 $2z=x^2+y^2$ 在该点的外法线方向 $\boldsymbol{l}$ 的方向导数 $\left.\dfrac{\partial u}{\partial \boldsymbol{l}}\right|_{(1,1,1)}=$______.

5. 设函数 $f(x,y)$ 在区域 D: $\dfrac{x^2}{4}+y^2\leqslant 1$ 上具有连续的二阶偏导数,C 为顺时针椭圆 $\dfrac{x^2}{4}+y^2=1$,则 $\displaystyle\oint_C[-3y+f'_x(x,y)]\mathrm{d}x+f'_y(x,y)\mathrm{d}y=$______.

二、对 t 的不同取值,讨论函数 $f(x)=\dfrac{1+2x}{2+x^2}$ 在区间 $[t,+\infty)$ 上是否有最大值或最小值,若存在最大值或最小值,求出相应的最大值点与最大值或最小值点与最小值.

三、设 $f(x)=x^\alpha\sin x$,其中 $\alpha>0$,讨论函数 $f''(x)$ 在区间 $(0,\pi)$ 内零点的个数.

四、过曲线 $y=\sqrt[3]{x}\ (x\geqslant 0)$ 上点 A 作切线,使该切线与曲线 $y=\sqrt[3]{x}$ 及 x 轴所围平面图形 D 的面积 $S=\dfrac{3}{4}$.

(1)求点 A 的坐标;

(2)求平面图形 D 绕 x 轴旋转一周所得旋转体的体积.

五、设函数 $\varphi(x)=\displaystyle\int_0^{\sin x}f(tx^2)\mathrm{d}t$,其中 $f(x)$ 是连续函数,且 $f(0)=2$.

(1)求 $\varphi'(x)$;

(2)讨论 $\varphi'(x)$的连续性.

六、设函数 $f(x)$ 在闭区间$[0,1]$上具有连续的导数, $f(1)=0$, 且 $\int_0^1 f^2(x)\mathrm{d}x=1$.

(1) 求$\int_0^1 xf(x)f'(x)\mathrm{d}x$;

(2) 证明:$\int_0^1 x^2 f^2(x)\mathrm{d}x\int_0^1[f'(x)]^2\mathrm{d}x \geqslant \frac{1}{4}$.

七、设二元函数 $z=z(x,y)$具有二阶连续偏导数,证明:$\frac{\partial^2 z}{\partial x^2}+2\frac{\partial^2 z}{\partial x\partial y}+\frac{\partial^2 z}{\partial y^2}=0$ 可经过变量替换 $u=x+y, v=x-y, w=xy-z$ 化为等式 $2\frac{\partial^2 w}{\partial u^2}-1=0$.

八、求 λ 的值,使两曲面:$xyz=\lambda$ 与$\frac{x^2}{a^2}+\frac{y^2}{b^2}+\frac{z^2}{c^2}=1$ 在第一卦限内相切,并求出在切点处两曲面的公共切平面方程.

九、计算三重积分 $I=\iiint\limits_{\Omega}(x^2+y^2)\mathrm{d}v$,其中 Ω 是由 yOz 平面内 $z=0, z=2$ 以及曲线 $y^2-(z-1)^2=1$ 所围成的平面区域绕 z 轴旋转而成的空间区域.

十、计算曲线积分 $I=\int_C \frac{(x+y)\mathrm{d}x-(x-y)\mathrm{d}y}{x^2+y^2}$,其中曲线 $C: y=\varphi(x)$ 是从点 $A(-1,0)$ 到点 $B(1,0)$ 的一条不经过坐标原点的光滑曲线.

十一、求证 $\sqrt{1-\mathrm{e}^{-1}}<\frac{1}{\sqrt{\pi}}\int_0^1 \mathrm{e}^{-x^2}\mathrm{d}x<\sqrt{1-\mathrm{e}^{-2}}$.

参考答案

一、1. 1. 2. $y=2x-1$. 3. $4-\pi$. 4. $\frac{1}{3}$. 5. -6π.

二、解:显然 $f(x)$的定义域为:$(-\infty,+\infty)$

$$f'(x)=\frac{2(2+x^2)-2x(1+2x)}{(2+x^2)^2}=\frac{2(2+x)(1-x)}{(2+x^2)^2}$$

得驻点:$x_1=-2, x_2=1$. 于是有

x	$(-\infty,-2)$	-2	$\left(-2,-\frac{1}{2}\right)$	$-\frac{1}{2}$	$\left(-\frac{1}{2},1\right)$	1	$(1,+\infty)$
y'	$-$	0	$+$	$+$	$+$	0	$-$
y	↘	极小值$-\frac{1}{2}$	↗	0	↗	极大值 1	↘

又：$\lim\limits_{x\to+\infty} f(x)=0$，$\lim\limits_{x\to-\infty} f(x)=0$.

记：$M(t)$与$m(t)$分别表示 $f(x)$在区间$[t,+\infty)$上的最大值与最小值.

从上表不难看出：

①$t\leqslant -2$ 时，$m(t)=f(-2)=-\dfrac{1}{2}$，$M(t)=f(1)=1$；

②$-2<t\leqslant -\dfrac{1}{2}$时，$m(t)=f(t)=\dfrac{1+2t}{2+t^2}$，$M(t)=f(1)=1$；

③$-\dfrac{1}{2}<t\leqslant 1$ 时，无 $m(t)$，$M(t)=f(1)=1$；

④$1<t$ 时，无 $m(t)$，$M(t)=f(t)=\dfrac{1+2t}{2+t^2}$.

三、解

$$f'(x)=\alpha x^{\alpha-1}\sin x+x^{\alpha}\cos x$$

$$\begin{aligned} f''(x)&=\alpha(\alpha-1)x^{\alpha-2}\sin x+2\alpha x^{\alpha-1}\cos x-x^{\alpha}\sin x \\ &=[\alpha(\alpha-1)x^{\alpha-2}-x^{\alpha}]\sin x+2\alpha x^{\alpha-1}\cos x \end{aligned}$$

注意到：当 $x\in(0,\pi)$时，$\sin x\neq 0$，故方程 $f''(x)=0$ 与方程

$$\cot x+\frac{\alpha-1}{2x}-\frac{x}{2\alpha}=0$$

同解.

命：$g(x)=\cot x+\dfrac{\alpha-1}{2x}-\dfrac{x}{2\alpha}$，$x\in(0,\pi)$. 又

$$\begin{aligned} \lim_{x\to 0^+} g(x)&=\lim_{x\to 0^+}\left(\cot x+\frac{\alpha-1}{2x}-\frac{x}{2\alpha}\right)=\lim_{x\to 0^+}\frac{2x\cos x+(\alpha-1)\sin x}{2x\sin x} \\ &=\frac{1}{2}\lim_{x\to 0^+}\frac{2(\cos x-x\sin x)+(\alpha-1)\cos x}{\sin x+x\cos x} \\ &=\frac{1}{2}\lim_{x\to 0^+}\frac{(\alpha+1)\cos x-2x\sin x}{\sin x+x\cos x}=+\infty \end{aligned}$$

$$\lim_{x\to\pi^-} g(x)=\lim_{x\to\pi^-}\left(\cot x+\frac{\alpha-1}{2x}-\frac{x}{2\alpha}\right)=-\infty$$

由闭区间上连续函数零点定理知，$g(x)$在区间 $x\in(0,\pi)$内至少有一个

零点. 又

$$g'(x)=-\frac{1}{\sin^2 x}-\frac{\alpha-1}{2x^2}-\frac{1}{2\alpha}=-\frac{2x^2-\sin^2 x}{2x^2\sin^2 x}-\frac{\alpha}{2x^2}-\frac{1}{2\alpha}<0$$

即 $g(x)$ 在区间 $(0,\pi)$ 内单调减,所以 $g(x)$ 在区间 $(0,\pi)$ 内至多有一个零点,从而函数 $f''(x)$ 在区间 $(0,\pi)$ 内有且仅有一个零点.

四、解:(1)设点 A 坐标为 $(t,\sqrt[3]{t})$,则切线方程为:$y-\sqrt[3]{t}=\dfrac{1}{3\sqrt[3]{t^2}}(x-t)$,即 $y=\dfrac{x}{3\sqrt[3]{t^2}}+\dfrac{2}{3}\sqrt[3]{t}$.

命:$y=0$,得此切线与 x 轴的交点横坐标 $x_0=-2t$,从而图形 D 的面积为

$$S=\frac{1}{2}\cdot 2t\cdot\frac{2\sqrt[3]{t}}{3}+\int_0^t\left(\frac{x}{3\sqrt[3]{t^2}}+\frac{2}{3}\sqrt[3]{t}-\sqrt[3]{x}\right)\mathrm{d}x$$

$$=\frac{2t\cdot\sqrt[3]{t}}{3}+\frac{x^2}{6\sqrt[3]{t^2}}\Big|_0^t+\frac{2}{3}\sqrt[3]{t}x\Big|_0^t-\frac{3}{4}x^{\frac{4}{3}}\Big|_0^t=\frac{3t\cdot\sqrt[3]{t}}{4}=\frac{3}{4}$$

$$\Rightarrow t=1$$

即点 A 的坐标为 $(1,1)$.

(2)平面图形 D 绕 x 轴旋转一周所得旋转体的体积为

$$V=\frac{1}{3}\pi\left(\frac{2}{3}\right)^2\cdot 2+\pi\int_0^1\left\{\left[\frac{1}{3}(x+2)\right]^2-(\sqrt[3]{x})^2\right\}\mathrm{d}x$$

$$=\frac{8}{27}\pi+\pi\left[\frac{1}{27}(x+2)^3-\frac{3}{5}x^{\frac{5}{3}}\right]\Big|_0^1=\pi-\frac{3}{5}\pi=\frac{2}{5}\pi$$

五、解:$\varphi(x)\overset{u=tx^2}{=}\displaystyle\int_0^{x^2\sin x}\frac{1}{x^2}f(u)\mathrm{d}u=\frac{1}{x^2}\int_0^{x^2\sin x}f(u)\mathrm{d}u,x\neq 0$,由已知得 $\varphi(0)=0$.

(1)当 $x\neq 0$ 时,有

$$\varphi'(x)=-\frac{2}{x^3}\int_0^{x^2\sin x}f(u)\mathrm{d}u+\frac{1}{x^2}f(x^2\sin x)\cdot(2x\sin x+x^2\cos x)$$

$$=-\frac{2}{x^3}\int_0^{x^2\sin x}f(u)\mathrm{d}u+f(x^2\sin x)\left(\frac{2}{x}\sin x+\cos x\right)$$

在 $x=0$ 点处,由导数定义有

$$\varphi'(0)=\lim_{x\to 0}\frac{\varphi(x)-\varphi(0)}{x}=\lim_{x\to 0}\frac{1}{x^3}\int_0^{x^2\sin x}f(u)\mathrm{d}u$$

$$=\lim_{x\to 0}\frac{(2x\sin x+x^2\cos x)f(x^2\sin x)}{3x^2}$$

$$=\lim_{x\to 0}f(x^2\sin x)\cdot\lim_{x\to 0}\frac{2\sin x+x\cos x}{3x}=f(0)=2$$

所以

$$\varphi'(x)=\begin{cases}-\dfrac{2}{x^3}\displaystyle\int_0^{x^2\sin x}f(u)\mathrm{d}u+f(x^2\sin x)\left(\dfrac{2}{x}\sin x+\cos x\right), & x\neq 0\\ 2, & x=0\end{cases}$$

(2)因为

$$\lim_{x\to 0}\varphi'(x)=\lim_{x\to 0}\left[-\frac{2}{x^3}\int_0^{x^2\sin x}f(u)\mathrm{d}u+f(x^2\sin x)\left(\frac{2}{x}\sin x+\cos x\right)\right]$$
$$=-2f(0)+3f(0)=2=\varphi'(0)$$

故 $\varphi'(x)$在 $x=0$ 点处连续;又当 $x\neq 0$ 时,$\varphi'(x)$连续,所以 $\varphi'(x)$处处连续.

六、(1)解:$\int_0^1 xf(x)f'(x)\mathrm{d}x=\frac{1}{2}xf^2(x)\Big|_0^1-\frac{1}{2}\int_0^1 f^2(x)\mathrm{d}x=-\frac{1}{2}.$

(2) 证明:令

$$\varphi(\lambda)=\int_0^1[xf(x)+\lambda f'(x)]^2\mathrm{d}x$$
$$=\int_0^1 x^2f^2(x)\mathrm{d}x+2\lambda\int_0^1 xf(x)f'(x)\mathrm{d}x+\lambda^2\int_0^1[f'(x)]^2\mathrm{d}x$$

因对任何实数 λ,被积函数 $\geqslant 0$,故 $\varphi(\lambda)\geqslant 0$,所以其判别式

$$\Delta=\left[\int_0^1 xf(x)f'(x)\mathrm{d}x\right]^2-\int_0^1 x^2f^2(x)\mathrm{d}x\cdot\int_0^1[f'(x)]^2\mathrm{d}x\leqslant 0$$

即

$$\int_0^1 x^2f^2(x)\mathrm{d}x\cdot\int_0^1[f'(x)]^2\mathrm{d}x\geqslant\left[\int_0^1 xf(x)f'(x)\mathrm{d}x\right]^2=\frac{1}{4}$$

七、证明:由题意可解得 $x=\dfrac{u+v}{2}$,$y=\dfrac{u-v}{2}$,从而

$$w=\frac{u^2-v^2}{4}-z\left(\frac{u+v}{2},\frac{u-v}{2}\right)$$
$$\frac{\partial w}{\partial u}=\frac{1}{2}u-\frac{\partial z}{\partial x}\cdot\frac{1}{2}-\frac{\partial z}{\partial y}\cdot\frac{1}{2}=\frac{1}{2}\left(u-\frac{\partial z}{\partial x}-\frac{\partial z}{\partial y}\right)$$
$$\frac{\partial^2 w}{\partial u^2}=\frac{1}{2}\left(1-\frac{\partial^2 z}{\partial x^2}\cdot\frac{1}{2}-\frac{\partial^2 z}{\partial x\partial y}\cdot\frac{1}{2}-\frac{\partial^2 z}{\partial y\partial x}\cdot\frac{1}{2}-\frac{\partial^2 z}{\partial y^2}\cdot\frac{1}{2}\right)$$
$$=\frac{1}{2}\left[1-\frac{1}{2}\left(\frac{\partial^2 z}{\partial x^2}+2\frac{\partial^2 z}{\partial x\partial y}+\frac{\partial^2 z}{\partial y^2}\right)\right]$$

故 $\dfrac{\partial^2 w}{\partial u^2}=\dfrac{1}{2}$,即 $2\dfrac{\partial^2 w}{\partial u^2}-1=0$.

八、解：曲面 $xyz=\lambda$ 在点(x,y,z)处切平面的法向量为$\boldsymbol{n}_1=(yz,zx,xy)$.

曲面 $\dfrac{x^2}{a^2}+\dfrac{y^2}{b^2}+\dfrac{z^2}{c^2}=1$ 在点(x,y,z)处切平面的法向量为 $\boldsymbol{n}_2=\left(\dfrac{x}{a^2},\dfrac{y}{b^2},\dfrac{z}{c^2}\right)$.

欲使两曲面在点(x,y,z)处相切，必须$\boldsymbol{n}_1 /\!/ \boldsymbol{n}_2$，即$\dfrac{x}{a^2yz}=\dfrac{y}{b^2zx}=\dfrac{z}{c^2xy}\overset{令}{=}t$.

由 $x>0,y>0,z>0$，得$\dfrac{x^2}{a^2\lambda}+\dfrac{y^2}{b^2\lambda}+\dfrac{z^2}{c^2\lambda}=3t$，即 $3\lambda t=1$.

于是有$\dfrac{x^2}{a^2}=\dfrac{y^2}{b^2}=\dfrac{z^2}{c^2}=\dfrac{1}{3}$，解得 $x=\dfrac{a}{\sqrt{3}},y=\dfrac{b}{\sqrt{3}},z=\dfrac{c}{\sqrt{3}},\lambda=\dfrac{abc}{3\sqrt{3}}$.

公共切平面方程为$\dfrac{bc}{3}\left(x-\dfrac{a}{\sqrt{3}}\right)+\dfrac{ac}{3}\left(y-\dfrac{b}{\sqrt{3}}\right)+\dfrac{ab}{3}\left(z-\dfrac{c}{\sqrt{3}}\right)=0$，化简得 $\dfrac{x}{a}+\dfrac{y}{b}+\dfrac{z}{c}=\sqrt{3}$.

九、解：由题设知，区域 Ω 是由旋转面 $x^2+y^2-(z-1)^2=1$ 与平面 $z=0$，$z=2$ 所围成.用与 z 轴垂直的平面截立体 Ω，设截面为 D_z，于是

$$I=\int_0^2 \mathrm{d}z\iint_{D_z}(x^2+y^2)\mathrm{d}x\mathrm{d}y$$

显然 D_z 是圆域，圆心为$(0,0,z)(0\leqslant z\leqslant 2)$，半径为 $r=\sqrt{x^2+y^2}=\sqrt{1+(z-1)^2}$.

所以 $I=\int_0^2\mathrm{d}z\int_0^{2\pi}\mathrm{d}\vartheta\int_0^{\sqrt{1+(z-1)^2}}r^3\mathrm{d}r=2\pi\int_0^2\dfrac{1}{4}[1+(z-1)^2]^2\mathrm{d}z=\dfrac{\pi}{2}\int_0^2[1+2(z-1)^2+(z-1)^4]\mathrm{d}z=\dfrac{28\pi}{15}$.

十、解：$P(x,y)=\dfrac{x+y}{x^2+y^2},\dfrac{\partial P}{\partial y}=\dfrac{x^2-y^2-2xy}{(x^2+y^2)^2},Q(x,y)=-\dfrac{x-y}{x^2+y^2},\dfrac{\partial Q}{\partial x}=\dfrac{x^2-y^2-2xy}{(x^2+y^2)^2}$.

作上半圆 $C_1:x^2+y^2=r^2,y>0$，逆时针方向，取 r 充分小使 C_1 位于曲线 C 的下部且二者不相交.又在 x 轴上分别取 1 到 r 与 $-r$ 到 -1 两个线段 l_1 与 l_2，于是有

$$I+\int_{C_1+l_1+l_2}\frac{(x+y)\mathrm{d}x-(x-y)\mathrm{d}y}{x^2+y^2}=\iint_D\left(\frac{\partial Q}{\partial x}-\frac{\partial P}{\partial y}\right)\mathrm{d}x\mathrm{d}y=0$$

其中 D 是由 $C+C_1+l_1+l_2$ 所围成的区域.

从而

$$I=-\int_{C_1+l_1+l_2}\frac{(x+y)\mathrm{d}x-(x-y)\mathrm{d}y}{x^2+y^2}$$

$$=-\left(\int_{C_1}+\int_{l_1}+\int_{l_2}\right)\frac{(x+y)\mathrm{d}x-(x-y)\mathrm{d}y}{x^2+y^2}$$

$$=-\int_0^{\pi}\frac{-r^2(\cos\vartheta+\sin\vartheta)\sin\vartheta-r^2(\cos\vartheta-\sin\vartheta)\cos\vartheta}{r^2}\mathrm{d}\vartheta-\int_1^r\frac{\mathrm{d}x}{x}-\int_{-r}^{-1}\frac{\mathrm{d}x}{x}$$

$$=\int_0^{\pi}\mathrm{d}t-\ln r+\ln r=\pi$$

十一、证明：记 $I=\int_{-1}^{1}\mathrm{e}^{-x^2}\mathrm{d}x$，则 $I^2=\left(\int_{-1}^{1}\mathrm{e}^{-y^2}\mathrm{d}y\right)\left(\int_{-1}^{1}\mathrm{e}^{-x^2}\mathrm{d}x\right)=\int_{-1}^{1}\mathrm{d}y\int_{-1}^{1}\mathrm{e}^{-(x^2+y^2)}\mathrm{d}x$.

注意到：$\mathrm{e}^{-(x^2+y^2)}>0$，故 $I^2<\iint\limits_{x^2+y^2\leqslant 2}\mathrm{e}^{-(x^2+y^2)}\mathrm{d}x\mathrm{d}y=\int_0^{2\pi}\mathrm{d}\vartheta\int_0^{\sqrt{2}}r\mathrm{e}^{-r^2}\mathrm{d}r=\pi(1-\mathrm{e}^{-2})$.

同理：$I^2>\iint\limits_{x^2+y^2\leqslant 1}\mathrm{e}^{-(x^2+y^2)}\mathrm{d}x\mathrm{d}y=\int_0^{2\pi}\mathrm{d}\vartheta\int_0^{1}r\mathrm{e}^{-r^2}\mathrm{d}r=\pi(1-\mathrm{e}^{-1})>0$.

开方得：$\sqrt{\pi}\cdot\sqrt{1-\mathrm{e}^{-1}}<I<\sqrt{\pi}\cdot\sqrt{1-\mathrm{e}^{-2}}$，即 $\sqrt{1-\mathrm{e}^{-1}}<\frac{1}{\sqrt{\pi}}\int_0^{1}\mathrm{e}^{-x^2}\mathrm{d}x<\sqrt{1-\mathrm{e}^{-2}}$.

天津市2011年大学数学竞赛试题及参考答案(节选)

一、填空题

1. 设 $f(x)$ 是连续函数，且 $\lim\limits_{x\to 0}\dfrac{f(x)}{1-\cos x}=4$，则 $\lim\limits_{x\to 0}\left(1+\dfrac{f(x)}{x}\right)^{\frac{1}{x}}=$ ________.

2. 设 $f(x)=\dfrac{2x^2+3}{x-2}+ax+b$，若 $\lim\limits_{x\to\infty}f(x)=0$，则 $a=$ ________ $b=$ ________.

3. $\displaystyle\int e^x\left(\frac{1}{x}+\ln x\right)dx=$ ________.

4. 设 $f(x,y)$是连续函数，且 $f(x,y)=xy+\displaystyle\iint_D f(x,y)\,dx\,dy$，其中 D 由 x 轴、y 轴以及直线 $x+y=1$ 围成，则 $f(x,y)=$ ________.

5. 椭球面 $x^2+2y^2+z^2=1$ 平行于平面 $x-y+2z=0$ 的切平面方程为 ________ 和 ________.

二、设函数 $f(x)=\begin{cases}\dfrac{\int_0^x\left[(t-1)\int_0^{t^2}\varphi(u)\,du\right]dt}{\sin^2 x}, & x\neq 0\\ 0, & x=0\end{cases}$，其中函数 φ 处处连续. 讨论 $f(x)$ 在 $x=0$ 处的连续性及可导性.

三、设函数 $x=x(t)$ 由方程 $t\cos x+x=0$ 确定，又函数 $y=y(x)$ 由方程 $e^{y-2}-xy=1$ 确定，求复合函数 $y=y(x(t))$ 的导数 $\left.\dfrac{dy}{dt}\right|_{t=0}$.

四、设函数 $f(x)$ 在 $(-\infty,+\infty)$ 上二阶可导，且 $\lim\limits_{x\to 0}\dfrac{f(x)}{x}=0$，记 $\varphi(x)=\displaystyle\int_0^1 f'(xt)\,dt$，求 $\varphi(x)$ 的导数，并讨论 $\varphi'(x)$ 在 $x=0$ 处的连续性.

五、设函数 $y=y(x)$ 在 $(-\infty,+\infty)$ 上可导，且满足：$y'=x^2+y^2$，$y(0)=0$.

(Ⅰ)研究 $y(x)$ 在区间 $(0,+\infty)$ 的单调性和曲线 $y=y(x)$ 的凹凸性.

(Ⅱ)求极限 $\lim\limits_{x\to 0}\dfrac{y(x)}{x^3}$.

六、设 $f(x)$ 在 $[0,\ 1]$ 上具有连续导数，且 $0<f'(x)\leqslant 1$，$f(0)=0$. 试证

$$\left[\int_0^1 f(x)\mathrm{d}x\right]^2 \geqslant \int_0^1 [f(x)]^3 \mathrm{d}x$$

七、设函数 $y=f(x)$ 具有二阶导数，且 $f''(x)>0$. 直线 L_a 是曲线 $y=f(x)$ 上任意一点 $(a,f(a))$ 处的切线，其中 $a\in[0,\ 1]$. 记直线 L_a 与曲线 $y=f(x)$ 以及直线 $x=0$，$x=1$ 所围成的图形绕 y 轴旋转一周所得旋转体的体积为 $V(a)$. 试问 a 为何值时 $V(a)$ 取得最小值.

八、如图，计算 $\int_L (\sin y-y)\mathrm{d}x+(x\cos y-1)\mathrm{d}y$，其中 L 为从点 $O(0,0)$ 沿圆周 $x^2+y^2=2x$ 在第一象限部分到点 $A(1,1)$ 的路径.

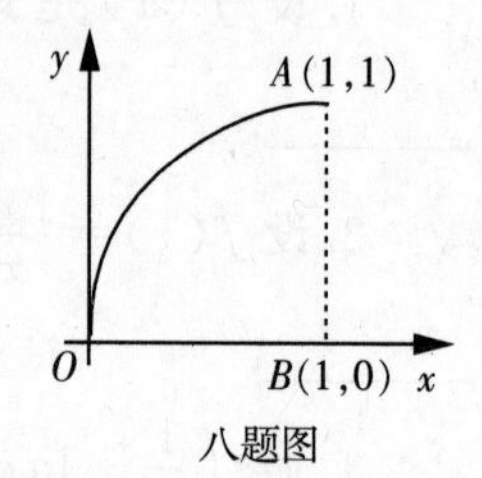

八题图

九、设有向闭曲线 Γ 是由圆锥螺线 $\overset{\frown}{OA}$：$x=\theta\cos\theta$，$y=\theta\sin\theta$，$z=\theta$，(θ 从 0 变到 2π) 和有向直线段 $\overline{AO}$ 构成，其中 $O(0,0,0)$，$A(2\pi,0,\ 2\pi)$. 闭曲线 Γ 将其所在的圆锥面 $z=\sqrt{x^2+y^2}$ 划分成两部分，Σ 是其中的有界部分.

(Ⅰ) 如果 $\boldsymbol{F}=(z,\ 1,\ -x)$ 表示一力场，求 $\boldsymbol{F}$ 沿 Γ 所做的功 W；

(Ⅱ) 如果 $\boldsymbol{F}=(z,\ 1,\ -x)$ 表示流体的流速，求流体通过 Σ 流向上侧的流量.（单位从略）

十、设函数 $u=u(x,\ y)$ 在心形线 L：$r=1+\cos\theta$ 所围闭区域 D 上具有二阶连续偏导数，$\boldsymbol{n}$ 是在曲线 L 上的点处指向曲线外侧的法向量（简称外法向），$\frac{\partial u}{\partial n}$ 是 $u(x,y)$ 沿 L 的外法向的方向导数，L 取逆时针方向.

(Ⅰ) 证明：$\oint_L \frac{\partial u}{\partial n}\mathrm{d}s=\oint_L -\frac{\partial u}{\partial y}\mathrm{d}x+\frac{\partial u}{\partial x}\mathrm{d}y$.

(Ⅱ) 若 $\frac{\partial^2 u}{\partial x^2}+\frac{\partial^2 u}{\partial y^2}=x^2y-y+1$，求 $\oint_L \frac{\partial u}{\partial n}\mathrm{d}s$ 的值.

十一、设圆 $x^2+y^2=2y$ 含于椭圆 $\frac{x^2}{a^2}+\frac{y^2}{b^2}=1$ 的内部，且圆与椭圆相切于两点（即在这两点处圆与椭圆都有公共切线）.

(Ⅰ) 求 a 与 b 满足的等式；(Ⅱ) 求 a 与 b 的值，使椭圆的面积最小.

参考答案

一、1. e^2.　2. $a=-2, b=-4$.　3. $e^x \ln x+C$.　4. $xy+\frac{1}{12}$.

5. $x-y+2z+\sqrt{\frac{11}{2}}=0$ 和 $x-y+2z-\sqrt{\frac{11}{2}}=0$.

二、解

$$\lim_{x\to 0} f(x)=\lim_{x\to 0}\frac{\int_0^x\left[(t-1)\int_0^{t^2}\varphi(u)\mathrm{d}u\right]\mathrm{d}t}{x^2}=\lim_{x\to 0}\frac{(x-1)\int_0^{x^2}\varphi(u)\mathrm{d}u}{2x}$$

$$=\lim_{x\to 0}\frac{x\int_0^{x^2}\varphi(u)\mathrm{d}u}{2x}-\lim_{x\to 0}\frac{\int_0^{x^2}\varphi(u)\mathrm{d}u}{2x}$$

$$=0-\lim_{x\to 0}\frac{2x\cdot\varphi(x^2)}{2}=0=f(0)$$

因此，$f(x)$ 在 $x=0$ 处连续

$$\lim_{x\to 0}\frac{f(x)-f(0)}{x}=\lim_{x\to 0}\frac{\int_0^x\left[(t-1)\int_0^{t^2}\varphi(u)\mathrm{d}u\right]\mathrm{d}t}{x^3}=\lim_{x\to 0}\frac{(x-1)\int_0^{x^2}\varphi(u)\mathrm{d}u}{3x^2}$$

$$=\frac{1}{3}\lim_{x\to 0}\frac{x\int_0^{x^2}\varphi(u)\mathrm{d}u}{x^2}-\frac{1}{3}\lim_{x\to 0}\frac{\int_0^{x^2}\varphi(u)\mathrm{d}u}{x^2}=-\frac{1}{3}\varphi(0)$$

因此，$f(x)$在 $x=0$ 处可导，且 $f'(0)=-\frac{1}{3}\varphi(0)$.

三、解：方程 $t\cos x+x=0$ 两边对 t 求导

$$\cos x-t\sin x\cdot\frac{\mathrm{d}x}{\mathrm{d}t}+\frac{\mathrm{d}x}{\mathrm{d}t}=0$$

当 $t=0$ 时，$x=0$，故

$$\left.\frac{\mathrm{d}x}{\mathrm{d}t}\right|_{t=0}=\left.\frac{\cos x}{t\sin x-1}\right|_{\substack{t=0\\x=0}}=-1$$

方程 $e^{y-2}-xy=1$ 两边对 x 求导

$$e^{y-2}\cdot\frac{\mathrm{d}y}{\mathrm{d}x}-y-x\cdot\frac{\mathrm{d}y}{\mathrm{d}x}=0$$

当 $x=0$ 时，$y=2$，故

$$\left.\frac{\mathrm{d}y}{\mathrm{d}x}\right|_{x=0}=\left.\frac{y}{\mathrm{e}^{y-2}-x}\right|_{\substack{x=0\\y=2}}=2$$

因此

$$\left.\frac{\mathrm{d}y}{\mathrm{d}t}\right|_{t=0}=\left.\frac{\mathrm{d}y}{\mathrm{d}x}\right|_{x=0}\cdot\left.\frac{\mathrm{d}x}{\mathrm{d}t}\right|_{t=0}=-2$$

四、解:由已知的极限知 $f(0)=0,f'(0)=0$,从而有

$$\varphi(0)=\int_0^1 f'(0)\,\mathrm{d}t=0$$

当 $x\neq 0$ 时,$\varphi(x)=\int_0^1 f'(x\,t)\,\mathrm{d}t=\frac{1}{x}\int_0^1 f'(x\,t)\,\mathrm{d}(xt)=\frac{1}{x}\int_0^x f'(u)\,\mathrm{d}u=\frac{f(x)}{x}$,从而有

$$\varphi(x)=\begin{cases}\dfrac{f(x)}{x}, & x\neq 0\\ 0, & x=0\end{cases}$$

因为

$$\lim_{x\to 0}\varphi(x)=\lim_{x\to 0}\frac{f(x)}{x}=0=\varphi(0)$$

所以,$\varphi(x)$在 $x=0$ 处连续.

当 $x\neq 0$ 时

$$\varphi'(x)=\frac{xf'(x)-f(x)}{x^2}$$

在 $x=0$ 处,由 $\varphi(0)=0$,有

$$\varphi'(0)=\lim_{x\to 0}\frac{\varphi(x)-\varphi(0)}{x}=\lim_{x\to 0}\frac{f(x)}{x^2}=\lim_{x\to 0}\frac{f'(x)}{2x}=\frac{1}{2}f''(0)$$

所以

$$\varphi'(x)=\begin{cases}\dfrac{xf'(x)-f(x)}{x^2}, & x\neq 0\\ \dfrac{1}{2}f''(0), & x=0\end{cases}$$

而

$$\begin{aligned}\lim_{x\to 0}\varphi'(x)&=\lim_{x\to 0}\frac{f'(x)}{x}-\lim_{x\to 0}\frac{f(x)}{x^2}=\lim_{x\to 0}\frac{f'(x)}{x}-\lim_{x\to 0}\frac{f'(x)}{2x}\\&=\frac{1}{2}\lim_{x\to 0}\frac{f'(x)}{x}=\frac{1}{2}\lim_{x\to 0}\frac{f'(x)-f'(0)}{x}=\frac{1}{2}f''(0)=\varphi'(0)\end{aligned}$$

故 $\varphi'(x)$在 $x=0$ 处连续.

五、解:(Ⅰ)当 $x>0$ 时,有

$$y'=x^2+y^2>0$$

故 $y(x)$在区间$(0,+\infty)$单调增加. 从而当 $x>0$ 时,$y'=x^2+y^2$ 也单调增加. 可见,曲线 $y=y(x)$在区间$(0,+\infty)$向下凸.

(或当 $x>0$ 时,可得

$$y''=2x+2y\cdot y'=2x+2y(x^2+y^2)>0$$

可见,曲线 $y=y(x)$在区间$(0,+\infty)$向下凸)

(Ⅱ)由题设知,$y(0)=y'(0)=0$. 应用洛必达法则

$$\lim_{x\to 0}\frac{y(x)}{x^3}=\lim_{x\to 0}\frac{y'(x)}{3x^2}=\lim_{x\to 0}\frac{x^2+y^2}{3x^2}$$

$$=\frac{1}{3}+\lim_{x\to 0}\frac{1}{3}\left(\frac{y}{x}\right)^2=\frac{1}{3}+\frac{1}{3}[y'(0)]^2=\frac{1}{3}$$

六、证明:令 $F(x)=\left[\int_0^x f(t)\mathrm{d}t\right]^2-\int_0^x[f(t)]^3\mathrm{d}t$,则 $F(x)$ 在$[0,1]$连续,且对 $x\in(0,1)$

$$F'(x)=2f(x)\int_0^x f(t)\mathrm{d}t-[f(x)]^3=f(x)\left[2\int_0^x f(t)\mathrm{d}t-f^2(x)\right]$$

又由题设知,当 $x\in(0,1)$ 时,$f(x)>0$. 令 $g(x)=2\int_0^x f(t)\mathrm{d}t-f^2(x)$,

则 $g(x)$ 在$[0,1]$上连续,且

$$g'(x)=2f(x)[1-f'(x)]\geqslant 0\quad x\in(0,1)$$

故有
$$g(x)\geqslant g(0)=0\quad x\in(0,1)$$

因此
$$F'(x)\geqslant 0\quad x\in(0,1)$$

于是 $F(x)$在$[0,1]$上单调增加,$F(x)\geqslant F(0)=0,x\in[0,1]$. 取 $x=1$,即得

$$F(1)=\left[\int_0^1 f(t)\mathrm{d}t\right]^2-\int_0^1[f(t)]^3\mathrm{d}t\geqslant 0$$

所证结论成立.

七、解:如图,切线 L_a 的方程为

$$y-f(a)=f'(a)(x-a)$$

即
$$y=f'(a)x-af'(a)+f(a)$$

于是

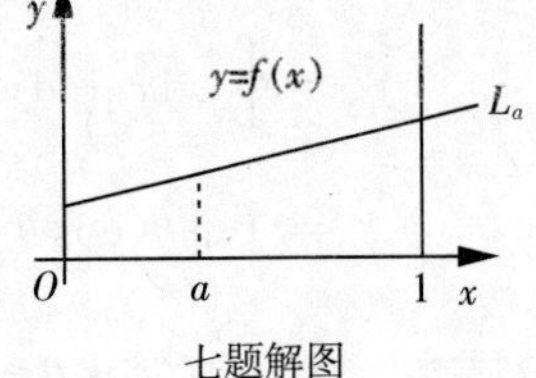

七题解图

$$V(a)=2\pi\int_0^1 x[f(x)-f'(a)x+af'(a)-f(a)]\mathrm{d}x$$

$$=2\pi\left[\int_0^1 xf(x)\mathrm{d}x-\frac{1}{3}f'(a)+\frac{a}{2}f'(a)-\frac{1}{2}f(a)\right]$$

可见,$V(a)$在$[0,1]$连续,在$(0,1)$可导. 令

$$V'(a)=2\pi\left[-\frac{1}{3}f''(a)+\frac{a}{2}f''(a)\right]=\frac{\pi}{3}f''(a)(3a-2)=0$$

由于 $f''(a)>0$,$V(a)$在$(0,\ 1)$内有唯一的驻点 $a=\frac{2}{3}$.

并且,当 $a\in\left(0,\ \frac{2}{3}\right)$时,$V'(a)<0$;当 $a\in\left(\frac{2}{3},1\right)$时,$V'(a)>0$. 因此,$V(a)$在 $a=\frac{2}{3}$处取得最小值.

八、解:令 $P=\sin y-y$,$Q=x\cos y-1$,则

$$\frac{\partial Q}{\partial x}-\frac{\partial P}{\partial y}=\cos y-(\cos y-1)=1$$

取点 $B(1,0)$. 作有向直线段$\overline{OB}$,其方程为 $y=0$(x 从 0 变到 1). 作有向直线段$\overline{BA}$,其方程为 $x=1$(y 从 0 变到 1). 由曲线 L、有向直线段$\overline{AB}$和$\overline{BO}$形成的闭曲线记为L_0(沿顺时针方向),L_0 所围成的区域记为 D,则

$$\int_L(\sin y-y)\mathrm{d}x+(x\cos y-1)\mathrm{d}y$$

$$=\left(\oint_{L_0}-\int_{\overline{AB}}-\int_{\overline{BO}}\right)((\sin y-y)\mathrm{d}x+(x\cos y-1)\mathrm{d}y)$$

$$=-\iint_D\mathrm{d}\sigma+\int_{\overline{BA}}(\sin y-y)\mathrm{d}x+(x\cos y-1)\mathrm{d}y+$$

$$\int_{\overline{OB}}(\sin y-y)\mathrm{d}x+(x\cos y-1)\mathrm{d}y$$

$$=-\frac{1}{4}\pi+\int_0^1(\cos y-1)\mathrm{d}y+0=-\frac{1}{4}\pi+\sin 1-1$$

九、解:(Ⅰ)作有向直线段$\overline{AO}$,其方程为 $\begin{cases}y=0\\z=x\end{cases}$($x$ 从 2π 变到 0). 所求 $\boldsymbol{F}$ 沿Γ 所做的功为

$$W=\oint_\Gamma z\mathrm{d}x+\mathrm{d}y-x\mathrm{d}z=\left(\int_{\widehat{OA}}+\int_{\overline{AO}}\right)(z\mathrm{d}x+\mathrm{d}y-x\mathrm{d}z)$$

$$=\int_0^{2\pi}[\theta(\cos\theta-\theta\sin\theta)+\sin\theta+\theta\cos\theta-\theta\cos\theta]\mathrm{d}\theta+\int_{2\pi}^0(x-x)\mathrm{d}x$$

$$=\int_0^{2\pi}(\theta\cos\theta-\theta^2\sin\theta)\mathrm{d}\theta+0=4\pi^2$$

(Ⅱ)Γ 所在的圆锥面方程为 $z=\sqrt{x^2+y^2}$,曲面 Σ 上任一点处向上的一个法向量为

$$\boldsymbol{n}=(-z_x,-z_y,1)=\left(\frac{-x}{\sqrt{x^2+y^2}},\frac{-y}{\sqrt{x^2+y^2}},1\right)$$

Σ 在 xOy 面上的投影区域为 D,在极坐标系下表示为

$$0\leqslant r\leqslant\theta,0\leqslant\theta\leqslant 2\pi$$

故所求流体通过 Σ 流向上侧的流量为

$$\Phi=\iint_{\Sigma}z\ \mathrm{d}y\mathrm{d}z+\mathrm{d}z\mathrm{d}x-x\mathrm{d}x\mathrm{d}y=\iint_{\Sigma}[z\cdot(-z_x)+(-z_y)-x]\ \mathrm{d}x\mathrm{d}y$$

$$=\iint_{\Sigma}\left(-x-\frac{y}{\sqrt{x^2+y^2}}-x\right)\mathrm{d}x\mathrm{d}y=-\int_0^{2\pi}\mathrm{d}\theta\int_0^{\theta}(2r\cos\theta+\sin\theta)r\mathrm{d}r$$

$$=-\int_0^{2\pi}\left(\frac{2}{3}\theta^3\cos\theta+\frac{\theta^2}{2}\sin\theta\right)\mathrm{d}\theta=-6\pi^2$$

注:(Ⅰ)的另一解法:应用斯托克斯公式,可得

$$W=\iint_{\Sigma}2\mathrm{d}z\mathrm{d}x=2\iint_{\Sigma}-z_y\mathrm{d}x\mathrm{d}y=2\iint_{\Sigma}-\frac{y}{\sqrt{x^2+y^2}}\mathrm{d}x\mathrm{d}y$$

$$=-2\int_0^{2\pi}\mathrm{d}\theta\int_0^{\theta}\frac{r\sin\theta}{r}\cdot r\mathrm{d}r=-\int_0^{2\pi}\theta^2\sin\theta\mathrm{d}\theta=4\pi^2$$

十、(Ⅰ)证明:由方向导数的定义

$$\oint_L\frac{\partial u}{\partial n}\mathrm{d}s=\oint_L\left(\frac{\partial u}{\partial x}\cos\alpha+\frac{\partial u}{\partial y}\sin\alpha\right)\mathrm{d}s$$

其中,α 是 $\boldsymbol{n}$ 相对于 x 轴正向的转角.

设 α_1 是 L 的切向量 $\boldsymbol{\tau}$ 相对于 x 轴正向的转角,则 $\alpha_1=\alpha+\frac{\pi}{2}$,或 $\alpha=\alpha_1-\frac{\pi}{2}$. 故

$$\oint_L\frac{\partial u}{\partial n}\mathrm{d}s=\oint_L\left(\frac{\partial u}{\partial x}\sin\alpha_1-\frac{\partial u}{\partial y}\cos\alpha_1\right)\mathrm{d}s=\oint_L-\frac{\partial u}{\partial y}\mathrm{d}x+\frac{\partial u}{\partial x}\mathrm{d}y$$

(Ⅱ)解:应用格林公式

$$\oint_L\frac{\partial u}{\partial n}\mathrm{d}s=\iint_D\left(\frac{\partial^2 u}{\partial x^2}+\frac{\partial^2 u}{\partial y^2}\right)\mathrm{d}x\mathrm{d}y=\iint_D(x^2y-y+1)\mathrm{d}x\mathrm{d}y$$

由对称性

$$\oint_L\frac{\partial u}{\partial n}\mathrm{d}s=\iint_D 1\mathrm{d}x\mathrm{d}y=2\int_0^{\pi}\mathrm{d}x\int_0^{1+\cos\theta}r\mathrm{d}r=\int_0^{\pi}(1+\cos\theta)^2\mathrm{d}\theta=\frac{3}{2}\pi$$

十一、解：（Ⅰ）根据条件可知，切点不在 y 轴上. 否则圆与椭圆只可能相切于一点. 设圆与椭圆相切于点 (x_0, y_0)，则 (x_0, y_0) 既满足椭圆方程又满足圆方程，且在 (x_0, y_0) 处椭圆的切线斜率等于圆的切线斜率，即 $-\frac{b^2 x_0}{a^2 y_0}=-\frac{x_0}{y_0-1}$. 注意到 $x_0 \neq 0$，因此，点 (x_0, y_0) 应满足

$$\begin{cases}\frac{x_0^2}{a^2}+\frac{y_0^2}{b^2}=1 & (1)\\ x_0^2+y_0^2=2y_0 & (2)\\ \frac{b^2}{a^2 y_0}=\frac{1}{y_0-1} & (3)\end{cases}$$

由式(1)和(2)，得

$$\frac{b^2-a^2}{b^2}y_0^2-2y_0+a^2=0 \tag{4}$$

由式(3)得 $y_0=\frac{b^2}{b^2-a^2}$. 代入式(4)

$$\frac{b^2-a^2}{b^2}\cdot\frac{b^4}{(b^2-a^2)^2}-\frac{2b^2}{b^2-a^2}+a^2=0$$

化简得

$$a^2=\frac{b^2}{b^2-a^2} \text{或} a^2 b^2-a^4-b^2=0 \tag{5}$$

（Ⅱ）按题意，需求椭圆面积 $S=\pi ab$ 在约束条件(5)下的最小值.

构造函数 $L(a,b,\lambda)=ab+\lambda(a^2b^2-a^4-b^2)$. 令

$$\begin{cases}L_a=b+\lambda(2ab^2-4a^3)=0 & (6)\\ L_b=a+\lambda(2a^2b-2b)=0 & (7)\\ L_\lambda=a^2 b^2-a^4-b^2=0 & (8)\end{cases}$$

式(6) $\cdot a-$(7) $\cdot b$，并注意到 $\lambda\neq 0$，可得 $b^2=2a^4$. 代入式(8)得

$$2a^6-a^4-2a^4=0$$

故 $a=\frac{\sqrt{6}}{2}$. 从而 $b=\sqrt{2}a^2=\frac{3\sqrt{2}}{2}$.

由此问题的实际可知，符合条件的椭圆面积的最小值存在，因此当 $a=\frac{\sqrt{6}}{2}$，$b=\frac{3\sqrt{2}}{2}$ 时，此椭圆的面积最小.

天津市 2013 年大学数学竞赛试题及参考答案(节选)

一、填空题

1. 已知$\lim\limits_{x\to0}(1+2x-2x^2)^{\frac{1}{ax+x^2}}=2$,则其中的常数 $a=$________.

2. 设函数 $y=\varphi(x)$在区间$[0,+\infty)$上有连续的二阶导数,$\varphi(0)=b,a>0$ 且 $\varphi(x)$在 $x=a$ 处取得极大值 $\varphi(a)=0$,则积分 $\int_0^a x\varphi''(x)\mathrm{d}x=$________.

3. $\int_1^2\sqrt{\ln x}\,\mathrm{d}x+\int_0^{\sqrt{\ln 2}}\mathrm{e}^{y^2}\,\mathrm{d}y=$________.

4. 设抛物线 $y=x^2-2x$ 上一点 P 的横坐标为 $c(c>2)$,点 $Q(c,0)$位于 x 轴上,直线 $x=c$ 和 $y=0$ 与弧$\widehat{OP}$围成的图形为 S_1,三角形 OPQ 记为 S_2,S_1 和 S_2 绕 x 轴旋转一周所成旋转体的体积分别为 V_1 和 V_2.当 $c=$________时,$V_1=V_2$.

5. 设 $f(x)$连续且 $f(0)=0$,空间区域 $\Omega=\{(x,y,z)\mid 0\leqslant z\leqslant 2,x^2+y^2\leqslant t^2\}$,$F(t)=\iiint\limits_{\Omega}[z^2+f(x^2+y^2)]\mathrm{d}x\mathrm{d}y\mathrm{d}z$.则$\lim\limits_{t\to0}\dfrac{F(t)}{t^2}=$________.

二、设 $a>0,a\neq1$.求极限$\lim\limits_{x\to0}\dfrac{(a+x)^x-a^x}{x^2}$.

三、求不定积分 $\int\dfrac{\arcsin x}{x^2}\cdot\dfrac{1+x^2}{\sqrt{1-x^2}}\mathrm{d}x(0<|x|<1)$.

四、设 $y=y(x)$是由方程 $\mathrm{e}^{-y}+\int_0^x\mathrm{e}^{-t^2}\,\mathrm{d}t-y+x=1$ 确定的隐函数.

(1)证明 $y(x)$是单调增加的;(2)求 $\lim\limits_{x\to+\infty}y'(x)$.

五、设曲线 Γ 的参数方程为 $x=t,y=1+t^2,z=1-t^3$.

(1)在曲线 Γ 上哪些点处的切线与平面 $3x+z=0$ 平行,并写出对应的切向量.

(2)求(1)中两条切线之间的距离.(注意两个切线之间的距离指它们的公垂线段的长度)

六、设 $a>0$,$f(x)$是区间$[0,a]$上具有二阶导数的非负函数,且 $f(0)=0$.若 $f''(x)>0(0<x\leqslant a)$,证明:$\int_0^a xf(x)\mathrm{d}x-\dfrac{2a}{3}\int_0^a f(x)\mathrm{d}x>0$.

七、求正数 a 的取值范围，使得曲线 $y=a^x$ 与直线 $y=x$ 必定相交.

八、设曲面 Σ 是由直线段 $L:x=\frac{\sqrt{2}}{2}t-\frac{\sqrt{2}}{2},y=\frac{\sqrt{2}}{2}t+\frac{\sqrt{2}}{2},z=t(t\in[0,1])$ 绕 z 轴旋转而得.

(1)试推导 Σ 的直角坐标方程；(2)如果 Ω 是 Σ 与平面 $z=0,z=1$ 所围成的立体，其密度为 $\mu(x,y,z)=\frac{z}{1+x^2+y^2}$，求 Ω 的质量.

九、设有曲线 $C_n:x^{2n}+y^{2n}=1$（n 为正整数），L_n 为 C_n 的长. 证明：$\lim\limits_{n\to\infty}L_n=8$.

十、计算曲线积分 $\int_{AB}\left[\frac{1}{y}+yf(xy)\right]\mathrm{d}x+\left[xf(xy)-\frac{x}{y^2}\right]\mathrm{d}y$，其中函数 $f(x)$ 有连续导数，AB 是由点 $A\left(3,\frac{2}{3}\right)$ 到点 $B(1,2)$ 的有向线段.

十一、设流速场 $\boldsymbol{v}(x,y,z)=z^2\boldsymbol{i}+x^2\boldsymbol{j}+y^2\boldsymbol{k}$，求流体沿空间闭曲线 Γ 的环流量 $\phi=\oint_{\Gamma}\boldsymbol{v}\cdot\mathrm{d}\boldsymbol{r}$，其中 Γ 是由两个球面 $x^2+y^2+z^2=1$ 与 $(x-1)^2+(y-1)^2+(z-1)^2=1$ 的交线，从 z 轴的正向看去，Γ 为逆时针方向.

参考答案

一、1. $a=\frac{2}{\ln 2}$.　2. b.　3. $2\sqrt{\ln 2}$.　4. $\frac{5}{2}$.　5. $\frac{8}{3}\pi$.

二、解法 1

$$\lim_{x\to 0}\frac{(a+x)^x-a^x}{x^2}=\lim_{x\to 0}\frac{a^x\left[\left(1+\frac{x}{a}\right)^x-1\right]}{x^2}=\lim_{x\to 0}a^x\lim_{x\to 0}\frac{\left[\left(1+\frac{x}{a}\right)^x-1\right]}{x^2}$$

$$=\lim_{x\to 0}\frac{\mathrm{e}^{x\ln\left(1+\frac{x}{a}\right)}-1}{x^2}=\lim_{x\to 0}\frac{x\ln\left(1+\frac{x}{a}\right)}{x^2}=\lim_{x\to 0}\frac{x\cdot\frac{x}{a}}{x^2}=\frac{1}{a}$$

解法 2

$$\lim_{x\to 0}\frac{(a+x)^x-a^x}{x^2}=\lim_{x\to 0}\frac{(a+x)^x\left[\ln(a+x)+\frac{x}{a+x}\right]-a^x\ln a}{2x}$$

$$=\lim_{x\to 0}\frac{(a+x)^x\left[\ln(a+x)+\frac{x}{a+x}\right]^2+(a+x)^x\left[\frac{1}{a+x}+\frac{a}{(a+x)^2}\right]-a^x\ln^2 a}{2}$$

$=\dfrac{1}{a}$

三、解:令 $x=\sin t\left(-\dfrac{1}{2}<t<\dfrac{1}{2},t\neq 0\right)$,则

$$\int \frac{\arcsin x}{x^2}\cdot\frac{1+x^2}{\sqrt{1-x^2}}\mathrm{d}x=\int\frac{t}{\sin^2 t}\cdot(1+\sin^2 t)\,\mathrm{d}t=\frac{t^2}{2}+\int\frac{t\mathrm{d}t}{\sin^2 t}$$

$$=\frac{t^2}{2}-\int t\mathrm{d}\cos t=\frac{t^2}{2}-t\cos t+\ln|\sin t|+C$$

$$=\frac{1}{2}\arcsin^2 x-\frac{\sqrt{1-x^2}}{x}\arcsin x+\ln|x|+C$$

四、(1)证明:方程两端对 x 求导,得 $-\mathrm{e}^{-y}y'+\mathrm{e}^{-x^2}-y'+1=0$,即 $y'=\dfrac{\mathrm{e}^{-x^2}+1}{\mathrm{e}^{-y}+1}$.

因为 $y=\dfrac{\mathrm{e}^{-x^2}+1}{\mathrm{e}^{-y}+1}>0$,所以 $y(x)$ 是单调增加的.

(2)解:由于 $y(x)$ 是单调增加的,故当 $y(x)$ 有上界时,$\lim\limits_{x\to+\infty}y(x)=a$($a$ 为某常数);当 $y(x)$ 无上界时 $\lim\limits_{x\to+\infty}y(x)=+\infty$.

假若 $\lim\limits_{x\to+\infty}y(x)=a$,由于 $y-\mathrm{e}^{-y}=\int_0^x \mathrm{e}^{-t^2}\,\mathrm{d}t+x-1$,且广义积分 $\int_0^{+\infty}\mathrm{e}^{-t^2}\,\mathrm{d}t$ 收敛,令 $x\to+\infty$,由上式可得 $a-\mathrm{e}^{-a}=+\infty$,矛盾.

因此,只有 $\lim\limits_{x\to+\infty}y(x)=+\infty$,从而得 $\lim\limits_{x\to+\infty}y'=\lim\limits_{x\to+\infty}\dfrac{\mathrm{e}^{-x^2}+1}{\mathrm{e}^{-y}+1}=1$.

五、解:(1)由曲线的参数方程,得到 $\boldsymbol{\tau}=(1,2t,-3t^2)$ 已知平面的法向量 $\boldsymbol{n}=(3,0,1)$ 由题设 $\boldsymbol{\tau}\cdot\boldsymbol{n}=0$,即 $3-3t^2=0$,解得 $t=\pm 1$.

在曲线上得到两个点 $P_1(1,2,0)$ 与 $P_2(-1,2,2)$,在此两点处的切线与平面 $3x+z=0$ 平行,对应的切向量分别为 $\boldsymbol{\tau}_1=(1,2,-3)$,$\boldsymbol{\tau}_2=(1,-2,-3)$.

(2)解法 1:由(1)可得

$$\boldsymbol{\tau}_1\times\boldsymbol{\tau}_2=\begin{vmatrix}\boldsymbol{i}&\boldsymbol{j}&\boldsymbol{k}\\1&2&-3\\1&-2&-3\end{vmatrix}=(-12,0,-4)=-4(3,0,1),\ |\boldsymbol{\tau}_1\times\boldsymbol{\tau}_2|=4\sqrt{10}$$

$$(\boldsymbol{\tau}_1\times\boldsymbol{\tau}_2)\cdot\overrightarrow{P_1P_2}=-4(3,0,1)\cdot(-2,0,2)=16$$

于是,(1)中两个切线之间的距离 $d=\dfrac{|(\boldsymbol{\tau}_1\times\boldsymbol{\tau}_2)\cdot\overrightarrow{P_1P_2}|}{|\boldsymbol{\tau}_1\times\boldsymbol{\tau}_2|}=\dfrac{4}{\sqrt{10}}$.

解法 2：通过点 $P_1(1,2,0)$ 作平行于已知平面 $3x+z=0$ 的平面 π_1，其方程为 $3x+z-3=0$. 显然，通过点 $P_1(1,2,0)$ 的切线在平面 π_1 上，通过点 $P_2(-1,2,2)$ 的切线平行于平面 π_1，故两切线之间的距离就是点 $P_2(-1,2,2)$ 到平面 π_1 的距离，即

$$d=\frac{|(\boldsymbol{\tau}_1\times\boldsymbol{\tau}_2)\cdot\overrightarrow{P_1P_2}|}{|\boldsymbol{\tau}_1\times\boldsymbol{\tau}_2|}=\frac{4}{\sqrt{10}}$$

六、证明：令 $\varphi(x)=\int_0^t tf(t)\mathrm{d}t-\frac{2a}{3}\int_0^x f(t)\mathrm{d}t(x\in[0,a])$，则 $\varphi(0)=0$，且

$$\varphi(x)=xf(x)-\frac{2}{3}\int_0^x f(t)\mathrm{d}t-\frac{2}{3}xf(x)=\frac{1}{3}xf(x)-\frac{2}{3}\int_0^x f(t)\mathrm{d}t$$

$$\varphi(0)=0$$

再求导

$$\varphi''(x)=\frac{1}{3}f(x)+\frac{1}{3}xf(x)-\frac{2}{3}f(x)=\frac{1}{3}xf(x)-\frac{1}{3}f(x)$$

由题设 $f(0)=0$，当 $0<x\leqslant a$ 时，在区间 $[0,x]$ 上应用微分中值定理，存在 $\xi\in(0,x)$ 使得 $f(x)=f(x)-f(0)=f(\xi)x$. 又因为题设 $f''(x)>0(0<x\leqslant a)$，于是 $\varphi''(x)=\frac{1}{3}x[f'(x)-f'(\xi)]>0$. 所以 $\varphi'(x)$ 在区间 $[0,a]$ 单调增加，因此当 $0<x\leqslant a$ 时，有 $\varphi'(x)>\varphi'(0)=0$. 由此又得到 $\varphi(x)$ 在区间 $[0,a]$ 单调增加，故 $\varphi(a)>\varphi(0)=0$，即 $\int_0^a xf(x)\mathrm{d}x-\frac{2a}{3}\int_0^a f(x)\mathrm{d}x>0$.

七、解：曲线 $y=a^x$ 与直线 $y=x$ 必定相交的充分必要条件是：存在 $x_0>0$，使得 $a^{x_0}=x_0$，即 $a=x_0^{\frac{1}{x_0}}$，也即 a 属于函数 $g(x)=x^{\frac{1}{x}}$ 的值域. 由于 $\lim\limits_{x\to0^+}x^{\frac{1}{x}}=\lim\limits_{x\to0^+}\mathrm{e}^{\frac{\ln x}{x}}=0$，所以只需要求出 $g(x)$ 的最大值 A，那么 $g(x)$ 的值域就是 $(0,A]$.

令 $g(x)=\mathrm{e}^{\frac{\ln x}{x}}=x^{\frac{1}{x}}\cdot\frac{1-\ln x}{x^2}=0$，可得 $g(x)$ 的唯一驻点就是 $x=\mathrm{e}$.

当 $0<x<\mathrm{e}$ 时，$g(x)>0$；当 $x>\mathrm{e}$ 时，$g(x)<0$，因此，$g(\mathrm{e})=\mathrm{e}^{\frac{1}{\mathrm{e}}}$ 为 $g(x)$ 在 $(0,+\infty)$ 内的最大值.

因此，曲线 $y=a^x$ 与直线 $y=x$ 相交的充分必要条件是，a 必须要满足 $0<a\leqslant\mathrm{e}^{\frac{1}{\mathrm{e}}}$.

八、解：(1) 设 $M(x,y,z)\in\Sigma$，M 是 $M(x_0,y_0,z)\in L$ 旋转而得，L 上的点 $M(x_0,y_0,z)$ 对应于参数 t，故 $x^2+y^2=x_0^2+y_0^2=\left(\frac{\sqrt{2}}{2}t-\frac{\sqrt{2}}{2}\right)^2+\left(\frac{\sqrt{2}}{2}t+\frac{\sqrt{2}}{2}\right)^2=$

t^2+1,

而 $z=t$,故 Σ 的方程是 $x^2+y^2=1+z^2$,即 $x^2+y^2-z^2=1(0\leqslant z\leqslant 1)$.

(2)空间区域 $\Omega=\{(x,y,z)\mid(x,y)\in D_z,0\leqslant z\leqslant 1\}$,其中 $D_z=\{(x,y)\mid x^2+y^2=1+z^2\}(0\leqslant z\leqslant 1)$.因此,$\Omega$ 的质量

$$M=\iint_{\Omega}\frac{z}{1+x^2+y^2}\mathrm{d}V=\int_0^1\mathrm{d}z\iint_{D_z}\frac{z}{1+x^2+y^2}\mathrm{d}x\mathrm{d}y\int_0^1\mathrm{d}z\int_0^{2\pi}\mathrm{d}\phi\int_0^{\sqrt{z^2+1}}\frac{z}{1+\rho^2}\rho\mathrm{d}\rho$$

$$=\pi\int_0^1 z\ln(2+z^2)\mathrm{d}z=\frac{\pi}{2}(3\ln 3-2\ln 2-1)$$

九、解:设曲线 C_n 与 x 轴的交点为 A,C_n 与直线 $y=x$ 的交点为 p_n,则点 P_n 的坐标为 $\left(\left(\frac{1}{2}\right)^{\frac{1}{2n}},\left(\frac{1}{2}\right)^{\frac{1}{2n}}\right)$.曲线 C_n 在点 A 到点 P_n 间的曲线段的弧长记为 l_n.由对称性,只需证明 $\lim\limits_{n\to\infty}l_n=1$.

在开区间 $\left(\left(\frac{1}{2}\right)^{\frac{1}{2n}},1\right)$ 内,求由方程 $x^{2n}+y^{2n}=1$ 所确定的隐函数的导数,得 $y=-\frac{x^{2n-1}}{y^{2n-1}}<0$.由弧长计算公式

$$l_n=\int_{(\frac{1}{2})^{\frac{1}{2n}}}^1\sqrt{1+y'^2}\mathrm{d}x<\int_{(\frac{1}{2})^{\frac{1}{2n}}}^1(1+|y'|)\mathrm{d}x=\int_{(\frac{1}{2})^{\frac{1}{2n}}}^1(1-y')\mathrm{d}x$$

$$=[x-y(x)]\Big|_{(\frac{1}{2})^{\frac{1}{2n}}}^1=1-\left(\left(\frac{1}{2}\right)^{\frac{1}{2n}}-\left(\frac{1}{2}\right)^{\frac{1}{2n}}\right)=1$$

另一方面,又有

$$l_n=\int_{(\frac{1}{2})^{\frac{1}{2n}}}^1\sqrt{1+y'^2}\mathrm{d}x>\int_{(\frac{1}{2})^{\frac{1}{2n}}}^1|y'|\mathrm{d}x=\int_{(\frac{1}{2})^{\frac{1}{2n}}}^1(-y')\mathrm{d}x$$

$$=[-y(x)]\Big|_{(\frac{1}{2})^{\frac{1}{2n}}}^1=-\left(0-\left(\frac{1}{2}\right)^{\frac{1}{2n}}\right)=\left(\frac{1}{2}\right)^{\frac{1}{2n}}\to 1(n\to\infty)$$

于是由极限的夹逼准则,$\lim\limits_{n\to\infty}l_n=1$,因此 $\lim\limits_{n\to\infty}L_n=\lim\limits_{n\to\infty}(8l_n)=8$.

十、解:令 $P=\frac{1}{y}+yf(xy)$,$Q=xf(xy)-\frac{x}{y^2}$.经计算 $\frac{\partial P}{\partial y}=-\frac{1}{y^2}+f(xy)+xyf'(xy)=\frac{\partial Q}{\partial x}$,故曲线积分与路径无关.因此,选择如下积分路径:先从点 $A\left(3,\frac{2}{3}\right)$ 沿着平行于 x 轴的直线到点 $C\left(1,\frac{2}{3}\right)$,再从点 $C\left(1,\frac{2}{3}\right)$,沿着平行于 y 轴的直线到点 $B(1,2)$.$\int_{AB}\left[\frac{1}{y}+yf(xy)\right]\mathrm{d}x+\left[xf(xy)-\frac{x}{y^2}\right]\mathrm{d}y=$

$\int_{AB}+\int_{CB}=\int_3^1\left[\frac{3}{2}+\frac{2}{3}f\left(\frac{2}{3}x\right)\right]\mathrm{d}x+\int_{\frac{2}{3}}^2\left[f(y)-\frac{1}{y^2}\right]\mathrm{d}y=\int_3^1\frac{2}{3}f\left(\frac{2}{3}x\right)\mathrm{d}x+$ $\int_{\frac{2}{3}}^2 f(y)\mathrm{d}y-4$. 令 $t=\frac{2}{3}x$，则 $\int_3^1\frac{2}{3}f\left(\frac{2}{3}x\right)\mathrm{d}x=\int_2^{\frac{2}{3}}f(t)\mathrm{d}t=-\int_{\frac{2}{3}}^2 f(y)\mathrm{d}y$. 因此

$$\int_{AB}\left[\frac{1}{y}+yf(xy)\right]\mathrm{d}x+\left[xf(xy)-\frac{x}{y^2}\right]\mathrm{d}y=-4$$

十一、解：由 $x^2+y^2+z^2=1$ 与 $(x-1)^2+(y-1)^2+(z-1)^2=1$，得 $x+y+z=\frac{3}{2}$.

取 Σ 为平面 $x+y+z=\frac{3}{2}$（上侧）被闭曲线 Γ 所围成的圆的内部，因原点到平面 Σ 的距离为 $d=\frac{\sqrt{3}}{2}$，故闭曲线 Γ 是半径为 $r=\sqrt{1-d^2}=\frac{1}{2}$ 的圆. Σ 的单位法向量为 $\left(\frac{\sqrt{3}}{3},\frac{\sqrt{3}}{3},\frac{\sqrt{3}}{3}\right)$. 应用斯托克斯公式

$$\phi=\oint_\Gamma z^2\mathrm{d}x+x^2\mathrm{d}y+y^2\mathrm{d}z=\iint_\Sigma\begin{vmatrix}\mathrm{d}y\mathrm{d}z & \mathrm{d}z\mathrm{d}x & \mathrm{d}x\mathrm{d}y\\ \frac{\partial}{\partial x} & \frac{\partial}{\partial y} & \frac{\partial}{\partial z}\\ z^2 & x^2 & y^2\end{vmatrix}$$

$$=\iint_\Sigma\begin{vmatrix}\frac{\sqrt{3}}{3} & \frac{\sqrt{3}}{3} & \frac{\sqrt{3}}{3}\\ \frac{\partial}{\partial x} & \frac{\partial}{\partial y} & \frac{\partial}{\partial z}\\ z^2 & x^2 & y^2\end{vmatrix}\mathrm{d}S=\frac{\sqrt{3}}{3}\iint_\Sigma 2(x+y+z)\mathrm{d}S=\frac{\sqrt{3}}{3}\iint_\Sigma 3\mathrm{d}S$$

$$=\sqrt{3}\pi\left(\frac{1}{2}\right)^2=\frac{\sqrt{3}}{4}\pi$$

广东省 1991 年大学生数学竞赛试题及参考答案

一、解答下列各题

1. 求$\lim\limits_{n\to\infty}\left(\dfrac{n+\ln n}{n-\ln n}\right)^{\frac{n}{\ln n}}$的值.

2. 设 $f(x)$为奇函数,且 $f'(-3)=2$,求 $f'(3)$.

3. 证明方程 $4x^3+3x^2-6x+1=0$ 在$(0,1)$内至少有一个实根.

4. 设质点 P 在直角坐标系 xOy 的 y 轴上作匀速运动,定点 A 在 x 轴上且不与原点 O 重合,试证明:直线段 AP 的角速度与 AP 之长 l 的平方成反比.

5. 试验证等式 $\mathrm{d}u(x,y)=(x^2+2xy-y^2)\mathrm{d}x+(x^2-2xy-y^2)\mathrm{d}y$ 成立,并求 $u(x,y)$.

6. 设函数 $f(x,y)$具有连续的一阶偏导数且满足方程 $x\dfrac{\partial f}{\partial x}+y\dfrac{\partial f}{\partial y}=0$,试证明:$f(x,y)$在极坐标下与 r 无关.

7. 求微分方程$\dfrac{\mathrm{d}^2x}{\mathrm{d}t^2}+2\dfrac{\mathrm{d}x}{\mathrm{d}t}+2x=3$ 的通解 $x(t)$.

8. 级数 $\sum\limits_{n=1}^{\infty}(-1)^n\tan(\sqrt{n^2+2\pi})$ 是否收敛,是绝对收敛还是条件收敛?

9. 设曲面 S 的方程 $z=\sqrt{4+x^2+4y^2}$,平面 π 的方程是 $x+2y+2z=2$,试在曲面 S 上求一个点的坐标,使该点与平面 π 的距离为最近,并求此最近距离.

10. 设 D 域是 $x^2+y^2\leqslant 1$,试证明:不等式

$$\frac{61}{165}\pi\leqslant\iint\limits_D\sin\sqrt{(x^2+y^2)^3}\,\mathrm{d}x\mathrm{d}y\leqslant\frac{2}{5}\pi$$

二、设函数 $f(x)$在$(0,+\infty)$上连续,对任意正数 x 有 $f(x^2)=f(x)$,且 $f(3)=5$,求 $f(x)$.

三、设 $f(x)=\dfrac{x^n}{x^2-1}(n=1,2,3,\cdots)$,求 $f^{(n)}(x)$.

四、设函数 $f(x)$在$[a,b]$上连续,在(a,b)内可导,其中 $a>0$ 且 $f(a)=0$,试证明:在(a,b)内必存在一点 ξ,使 $f(\xi)=\dfrac{b-\xi}{a}f'(\xi)$.

五、设函数 $f(t)$ 具有连续的二阶导数，且 $f(1)=f'(1)=1$，试确定函数 $f\left(\dfrac{y}{x}\right)$，使 $\oint_L\left[\dfrac{y^2}{x}+xf\left(\dfrac{y}{x}\right)\right]\mathrm{d}x+\left[y-xf'\left(\dfrac{y}{x}\right)\right]\mathrm{d}y=0$，其中 L 是不与 y 轴相交的任意的简单正向闭路径.

六、设函数 $f(x)$ 在 $(-\infty,+\infty)$ 有界且导数连续，又对于任意实数 x，有 $|f(x)+f'(x)|\leqslant 1$，试证明：$|f(x)|\leqslant 1$.

七、设二元函数 $f(x,y)$ 在区域 $D=\{0\leqslant x\leqslant 1,\ 0\leqslant y\leqslant 1\}$ 具有连续的四阶偏导数，$f(x,y)$ 在 D 的边界上恒为零，且 $\left|\dfrac{\partial^4 f}{\partial x^2\partial y^2}\right|\leqslant 3$，试证明：$\left|\iint\limits_D f(x,y)\mathrm{d}\sigma\right|\leqslant\dfrac{1}{48}$.

参考答案

一、1. e^2.

2. 2.

3. 利用罗尔定理或介值定理.

4. 令 $P(0,y)$，$A(a,0)$，$\dfrac{\mathrm{d}y}{\mathrm{d}t}=c$，$y=a\tan\theta$，$\dfrac{\mathrm{d}y}{\mathrm{d}t}=(a\sec^2\theta)\dfrac{\mathrm{d}\theta}{\mathrm{d}t}=c$，故

$$\frac{\mathrm{d}\theta}{\mathrm{d}t}=\frac{c}{a}\cos^2\theta=\frac{ac}{l^2}$$

5. $u(x,y)=\dfrac{1}{3}(x^3-y^3)+xy(x-y)+C$.

6. $\dfrac{\partial f}{\partial r}=\dfrac{1}{r}\left(x\dfrac{\partial f}{\partial x}+y\dfrac{\partial f}{\partial y}\right)=0$，即与 r 无关.

7. $x(t)=\mathrm{e}^{-t}(C_1\cos t+C_2\sin t)+\dfrac{3}{2}$.

8. 条件收敛.

9. $\left(-\sqrt{2},-\dfrac{\sqrt{2}}{2},2\sqrt{2}\right)$，$d_{\min}=\dfrac{2}{3}(\sqrt{2}-1)$.

10. $\iint\limits_D\sin\sqrt{(x^2+y^2)^3}\,\mathrm{d}x\mathrm{d}y=2\pi\int_0^1 r\sin r^3\,\mathrm{d}r$，利用 $\sin r^3$ 的幂级数展开式可证.

二、解：当 $x>0$ 时

$$f(x)=f(\sqrt{x})=f(x^{\frac{1}{4}})=\cdots=f(x^{\frac{1}{2n}})$$

$$f(x)=\lim_{n\to\infty}f(x^{\frac{1}{2n}})=f(\lim_{n\to\infty}x^{\frac{1}{2n}})=f(1)$$

故 $$f(x)=f(1)=f(3)=5\quad x\in(0,+\infty)$$

三、解：当 $n=2k+1$ 时

$$f(x)=\frac{x^{2k+1}}{x^2-1}=x^{2k-1}+x^{2k-3}+\cdots+x+\frac{1}{2}\left(\frac{1}{x-1}+\frac{1}{x+1}\right)$$

$$f^{(2k+1)}(x)=\frac{(2k+1)!}{2}\left[\frac{-1}{(x-1)^{2k+2}}-\frac{1}{(x+1)^{2k+2}}\right]\quad k=0,1,2,\cdots$$

当 $n=2k$ 时

$$f(x)=\frac{x^{2k}}{x^2-1}=x^{2k-2}+x^{2k-4}+\cdots+1+\frac{1}{2}\left(\frac{1}{x-1}-\frac{1}{x+1}\right)$$

$$f^{(2k)}(x)=\frac{(2k)!}{2}\left[\frac{1}{(x-1)^{2k+1}}-\frac{1}{(x+1)^{2k+1}}\right]\quad k=1,2,3,\cdots$$

总之

$$f^{(n)}(x)=\frac{(n)!}{2}\left[\frac{(-1)^n}{(x-1)^{n+1}}-\frac{1}{(x+1)^{n+1}}\right]\quad n=1,2,3,\cdots$$

四、设 $F(x)=(b-x)^a f(x)$，利用罗尔定理可得结论.

五、解：由 $\frac{\partial Q}{\partial x}=\frac{\partial P}{\partial y}$，得到

$$\frac{2y}{x}+f'\left(\frac{y}{x}\right)=\frac{y}{x}f''\left(\frac{y}{x}\right)-f'\left(\frac{y}{x}\right)$$

令 $t=\frac{y}{x}$，得

$$f''(t)-\frac{2}{t}f'(t)=2$$

得 $$f\left(\frac{y}{x}\right)=\frac{y^3}{x^3}-\frac{y^2}{x^2}+1$$

六、证明：令

$$F(x)=e^x f(x),F'(x)=e^x[f(x)+f'(x)]$$

得 $|F'(x)|\leqslant e^x$，即 $-e^x\leqslant F'(x)\leqslant e^x$，即

$$-\int_{-\infty}^{x}e^x dx\leqslant\int_{-\infty}^{x}F'(x)dx\leqslant\int_{-\infty}^{x}e^x dx-e^x$$

$$\leqslant e^x f(x)-\lim_{x\to-\infty}e^x f(x)=e^x f(x)\leqslant e^x$$

故 $$-1\leqslant f(x)\leqslant 1$$

七、证明:用分部积分,得

$$\iint_D xy(1-x)(1-y)\frac{\partial^4 f}{\partial x^2\partial y^2}\mathrm{d}\sigma=\int_0^1 x(1-x)\left[\int_0^1 y(1-y)\frac{\partial^4 f}{\partial x^2\partial y^2}\mathrm{d}y\right]\mathrm{d}x$$

$$=\int_0^1 x(1-x)\left[y(1-y)\frac{\partial^3 f}{\partial x^2\partial y}\bigg|_{y=0}^1+\int_0^1(2y-1)\frac{\partial^3 f}{\partial x^2\partial y}\mathrm{d}y\right]\mathrm{d}x$$

$$=\int_0^1 x(1-x)\left[(2y-1)f_{xx}(x,y)\bigg|_{y=0}^1-2\int_0^1 f_{xx}(x,y)\mathrm{d}y\right]\mathrm{d}x$$

$$=\int_0^1 x(1-x)[f_{xx}(x,1)+f_{xx}(x,0)]\mathrm{d}x-2\int_0^1\left[\int_0^1 x(1-x)f_{xx}(x,y)\mathrm{d}x\right]\mathrm{d}y$$

$$=x(1-x)[f_x(x,1)+f_x(x,0)]\bigg|_{x=0}^1+\int_0^1(2x-1)[f_x(x,1)+$$

$$f_x(x,0)]\mathrm{d}x-2\int_0^1\left[x(1-x)f_x(x,y)\bigg|_{x=0}^1+\int_0^1(2x+1)f_x(x,y)\mathrm{d}x\right]\mathrm{d}y$$

$$=(2x-1)[f_x(x,1)+f_x(x,0)]\bigg|_{x=0}^1-2\int_0^1[f_x(x,1)+f_x(x,0)]\mathrm{d}x-$$

$$2\int_0^1\left[(2x+1)f(x,y)\bigg|_{x=0}^1-2\int_0^1 f(x,y)\mathrm{d}x\right]\mathrm{d}y$$

$$=4\int_0^1\mathrm{d}x\int_0^1 f(x,y)\mathrm{d}y=4\iint_D f(x,y)\mathrm{d}\sigma$$

故

$$\left|\iint_D f(x,y)\mathrm{d}\sigma\right|=\frac{1}{4}\left|\iint_D xy(1-x)(1-y)\frac{\partial^4 f}{\partial x^2\partial y^2}\mathrm{d}\sigma\right|$$

$$\leqslant\frac{3}{4}\left|\iint_D xy(1-x)(1-y)\mathrm{d}\sigma\right|$$

$$=\frac{3}{4}\left(\int_0^1 x(1-x)\mathrm{d}x\right)^2=\frac{1}{48}$$

湖南省 2008 年大学生数学竞赛试题与参考答案(节选)

1. 计算极限$\lim\limits_{x\to 0}\frac{1}{x^2}\ln\frac{\sin x}{x}$.

2. 设 $f(x)=\begin{cases} x^2\arctan\frac{y}{x}-y^2\arctan\frac{x}{y}, & xy\neq 0 \\ 0, & xy=0 \end{cases}$

当 $xy=0$ 时,求 $f''_{xy}(x,y)$.

3. 计算二重积分 $\iint\limits_{x^2+y^2\leqslant 1}(2x^2+x^2y+x+y-y^2)\mathrm{d}x\mathrm{d}y$.

4. 讨论级数$\sum\limits_{n=1}^{\infty}\frac{a^n n!}{n^n}(a>0)$的敛散性.

5. (1)假设连续可微函数 $f(x)$满足微分不等式 $m\leqslant f(x)+f'(x)\leqslant M$, $x\in I$,其中 m 是常数,I 是区间. 证明:存在常数 C_1,C_2,使得 $m+C_1\mathrm{e}^{-x}\leqslant f(x)\leqslant M+C_2\mathrm{e}^{-x}, x\in I$.

(2)如果二次连续可微函数 $f(x)$满足微分不等式 $m\leqslant f''(x)+2f'(x)+f(x)\leqslant M, x\in I$,其中 m,M 是常数,I 是区间. 试对 $f(x)$给出类似结论 1 的估计式(不需要证明过程).

6. 设有一小山,取它的底面所在的平面为 xOy 坐标面,其底部所占的区域为 $D=\{(x,y)\mid x^2-xy+y^2\leqslant 75\}$,小山的高度函数为 $h(x)=75-x^2+xy-y^2$.

(1)设 $M(x_0,y_0)$为区域 D 上一点,问 $h(x,y)$在该点沿平面上什么方向的方向导数最大?若记此方向导数的最大值为 $g(x_0,y_0)$,试写出 $g(x_0,y_0)$的表达式.

(2)现欲利用此小山开展攀岩活动,为此需要在山脚寻找一上山坡度最大的点作为攀登的起点. 也就是说,要在 D 的边界线 $x^2-xy+y^2=75$ 上找出使得(1)中的 $g(x,y)$达到最大的点. 试确定攀登起点的位置.

7. 设 $f(x)$是实系数多项式. 称 x_0 是 $f(x)$的一个重根,如果存在多项式 $g(x)$,使得 $f(x)=(x-x_0)^2g(x)$.

(1)证明:x_0 是 $f(x)$的一个重根当且仅当 $f(x_0)=f'(x_0)=0$.

(2)若 $2x^3+3x^2-12+a=0$ 有重根,试确定常数 a.

(3)设 $p(x,),q(x)$ 均为多项式.证明:若$\dfrac{p(x)}{q(x)}$有极值,则存在常数 λ 使得 $p(x)-\lambda q(x)$有重根.

(4)上述逆命题是否成立?若成立,给出证明:若不成立,举出反例.

8.设线性方程组(Ⅰ)$\begin{cases}x_1+x_2+x_3=0\\x_1+ax_2+3x_3=0\\x_1+a^2x_2+9x_3=0\end{cases}$ 与(Ⅱ)$x_1+3x_2+3x_3=a-3$ 有公共解,求 a 的值和所有的公共解.

参考答案

1.解

$$\lim_{x\to 0}\frac{1}{x^2}\ln\frac{\sin x}{x}=\lim_{x\to 0}\frac{\ln\sin x-\ln x}{x^2}=\lim_{x\to 0}\frac{x\cos x-\sin x}{2x^2\sin x}$$

$$=\lim_{x\to 0}\frac{x\cos x-\sin x}{2x^3}=-\lim_{x\to 0}\frac{\sin x}{6x}=-\frac{1}{6}$$

2.解:(1)$x=y=0$,按照偏导数的定义,有

$$f''_{xy}(0,0)=\lim_{x\to 0}\frac{f'_x(0,\Delta y)-f'_x(0,0)}{\Delta y}$$

由函数表达式,得到

$$f'_x(0,0)=\lim_{\Delta x\to 0}\frac{f(\Delta x,0)-f(0,0)}{\Delta x}=0$$

$$f'_x(0,\Delta y)=\lim_{\Delta x\to 0}\frac{f(\Delta x,\Delta y)-f(0,\Delta y)}{\Delta x}$$

$$=\lim_{\Delta x\to 0}\frac{(\Delta x)^2\arctan\dfrac{\Delta y}{\Delta x}-(\Delta y)^2\arctan\dfrac{\Delta x}{\Delta y}}{\Delta x}=-\Delta y$$

所以 $f''_{xy}(0,0)=-1$.

(2)$x\neq 0,y=0$,按照偏导数的定义,有

$$f''_{xy}(x,0)=\lim_{\Delta y\to 0}\frac{f'_x(x,\Delta y)-f'_x(x,0)}{\Delta y}$$

由函数表达式,得到

$$f'_x(x,0)=\lim_{\Delta x\to 0}\frac{f(x+\Delta x,0)-f(x,0)}{\Delta x}=0$$

$$f'_x(x,\Delta y)=2x\arctan\frac{\Delta y}{x}-\frac{x^2\Delta y}{x^2+(\Delta y)^2}-\frac{(\Delta y)^3}{x^2+(\Delta y)^2}$$

所以 $f''_{xy}(x,0)=1$.

(3)$x=0,y\neq 0$ 时,同(2)可以得到 $f''_{xy}(0,y)=-1$.

3.解:由对称性,可得

$$\iint\limits_{x^2+y^2\leqslant 1}(2x^2+x^2y+x+y-y^2)\mathrm{d}x\mathrm{d}y=\frac{1}{2}\iint\limits_{x^2+y^2\leqslant 1}(x^2+y^2)\mathrm{d}x\mathrm{d}y$$

$$=\frac{1}{2}\int_0^1\mathrm{d}r\int_0^{2\pi}r^3\mathrm{d}\theta=\frac{\pi}{4}$$

4.解:$\lim\limits_{n\to\infty}\frac{a_{n+1}}{a_n}=\lim\limits_{n\to\infty}\frac{a}{\left(1+\frac{1}{n}\right)^n}=\frac{a}{\mathrm{e}}$.

当 $a<\mathrm{e}$ 时,级数收敛;当 $a>\mathrm{e}$ 时,级数发散;当 $a=\mathrm{e}$ 时,由于 $\left(1+\frac{1}{n}\right)^n$ 单调增加以 e 为极限,故 $\frac{u_{n+1}}{u_n}$ 单调减少以 1 为极限,于是对 $\forall n,u_{n+1}>u_n$,级数发散.

综上所述,当 $0<a<\mathrm{e}$ 时,级数收敛;当 $a\geqslant\mathrm{e}$ 时,级数发散.

5.解:(1)所给不等式可变成

$$m\mathrm{e}^{-x}\leqslant(\mathrm{e}^x f(x))'\leqslant M\mathrm{e}^{-x}\quad x\in I$$

设 $a\leqslant\in I$,对上式在 $[a,x]\subset I$ 上积分得到结论,其中,C_1,C_1 仅与 m,M,a, $f(a)$ 有关.

(2)存在常数 C_1,C_2,C_3,C_4,使得

$$m(x-1)+(C_3x+C_4)\mathrm{e}^{-x}\leqslant f(x)\leqslant M(x-1)+(C_1xC_2)\mathrm{e}^{-x}\quad x\in I$$

6.解:(1)由梯度定义,使函数 $h(x,y)$ 在点 (x_0,y_0) 处方向导数最大的方向为函数在该点的梯度方向.此方向导数值为梯度向量的范围.由

$$\nabla h(x_0,y_0)=\left(\frac{\partial h}{\partial x}(x_0,y_0),\frac{\partial h}{\partial y}(x_0,y_0)\right)=(-2x_0+y_0,-2y_0+x_0)$$

所求方向与梯度方向 $\nabla h(x_0,y_0)$ 方向一致,且

$$g(x_0,y_0)=|\nabla h(x_0,y_0)|=\sqrt{5(x_0^2+y_0^2)-8x_0y_0}$$

(2)问题可以表述为在条件 $\varphi(x,y)=x^2-xy+y^2-75=0$ 之下,求函数 $g(x,y)$ 的最大值点.构造拉格朗日函数 $F(x,y,\lambda)=(g(x,y))^2+\lambda\varphi(x,y)$,

令

$$\frac{\partial F}{\partial x}=\frac{\partial F}{\partial y}=\frac{\partial F}{\partial \lambda}=0$$

得到$\begin{cases}10x-8y+2\lambda x-\lambda y=0\\10y-8x+2\lambda y-\lambda x=0\\x^2-xy+y^2-75=0\end{cases}$,解得$(x,y)=(5,-5)$,$(x,y)=(-5,5)$,它们即为$g(x,y)$的最大值点.

7.解:(1)由于x_0是$f(x)$的一个重根,所以多项式$g(x)$,使得$f(x)=(x-x_0)^2g(x)$.由此易见必要性成立.

反之,若$f(x_0)=f'(x_0)=0$,那么,设$f(x)$的次数为n,将$f(x)$在x_0处展为泰勒多项式,得到

$$f(x)=a_2(x-x_0)^2+a_3(x-x_0)^3+\cdots+a_n(x-x_0)^n$$

所以x_0是$f(x)$的一个重根.

(2)记$f(x)=2x^3+3x^2-12x+a$,那么$f'(x)=6x^2+6x-12$.由结论(1)及以下的方程组

$$\begin{cases}2x^3+3x^2-12x+a=0\\x^2+x-2=0\end{cases}$$

得到,当且仅当$a=7$或$a=-20$时,方程$2x^3+3x^2-12x+a=0$有重根.

(3)因为$\dfrac{p(x)}{q(x)}$有极值,所以存在点x_0使得$h'(x_0)=0$.于是在点x_0处,$\dfrac{p'q-q'p}{q^2}=0$,从而$\dfrac{p'}{q'}=\dfrac{p}{q}$.记$\lambda=\dfrac{p(x_0)}{q(x_0)}$,那么上式可以表为

$$p(x_0)-\lambda q(x_0)=0,p'(x_0)-\lambda q'(x_0)=0$$

由结论(1),x_0恰为$p(x)-\lambda q(x)$的一个重根.

(4)结论(3)的逆命题不成立.例如$p(x)=x^5$,$q(x)=x^2$.

8.解:由于方程组(Ⅰ)的系数行列式为$D=a(a-1)(3-a)$,当$a\neq1,3$时,方程组(Ⅰ)仅有零解,此时方程组(Ⅰ)和(Ⅱ)不同解,因而没有公共解.

当$a=3$时,方程组(Ⅱ)是方程组(Ⅰ)的第2个方程,所以只需解方程组(Ⅰ)即可得到它们的公共解,解之

$$\begin{pmatrix}1&1&1\\1&3&3\\1&9&9\end{pmatrix}\to\begin{pmatrix}1&1&1\\0&2&2\\0&8&8\end{pmatrix}\to\begin{pmatrix}1&0&0\\0&1&1\\0&0&0\end{pmatrix}$$

得到公共解为 $\begin{pmatrix} x_1 \\ x_2 \\ x_3 \end{pmatrix} = k\begin{pmatrix} 0 \\ -1 \\ 1 \end{pmatrix}, k \in \mathbf{R}$.

当 $a=1$ 时，解方程组（Ⅰ）

$$\begin{pmatrix} 1 & 1 & 1 \\ 1 & 1 & 3 \\ 1 & 1 & 9 \end{pmatrix} \to \begin{pmatrix} 1 & 1 & 1 \\ 0 & 0 & 2 \\ 0 & 0 & 8 \end{pmatrix} \to \begin{pmatrix} 1 & 1 & 0 \\ 0 & 0 & 1 \\ 0 & 0 & 0 \end{pmatrix}$$

得到公共解为 $\begin{pmatrix} x_1 \\ x_2 \\ x_3 \end{pmatrix} = c\begin{pmatrix} -1 \\ 1 \\ 0 \end{pmatrix}, c \in \mathbf{R}$.

将方程组（Ⅰ）的通解代入方程组（Ⅱ）得 $c=-1$，此时方程组的公共解为

$x = \begin{pmatrix} 1 \\ -1 \\ 0 \end{pmatrix}$.

湖南大学(2011年大学生)数学竞赛试题及参考答案

一、解答下列各题

(1)设函数 $f(x)$ 在点 $x=0$ 处有 $f(0)=0, f'(0)=-1$,求 $\lim\limits_{x\to 0}[1+2f(x)]^{\frac{1}{\sin x}}$.

(2)求 $\lim\limits_{x\to 0}\dfrac{\sin(e^x-1)-(e^{\sin x}-1)}{\sin^4 3x}$.

(3)已知入射光线的路径为 $\dfrac{x-1}{4}=\dfrac{y-1}{3}=z-2$,求此光线经过平面 $x+2y+5z+17=0$ 反射后的反射线的方程.

(4)设函数 f,g 有二阶连续导数,$u(x,y)=yf\left(\dfrac{x}{y}\right)+xg\left(\dfrac{y}{x}\right)$,求 $xu''_{xx}+yu''_{xy}$.

(5)设数列 $\{x_n\}$ 单调增加,有界,且 $x_n>0$,试判别级数 $\sum\limits_{n=1}^{\infty}\left(1-\dfrac{x_n}{x_{n+1}}\right)$ 的敛散性.

二、设函数 $f(x)$ 在 $[a,b]$ 上连续,且对于 $t\in[0,1]$ 及对于 $x_1,x_2\in[a,b]$ 满足

$$f(tx_1+(1-t)x_2)\leqslant tf(x_1)+(1-t)f(x_2)$$

证明:$f\left(\dfrac{a+b}{2}\right)\leqslant\dfrac{\int_a^b f(x)\mathrm{d}x}{b-a}\leqslant\dfrac{f(a)+f(b)}{2}$.

三、设函数 $f(x)$ 在 $(0,+\infty)$ 上可导,$\lim\limits_{x\to+\infty}f(x)$ 存在,函数 $f(x)$ 的图形在 $(0,+\infty)$ 上是凸的,求证:$\lim\limits_{x\to+\infty}f'(x)=0$.

四、设函数 $f(x)$ 在 $(-\infty,+\infty)$ 内具有连续导数,且满足 $f(t)=2\iint\limits_{x^2+y^2\leqslant t^2}(x^2+y^2)f(\sqrt{x^2+y^2})\mathrm{d}x\mathrm{d}y+t^4$,求 $\dfrac{\mathrm{d}^2f(x)}{\mathrm{d}x^2}$.

五、在第一象限从曲线 $\dfrac{x^2}{4}+y^2=1$ 上找一点,使通过该点的切线与该曲线以及 x 轴和 y 轴所围成的图形面积最小,并求此最小面积.

六、已知点 $A(1,0,0)$ 与点 $B(1,1,1)$,Σ 是由直线 AB 绕 Oz 轴旋转一周而成的旋转曲面介于平面 $z=0$ 与 $z=1$ 之间部分的外侧,函数 $f(u)$ 在 $(-\infty,$

$+\infty$)内具有连续导数,计算曲面积分

$$I=\iint_{\Sigma}[xf(xy)-2x]\mathrm{d}y\mathrm{d}z+[y^2-yf(xy)]\mathrm{d}z\mathrm{d}x+(z+1)^2\mathrm{d}x\mathrm{d}y$$

参考答案

一、解:(1) $\lim\limits_{x\to 0}[1+2f(x)]^{\frac{1}{\sin x}}=\lim\limits_{x\to 0}\mathrm{e}^{\frac{1}{\sin x}\ln[1+2f(x)]}=\mathrm{e}^{\lim\limits_{x\to 0}\frac{\ln[1+2f(x)]}{\sin x}}=\mathrm{e}^{\lim\limits_{x\to 0}\frac{2f(x)}{x}}=\mathrm{e}^{2\lim\limits_{x\to 0}\frac{f(x)-f(0)}{x}}=\mathrm{e}^{2f'(0)}=\mathrm{e}^{-2}$.

(2) $x\to 0$ 时 $\sin^4 3x\sim(3x)^4=81x^4$ 且

$$\mathrm{e}^x-1=x+\frac{x^2}{2!}+\frac{x^3}{3!}+\frac{x^4}{4!}+o(x^4)=x+\frac{x^2}{2}+\frac{x^3}{6}+\frac{x^4}{24}+o(x^4)$$

$$\sin x=x-\frac{x^3}{3!}+o(x^4)=x-\frac{x^3}{6}+o(x^4)$$

故

$$\begin{aligned}\sin(\mathrm{e}^x-1)&=\sin\left(x+\frac{x^2}{2}+\frac{x^3}{6}+\frac{x^4}{24}+o(x^4)\right)\\&=\left(x+\frac{x^2}{2}+\frac{x^3}{6}+\frac{x^4}{24}+o(x^4)\right)-\frac{1}{6}\left(x+\frac{x^2}{2}+\frac{x^3}{6}+\frac{x^4}{24}+o(x^4)\right)^3+o(x^4)\\&=\left(x+\frac{x^2}{2}+\frac{x^3}{6}+\frac{x^4}{24}+o(x^4)\right)-\frac{1}{6}\left(x^3+3x^2\cdot\frac{x^2}{2}\right)+o(x^4)\\&=x+\frac{x^2}{2}-\frac{5}{24}x^4+o(x^4)\end{aligned}$$

$$\begin{aligned}\mathrm{e}^{\sin x}-1&=\mathrm{e}^{x-\frac{x^3}{6}+o(x^4)}-1=\left(x-\frac{x^3}{6}+o(x^4)\right)+\frac{1}{2}\left(x-\frac{x^3}{6}+o(x^4)\right)^2+\\&\quad\frac{1}{6}\left(x-\frac{x^3}{6}+o(x^4)\right)^3+\frac{1}{24}\left(x-\frac{x^3}{6}+o(x^4)\right)^4+o(x^4)\\&=\left(x-\frac{x^3}{6}+o(x^4)\right)+\left(\frac{1}{2}x^2-\frac{x^4}{6}+o(x^4)\right)+\\&\quad\left(\frac{x^3}{6}+o(x^4)\right)+\left(\frac{x^4}{24}+o(x^4)\right)\\&=x+\frac{1}{2}x^2-\frac{1}{8}x^4+o(x^4)\end{aligned}$$

于是

$$\lim_{x\to 0}\frac{\sin(\mathrm{e}^x-1)-(\mathrm{e}^{\sin x-1})}{\sin^4 3x}=\lim_{x\to 0}\frac{\left(x+\frac{x^2}{2}-\frac{5}{24}x^4\right)-\left(x+\frac{1}{2}x^2-\frac{1}{8}x^4\right)+o(x^4)}{81x^4}$$

$$=-\frac{1}{972}$$

(3)易求入射直线与平面的交点为$(-7,-5,0)$.设反射直线的方向向量为$\boldsymbol{s}=(m,n,p)$,由题设应有$\frac{|m+2n+5p|}{\sqrt{m^2+n^2+p^2}}=\frac{|4+2\cdot 3+5\cdot 1|}{\sqrt{4^2+3^2+1^2}}$且$(m,n,p)\cdot\begin{vmatrix}\boldsymbol{i} & \boldsymbol{j} & \boldsymbol{k}\\ 4 & 3 & 1\\ 1 & 2 & 5\end{vmatrix}=0$,即$\frac{|m+2n+5p|}{\sqrt{m^2+n^2+p^2}}=\frac{15}{\sqrt{26}}$且$-13m+19n-5p=0$.可解得一组$m,n,p$的值为$\boldsymbol{s}=(3,1,-4)$,故反射线的方程为$\frac{x+7}{3}=\frac{y+5}{1}=\frac{z}{-4}$.

(4)可得

$$u'_x=yf'\left(\frac{x}{y}\right)\cdot\frac{1}{y}+g\left(\frac{y}{x}\right)+xg'\left(\frac{y}{x}\right)\cdot\left(-\frac{y}{x^2}\right)$$

$$=f'\left(\frac{x}{y}\right)+g\left(\frac{y}{x}\right)-\frac{y}{x}g'\left(\frac{y}{x}\right)$$

$$u''_{xx}=\frac{1}{y}f''\left(\frac{x}{y}\right)-\frac{y}{x^2}g'\left(\frac{y}{x}\right)+\frac{y}{x^2}g'\left(\frac{y}{x}\right)+\frac{y^2}{x^3}g''\left(\frac{y}{x}\right)=\frac{1}{y}f''\left(\frac{x}{y}\right)+\frac{y^2}{x^3}g''\left(\frac{y}{x}\right)$$

$$u''_{xy}=-\frac{x}{y^2}f''\left(\frac{x}{y}\right)+\frac{1}{x}g'\left(\frac{y}{x}\right)-\frac{1}{x}g'\left(\frac{y}{x}\right)-\frac{y}{x^2}g''\left(\frac{y}{x}\right)$$

$$=-\frac{x}{y^2}f''\left(\frac{x}{y}\right)-\frac{y}{x^2}g''\left(\frac{y}{x}\right)$$

代入原式得

$$xu''_{xx}+u''_{xy}=\frac{x}{y}f''\left(\frac{x}{y}\right)+\frac{y^2}{x^2}g''\left(\frac{y}{x}\right)-\frac{x}{y}f''\left(\frac{x}{y}\right)-\frac{y^2}{x^2}g''\left(\frac{y}{x}\right)=0$$

(5)因为$x_n\leqslant x_{n+1}$,所以$a_n=1-\frac{x_n}{x_{n+1}}\geqslant 0$,且$a_n\leqslant\frac{x_{n+1}-x_n}{x_1}=b_n$.由于

$$\sum_{k=1}^{n}b_n=\frac{1}{x_1}(x_2-x_1+x_3-x_2+\cdots+x_{n+1}-x_n)=\frac{1}{x_1}(x_{n+1}-x_1)$$

而数列$\{x_n\}$是单调增加,有界,得数列$\{x_n\}$收敛,记$\lim\limits_{n\to\infty}x_n=A$,则$\lim\limits_{n\to\infty}\sum\limits_{k=1}^{n}b_n=\frac{1}{x_1}(A-x_1)$,因此级数$\sum\limits_{n=1}^{\infty}b_n$收敛.由比较审敛法知级数$\sum\limits_{n=1}^{\infty}a_n$收敛,即级数$\sum\limits_{n=1}^{\infty}\left(1-\frac{x_n}{x_{n+1}}\right)$收敛.

二、解：令 $x=ta+(1-t)b$，则 $\mathrm{d}x=(a-b)\mathrm{d}t$，$\int_a^b f(x)\mathrm{d}x=\int_1^0 f(ta+(1-t)b)(a-b)\mathrm{d}t=(b-a)\int_0^1 f(ta+(1-t)b)\mathrm{d}t\leqslant(b-a)\int_0^1[tf(a)+(1-t)f(b)]\mathrm{d}t=(b-a)[f(a)\int_0^1 t\mathrm{d}t+f(b)\int_0^1(1-t)\mathrm{d}t]=(b-a)\left[\frac{f(a)}{2}+\frac{f(b)}{2}\right]$.
右边不等式得证.

因为对于 $x_1,x_2\in[a,b]$ 满足：$f(tx_1+(1-t)x_2)\leqslant tf(x_1)+(1-t)f(x_2)$，令 $t=\frac{1}{2}$，得 $f\left(\frac{x_1+x_2}{2}\right)\leqslant\frac{f(x_1)+f(x_2)}{2}$，$\forall x_1,x_2\in[a,b]$，又 $\int_a^b f(x)\mathrm{d}x=\int_a^{\frac{a+b}{2}} f(x)\mathrm{d}x+\int_{\frac{a+b}{2}}^a f(x)\mathrm{d}x$. 令 $x=a+b-u$，则 $\int_a^{\frac{a+b}{2}} f(x)\mathrm{d}x=-\int_b^{\frac{a+b}{2}} f(a+b-u)\mathrm{d}u=\int_{\frac{a+b}{2}}^b f(a+b-x)\mathrm{d}x$. 因此

$$\begin{aligned}\int_a^b f(x)\mathrm{d}x&=\int_{\frac{a+b}{2}}^b[f(a+b-x)+f(x)]\mathrm{d}x\geqslant 2\int_{\frac{a+b}{2}}^b f\left(\frac{a+b-x+x}{2}\right)\mathrm{d}x\\&=2\int_{\frac{a+b}{2}}^b f\left(\frac{a+b}{2}\right)\mathrm{d}x=(b-a)f\left(\frac{a+b}{2}\right)\end{aligned}$$

由此得左边不等式. 综上有

$$f\left(\frac{a+b}{2}\right)\leqslant\frac{\int_a^b f(x)\mathrm{d}x}{b-a}\leqslant\frac{f(a)+f(b)}{2}.$$

三、解：设 $\lim\limits_{n\to+\infty}f(x)=A$，令 $F(x)=f(x)-A$，则 $F(+\infty)=\lim\limits_{n\to+\infty}F(x)=\lim\limits_{n\to+\infty}f(x)-A=0$. 由 $f(x)$ 的图形在 $(0,+\infty)$ 上是凸的，得 $f'(x)$ 在 $(0,+\infty)$ 上严格递减，因此 $F'(x)=f'(x)$ 在 $(0,+\infty)$ 上严格递减. 现在证明 $\forall x\in(0,+\infty)$ 有 $F'(x)\geqslant0$. 假设不然，则 $\exists c\in(0,+\infty)$，$F'(c)<0$. $f(x)$ 在 $[c,x]$ 上应用拉格朗日中值定理得：$\exists\xi\in(c,x)$ 使得 $F(x)=F(c)+F'(\xi)(x-c)<F(c)+F'(c)(x-c)$. 令 $x\to+\infty$ 得 $\lim\limits_{n\to+\infty}F(x)=-\infty$，这与 $F(+\infty)=0$ 矛盾. 于是 $F'(x)$ 在 $(0,+\infty)$ 上严格递减且有下界，应用单调有界准则得 $x\to+\infty$ 时 $F'(x)$ 的极限存在，且 $\lim\limits_{n\to+\infty}F'(x)=B\geqslant0$. 若 $B>0$，在区间 $[1,x]$ 上应用拉格朗日中值定理得：$\exists\eta\in(1,x)$，使得

$$F(x)=F(1)=F'(\eta)(x-1)>F(1)+B(x-1)$$

令 $x\to+\infty$ 得 $\lim\limits_{n\to+\infty}F(x)=+\infty$，这与 $F(+\infty)=0$ 矛盾. 所以 $B=0$，即 $\lim\limits_{n\to+\infty}f'(x)=\lim\limits_{n\to+\infty}F'(x)=0$.

四、解：由题设知 $f(0)=0$，且 $f(x)$ 是偶函数，故只需讨论 $t>0$ 的情况.

当 $t>0$ 时，$f(t)=2\int_0^{2\pi}\mathrm{d}\theta\int_0^t r^3 f(r)\mathrm{d}r+t^4=4\pi\int_0^t r^3 f(r)\mathrm{d}r+t^4$.

等式两边同时对 t 求导得 $f'(t)=4\pi t^3 f(t)+4t^3$，解此一阶线性微分方程，得 $f(t)=c\mathrm{e}^{\pi t^4}-\dfrac{1}{\pi}$，由 $f(0)=0$ 得 $c=\dfrac{1}{\pi}$，所以 $f(t)=\dfrac{1}{\pi}(\mathrm{e}^{\pi t^4}-1)$，$t\geqslant 0$. 而 $f(t)$ 是偶函数，所以在 $(-\infty,+\infty)$ 内，有 $f(t)=\dfrac{1}{\pi}(\mathrm{e}^{\pi t^4-1})$. 因此

$$\frac{\mathrm{d}f(x)}{\mathrm{d}x}=\frac{1}{\pi}\mathrm{e}^{\pi t^4}\cdot 4\pi t^3=4t^3\mathrm{e}^{\pi t^4}$$

$$\frac{\mathrm{d}^2 f(x)}{\mathrm{d}x^2}=12t^2\mathrm{e}^{\pi t^4}+16t^6\mathrm{e}^{\pi t^4}=4t^2(3+4t^4)\mathrm{e}^{\pi t^4}$$

五、解：设所求点为 (u,v)，则由 $y=\dfrac{1}{2}\sqrt{4-x^2}$，$y'=-\dfrac{x}{2\sqrt{4-x^2}}$，得在 (u,v) 处的切线方程：$y-v=\dfrac{u}{2\sqrt{4-u^2}}(x-u)$. 令 $x=0$ 得切线的纵截距 $b=\dfrac{u}{2\sqrt{4-u^2}}+v$，令 $y=0$ 得切线的横截距 $a=\dfrac{2v\sqrt{4-u^2}+u^2}{u}$，于是所围的面积为 $S(u)=\dfrac{1}{2}ab-\dfrac{\pi}{2}=\dfrac{1}{2}\left[\dfrac{2\cdot\frac{1}{2}(\sqrt{4-u^2})^2+u^2}{u}\cdot\left(\dfrac{u^2}{2\sqrt{4-u^2}}+\dfrac{1}{2}\sqrt{4-u^2}\right)-\pi\right]=\dfrac{4}{u\sqrt{4-u^2}}-\dfrac{\pi}{2}$. 令 $S'(u)=0$，解得 $u=\pm\sqrt{2}$. 由几何直观知 $u=\sqrt{2}$ 时，面积 $S(u)$ 为最小，且 $S(\sqrt{2})=2-\dfrac{\pi}{2}$.

六、解：直线 AB 的方程为 $\dfrac{x-1}{0}=\dfrac{y}{1}=\dfrac{z}{1}$，直线 AB：$\begin{cases}x=1\\y=z\end{cases}$ 绕 z 轴旋转而成的旋转曲面 Σ 的方程为 $x^2+y^2=1+z^2$，即 $x^2+y^2-z^2=1$. 记 $P=xf(xy)-2x$，$Q=y^2-yf(xy)$，$R=(z+1)^2$，则 $\dfrac{\partial P}{\partial x}=f(xy)+xyf(xy)-2$，$\dfrac{\partial Q}{\partial y}=2y-f(xy)-xyf'(xy)$，$\dfrac{\partial R}{\partial z}=2(z+1)$，于是 $\dfrac{\partial P}{\partial x}+\dfrac{\partial Q}{\partial y}+\dfrac{\partial R}{\partial z}=2y+2z$.

补面 Σ_1：$z=0(x^2+y^2\leqslant 1)$，下侧；Σ_2：$z=1(x^2+y^2\leqslant 2)$，上侧. 由高斯公式知

$$I_0 = \iint\limits_{\Sigma+\Sigma_1+\Sigma_2} P\mathrm{d}y\mathrm{d}z + Q\mathrm{d}z\mathrm{d}x + R\mathrm{d}x\mathrm{d}y = \iiint\limits_{\Omega} \left(\frac{\partial P}{\partial x} + \frac{\partial Q}{\partial y} + \frac{\partial R}{\partial z}\right)\mathrm{d}V$$

$$= \iiint\limits_{\Omega} (2y + 2z)\mathrm{d}V$$

由对称性知 $\iiint\limits_{\Omega} y\mathrm{d}V = 0$；由截面法得

$$\iiint\limits_{\Omega} z\mathrm{d}V = \int_0^1 z\mathrm{d}z \iint\limits_{x^2+y^2\leqslant 1+z^2} \mathrm{d}\sigma = \pi\int_0^1 (z + z^3)\mathrm{d}z = \frac{3}{4}\pi$$

故 $I_0 = \frac{3}{4}\pi$. 又

$$I_1 = \iint\limits_{\Sigma_1} P\mathrm{d}y\mathrm{d}z + Q\mathrm{d}z\mathrm{d}x + R\mathrm{d}x\mathrm{d}y = \iint\limits_{\Sigma_1} \mathrm{d}x\mathrm{d}y = -\iint\limits_{x^2+y^2\leqslant 1} \mathrm{d}x\mathrm{d}y = -\pi$$

$$I_2 = \iint\limits_{\Sigma_2} P\mathrm{d}y\mathrm{d}z + Q\mathrm{d}z\mathrm{d}x + R\mathrm{d}x\mathrm{d}y = 4\iint\limits_{\Sigma_2} \mathrm{d}x\mathrm{d}y = 4\iint\limits_{x^2+y^2\leqslant 2} \mathrm{d}x\mathrm{d}y = 8\pi$$

所以 $I = I_0 - I_1 - I_2 = \frac{3}{2}\pi - (\pi) - 8\pi = -\frac{11}{2}\pi$.

湖南大学(2012年大学生)数学竞赛试题及参考答案

一、解答下列各题

1. 已知函数 $y=y(x)$ 由方程组 $\begin{cases} x+t(1-t)=0 \\ te^y+y+1=0 \end{cases}$ 确定，求 $\dfrac{d^2y}{dx^2}$.

2. 设函数 $f(x,y)$ 可微，且对任意 x,y,t 满足 $f(tx,ty)=t^2f(x,y)$，$P_0(1,-2,2)$ 是曲面 $\Sigma:z=f(x,y)$ 上的一点，则当 $f'_x(1,-2)=4$ 时，求 Σ 在点 P_0 处的法线方程.

3. 计算曲面积分 $\iint\limits_{\Sigma} f(x,y,z)dS$，其中

$$f(x,y,z)=\begin{cases} \sqrt{x^2+y^2}, 0\leqslant z\leqslant\sqrt{x^2+y^2} \\ 0, z<0 \text{ 或 } z>\sqrt{x^2+y^2} \end{cases}$$

Σ 是球面 $x^2+y^2+z^2=1$.

4. 设 $f(x)$ 在 $[0,1]$ 上连续，且 $|f(x)|\leqslant 1$，$\int_0^1 f(x)dx=0$，证明：对于任意的 $a,b\in[0,1]$，都有 $\left|\int_a^b f(x)dx\right|\leqslant\dfrac{1}{2}$.

5. 求极限 $\lim\limits_{n\to\infty}\dfrac{1}{n^4}\iiint\limits_{r<n}[r]dxdydz$，其中 $r=\sqrt{x^2+y^2+z^2}$，$[r]$ 表示不超过 r 的最大整数，$\sum\limits_{k=1}^{n}k^3=\dfrac{1}{4}n^2(n+1)^2$.

二、设函数 $f(t)$ 在 $[x,x+h]$ 上连续，且二次可微，$\tau\in[0,1]$. 求证：存在 $\theta\in(0,1)$，使得 $f(x+\tau h)=\tau f(x+h)+(1-\tau)f(x)+\dfrac{h^2}{2}\tau(\tau-1)f''(x+\theta h)$.

三、已知 $u_n(x)$ 满足 $u'_n(x)=u_n(x)+x^{n-1}e^x$（$n$ 为正整数），且 $u_n(1)=\dfrac{e}{n}$，求函数项级数 $\sum\limits_{n=1}^{\infty}u_n(x)$ 之和.

四、(1) 试证斯托尔兹定理：设数列 $\{y_n\}$ 严格单调增加，且无界，$\lim\limits_{n\to\infty}\dfrac{x_n-x_{n-1}}{y_n-y_{n-1}}=l$，则数列 $\left\{\dfrac{x_n}{y_n}\right\}$ 收敛，且 $\lim\limits_{n\to\infty}\dfrac{x_n}{y_n}=\lim\limits_{n\to\infty}\dfrac{x_n-x_{n-1}}{y_n-y_{n-1}}=l$. (2) 利用斯托尔兹定理证

明：若$\lim\limits_{n\to\infty}a_n = a$，则$\lim\limits_{n\to\infty}\dfrac{a_1+2a_2+\cdots+na_n}{1+2+\cdots+n}=a$.

五、设函数 $f(t)$ 三阶可导，$f(0)=0$，$f'(1)=1$，记 $u=f(xyz)$，且 $\dfrac{\partial^3 u}{\partial x\partial y\partial z}=x^2y^2z^2f'''(xyz)$，求：(1) $f(t)$ 的表达式；(2) $f(t)$ 在 $t=1$ 处的 100 阶导数.

六、已知两点 $A(1,0,0)$，$B(0,1,1)$，求：(1) 直线 AB 绕 z 轴旋转所得旋转曲面方程；(2) 旋转曲面及平面 $z=0$，$z=1$ 所围立体的体积.

七、设函数 $f(x)$ 具有二阶连续导函数，且 $f(0)=0$，$f'(0)=0$，$f''(0)>0$. 在曲线 $y=f(x)$ 上任意取一点 $(x,f(x))(x\neq 0)$ 作曲线的切线，此切线在 x 轴上的截距记作 μ，求$\lim\limits_{x\to 0}\dfrac{xf(\mu)}{\mu f(x)}$.

参考答案

一、1. 解：因为 $x=t^2-t$，所以$\dfrac{\mathrm{d}x}{\mathrm{d}t}=2t-1$；方程 $t\mathrm{e}+y+1=0$ 两边同时对 t 求导，得 $\mathrm{e}^y+t\mathrm{e}^y\cdot\dfrac{\mathrm{d}y}{\mathrm{d}t}+\dfrac{\mathrm{d}y}{\mathrm{d}t}=0$，即$\dfrac{\mathrm{d}y}{\mathrm{d}t}=-\dfrac{\mathrm{e}^y}{t\mathrm{e}^y+1}=\dfrac{\mathrm{e}^y}{y}$. 所以，$\dfrac{\mathrm{d}y}{\mathrm{d}x}=\dfrac{\mathrm{e}^y}{y(2t-1)}$. 从而

$$\frac{\mathrm{d}^2y}{\mathrm{d}x^2}=\frac{\mathrm{e}^y\dfrac{\mathrm{d}y}{\mathrm{d}x}y(2t-1)-\mathrm{e}^y(2t--1)\dfrac{\mathrm{d}y}{\mathrm{d}x}-2y\mathrm{e}^y\dfrac{\mathrm{d}t}{\mathrm{d}x}}{y^2(2t-1)^2}=\frac{\mathrm{e}^{2y}-\dfrac{\mathrm{e}^{2y}}{y}-\dfrac{2y\mathrm{e}^y}{(2t-1)}}{y^2(2t-1)^2}$$
$$=\frac{\mathrm{e}^{2y}(y-1)(2t-1)-2y^2\mathrm{e}^y}{y^3(2t-1)^3}$$

2. 解：方程 $f(tx,ty)=t^2f(x,y)$ 两边对 t 求导，得 $xf'_1(tx,ty)+yf'_2(tx,ty)=2tf(x,y)$.

将 $t=1$ 代入上式，得 $xf'_x(x,y)+yf'_y(x,y)=2f(x,y)$.

将 $x=1,y=-2$ 代入上式，得 $f'_x(1,-2)-2f'_y(1,-2)=2f(1,-2)$，即 $4-2f'_y(1,-2)=4$.

由此得到 $f'_y(1,-2)=0$. 于是 Σ 在点 P_0 处的法线方程为

$$\frac{x-1}{f'_x(1,-2)}=\frac{y+2}{f'_y(1,-2)}=\frac{z-2}{-1}$$

即
$$\frac{x-1}{4}=\frac{y+2}{0}=\frac{z-2}{-1}$$

3. 解：将球面 Σ 分成三个部分 $\Sigma_1,\Sigma_2,\Sigma_3$

$$f(x,y,z)=\begin{cases}\sqrt{x^2+y^2} & \Sigma_1: x^2+y^2+z^2=1, 0\leqslant z\leqslant\sqrt{x^2+y^2} \\ 0 & \Sigma_2: x^2+y^2+z^2=1, z<0 \\ 0 & \Sigma_3: x^2+y^2+z^2=1, z>\sqrt{x^2+y^2}\end{cases}$$

Σ_1 在 XOY 面上的投影是 D：$\frac{1}{2}\leqslant x^2+y^2\leqslant 1$. Σ_1 的方程：$z=\sqrt{1-x^2-y^2}$，$\mathrm{d}S=\sqrt{1+z_x^2+z_y^2}\,\mathrm{d}x\mathrm{d}y=\frac{\mathrm{d}x\mathrm{d}y}{\sqrt{1-x^2-y^2}}$，于是 $\iint\limits_{\Sigma} f(x,y,z)\mathrm{d}S=\iint\limits_{\Sigma_1}\sqrt{x^2+y^2}\,\mathrm{d}x=\iint\limits_{D}\frac{\sqrt{x^2+y^2}}{\sqrt{1-x^2-y^2}}\mathrm{d}x\mathrm{d}y=\int_0^{2\pi}\mathrm{d}\theta\int_{\frac{1}{\sqrt{2}}}^{1}\frac{r^2}{\sqrt{1-r^2}}\mathrm{d}r=-2\pi\int_{\frac{1}{\sqrt{2}}}^{1}r\mathrm{d}\sqrt{1-r^2}=\frac{\pi}{2}+\frac{\pi^2}{4}$.

4. 证法 1：不妨设 $a<b$. 若 $b-a\leqslant\frac{1}{2}$，则 $\left|\int_a^b f(x)\mathrm{d}x\right|=|f(\xi)||b-a|\leqslant\frac{1}{2}$，若 $b-a>\frac{1}{2}$，则 $\left|\int_a^b f(x)\mathrm{d}x\right|\leqslant\left|\int_0^a f(x)\mathrm{d}x\right|+\left|\int_b^1 f(x)\mathrm{d}x\right|=|f(\xi)|a+|f(\eta)|(1-b)\leqslant 1-(b-a)\leqslant\frac{1}{2}$.

证法 2：不妨设 $a<b$. 假设结论不成立，即 $\exists a,b\in[0,1]$，$\left|\int_a^b f(x)\mathrm{d}x\right|>\frac{1}{2}$，则由积分中值定理，$\exists\xi\in(a,b)\subset[0,1]$ 使得 $\left|\int_a^b f(x)\mathrm{d}x\right|=|f(\xi)||b-a|>\frac{1}{2}$，又 $|f(\xi)|\leqslant 1$，所以，$|b-a|>\frac{1}{2}$. 因而，$\left|\int_a^b f(x)\mathrm{d}x\right|=\left|\int_a^0 f(x)\mathrm{d}x+\int_0^1 f(x)\mathrm{d}x+\int_1^b f(x)\mathrm{d}x\right|=\left|\int_a^0 f(x)\mathrm{d}x+\int_1^b f(x)\mathrm{d}x\right|\leqslant\left|\int_0^a f(x)\mathrm{d}x\right|+\left|\int_0^1 f(x)\mathrm{d}x\right|=|f(\eta_1)|+a+|f(\eta_2)|(1-b)\leqslant 1-(b-a)\leqslant\frac{1}{2}$，这与假设矛盾. 证毕.

证法 3：不妨设 $a<b$. 因为 $\left|\int_a^b f(x)\mathrm{d}x\right|=\left|\int_0^a f(x)\mathrm{d}x+\int_b^1 f(x)\mathrm{d}x\right|$，所以

$$\begin{aligned}2\left|\int_a^b f(x)\mathrm{d}x\right|&\leqslant\left|\int_a^b f(x)\mathrm{d}x\right|+\left|\int_0^a f(x)\mathrm{d}x+\int_b^1 f(x)\mathrm{d}x\right|\\&\leqslant\int_a^b|f(x)|\mathrm{d}x+\int_0^a|f(x)|\mathrm{d}x+\int_b^1|f(x)|\mathrm{d}x\\&=\int_0^1|f(x)|\mathrm{d}x\leqslant 1\end{aligned}$$

从而，$\left|\int_a^b f(x)\mathrm{d}x\right| \leqslant \frac{1}{2}$.

5. 解法 1：将$[0,n]$分成 n 个区间：$[0,1),[1,2),\cdots,[n-1,n)$，当 $r\in[k-1,k)$ 时，$[r]=k-1,k=1,2,\cdots,n$. 因此

$$\begin{aligned}\iiint_{r<n}[r]\mathrm{d}x\mathrm{d}y\mathrm{d}z &= \sum_{k=1}^{n}\iiint_{k-1\leqslant r<k}[r]\mathrm{d}x\mathrm{d}y\mathrm{d}z = \sum_{k=1}^{n-1}k\iiint_{k\leqslant r<k+1}\mathrm{d}x\mathrm{d}y\mathrm{d}z \\ &= \frac{4\pi}{3}\sum_{k=1}^{n-1}k[(k+1)^3-k^3] = \frac{4\pi}{3}[(n-1)n^3-\sum_{k=1}^{n-1}k^3] \\ &= \frac{4\pi}{3}[(n-1)n^3-\frac{1}{4}n^2(n-1)^2]\end{aligned}$$

于是$\lim\limits_{n\to\infty}\frac{1}{n^4}\iiint\limits_{r<n}[r]\mathrm{d}x\mathrm{d}y\mathrm{d}z = \frac{4\pi}{3}\lim\limits_{n\to\infty}\frac{1}{n^4}[(n-1)n^3-\frac{1}{4}n^2(n-1)^2]=\pi$.

解法 2

$$\begin{aligned}\lim_{n\to\infty}\frac{1}{n^4}\iiint_{r<n}[r]\mathrm{d}x\mathrm{d}y\mathrm{d}z &= \lim_{n\to\infty}\frac{1}{n^4}\int_0^{2\pi}\mathrm{d}\theta\int_0^{\pi}\sin\varphi\mathrm{d}\varphi\int_0^n[r]r^2\mathrm{d}r \\ &= \lim_{n\to\infty}\frac{4\pi}{n^4}\int_0^n[r]r^2\mathrm{d}r = \lim_{n\to\infty}\frac{4\pi}{n^4}\sum_{k=0}^{n-1}\int_k^{k+1}[r]r^2\mathrm{d}r \\ &= \lim_{n\to\infty}\frac{4\pi}{n^4}\sum_{k=0}^{n-1}k\int_k^{k+1}r^2\mathrm{d}r \\ &= \lim_{n\to\infty}\frac{4\pi}{n^4}\sum_{k=0}^{n-1}\frac{k}{3}[(k+1)^3-k^3] \\ &= \lim_{n\to\infty}\frac{4\pi}{3n^4}[(n-1)n^3-\sum_{k=1}^{n-1}k^3] \\ &= \frac{4\pi}{3}\lim_{n\to\infty}\frac{1}{n^4}[(n-1)n^3-\frac{1}{4}n^2(n-1)^2]=\pi\end{aligned}$$

二、证明：当 $\tau=0$ 或 $\tau=1$ 时，对任意的 $\theta\in(0,1)$，等式均成立. 因此，只需证 $\tau\in(0,1)$，此时，$\frac{h^2}{2}\tau(\tau-1)\neq 0$.

假设存在 M，使得等式 $f(x+\tau h)-\tau f(x+h)-(1-\tau)f(x)-\frac{h^2}{2}\tau(\tau-1)M=0$ 成立.

令 $F(t)=f(x+th)-tf(x+h)-(1-t)f(x)-\frac{h^2}{2}t(t-1)M,t\in[0,1]$，则 $F(0)=F(\tau)=F(1)=0$，分别在$[0,\tau]$，$[\tau,1]$ 对 $F(t)$ 使用罗尔定理

得：$\exists\theta_1\in(0,\tau)$，使得 $F'(\theta_1)=0$；$\exists\theta_2\in(\tau,1)$，使得 $F'(\theta_2)=0$.

因而在$[\theta_1,\theta_2]$对 $F'(t)$ 再次使用罗尔定理得：$\exists\theta\in(\theta_1,\theta_2)\subset(0,1)$，使得 $F''(\theta)=0$. 又

$$F'(t)=hf'(x+th)-f(x+h)+f(x)-h^2tM+\frac{h^2}{2}M$$

$$F''(t)=h^2f''(x+th)-h^2M$$

所以 $F''(\theta)=h^2f''(x+\theta h)-h^2M=0$，即 $M=f''(x+\theta h)$.

三、解：由已知条件可知 $u_n'(x)-u_n(x)=x^{n-1}\mathrm{e}^x$ 是关于 $u_n(x)$ 的一阶常系数线性微分方程，故其通解为

$$u_n(x)=\mathrm{e}^{\int\mathrm{d}x}\left(\int x^{n-1}\mathrm{e}^x\mathrm{e}^{-\int\mathrm{d}x}\mathrm{d}x+C\right)=\mathrm{e}^x\left(\frac{x^n}{n}+C\right)$$

由条件 $u_n(1)=\dfrac{\mathrm{e}}{n}$，得 $C=0$，故 $u_n(x)=\mathrm{e}^x\dfrac{x^n}{n}$，从而 $\sum\limits_{n=1}^{\infty}u_n(x)=\sum\limits_{n=1}^{\infty}\dfrac{x^n\mathrm{e}^x}{n}=\mathrm{e}^x\sum\limits_{n=1}^{\infty}\dfrac{x^n}{n}$.

令 $s(x)=\sum\limits_{n=1}^{\infty}\dfrac{x^n}{n}$，则其收敛域为$[-1,1)$，当 $x\in(-1,1)$，有 $s'(x)=\sum\limits_{n=1}^{\infty}x^{n-1}=\dfrac{1}{1-x}$，

故 $s(x)=\displaystyle\int_0^x\frac{1}{1-t}\mathrm{d}t=-\ln(1-x)$. 当 $x=-1$ 时，$\sum\limits_{n=1}^{\infty}u_n(x)=-\mathrm{e}^{-1}\ln 2$.

于是，当 $-1\leqslant x<1$ 时，有 $\sum\limits_{n=1}^{\infty}u_n(x)=-\mathrm{e}^x\ln(1-x)$.

四、证明：(1) 已知 $\lim\limits_{n\to\infty}\dfrac{x_n-x_{n-1}}{y_n-y_{n-1}}=l$，即 $\forall\varepsilon>0$，$\exists k\in\mathbf{N}$，$\forall n>k$，有 $\left|\dfrac{x_n-x_{n-1}}{y_n-y_{n-1}}-l\right|<\varepsilon, y_n-y_{n-1}>0$.

也就是

$$l-\varepsilon<\frac{x_i-x_{i-1}}{y_i-y_{i-1}}<l+\varepsilon,\ y_i-y_{i-1}>0\quad i=k+1,k+2,\cdots,n \qquad (*)$$

所以

$$(1-\varepsilon)(y_i-y_{i-1})<x_i-x_{i-1}<(l+\varepsilon)(y_i-y_{i-1})\quad i=k+1,k+2,\cdots,n$$

将上面 $n-k-1$ 个不等式相加，得 $(l-\varepsilon)(y_n-y_k)<x_n-x_k<(l+\varepsilon)(y_n-$

y_k)，即 $\left|\dfrac{x_n-x_k}{y_n-y_k}-l\right|<\varepsilon$.

对固定的 k，由题设有 $\lim\limits_{n\to\infty}\dfrac{x_k-ly_k}{y_n}=0$，即对上述的 ε，$\exists m\in\mathbf{N}$，$\forall n>m$，有 $\left|\dfrac{x_k-ly_k}{y_n}\right|<\varepsilon$.

取 $N=\max\{k,m\}$，于是，$\forall \varepsilon>0$，$\exists N=\max\{k,m\}\in\mathbf{N}$，$\forall n>N$，有

$$\begin{aligned}\left|\frac{x_n}{y_n}-l\right| &\leqslant \left|\frac{x_k-ly_k}{y_n}+\left(1-\frac{y_k}{y_n}\right)\left(\frac{x_n-x_k}{y_n-y_k}-1\right)\right| \\ &\leqslant \left|\frac{x_k-ly_k}{y_n}\right|+\left|\left(1-\frac{y_k}{y_n}\right)\left(\frac{x_n-x_k}{y_n-y_k}-l\right)\right| \\ &\leqslant \left|\frac{x_k-ly_k}{y_n}\right|+\left|\frac{x_n-x_k}{y_n-y_k}-l\right|<\varepsilon+\varepsilon=2\varepsilon\end{aligned}$$

即 $\lim\limits_{n\to\infty}\dfrac{x_n}{y_n}=\lim\limits_{n\to\infty}\dfrac{x_n-x_{n-1}}{y_n-y_{n-1}}=l$.

(2)令 $x_n=a_1+2a_2+\cdots+na_n$，$y_n=1+2+\cdots+n$，显然，$\{y_n\}$ 严格单调增加，且无界. 由斯托尔兹定理，有

$$\begin{aligned}\lim_{n\to\infty}\frac{a_1+2a_2+\cdots+na_n}{1+2+\cdots+n} &= \lim_{n\to\infty}\frac{(a_1+2a_2+\cdots+na_n)-[a_1+2a_2+\cdots+(n-1)a_n]}{(1+2+\cdots+n)-[1+2+\cdots+(n-1)]} \\ &= \lim_{n\to\infty}\frac{na_n}{n}=\lim_{n\to\infty}a_n=a\end{aligned}$$

五、解：(1)记 $t=xyz$，则 $u=f(t)$，所以有

$$\frac{\partial u}{\partial x}=f'(t)\cdot yz,\ \frac{\partial^2 u}{\partial x\partial y}=f''(t)\cdot xyz^2+f'(t)\cdot z$$

$$\begin{aligned}\frac{\partial^3 u}{\partial x\partial y\partial z} &= f'''(t)x^2y^2z^2+2f''(t)xyz+f''(t)xyz+f'(t) \\ &= t^2f'''(t)+3tf''(t)+f'(t) \qquad (1)\end{aligned}$$

将式(1)与题设 $\dfrac{\partial^3 u}{\partial x\partial y\partial z}=x^2y^2z^2f'''(xyz)=t^2f'''(t)$ 比较得：$3tf''(t)+f'(t)=0$，即 $f''(t)+\dfrac{1}{3t}f'(t)=0$（关于 $f'(t)$ 的一阶线性微分方程）. 解此微分方程得

$$f'(t)=C_1\mathrm{e}^{-\int\frac{1}{3t}\mathrm{d}t}=C_1t^{-\frac{1}{3}} \qquad (3)$$

将 $f'(1)=1$ 代入式(2)得 $C_1=1$，所以 $f'(t)=t^{-\frac{1}{3}}$，从而

$$f(t)=\frac{3}{2}t^{\frac{2}{3}}+C_2 \tag{3}$$

将 $f(0)=0$ 代入式(3)得 $C_2=0$,因此 $f(t)=\frac{3}{2}e^{\frac{2}{3}}$.

(2) $f(t)$ 在 $t=1$ 处的泰勒级数为

$$f(t)=\frac{3}{2}t^{\frac{2}{3}}=\frac{3}{2}[1+(t-1)]^{\frac{2}{3}}=\frac{3}{2}\left[1+\sum_{n=1}^{\infty}\frac{\frac{2}{3}\left(\frac{2}{3}-1\right)\left(\frac{2}{3}-2\right)\cdots\left(\frac{2}{3}-n+1\right)}{n!}(t-1)^n\right]$$

$$=\frac{3}{2}+\sum_{n=1}^{\infty}\frac{\left(\frac{2}{3}-1\right)\left(\frac{2}{3}-2\right)\cdots\left(\frac{2}{3}-n+1\right)}{n!}(t-1)^n \quad (|t-1|<1)$$

所以

$$f^{(100)}(1)=100!\ \frac{\left(\frac{2}{3}-1\right)\left(\frac{2}{3}-2\right)\cdots\left(\frac{2}{3}-100+1\right)}{100!}=-\frac{1\cdot 4\cdot 7\cdot\cdots\cdot 295}{3^{99}}$$

六、解法1:直线 AB 的方程为 $\frac{x-1}{-1}=y=z$.

(1)设 $P(x,y,z)$ 在旋转曲面上,过点 P 作平面垂直于 z 轴,交 z 轴于点 $Q(0,0,z)$,交直线 AB 于点 $P_1(x_1,y_1,z)$,则 $|PQ|=|P_1Q|$,即

$$x^2+y^2=x_1^2+y_1^2$$

由点 $P_1\in L$, $\frac{x_1-1}{-1}=y_1=z$,有 $x_1=1-z$, $y_1=z$,代入上式得到旋转曲面方程为

$$x^2+y^2-2z^2+2z=1$$

(2)直线 AB 上任一点 (x,y,z) 满足关系 $x=1-z$, $y=z$. 固定 z,绕 z 轴旋转所得圆的面积为

$$A(z)=\pi[(1-z)^2+z^2]=\pi(2z^2-2z+1)$$

故所围立体体积为

$$V=\pi\int_0^1 A(z)\mathrm{d}z=\pi\int_0^1(2z^2-2z+1)\mathrm{d}z=\frac{2}{3}\pi$$

解法2:直线 AB 的方程为 $\frac{x-1}{-1}=y=z$,其参数方程为: $x=1-t$, $y=t$, $z=t$

(1)因为 $x^2+y^2=(1-t)^2+t^2=(1-z)^2+z^2=2z^2-2z+1$,故旋转曲面方程为 $x^2+y^2=2z^2-2z+1$.

(2) $V=\iiint\limits_{\Omega}\mathrm{d}V=\int_0^1\mathrm{d}z\int_0^{2\pi}\mathrm{d}\theta\int_0^{\sqrt{2z^2-2z+1}}r\mathrm{d}r=2\pi\int_0^1\frac{2z^2-2z+1}{2}\mathrm{d}z=\frac{2}{3}\pi.$

七、解:过点$(x,f(x))(x\neq 0)$的曲线$y=f(x)$的切线方程为$Y-f(x)=f'(x)(X-x)$,由于$f'(0)=0,f''(0)>0$,所以当$x\in\overset{\frown}{U}(0)$时,$f'(x)\neq 0$. 因此,此直线在$x$轴上的截距为$\mu=x-\dfrac{f(x)}{f'(x)}$,且

$$\lim_{x\to 0}\mu=\lim_{x\to 0}x-\lim_{x\to 0}\frac{f(x)}{f'(x)}=0$$

在点$x_0=0$处将$f(x)$泰勒展开,得$f(x)=f(0)+f'(0)x+\dfrac{1}{2}f''(\xi_1)x^2=\dfrac{1}{2}f''(\xi_1)x^2$,其中$\xi_1$介于0与$x$之间;类似地,$f(\mu)=\dfrac{1}{2}f''(\xi_2)\mu^2=\dfrac{1}{2}f''(\xi_2)\mu^2$,其中$\xi_2$介于0与$\mu$之间. 代入得

$$\lim_{x\to 0}\frac{xf(\mu)}{\mu f(x)}=\lim_{x\to 0}\frac{x\dfrac{1}{2}f''(\xi_2)\mu^2}{\mu\dfrac{1}{2}f''(\xi_1)x^2}=\lim_{x\to 0}\frac{f''(\xi_2)}{f''(\xi_1)}\cdot\lim_{x\to 0}\frac{\mu}{x}=\lim_{x\to 0}\frac{x-\dfrac{f(x)}{f'(x)}}{x}$$

$$=\lim_{x\to 0}\frac{f'(x)-f(x)}{xf'(x)}=\lim_{x\to 0}\frac{xf''(x)}{f'(x)+xf''(x)}\lim_{x\to 0}\frac{f''(x)}{\dfrac{f'(x)}{x}+f''(x)}$$

$$=\frac{f''(0)}{f''(0)+f''(0)}=\frac{1}{2}$$

哈尔滨工业大学大学生数学竞赛试题及参考答案

一、设函数 $y=f(x)$，$x\in(-\infty,+\infty)$的图形与 $x=a,x=b$ 均对称($a\neq b$). 求证：$y=f(x)$是周期函数.

二、求 $\lim\limits_{x\to+\infty}\ln(1+2^x)\ln\left(1+\dfrac{3}{x}\right)$.

三、设函数 $y=f(x)$在$[a,b]$上可微，$f'(a)<0$，$f'(b)>0$. 求证：在区间(a,b)内必有一点 ξ，使得 $f'(\xi)=0$.

四、求 $\displaystyle\int\frac{\cos^2 x}{\sin x+\sqrt{3}\cos x}\mathrm{d}x$.

五、设 $y=f(x)$在$[0,1]$上是非负、单调减的连续函数，且 $0<a<b<1$. 求证

$$\int_0^a f(x)\mathrm{d}x\geqslant\frac{a}{b}\int_a^b f(x)\mathrm{d}x$$

六、计算 $\displaystyle\int_0^{+\infty}\frac{1}{x^3(\mathrm{e}^{\frac{\pi}{x}}-1)}\mathrm{d}x$.

七、过椭圆 $3x^2+2xy+3y^2=1$ 上任意点作椭圆的切线，试求切线与坐标轴所围三角形面积的最小值.

八、已知 $\displaystyle\int_0^{+\infty}\mathrm{e}^{-kx^2}\mathrm{d}x=\frac{1}{2}\sqrt{\frac{\pi}{k}}\ (k>0)$，求$\displaystyle\int_0^{+\infty}\frac{\mathrm{e}^{-2x^2}-\mathrm{e}^{-3x^2}}{x^2}\mathrm{d}x$.

九、计算$\displaystyle\oint_C x^2\mathrm{d}s$，其中

$$C:\begin{cases}x^2+y^2+z^2=R^2\\ x+y+z=0\end{cases}$$

十、计算曲面积分$\displaystyle\iint_\Sigma 4zx\,\mathrm{d}y\mathrm{d}z-2z\mathrm{d}z\mathrm{d}x+(1-z^2)\mathrm{d}x\mathrm{d}y$，其中 Σ 为 $z=a^y(0\leqslant y\leqslant 2,a>0,a\neq 1)$ 绕 z 轴旋转所成的旋转曲面的下侧.

参考答案

一、证明：由题意知

$$f(a+x)=f(a-x),f(b+x)=f(b-x)$$

故

$$\begin{aligned}f(x)&=f(a+(x-a))=f(a-(x-a))=f(2a-x)\\&=f(b+(2a-x-b))=f(b-(2a-x-b))\\&=f(x+2(b-a))\end{aligned}$$

二、解:原式$=\lim\limits_{x\to+\infty}\ln 2^x\left(1+\dfrac{1}{2^x}\right)\dfrac{3}{x}=3\ln 2.$

三、证明:由于函数 $y=f(x)$在$[a,b]$上可微,故它在$[a,b]$上连续,并在$[a,b]$上可达到最大(小)值. 又

$$f'(a)=\lim_{x\to a^+}\frac{f(x)-f(a)}{x-a}<0$$

故 $f(x)-f(a)<0$, $x\in(a,a+\delta)$, $\delta>0$. 因此,$f(a)$不是 $f(x)$在$[a,b]$上的最小值.

另一方面,由

$$f'(b)=\lim_{x\to b^-}\frac{f(x)-f(b)}{x-b}>0$$

故 $f(x)-f(b)<0$, $x\in(b-\delta^*,b)$, $\delta^*>0$. 因此,$f(b)$不是 $f(x)$在$[a,b]$上的最小值.

故 $f(x)$必在区间(a,b)内必有一点 ξ,于是 $f(\xi)$必是 $f(x)$在$[a,b]$上的极值,又因 $f(x)$在$[a,b]$上可微,所以 $f'(\xi)=0$.

四、解:由

$$\frac{\cos^2 x}{\sin x+\sqrt{3}\cos x}=A\sin x+B\cos x+\frac{C}{\sin x+\sqrt{3}\cos x}$$

比较等式两端分子同类项的系数,得

$$\begin{cases}-A+\sqrt{3}B=1\\ \sqrt{3}A+B=0\\ A+C=0\end{cases}$$

得 $A=-\dfrac{1}{4}$,$B=\dfrac{\sqrt{3}}{4}$,$C=\dfrac{1}{4}$,于是

$$\begin{aligned}\text{原式}&=\int\left[-\frac{1}{4}\sin x+\frac{\sqrt{3}}{4}\cos x+\frac{1}{4}\,\frac{1}{\sin x+\sqrt{3}\cos x}\right]\mathrm{d}x\\&=\frac{1}{4}\cos x+\frac{\sqrt{3}}{4}\sin x+\frac{1}{8}\ln\left|\tan\left(\frac{x}{2}+\frac{\pi}{6}\right)\right|+C\end{aligned}$$

五、证明：由定积分中值定理

$$\int_0^a f(x)\mathrm{d}x = f(\xi_1)a \geqslant af(a) \quad \xi_1 \in (0,a)$$

$$\int_a^b f(x)\mathrm{d}x = f(\xi_2)(b-a) \leqslant (b-a)f(a) \quad \xi_2 \in (a,b)$$

于是
$$\frac{1}{a}\int_0^a f(x)\mathrm{d}x = f(a) \geqslant \frac{1}{b-a}\int_a^b f(x)\mathrm{d}x > \frac{1}{b}\int_a^b f(x)\mathrm{d}x$$

故
$$\int_0^a f(x)\mathrm{d}x \geqslant \frac{a}{b}\int_a^b f(x)\mathrm{d}x$$

六、解

$$\text{原式} = \int_0^{+\infty} \frac{1}{x(\mathrm{e}^{\frac{\pi}{x}}-1)}\mathrm{d}\left(-\frac{1}{x}\right) = \int_0^{+\infty} \frac{u\mathrm{d}u}{\mathrm{e}^{\pi u}-1}$$

$$= \int_0^{+\infty} \frac{u\mathrm{e}^{-\pi u}}{1-\mathrm{e}^{-\pi u}}\mathrm{d}u = \int_0^{+\infty} u\sum_{n=0}^{+\infty}\mathrm{e}^{-(n+1)\pi u}\mathrm{d}u$$

$$= \sum_{n=0}^{+\infty}\int_0^{+\infty}\mathrm{e}^{-(n+1)\pi u}\mathrm{d}u$$

$$= \sum_{n=0}^{+\infty}\frac{1}{-(n+1)\pi}\int_0^{+\infty} u\mathrm{d}\mathrm{e}^{-(n+1)\pi u}$$

$$= \sum_{n=0}^{+\infty}\frac{1}{-(n+1)^2\pi^2}\mathrm{e}^{-(n+1)\pi u}\Big|_0^{+\infty}$$

$$= \frac{1}{\pi^2}\sum_{n=0}^{+\infty}\frac{1}{(n+1)^2} = \frac{1}{\pi^2}\frac{\pi^2}{6} = \frac{1}{6}$$

七、解：设 $M(\xi,\eta)$ 为椭圆上任一点，则过此点的切线方程为

$$Y-\eta = -\frac{3\xi+\eta}{\xi+3\eta}(X-\xi)$$

它与坐标轴的交点为 $A\left(\frac{1}{3\xi+\eta},0\right)$，$B\left(0,\frac{1}{\xi+3\eta}\right)$，于是切线与坐标轴所围成的三角形面积

$$S = \left|\frac{1}{2(3\xi+\eta)(\xi+3\eta)}\right|$$

利用条件极值，设

$$F(x,y,\lambda) = (3x+y)(x+3y) + \lambda(3x^2+2xy+3y^2-1)$$

令

$$\frac{\partial F}{\partial x} = 6x+10y+\lambda(6x+2y) = 0$$

$$\frac{\partial F}{\partial y}=10x+6y+\lambda(2x+6y)=0$$

解得

$$x=\pm y,\ x=\pm\frac{\sqrt{2}}{4},\ y=\pm\frac{\sqrt{2}}{4}$$

$$S_{\min}=\frac{1}{4}$$

八、解：因$\dfrac{e^{-2x^2}-e^{-3x^2}}{x^2}=\int_2^3 e^{-yx^2}dy$，故

$$\int_0^{+\infty}\frac{e^{-2x^2}-e^{-3x^2}}{x^2}dx=\int_0^{+\infty}\left(\int_2^3 e^{-yx^2}dy\right)dx=\int_2^3\left(\int_0^{+\infty}e^{-yx^2}dx\right)dy$$

$$=\int_2^3\frac{\sqrt{\pi}}{2\sqrt{y}}dy=\sqrt{\pi}\int_2^3 d\sqrt{y}=\sqrt{\pi}(\sqrt{3}-\sqrt{2})$$

九、解：由对称性$\oint_C x^2 ds=\dfrac{1}{3}\oint_C(x^2+y^2+z^2)ds=\dfrac{R^2}{3}\oint_C ds=\dfrac{2\pi R^3}{3}$.

十、解：旋转曲面的方程为$z=a^{\sqrt{x^2+y^2}}$，加上曲面$\Sigma^*: z=a^2$的上侧，作成一个封闭曲面，用高斯公式

$$\text{原式}=\iiint_\Omega 2z\,dx\,dy\,dz-\iint_{\Sigma^*}4zx\,dy\,dz-2z\,dz\,dx+(1-z^2)\,dx\,dy$$

$$=2\int_0^{2\pi}d\theta\int_0^2 r\,dr\int_{a^r}^{a^2}z\,dz-\int_{-2}^2dx\int_{-\sqrt{4-x^2}}^{\sqrt{4-x^2}}(1-a^4)dy$$

$$=2\pi\left[2a^4-\frac{a^4}{\ln a}+\frac{1}{4(\ln a)^2}(a^4-1)\right]-4\pi(1-a^4)$$

北京理工大学大学生数学竞赛试题及参考答案

一、设函数 $f(x)=\mathrm{e}^{x^2}$，$f[\varphi(x)]=1-x$，且 $\varphi(x)\geqslant 0$，求 $\varphi(x)$.

二、设函数 $f(x)$ 在闭区间 $[-1,1]$ 上三次可微，$f(-1)=0$，$f(1)=1$，$f'(0)=0$. 证明：至少存在一点 $\xi\in(-1,1)$，使得 $f'''(\xi)\geqslant 3$.

三、设函数 $f(x)$ 在闭区间 $[a,b]$ 上二次可微，且 $f''(x)<0$. 证明

$$\frac{\int_a^b f(x)\mathrm{d}x}{b-a}\geqslant\frac{f(b)+f(a)}{2}$$

四、求 $\int\frac{\mathrm{e}^{\sin 2x}\sin^2 x}{\mathrm{e}^{2x}}\mathrm{d}x$.

五、计算 $\int_2^4\frac{\sqrt{\ln(9-x)}}{\sqrt{\ln(9-x)}+\sqrt{\ln(x+3)}}\mathrm{d}x$.

六、证明：由方程组

$$\begin{cases}z=ux+y\varphi(u)+\psi(u)\\0=x+y\varphi'(u)+\psi'(u)\end{cases}$$

所确定的函数 $z=z(x,y)$ 满足方程

$$\frac{\partial^2 z}{\partial x^2}\frac{\partial^2 z}{\partial y^2}-\left(\frac{\partial^2 z}{\partial x\partial y}\right)^2=0$$

其中 $z=z(x,y)$ 存在二阶连续偏导数.

七、证明：函数 $f(x,y)=Ax^2+2Bxy+Cy^2$ 在约束条件

$$g(x,y)=1-\frac{x^2}{a^2}-\frac{y^2}{b^2}=0$$

下有最大值和最小值，且它们是方程

$$k^2-(Aa^2+Cb^2)k+(AC-B^2)a^2b^2=0$$

的根.

八、计算三重积分

$$\iiint\limits_V(x+y+z)^2\mathrm{d}V$$

其中 V：$x^2+y^2+z^2\leqslant 4(x-2)^2+y^2+z^2\leqslant 4$.

九、设函数 $f(x,y)$ 及它的二阶偏导数在全平面连续，且

$$f(0,0)=0,\left|\frac{\partial f}{\partial x}\right|\leqslant 2|x-y|,\left|\frac{\partial f}{\partial y}\right|\leqslant 2|x-y|$$

证明：$|f(5,4)|\leqslant 1$.

参考答案

一、解：$\varphi(x)=\sqrt{\ln(1-x)}$.

二、证明：利用 $f(x)$ 的泰勒公式得

$$f'''(\xi_1)+f'''(\xi_2)=6 \quad \xi_1,\xi_2\in(-1,1)$$

三、证明：对函数

$$F(x)=(x-a)\frac{f(x)+f(a)}{2}-\int_a^x f(x)\mathrm{d}x \quad a\leqslant x\leqslant b$$

应用拉格朗日中值定理或由 $f''(x)<0$，$f(x)$ 凸性研究之.

四、解：$-\frac{1}{4}\mathrm{e}^{\sin 2x-2x}+C$.

五、解：1.

六、提示：利用二阶混合偏导数与求导次序无关的性质可证.

七、提示：因二元函数 $f(x,y)$ 在全平面连续，$1-\frac{x^2}{a^2}-\frac{y^2}{b^2}=0$ 是有界闭集，若 $f(x,y)$ 在此约束条件下，必有最大值和最小值.

设 (x_1,y_1)，(x_2,y_2) 为最大值点和最小值点.

令 $L(x,y,\lambda)=Ax^2+2Bxy+Cy^2+\lambda\left(1-\frac{x^2}{a^2}-\frac{y^2}{b^2}\right)$，则 (x_1,y_1)，(x_2,y_2) 应满足方程组

$$\frac{\partial L}{\partial x}=2\left[\left(A-\frac{\lambda}{a^2}\right)x+By\right]=0 \tag{1}$$

$$\frac{\partial L}{\partial y}=2\left[\left(C-\frac{\lambda}{b^2}\right)y+Bx\right]=0 \tag{2}$$

$$\frac{\partial L}{\partial \lambda}=1-\frac{x^2}{a^2}-\frac{y^2}{b^2}=0 \tag{3}$$

记相应的乘子为 λ_1,λ_2，则 (x_1,y_1,λ_1) 满足方程(1)，(2)，解得

$$\lambda_1=Ax_1^2+2Bx_1y_1+Cy_1^2$$

同理可得

$$\lambda_2 = Ax_2^2 + 2Bx_2y_2 + Cy_2^2$$

即 λ_1, λ_2 是 $f(x,y)$ 在椭圆 $1-\frac{x^2}{a^2}-\frac{y^2}{b^2}=0$ 的最大值和最小值.

又由方程组(1),(2)有非零解,得

$$\left(A-\frac{\lambda}{a^2}\right)\left(C-\frac{\lambda}{b^2}\right)-B^2=0$$

λ_1, λ_2 是此方程的根,即 λ_1, λ_2 是方程

$$\lambda^2-(Aa^2+Cb^2)\lambda+(AC-B^2)a^2b^2=0$$

的根.

八、解:利用球坐标并注意对称性得积分为 $\frac{112}{15}\pi$.

九、证明:满足条件 $x=y$ 的任何点 (x,y) 都有

$$\frac{\partial f}{\partial x}=0, \frac{\partial f}{\partial y}=0$$

$$f(4,4) = \int_{(0,0)}^{(4,4)}\left(\frac{\partial f}{\partial x}\mathrm{d}x + \frac{\partial f}{\partial y}\mathrm{d}y\right) + f(0,0) = 0$$

$$|f(5,4)| = \left|\int_4^5\left(\frac{\partial f(x,4)}{\partial x}\mathrm{d}x + f(4,4)\right)\right| \leqslant \int_4^5\left|\frac{\partial f(x,4)}{\partial x}\right|$$

$$\leqslant \int_4^5 2(x-4)\mathrm{d}x = 1$$

上海交通大学大学生数学竞赛试题及参考答案

一、设函数 $f(x)=\dfrac{2x+|x|}{4x-3|x|}$,求:

1. $\lim\limits_{x\to+\infty} f(x)$;2. $\lim\limits_{x\to-\infty} f(x)$;3. $\lim\limits_{x\to0^+} f(x)$;4. $\lim\limits_{x\to0^-} f(x)$;5. $\lim\limits_{x\to0} f(x)$.

二、计算下列极限:

1. $\lim\limits_{x\to\infty}\left(\dfrac{1}{x}+2^{\frac{1}{x}}\right)^x$;2. $\lim\limits_{n\to+\infty}\dfrac{1}{n}(n!)^{\frac{1}{n}}$.

三、设 $x_1=1,x_2=2,x_{n+2}=\sqrt{x_{n+1}\cdot x_n},n=1,2,\cdots$,求 $\lim\limits_{n\to+\infty} x_n$.

四、试证:当 $0<x<1$ 时,$\sqrt{\dfrac{1-x}{1+x}}<\dfrac{\ln(1+x)}{\arcsin x}$.

五、计算 $\int_0^{\frac{\pi}{2}}\ln\sin x\mathrm{d}x$.

六、设函数 $f(x)$ 在闭区间 $[-\pi,\pi]$ 上连续,且

$$f(x)=\frac{x}{1+\cos^2 x}+\int_{-\pi}^{\pi}f(x)\sin x\mathrm{d}x$$

求 $f(x)$.

七、设过点(1,0,0)且平行于 z 轴的直线为 l,在 yOz 平面内有一抛物线段 $y=1-z^2(-1\leqslant z\leqslant1)$,试求此曲线段绕直线 l 旋转所得的曲面与两平面 $z=-1,z=1$ 所围成立体的体积.

八、计算 $\int_1^2\mathrm{d}x\int_{\sqrt{x}}^{x}\sin\dfrac{\pi x}{2y}\mathrm{d}y+\int_2^4\mathrm{d}x\int_{\sqrt{x}}^{2}\sin\dfrac{\pi x}{2y}\mathrm{d}y$.

九、设函数 $f(x)$ 在闭区间 $[a,b]$ 具有连续导数,试证

$$\left|\frac{1}{b-a}\int_a^b f(x)\mathrm{d}x\right|+\int_a^b|f'(x)|\mathrm{d}x\geqslant\max_{a\leqslant x\leqslant b}|f(x)|$$

十、设函数 $f(x)$ 在闭区间 $[-2,2]$ 上二阶可导,且 $|f(x)|\leqslant1$,又

$$f^2(0)+[f'(0)]^2=4$$

证明:至少存在一点 $\xi\in(-2,2)$,使得 $f(\xi)+f''(\xi)=0$.

参考答案

一、解：1. $\lim\limits_{x\to+\infty} f(x)=3$； 2. $\lim\limits_{x\to-\infty} f(x)=\dfrac{1}{7}$；

3. $\lim\limits_{x\to0^+} f(x)=3$； 4. $\lim\limits_{x\to0^-} f(x)=\dfrac{1}{7}$；

5. $\lim\limits_{x\to0} f(x)$不存在.

二、解：1. $\lim\limits_{x\to\infty}\left(\dfrac{1}{x}+2^{\frac{1}{x}}\right)^x=2\mathrm{e}$； 2. $\lim\limits_{n\to+\infty}\dfrac{1}{n}(n!)^{\frac{1}{n}}=\dfrac{1}{\mathrm{e}}$.

三、解：$\ln x_{n+2}=\dfrac{1}{2}(\ln x_{n+1}+\ln x_n)$.

令 $y_n=\ln x_n$，则

$$y_{n+2}=\frac{1}{2}(y_{n+1}+y_n)$$

$$y_{n+2}-y_{n+1}=-\frac{1}{2}(y_{n+1}-y_n)=\left(-\frac{1}{2}\right)^2(y_n-y_{n-1})=\cdots$$

$$=\left(-\frac{1}{2}\right)^n(y_2-y_1)=\left(-\frac{1}{2}\right)^n\ln 2$$

$$y_{n+2}=y_{n+1}+\left(-\frac{1}{2}\right)^n\ln 2=y_n+\left(-\frac{1}{2}\right)^{n-1}\ln 2+\left(-\frac{1}{2}\right)^n\ln 2=\cdots$$

$$=\left[1+\left(-\frac{1}{2}\right)+\left(-\frac{1}{2}\right)^2+\cdots+\left(-\frac{1}{2}\right)^n\right]\ln 2=\frac{1-\left(-\frac{1}{2}\right)^{n+1}}{1-\left(-\frac{1}{2}\right)}\ln 2$$

$$=\frac{2}{3}\left[1-\left(-\frac{1}{2}\right)^{n+1}\right]\ln 2$$

所以
$$\lim_{n\to+\infty} y_{n+2}=\frac{2}{3}\ln 2$$

即
$$\lim_{n\to+\infty}\ln x_{n+2}=\ln 2^{\frac{2}{3}}$$

故
$$\lim_{n\to+\infty} x_n=\lim_{n\to+\infty} x_{n+2}=2^{\frac{2}{3}}$$

四、证明：设

$$f(x)=\sqrt{1-x^2}\arcsin x-(1+x)\ln(1+x)\quad 0\leqslant x\leqslant 1$$

$$f'(x)=-\frac{x}{\sqrt{1-x^2}}\arcsin x-\ln(1+x)<0\quad 0<x<1$$

故函数 $f(x)$ 单调减少

$$f(x)<f(0)=0 \quad 0<x<1$$

从而，当 $0<x<1$ 时

$$\sqrt{\frac{1-x}{1+x}}<\frac{\ln(1+x)}{\arcsin x}$$

五、解：令 $x=\frac{\pi}{2}-y$，则

$$I=\int_0^{\frac{\pi}{2}}\ln\sin x\mathrm{d}x=\int_0^{\frac{\pi}{2}}\ln\cos x\mathrm{d}x$$

$$=\frac{1}{2}\int_0^{\frac{\pi}{2}}(\ln\sin x+\ln\cos x)\mathrm{d}x=\frac{1}{2}\int_0^{\frac{\pi}{2}}\left(\frac{1}{2}\ln\sin 2x\right)\mathrm{d}x$$

$$=\frac{1}{2}\int_0^{\frac{\pi}{2}}\ln\frac{1}{2}\mathrm{d}x+\frac{1}{2}\int_0^{\frac{\pi}{2}}\ln\sin 2x\mathrm{d}x$$

$$\xlongequal{2x=t}-\frac{\pi}{4}\ln 2+\frac{1}{4}\int_0^{\pi}\ln\sin t\mathrm{d}t$$

$$=-\frac{\pi}{4}\ln 2+\frac{1}{4}\left[\int_0^{\frac{\pi}{2}}\ln\sin t\mathrm{d}t+\int_{\frac{\pi}{2}}^{\pi}\ln\sin t\mathrm{d}t\right]$$

$$\xlongequal{t=\pi-u}-\frac{\pi}{4}\ln 2+\frac{1}{4}\left[\int_0^{\frac{\pi}{2}}\ln\sin t\mathrm{d}t+\int_0^{\frac{\pi}{2}}\ln\sin u\mathrm{d}u\right]$$

$$=-\frac{\pi}{4}\ln 2+\frac{1}{2}\int_0^{\frac{\pi}{2}}\ln\sin t\mathrm{d}t$$

$$=-\frac{\pi}{4}\ln 2+\frac{1}{2}I$$

故

$$I=-\frac{\pi}{2}\ln 2$$

六、解：记 $\int_{-\pi}^{\pi}f(x)\sin x\mathrm{d}x=A$，故

$$f(x)=\frac{x}{1+\cos^2 x}+A$$

$$A=\int_{-\pi}^{\pi}\left(\frac{x}{1+\cos^2 x}+A\right)\sin x\mathrm{d}x=\int_{-\pi}^{\pi}\frac{x}{1+\cos^2 x}\sin x\mathrm{d}x$$

$$=2\int_0^{\pi}\frac{x}{1+\cos^2 x}\sin x\mathrm{d}x=2\int_0^{\frac{\pi}{2}}\frac{1}{1+\cos^2 x}\sin x\mathrm{d}x$$

$$=2(-\arctan\cos x)\Big|_0^{\frac{\pi}{2}}=\frac{\pi^2}{2}$$

故 $$f(x)=\frac{x}{1+\cos^2 x}+\frac{\pi^2}{2}$$

七、解：在抛物线段 EGF 上取一点 $P(0,1,-z^2,z)$. 由它向 l 作垂线 PQ，得点 $Q(1,0,z)$，有

$$(PQ)^2=1^2+(1-z^2)^2+(z-z)^2=z^4-2z^2+2$$

$$A(z)=\pi(PQ)^2$$

$$z=\int_{-1}^{1}A(z)\mathrm{d}z=\pi\int_{-1}^{1}(z^4-2z^2+2)\mathrm{d}z=2\pi\left(\frac{z^5}{5}-\frac{2}{3}z^3+2z\right)\Big|_0^1=\frac{46}{15}\pi$$

八、解

$$\begin{aligned}
&\int_1^2\mathrm{d}x\int_{\sqrt{x}}^{x}\sin\frac{\pi x}{2y}\mathrm{d}y+\int_2^4\mathrm{d}x\int_{\sqrt{x}}^{2}\sin\frac{\pi x}{2y}\mathrm{d}y\\
&=\int_1^2\mathrm{d}y\int_y^{y^2}\sin\frac{\pi x}{2y}\mathrm{d}x=\frac{2}{\pi}\int_1^2\left(-y\cos\frac{\pi x}{2y}\right)\Big|_y^{y^2}\mathrm{d}y\\
&=-\frac{2}{\pi}\int_1^2 y\cos\frac{\pi y}{2}\mathrm{d}y=-\left(\frac{2}{\pi}\right)^2\int_1^2 y\mathrm{d}\sin\frac{\pi y}{2}\\
&=-\frac{4}{\pi^2}\left[y\sin\frac{\pi y}{2}\Big|_1^2-\int_1^2\sin\frac{\pi y}{2}\mathrm{d}y\right]\\
&=-\frac{4}{\pi^2}\left[-1+\frac{2}{\pi}\cos\frac{\pi y}{2}\Big|_1^2\right]\\
&=-\frac{4}{\pi^2}\left(1+\frac{2}{\pi}\right)=\frac{4(\pi+2)}{\pi^3}
\end{aligned}$$

九、证明：因为函数 $f(x)$ 在 $[a,b]$ 上连续，故 $|f(x)|$ 在 $[a,b]$ 上也连续，从而存在 $x_0\in[a,b]$，使 $|f(x_0)|=\max\limits_{a\leqslant x\leqslant b}|f(x)|$，又因

$$\left|\frac{1}{b-a}\int_a^b f(x)\mathrm{d}x\right|=f(\xi)\quad \xi\in[a,b]$$

$$\begin{aligned}
\text{左端}&=|f(\xi)|+\int_a^b|f'(x)|\mathrm{d}x\geqslant|f(\xi)|+\int_{\xi}^{x_0}|f'(x)|\mathrm{d}x\\
&\geqslant|f(\xi)|+\left|\int_{\xi}^{x_0}f'(x)\mathrm{d}x\right|=|f(\xi)|+|f(x_0)-f(\xi)|\\
&\geqslant|f(\xi)+f(x_0)-f(\xi)|=|f(x_0)|=\max_{a\leqslant x\leqslant b}|f(x)|
\end{aligned}$$

十、证明：分别在 $[-2,0]$ 和 $[0,2]$ 上对 $f(x)$ 应用拉格朗日公式，得

$$f'(a)=\frac{f(0)-f(-2)}{2}\quad -2<a<0$$

$$f'(b)=\frac{f(2)-f(0)}{2}\quad 0<b<2$$

由 $|f(x)|\leqslant 1$ 知

$$|f'(a)|\leqslant 1,|f'(b)|\leqslant 1$$

作辅助函数

$$F(x)=f^2(x)+[f'(x)]^2$$

故 $$F(a)\leqslant 2,F(b)\leqslant 2$$

$F(x)$在$[a,b]$上连续，又$F(0)=4$. 故$F(x)$在$[a,b]$上的最大值$\max\limits_{a\leqslant x\leqslant b}f(x)\geqslant 4$，且$F(x)$在$[a,b]$上的最大值在$(a,b)$的内点$\xi$取得，又$F(x)$在$(a,b)$内可导，由费马引理知$F'(\xi)=0$，即

$$F'(\xi)=2f'(\xi)[f(\xi)+f''(\xi)]=0$$

由于$F(\xi)\geqslant 4$，因此$f'(\xi)\neq 0$. 从而有

$$f(\xi)+f''(\xi)=0 \quad \xi\in(a,b)\in(-2,2)$$

大学生数学竞赛模拟试卷一

一、解答下列各题

1.设$\begin{cases} x_n = 2x_{n-1} - y_{n-1} \\ y_n = \dfrac{3}{2}x_{n-1} - \dfrac{1}{2}y_{n-1} \end{cases}$ 且 $x_0 = -1, y_0 = 1$,试求$\lim\limits_{n\to\infty} x_n$, $\lim\limits_{n\to\infty} y_n$.

2.$\lim\limits_{n\to\infty}\left(\dfrac{1}{n+1}+\dfrac{1}{n+3}+\cdots+\dfrac{1}{n+(2n+1)}\right)$.

3.证明

$$\ln\sqrt{2n+1} < 1+\frac{1}{3}+\frac{1}{5}+\cdots+\frac{1}{2n-1} \leqslant 1+\ln\sqrt{2n-1} \quad n=1,2,\cdots$$

4.已知 $\varphi(x) = \sum\limits_{n=0}^{\infty}\dfrac{(-1)^n}{(2n+1)!}x^{2n}$,计算 $\lim\limits_{x\to 0}\dfrac{\int_0^x \varphi(t)\mathrm{d}t - x}{(\sqrt[3]{1+x}-\mathrm{e}^x)\ln(1+x^2)}$.

5.已知 Σ 是椭球面$\dfrac{x^2}{a^2}+\dfrac{y^2}{b^2}+\dfrac{z^2}{c^2}=1$ 的外侧,计算

$$\oiint_{\Sigma}(x+1)^3\mathrm{d}y\mathrm{d}z+(y+1)^3\mathrm{d}z\mathrm{d}x+(z+1)^3\mathrm{d}x\mathrm{d}y$$

二、已知函数 $f(x)$在$[a,b]$上连续,在(a,b)内可导,且 $f(a)=f(b)=0$,证明:对于任何正整数 k,至少存在一点 $\xi\in(a,b)$,使得 $f'(\xi)=f^k(\xi)$.

三、设有椭圆抛物面

$$\Sigma: z=\frac{x^2}{2p}+\frac{y^2}{2q} \quad (p,q>0)$$

和平面

$$\Pi: Ax+By+Cz+D=0 \ (C>0)$$

(1)试给出 Σ 和 Π 相交的充要条件.

(2)当 Σ 与 Π 相交时,求它们所围成空间形体 Ω 的体积和 Π 被 Σ 截下部分的面积.

四、证明:$\left(\dfrac{1+x}{1-x}\right)^3 = 1+6x+18x^2+\cdots+(4n^2+2)x^n+\cdots, -1<x<1$.

五、证明:(1) $\dfrac{\pi}{4} = \sum\limits_{n=1}^{\infty}(-1)^{n-1}\dfrac{1}{2n-1}$;

(2)$\pi=\frac{10}{3}-24\sum_{n=1}^{\infty}(-1)^{n-1}\frac{1}{(2n-1)\cdot(2n)\cdot(2n+1)\cdot(2n+2)\cdot(2n+3)}$.

六、讨论三个平面

$$\pi_1: a_1x+b_1y+c_1z=d_1$$
$$\pi_2: a_2x+b_2y+c_2z=d_2$$
$$\pi_3: a_3x+b_3y+c_3z=d_3$$

的位置关系，画出图形，并说明理由.

七、设函数 $f(t)$ 在 $(0,+\infty)$ 上连续，$\Omega(t)=\{(x,y,z)\in\mathbf{R}^3 \mid x^2+y^2+z^2\leqslant t^2, z\geqslant 0\}$，$S(t)$ 是 $\Omega(t)$ 的表面，$D(t)$ 是 $\Omega(t)$ 在 xOy 平面的投影区域，$L(t)$ 是 $D(t)$ 的边界曲线，已知当 $t\in(0,+\infty)$ 时，恒有

$$\oint_{L(t)} f(x^2+y^2)\sqrt{x^2+y^2}\,\mathrm{d}s+\oiint_{S(t)}(x^2+y^2+z^2)\,\mathrm{d}S$$
$$=\iint_{D(t)} f(x^2+y^2)\,\mathrm{d}\sigma+\iiint_{\Omega(t)}\sqrt{x^2+y^2+z^2}\,\mathrm{d}v$$

求 $f(t)$ 的表达式.

参考答案

一、1. 解：由

$$\begin{pmatrix}x_n\\y_n\end{pmatrix}=\begin{pmatrix}2&-1\\\frac{3}{2}&-\frac{1}{2}\end{pmatrix}\begin{pmatrix}x_{n-1}\\y_{n-1}\end{pmatrix}=\cdots=\begin{pmatrix}2&-1\\\frac{3}{2}&-\frac{1}{2}\end{pmatrix}^n\begin{pmatrix}x_0\\y_0\end{pmatrix}$$

令
$$\boldsymbol{A}=\begin{pmatrix}2&-1\\\frac{3}{2}&-\frac{1}{2}\end{pmatrix}$$

则 $\boldsymbol{A}$ 的特征值为 $\lambda_1=1,\lambda_2=\frac{1}{2}$；对应的特征向量为

$$\begin{pmatrix}1\\1\end{pmatrix},\begin{pmatrix}2\\3\end{pmatrix}$$

令 $\boldsymbol{P}=\begin{pmatrix}1&2\\1&3\end{pmatrix}$ 则有

$$\boldsymbol{A}^n=\boldsymbol{P}\boldsymbol{\Lambda}^n\boldsymbol{P}^{-1}=\begin{pmatrix}1&2\\1&3\end{pmatrix}\begin{pmatrix}1&\\&\frac{1}{2}\end{pmatrix}^n\begin{pmatrix}3&-2\\-1&1\end{pmatrix}=\begin{pmatrix}3-\frac{2}{2^n}&-2+\frac{2}{2^2}\\3-\frac{3}{2^n}&-2+\frac{3}{2^n}\end{pmatrix}$$

$$\begin{pmatrix} x_n \\ y_n \end{pmatrix} = \begin{pmatrix} 3-\frac{2}{2^n} & -2+\frac{2}{2^2} \\ 3-\frac{3}{2^n} & -2+\frac{3}{2^n} \end{pmatrix} \begin{pmatrix} -1 \\ 1 \end{pmatrix} = \begin{pmatrix} -5+\frac{4}{2^n} \\ -5+\frac{6}{2^n} \end{pmatrix}$$

于是$\lim\limits_{n\to\infty} x_n = -5$，$\lim\limits_{n\to\infty} y_n = -5$.

2. 解

$$原式 = \frac{1}{2}\lim \frac{2}{n}\left(\frac{1}{1+\frac{1}{n}} + \frac{1}{1+\frac{3}{n}} + \cdots + \frac{1}{1+\frac{2n-1}{n}}\right) + \frac{1}{2}\lim \frac{2}{n}\frac{1}{1+\frac{2n+1}{n}}$$

$$= \frac{1}{2}\int_0^2 \frac{1}{1+x}\mathrm{d}x + 0 = \frac{1}{2}\ln 3$$

3. 证明：因为当 $k<x\leqslant k+1$ 时，$2k-1<2x-1\leqslant 2k+1$，即

$$\frac{1}{2k+1} \leqslant \frac{1}{2x-1} < \frac{1}{2k-1}$$

故

$$\frac{1}{2k+1} \leqslant \int_k^{k+1} \frac{1}{2x-1}\mathrm{d}x < \frac{1}{2k-1}$$

上式对 k 从 1 到 $n-1$ 求和，得

$$\sum_{k=1}^{n-1} \frac{1}{2k+1} \leqslant \sum_{k=1}^{n-1}\int_k^{k+1} \frac{1}{2x-1}\mathrm{d}x < \sum_{k=1}^{n-1} \frac{1}{2k-1}$$

因为

$$\sum_{k=1}^{n-1}\int_k^{k+1} \frac{1}{2x-1}\mathrm{d}x = \int_1^n \frac{1}{2x-1}\mathrm{d}x = \frac{1}{2}\ln(2n-1)$$

所以

$$\frac{1}{3} + \frac{1}{5} + \cdots + \frac{1}{2n-1} \leqslant \frac{1}{2}\ln(2n-1) < 1 + \frac{1}{3} + \cdots + \frac{1}{2n-3}$$

于是

$$1 + \frac{1}{3} + \frac{1}{5} + \cdots + \frac{1}{2n-1} \leqslant 1 + \frac{1}{2}\ln(2n-1)$$

和

$$\frac{1}{2}\ln(2n-1) < 1 + \frac{1}{3} + \cdots + \frac{1}{2n-3} \Rightarrow \frac{1}{2}\ln(2n+1)$$

$$< 1 + \frac{1}{3} + \cdots + \frac{1}{2n-3} + \frac{1}{2n-1}$$

即证

$$\ln\sqrt{2n+1} < 1 + \frac{1}{3} + \frac{1}{5} + \cdots + \frac{1}{2n-1} \leqslant 1 + \ln\sqrt{2n-1} \quad n=1,2,\cdots$$

另解：因为

$$\left(1+\frac{1}{n}\right)^n<\mathrm{e}<\left(1+\frac{1}{n}\right)^{n+1}\Leftrightarrow n\ln\left(1+\frac{1}{n}\right)<1<(n+1)\ln\left(1+\frac{1}{n}\right)$$

$$\Leftrightarrow\frac{1}{n+1}<\ln(n+1)-\ln n<\frac{1}{n}\quad n=1,2,\cdots$$

于是一方面有

$$\ln(2n+1)<1+\frac{1}{2}+\cdots+\frac{1}{2n-1}+\frac{1}{2n}<2\left(1+\frac{1}{3}+\cdots+\frac{1}{2n-1}\right)$$

$$\ln\sqrt{2n+1}<1+\frac{1}{3}+\cdots+\frac{1}{2n-1}\tag{1}$$

另一方面有

$$\frac{1}{2}+\frac{1}{3}+\cdots+\frac{1}{2n-2}+\frac{1}{2n-1}<\ln(2n-1)\ 2n-1\geqslant 2$$

$$\Rightarrow 2\left(\frac{1}{3}+\cdots+\frac{1}{2n-1}\right)<\ln(2n-1)\ 2n-1\geqslant 2$$

$$\Rightarrow\left(\frac{1}{3}+\cdots+\frac{1}{2n-1}\right)<\ln\sqrt{2n-1}\quad 2n-1\geqslant 2$$

$$\Rightarrow 1+\frac{1}{3}+\cdots+\frac{1}{2n-1}\leqslant 1+\ln\sqrt{2n-1}\quad n\geqslant 1\tag{2}$$

综合(1),(2)有:$\ln\sqrt{2n+1}<1+\frac{1}{3}+\frac{1}{5}+\cdots+\frac{1}{2n-1}\leqslant 1+\ln\sqrt{2n-1}$

$n=1,2,\cdots$

4.解

$$\lim_{x\to 0}\frac{\int_0^x\varphi(t)\mathrm{d}t-x}{(\sqrt[3]{1+x}-\mathrm{e}^x)\ln(1+x^2)}=\lim_{x\to 0}\frac{\int_0^x\sum_{n=0}^{\infty}\frac{(-1)^n}{(2n+1)!}x^{2n}-x}{(\sqrt[3]{1+x}-\mathrm{e}^x)\ln(1+x^2)}$$

$$=\lim_{x\to 0}\frac{\sum_{n=0}^{\infty}\int_0^x\frac{(-1)^n}{(2n+1)!}x^{2n}\mathrm{d}x-x}{(\sqrt[3]{1+x}-\mathrm{e}^x)\ln(1+x^2)}=\lim_{x\to 0}\frac{\sum_{n=0}^{\infty}\frac{(-1)^n}{(2n)!}x^{2n+1}-x}{\left(1+\frac{1}{3}x+o(x)-(1+x+o(x))\right)x^2}$$

$$=\lim_{x\to 0}\frac{\left(x+\frac{(-1)}{2}x^3+o(x^3)\right)-x}{\left(1+\frac{1}{3}x+o(x)-(1+x+o(x))\right)x^2}=\lim_{x\to 0}\frac{-\frac{1}{2}x^3+o(x^3)}{\left(-\frac{2}{3}x+o(x)\right)x^2}=\frac{3}{4}$$

其实:$\int_0^x\varphi(t)\mathrm{d}t=\sum_{n=0}^{\infty}\frac{(-1)^n}{(2n)!}x^{2n+1}=x\sum_{n=0}^{\infty}\frac{(-1)^n}{(2n)!}x^{2n}=x\cos x$ 再利用洛比达法则计算也可.

5. 解：由高斯公式

$$原式=\iint\limits_{\Omega}3[(x+1)^2+(y+1)^2+(z+1)^2]\mathrm{d}v$$

由于

$$\iint\limits_{\Omega}(z+1)^2\mathrm{d}v=\iint\limits_{\Omega}z^2\mathrm{d}v+2\iint\limits_{\Omega}z\mathrm{d}v+\iint\limits_{\Omega}\mathrm{d}v$$

$$=\int_{-c}^{c}z^2\mathrm{d}z\iint\limits_{D}\mathrm{d}\sigma+0+\int_{-c}^{c}\mathrm{d}z\iint\limits_{D}\mathrm{d}\sigma \quad 其中\ D:\frac{x^2}{a^2}+\frac{y^2}{b^2}\leqslant 1-\frac{z^2}{c^2}$$

$$=\int_{-c}^{c}z^2\pi ab\left(1-\frac{z^2}{c^2}\right)\mathrm{d}z+\int_{-c}^{c}\pi ab\left(1-\frac{z^2}{c^2}\right)\mathrm{d}z$$

$$=\frac{4}{15}\pi abc^3+\frac{4}{3}\pi abc$$

利用对称性

$$原式=\frac{4}{5}\pi abc(a^2+b^2+c^2)+4\pi abc$$

二、证明：对任何正整数 k，令 $F(x)=f(x)\mathrm{e}^{-\int f^{k-1}(x)\mathrm{d}x}$，则函数 $F(x)$ 在 $[a,b]$ 上连续，在 (a,b) 内可导，且

$$F(a)=F(b)=0,F'(x)=\frac{f'(x)\mathrm{e}^{\int f^{k-1}(x)\mathrm{d}x}-f(x)\mathrm{e}^{\int f^{k-1}(x)\mathrm{d}x}f^{k-1}(x)}{(\mathrm{e}^{\int f^{k-1}(x)\mathrm{d}x})^2}$$

由中值定理，至少存在一点 $\xi\in(a,b)$，$F'(\xi)=0$；显然 $\mathrm{e}^{\int f^{k-1}(x)\mathrm{d}x}$ 不等于零，

即只有 $f'(\xi)-f^k(\xi)=0$ 亦即 $f'(\xi)=f^k(\xi)$.

三、解：(1) Σ 与 Π 相交，当且仅当方程

$$\begin{cases}z=\dfrac{x^2}{2p}+\dfrac{y^2}{2q}\\ Ax+By+Cz+D=0\end{cases}$$

有无穷多个解. 将第一个方程代入第二个方程，整理得

$$\frac{C}{2p}\left(x+\frac{pA}{C}\right)^2+\frac{C}{2q}\left(y+\frac{qB}{C}\right)^2=\frac{pA^2}{2C}+\frac{qB^2}{2C}-D$$

该方程有无穷多组解，当且仅当

$$\frac{pA^2}{2C}+\frac{qB^2}{2C}-D>0\ 或\ pA^2+qB^2>2CD$$

此即为 Σ 与 Π 相交的充要条件.

(2)由(1)知 Ω 在 xOy 平面上的投影区域为

$$D:\frac{\left(x+\frac{pA^2}{C}\right)^2}{a^2}+\frac{\left(y+\frac{qB^2}{C}\right)^2}{b^2}\leqslant 1$$

其中

$$a^2=\frac{(pA^2+qB^2-2CD)p}{C^2},\ b^2=\frac{(pA^2+qB^2-2CD)q}{C^2}$$

所求 Ω 的体积为

$$V=\iint_D\left(-\frac{A}{C}x-\frac{B}{C}y-\frac{D}{C}\right)\mathrm{d}x\mathrm{d}y-\iint_D\left(\frac{x^2}{2p}+\frac{y^2}{2q}\right)\mathrm{d}x\mathrm{d}y$$

作坐标变换

$$\begin{cases}x+\dfrac{pA^2}{C}=a\rho\cos\theta\\ y+\dfrac{qB^2}{C}=b\rho\sin\theta\end{cases}$$

于是

$$V=\int_0^{2\pi}\mathrm{d}\theta\int_0^1\left[-\frac{A}{C}\left(a\rho\cos\theta-\frac{pA}{C}\right)-\frac{B}{C}\left(a\rho\sin\theta-\frac{qB}{C}\right)-\frac{D}{C}\right]ab\rho\mathrm{d}\rho-$$

$$\int_0^{2\pi}\mathrm{d}\theta\int_0^1\left[\frac{1}{2p}\left(a\rho\cos\theta-\frac{pA}{C}\right)^2+\frac{1}{2q}\left(b\rho\sin\theta-\frac{qB}{C}\right)^2\right]ab\rho\mathrm{d}\rho$$

$$=\frac{pA^2+qB^2-2CD}{4C^2}ab\pi$$

Π 被 Σ 截下部分的面积为

$$S=\iint_D\sqrt{1+z'^2_x+z'^2_y}\,\mathrm{d}x\mathrm{d}y=\iint_D\sqrt{1+\left(-\frac{A}{C}\right)^2+\left(-\frac{B}{C}\right)^2}\,\mathrm{d}x\mathrm{d}y$$

$$=\frac{\sqrt{A^2+B^2+C^2}}{C^2}ab\pi$$

四、解:由于

$$\left(\frac{1+x}{1-x}\right)^3=\left(\frac{2}{1-x}-1\right)^3=\left(\frac{2}{1-x}\right)^3-3\left(\frac{2}{1-x}\right)^2+3\left(\frac{2}{1-x}\right)-1$$

$$=\frac{8}{(1-x)^3}-\frac{12}{(1-x)^2}+\frac{6}{(1-x)}-1$$

而
$$\frac{1}{1-x}=1+x+x^2+\cdots+x^n+\cdots\quad -1<x<1$$

有

$$\frac{1}{(1-x)^2}=\left(\frac{1}{1-x}\right)'=1+2x+\cdots+(n+1)x^n+(n+2)x^{n+1}+\cdots \quad -1<x<1$$

$$\frac{2}{(1-x)^3}=\left(\frac{1}{1-x}\right)''=2+6x+\cdots+(n+2)(n+1)x^n+\cdots \quad -1<x<1$$

于是

$$\begin{aligned}\left(\frac{1+x}{1-x}\right)^3 &=4\frac{2}{(1-x)^3}-12\frac{1}{(1-x)^2}+6\frac{1}{(1-x)}-1\\ &=1+6x+\cdots+[4(n+2)(n+1)-12(n+1)+6]x^n+\cdots\\ &=1+6x+\cdots+(4n^2+2)x^n+\cdots \quad -1<x<1\end{aligned}$$

五、证明：(1)由

$$\begin{aligned}\arctan x &= \int_0^x \frac{1}{1+t^2}\mathrm{d}t=\int_0^x\sum_{k=0}^{\infty}(-1)^k t^{2k}\mathrm{d}t=\sum_{k=0}^{\infty}(-1)^k\frac{x^{2k+1}}{2k+1}\quad -1<x<1\\ &=\sum_{k=1}^{\infty}(-1)^{k-1}\frac{x^{2k-1}}{2k-1}\quad -1<x<1\end{aligned}$$

令 $x\to1^-$ 得

$$\frac{\pi}{4}=\sum_{k=1}^{\infty}(-1)^{k-1}\frac{1}{2k-1}=1-\frac{1}{3}+\frac{1}{5}-\frac{1}{7}+\cdots$$

(2)由

$$\begin{aligned}&\frac{24}{(2n-1)\cdot(2n)\cdot(2n+1)\cdot(2n+2)\cdot(2n+3)}\\ &=\frac{1}{2n-1}+\frac{-4}{2n}+\frac{6}{2n+1}+\frac{-4}{2n+2}+\frac{1}{2n+3}\end{aligned}$$

于是

$$\begin{aligned}&24\sum_{n=1}^{\infty}(-1)^{n-1}\frac{1}{(2n-1)\cdot(2n)\cdot(2n+1)\cdot(2n+2)\cdot(2n+3)}\\ &=\sum_{n=1}^{\infty}(-1)^{n-1}\frac{1}{2n-1}+6\sum_{n=1}^{\infty}(-1)^{n-1}\frac{1}{2n+1}+\sum_{n=1}^{\infty}(-1)^{n-1}\frac{1}{2n+3}+\\ &\quad\sum_{n=1}^{\infty}(-1)^n\frac{2}{n}+\sum_{n=1}^{\infty}(-1)^n\frac{2}{n+1}\\ &=\frac{\pi}{4}-6\left(\frac{\pi}{4}-1\right)+\left[\frac{\pi}{4}-\left(1-\frac{1}{3}\right)\right]+\sum_{n=1}^{\infty}(-1)^n\frac{2}{n}-\sum_{n=2}^{\infty}(-1)^n\frac{2}{n}\\ &=-4\left(\frac{\pi}{4}\right)+6-1+\frac{1}{3}-2=-\pi+\frac{10}{3}\end{aligned}$$

即证 $\pi=\dfrac{10}{3}-24\displaystyle\sum_{n=1}^{\infty}(-1)^{n-1}\frac{1}{(2n-1)\cdot(2n)\cdot(2n+1)\cdot(2n+2)\cdot(2n+3)}$.

六、解:设 $\boldsymbol{\alpha}_1=(a_1\quad b_1\quad c_1)$,$\boldsymbol{\alpha}_2=(a_2\quad b_2\quad c_2)$,$\boldsymbol{\alpha}_3=(a_3\quad b_3\quad c_3)$为三个平面的法向量;$\boldsymbol{\beta}_1=(a_1\quad b_1\quad c_1\quad d_1)$,$\boldsymbol{\beta}_2=(a_2\quad b_2\quad c_2\quad d_2)$,$\boldsymbol{\beta}_3=(a_3\quad b_3\quad c_3\quad d_3)$.

记 $\mathbf{A}=\begin{pmatrix}\boldsymbol{\alpha}_1\\ \boldsymbol{\alpha}_2\\ \boldsymbol{\alpha}_3\end{pmatrix}$,$\boldsymbol{B}=\begin{pmatrix}\boldsymbol{\beta}_1\\ \boldsymbol{\beta}_2\\ \boldsymbol{\beta}_3\end{pmatrix}$,则 $1\leqslant R(\mathbf{A})\leqslant R(\boldsymbol{B})\leqslant 3$ 且 $R(\boldsymbol{B})\leqslant R(\mathbf{A})+1$.

(1)如果 $R(\mathbf{A})=R(\boldsymbol{B})=1$,则三个平面重合.

(2)如果 $R(\mathbf{A})=1,R(\boldsymbol{B})=2$,则三个平面平行,且又分两种情况:

①当 $\boldsymbol{\beta}_1,\boldsymbol{\beta}_2,\boldsymbol{\beta}_3$ 两两线性无关时,三个平面平行且互异;

②当 $\boldsymbol{\beta}_1,\boldsymbol{\beta}_2,\boldsymbol{\beta}_3$ 有两个线性相关时,三个平面平行但其中二平面重合.

(3)如果 $R(\mathbf{A})=R(\boldsymbol{B})=2$,则三个平面组成的方程组的导出组的解空间是一维空间,从而三个平面交于一条直线,且又分两种情况:

①当 $\boldsymbol{\beta}_1,\boldsymbol{\beta}_2,\boldsymbol{\beta}_3$ 两两线性无关时,三个平面互异且交于一条直线;

②当 $\boldsymbol{\beta}_1,\boldsymbol{\beta}_2,\boldsymbol{\beta}_3$ 有两个线性相关时,有二个平面重合且与第三平面交于一条直线.

(4)如果 $R(\mathbf{A})=2,R(\boldsymbol{B})=3$,则 $\boldsymbol{\alpha}_1,\boldsymbol{\alpha}_2,\boldsymbol{\alpha}_3$ 共面且有两个向量不共线,又分两种情况:

①当 $\boldsymbol{\alpha}_1,\boldsymbol{\alpha}_2,\boldsymbol{\alpha}_3$ 两两线性无关(不共线)时,三平面两两相交于不同直线;

②当 $\boldsymbol{\alpha}_1,\boldsymbol{\alpha}_2,\boldsymbol{\alpha}_3$ 中有两个线性相关时,则两平面平行(不重合)且与第三平面分别交于一条直线.

(5)如果 $R(\mathbf{A})=R(\boldsymbol{B})=3$,则三个平面组成的方程组有唯一解,从而三平面互异且交于一点.

七、解:由于

$$\oint_{L(t)} f(x^2+y^2)\sqrt{x^2+y^2}\,\mathrm{d}s=tf(t^2)\oint_{L(t)}\mathrm{d}s=2\pi t^2 f(t^2)$$

$$\begin{aligned}\oiint_{S(t)}(x^2+y^2+z^2)\mathrm{d}S&=t^2\iint_{S_1}\mathrm{d}S+\iint_{S_0}(x^2+y^2)\mathrm{d}S=2\pi t^4+\int_0^{2\pi}\mathrm{d}\theta\int_0^t r^2 r\mathrm{d}r\\&=2\pi t^4+\frac{\pi}{2}t^4=\frac{5}{2}\pi t^4\end{aligned}$$

其中 S_1 是 $S(t)$ 的上半球面,S_0 是 $S(t)$ 的底面

$$\iint_{D(t)} f(x^2+y^2)\mathrm{d}\sigma=\int_0^{2\pi}\mathrm{d}\theta\int_0^t f(r^2)r\mathrm{d}r=2\pi\int_0^t f(r^2)r\mathrm{d}r$$

$$\iiint_{\Omega(t)} \sqrt{x^2+y^2+z^2}\,\mathrm{d}v = \int_0^{2\pi}\mathrm{d}\theta\int_0^{\frac{\pi}{2}}\mathrm{d}\varphi\int_0^t rr^2\sin\varphi\mathrm{d}r = \frac{1}{2}\pi t^4$$

于是
$$2\pi t^2 f(t^2) + \frac{5}{2}\pi t^4 = 2\pi\int_0^t f(r^2)r\mathrm{d}r + \frac{1}{2}\pi t^4$$

即 $t^2 f(t^2) + t^4 = \int_0^t f(r^2)r\mathrm{d}r$ 两边求导，得

$$2tf(t^2) + 2t^3 f'(t^2) + 4t^3 = f(t^2)t$$

令 $u=t^2$ 得 $f(u)+2uf'(u)+4u=0$，即

$$f'(u)+\frac{1}{2u}f(u)=-2$$

解得 $f(u)=-\frac{4}{3}u+\frac{C}{\sqrt{u}}$ 或者 $f(t)=-\frac{4}{3}t+\frac{C}{\sqrt{t}}$，其中 C 为任意常数.

大学生数学竞赛模拟试卷二

一、解答下列各题

1. 计算 $\lim\limits_{n\to\infty}\dfrac{1}{\ln n}\displaystyle\int_0^{\frac{\pi}{2}}\dfrac{\sin^2 nx}{\sin x}\mathrm{d}x$.

2. 已知 Σ 是球面 $x^2+y^2+z^2=R^2$，计算 $\displaystyle\oiint_{\Sigma}(z+1)^3\mathrm{d}S$.

3. 设函数 $f(x)$ 在 $\mathbf{R}$ 上有定义，在任意闭区间 $[a,b]$ 上可积，且对任意实数 x, y，满足

$$f(x+y)=f(x)+f(y)+xy(x+y)$$

已知 $f(1)=\dfrac{2}{3}$，求 $f(x)$.

二、证明下列各题

1. 设函数 $f(x)$ 在 $(-\infty,+\infty)$ 内三阶可导，且 $f(x)$ 和 $f'''(x)$ 在 $(-\infty,+\infty)$ 内有界，证明：$f'(x)$ 和 $f''(x)$ 在 $(-\infty,+\infty)$ 内有界.

2. 设在 $(-\infty,+\infty)$ 内，函数 $f(x)$ 连续，$g(x)=f(x)\displaystyle\int_0^x f(t)\mathrm{d}t$ 单调减少，证明：$f(x)\equiv 0$.

三、设函数 $z=f(x,y)$ 具有二阶连续偏导数，试求常数 a 的值，使得变换 $\begin{cases}u=x+2y\\ v=x+ay\end{cases}$ 可把方程 $2\dfrac{\partial^2 z}{\partial x^2}+\dfrac{\partial^2 z}{\partial x\partial y}-\dfrac{\partial^2 z}{\partial y^2}=0$ 简化为 $\dfrac{\partial^2 z}{\partial u\partial v}=0$.

四、求圆柱面 $x^2+y^2=1(z\geqslant 0)$ 被平面 $z=ax+by$ 截下的部分的面积，其中 $a=f''_{xy}(0,0)$，$b=f''_{yx}(0,0)$，而

$$f(x,y)=\begin{cases}xy\dfrac{x^2-y^2}{x^2+y^2},\ (x,y)\neq(0,0)\\ 0,\ (x,y)=(0,0)\end{cases}$$

五、已知 $a_n=\displaystyle\int_{-1}^{1}\dfrac{x^{2n}}{1+\mathrm{e}^x}\mathrm{d}x$，$n=0,1,2,\cdots$，求级数 $\displaystyle\sum_{n=0}^{\infty}(-1)^n a_n$ 的和.

六、设函数 $f(x)$ 在区间 (a,b) 上有定义，如果对于任意 $x_1, x_2\in(a,b)$ 及任意实数 $\lambda\in[0,1]$，恒有

$$\lambda f(x_1)+(1-\lambda)f(x_2)\leqslant f[\lambda x_1+(1-\lambda)x_2]$$

则称 $f(x)$ 为区间 (a,b) 上的凸函数. 证明：在 (a,b) 内可导的函数 $f(x)$ 为凸函

数的充分必要条件是对任意 $x_1,x_2\in(a,b)$ 都有

$$f(x_2)\leqslant f(x_1)+f'(x_1)(x_2-x_1)$$

七、设曲面 S 为曲线 $\begin{cases}y=\sqrt{1+z^2}\\x=0\end{cases}$ $(1\leqslant z\leqslant 2)$ 绕 z 轴旋转一周而成的曲面，其法向量与 z 轴正向的夹角为锐角，计算曲面积分

$$I=\iint_S xz^2\,\mathrm{d}y\mathrm{d}z+(\sin x+x^2+y^2)\,\mathrm{d}x\mathrm{d}y$$

八、设 $a_0=1,a_1=-2,a_2=\dfrac{7}{2},a_{n+1}=-\left(1+\dfrac{1}{n+1}\right)a_n\,(n\geqslant 2)$.

(1) 证明：当 $|x|<1$ 时，幂级数 $\sum\limits_{n=0}^{\infty}a_nx^n$ 收敛；

(2) 求幂级数 $\sum\limits_{n=0}^{\infty}a_nx^n$ 的和函数 $S(x)$.

参考答案

一、1. 解：先设 $I_n=\int_0^{\frac{\pi}{2}}\dfrac{\sin^2 nx}{\sin x}\mathrm{d}x=\int_0^{\frac{\pi}{2}}\dfrac{1-\cos 2nx}{2\sin x}\mathrm{d}x$，则

$$\begin{aligned}I_n-I_{n-1}&=\int_0^{\frac{\pi}{2}}\frac{\cos 2(n-1)x-\cos 2nx}{2\sin x}\mathrm{d}x\\&=\int_0^{\frac{\pi}{2}}\frac{-2\sin\frac{[2(n-1)x+2nx]}{2}\sin\frac{[2(n-1)x-2nx]}{2}}{2\sin x}\mathrm{d}x\\&=\int_0^{\frac{\pi}{2}}\frac{-2\sin(2n-1)x\sin(-x)}{2\sin x}\mathrm{d}x\\&=\int_0^{\frac{\pi}{2}}\sin(2n-1)x\mathrm{d}x=\frac{1}{2n-1}\end{aligned}$$

而 $I_1=\int_0^{\frac{\pi}{2}}\sin x\mathrm{d}x=1$ 故

$$I_n=\frac{1}{2n-1}+\frac{1}{2n-3}+\cdots+\frac{1}{3}+1$$

其次由于

$$\left(1+\frac{1}{n}\right)^n<\mathrm{e}<\left(1+\frac{1}{n}\right)^{n+1}\Leftrightarrow n\ln\left(1+\frac{1}{n}\right)<1<(n+1)\ln\left(1+\frac{1}{n}\right)$$

$$\Leftrightarrow \frac{1}{n+1}<\ln(n+1)-\ln n<\frac{1}{n} \quad n=1,2,\cdots$$

一方面有

$$\ln(2n+1)<1+\frac{1}{2}+\cdots+\frac{1}{2n-1}+\frac{1}{2n}<2\left(1+\frac{1}{3}+\cdots+\frac{1}{2n-1}\right)$$

$$\ln\sqrt{2n+1}<1+\frac{1}{3}+\cdots+\frac{1}{2n-1} \tag{1}$$

一方面有

$$\frac{1}{2}+\frac{1}{3}+\cdots+\frac{1}{2n-2}+\frac{1}{2n-1}<\ln(2n-1) \quad 2n-1\geqslant 2$$

$$\Rightarrow 2\left(\frac{1}{3}+\cdots+\frac{1}{2n-1}\right)<\ln(2n-1) \quad 2n-1\geqslant 2$$

$$\Rightarrow \left(\frac{1}{3}+\cdots+\frac{1}{2n-1}\right)<\ln\sqrt{2n-1} \quad 2n-1\geqslant 2$$

$$\Rightarrow 1+\frac{1}{3}+\cdots+\frac{1}{2n-1}\leqslant 1+\ln\sqrt{2n-1} \quad n\geqslant 1 \tag{2}$$

综合(1),(2)有

$$\ln\sqrt{2n+1}<1+\frac{1}{3}+\frac{1}{5}+\cdots+\frac{1}{2n-1}\leqslant 1+\ln\sqrt{2n-1} \quad n=1,2,\cdots$$

即有 $$\ln\sqrt{2n+1}<I_n\leqslant 1+\ln\sqrt{2n-1}$$

再就有

$$\frac{\ln\sqrt{2n+1}}{\ln n}<\frac{1}{\ln n}\int_0^{\frac{\pi}{2}}\frac{\sin^2 nx}{\sin x}\mathrm{d}x\leqslant\frac{1+\ln\sqrt{2n-1}}{\ln n} \quad n=1,2,\cdots$$

而 $\lim\limits_{n\to\infty}\frac{\ln\sqrt{2n+1}}{\ln n}=\lim\limits_{n\to\infty}\frac{1+\ln\sqrt{2n-1}}{\ln n}=\frac{1}{2}$,所以

$$\lim_{n\to\infty}\frac{1}{\ln n}\int_0^{\frac{\pi}{2}}\frac{\sin^2 nx}{\sin x}\mathrm{d}x=\frac{1}{2}$$

2.解

$$\oiint_{\Sigma}(z+1)^3\mathrm{d}S=\oiint_{\Sigma}(z^3+3z^2+3z+1)\mathrm{d}S$$

$$=\oiint_{\Sigma}z^3\mathrm{d}S+3\oiint_{\Sigma}z^2\mathrm{d}S+3\oiint_{\Sigma}z\mathrm{d}S+\oiint_{\Sigma}\mathrm{d}S$$

一方面由曲面积分的奇偶性 $\oiint_{\Sigma}z^3\mathrm{d}S=\oiint_{\Sigma}z\mathrm{d}S=0$,另一方面由曲面积分

的对称性$\oiint\limits_{\Sigma} z^2 dS = \oiint\limits_{\Sigma} x^2 dS = \oiint\limits_{\Sigma} y^2 dS$，于是

$$\oiint\limits_{\Sigma}(z+1)^3 dS = 3\oiint\limits_{\Sigma} z^2 dS + \oiint\limits_{\Sigma} dS = \oiint\limits_{\Sigma} z^2 dS + \oiint\limits_{\Sigma} x^2 dS + \oiint\limits_{\Sigma} y^2 dS + \oiint\limits_{\Sigma} dS$$

$$= \oiint\limits_{\Sigma}(x^2 + y^2 + z^2) dS + \oiint\limits_{\Sigma} dS = \oiint\limits_{\Sigma} R^2 dS + \oiint\limits_{\Sigma} dS$$

$$= (R^2 + 1)\oiint\limits_{\Sigma} dS = 4\pi(R^2 + 1)R^2$$

3. 解法 1：令 $x = t$ 得

$$f(t+y) = f(t) + f(y) + ty(t+y) = f(t) + yt^2 + y^2 t + f(y)$$

两边积分

$$\int_0^x f(t+y)dt = \int_0^x f(t)dt + \frac{1}{3}yx^3 + \frac{1}{2}y^2x^2 + f(y)x$$

又令

$$u = t + y, du = dt$$

$$\int_0^x f(t+y)dt = \int_y^{x+y} f(u)du = \int_0^{x+y} f(t)dt - \int_0^y f(t)dt$$

$$\frac{1}{3}yx^3 + \frac{1}{2}y^2x^2 + f(y)x = \int_0^x f(t+y)dt - \int_0^x f(t)dt$$

$$= \int_0^{x+y} f(t)dt - \int_0^y f(t)dt - \int_0^x f(t)dt$$

由 x,y 的对称性

$$\frac{1}{3}yx^3 + \frac{1}{2}y^2x^2 + f(y)x = \frac{1}{3}xy^3 + \frac{1}{2}x^2y^2 + f(x)y$$

变形，当 $x \neq 0$ 时：$\frac{f(x)}{x} - \frac{1}{3}x^2 = \frac{f(y)}{y} - \frac{1}{3}y^2$，令 $y=1$ 得$\frac{f(x)}{x} - \frac{1}{3}x^2 = \frac{1}{3}$，于是

$$f(x) = \frac{1}{3}x^3 + \frac{1}{3}x \quad x \in \mathbf{R}$$

解法 2：记$\int_0^1 f(t)dt = a$ 对任意固定的 x 将题设等式在区间[0,1]上对 y 求积分，有

$$\int_0^1 f(x+y)dy = f(x) + a + \frac{1}{3}x + \frac{1}{2}x^2$$

令 $x + y = t$，得$\int_0^1 f(x+y)dy = \int_x^{x+1} f(t)dt$，于是

$$\int_x^{x+1} f(t)\mathrm{d}t = f(x)+a+\frac{1}{3}x+\frac{1}{2}x^2$$

由已知条件和上式可得到 $f(x)$连续且可导,对 x 求导得

$$f(x+1)-f(x)=f'(x)+x+\frac{1}{3}$$

再对已知等式中令 $y=1$ 得

$$f(x+1)-f(x)=f(1)+x+x^2$$

代入上式整理得

$$f'(x)=x^2+\frac{1}{3}$$

从而
$$f(x)=\frac{1}{3}x^3+\frac{1}{3}x+C$$

由以知等式知 $f(0)=0$,故 $C=0$,所以

$$f(x)=\frac{1}{3}x^3+\frac{1}{3}x \quad x\in\mathbf{R}$$

二、1. 证明:依题意存在正常数 M_0, M_3 使对一切 $x\in(-\infty,+\infty)$,恒有

$$|f(x)|\leqslant M_0, |f'''(x)|\leqslant M_3$$

由泰勒公式:$f(x+1)=f(x)+f'(x)+\frac{1}{2!}f''(x)+\frac{1}{3!}f'''(\xi)$,其中 ξ 介于 x 与 $x+1$ 之间.

$f(x-1)=f(x)-f'(x)+\frac{1}{2!}f''(x)-\frac{1}{3!}f'''(\eta)$,其中 η 介于 x 与 $x-1$ 之间.

上两式相加,整理得

$$f''(x)=f(x+1)-2f(x)+f(x-1)-\frac{1}{6}[f'''(\xi)-f'''(\eta)]$$

所以

$$|f''(x)|\leqslant|f(x+1)|+2|f(x)|+|f(x-1)|+\frac{1}{6}[|f'''(\xi)|+|f'''(\eta)|]$$

$$\leqslant 4M_0+\frac{1}{3}M_3$$

再由两式相减,整理得

$$f'(x)=\frac{1}{2}[f(x+1)-f(x-1)]-\frac{1}{6}[f'''(\xi)+f'''(\eta)]$$

所以

$$|f'(x)|\leqslant\frac{1}{2}[|f(x+1)|+|f(x-1)|]+\frac{1}{6}[|f'''(\xi)|+|f'''(\eta)|]$$

$$\leqslant M_0+\frac{1}{3}M_3$$

综上所述，$f'(x)$和 $f''(x)$在$(-\infty,+\infty)$内有界.

2.证明:作辅助函数 $F(x)=\left(\int_0^x f(t)\mathrm{d}t\right)^2$，则 $F'(x)=2f(x)\int_0^x f(t)\mathrm{d}t=2g(x)$ 在$(-\infty,+\infty)$内单调减少.因为 $F'(0)=0$，则当 $x<0$ 时

$$F'(x)\geqslant F'(0)=0$$

则当 $x>0$ 时

$$F'(x)\leqslant F'(0)=0$$

所以 $F(x)$在$(-\infty,0]$单调增加，$F(x)$在$(0,+\infty)$单调减少，于是 $F(x)$在 $x=0$处取最大值，从而，对于任意 $x\in(-\infty,+\infty)$，恒有 $F(x)\leqslant F(0)=0$，又显然 $F(x)\geqslant 0$，于是 $F(x)\equiv 0$.

故 $F(x)=\left(\int_0^x f(t)\mathrm{d}t\right)^2\equiv 0$，所以$\int_0^x f(t)\mathrm{d}t\equiv 0$，故 $f(x)\equiv 0$.

三、解:因为

$$\frac{\partial z}{\partial x}=\frac{\partial z}{\partial u}\frac{\partial u}{\partial x}+\frac{\partial z}{\partial v}\frac{\partial v}{\partial x}=\frac{\partial z}{\partial u}+\frac{\partial z}{\partial v}$$

$$\frac{\partial z}{\partial y}=\frac{\partial z}{\partial u}\frac{\partial u}{\partial y}+\frac{\partial z}{\partial v}\frac{\partial v}{\partial y}=2\frac{\partial z}{\partial u}+a\frac{\partial z}{\partial v}$$

所以

$$\frac{\partial^2 z}{\partial x^2}=\frac{\partial^2 z}{\partial u^2}+2\frac{\partial^2 z}{\partial u\partial v}+\frac{\partial^2 z}{\partial v^2}$$

$$\frac{\partial^2 z}{\partial x\partial y}=\frac{\partial^2 z}{\partial u^2}\frac{\partial u}{\partial y}+\frac{\partial^2 z}{\partial u\partial v}\frac{\partial v}{\partial y}+\frac{\partial^2 z}{\partial v\partial u}\frac{\partial u}{\partial y}+\frac{\partial^2 z}{\partial v^2}\frac{\partial v}{\partial y}=2\frac{\partial^2 z}{\partial u^2}+(a+2)\frac{\partial^2 z}{\partial u\partial v}+a\frac{\partial^2 z}{\partial v^2}$$

$$\frac{\partial^2 z}{\partial y^2}=2\left(\frac{\partial^2 z}{\partial u^2}\frac{\partial u}{\partial y}+\frac{\partial^2 z}{\partial u\partial v}\frac{\partial v}{\partial y}\right)+a\left(\frac{\partial^2 z}{\partial v\partial u}\frac{\partial u}{\partial y}+\frac{\partial^2 z}{\partial v^2}\frac{\partial v}{\partial y}\right)=4\frac{\partial^2 z}{\partial u^2}+4a\frac{\partial^2 z}{\partial u\partial v}+a^2\frac{\partial^2 z}{\partial v^2}$$

代入方程 $2\frac{\partial^2 z}{\partial x^2}+\frac{\partial^2 z}{\partial x\partial y}-\frac{\partial^2 z}{\partial y^2}=0$，得

$$3(a-2)\frac{\partial^2 z}{\partial u\partial v}+(2+a-a^2)\frac{\partial^2 z}{\partial v^2}=0$$

则有

$$a-2\neq 0,2+a-a^2=0$$

即

$$a=-1$$

四、解:先求平面方程:因为

$$f'_x(x,y)=\begin{cases}\dfrac{x^4y+4x^2y^3-y^5}{(x^2+y^2)^2},\ (x,y)\neq(0,0)\\0,\ (x,y)=(0,0)\end{cases}$$

$$f'_y(x,y)=\begin{cases}\dfrac{x^5-4x^3y^2-xy^4}{(x^2+y^2)^2},\ (x,y)\neq(0,0)\\0,\ (x,y)=(0,0)\end{cases}$$

$$a=f''_{xy}(0,0)=\lim_{y\to0}\frac{f'_x(0,y)-f'_x(0,0)}{y}=\lim_{y\to0}\frac{\frac{-y^5}{y^4}-0}{y}=-1$$

$$b=f''_{yx}(0,0)=\lim_{x\to0}\frac{f'_y(x,0)-f'_y(0,0)}{x}=\lim_{y\to0}\frac{\frac{x^5}{x^4}-0}{x}=1$$

所以平面方程为:$z=-x+y$.

再求圆柱面 $x^2+y^2=1(z\geqslant0)$ 被平面 $z=-x+y$ 截下的部分的面积.由截面的对称性,考虑

$$\Sigma_1:y=\sqrt{1-x^2},0\leqslant z\leqslant\sqrt{1-x^2}-x,-\frac{\sqrt2}{2}\leqslant x\leqslant\frac{\sqrt2}{2}$$

$$S=2\iint_{\Sigma_1}\mathrm{d}S=2\int_{-\frac{\sqrt2}{2}}^{\frac{\sqrt2}{2}}\mathrm{d}x\int_0^{\sqrt{1-x^2}-x}\sqrt{1+\left(\frac{\partial y}{\partial x}\right)^2+\left(\frac{\partial y}{\partial z}\right)^2}\,\mathrm{d}z$$

$$=\int_{-\frac{\sqrt2}{2}}^{\frac{\sqrt2}{2}}\mathrm{d}x\int_0^{\sqrt{1-x^2}-x}\frac{1}{\sqrt{1-x^2}}\mathrm{d}z=2\int_{-\frac{\sqrt2}{2}}^{\frac{\sqrt2}{2}}\frac{\sqrt{1-x^2}-x}{\sqrt{1-x^2}}\mathrm{d}x$$

$$=2\int_{-\frac{\sqrt2}{2}}^{\frac{\sqrt2}{2}}\left(1-\frac{x}{\sqrt{1-x^2}}\right)\mathrm{d}x=2\sqrt2$$

五、解:因为

$$a_n=\int_{-1}^{1}\frac{x^{2n}}{1+\mathrm{e}^x}\mathrm{d}x\xlongequal{t=-x}-\int_{1}^{-1}\frac{t^{2n}}{1+\mathrm{e}^{-t}}\mathrm{d}t=\int_{-1}^{1}\frac{t^{2n}}{1+\mathrm{e}^{-t}}\mathrm{d}t=\int_{-1}^{1}\frac{x^{2n}}{1+\mathrm{e}^{-x}}\mathrm{d}x$$

所以

$$a_n=\frac12\left(\int_{-1}^{1}\frac{x^{2n}}{1+\mathrm{e}^x}\mathrm{d}x+\int_{-1}^{1}\frac{x^{2n}}{1+\mathrm{e}^{-x}}\mathrm{d}x\right)=\frac12\left(\int_{-1}^{1}x^{2n}\left(\frac{1}{1+\mathrm{e}^x}+\frac{1}{1+\mathrm{e}^{-x}}\right)\mathrm{d}x\right)$$

$$=\frac12\int_{-1}^{1}x^{2n}\mathrm{d}x=\frac{1}{2n+1}\quad n=0,1,2\cdots$$

记

$$S(x)=\sum_{n=0}^{\infty}(-1)^na_nx^{2n+1}=\sum_{n=0}^{\infty}\frac{(-1)^n}{2n+1}x^{2n+1}$$

$$S'(x) = \sum_{n=0}^{\infty}(-1)^n x^{2n} = \frac{1}{1+x^2} \quad -1 < x < 1$$

因为 $S(0) = 0$，于是

$$S(x) = \int_0^x \frac{1}{1+x^2}\mathrm{d}x = \arctan x \quad -1 < x < 1$$

所以 $\displaystyle\sum_{n=0}^{\infty}(-1)^n a_n = \sum_{n=0}^{\infty}\frac{(-1)^n}{2n+1} = \lim_{x\to 1^-}S(x) = \arctan 1 = \frac{\pi}{4}$

六、证明：必要性：设 $f(x)$ 是区间 (a,b) 上的凸函数，则对任意 $x_1, x_2 \in (a,b)$ 及任意实数 $\lambda \in (0,1)$，有

$$\lambda f(x_2) + (1-\lambda) f(x_1) \leqslant f[\lambda x_2 + (1-\lambda) x_1]$$

于是 $$f(x_2) - f(x_1) \leqslant \frac{f[\lambda x_2 + (1-\lambda)x_1] - f(x_1)}{\lambda}$$

由于 $f(x)$ 在 (a,b) 内可导，上式两边令 $\lambda \to 0^+$，得

$$\begin{aligned} f(x_2) - f(x_1) &\leqslant \lim_{\lambda\to 0^+}\frac{f[\lambda x_2 + (1-\lambda)x_1] - f(x_1)}{\lambda} \\ &= \lim_{\lambda\to 0^+}\frac{f[x_1 + \lambda(x_2 - x_1)] - f(x_1)}{\lambda(x_2 - x_1)}(x_2 - x_1) \\ &= f'(x_1)(x_2 - x_1) \end{aligned}$$

所以 $$f(x_2) \leqslant f(x_1) + f'(x_1)(x_2 - x_1)$$

充分性：如果对任意 $x_1, x_2 \in (a,b)$ 都有

$$f(x_2) \leqslant f(x_1) + f'(x_1)(x_2 - x_1)$$

则对于任意 $\lambda \in [0,1]$，取 $x = \lambda x_1 + (1-\lambda)x_2 \in (a,b)$，从而

$$f(x_1) \leqslant f(x) + f'(x)(x_1 - x)$$

$$f(x_2) \leqslant f(x) + f'(x)(x_2 - x)$$

上述两式分别乘以 λ 和 $(1-\lambda)$ 并相加，得

$$\begin{aligned} \lambda f(x_1) + (1-\lambda) f(x_2) &\leqslant f(x) + f'(x)[\lambda(x_1 - x) + (1-\lambda)(x_2 - x)] \\ &= f(x) + f'(x)[\lambda x_1 + (1-\lambda)x_2 - \lambda x - (1-\lambda)x] \\ &= f(x) = f[\lambda x_1 + (1-\lambda)x_2] \end{aligned}$$

即恒有

$$\lambda f(x_1) + (1-\lambda) f(x_2) \leqslant f[\lambda x_1 + (1-\lambda)x_2]$$

所以 $f(x)$ 为区间 (a,b) 上的凸函数.

七、解法 1：旋转面 S 的方程为

$$\sqrt{x^2 + y^2} = \sqrt{1 + z^2}$$

即 $$x^2+y^2-z^2=1 \quad (1\leqslant z\leqslant 2)$$

因其法向量与 z 轴的夹角为锐角,故取上侧.

令 $S_1: z=2(x^2+y^2\leqslant 5)$,取下侧. $S_2: z=1(x^2+y^2\leqslant 2)$,取上侧. 令 $S_0=S+S_1+S_2$,则封闭曲面取内侧,$I=\iint\limits_{S_0}-\iint\limits_{S_1}-\iint\limits_{S_2}$ 则由高斯公式

$$\iint\limits_{S_0} xz^2\mathrm{d}y\mathrm{d}z+(\sin x+x^2+y^2)\mathrm{d}x\mathrm{d}y=-\iiint\limits_{\Omega} z^2\mathrm{d}V=-\int_1^2 z^2\mathrm{d}z\iint\limits_{x^2+y^2\leqslant 1+z^2}\mathrm{d}x\mathrm{d}y$$

$$=-\int_1^2 z^2\pi(1+z^2)\mathrm{d}z=-\frac{128\pi}{15}$$

$$\iint\limits_{S_1} xz^2\mathrm{d}y\mathrm{d}z+(\sin x+x^2+y^2)\mathrm{d}x\mathrm{d}y=\iint\limits_{S_1}(\sin x+x^2+y^2)\mathrm{d}x\mathrm{d}y$$

$$=-\iint\limits_{D_1}(\sin x+x^2+y^2)\mathrm{d}x\mathrm{d}y$$

$$=-\iint\limits_{D_1}(x^2+y^2)\mathrm{d}x\mathrm{d}y$$

$$=-\int_0^{2\pi}\mathrm{d}\theta\int_0^{\sqrt{5}} r^2 r\mathrm{d}r=-\frac{25}{2}\pi$$

$$\iint\limits_{S_2} xz^2\mathrm{d}y\mathrm{d}z+(\sin x+x^2+y^2)\mathrm{d}x\mathrm{d}y=\iint\limits_{S_2}(\sin x+x^2+y^2)\mathrm{d}x\mathrm{d}y$$

$$=\iint\limits_{D_2}(\sin x+x^2+y^2)\mathrm{d}x\mathrm{d}y$$

$$=\iint\limits_{D_2}(x^2+y^2)\mathrm{d}x\mathrm{d}y$$

$$=\int_0^{2\pi}\mathrm{d}\theta\int_0^{\sqrt{2}} r^2 r\mathrm{d}r=2\pi$$

于是 $$I=\iint\limits_{S_0}-\iint\limits_{S_1}-\iint\limits_{S_2}=-\frac{128}{15}\pi-\left(-\frac{25}{2}\pi\right)-2\pi=\frac{59}{30}\pi$$

其中:D_1 为 xOy 平面上区域:$x^2+y^2\leqslant 5$. D_2 为 xOy 平面上区域:$x^2+y^2\leqslant 2$.

解法 2:旋转面 S 的方程为 $\sqrt{x^2+y^2}=\sqrt{1+z^2}$,即

$$x^2+y^2-z^2=1 \quad (1\leqslant z\leqslant 2)$$

S 在 yOz 平面上的投影区域为 D_{yz}: $1\leqslant z\leqslant 2, -\sqrt{1+z^2}\leqslant y\leqslant\sqrt{1+z^2}$

$$I=\iint\limits_{S} xz^2\mathrm{d}y\mathrm{d}z+(\sin x+x^2+y^2)\mathrm{d}x\mathrm{d}y=I_1+I_2$$

$$I_1=\iint\limits_{S}xz^2\mathrm{d}y\mathrm{d}z=\iint\limits_{S_{前}}xz^2\mathrm{d}y\mathrm{d}z+\iint\limits_{S_{后}}xz^2\mathrm{d}y\mathrm{d}z=-2\iint\limits_{D_{yz}}\sqrt{1+z^2-y^2}\cdot z^2\mathrm{d}y\mathrm{d}z$$

$$=-2\int_1^2 z^2\mathrm{d}z\int_{-\sqrt{1+z^2}}^{\sqrt{1+z^2}}\sqrt{1+z^2-y^2}\,\mathrm{d}y=-2\int_1^2 z^2\cdot\frac{1}{2}\pi(1+z^2)\mathrm{d}z$$

$$=-\frac{128}{15}\pi$$

$\left(对于积分\int_{-a}^{a}\sqrt{a^2-y^2}\,\mathrm{d}y,由定积分的几何意义即知它等于\frac{1}{2}\pi a^2\right)$

$$I_2=\iint\limits_{S}(\sin x+x^2+y^2)\mathrm{d}x\mathrm{d}y=\iint\limits_{2\leqslant x^2+y^2\leqslant 5}(\sin x+x^2+y^2)\mathrm{d}x\mathrm{d}y$$

$$=\iint\limits_{2\leqslant x^2+y^2\leqslant 5}(x^2+y^2)\mathrm{d}x\mathrm{d}y$$

$$=\int_0^{2\pi}\mathrm{d}\theta\int_{\sqrt{2}}^{\sqrt{5}}r^2 r\mathrm{d}r=\frac{21}{2}\pi$$

于是

$$I=\iint\limits_{S}xz^2\mathrm{d}y\mathrm{d}z+(\sin x+x^2+y^2)\mathrm{d}x\mathrm{d}y=I_1+I_2=-\frac{128}{15}\pi+\frac{21}{2}\pi=\frac{59}{30}\pi$$

解法 3：旋转面 S 的方程为 $z=\sqrt{x^2+y^2-1}$ $(1\leqslant z\leqslant 2)$，因其法向量与 z 轴的夹角为锐角，故取上侧

$$\cos\alpha=\frac{-z'_x}{\sqrt{1+z'^2_x+z'^2_y}}\quad\cos\beta=\frac{-z'_y}{\sqrt{1+z'^2_x+z'^2_y}}\quad\cos\gamma=\frac{1}{\sqrt{1+z'^2_x+z'^2_y}}$$

$$I=\iint\limits_{S}xz^2\mathrm{d}y\mathrm{d}z+(\sin x+x^2+y^2)\mathrm{d}x\mathrm{d}y$$

$$=\iint\limits_{S}(xz^2\cos\alpha+0\cos\beta+(\sin x+x^2+y^2)\cos\gamma)\mathrm{d}S$$

$$=\iint\limits_{D_{xy}}\{x(x^2+y^2-1),0,\sin x+x^2+y^2\}\cdot\{-z'_x,-z'_y,1\}\mathrm{d}x\mathrm{d}y$$

$$=\iint\limits_{D_{xy}}(-x^2\sqrt{x^2+y^2-1}+\sin x+x^2+y^2)\mathrm{d}x\mathrm{d}y$$

$$=\iint\limits_{D_{xy}}(-x^2\sqrt{x^2+y^2-1}+x^2+y^2)\mathrm{d}x\mathrm{d}y$$

$$=4\int_0^{\frac{\pi}{2}}\mathrm{d}\theta\int_{\sqrt{2}}^{\sqrt{5}}(-r^2\cos^2\theta\sqrt{r^2-1}+r^2)r\mathrm{d}r=\frac{59}{30}\pi$$

其中 $D_{xy}:2 \leqslant x^2+y^2 \leqslant 5$.

八、证:(1) 因为$\lim\limits_{n\to\infty}\left|\dfrac{a_n}{a_{n+1}}\right| = \lim\limits_{n\to\infty}\dfrac{n+1}{n+2} = 1$,所以当 $|x|<1$ 时,$\sum\limits_{n=0}^{\infty}a_n x^n$ 收敛.

(2) 可得

$$a_{n+1} = -\left(1+\frac{1}{n+1}\right)a_n \Rightarrow a_n = \frac{7}{6}(-1)^n(n+1) \quad n \geqslant 3$$

$$\begin{aligned}
S(x) &= 1-2x+\frac{7}{2}x^2+\sum_{n=3}^{\infty}\frac{7}{6}(-1)^n(n+1)x^n \\
&= 1-2x+\frac{7}{2}x^2+\frac{7}{6}\left(\sum_{n=3}^{\infty}(-1)^n\int_0^x(n+1)x^n\mathrm{d}x\right)' \\
&= 1-2x+\frac{7}{2}x^2+\frac{7}{6}\left(\sum_{n=3}^{\infty}(-1)^n x^{n+1}\right)' \\
&= 1-2x+\frac{7}{2}x^2+\frac{7}{6}\left(x\sum_{n=3}^{\infty}(-x)^n\right)' \\
&= 1-2x+\frac{7}{2}x^2+\frac{7}{6}\left(x\left[\frac{1}{1+x}-1+x-x^2\right]\right)' \\
&= 1-2x+\frac{7}{2}x^2-\frac{7}{6}\left(\frac{x^4}{1+x}\right)' \\
&= 1-2x+\frac{7}{2}x^2-\frac{7}{6}\,\frac{4x^3+3x^4}{(1+x)^2} \\
&= \frac{1}{(1+x)^2}\left(\frac{x^3}{3}+\frac{x^2}{2}+1\right)
\end{aligned}$$

实　战　篇

首届全国大学生数学竞赛预赛试卷及参考答案

（非数学类，2009）

一、填空题

(1)计算 $\iint\limits_D \dfrac{(x+y)\ln\left(1+\dfrac{y}{x}\right)}{\sqrt{1-x-y}}\mathrm{d}x\mathrm{d}y=$ ________，其中区域 D 由直线 $x+y=1$ 与两坐标轴所围三角形区域.

(2)设 $f(x)$是连续函数，且满足

$$f(x)=3x^2-\int_0^2 f(x)\mathrm{d}x-2$$

则 $f(x)=$ ________.

(3)曲面 $z=\dfrac{x^2}{2}+y^2-2$ 平行平面 $2x+2y-z=0$ 的切平面方程是 ________.

(4)设函数 $y=y(x)$由方程 $x\mathrm{e}^{f(y)}=\mathrm{e}^y\ln 29$ 确定，其中 f 具有二阶导数，且 $f'\neq 1$，则 $\dfrac{\mathrm{d}^2y}{\mathrm{d}x^2}=$ ________.

二、求极限 $\lim\limits_{x\to 0}\left(\dfrac{\mathrm{e}^x+\mathrm{e}^{2x}+\cdots+\mathrm{e}^{nx}}{n}\right)^{\frac{\mathrm{e}}{x}}$，其中 n 是给定的正整数.

三、设函数 $f(x)$连续，$g(x)=\int_0^1 f(xt)\mathrm{d}t$，且 $\lim\limits_{x\to 0}\dfrac{f(x)}{x}=A$，$A$ 为常数，求 $g'(x)$ 并讨论 $g'(x)$ 在 $x=0$ 处的连续性.

四、已知平面区域 $D=\{(x,y)\mid 0\leqslant x\leqslant\pi,0\leqslant y\leqslant\pi\}$，$L$ 为 D 的正向边界，试证：

(1) $\oint_L x\mathrm{e}^{\sin y}\mathrm{d}y-y\mathrm{e}^{-\sin x}\mathrm{d}x=\oint_L x\mathrm{e}^{-\sin y}\mathrm{d}y-y\mathrm{e}^{\sin y}\mathrm{d}x$；

(2) $\oint_L x\mathrm{e}^{\sin y}\mathrm{d}y-y\mathrm{e}^{-\sin x}\mathrm{d}x\geqslant\dfrac{5}{2}\pi^2$.

五、已知 $y_1=x\mathrm{e}^x+\mathrm{e}^{2x}$，$y_2=x\mathrm{e}^x+\mathrm{e}^{-x}$，$y_3=x\mathrm{e}^x+\mathrm{e}^{2x}-\mathrm{e}^{-x}$ 是某二阶常系数线性非齐次微分方程的三个解，试求此微分方程.

六、设抛物线 $y=ax^2+bx+2\ln c$ 过原点，当 $0\leqslant x\leqslant 1$ 时，$y\geqslant 0$，又已知该

抛物线与 x 轴及直线 $x=1$ 所围图形的面积为 $\frac{1}{3}$. 试确定 a,b,c,使此图形绕 x 轴旋转一周而成的旋转体的体积 V 最小.

七、已知 $u_n(x)$ 满足

$$u_n'(x)=u_n(x)+x^{n-1}\mathrm{e}^x \quad n=1,2,\cdots$$

且 $u_n(1)=\frac{\mathrm{e}}{n}$,求函数项级数 $\sum_{n=1}^{\infty}u_n(x)$ 之和.

八、求 $x\to1^-$ 时,与 $\sum_{n=0}^{\infty}x^{n^2}$ 等价的无穷大量.

参考答案

一、(1) $\frac{16}{15}$. (2) $3x^2-\frac{10}{3}$. (3) $2x+2y-z-5=0$.

(4) $-\frac{[1-f'(y)]^2-f''(y)}{x^2[1-f'(y)]^3}$.

二、解

$$原式=\lim_{x\to0}\exp\left\{\frac{\mathrm{e}}{x}\ln\left(\frac{\mathrm{e}^x+\mathrm{e}^{2x}+\cdots+\mathrm{e}^{nx}}{n}\right)\right\}$$

$$=\exp\left\{\lim_{x\to0}\frac{\mathrm{e}(\ln(\mathrm{e}^x+\mathrm{e}^{2x}+\cdots+\mathrm{e}^{nx})-\ln n)}{x}\right\}$$

其中大括号内的极限是 $\frac{0}{0}$ 型未定式,由洛必达法则,有

$$\lim_{x\to0}\frac{\mathrm{e}(\ln(\mathrm{e}^x+\mathrm{e}^{2x}+\cdots+\mathrm{e}^{nx})-\ln n)}{x}=\lim_{x\to0}\frac{\mathrm{e}(\mathrm{e}^x+2\mathrm{e}^x+\cdots+n\mathrm{e}^{nx})}{\mathrm{e}^x+\mathrm{e}^{2x}+\cdots+\mathrm{e}^{nx}}$$

$$=\frac{\mathrm{e}(1+2+\cdots+n)}{n}(\frac{n+1}{2})\mathrm{e}$$

于是原式 $=\mathrm{e}^{(\frac{n+1}{2})\mathrm{e}}$.

三、解:由题设,知

$$f(0)=0,g(0)=0$$

令 $u=xt$,得

$$g(x)=\frac{\int_0^x f(u)\mathrm{d}u}{x} \quad x\neq0$$

从而

$$g'(x)=\frac{xf(x)-\int_0^x f(u)\mathrm{d}u}{x^2}\quad x\neq 0$$

由导数定义有

$$g'(0)=\lim_{x\to 0}\frac{\int_0^x f(u)\mathrm{d}u}{x^2}=\lim_{x\to 0}\frac{f(x)}{2x}=\frac{A}{2}$$

由于

$$\lim_{x\to 0}g'(x)=\lim_{x\to 0}\frac{xf(x)-\int_0^x f(u)\mathrm{d}u}{x^2}=\lim_{x\to 0}\frac{f(x)}{x}-\lim_{x\to 0}\frac{\int_0^x f(u)\mathrm{d}u}{x^2}$$

$$=A-\frac{A}{2}=\frac{A}{2}=g'(0)$$

从而知 $g'(x)$在 $x=0$ 处连续.

四、证法 1:由于区域 D 为一正方形,可以直接用对坐标曲线积分的计算法计算.

(1)左边$=\int_0^{\pi}\mathrm{e}^{\sin y}\mathrm{d}y-\int_{\pi}^0\pi\mathrm{e}^{-\sin x}\mathrm{d}x=\pi\int_0^{\pi}(\mathrm{e}^{\sin x}+\mathrm{e}^{-\sin x})\mathrm{d}x$.

右边 $=\int_0^{\pi}\mathrm{e}^{-\sin y}\mathrm{d}y-\int_{\pi}^0\pi\mathrm{e}^{\sin x}\mathrm{d}x=\pi\int_0^{\pi}(\mathrm{e}^{\sin x}+\mathrm{e}^{-\sin x})\mathrm{d}x$.

所以$\oint_L x\mathrm{e}^{\sin y}\mathrm{d}y-y\mathrm{e}^{-\sin x}\mathrm{d}y=\oint_L x\mathrm{e}^{-\sin y}\mathrm{d}y-y\mathrm{e}^{\sin x}\mathrm{d}x$.

(2)由 $\mathrm{e}^{\sin x}+\mathrm{e}^{-\sin x}\geqslant 2+\sin^2 x$,有

$$\oint_L x\mathrm{e}^{\sin y}\mathrm{d}y-y\mathrm{e}^{-\sin x}\mathrm{d}x=\pi\int_0^{\pi}(\mathrm{e}^{\sin x}+\mathrm{e}^{-\sin x})\mathrm{d}x\geqslant\frac{5}{2}\pi^2$$

证法 2:(1)根据格林公式,将曲线积分化为区域 D 上的二重积分

$$\oint_L x\mathrm{e}^{\sin y}\mathrm{d}y-y\mathrm{e}^{-\sin x}\mathrm{d}x=\iint_D(\mathrm{e}^{\sin y}+\mathrm{e}^{-\sin y})\mathrm{d}\delta$$

$$\oint_L x\mathrm{e}^{-\sin y}\mathrm{d}y-y\mathrm{e}^{\sin x}\mathrm{d}x=\iint_D(\mathrm{e}^{-\sin y}+\mathrm{e}^{\sin y})\mathrm{d}\delta$$

因为关于 $y=x$ 对称,所以

$$\iint_D(\mathrm{e}^{\sin y}+\mathrm{e}^{-\sin y})\mathrm{d}\delta=\iint_D(\mathrm{e}^{-\sin y}+\mathrm{e}^{\sin y})\mathrm{d}\delta$$

故

$$\oint_L x\mathrm{e}^{\sin y}\mathrm{d}y-y\mathrm{e}^{-\sin x}\mathrm{d}x=\oint_L x\mathrm{e}^{-\sin y}\mathrm{d}y-y\mathrm{e}^{\sin x}\mathrm{d}x$$

(2) 由 $e^t + e^{-t} = 2\sum_{n=0}^{\infty} \frac{t^{2n}}{(2n)!} \geqslant 2 + t^2$，有

$$\oint_L x e^{\sin y} dy - y e^{-\sin x} dx = \iint_D (e^{\sin y} + e^{-\sin x}) d\delta = \iint_D (e^{\sin y} + e^{-\sin x}) d\delta \geqslant \frac{5}{2}\pi^2$$

五、解：根据二阶线性非齐次微分方程解的结构的有关知识，由题设可知：e^{2x} 与 e^{-x} 是相应齐次方程两个线性无关的解，且 xe^x 是非齐次的一个特解. 因此可以用下述两种解法.

解法 1：故此方程式

$$y'' - y' - 2y = f(x)$$

将 $y = xe^x$ 代入上式，得

$$f(x) = (xe^x)'' - (xe^x)' - 2xe^x = 2e^x + xe^x - e^x - xe^x - 2xe^x = e^x - 2xe^x$$

因此所求方程为

$$y'' - y' - 2y = e^x - 2xe^x$$

解法 2：故 $y = xe^x + c_1 e^{2x} + c_2 e^{-x}$，是所求方程的通解，由

$$y' = e^x + xe^x + 2c_1 e^{2x} - c_2 e^{-x}$$

$$y'' = 2e^x + xe^x + 4c_1 e^{2x} + c_2 e^{-x}$$

消去 c_1，c_2 得所求方程为

$$y'' - y' - 2y = e^x - 2xe^x$$

六、解：因抛物线过原点，故 $c = 1$.

由题设有

$$\int_0^1 (ax^2 + bx) dx = \frac{a}{3} + \frac{b}{2} = \frac{1}{3}$$

即
$$b = \frac{2}{3}(1 - a)$$

而

$$V = \pi \int_0^1 (ax^2 + bx)^2 dx = \pi(\frac{1}{2}a^2 + \frac{1}{2}ab + \frac{1}{3}b^2)$$

$$= \pi[\frac{1}{5}a^2 + \frac{1}{3}a(1 - a) + \frac{1}{3} \times \frac{4}{9}(1 - a)^2]$$

令
$$\frac{dV}{da} = \pi[\frac{2}{5}a + \frac{1}{3} - \frac{2}{3}a - \frac{8}{27}(1 - a)] = 0$$

得 $a = -\frac{5}{4}$，代入 b 的表达式得 $b = \frac{3}{2}$，所以 $y \geqslant 0$.

又因$\frac{d^2V}{da^2}|_{a=-\frac{5}{4}}=\pi[\frac{2}{5}-\frac{2}{3}+\frac{8}{27}]=\frac{4}{135}\pi>0$及实际情况，当$a=-\frac{5}{4}$，$b=\frac{3}{2}$，$c=1$时，体积最小.

七、解：先解一阶常系数微分方程，求出$u_n(x)$的表达式，然后再求$\sum_{n=1}^{\infty}u_n(x)$的和.

由已知条件可知$u_n'(x)-u_n(x)=x^{n-1}e^x$是关于$u_n(x)$的一个一阶常系数线性微分方程，故其通解为

$$u_n(x)=e^{\int dx}(\int x^{n-1}e^x e^{-\int dx}dx+c)=e^x(\frac{x^n}{n}+c)$$

由条件$u_n(1)=\frac{e}{n}$，得$c=0$，故$u_n(x)=\frac{x^n e^x}{n}$，从而

$$\sum_{n=1}^{\infty}u_n(x)=\sum_{n=1}^{\infty}\frac{x^n e^x}{n}=e^x\sum_{n=1}^{\infty}\frac{x^n}{n}$$

$s(x)=\sum_{n=1}^{\infty}\frac{x^n}{n}$，其收敛域为$[-1,1)$，当$x\in(-1,1)$时，有

$$s'(x)=\sum_{n=1}^{\infty}x^{n-1}=\frac{1}{1-x}$$

故
$$s(x)=\int_0^x\frac{1}{1-t}dt=-\ln(1-x)$$

当$x=-1$时

$$\sum_{n=1}^{\infty}u_n(x)=-e^{-1}\ln 2$$

于是，当$-1\leqslant x<1$时，有

$$\sum_{n=1}^{\infty}u_n(x)=-e^x\ln(1-x)$$

八、解：$\int_0^{+\infty}x^{t^2}dt\leqslant\sum_{n=0}^{\infty}x^{n^2}\leqslant 1+\int_0^{+\infty}x^{t^2}dt$，有

$$\int_0^{+\infty}x^{t^2}dt=\int_0^{+\infty}e^{-t^2\ln\frac{1}{x}}dt=\frac{1}{\sqrt{\ln\frac{1}{n}}}\int_0^{+\infty}e^{-t^2}dt=\frac{1}{2}\sqrt{\frac{\pi}{\ln\frac{1}{x}}}\sim\frac{1}{2}\sqrt{\frac{\pi}{1-x}}$$

首届全国大学生数学竞赛决赛试卷及参考答案

（非数学类，2010）

一、计算下列各题（要求写出重要步骤）

(1)求极限 $\lim\limits_{n\to\infty}\sum\limits_{k=1}^{n-1}\left(1+\frac{k}{n}\right)\sin\frac{k\pi}{n^2}$.

(2)计算 $\iint\limits_{\Sigma}\frac{ax\mathrm{d}y\mathrm{d}z+(z+a)^2\mathrm{d}x\mathrm{d}y}{\sqrt{x^2+y^2+z^2}}$ 其中 Σ 为下半球面 $z=-\sqrt{a^2-y^2-x^2}$ 的上侧，$a>0$.

(3)现要设计一个容积为 V 的圆柱体容器. 已知上下两底的材料费为单位面积 a 元，而侧面的材料费为单位面积 b 元. 试给出最节省的设计方案：即高与上下底的直径之比为何值时所需费用最少？

(4)已知 $f(x)$ 在 $\left(\frac{1}{4},\frac{1}{2}\right)$ 内满足 $f'(x)=\frac{1}{\sin^3x+\cos^3x}$，求 $f(x)$.

二、求下列极限

(1) $\lim\limits_{n\to\infty}n\left(\left(1+\frac{1}{n}\right)^n-\mathrm{e}\right)$；

(2) $\lim\limits_{n\to\infty}\left(\frac{a^{\frac{1}{n}}+b^{\frac{1}{n}}+c^{\frac{1}{n}}}{3}\right)^n$，其中 $a>0,b>0,c>0$.

三、设 $f(x)$ 在点 $x=1$ 附近有定义，且在点 $x=1$ 可导，$f(1)=0,f'(1)=2$. 求 $\lim\limits_{x\to0}\frac{f(\sin^2x+\cos x)}{x^2+x\tan x}$.

四、设 $f(x)$ 在 $[0,+\infty)$ 上连续，无穷积分 $\int_0^{+\infty}f(x)\mathrm{d}x$ 收敛.

求 $\lim\limits_{y\to+\infty}\frac{1}{y}\int_0^y xf(x)\mathrm{d}x$.

五、设函数 $f(x)$ 在 $[0,1]$ 上连续，在 $(0,1)$ 内可微，且 $f(0)=f(1)=0$，$f\left(\frac{1}{2}\right)=1$. 证明：(1)存在 $\xi\in\left(\frac{1}{2},1\right)$ 使得 $f(\xi)=\xi$；(2) 存在 $\eta\in(0,\xi)$ 使得 $f'(\eta)=f(\eta)-\eta+1$.

六、设 $n>1$ 为整数

$$F(x)=\int_0^x e^{-t}\left(1+\frac{t}{1!}+\frac{t^2}{2!}+\cdots+\frac{t^n}{n!}\right)dt$$

证明:方程 $F(x)=\frac{n}{2}$ 在 $\left(\frac{n}{2},n\right)$ 内至少有一个根.

七、是否存在 $\mathbf{R}^1$ 中的可微函数 $f(x)$ 使得

$$f(f(x))=1+x^2+x^4-x^3-x^5$$

若存在,请给出一个例子;若不存在,请给出证明.

八、设 $f(x)$ 在 $[0,+\infty)$ 上一致连续,且对于固定的 $x\in[0,+\infty)$,当自然数 $n\to+\infty$ 时 $f(x+n)\to 0$. 证明:函数序列 $\{f(x+n)\mid n=1,2,\cdots\}$ 在 $[0,1]$ 上一致收敛于 0.

参考答案

一、解:(1) 记 $S_n=\sum_{k=1}^{n-1}(1+\frac{k}{n})\sin\frac{k\pi}{n^2}$,则

$$S_n=\sum_{k=1}^{n-1}\left(1+\frac{k}{n}\right)\left(\frac{k\pi}{n^2}+o(\frac{1}{n^2})\right)=\frac{\pi}{n^2}\sum_{k=1}^{n-1}k+\frac{\pi}{n^3}\sum_{k=1}^{n-1}k^2+o(\frac{1}{n})$$

$$\to\frac{\pi}{2}+\frac{\pi}{3}=\frac{5\pi}{6}$$

(2) 将 Σ(或分片后) 投影到相应坐标平面上化为二重积分逐块计算

$$I_1=\frac{1}{a}\iint_{\Sigma}ax\,dydz=-2\iint_{D_{yz}}\sqrt{a^2-(y^2+z^2)}\,dydz$$

其中 D_{yz} 为 yOz 平面上的半圆 $y^2+z^2\leqslant a^2,z\leqslant 0$. 利用极坐标,得

$$I_1=-2\int_{\pi}^{2\pi}d\theta\int_0^a\sqrt{a^2-r^2}\,rdr=-\frac{2}{3}\pi a^3$$

$$I_2=\frac{1}{a}\iint_{\Sigma}(z+a)^2dxdy=\frac{1}{a}\iint_{D_{xy}}[a-\sqrt{a^2-(x^2+y^2)}]^2dxdy$$

其中 D_{xy} 为 xOy 平面上的圆域 $x^2+y^2\leqslant a^2$. 利用极坐标,得

$$I_2=\frac{1}{a}\int_0^{2\pi}d\theta\int_0^a(2a^2-2a\sqrt{a^2-r^2}-r^2)rdr=\frac{\pi}{6}a^3$$

因此,$I=I_1+I_2=-\frac{\pi}{2}a^3$.

(3)设圆柱体容器的高为 h,上下底的半径为 r,则有

$$\pi r^2 h=V \text{ 或 } h=\frac{V}{\pi r^2}$$

所需费用为

$$F(r)=2a\pi r^2+2b\pi rh=2a\pi r^2+\frac{2bV}{r}$$

显然

$$F'(r)=4a\pi r-\frac{2bV}{r^2}$$

那么，费用最少意味着 $F'(r)=0$，也即

$$r^3=\frac{bV}{2a\pi}$$

这时高与底的直径之比为$\frac{h}{2r}=\frac{V}{2\pi r^3}=\frac{a}{b}$.

(4)由 $\sin^3 x+\cos^3 x=\frac{1}{\sqrt{2}}\cos(\frac{\pi}{4}-x)[1+2\sin^2(\frac{\pi}{4}-x)]$，得

$$I=\sqrt{2}\int\frac{\mathrm{d}x}{\cos(\frac{\pi}{4}-x)[1+2\sin^2(\frac{\pi}{4}-x)]}$$

令 $u=\frac{\pi}{4}-x$，得

$$I=-\sqrt{2}\int\frac{\mathrm{d}u}{\cos u(1+2\sin^2 u)}=-\sqrt{2}\int\frac{\mathrm{d}\sin u}{\cos^2 u(1+2\sin^2 u)}$$

$$\xlongequal{\text{令 } t=\sin u}-\sqrt{2}\int\frac{\mathrm{d}t}{(1-t^2)(1+2t^2)}=-\frac{\sqrt{2}}{3}\left[\int\frac{\mathrm{d}t}{1-t^2}+\int\frac{2\mathrm{d}t}{1+2t^2}\right]$$

$$=-\frac{\sqrt{2}}{3}\left[\frac{1}{2}\ln\left|\frac{1+t}{1-t}\right|+\sqrt{2}\arctan\sqrt{2}t\right]+C$$

$$=-\frac{\sqrt{2}}{6}\ln\left|\frac{1+\sin(\frac{\pi}{4}-x)}{1-\sin(\frac{\pi}{4}-x)}\right|-\frac{2}{3}\arctan(\sqrt{2}\sin(\frac{\pi}{4}-x))+C$$

二、解：(1)我们有

$$\left(1+\frac{1}{n}\right)^n-\mathrm{e}=\mathrm{e}^{1-\frac{1}{2n}+o(\frac{1}{n})}-\mathrm{e}=\mathrm{e}(\mathrm{e}^{-\frac{1}{2n}+o(\frac{1}{n})}-1)=\mathrm{e}\left\{[1-\frac{1}{2n}+o(\frac{1}{n})]-1\right\}$$

$$=\mathrm{e}\left[-\frac{1}{2n}+o(\frac{1}{n})\right]$$

因此 $$\lim_{n\to\infty} n\left[\left(1+\frac{1}{n}\right)^n-\mathrm{e}\right]=-\frac{\mathrm{e}}{2}$$

(2)由泰勒公式有

$$a^{\frac{1}{n}}=\mathrm{e}^{\frac{\ln a}{n}}=1+\frac{1}{n}\ln a+o\left(\frac{1}{n}\right)\quad n\to+\infty$$

$$b^{\frac{1}{n}}=\mathrm{e}^{\frac{\ln b}{n}}=1+\frac{1}{n}\ln b+o\left(\frac{1}{n}\right)\quad n\to+\infty$$

$$c^{\frac{1}{n}}=\mathrm{e}^{\frac{\ln c}{n}}=1+\frac{1}{n}\ln c+o\left(\frac{1}{n}\right)\quad n\to+\infty$$

因此

$$\frac{1}{3}\left(a^{\frac{1}{n}}+b^{\frac{1}{n}}+c^{\frac{1}{n}}\right)=1+\frac{1}{n}\ln\sqrt[3]{abc}+o\left(\frac{1}{n}\right)\quad n\to+\infty$$

$$\left(\frac{a^{\frac{1}{n}}+b^{\frac{1}{n}}+c^{\frac{1}{n}}}{3}\right)^n=\left[1+\frac{1}{n}\ln\sqrt[3]{abc}+o\left(\frac{1}{n}\right)\right]^n$$

令 $\alpha_n=\frac{1}{n}\ln\sqrt[3]{abc}+o\left(\frac{1}{n}\right)$,上式可改写成

$$\left(\frac{a^{\frac{1}{n}}+b^{\frac{1}{n}}+c^{\frac{1}{n}}}{3}\right)^n=\left[(1+\alpha_n)^{\frac{1}{\alpha_n}}\right]^{n\alpha_n}$$

显然

$$(1+\alpha_n)^{\frac{1}{\alpha_n}}\to\mathrm{e}\quad n\to+\infty$$

$$n\alpha_n\to\ln\sqrt[3]{abc}\quad n\to+\infty$$

所以 $$\lim_{n\to\infty}\left(\frac{a^{\frac{1}{n}}+b^{\frac{1}{n}}+c^{\frac{1}{n}}}{3}\right)^n=\sqrt[3]{abc}$$

三、解:由题设可知

$$\lim_{y\to1}\frac{f(y)-f(1)}{y-1}=\lim_{y\to1}\frac{f(y)}{y-1}=f'(1)=2$$

令 $y=\sin^2 x+\cos x$,那么当 $x\to0$ 时

$$y=\sin^2 x+\cos x\to1$$

故由上式有

$$\lim_{x\to0}\frac{f(\sin^2 x+\cos x)}{\sin^2 x+\cos x-1}=2$$

可见

$$\lim_{x\to0}\frac{f(\sin^2 x+\cos x)}{x^2+x\tan x}=\lim_{x\to0}\left(\frac{f(\sin^2 x+\cos x)}{\sin^2 x+\cos x-1}\cdot\frac{\sin^2 x+\cos x-1}{x^2+x\tan x}\right)$$

$$=2\lim_{x\to 0}\frac{\sin^2 x+\cos x-1}{x^2+x\tan x}=\frac{1}{2}$$

最后一步的极限可用常规的办法——洛必达法则或泰勒公式展开求出.

四、解: 设$\int_0^{+\infty} f(x)\mathrm{d}x = l$,并令

$$F(x) = \int_0^x f(t)\mathrm{d}t$$

这时,$F'(x)=f(x)$,并有

$$\lim_{x\to+\infty} F(x)=l$$

对于任意的 $y>0$,我们有

$$\frac{1}{y}\int_0^y xf(x)\mathrm{d}x = \frac{1}{y}\int_0^y x\mathrm{d}F(x) = \frac{1}{y}xF(x)\Big|_{x=0}^{x=y} - \frac{1}{y}\int_0^y F(x)\mathrm{d}x$$

$$= F(y) - \frac{1}{y}\int_0^y F(x)\mathrm{d}x$$

根据洛必达法则和变上限积分的求导公式,不难看出

$$\lim_{y\to+\infty}\frac{1}{y}\int_0^y F(x)\mathrm{d}x = \lim_{y\to+\infty} F(y) = l$$

因此
$$\lim_{y\to+\infty}\frac{1}{y}\int_0^y xf(x)\mathrm{d}x = l-l=0$$

五、证明:(1)令 $F(x)=f(x)-x$,则 $F(x)$在$[0,1]$上连续,且有

$$F\left(\frac{1}{2}\right)=\frac{1}{2}>0,F(1)=-1<0$$

所以,存在一个 $\xi\in\left(\frac{1}{2},1\right)$,使得 $F(\xi)=0$,即 $f(\xi)=\xi$.

(2)令 $G(x)=\mathrm{e}^{-x}[f(x)-x]$,那么 $G(0)=G(\xi)=0$.

这样,存在一个 $\eta\in(0,\xi)$,使得 $G'(\eta)=0$,即

$$G'(\eta)=\mathrm{e}^{-\eta}[f'(\eta)-1]-\mathrm{e}^{-\eta}[f(\eta)-\eta]=0$$

也即 $f'(\eta)=f(\eta)-\eta+1$. 证毕.

六、证明: 因为

$$\mathrm{e}^{-t}\left(1+\frac{t}{1!}+\frac{t^2}{2!}+\cdots+\frac{t^n}{n!}\right)<1 \quad \forall t>0$$

故有

$$F\left(\frac{n}{2}\right)=\int_0^{\frac{n}{2}}\mathrm{e}^{-t}\left(1+\frac{t}{1!}+\frac{t^2}{2!}+\cdots+\frac{t^n}{n!}\right)\mathrm{d}t<\frac{n}{2}$$

下面只需证明 $F(x)>\frac{n}{2}$ 即可. 我们有

$$F(n)=\int_0^n \mathrm{e}^{-t}\left(1+\frac{t}{1!}+\frac{t^2}{2!}+\cdots+\frac{t^n}{n!}\right)\mathrm{d}t=-\int_0^n\left(1+\frac{t}{1!}+\frac{t^2}{2!}+\cdots+\frac{t^n}{n!}\right)\mathrm{d}\mathrm{e}^{-t}$$

$$=1-\mathrm{e}^{-n}\left(1+\frac{n}{1!}+\frac{n^2}{2!}+\cdots+\frac{n^n}{n!}\right)+\int_0^n \mathrm{e}^{-t}\left(1+\frac{t}{1!}+\frac{t^2}{2!}+\cdots+\frac{t^{-1n}}{(n-1)!}\right)\mathrm{d}t$$

由此推出

$$\begin{aligned}F(n)&=\int_0^n \mathrm{e}^{-t}\left(1+\frac{t}{1!}+\frac{t^2}{2!}+\cdots+\frac{t^n}{n!}\right)\mathrm{d}t\\&=1-\mathrm{e}^{-n}\left(1+\frac{n}{1!}+\frac{n^2}{2!}+\cdots+\frac{n^n}{n!}\right)+\\&\quad 1-\mathrm{e}^{-n}\left(1+\frac{n}{1!}+\frac{n^2}{2!}+\cdots+\frac{n^{n-1}}{(n-1)!}\right)+\cdots+\\&\quad 1-\mathrm{e}^{-n}\left(1+\frac{n}{1!}\right)+1-\mathrm{e}^{-n}\end{aligned}\qquad (*)$$

记 $a_i=\frac{n^i}{i!}$,那么 $a_0=1<a_1<a_2<\cdots<a_n$. 我们观察下面的方阵

$$\begin{pmatrix}a_0&0&\cdots&0\\a_0&a_1&\cdots&0\\\vdots&\vdots&&\vdots\\a_0&a_1&\cdots&a_n\end{pmatrix}+\begin{pmatrix}a_0&a_1&\cdots&a_n\\0&a_1&\cdots&a_n\\\vdots&\vdots&&\vdots\\0&0&\cdots&a_n\end{pmatrix}=\begin{pmatrix}2a_0&a_1&\cdots&a_n\\a_0&2a_1&\cdots&a_n\\\vdots&\vdots&&\vdots\\a_0&a_1&\cdots&2a_n\end{pmatrix}$$

整个矩阵的所有元素之和为

$$(n+2)(1+a_1+a_2+\cdots+a_n)=(n+2)\left(1+\frac{n}{1!}+\frac{n^2}{2!}+\cdots+\frac{n^n}{n!}\right)$$

基于上述观察,由式(*)我们便得到

$$F(n)>n+1-\frac{(2+n)}{2}\mathrm{e}^{-n}\left(1+\frac{n}{1!}+\frac{n^2}{2!}+\cdots+\frac{n^n}{n!}\right)>n+1-\frac{n+2}{2}=\frac{n}{2}$$

证毕.

七、解:不存在.

解法 1:假设存在 $\mathbf{R}^1$ 中的可微函数 $f(x)$ 使得

$$f(f(x))=1+x^2+x^4-x^3-x^5$$

考虑方程

$$f(f(x))=x$$

即

$$1+x^2+x^4-x^3-x^5=x$$

或 $$(x-1)(x^4+x^2+1)=0$$
此方程有唯一实数根 $x=1$，即 $f(f(x))$ 有唯一不动点 $x=1$.

下面说明 $x=1$ 也是 $f(x)$ 的不动点.

事实上，令 $f(1)=t$，则 $f(t)=f(f(1))=1$，$f(f(t))=f(1)=t$，因此 $t=1$.

记 $g(x)=f(f(x))$，则一方面
$$[g(x)]'=[f(f(x))]'\Rightarrow g'(1)=(f'(1))^2\geqslant 0$$

另一方面，$g'(x)=(1+x^2+x^4-x^3-x^5)'=2x+4x^3-3x^2-5x^4$ 从而 $g'(1)=-2$. 矛盾.

所以，不存在 $\mathbf{R}^1$ 中的可微函数 $f(x)$ 使得 $f(f(x))=1+x^2+x^4-x^3-x^5$. 证毕.

解法 2：满足条件的函数不存在，理由如下.

首先，不存在 $x_k\to+\infty$，使 $f(x_k)$ 有界，否则 $f(f(x_k))=1+x_k^2+x_k^4-x_k^3-x_k^5$ 有界，矛盾. 因此
$$\lim_{x\to+\infty} f(x)=\infty$$
从而由连续函数的介值性有 $\lim\limits_{x\to+\infty} f(x)=+\infty$ 或 $\lim\limits_{x\to+\infty} f(x)=-\infty$.

若 $\lim\limits_{x\to+\infty} f(x)=+\infty$，则 $\lim\limits_{x\to+\infty} f(f(x))=\lim\limits_{y\to+\infty} f(y)=-\infty$，矛盾.

若 $\lim\limits_{x\to+\infty}=-\infty$，则 $\lim\limits_{x\to+\infty} f(f(x))=\lim\limits_{y\to+\infty} f(y)=+\infty$，矛盾.

因此，无论哪种情况都不可能.

八、证明：由于 $f(x)$ 在 $[0,+\infty)$ 上一致连续，故对于任意给定的 $\varepsilon>0$，存在一个 $\delta>0$，使得
$$|f(x_1)-f(x_2)|<\frac{\varepsilon}{2}$$
只要 $$|x_1-x_2|<\delta\quad x_1\geqslant 0, x_2\geqslant 0$$
取一个充分大的自然数 m，使得 $m>\delta^{-1}$，并在 $[0,1]$ 中取 m 个点
$$x_1=0<x_2<\cdots<x_m=1$$
其中 $x_j=\dfrac{j}{m}(j=1,2,\cdots,m)$. 这样，对于每一个 j
$$|x_{j+1}-x_j|=\frac{1}{m}<\delta$$
又由于 $\lim\limits_{n\to\infty} f(x+n)=0$，故对于每一个 x_j，存在一个 N_j 使得
$$|f(x_j+n)|<\frac{\varepsilon}{2}，只要\ n>N_j$$

这里的 ε 是前面给定的.

令 $N=\max\{N_1,\cdots,N_m\}$，那么

$$|f(x_j+n)|<\frac{\varepsilon}{2}\text{，只要 } n>N$$

其中 $j=1,2,\cdots,m$. 设 $x\in[0,1]$是任意一点，这时总有一个 x_j 使得 $x\in[x_j, x_{j+1}]$.

由 $f(x)$在$[0,+\infty)$上一致连续及$|x-x_j|<\delta$可知

$$|f(x_j+n)-f(x+n)|<\frac{\varepsilon}{2} \quad \forall n=1,2,\cdots$$

另一方面，我们已经知道

$$|f(x_j+n)|<\frac{\varepsilon}{2}\text{，只要 } n>N$$

这样，由后面证得的两个式子就得到

$$|f(x+n)|<\varepsilon\text{，只要 } n>N, x\in[0,1]$$

注意到这里的 N 的选取与点 x 无关，这就证实了函数序列$\{f(x+n)|n=1,2,\cdots\}$在$[0,1]$上一致收敛于 0.

第二届全国大学生数学竞赛预赛试卷及参考答案

（非数学类，2010）

一、计算下列各题(要求写出重要步骤)

(1)设 $x_n=(1+a)(1+a^2)\cdots(1+a^{2^n})$，其中$|a|<1$，求$\lim\limits_{n\to\infty}x_n$.

(2)求$\lim\limits_{n\to\infty}\mathrm{e}^{-x}\left(1+\dfrac{1}{x}\right)^{x^2}$.

(3)设 $s>0$，求 $I_n=\displaystyle\int_0^{+\infty}\mathrm{e}^{-sx}x^n\mathrm{d}x(n=1,2,\cdots)$.

(4)设函数 $f(t)$有二阶连续导数，$r=\sqrt{x^2+y^2}$，$g(x,y)=f\left(\dfrac{1}{r}\right)$，求$\dfrac{\partial^2 g}{\partial x^2}+\dfrac{\partial^2 g}{\partial y^2}$.

(5)求直线 $l_1:\begin{cases}x-y=0\\z=0\end{cases}$与直线 $l_2:\dfrac{x-2}{4}=\dfrac{y-1}{-2}=\dfrac{z-3}{-1}$的距离.

二、设函数 $f(x)$在$(-\infty,+\infty)$上具有二阶导数，并且$f''(x)>0$，$\lim\limits_{x\to+\infty}f'(x)=\alpha>0$，$\lim\limits_{x\to-\infty}f'(x)=\beta<0$，且存在一点 x_0，使得 $f(x_0)<0$. 证明：方程 $f(x)=0$ 在$(-\infty,+\infty)$恰有两个实根.

三、设函数 $y=f(x)$由参数方程$\begin{cases}x=2t+t^2\\y=\psi(t)\end{cases}$$(t>-1)$所确定，且$\dfrac{\mathrm{d}^2y}{\mathrm{d}x^2}=\dfrac{3}{4(1+t)}$，其中$\psi(t)$具有二阶导数，曲线 $y=\psi(t)$ 与 $y=\displaystyle\int_1^{t^2}\mathrm{e}^{-u^2}\mathrm{d}u+\frac{3}{2\mathrm{e}}$在 $t=1$ 处相切. 求函数 $\psi(t)$.

四、设 $a_n>0$，$S_n=\displaystyle\sum_{k=1}^{n}a_k$，证明：

(1) 当 $\alpha>1$ 时，级数$\displaystyle\sum_{n=1}^{+\infty}\frac{a_n}{S_n^{\alpha}}$ 收敛；

(2) 当 $\alpha\leqslant 1$，且 $S_n\to\infty(n\to\infty)$ 时，级数$\displaystyle\sum_{n=1}^{+\infty}\frac{a_n}{S_n^{\alpha}}$ 发散.

五、设 l 是过原点、方向为(α,β,γ)(其中 $\alpha^2+\beta^2+\gamma^2=1$)的直线，均匀椭球

$\frac{x^2}{a^2}+\frac{y^2}{b^2}+\frac{z^2}{c^2}\leqslant 1$(其中 $0<c<b<a$,密度为 1)绕 l 旋转.

(1) 求其转动惯量;

(2) 求其转动惯量关于方向(α,β,γ)的最大值和最小值.

六、设函数 $\varphi(x)$具有连续的导数,在围绕原点的任意光滑的简单闭曲线 C 上,曲线积分$\oint_L \frac{2xy\,\mathrm{d}x+\varphi(x)\mathrm{d}y}{x^4+y^2}=0$ 的值为常数.

(1) 设L为正向闭曲线$(x-2)^2+y^2=1$. 证明:$\oint_L \frac{2xy\,\mathrm{d}x+\varphi(x)\mathrm{d}y}{x^4+y^2}=0$.

(2) 求函数 $\varphi(x)$.

(3) 设 C 是围绕原点的光滑简单正向闭曲线,求$\oint_C \frac{2xy\,\mathrm{d}x+\varphi(x)\mathrm{d}y}{x^4+y^2}$.

参考答案

一、(1)解:将 x_n 恒等变形

$$\begin{aligned}x_n&=(1-a)\cdot(1+a)\cdot(1+a^2)\cdot\cdots\cdot(1+a^{2^n})\cdot\frac{1}{1-a}\\&=(1-a^2)\cdot(1+a^2)\cdot\cdots\cdot(1+a^{2^n})\cdot\frac{1}{1-a}\\&=(1-a^4)\cdot(1+a^4)\cdot\cdots\cdot(1+a^{2^n})\cdot\frac{1}{1-a}=\frac{1-a^{2^{n+1}}}{1-a}\end{aligned}$$

由于$|a|<1$,可知$\lim\limits_{n\to\infty}a^{2^n}=0$,从而

$$\lim_{n\to\infty}x_n=\frac{1}{1-a}$$

(2)解

$$\lim_{x\to\infty}\mathrm{e}^{-x}\left(1+\frac{1}{x}\right)^{x^2}=\lim_{x\to\infty}\left[\left(1+\frac{1}{x}\right)^x\mathrm{e}^{-1}\right]^x$$

$$=\exp\left\{\lim_{x\to\infty}\left[\ln\left(1+\frac{1}{x}\right)^x-1\right]x\right\}=\exp\left\{\lim_{x\to\infty}x\left[x\ln\left(1+\frac{1}{x}\right)-1\right]\right\}$$

$$=\exp\left\{\lim_{x\to\infty}x\left[x\left(\frac{1}{x}-\frac{1}{2x^2}+o\left(\frac{1}{x^2}\right)\right)-1\right]\right\}=\mathrm{e}^{-\frac{1}{2}}$$

(3)解:因为 $s>0$ 时,$\lim\limits_{x\to+\infty}\mathrm{e}^{-sx}x^n=0$,所以

$$I_n=-\frac{1}{s}\int_0^{+\infty}x^n\mathrm{d}\mathrm{e}^{-sx}=-\frac{1}{s}\left[x^n\mathrm{e}^{-sx}\Big|_0^{+\infty}-\int_0^{+\infty}\mathrm{e}^{-sx}\mathrm{d}x^n\right]=\frac{n}{s}I_{n-1}$$

由此得到

$$I_n=\frac{n}{s}I_{n-1}=\frac{n}{s}\cdot\frac{n-1}{s}I_{n-2}=\cdots=\frac{n!}{s^n}I_0=\frac{n!}{s^{n+1}}$$

(4)解：因为$\frac{\partial r}{\partial x}=\frac{x}{r},\frac{\partial r}{\partial y}=\frac{y}{r}$，所以

$$\frac{\partial g}{\partial x}=-\frac{x}{r^3}f'(\frac{1}{r}),\frac{\partial^2 g}{\partial x^2}=\frac{x^2}{r^6}f''(\frac{1}{r})+\frac{2x^2-y^2}{r^5}f'(\frac{1}{r})$$

利用对称性

$$\frac{\partial^2 g}{\partial x^2}+\frac{\partial^2 g}{\partial y^2}=\frac{1}{r^4}f''(\frac{1}{r})+\frac{1}{r^3}f'(\frac{1}{r})$$

(5)解：直线 l_1 的对称式方程 $l_1:\frac{x}{1}=\frac{y}{1}=\frac{z}{0}$. 记两直线的方向向量分别为 $\boldsymbol{l}_1=(1,1,0)$，$\boldsymbol{l}_2=(4,-2,-1)$，两直线上的定点分别为 $P_1(0,0,0)$和 $P_2(2,1,3)$，$\boldsymbol{a}=\overrightarrow{P_1P_2}=(2,1,3)$.

$\boldsymbol{l}_1\times\boldsymbol{l}_2=(-1,1,-6)$. 由向量的性质可知，两直线的距离

$$d=\left|\frac{\boldsymbol{a}\cdot(\boldsymbol{l}_1\times\boldsymbol{l}_2)}{|\boldsymbol{l}_1\times\boldsymbol{l}_2|}\right|=\frac{|-2+1-18|}{\sqrt{1+1+36}}=\frac{19}{\sqrt{38}}=\sqrt{\frac{19}{2}}$$

二、证法 1：由 $\lim\limits_{x\to-\infty}f'(x)=\alpha>0$ 必有一个充分大的 $a>x_0$，使得 $f'(a)>0$.

$f''(x)>0$ 知 $y=f(x)$是凹函数，从而

$$f(x)>f(a)+f'(a)(x-a)\quad x>a$$

当 $x\to+\infty$时

$$f(+\infty)+f'(a)(x-a)\to+\infty$$

故存在 $b>a$，使得

$$f(b)>f(a)+f'(a)(b-a)>0$$

同样，由 $\lim\limits_{x\to-\infty}f'(x)=\beta<0$，必有 $c<x_0$，使得 $f'(c)<0$.

$f''(x)>0$ 知 $y=f(x)$是凹函数，从而

$$f(x)>f(c)+f'(c)(x-c)\quad x<c$$

当 $x\to-\infty$时

$$f(-\infty)+f'(c)(x-c)\to+\infty$$

故存在 $d<c$，使得

$$f(d)>f(c)+f'(c)(d-c)>0$$

在$[x_0,b]$和$[d,x_0]$利用零点定理，$\exists\, x_1\in(x_0,b)$，$x_2\in(d,x_0)$使得

$$f(x_1)=f(x_2)=0$$

下面证明方程 $f(x)=0$ 在$(-\infty,+\infty)$只有两个实根.

用反证法.假设方程 $f(x)=0$ 在$(-\infty,+\infty)$内有三个实根,不妨设为 x_1,x_2,x_3,且 $x_1<x_2<x_3$.用 $f(x)$在区间$[x_1,x_2]$和$[x_2,x_3]$上分别应用洛尔定理,则各至少存在一点 $\xi_1(x_1<\xi_1<x_2)$和 $\xi_2(x_2<\xi_2<x_3)$,使得 $f'(\xi_1)=f'(\xi_2)=0$.再将 $f'(x)$在区间$[\xi_1,\xi_2]$上使用洛尔定理,则至少存在一点 $\eta(\xi_1<\eta<\xi_2)$,使 $f''(\eta)=0$.此与条件 $f''(x)>0$ 矛盾.从而方程 $f(x)=0$ 在$(-\infty,+\infty)$不能多于两个根.

证法 2:先证方程 $f(x)=0$ 至少有两个实根.

由 $\lim\limits_{x\to+\infty}f'(x)=\alpha>0$,必有一个充分大的 $a>x_0$,使得 $f'(a)>0$.

因 $f(x)$ 在 $(-\infty,+\infty)$ 上具有二阶导数,故 $f'(x)$ 及 $f''(x)$ 在 $(-\infty,+\infty)$均连续.由拉格朗日中值定理,对于 $x>a$ 有

$$\begin{aligned}f(x)-[f(a)+f'(a)(x-a)]&=f(x)-f(a)-f'(a)(x-a)\\&=f'(\xi)(x-a)-f'(a)(x-a)\\&=[f'(\xi)-f'(a)](x-a)\\&=f''(\eta)(\xi-a)(x-a)\end{aligned}$$

其中,$a<\xi<x,a<\eta<x$.注意到 $f''(\eta)>0$(因为 $f''(x)>0$),则

$$f(x)>f(a)+f'(a)(x-a)\quad x>a$$

又因 $f'(a)>0$,故存在 $b>a$,使得

$$f(b)>f(a)+f'(a)(b-a)>0$$

又已知 $f(x_0)<0$,由连续函数的中间值定理,至少存在一点 $x_1(x_0<x_1<b)$使得 $f(x_1)=0$.即方程 $f(x)=0$ 在$(x_0,+\infty)$上至少有一个根 x_1.

同理可证方程 $f(x)=0$ 在$(-\infty,x_0)$上至少有一个根 x_2.

下面证明方程 $f(x)=0$ 在$(-\infty,+\infty)$只有两个实根.(以下同证法 1)

三、解:因为

$$\frac{\mathrm{d}y}{\mathrm{d}x}=\frac{\psi'(t)}{2+2t},\frac{\mathrm{d}^2y}{\mathrm{d}x^2}=\frac{1}{2+2t}\cdot\frac{(2+2t)\psi''(t)-2\psi'(t)}{(2+2t)^2}$$

$$=\frac{(1+t)\psi''(t)-\psi'(t)}{4(1+t)^3}$$

由题设$\frac{\mathrm{d}^2y}{\mathrm{d}x^2}=\frac{3}{4(1+t)}$,故$\frac{(1+t)\psi''(t)-\psi'(t)}{4(1+t)^3}=\frac{3}{4(1+t)}$,从而

$$(1+t)\psi''(t)-\psi'(t)=3(1+t)^2$$

即 $$\psi''(t)-\frac{1}{1+t}\psi'(t)=3(1+t)$$

设 $u=\psi'(t)$，则有

$$u'-\frac{1}{1+t}u=3(1+t)$$

$$u=e^{\int\frac{1}{1+t}dt}\left[\int 3(1+t)e^{-\int\frac{1}{1+t}dt}dt+C_1\right]$$

$$=(1+t)\left[\int 3(1+t)(1+t)^{-1}dt+C_1\right]=(1+t)(3t+C_1)$$

由曲线 $y=\psi(t)$ 与 $y=\int_1^{t^2}e^{-u^2}du+\frac{3}{2e}$ 在 $t=1$ 处相切知 $\psi(1)=\frac{3}{2e}$，$\psi'(1)=\frac{2}{e}$.

所以 $u|_{t=1}=\psi'(1)=\frac{2}{e}$，知 $C_1=\frac{1}{e}-3$.

$\psi(t)=\int(1+t)(3t+C_1)dt=\int(3t^2+(3+C_1)t+C_1)dt=t^3+\frac{3+C_1}{2}t^2+C_1t+C_2$，由 $\psi(1)=\frac{3}{2e}$，知 $C_2=2$，于是

$$\psi(t)=t^3+\frac{1}{2e}t^2+(\frac{1}{e}-3)t+2\quad t>-1$$

四、证明：令 $f(x)=x^{1-\alpha}$，$x\in[S_{n-1},S_n]$. 将 $f(x)$ 在区间 $[S_{n-1},S_n]$ 上用拉格朗日中值定理，存在 $\xi\in(S_{n-1},S_n)$

$$f(S_n)-f(S_{n-1})=f'(\xi)(S_n-S_{n-1})$$

即 $$S_n^{1-\alpha}-S_{n-1}^{1-\alpha}=(1-\alpha)\xi^{-\alpha}a_n$$

(1)当 $\alpha>1$ 时

$$\frac{1}{S_{n-1}^{\alpha-1}}-\frac{1}{S_n^{\alpha-1}}=(\alpha-1)\frac{a_n}{\xi^\alpha}\geqslant(\alpha-1)\frac{a_n}{S_n^\alpha}$$

显然 $\left\{\frac{1}{S_{n-1}^{\alpha-1}}-\frac{1}{S_n^{\alpha-1}}\right\}$ 的前 n 项和有界，从而收敛，所以级数 $\sum\limits_{n=1}^{+\infty}\frac{a_n}{S_n^\alpha}$ 收敛.

(2)当 $\alpha=1$ 时，因为 $a_n>0$，S_n 单调递增，所以

$$\sum_{k=n+1}^{n+p}\frac{a_k}{S_k}\geqslant\frac{1}{S_{n+p}}\sum_{k=n+1}^{n+p}a_k=\frac{S_{n+p}-S_n}{S_{n+p}}=1-\frac{S_n}{S_{n+p}}$$

因为 $S_n\to+\infty$ 对任意 n，当 $p\in\mathbf{N}$，$\frac{S_n}{S_{n+p}}<\frac{1}{2}$，从而 $\sum\limits_{k=n+1}^{n+p}\frac{a_k}{S_k}\geqslant\frac{1}{2}$. 所以级

数 $\sum_{n=1}^{+\infty}\frac{a_n}{S_n^{\alpha}}$ 发散.

当 $\alpha<1$ 时，$\frac{a_n}{S_n^{\alpha}}\geqslant\frac{a_n}{S_n}$. 由 $\sum_{n=1}^{+\infty}\frac{a_n}{S_n}$ 发散及比较判别法，$\sum_{n=1}^{+\infty}\frac{a_n}{S_n^{\alpha}}$ 发散.

五、解：(1)设旋转轴 l 的方向向量为 $\boldsymbol{l}=(\alpha,\beta,\gamma)$，椭球内任意一点 $P(x,y,z)$ 的径向量为 $\boldsymbol{r}$，则点 P 到旋转轴 l 的距离的平方为

$$d^2=\boldsymbol{r}^2-(\boldsymbol{r}\cdot\boldsymbol{l})^2=(1-\alpha^2)x^2+(1-\beta^2)y^2+(1-\gamma^2)z^2-2\alpha\beta xy-2\beta\gamma yz-2\alpha\gamma xz$$

由积分区域的对称性可知

$$\iiint_{\Omega}(2\alpha\beta xy+2\beta\gamma yz+2\alpha\gamma xz)\mathrm{d}x\mathrm{d}y\mathrm{d}z=0\quad \Omega=\left\{(x,y,z)\,\middle|\,\left|\frac{x^2}{a^2}+\frac{y^2}{b^2}+\frac{z^2}{c^2}\right|\leqslant 1\right\}$$

而

$$\iiint_{\Omega}x^2\mathrm{d}x\mathrm{d}y\mathrm{d}z=\int_{-a}^{a}x^2\mathrm{d}x\iint_{\frac{y^2}{b^2}+\frac{z^2}{c^2}\leqslant 1-\frac{x^2}{a^2}}\mathrm{d}y\mathrm{d}z=\int_{-a}^{a}x^2\cdot\pi bc\left(1-\frac{x^2}{a^2}\right)\mathrm{d}x=\frac{4a^3bc\pi}{15}$$

$$\left(\text{或}\iiint_{\Omega}x^2\mathrm{d}x\mathrm{d}y\mathrm{d}z=\int_0^{2\pi}\mathrm{d}\theta\int_0^{\pi}\mathrm{d}\varphi\int_0^1 a^2r^2\sin^2\varphi\cos^2\theta\cdot abcr^2\sin\varphi\mathrm{d}r=\frac{4a^3bc\pi}{15}\right)$$

$$\iiint_{\Omega}y^2\mathrm{d}x\mathrm{d}y\mathrm{d}z=\frac{4ab^3c\pi}{15},\iiint_{\Omega}z^2\mathrm{d}x\mathrm{d}y\mathrm{d}z=\frac{4abc^3\pi}{15}$$

由转动惯量的定义

$$J_l=\iiint_{\Omega}d^2\mathrm{d}x\mathrm{d}y\mathrm{d}z=\frac{4abc\pi}{15}((1-\alpha^2)a^2+(1-\beta^2)b^2+(1-\gamma^2)c^2)$$

(2)考虑目标函数

$$V(\alpha,\beta,\gamma)=(1-\alpha^2)a^2+(1-\beta^2)b^2+(1-\gamma^2)c^2$$

在约束 $\alpha^2+\beta^2+\gamma^2=1$ 下的条件极值.

设拉格朗日函数为

$$L(\alpha,\beta,\gamma,\lambda)=(1-\alpha^2)a^2+(1-\beta^2)b^2+(1-\gamma^2)c^2+\lambda(\alpha^2+\beta^2+\gamma^2-1)$$

令

$$L_{\alpha}=2\alpha(\lambda-a^2)=0,L_{\beta}=2\beta(\lambda-b^2)=0,L_{\gamma}=2\gamma(\lambda-c^2)=0$$

$$L_{\lambda}=\alpha^2+\beta^2+\gamma^2-1=0$$

解得极值点为

$$Q_1(\pm 1,0,0,a^2),Q_2(0,\pm 1,0,b^2),Q_3(0,0,\pm 1,c^2)$$

比较可知，绕 z 轴(短轴)的转动惯量最大，为 $J_{\max}=\frac{4abc\pi}{15}(a^2+b^2)$；绕 x

轴(长轴)的转动惯量最小,为

$$J_{\min}=\frac{4abc\pi}{15}(b^2+c^2)$$

六、解:(1)设$\oint_L \frac{2xy\mathrm{d}x+\varphi(x)\mathrm{d}y}{x^4+y^2}=I$,闭曲线$L$由$L_i$,$i=1,2$组成.设$L_0$为不经过原点的光滑曲线,使得$L_0\cup L_1^-$(其中$L_1^-$为$L_1$的反向曲线)和$L_0\cup L_2$分别组成围绕原点的分段光滑闭曲线$C_i$,$i=1,2$.由曲线积分的性质和题设条件

$$\begin{aligned}\oint_L \frac{2xy\mathrm{d}x+\varphi(x)\mathrm{d}y}{x^4+y^2}&=\int_{L_1}+\int_{L_2}\frac{2xy\mathrm{d}x+\varphi(x)\mathrm{d}y}{x^4+y^2}\\&=\int_{L_2}+\int_{L_0}-\int_{L_0}-\int_{L_1^-}\frac{2xy\mathrm{d}x+\varphi(x)\mathrm{d}y}{x^4+y^2}\\&=\oint_{C_1}+\oint_{C_2}\frac{2xy\mathrm{d}x+\varphi(x)\mathrm{d}y}{x^4+y^2}=I-I=0\end{aligned}$$

(2) 设$P(x,y)=\frac{2xy}{x^4+y^2}$,$Q(x,y)=\frac{\varphi(x)}{x^4+y^2}$.

令$\frac{\partial Q}{\partial x}=\frac{\partial P}{\partial y}$,即$\frac{\varphi'(x)(x^4+y^2)-4x^3\varphi(x)}{(x^4+y^2)^2}=\frac{2x^5-2xy^2}{(x^4+y^2)^2}$,解得$\varphi(x)=-x^2$.

(3) 设D为正向闭曲线$C_a:x^4+y^2=1$所围区域,由(1)

$$\oint_C \frac{2xy\mathrm{d}x+\varphi(x)\mathrm{d}y}{x^4+y^2}=\oint_{C_a}\frac{2xy\mathrm{d}x-x^2\mathrm{d}y}{x^4+y^2}$$

利用格林公式和对称性

$$\oint_{C_a}\frac{2xy\mathrm{d}x+\varphi(x)\mathrm{d}y}{x^4+y^2}=\oint_{C_a}2xy\mathrm{d}x-x^2\mathrm{d}y=\iint_D(-4x)\mathrm{d}x\mathrm{d}y=0$$

第二届全国大学生数学竞赛决赛试卷及参考答案

(非数学类,2011)

一、计算下列各题(要求写出重要步骤)

(1) $\lim\limits_{x\to 0}\left(\dfrac{\sin x}{x}\right)^{\frac{1}{1-\cos x}}$;

(2) $\lim\limits_{n\to\infty}\left(\dfrac{1}{n+1}+\dfrac{1}{n+2}+\cdots+\dfrac{1}{n+n}\right)$;

(3) 已知 $\begin{cases}x=\ln(1+\mathrm{e}^{2t})\\ y=t-\arctan \mathrm{e}^{t}\end{cases}$,求 $\dfrac{\mathrm{d}^2y}{\mathrm{d}x^2}$.

二、求方程 $(2x+y-4)\mathrm{d}x+(x+y-1)\mathrm{d}y=0$ 的通解.

三、设函数 $f(x)$ 在 $x=0$ 的某邻域内有二阶连续导数,且 $f(0)$, $f'(0)$, $f''(0)$ 均不为零. 证明:存在唯一一组实数 k_1,k_2,k_3,使得

$$\lim_{h\to 0}\frac{k_1f(h)+k_2f(2h)+k_3f(3h)-f(0)}{h^2}=0$$

四、设 $\Sigma_1:\dfrac{x^2}{a^2}+\dfrac{y^2}{b^2}+\dfrac{z^2}{c^2}=1$,其中 $a>b>c>0$,$\Sigma_2:z^2=x^2+y^2$,Γ 为 Σ_1 和 Σ_2 的交线. 求椭球面 Σ_1 在 Γ 上各点的切平面到原点距离的最大值和最小值.

五、已知 S 是空间曲线 $\begin{cases}x^2+3y^2=1\\ z=0\end{cases}$ 绕 y 轴旋转形成的椭球面的上半部分($z\geqslant 0$)(取上侧),Π 是 S 在点 $P(x,y,z)$ 处的切平面,$\rho(x,y,z)$ 是原点到切平面 Π 的距离,λ,μ,ν 表示 S 的正法向的方向余弦.

计算:(1) $\displaystyle\iint\limits_S\frac{z}{\rho(x,y,z)}\mathrm{d}S$;(2) $\displaystyle\iint\limits_S z(\lambda x+3\mu y+\nu z)\mathrm{d}S$.

六、设 $f(x)$ 是在 $(-\infty,+\infty)$ 内的可微函数,且 $|f'(x)|<mf(x)$,其中 $0<m<1$. 任取实数 a_0,定义 $a_n=\ln f(a_{n-1})$,$n=1,2,\cdots$. 证明:$\sum\limits_{n=1}^{+\infty}(a_n-a_{n-1})$ 绝对收敛.

七、是否存在区间 $[0,2]$ 上的连续可微函数 $f(x)$,满足 $f(0)=f(2)=1$,$|f'(x)|\leqslant 1$,$\left|\int_0^2 f(x)\mathrm{d}x\right|\leqslant 1$?请说明理由.

参考答案

一、解：(1)

$$\text{原式}=\exp\lim_{x\to 0}\frac{1}{1-\cos x}\left(\frac{\sin x}{x}-1\right)$$

$$=\exp\lim_{x\to 0}\frac{1}{1-\cos x}\cdot\frac{\sin x-x}{x}=\exp\lim_{x\to 0}\frac{-\frac{1}{6}x^3}{\frac{1}{2}x^3}$$

$$=\mathrm{e}^{-\frac{1}{3}}\quad x-\sin x\sim\frac{1}{6}x^3$$

(2)因为 $I=\lim\limits_{n\to\infty}\left(\frac{1}{1+\frac{1}{n}}+\frac{1}{1+\frac{2}{n}}+\cdots+\frac{1}{1+\frac{n}{n}}\right)\frac{1}{n}=\lim\limits_{n\to\infty}\sum\limits_{i=1}^{n}\frac{1}{i+\frac{i}{n}}\frac{1}{n}$，取 $\xi_i=\frac{i}{n}$，则得被积函数为 $f(x)=\frac{1}{1+x}$，积分区间 $[0,1]$，于是 $I=\int_0^1\frac{1}{1+x}\mathrm{d}x=\ln(1+x)\Big|_0^1=\ln 2$.

(3) $$\frac{\mathrm{d}y}{\mathrm{d}x}=\frac{1-\frac{\mathrm{e}^t}{1+\mathrm{e}^{2t}}}{\frac{2\mathrm{e}^{2t}}{1+\mathrm{e}^{2t}}}=\frac{1+\mathrm{e}^{2t}-\mathrm{e}^t}{2\mathrm{e}^{2t}}=\frac{1}{2}(\mathrm{e}^{-2t}+1-\mathrm{e}^{-t}).$$

$$\frac{\mathrm{d}^2y}{\mathrm{d}x^2}=\frac{\mathrm{d}\left(\frac{\mathrm{d}y}{\mathrm{d}x}\right)}{\mathrm{d}x}=\frac{\frac{1}{2}(-2\mathrm{e}^{-2t}+\mathrm{e}^{-t})}{\frac{2\mathrm{e}^{2t}}{1+\mathrm{e}^{2t}}}=\frac{1}{4}(-2\mathrm{e}^{-4t}+\mathrm{e}^{-3t}-2\mathrm{e}^{-2t}+\mathrm{e}^{-t}).$$

二、解：所给方程改写为

$$(2x\mathrm{d}x+y\mathrm{d}y)+(y\mathrm{d}x+x\mathrm{d}y)-(4\mathrm{d}x+\mathrm{d}y)=0$$

即 $$\mathrm{d}\left(x^2+\frac{1}{2}y^2\right)+\mathrm{d}(xy)-\mathrm{d}(4x+y)=0$$

故所求通解为

$$x^2+\frac{1}{2}y^2+xy-(4x+y)=C$$

三、解：由条件

$$0=\lim_{h\to 0}[k_1f(h)+k_2f(2h)+k_3f(3h)-f(0)]=(k_1+k_2+k_3-1)f(0)$$

因 $f(0)\neq 0$，所以

$$k_1+k_2+k_3-1=0$$

又

$$0=\lim_{h\to 0}\frac{k_1 f(h)+k_2 f(2h)+k_3 f(3h)-f(0)}{h}$$
$$=\lim_{h\to 0}[k_1 f'(h)+2k_2 f'(2h)+3k_3 f'(3h)]=(k_1+2k_2+3k_3)f'(0)$$

因 $f'(0)\neq 0$，所以

$$k_1+2k_2+3k_3=0$$

再由

$$0=\lim_{h\to 0}\frac{k_1 f(h)+k_2 f(2h)+k_3 f(3h)-f(0)}{h^2}$$
$$=\lim_{h\to 0}\frac{k_1 f'(h)+2k_2 f'(2h)+3k_3 f'(3h)}{2h}$$
$$=\frac{1}{2}\lim_{h\to 0}[k_1 f''(h)+4k_2 f''(2h)+9k_3 f''(3h)]$$
$$=\frac{1}{2}[k_1+4k_2+9k_3]f''(0)$$

因 $f''(0)\neq 0$，所以 $k_1+4k_2+9k_3=0$. 因此 k_1,k_2,k_3 应满足线性方程组

$$\begin{cases}k_1+k_2+k_3-1=0\\ k_1+2k_2+3k_3=0\\ k_1+4k_2+9k_3=0\end{cases}$$

因其系数行列式 $\begin{vmatrix}1&1&1\\1&2&3\\1&4&9\end{vmatrix}=2\neq 0$，所以存在唯一一组实数 k_1,k_2,k_3，使得

$$\lim_{h\to 0}\frac{k_1 f(h)+k_2 f(2h)+k_3 f(3h)-f(0)}{h^2}=0$$

四、解：椭球面 Σ_1 上任意一点 $P(x,y,z)$ 处的切平面方程是

$$\frac{x}{a^2}(X-x)+\frac{y}{b^2}(Y-y)+\frac{z}{c^2}(Z-z)=0$$

或 $\quad \frac{x}{a^2}X+\frac{y}{b^2}Y+\frac{z}{c^2}Z=1 \quad$ 由 $P(x,y,z)\in\Sigma_1$

于是它到原点的距离

$$d(x,y,z)=\frac{1}{\sqrt{(\frac{x^2}{a^4})+(\frac{y^2}{b^4})+(\frac{z^2}{c^4})}}$$

作拉格朗日函数

$$F(x,y,z,\lambda,\mu)=\frac{x^2}{a^4}+\frac{y^2}{b^4}+\frac{z^2}{c^4}+\lambda\left(\frac{x^2}{a^2}+\frac{y^2}{b^2}+\frac{z^2}{c^2}-1\right)+\mu(x^2+y^2-z^2)$$

令

$$\begin{cases} F_x=2\left(\dfrac{1}{a^4}+\dfrac{\lambda}{a^2}+\mu\right)x=0 \\ F_y=2\left(\dfrac{1}{b^4}+\dfrac{\lambda}{b^2}+\mu\right)y=0 \\ F_z=2\left(\dfrac{1}{c^4}+\dfrac{\lambda}{c^2}-\mu\right)z=0 \\ F_\lambda=\dfrac{x^2}{a^2}+\dfrac{y^2}{b^2}+\dfrac{z^2}{c^2}-1=0 \\ F_\mu=x^2+y^2-z^2=0 \end{cases}$$

由第一个方程得 $x=0$,代入后两个方程得 $y=\pm z=\pm\dfrac{bc}{\sqrt{b^2+c^2}}$;同理;由第一个方程得 $y=0$,代入后两个方程得 $x=\pm z=\pm\dfrac{ac}{\sqrt{a^2+c^2}}$,且

$$\left.\frac{x^2}{a^4}+\frac{y^2}{b^4}+\frac{z^2}{c^4}\right|_{\left(0,\frac{bc}{\sqrt{b^2+c^2}},\pm\frac{bc}{\sqrt{b^2+c^2}}\right)}=\frac{b^4+c^4}{b^2c^2(b^2+c^2)}$$

$$\left.\frac{x^2}{a^4}+\frac{y^2}{b^4}+\frac{z^2}{c^4}\right|_{\left(\frac{ac}{\sqrt{a^2+c^2}},0,\pm\frac{ac}{\sqrt{a^2+c^2}}\right)}=\frac{a^4+c^4}{a^2c^2(a^2+c^2)}$$

为比较以上两值的大小,设 $f(x)=\dfrac{x^4+c^4}{x^2c^2(x^2+c^2)}(0<b<x<a)$,则

$$f'(x)=\frac{2x(x^4-2c^2x^2-c^4)}{x^4(x^2+c^2)^2}=\frac{2x(x^2-c^2)^2-2c^4}{x^4(x^2+c^2)^2}$$

$$=\frac{2x(x^2-c^2+\sqrt{2}c^2)(x^2-c^2-\sqrt{2}c^2)}{x^4(x^2+c^2)^2}$$

如果要 $f'(x)>0$,须将原条件 $a>b>c>0$ 加强为 $a>b>\sqrt{1+\sqrt{2}}c$. 从而得到 $f(x)$在$[b,a]$单调增,从而 $f(a)>f(b)$,从而原问题的最大值为 $bc\sqrt{\dfrac{b^2+c^2}{b^4+c^4}}$,最小值为 $ac\sqrt{\dfrac{a^2+c^2}{a^4+c^4}}$.

注:是不是还该讨论 $f'(x)<0$ 的情形,请自己思考.

五、解:(1)由题设,S 的方程为

$$x^2+3y^2+z^2=1 \quad z\geqslant 0$$

设(X,Y,Z)为切平面Π上任意一点，则Π的方程为$xX+3yY+zZ=1$，从而由点到平面的距离公式以及$P(x,y,z)\in S$得

$$\rho(x,y,z)=(x^2+9y^2+z^2)^{-\frac{1}{2}}=(1+6y^2)^{-\frac{1}{2}}$$

由S为上半椭球面$z=\sqrt{1-x^2-3y^2}$知

$$z_x=-\frac{x}{\sqrt{1-x^2-3y^2}},z_y=-\frac{3y}{\sqrt{1-x^2-3y^2}}$$

于是
$$\mathrm{d}S=\sqrt{1+z_x^2+z_y^2}=\frac{\sqrt{1+6y^2}}{\sqrt{1-x^2-3y^2}}$$

又S在xOy平面上的投影为$D_{xy}:x^2+3y^2\leqslant 1$，故

$$\iint_S \frac{z}{\rho(x,y,z)}\mathrm{d}S=\iint_{D_{xy}}\sqrt{1-x^2-3y^2}\cdot\frac{1}{(1+6y^2)^{-\frac{1}{2}}}\frac{\sqrt{1+6y^2}}{\sqrt{1-x^2-3y^2}}\mathrm{d}x\mathrm{d}y$$
$$=\iint_{D_{xy}}(1+6y^2)\mathrm{d}x\mathrm{d}y=\frac{\sqrt{3}}{2}\pi$$

其中

$$\iint_{D_{xy}}\mathrm{d}x\mathrm{d}y=\pi\cdot 1\cdot\frac{1}{\sqrt{3}}=\frac{\pi}{\sqrt{3}}$$

令$\begin{cases}x=r\cos\theta\\ y=\dfrac{1}{\sqrt{3}}r\sin\theta\end{cases}$（广义极坐标），则

$$\iint_{D_{xy}}6y^2\mathrm{d}x\mathrm{d}y=6\cdot\frac{1}{\sqrt{3}}\int_0^{2\pi}\sin^2\theta\mathrm{d}\theta\int_0^1\frac{1}{3}r^3\mathrm{d}r=\frac{1}{2\sqrt{3}}\int_0^{2\pi}\frac{1-\cos 2\theta}{2}\mathrm{d}\theta=\frac{\pi}{2\sqrt{3}}$$

(2)由于S取上侧，故正法向量

$$\boldsymbol{n}=\left(\frac{x}{\sqrt{x^2+(3y)^2+z^2}},\frac{3y}{\sqrt{x^2+(3y)^2+z^2}},\frac{z}{\sqrt{x^2+(3y)^2+z^2}}\right)$$

所以

$$\lambda=\frac{x}{\sqrt{x^2+(3y)^2+z^2}},\mu=\frac{3y}{\sqrt{x^2+(3y)^2+z^2}},v=\frac{z}{\sqrt{x^2+(3y)^2+z^2}}$$

$$\iint_S z(\lambda x+3\mu y+vz)\mathrm{d}S=\iint_S z\cdot\frac{x^2+9y^2+z^2}{\sqrt{x^2+9y^2+z^2}}\mathrm{d}S=\iint_S\frac{z}{\rho(x,y,z)}\mathrm{d}S=\frac{\sqrt{3}}{2}\pi$$

六、证明：因

$$|a_n-a_{n-1}|=|\ln f(a_{n-1})-\ln f(a_{n-2})|$$

$$=\left|\frac{f'(\xi)}{f(\xi)}(a_n-a_{n-1})\right| \quad \xi \text{介于} a_n, a_{n-1} \text{之间}$$

$$\leqslant m|a_{n-1}-a_{n-2}|\leqslant m^2|a_{n-2}-a_{n-3}|\leqslant\cdots\leqslant m^{n-1}|a_1-a_0|$$

而 $0<m<1$,从而 $\sum\limits_{n=1}^{+\infty}(a_n-a_{n-1})$ 绝对收敛.

七、解:不存在满足题设条件的函数.

以下用反证法证明.

假设在$[0,2]$上连续、可微,且满足 $f(0)=f(2)=1$,$|f'(x)|\leqslant 1$,$\left|\int_0^2 f(x)\mathrm{d}x\right|\leqslant 1$,则对 $f(x)$,当 $x\in(0,1]$ 时,用拉格朗日中值定理,得

$$f(x)-f(0)=f'(\xi_1)x \quad 0<\xi_1<x$$

即
$$f(x)=1+f'(\xi_1)x \quad x\in(0,1]$$

利用$|f'(x)|\leqslant 1$,得

$$f(x)\geqslant 1-x \quad x\in(0,1]$$

由 $f(0)=1$ 知,$f(x)\geqslant 1-x$ 在$[0,1]$上成立. 同理 $x\in[1,2)$时,有

$$f(2)-f(x)=f'(\xi_2)(2-x) \quad x<\xi_2<2$$

即
$$f(x)=1+f'(\xi_2)(x-2) \quad x\in[1,2)$$

利用$|f'(x)|\leqslant 1$,得

$$f(x)\geqslant 1+(x-2)=x-1 \quad x\in[1,2)$$

由 $f(2)=1$ 知,$f(x)\geqslant 1-x$ 在$[1,2]$上成立. 所以

$$\int_0^2 f(x)\mathrm{d}x=\int_0^1 f(x)\mathrm{d}x+\int_1^2 f(x)\mathrm{d}x>\int_0^1(1-x)\mathrm{d}x+\int_1^2(x-1)\mathrm{d}x$$

$$=-\frac{1}{2}(1-x)^2\Big|_0^1+\frac{1}{2}(x-1)^2\Big|_1^2=1$$

矛盾.

第三届全国大学生数学竞赛预赛试卷及参考答案

（非数学类，2011）

一、计算下列各题（要求写出重要步骤）

(1) $\lim\limits_{x\to 0}\dfrac{(1+x)^{\frac{2}{x}}-\mathrm{e}^2(1-\ln(1+x))}{x}$.

(2) 设 $a_n=\cos\dfrac{\theta}{2}\cdot\cos\dfrac{\theta}{2^2}\cdot\cdots\cdot\cos\dfrac{\theta}{2^n}$，求 $\lim\limits_{n\to\infty}a_n$.

(3) 求 $\iint\limits_D \operatorname{sgn}(xy-1)\,\mathrm{d}x\mathrm{d}y$，其中 $D=\{(x,y)\mid 0\leqslant x\leqslant 2, 0\leqslant y\leqslant 2\}$.

(4) 求幂级数 $\sum\limits_{n=1}^{\infty}\dfrac{2n-1}{2^n}x^{2n-2}$ 的和函数，并求级数 $\sum\limits_{n=1}^{\infty}\dfrac{2n-1}{2^{2n-1}}$ 的和.

二、设 $\{a_n\}_{n=0}^{\infty}$ 为数列，a,λ 为有限数，求证：

(1) 如果 $\lim\limits_{n\to\infty}a_n=a$，则 $\lim\limits_{n\to\infty}\dfrac{a_1+a_2+\cdots+a_n}{n}=a$.

(2) 如果存在正整数 p，使得 $\lim\limits_{n\to\infty}(a_{n+p}-a_n)=\lambda$，则 $\lim\limits_{n\to\infty}\dfrac{a_n}{n}=\dfrac{\lambda}{p}$.

三、设函数 $f(x)$ 在闭区间 $[-1,1]$ 上具有连续的三阶导数，且 $f(-1)=0$，$f(1)=1$，$f'(0)=0$. 求证：在开区间 $(-1,1)$ 内至少存在一点 x_0，使得 $f'''(x_0)=3$.

四、在平面上，有一条从点 $(a,0)$ 向右的射线，其线密度为 ρ. 在点 $(0,h)$ 处（其中 $h>0$）有一质量为 m 的质点. 求射线对该质点的引力.

五、设 $z=z(x,y)$ 是由方程 $F\left(z+\dfrac{1}{x},z-\dfrac{1}{y}\right)=0$ 确定的隐函数，且具有连续的二阶偏导数. 求证：$x^2\dfrac{\partial z}{\partial x}+y^2\dfrac{\partial z}{\partial y}=0$ 和 $x^3\dfrac{\partial^2 z}{\partial x^2}+xy(x+y)\dfrac{\partial^2 z}{\partial x\partial y}+y^3\dfrac{\partial^2 z}{\partial y^2}=0$.

六、设函数 $f(x)$ 连续，a,b,c 为常数，Σ 是单位球面 $x^2+y^2+z^2=1$. 记第一型曲面积分 $I=\iint\limits_{\Sigma}f(ax+by+cz)\mathrm{d}S$. 求证：$I=2\pi\int_{-1}^{1}f(\sqrt{a^2+b^2+c^2}\,u)\mathrm{d}u$.

参考答案

一、(1)解:因为

$$\frac{(1+x)^{\frac{2}{x}}-e^2(1-\ln(1+x))}{x}=\frac{e^{\frac{2}{x}\ln(1+x)}-e^2(1-\ln(1+x))}{x}$$

$$\lim_{x\to 0}\frac{e^2\ln(1+x)}{x}=e^2$$

$$\lim_{x\to 0}\frac{e^{\frac{2}{x}\ln(1+x)}-e^2}{x}=e^2\lim_{x\to 0}\frac{e^{\frac{2}{x}\ln(1+x)-2}-1}{x}=e^2\lim_{x\to 0}\frac{\frac{2}{x}\ln(1+x)-2}{x}$$

$$=2e^2\lim_{x\to 0}\frac{\ln(1+x)-x}{x^2}=2e^2\lim_{x\to 0}\frac{\frac{1}{1+x}-1}{2x}=-e^2$$

所以

$$\lim_{x\to 0}\frac{(1+x)^{\frac{2}{x}}-e^2(1-\ln(1+x))}{x}=0$$

(2)解:若 $\theta=0$,则 $\lim\limits_{n\to\infty}a_n=1$.

若 $\theta\neq 0$,则当 n 充分大,使得 $2^n>|k|$ 时

$$a_n=\cos\frac{\theta}{2}\cdot\cos\frac{\theta}{2^2}\cdot\cdots\cdot\cos\frac{\theta}{2^n}$$

$$=\cos\frac{\theta}{2}\cdot\cos\frac{\theta}{2^2}\cdot\cdots\cdot\cos\frac{\theta}{2^n}\cdot\sin\frac{\theta}{2^n}\cdot\frac{1}{\sin\frac{\theta}{2^n}}$$

$$=\cos\frac{\theta}{2}\cdot\cos\frac{\theta}{2^2}\cdot\cdots\cdot\cos\frac{\theta}{2^{n-1}}\cdot\frac{1}{2}\cdot\sin\frac{\theta}{2^{n-1}}\cdot\frac{1}{\sin\frac{\theta}{2^n}}$$

$$=\cos\frac{\theta}{2}\cdot\cos\frac{\theta}{2^2}\cdot\cdots\cdot\cos\frac{\theta}{2^{n-2}}\cdot\frac{1}{2^2}\cdot\sin\frac{\theta}{2^{n-2}}\cdot\frac{1}{\sin\frac{\theta}{2^n}}$$

$$=\frac{\sin\theta}{2^n\sin\frac{\theta}{2^n}}$$

这时,$\lim\limits_{n\to\infty}a_n=\lim\limits_{n\to\infty}\dfrac{\sin\theta}{2^n\sin\frac{\theta}{2^n}}=\dfrac{\sin\theta}{\theta}$.

(3)解：设

$$D_1=\{(x,y)\mid 0\leqslant x\leqslant \frac{1}{2},0\leqslant y\leqslant 2\}$$

$$D_2=\{(x,y)\mid \frac{1}{2}\leqslant x\leqslant 2,0\leqslant y\leqslant \frac{1}{x}\}$$

$$D_3=\{(x,y)\mid \frac{1}{2}\leqslant x\leqslant 2,\frac{1}{x}\leqslant y\leqslant 2\}$$

$$\iint\limits_{D_1\cup D_2}\mathrm{d}x\mathrm{d}y=1+\int_{\frac{1}{2}}^{2}\frac{\mathrm{d}x}{x}=1+2\ln 2,\iint\limits_{D_3}\mathrm{d}x\mathrm{d}y=3-2\ln 2$$

$$\iint\limits_{D}\mathrm{sgn}(xy-1)\mathrm{d}x\mathrm{d}y=\iint\limits_{D_3}\mathrm{d}x\mathrm{d}y-\iint\limits_{D_2\cup D_3}\mathrm{d}x\mathrm{d}y=2-4\ln 2$$

(4)解：令 $S(x)=\sum\limits_{n=1}^{\infty}\frac{2n-1}{2^n}x^{2n-2}$，则其定义区间为$(-\sqrt{2},\sqrt{2})$. $\forall x\in(-\sqrt{2},\sqrt{2})$，有

$$\int_0^x S(t)\mathrm{d}t=\sum_{n=1}^{\infty}\int_0^x\frac{2n-1}{2^n}t^{2n-2}\mathrm{d}t=\sum_{n=1}^{\infty}\frac{x^{2n-1}}{2^n}=\frac{x}{2}\sum_{n=1}^{\infty}\left(\frac{x^2}{2}\right)^{n-1}=\frac{x}{2-x^2}$$

于是

$$S(x)=\left(\frac{x}{2-x^2}\right)'=\frac{2+x^2}{(2-x^2)^2}\quad x\in(-\sqrt{2},\sqrt{2})$$

$$\sum_{n=1}^{\infty}\frac{2n-1}{2^{2n-1}}=\sum_{n=1}^{\infty}\frac{2n-1}{2^n}\left(\frac{1}{\sqrt{2}}\right)^{2n-2}=S\left(\frac{1}{\sqrt{2}}\right)=\frac{10}{9}$$

二、证明：(1)由$\lim\limits_{n\to\infty}a_n=a$，$\exists M>0$ 使得$|a_n|\leqslant M$，且$\forall\varepsilon>0$，$\exists N_1\in\mathbf{N}$，当$n>N_1$ 时

$$|a_n-a|<\frac{\varepsilon}{2}$$

因为$\exists N_2>N_1$，当 $n>N_2$ 时，$\frac{N_1(M+|a|)}{n}<\frac{\varepsilon}{2}$. 于是

$$\left|\frac{a_1+\cdots+a_n}{n}-a\right|\leqslant\frac{N_1(M+|a|)}{n}\frac{\varepsilon}{2}+\frac{(n-N_1)}{n}\frac{\varepsilon}{2}<\varepsilon$$

所以

$$\lim_{n\to\infty}\frac{a_1+a_2+\cdots+a_n}{n}=a$$

(2)对于 $i=0,1,\cdots,p-1$，令 $A_n^{(i)}=a_{(n+1)p+i}-a_{np+i}$，易知$\{A_n^{(i)}\}$为$\{a_{n+p}-a_n\}$的子列.

由$\lim\limits_{n\to\infty}(a_{n+p}-a_n)=\lambda$，知$\lim\limits_{n\to\infty}A_n^{(i)}=\lambda$，从而

$$\lim_{n\to\infty}\frac{A_1^{(i)}+A_2^{(i)}+\cdots+A_n^{(i)}}{n}=\lambda$$

而$A_1^{(i)}+A_2^{(i)}+\cdots+A_n^{(i)}=a_{(n+1)p+i}-a_{p+i}$，所以

$$\lim_{n\to\infty}\frac{a_{(n+1)p+i}-a_{p+i}}{n}=\lambda$$

由$\lim\limits_{n\to\infty}\frac{a_{p+i}}{n}=0$，知

$$\lim_{n\to\infty}\frac{a_{(n+1)p+i}}{n}=\lambda$$

从而 $$\lim_{n\to\infty}\frac{a_{(n+1)p+i}}{(n+1)p+i}=\lim_{n\to\infty}\frac{n}{(n+1)p+i}\cdot\frac{a_{(n+1)p+i}}{n}=\frac{\lambda}{p}$$

$\forall m\in\mathbf{N}$，$\exists n,p,i\in\mathbf{N}$，$0\leqslant i\leqslant p-1$，使得$m=np+i$，且当$m\to\infty$时，$n\to\infty$. 所以，$\lim\limits_{n\to\infty}\frac{a_m}{m}=\frac{\lambda}{p}$.

三、证明：由麦克劳林公式，得

$$f(x)=f(0)+\frac{1}{2!}f''(0)x^2+\frac{1}{3!}f'''(\eta)x^3$$

η介于0与x之间，$x\in[-1,1]$.

在上式中分别取$x=1$和$x=-1$，得

$$1=f(1)=f(0)+\frac{1}{2!}f''(0)+\frac{1}{3!}f'''(\eta_1)\quad 0<\eta_1<1$$

$$0=f(-1)=f(0)+\frac{1}{2!}f''(0)-\frac{1}{3!}f'''(\eta_2)\quad -1<\eta_2<0$$

两式相减，得

$$f'''(\eta_1)+f'''(\eta_2)=6$$

由于$f'''(x)$在闭区间$[-1,1]$上连续，因此$f'''(x)$在闭区间$[\eta_2,\eta_1]$上有最大值M最小值m，从而

$$m\leqslant\frac{1}{2}(f'''(\eta_1)+f'''(\eta_2))\leqslant M$$

再由连续函数的介值定理，至少存在一点$x_0\in[\eta_2,\eta_1]\subset(-1,1)$，使得

$$f'''(x_0)=\frac{1}{2}(f'''(\eta_1)+f'''(\eta_2))=3$$

四、解：在x轴的x处取一小段$\mathrm{d}x$，其质量是$\rho\mathrm{d}x$，到质点的距离

$\sqrt{h^2+x^2}$，这一小段与质点的引力是 $\mathrm{d}F=\frac{Gm\rho\mathrm{d}x}{h^2+x^2}$(其中 G 为万有引力常数).

这个引力在水平方向的分量为 $\mathrm{d}F_x=\frac{Gm\rho x\mathrm{d}x}{(h^2+x^2)^{\frac{3}{2}}}$. 从而

$$F_x=\int_a^{+\infty}\frac{Gm\rho x\,\mathrm{d}x}{(h^2+x^2)^{\frac{3}{2}}}=\frac{Gm\rho}{2}\int_a^{+\infty}\frac{\mathrm{d}(x^2)}{(h^2+x^2)^{\frac{3}{2}}}$$

$$=-Gm\rho(h^2+x^2)^{-\frac{1}{2}}\Big|_a^{+\infty}=\frac{Gm\rho}{\sqrt{h^2+a^2}}$$

而 $\mathrm{d}F$ 在竖直方向的分量为 $\mathrm{d}F_y=\frac{Gm\rho h\mathrm{d}x}{(h^2+x^2)^{\frac{3}{2}}}$，故

$$F_y=\int_a^{+\infty}\frac{Gm\rho h\,\mathrm{d}x}{(h^2+x^2)^{\frac{3}{2}}}=\int_{\arctan\frac{a}{h}}^{\frac{\pi}{2}}\frac{Gm\rho h^2\sec^2 t}{h^3\sec^3 t}=\frac{Gm\rho}{h}\int_{\arctan\frac{a}{h}}^{\frac{\pi}{2}}\cos t\mathrm{d}t$$

$$=\frac{Gm\rho}{h}\left(1-\sin\arctan\frac{a}{h}\right)$$

所求引力向量为 $\boldsymbol{F}=(F_x,F_y)$.

五、解：对方程两边求导

$$\left(\frac{\partial z}{\partial x}-\frac{1}{x^2}\right)F_1+\frac{\partial z}{\partial x}F_2=0,\frac{\partial z}{\partial y}F_1+\left(\frac{\partial z}{\partial y}+\frac{1}{y^2}\right)F_2=0$$

由此解得

$$\frac{\partial z}{\partial x}=\frac{1}{x^2(F_1+F_2)},\frac{\partial z}{\partial y}=-\frac{1}{y^2(F_1+F_2)}$$

所以

$$x^2\frac{\partial z}{\partial x}+y^2\frac{\partial z}{\partial y}=0$$

将上式再求导

$$x^2\frac{\partial^2 z}{\partial x^2}+y^2\frac{\partial^2 z}{\partial y\partial x}=-2x\frac{\partial z}{\partial x},x^2\frac{\partial^2 z}{\partial x\partial y}+y^2\frac{\partial^2 z}{\partial y^2}=-2y\frac{\partial z}{\partial y}$$

相加得到

$$x^3\frac{\partial^2 z}{\partial x^2}+xy(x+y)\frac{\partial^2 z}{\partial x\partial y}+y^3\frac{\partial^2 z}{\partial y^2}=0$$

六、解：由 Σ 的面积为 4π 可见：当 a,b,c 都为零时，等式成立.

当它们不全为零时，可知：原点到平面 $ax+by+cz+d=0$ 的距离是

$$\frac{|d|}{\sqrt{a^2+b^2+c^2}}$$

设平面 $P_u:u=\frac{ax+by+cz}{\sqrt{a^2+b^2+c^2}}$，其中 u 固定，则 $|u|$ 是原点到平面 P_u 的距

离，从而$-1\leqslant u\leqslant 1$. 两平面 P_u 和 P_{u+du} 截单位球 Σ 的截下的部分上，被积函数取值为

$$f(\sqrt{a^2+b^2+c^2}\,u)$$

这部分摊开可以看成一个细长条. 这个细长条的长是 $2\pi\sqrt{1-u^2}$，宽是 $\dfrac{du}{\sqrt{1-u^2}}$，它的面积是 $2\pi du$，故我们得证.

第三届全国大学生数学竞赛决赛试卷及参考答案

（非数学类，2012）

一、解答下列各题（要求写出重要步骤）

(1) $\lim\limits_{x\to 0}\dfrac{\sin^2 x-x^2\cos^2 x}{x^2\sin^2 x}$.

(2) $\lim\limits_{x\to +\infty}\left[\left(x^3+\dfrac{x}{2}-\tan\dfrac{1}{x}\right)e^{\frac{1}{x}}-\sqrt{1+x^6}\right]$.

(3) 设函数 $f(x,y)$ 有二阶连续偏导数，满足 $f_x^2 f_{yy}-2f_x f_y f_{xy}+f_y^2 f_{xx}=0$，且 $f_y\neq 0$，$y=y(x,z)$ 是由方程 $z=f(x,y)$ 所确定的函数. 求 $\dfrac{\partial^2 y}{\partial x^2}$.

(4) 求不定积分 $I=\displaystyle\int\left(1+x-\frac{1}{x}\right)e^{x+\frac{1}{x}}\,dx$.

(5) 求曲线 $x^2+y^2=az$ 和 $z=2a-\sqrt{x^2+y^2}\ (a>0)$ 所围立体的表面积.

二、讨论 $\displaystyle\int_0^{+\infty}\frac{x}{\cos^2 x+x^\alpha\sin^2 x}dx$ 的敛散性，其中 α 是一个实常数.

三、设 $f(x)$ 在 $(-\infty,+\infty)$ 上无穷次可微，并且满足：存在 $M>0$，使得 $|f^{(k)}(x)|\leqslant M(k=1,2,\cdots)$，$\forall x\in(-\infty,+\infty)$，且 $f\left(\dfrac{1}{2^n}\right)=0(n=1,2,\cdots)$. 求证：在 $(-\infty,+\infty)$ 上，$f(x)\equiv 0$.

四、设 D 为椭圆形 $\dfrac{x^2}{a^2}+\dfrac{y^2}{b^2}\leqslant 1(a>b>0)$，面密度为 ρ 的均质薄板；l 为通过椭圆焦点 $(-c,0)$（其中 $c^2=a^2-b^2$）垂直于薄板的旋转轴.

(1) 求薄板 D 绕 l 旋转的转动惯量 J.

(2) 对于固定的转动惯量，讨论椭圆薄板的面积是否有最大值和最小值.

五、设连续可微函数 $z=z(x,y)$ 由方程 $F(xz-y,x-yz)=0$（其中 $F(u,v)$ 有连续的偏导数）唯一确定，L 为正向单位圆周. 试求：$I=\displaystyle\oint_L(xz^2+2yz)dy-(2xz+yz^2)dx$.

六、(1) 求解微分方程 $\begin{cases}\dfrac{dy}{dx}-xy=xe^{x^2}\\ y(0)=1\end{cases}$.

(2) 如 $y=f(x)$ 为上述方程的解，证明：$\lim\limits_{n\to\infty}\displaystyle\int_0^1\frac{n}{n^2x^2+1}f(x)dx=\frac{\pi}{2}$.

参考答案

一、(1) 解

$$\lim_{x\to0}\frac{(\sin x+x\cos x)(\sin x-x\cos x)}{x\cdot x^3}=2\lim_{x\to0}\frac{\cos x-\cos x+x\sin x}{3x^2}=\frac{2}{3}$$

(2) 解

$$\lim_{x\to+\infty}\left[\left(x^3+\frac{x}{2}-\tan\frac{1}{x}\right)e^{\frac{1}{x}}-\sqrt{1+x^6}\right]=$$

$$\lim_{t\to0^+}\frac{\left[\left(1+\frac{1}{2}t^2-t^3\tan t\right)e^t-\sqrt{1+t^6}\right]}{t^3}=$$

$$\lim_{t\to0^+}\frac{\left(1+\frac{1}{2}t^2\right)\left[1+t+\frac{1}{2!}t^2+\frac{1}{3!}t^3+o(t^3)\right]-1}{t^3}=\infty$$

(3) 解

$$dz=f'_x dx+f'_y dy\Rightarrow dy=-\frac{f'_x}{f'_y}dx+\frac{f}{f'_y}dz\Rightarrow\frac{\partial y}{\partial x}=-\frac{f'_x(x,y)}{f'_y(x,y)}$$

故

$$\frac{\partial^2 y}{\partial x^2}=-\frac{\left[f''_{xx}+f''_{xy}\frac{\partial y}{\partial x}\right]f'_y-f'_x\left[f''_{yx}+f''_{yy}\frac{\partial y}{\partial x}\right]}{(f'_y)^2}=0$$

(4) 解

$$I=\int e^{x+\frac{1}{x}}dx+\int\left(x-\frac{1}{x}\right)e^{x+\frac{1}{x}}dx=xe^{x+\frac{1}{x}}-\int x\left(1-\frac{1}{x^2}\right)e^{x+\frac{1}{x}}dx-$$

$$\int\left(x-\frac{1}{x}\right)e^{x+\frac{1}{x}}dx=xe^{x+\frac{1}{x}}+C$$

(5) 解

$$\text{表面积}=\iint\limits_{x^2+y^2\leqslant a^2}\sqrt{1+\left(\frac{x}{\sqrt{x^2+y^2}}\right)^2+\left(\frac{y}{\sqrt{x^2+y^2}}\right)^2}\,dxdy+$$

$$\iint\limits_{x^2+y^2\leqslant a^2}\sqrt{1+\left(\frac{2}{a}x\right)^2+\left(\frac{2}{a}y\right)^2}\,dxdy=\sqrt{2}\pi a^2+\frac{\pi}{6}a^2(5\sqrt{5}-1)$$

二、解：设 $f(x)=\dfrac{x}{1+(x^{\alpha}-1)\sin^2 x}$，当 $x\in[n\pi,(n+1)\pi]$ 时

$$\frac{n\pi}{1+\{[(n+1)\pi]^{\alpha}-1\}\sin^2 x}\leqslant f(x)\leqslant\frac{(n+1)\pi}{1+[(n\pi)^{\alpha}-1]\sin^2 x}$$

其中

$$\int_{n\pi}^{(n+1)\pi}\frac{\mathrm{d}x}{1+(A-1)\sin^2 x}=\int_0^{\pi}\frac{\mathrm{d}x}{1+(A-1)\sin^2 x}$$

$$=\int_0^{\pi}\frac{\mathrm{d}x}{\cos^2 x+A\sin^2 x}=\int_0^{\pi}\frac{\mathrm{d}\tan x}{1+A\tan^2 x}$$

$$=\frac{1}{\sqrt{A}}\arctan\sqrt{A}\tan x\Big|_0^{\frac{\pi}{2}^-}+\frac{1}{\sqrt{A}}\arctan\sqrt{A}\tan x\Big|_{\frac{\pi}{2}^+}^{\pi}=\frac{\pi}{\sqrt{A}}$$

$$\frac{n\pi^2}{\sqrt{[(n+1)\pi]^{\alpha}}}\leqslant\int_{n\pi}^{(n+1)\pi}f(x)\mathrm{d}x\leqslant\frac{(n+1)\pi^2}{\sqrt{(n\pi)^{\alpha}}}$$

$$\sum_{n=0}^{\infty}\frac{n\pi^2}{\sqrt{[(n+1)\pi]^{\alpha}}}\leqslant\int_0^{+\infty}\frac{x}{1+(x^{\alpha}-1)\sin^2 x}\leqslant\sum_{n=0}^{\infty}\frac{(n+1)\pi^2}{\sqrt{(n\pi)^{\alpha}}}$$

故当 $\dfrac{\alpha}{2}-1>1$ 时，即 $\alpha>4$ 时收敛.

当 $\dfrac{\alpha}{2}-1\leqslant 1$ 时，即 $\alpha\leqslant 4$ 时发散.

三、解：由 $f(x)$ 连续

$$f(0)=0$$

$$f(0)=f(\frac{1}{2})=f(\frac{1}{2^2})=\cdots=f(\frac{1}{2^n})=\cdots$$

由罗尔定理，$f'(a_n)=0\ (n=1,2,\cdots)$，故 $f'(0)=0$.

同理

$$f(0)=f'(0)=f''(0)=f^{(n)}(0)=\cdots$$

又

$$f(x)=f(0)=f'(0)x+\frac{1}{2}f''(0)x^2+\cdots+\frac{1}{n!}f^{(n)}(0)x^n+\frac{f^{(n+1)}(3)}{(n+1)!}x^{n+1}$$

$$0\leqslant|f(x)|=\left|\frac{f^{(n+1)}(3)}{(n+1)!}x^{n+1}\right|\leqslant M\frac{x^{n+1}}{(n+1)!}\to 0$$

故 $$\lim_{n\to\infty}|f(x)| = \lim_{n\to\infty}f(x) = f(x) = 0$$

由 x 的任意性知 $f(x)\equiv 0$.

四、解:(1)

$$J = \rho\iint_D[(x+c)^2+y^2]\mathrm{d}x\mathrm{d}y$$

$$= ab\rho\iint_{D'}[(au+c)^2+b^2v^2]\mathrm{d}u\mathrm{d}v \quad 其中\ D':u^2+v^2\leqslant 1$$

$$= ab\rho\int_0^{2\pi}\mathrm{d}\theta\int_0^1[(ar\cos\theta+c)^2+b^2r^2\sin^2\theta]r\mathrm{d}r$$

$$= ab\rho\int_0^{2\pi}[\frac{1}{4}b^2+\frac{1}{2}c^2+\frac{1}{4}(a^2-b^2)\cos^2\theta+\frac{2}{3}ac\cos\theta]\mathrm{d}\theta$$

$$= \frac{\pi ab\rho}{4}(5a^2-3b^2)$$

(2) $S=\pi ab$,记

$$ab(5a^2-3b^2)=k$$

设 $$F=\pi ab+\lambda[ab(5a^2-3b^2)-k]$$

则

$$F'_a = b[\pi+5\lambda a^2-3\lambda b^2]+ab[10\lambda a]=0$$

$$F'_b = a[\pi+5\lambda a^2-3\lambda b^2]+ab[-6\lambda b]=0$$

$$F'_\lambda = ab(5a^2-3b^2)-k=0$$

得 $3b^2+5a^2=0$,即 $a=b=0$.

故 F 无驻点,故无最大最小值.

五、解:$P=-2xz+yz^2,\theta=xz^2+2yz$.

$$\frac{\partial\theta}{\partial x}-\frac{\partial P}{\partial y}=2z^2+(2xz+2y)\frac{\partial z}{\partial x}+(2x+2yz)\frac{\partial z}{\partial y}.$$

由

$$F(xz-y,x-yz)=0$$

$$\mathrm{d}F=F'_u(x\mathrm{d}z+z\mathrm{d}x-\mathrm{d}y)-F'_v(\mathrm{d}x-y\mathrm{d}z-z\mathrm{d}y)=0$$

故

$$\frac{\partial z}{\partial x}=\frac{-F'_v-zF'_u}{xF'_u-yF'_v},\ \frac{\partial z}{\partial y}=\frac{F'_u+zF'_v}{xF'_u-yF'_v}$$

$$\frac{\partial \theta}{\partial x}-\frac{\partial P}{\partial y}=2z^2+2(1-z^2)=2$$

故

$$I=\iint_D(\frac{\partial \theta}{\partial x}-\frac{\partial P}{\partial y})\mathrm{d}x\mathrm{d}y=2\pi$$

六、解：(1) $y'=xy=xe^{x^2}$，故 $y=e^{\int x\mathrm{d}x}[C+\int xe^{x^2}e^{-\int x\mathrm{d}x}\mathrm{d}x]=Ce^{\frac{1}{2}x^2}+e^{x^2}$.

由 $y(0)=C+1=1$ 得 $C=0$，故 $y=e^{x^2}$.

(2)

$$\lim_{n\to\infty}\int_0^1\frac{n}{n^2x^2+1}e^{x^2}\mathrm{d}x=\lim_{n\to\infty}\int_0^1 e^{x^2}\mathrm{d}\arctan(nx)$$

$$=\lim_{n\to\infty}[e^{x^2}\arctan(nx)\Big|_0^1-\int_0^1\arctan(nx)\mathrm{d}e^{x^2}]$$

$$=\lim_{n\to\infty}[e\arctan n-\int_1^e\arctan(n\sqrt{\ln u})\mathrm{d}u]\quad 设\ u=e^{x^2}$$

$$=\frac{\pi}{2}e-\lim_{n\to\infty}\arctan(n\sqrt{\ln\xi})[e-1]\quad 其中\ \xi\ 介于\ 1,e\ 之间$$

$$=\frac{\pi}{2}e-\frac{\pi}{2}(e-1)=\frac{\pi}{2}$$

第四届全国大学生数学竞赛预赛试卷及参考答案

（非数学类，2012）

一、解答下列各题(要求写出重要步骤)

(1) 求极限$\lim\limits_{n\to\infty}(n!)^{\frac{1}{n^2}}$；

(2) 求通过直线 L：$\begin{cases}2x+y-3z+2=0\\5x+5y-4z+3=0\end{cases}$ 的两个相互垂直的平面 π_1 和 π_2，使其中一个平面过点$(4,-3,1)$；

(3) 已知函数 $z=u(x,y)\mathrm{e}^{ax+by}$，且$\dfrac{\partial^2 u}{\partial x\partial y}=0$，确定常数 a 和 b，使函数 $z=z(x,y)$ 满足方程$\dfrac{\partial^2 z}{\partial x\partial y}-\dfrac{\partial z}{\partial x}-\dfrac{\partial z}{\partial y}+z=0$；

(4) 设函数$u=u(x)$连续可微，$u(2)=1$，且$\displaystyle\int_L(x+2y)u\mathrm{d}x+(x+u^3)u\mathrm{d}y$ 在右半平面上与路径无关，求 $u(x)$；

(5) 求极限$\displaystyle\lim_{x\to+\infty}\sqrt[3]{x}\int_x^{x+1}\frac{\sin t}{\sqrt{t+\cos t}}\mathrm{d}t$.

二、计算$\displaystyle\int_0^{+\infty}\mathrm{e}^{-2x}\mid\sin x\mid\mathrm{d}x$.

三、求方程 $x^2\sin\dfrac{1}{x}=2x-501$ 的近似解(精确到 0.001).

四、设函数 $y=f(x)$ 二阶可导，且 $f''(x)>0$，$f(0)=0$，$f'(0)=0$，求 $\lim\limits_{x\to 0}\dfrac{x^3 f(u)}{f(x)\sin^3 u}$，其中 u 是曲线 $y=f(x)$ 上点 $p(x,f(x))$ 处的切线在 x 轴上的截距.

五、求最小实数 C，使得满足$\displaystyle\int_0^1\mid f(x)\mid\mathrm{d}x=1$ 的连续的函数 $f(x)$ 都有 $\displaystyle\int_0^1 f(\sqrt{x})\mathrm{d}x\leqslant C$.

六、设 $f(x)$ 为连续函数，$t>0$. 区域 Ω 是由抛物面 $z=x^2+y^2$ 和球面 $x^2+y^2+z^2=t^2(t>0)$ 所围起来的部分. 定义三重积分

$$F(t)=\iiint_\Omega f(x^2+y^2+z^2)\mathrm{d}v$$

求 $F(t)$ 的导数 $F'(t)$.

七、设 $\sum_{n=1}^{\infty} a_n$ 与 $\sum_{n=1}^{\infty} b_n$ 为正项级数.

(1) 若 $\lim_{n\to\infty}\left(\frac{a_n}{a_{n+1}b_n}-\frac{1}{b_{n+1}}\right)>0$,则 $\sum_{n=1}^{\infty} a_n$ 收敛;

(2) $\lim_{n\to\infty}\left(\frac{a_n}{a_{n+1}b_n}-\frac{1}{b_{n+1}}\right)<0$,则 $\sum_{n=1}^{\infty} b_n$ 发散,则 $\sum_{n=1}^{\infty} a_n$ 发散.

参考答案

一、解:(1) 因为

$$(n!)^{\frac{1}{n^2}} = e^{\frac{1}{n^2}\ln(n!)}$$

而 $\frac{1}{n^2}(n!) \leqslant \frac{1}{n}\left(\frac{\ln 1}{1}+\frac{\ln 2}{2}+\cdots+\frac{\ln n}{n}\right)$,且 $\lim_{n\to\infty}\frac{\ln n}{n}=0$,所以

$$\lim_{n\to\infty}\frac{1}{n}\left(\frac{\ln 1}{1}+\frac{\ln 2}{2}+\cdots+\frac{\ln n}{n}\right)=0$$

即 $\lim_{n\to\infty}\frac{1}{n^2}\ln(n!)=0$,故 $\lim_{n\to\infty}(n!)^{\frac{1}{n^2}}=1$.

(2) 过直线 L 的平面束为

$$\lambda(2x+y-3z+2)+\mu(5x+5y-4z+3)=0$$

即 $$(2\lambda+5\mu)x+(\lambda+5\mu)y-(3\lambda+4\mu)z+(2\lambda+3\mu)=0$$

若平面 π_1 过点 $(4,-3,1)$,代入得 $\lambda+\mu=0$,即 $\mu=-\lambda$,从而 π_1 的方程为

$$3x+4y-z+1=0$$

若平面束中的平面 π_2 与 π_1 垂直,则

$$3\cdot(2\lambda+5\mu)+4\cdot(\lambda+5\mu)+1\cdot(3\lambda+4\mu)=0$$

解得 $\lambda=-3\mu$,从而平面 π_2 的方程为 $x-2y-5z+3=0$.

(3) 可得

$$\frac{\partial z}{\partial x}=e^{ax+by}\left[\frac{\partial u}{\partial x}+au(x+y)\right],\ \frac{\partial z}{\partial y}=e^{ax+by}\left[\frac{\partial u}{\partial y}+bu(x+y)\right]$$

$$\frac{\partial^2 z}{\partial x\partial y}=e^{ax+by}\left[b\frac{\partial u}{\partial x}+a\frac{\partial u}{\partial y}+abu(x,y)\right]$$

$$\frac{\partial^2 z}{\partial x\partial y}-\frac{\partial z}{\partial x}-\frac{\partial z}{\partial y}+z=e^{ax+by}\left[(b-1)\frac{\partial u}{\partial x}+(a-1)\frac{\partial u}{\partial y}+(ab-a-b+1)u(x,y)\right]$$

若使$\frac{\partial^2 z}{\partial x\partial y}-\frac{\partial z}{\partial x}-\frac{\partial z}{\partial y}+z=0$,只有

$$(b-1)\frac{\partial u}{\partial x}+(a-1)\frac{\partial u}{\partial y}(ab-a-b+1)u(x,y)=0$$

即 $a=b=1$.

(4) 由$\frac{\partial}{\partial x}(u(x+u^3))=\frac{\partial}{\partial y}((x+2y)u)$得$(x+4u^3)u'=u$,即$\frac{dx}{du}-\frac{1}{u}x=4u^2$,方程通解为

$$x=e^{\ln u}\left(\int 4u^2e^{-\ln u}\,du+C\right)=u\left(\int 4u\,du+C\right)=u(2u^2+C)$$

由 $u(2)=1$ 得 $C=0$, 故 $u=\left(\frac{x}{2}\right)^{1/3}$.

(5) 因为当 $x>1$ 时

$$\left|\sqrt[3]{x}\int_x^{x+1}\frac{\sin t}{\sqrt{t+\cos t}}dt\right|\leqslant\sqrt[3]{x}\int_x^{x+1}\frac{dt}{\sqrt{t-1}}$$

$$\leqslant 2\sqrt[3]{x}(\sqrt{x}-\sqrt{x-1})=2\frac{\sqrt[3]{x}}{\sqrt{x}+\sqrt{x-1}}\to 0\quad(x\to\infty)$$

所以$\lim\limits_{n\to\infty}\sqrt[3]{x}\int_x^{x+1}\frac{\sin t}{\sqrt{t+\cos t}}dt=0$.

二、解:由于

$$\int_0^{n\pi}e^{-2x}\mid\sin x\mid dx=\sum_{k=1}^{n}\int_{(k-1)\pi}^{k\pi}e^{-2x}\mid\sin x\mid dx$$

$$=\sum_{k=1}^{n}\int_{(k-1)\pi}^{k\pi}(-1)^{k-1}e^{-2x}\sin x\,dx$$

应用分部积分法

$$\int_{(k-1)\pi}^{k\pi}(-1)^{k-1}e^{-2x}\sin x\,dx=\frac{1}{5}e^{-2k\pi}(1+e^{2\pi})$$

所以

$$\int_0^{n\pi}e^{-2x}\mid\sin x\mid dx=\frac{1}{5}(1+e^{2\pi})\sum_{k=1}^{n}e^{-2k\pi}=\frac{1}{5}(1+e^{2\pi})\frac{e^{-2\pi}-e^{-2(n+1)\pi}}{1-e^{-2\pi}}$$

当 $n\pi \leqslant x < (n+1)\pi$ 时

$$\int_0^{n\pi} e^{-2x} \mid \sin x \mid dx \leqslant \int_0^x e^{-2x} \mid \sin x \mid dx < \int_0^{(n+1)\pi} e^{-2x} \mid \sin x \mid dx$$

令 $n \to \infty$，由两边夹法则，得

$$\int_0^\infty e^{-2x} \mid \sin x \mid dx = \lim_{n\to\infty}\int_0^x e^{-2x} \mid \sin x \mid dx = \frac{1}{5}\ \frac{e^{2\pi}+1}{e^{2\pi}-1}$$

注：如果最后不用夹逼法则，而用 $\int_0^\infty e^{-2x} \mid \sin x \mid dx = \lim\limits_{n\to\infty}\int_0^{n\pi} e^{-2x} \mid \sin x \mid dx =$

$\frac{1}{5}\ \frac{e^{2\pi}+1}{e^{2\pi}-1}$，需先说明 $\int_0^\infty e^{-2x} \mid \sin x \mid dx$ 收敛.

三、解：由泰勒公式

$$\sin t = t - \frac{\sin(\theta t)}{2}t^2 \quad (0 < \theta < 1)$$

令 $t = \frac{1}{x}$ 得

$$\sin\frac{1}{x} = \frac{1}{x} - \frac{\sin\left(\frac{\theta}{x}\right)}{2x^2}$$

代入原方程得

$$x - \frac{1}{2}\sin\left(\frac{\theta}{x}\right) = 2x - 501$$

即
$$x = 501 - \frac{1}{2}\sin\left(\frac{\theta}{x}\right)$$

由此知

$$x > 500,\ 0 < \frac{\theta}{x} < \frac{1}{500}$$

$$\mid x - 501 \mid = \frac{1}{2}\left|\sin\left(\frac{\theta}{x}\right)\right| \leqslant \frac{1}{2}\ \frac{\theta}{x} < \frac{1}{1\,000} = 0.001$$

所以，$x = 501$ 即为满足题设条件的解.

四、解：曲线 $y = f(x)$ 在点 $p(x,\ f(x))$ 处的切线方程为

$$Y - f(x) = f'(x)(X - x)$$

令 $Y=0$,则有 $X=x-\frac{f(x)}{f'(x)}$,由此

$$u=x-\frac{f(x)}{f'(x)}$$

且有

$$\lim_{n\to 0}u=\lim_{n\to 0}\left(x-\frac{f(x)}{f'(x)}\right)=-\lim_{n\to 0}\frac{\frac{f(x)-f(0)}{x}}{\frac{f'(x)-f'(0)}{x}}=\frac{f'(0)}{f''(0)}=0$$

由 $f(x)$ 在 $x=0$ 处的二阶泰勒公式

$$f(x)=f(0)+f'(0)x+\frac{f''(0)}{2}x^2+o(x^2)=\frac{f''(0)}{2}x^2+o(x^2)$$

得

$$\lim_{n\to 0}\frac{u}{x}=1-\lim_{n\to 0}\frac{f(x)}{xf'(x)}=1-\lim_{n\to 0}\frac{\frac{f''(0)}{2}x^2+o(x^2)}{xf'(x)}$$

$$=1-\frac{1}{2}\lim_{n\to 0}\frac{f''(0)+o(1)}{\frac{f'(x)-f'(0)}{x}}=1-\frac{1}{2}\frac{f''(0)}{f''(0)}=\frac{1}{2}$$

所以

$$\lim_{n\to 0}\frac{x^3f(u)}{f(x)\sin^3u}=\lim_{n\to 0}\frac{x^3\left(\frac{f''(0)}{2}u^2+o(u^2)\right)}{u^3\left(\frac{f''(0)}{2}x^2+o(x^2)\right)}=\lim_{n\to 0}\frac{x}{u}=2$$

五、解:由于

$$\int_0^1|f\sqrt{x}|\,\mathrm{d}x=\int_0^1|f(t)|\,2t\mathrm{d}t\leqslant 2\int_0^1|f(t)|\,\mathrm{d}t=2$$

另一方面,取 $f_n(x)=(n+1)x^n$,则

$$\int_0^1|f_n(x)|\,\mathrm{d}x=\int_0^1 f_n(x)\mathrm{d}x=1$$

而

$$\int_0^1 f_n(\sqrt{x})\mathrm{d}x=2\int_0^1 tf_n(t)\mathrm{d}t=2\frac{n+1}{n+2}=2\left(1-\frac{1}{n+2}\right)\to 2\quad(n\to\infty)$$

因此最小的实数 $C=2$.

六、解法 1：记 $g=g(t)=\dfrac{\sqrt{1+4t^2}-1}{2}$，则 Ω 在 xOy 面上的投影为

$$x^2+y^2\leqslant g$$

在曲线 $S:\begin{cases}x^2+y^2=z\\ x^2+y^2+z^2=t^2\end{cases}$ 上任取一点 (x,y,z)，则原点到该点的射线和 z 轴的夹角为 $\theta_t=\arccos\dfrac{z}{t}=\arccos\dfrac{g}{t}$. 取 $\Delta t>0$，则 $\theta_t>\theta_{t+\Delta t}$. 对于固定的 $t>0$，考虑积分差 $F(t+\Delta t)-F(t)$，这是一个在厚度为 Δt 的球壳上的积分. 原点到球壳边缘上的点的射线和 z 轴夹角在 $\theta_{t+\Delta t}$ 和 θ_t 之间. 我们使用球坐标变换来做这个积分，由积分的连续性可知，存在 $\alpha=\alpha(\Delta t)$，$\theta_{t+\Delta t}\leqslant\alpha\leqslant\theta_t$，使得

$$F(t+\Delta t)-F(t)=\int_0^{2\pi}\mathrm{d}\varphi\int_0^{\alpha}\mathrm{d}\theta\int_t^{t+\Delta t}f(r^2)\sin\theta\mathrm{d}r$$

这样就有 $F(t+\Delta t)-F(t)=2\pi(1-\cos\alpha)\displaystyle\int_t^{t+\Delta t}f(r^2)r^2\mathrm{d}r$. 而当 $\Delta t\to0^+$ 时

$$\cos\alpha\to\cos\theta_t=\frac{g(t)}{t},\frac{1}{\Delta t}\int_t^{t+\Delta t}f(r^2)r^2\mathrm{d}r\to t^2f(t^2)$$

故 $F(t)$ 的右导数为

$$2\pi\left(1-\frac{g(t)}{t}\right)t^2f(t^2)=\pi(2t+1-\sqrt{1+4t^2})tf(t^2)$$

当 $\Delta t<0$，考虑 $F(t)-F(t+\Delta t)$ 可以得到同样的左导数. 因此

$$F'(t)=\pi(2t+1-\sqrt{1+4t^2})\,tf(t^2)$$

解法 2：令
$$\begin{cases}x=r\cos\theta\\ y=r\sin\theta\\ z=z\end{cases}$$

则 $\Omega:\begin{cases}0\leqslant\theta\leqslant2\pi\\ 0\leqslant r\leqslant a\\ r^2\leqslant z\leqslant\sqrt{t^2-r^2}\end{cases}$，其中 a 满足 $a^2+a^4=t^2$，$a^2=\dfrac{\sqrt{1+4t^2}-1}{2}$，

故有

$$F(t)=\int_0^{2\pi}\mathrm{d}\theta\int_0^a r\mathrm{d}r\int_{r^2}^{\sqrt{t^2-r^2}} f\ (r^2+z^2)\mathrm{d}z=2\pi\int_0^a r\left(\int_{r^2}^{\sqrt{t^2-r^2}} f\ (r^2+z^2)\mathrm{d}z\right)\mathrm{d}r$$

从而有

$$F'(t)=2\pi\left(a\int_{a^2}^{\sqrt{t^2-a^2}} f\ (a^2+z^2)\mathrm{d}z\,\frac{\mathrm{d}a}{\mathrm{d}t}+\int_0^a rf\ (r^2+t^2-r^2)\ \frac{t}{\sqrt{t^2-r^2}}\mathrm{d}t\right)$$

注意到 $\sqrt{t^2-a^2}=a^2$，第一个积分为 0，我们得到

$$F'(t)=2\pi f(t^2)t\int_0^a r\frac{1}{\sqrt{t^2-r^2}}\mathrm{d}r=-\pi tf(t^2)\int_0^a\frac{\mathrm{d}(t^2-r^2)}{\sqrt{t^2-r^2}}$$

所以

$$F'(t)=2\pi tf(t^2)(t-a^2)=\pi tf(t^2)(2t+1-\sqrt{1+4t^2})$$

七、证明：(1) 设 $\lim\limits_{n\to\infty}\left(\frac{a_n}{a_{n+1}b_n}-\frac{1}{b_{n+1}}\right)=2\delta>\delta>0$，则存在 $N\in\mathbf{N}$，对于任意的 $n\geqslant N$ 时

$$\frac{a_n}{a_{n+1}}\frac{1}{b_n}-\frac{1}{b_{n+1}}>\delta,\frac{a_n}{b_n}-\frac{a_{n+1}}{b_{n+1}}>\delta a_{n+1},a_{n+1}<\frac{1}{\delta}(\frac{a_n}{b_n}-\frac{a_{n+1}}{b_{n+1}})$$

$$\sum_{n=N}^m a_{n+1}\leqslant\frac{1}{\delta}\sum_{n=N}^m(\frac{a_n}{b_n}-\frac{a_{n+1}}{b_{n+1}})\leqslant\frac{1}{\delta}(\frac{a_N}{b_N}-\frac{a_{m+1}}{b_{m+1}})\leqslant\frac{1}{\delta}\frac{a_N}{b_N}$$

因而 $\sum\limits_{n=1}^{\infty}a_n$ 的部分和有上界，从而 $\sum\limits_{n=1}^{\infty}a_n$ 收敛.

(2) 若 $\lim\limits_{n\to\infty}(\frac{a_n}{a_{n+1}}\frac{1}{b_n}-\frac{1}{b_{n+1}})<\delta<0$，则存在 $N\in\mathbf{N}$，对于任意的 $n\geqslant N$ 时

$$\frac{a_n}{a_{n+1}}<\frac{b_n}{b_{n+1}}$$

有

$$a_{n+1}>\frac{b_{n+1}}{b_n}a_n>\cdots>\frac{b_{n+1}}{b_n}\frac{b_n}{b_{n-1}}\cdots\frac{b_{N+1}}{b_N}a_N=\frac{a_N}{b_N}b_{n+1}$$

于是由 $\sum\limits_{n=1}^{\infty}b_n$ 发散，得到 $\sum\limits_{n=1}^{\infty}a_n$ 发散.

第四届全国大学生数学竞赛决赛试卷及参考答案

（非数学类，2013）

一、解答下列各题

1. 计算 $\lim\limits_{x\to 0^+}\left[\ln(x\ln a)\cdot\ln\left(\dfrac{\ln ax}{\ln\dfrac{x}{a}}\right)\right]\ (a>1)$.

2. 设 $f(u,v)$ 具有连续偏导数，且满足 $f_u(u,v)+f_v(u,v)=uv$，求 $y(x)=\mathrm{e}^{-2x}f(x,x)$ 所满足的一阶微分方程. 并求其通解.

3. 求在 $[0,+\infty)$ 上的可微函数 $f(x)$，使 $f(x)=\mathrm{e}^{-u(x)}$，其中 $u=\int_0^x f(t)\mathrm{d}t$.

4. 计算不定积分 $\int x\arctan x\ln(1+x^2)\mathrm{d}x$.

5. 过直线 $\begin{cases}10x+2y-2z=27\\ x+y-z=0\end{cases}$ 作曲面 $3x^2+y^2-z^2=27$ 的切平面，求此切平面的方程.

二、设曲面 $\Sigma: z^2=x^2+y^2, 1\leqslant z\leqslant 2$，其面密度为常数 ρ. 求在原点处的质量为 1 的质点和 Σ 之间的引力（记引力常数为 G）.

三、设 $f(x)$ 在 $[1,+\infty)$ 连续可导，$f'(x)=\dfrac{1}{1+f^2(x)}\left[\sqrt{\dfrac{1}{x}}-\sqrt{\ln\left(1+\dfrac{1}{x}\right)}\right]$，证明：$\lim\limits_{x\to+\infty}f(x)$ 存在.

四、设函数 $f(x)$ 在 $[-2,2]$ 上二阶可导，且 $|f(x)|<1$，又 $f^2(0)+[f'(0)]^2=4$. 试证：在 $(-2,2)$ 内至少存在一点 ξ，使得 $f(\xi)+f''(\xi)=0$.

五、求二重积分 $I=\iint\limits_{x^2+y^2\leqslant 1}|x^2+y^2-x-y|\,\mathrm{d}x\mathrm{d}y$.

六、若对于任何收敛于零的序列 $\{x_n\}$，级数 $\sum\limits_{n=1}^{\infty}a_nx_n$ 都是收敛的，试证明：级数 $\sum\limits_{n=1}^{\infty}|a_n|$ 收敛.

参考答案

一、1. 解

$$\lim_{x\to 0^+}\left[\ln(x\ln a)\cdot\ln\left(\frac{\ln ax}{\ln\dfrac{x}{a}}\right)\right]\ (a>1)$$

$$=\lim_{x\to 0^+}\left[(\ln x+\ln\ln x a)\cdot\ln\left(1+\frac{2\ln a}{\ln x-\ln a}\right)\right].$$

$$=\lim_{x\to 0^+}(\ln x+\ln\ln a)\cdot\frac{2\ln a}{\ln x-\ln a}$$

$$=2\ln a$$

2. 解

$$y(x)=\mathrm{e}^{-2x}f(x,x)\text{，且 }f'_u+f'_v=uv$$

$$y'(x)=-2\mathrm{e}^{-2x}f(x,x)+\mathrm{e}^{-2x}(f'_u+f'_v)=-2y(x)+\mathrm{e}^{-2x}x^2$$

故满足

$$y'(x)+2y(x)=x^2\mathrm{e}^{-2x}$$

$$y(x)=\mathrm{e}^{\int -2\mathrm{d}x}\left[C+\int x^2\mathrm{e}^{-2x}\mathrm{e}^{\int 2\mathrm{d}x}\mathrm{d}x\right]=\mathrm{e}^{-2x}\left(C+\int x^2\mathrm{e}^{-2x}\mathrm{e}^{2x}\mathrm{d}x\right)$$

$$=C\mathrm{e}^{-2x}+\frac{1}{3}x^3\mathrm{e}^{-2x}$$

为方程通解.

3. 解

$$f(x)=\mathrm{e}^{-\int_0^x f(t)\mathrm{d}t}\Rightarrow\begin{cases}f'(x)=-f^2(x)\\ f(0)=1\end{cases}\Rightarrow f(x)=\frac{1}{x+1}$$

4. 解

$$\int x\arctan x\mathrm{d}x=\frac{1}{2}\int\arctan x\mathrm{d}x^2=\frac{1}{2}x^2\arctan x-\frac{1}{2}x+\frac{1}{2}\arctan x$$

则

$$\int x\arctan x\cdot\ln(1+x^2)\mathrm{d}x=\frac{1}{2}\int\ln(1+x^2)\mathrm{d}[(x^2+1)\arctan x-x]$$

$$=\frac{1}{2}\ln(1+x^2)[(x^2+1)\arctan x-x]-$$

$$\frac{1}{2}\int\left[(x^2+1)\arctan x\cdot\frac{2x}{1+x^2}-\frac{2x^2}{1+x^2}\right]\mathrm{d}x$$

$$= \frac{1}{2}\ln(1+x^2)[(x^2+1)\arctan x - x] - \int x\arctan x\mathrm{d}x + \int \frac{x^2}{x^2+1}\mathrm{d}x$$

$$= \frac{1}{2}\ln(1+x^2)[(x^2+1)\arctan x - x] - \frac{1}{2}[(x^2+1)\arctan x - x] + x - \arctan x + C$$

5. 解

设过$\begin{cases}10x+2y-2z=27\\x+y-z=0\end{cases}$的所有平面

$$10x+2y-2z-2y-27+\lambda(x+y+y)=0 \qquad (*)$$

直线$\begin{cases}10x+2y-2z=27\\x+y-z=0\end{cases}$的方向向量$\boldsymbol{l}=(0,1,1)$，曲面$3x^2+y^2-z^2=27$的法向量$\boldsymbol{n}=(6x,2y,-2z)$

$$\boldsymbol{n}\cdot\boldsymbol{l}=0 \Rightarrow y=z$$

代入曲面方程，得

$$3x_0^2=27 \Rightarrow x_0=-3$$

即切点$\{3,y_0,y_0\}$，代入式$(*)$

$$3\lambda+3=0 \Rightarrow \lambda=-1$$

故切平面方程为

$$9x+y-z-27=0$$

二、解：由微元法

$$\mathrm{d}F=\frac{km_1m_2}{R^2}=\frac{k\cdot 1\cdot \mathrm{d}m}{x^2+y^2+z^2}$$

$$F=k\rho\iint_{\Sigma}\frac{\mathrm{d}s}{x^2+y^2+x^2+y^2}=\frac{1}{2}k\rho\iint_{\Sigma}\frac{1}{x^2+y^2}\sqrt{1+1}\,\mathrm{d}x\mathrm{d}y$$

$$=\frac{\sqrt{2}}{2}k\rho\int_0^{2\pi}\mathrm{d}\theta\int_1^2\frac{1}{r^2}\cdot r\mathrm{d}r=\sqrt{2}\pi k\rho\cdot\ln r\,\Big|_1^2=\sqrt{2}\ln 2\pi k\rho$$

三、证明

$$f(x)=\int_1^x f'(t)\mathrm{d}t+f(1) \Rightarrow |f(x)-f(1)|$$

$$=\left|\int_1^x f'(t)\mathrm{d}t\right| \leqslant \int_1^x\left|\frac{1}{1+f^2(x)}\left[\sqrt{\frac{1}{x}}-\sqrt{\ln\left(1+\frac{1}{x}\right)}\right]\right|\mathrm{d}x$$

$$\lim_{x\to+\infty}[f(x)-f(1)]=\int_1^{+\infty}f'(x)\mathrm{d}x=\int_1^{+\infty}\frac{1}{1+f^2(x)}\left[\sqrt{\frac{1}{x}}-\sqrt{\ln\left(1+\frac{1}{x}\right)}\right]\mathrm{d}x$$

$$\leqslant\int_1^{+\infty}\left[\sqrt{\frac{1}{x}}-\sqrt{\ln\left(1+\frac{1}{x}\right)}\right]\mathrm{d}x$$

$$=\int_1^{+\infty}\frac{\frac{1}{x}-\ln\left(1+\frac{1}{x}\right)}{\sqrt{\frac{1}{x}}+\sqrt{\ln\left(1+\frac{1}{x}\right)}}\mathrm{d}x<\int_1^{+\infty}\frac{\frac{1}{2}\frac{1}{x^2}-o\left(\frac{1}{x^2}\right)}{\sqrt{\frac{1}{x}}}\mathrm{d}x$$

$$<\int_1^{+\infty}\frac{1}{2}x^{-\frac{3}{2}}\mathrm{d}x \text{ 收敛}$$

故$\int_1^{+\infty}f'(x)\mathrm{d}x$ 收敛，则 $\lim\limits_{x\to+\infty}f(x)$ 存在.

四、证明：设 $F(x)=f^2(x)+f'^2(x)$.

在$[-2,0]$上对 $f(x)$ 应用拉格朗日公式

$$f'(a)=\frac{f(0)-f(-2)}{2}\quad -2<a<0$$

$$f'(b)=\frac{f(2)-f(0)}{2}\quad 0<b<2$$

由 $|f(x)|<1$，得

$$|f'(a)|<1,\ |f'(b)|<1$$

故
$$F(a)<2, F(b)<2$$

又 $F(0)=4$，故 $F(x)$ 在$[a,b]$上最大值

$$\max_{a\leqslant x\leqslant b}F(x)\geqslant 4$$

则 $F(x)$ 在$[a,b]$内最大值在(a,b)内点 ξ 取得.

又 $F(x)$ 可导，由费马引理知

$$F'(\xi)=0$$

$$F'(\xi)=2f'(\xi)[f(\xi)+f''(\xi)]=0$$

由 $F(\xi)\geqslant 4, F(\xi)=f^2(\xi)+f'^2(\xi)$，又 $|f(\xi)|<1$，故 $f'(\xi)\neq 0$，从而

$$f(\xi)+f''(\xi)=0\quad \xi\in(a,b)\subset(-2,2)$$

五、解

$$I=\iint\limits_{x^2+y^2\leqslant 1}|x^2+y^2-x-y|\,\mathrm{d}x\mathrm{d}y$$

$$=\iint\limits_{D_1}(x^2+y^2-x-y)\mathrm{d}x\mathrm{d}y+\iint\limits_{D_2}(x+y-x^2-y^2)\mathrm{d}x\mathrm{d}y$$

其中

$$\iint\limits_{D_1} = \int_{-\frac{\pi}{4}}^{0} d\theta \int_{0}^{\sin\theta+\cos\theta} r(r^2 - r\cos\theta - r\sin\theta)\,dr +$$

$$\int_{\frac{\pi}{2}}^{\frac{3}{4}\pi} d\theta \int_{0}^{\sin\theta+\cos\theta} r(r^2 - r\cos\theta - r\sin\theta)\,dr +$$

$$\int_{0}^{\frac{\pi}{2}} d\theta \int_{0}^{1} r(r^2 - r\cos\theta - r\sin\theta)\,dr$$

$$= -\frac{1}{3}\int_{0}^{\frac{\pi}{4}} \sin^4\theta d\theta - \frac{1}{3}\int_{\frac{3}{4}\pi}^{\pi} \sin^4\theta d\theta + \frac{\pi}{8} - \frac{2}{3}$$

$$= -\frac{2}{3}\int_{0}^{\frac{\pi}{4}} \sin^4\theta d\theta + \frac{\pi}{8} - \frac{2}{3}$$

$$= \left(\frac{3}{32}\pi - \frac{1}{4}\right)\left(\frac{2}{3}\right) + \frac{\pi}{8} - \frac{2}{3} = -\frac{1}{16}\pi + \frac{1}{6} + \frac{\pi}{8} - \frac{2}{3}$$

$$\iint\limits_{D_2} = \int_{-\frac{\pi}{4}}^{0} d\theta \int_{\sin\theta+\cos\theta}^{1} r(r\cos\theta + r\sin\theta - r^2)\,dr +$$

$$\int_{\frac{\pi}{2}}^{\frac{3}{4}\pi} d\theta \int_{\sin\theta+\cos\theta}^{1} r(r\cos\theta + r\sin\theta - r^2)\,dr +$$

$$\int_{\frac{3}{4}\pi}^{\frac{7}{4}\pi} d\theta \int_{0}^{1} r(r\cos\theta + r\sin\theta - r^2)\,dr$$

$$= -\frac{2}{3}\int_{0}^{\frac{\pi}{4}} \sin^4\theta d\theta + \left(\frac{\sqrt{2}-1}{3} - \frac{\pi}{16}\right)2 + \frac{2}{3}\sqrt{2} - \frac{\pi}{4}$$

$$= -\frac{\pi}{16} + \frac{1}{6} + \frac{2}{3}\sqrt{2} - \frac{\pi}{4}$$

故
$$I = \frac{1}{3}(2\sqrt{2} - 1) - \frac{\pi}{4}$$

六、证明：$\sum\limits_{n=1}^{\infty} |a_n|$ 为正项级数，假设其发散，则其部分和 S_n 无上界，不妨取其部分和系列 $S_{n_1}, S_{n_2}, \cdots, S_{n_k}$ 使其满足

$$S_{n_1} > 1, S_{n_2} - S_{n_1} > 2, \cdots, S_{n_k} - S_{n_{k-1}} > k$$

取 $x_n = \dfrac{\operatorname{sgn}(a_n)}{u_k}$，其中 $u_k = k$，当 $n_{k-1} + 1 \leqslant n \leqslant n_k$.

因 $\sum\limits_{n=1}^{\infty} a_n x_n$ 收敛，故任意加括号所得级数也收敛.

取 $\sum\limits_{n=1}^{\infty} a_n x_n = \dfrac{|a_1| + \cdots + |a_{n_1}|}{1} + \dfrac{|a_{n_1+1}| + \cdots + |a_{n_2}|}{2} + \cdots +$

$$\frac{|a_{n_{k-1}+1}|+\cdots+|a_{n_k}|}{k}+\cdots$$ 收敛,而其通项

$$\frac{|a_{n_{k-1}}+1|+\cdots+|a_{n_k}|}{k}=\frac{S_{n_k}-S_{n_{k-1}}}{k}>1$$

即通项极限不为 0,矛盾.

故假设不正确,$\sum_{n=1}^{\infty}|a_n|$ 收敛.

第五届全国大学生数学竞赛预赛试卷及参考答案

（非数学类，2013）

一、解答下列各题

1. 求极限$\lim\limits_{n\to\infty}(1+\sin\pi\sqrt{1+4n^2})^n$.

2. 证明广义积分$\int_0^{+\infty}\dfrac{\sin x}{x}\mathrm{d}x$不是绝对收敛的.

3. 设函数$y=y(x)$由$x^2+3x^2y-2y^3=2$所确定. 求$y(x)$的极值.

4. 过曲线$y=\sqrt[3]{x}\,(x\geqslant 0)$上的点$A$作切线，使该切线与曲线及$x$轴所围成的平面图形的面积为$\dfrac{3}{4}$，求点$A$的坐标.

二、计算定积分$I=\displaystyle\int_{-\pi}^{\pi}\frac{x\sin x\cdot\arctan \mathrm{e}^x}{1+\cos^2 x}\mathrm{d}x$.

三、设$f(x)$在$x=0$处存在二阶导数$f''(0)$，且$\lim\limits_{x\to 0}\dfrac{f(x)}{x}=0$. 证明：级数$\displaystyle\sum_{n=1}^{\infty}\left|f\left(\frac{1}{n}\right)\right|$收敛.

四、设$|f(x)|\leqslant\pi$，$f'(x)\geqslant m>0\,(a\leqslant x\leqslant b)$，证明：$\left|\displaystyle\int_a^b\sin f(x)\mathrm{d}x\right|\leqslant\dfrac{2}{m}$.

五、设Σ是一个光滑封闭的曲面，方向朝外. 给定第二型的曲面积分

$$I=\iint\limits_{\Sigma}(x^3-x)\mathrm{d}y\mathrm{d}z+(2y^3-y)\mathrm{d}z\mathrm{d}x+(3z^3-z)\mathrm{d}x\mathrm{d}y$$

试确定曲面Σ，使得积分I的值最小，并求该最小值.

六、设$I_a(r)=\displaystyle\int_C\frac{y\mathrm{d}x-x\mathrm{d}y}{(x^2+y^2)^a}$，其中$a$为常数，曲线$C$为椭圆$x^2+xy+y^2=r^2$，取正向. 求极限$\lim\limits_{r\to+\infty}I_a(r)$.

七、判断级数$\displaystyle\sum_{n=1}^{\infty}\frac{1+\frac{1}{2}+\cdots+\frac{1}{n}}{(n+1)(n+2)}$的敛散性，若收敛，求其和.

参考答案

一、1. 解:因为

$$\sin(\pi\sqrt{1+4n^2})=\sin(\pi\sqrt{1+4n^2}-2n\pi)=\sin\frac{\pi}{2n+\sqrt{1+4n^2}}$$

$$\begin{aligned}原式&=\lim_{n\to\infty}\left(1+\sin\frac{\pi}{2n+\sqrt{1+4n^2}}\right)^n\\&=\exp\left[\lim_{n\to\infty}n\ln\left(1+\sin\frac{\pi}{2n+\sqrt{1+4n^2}}\right)\right]\\&=\exp\left(\lim_{n\to\infty}n\sin\frac{\pi}{2n+\sqrt{1+4n^2}}\right)\\&=\exp\left(\lim_{n\to\infty}\frac{\pi n}{2n+\sqrt{1+4n^2}}\right)=e^{\frac{\pi}{4}}\end{aligned}$$

2. 证明:记 $a_n=\int_{n\pi}^{(n+1)\pi}\frac{|\sin x|}{x}dx$,只要证明 $\sum_{n=0}^{\infty}a_n$ 发散.

因为 $a_n\geqslant\frac{1}{(n+1)\pi}\int_{n\pi}^{(n+1)\pi}|\sin x|dx=\frac{1}{(n+1)\pi}\int_0^{\pi}\sin x dx=\frac{2}{(n+1)\pi}$,

而 $\sum_{n=0}^{\infty}\frac{2}{(n+1)\pi}$ 发散,故 $\sum_{n=0}^{\infty}a_n$ 发散.

3. 解:方程两边对 x 求导,得

$$3x^2+6xy+3x^2y'-6y^2y'=0$$

故 $y'=\frac{x(x+2y)}{2y^2-x^2}$,令 $y'=0$,得 $x(x+2y)=0\Rightarrow x=0$ 或 $x=-2y$.

将 $x=0$ 和 $x=-2y$ 代入所给方程,得

$$\begin{cases}x=0\\y=-1\end{cases} 和 \begin{cases}x=-2\\y=1\end{cases}$$

又

$$y''=\frac{(2y^2-x^2)(2x+2xy'+2y)+(x^2+2xy)(4yy'-2x)}{(2y^2-x^2)^2}\Bigg|_{\substack{x=0\\y=-1\\y'=0}}=-1<0$$

$$y''\Big|_{\substack{x=-2\\y=1\\y'=0}}=1>0$$

故 $y(0)=-1$ 为极大值,$y(-2)=1$ 为极小值.

4.解：设切点 A 的坐标为 $(t,\sqrt[3]{t})$，曲线过点 A 的切线方程为

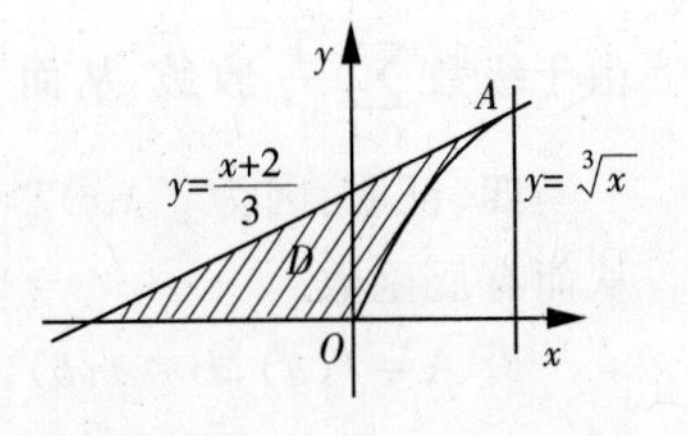

$$y=\sqrt[3]{t}=\frac{1}{3\sqrt[3]{t^2}}(x-t)$$

令 $y=0$，由上式可得切线与 x 轴交点的横坐标 $x_0=-2t$.

平面图形的面积 $S=\triangle Ax_0t$ 的面积－曲边梯形 OtA 的面积

$$S=\frac{1}{2}\sqrt[3]{t}\cdot 3t-\int_0^t\sqrt[3]{x}\,\mathrm{d}x=\frac{3}{4}t\sqrt[3]{t}=\frac{3}{4}\Rightarrow t=1$$

所以 A 的坐标为(1,1).

二、解

$$\begin{aligned}
I&=\int_{-\pi}^{0}\frac{x\sin x\cdot\arctan \mathrm{e}^x}{1+\cos^2 x}\mathrm{d}x+\int_0^{\pi}\frac{x\sin x\cdot\arctan \mathrm{e}^x}{1+\cos^2 x}\mathrm{d}x\\
&=\int_0^{\pi}\frac{x\sin x\cdot\arctan \mathrm{e}^{-x}}{1+\cos^2 x}\mathrm{d}x+\int_0^{\pi}\frac{x\sin x\cdot\arctan \mathrm{e}^x}{1+\cos^2 x}\mathrm{d}x\\
&=\int_0^{\pi}(\arctan \mathrm{e}^x+\arctan \mathrm{e}^{-x})\frac{x\sin x}{1+\cos^2 x}\mathrm{d}x\\
&=\frac{\pi}{2}\int_0^{\pi}\frac{x\sin x}{1+\cos^2 x}\mathrm{d}x=\left(\frac{\pi}{2}\right)^2\int_0^{\pi}\frac{\sin x}{1+\cos^2 x}\mathrm{d}x\\
&=-\left(\frac{\pi}{2}\right)^2\arctan(\cos x)\Big|_0^{\pi}=\frac{\pi^3}{8}
\end{aligned}$$

三、证明：由于 $f(x)$ 在 $x=0$ 处连续，且 $\lim\limits_{x\to 0}\frac{f(x)}{x}=0$，则

$$f(0)=\lim_{x\to 0}f(x)=\lim_{x\to 0}\frac{f(x)}{x}\cdot x=0$$

$$f'(0)=\lim_{x\to 0}\frac{f(x)-f(0)}{x-0}=0$$

应用洛必达法则

$$\lim_{x\to 0}\frac{f(x)}{x^2}=\lim_{x\to 0}\frac{f'(x)}{2x}=\lim_{x\to 0}\frac{f'(x)-f'(0)}{2(x-0)}=\frac{1}{2}f''(0)$$

所以

$$\lim_{n\to 0}\frac{\left|f\left(\frac{1}{n}\right)\right|}{\frac{1}{n^2}}=\frac{1}{2}|f''(0)|$$

由于级数$\sum\limits_{n=1}^{\infty}\frac{1}{n^2}$收敛,从而$\sum\limits_{n=1}^{\infty}\left|f\left(\frac{1}{n}\right)\right|$收敛.

四、证明:因为$f'(x)\geqslant m>0(a\leqslant x\leqslant b)$,所以$f(x)$在$[a,b]$上严格单调,从而有反函数.

设$A=f(a),B=f(b),\varphi$是f的反函数,则

$$0<\varphi'(y)=\frac{1}{f'(x)}\leqslant\frac{1}{m}$$

又$|f(x)|\leqslant\pi$,则$-\pi\leqslant A<B\leqslant\pi$,所以

$$\left|\int_a^b\sin f(x)\mathrm{d}x\right|\xlongequal{x=\varphi(y)}\left|\int_A^B\varphi'(y)\sin y\mathrm{d}y\right|\leqslant\int_0^{\pi}\frac{1}{m}\sin y\mathrm{d}y=\frac{2}{m}$$

五、解:记Σ围成的立体为V,由高斯公式

$$I=\iiint\limits_V(3x^2+6y^2+9z^2-3)\mathrm{d}v=3\iiint\limits_V(x^2+2y^2+3z^2-1)\mathrm{d}x\mathrm{d}y\mathrm{d}z$$

为了使得I达到最小,就要求V是使得$x^2+2y^2+3z^2-1\leqslant 0$的最大空间区域,即

$$V=\{(x,y,z)\mid x^2+2y^2+3z^2\leqslant 1\}$$

所以V是一个椭球,Σ是椭球V的表面时,积分I最小.

为求该最小值,作变换

$$\begin{cases}x=u\\ y=\dfrac{v}{\sqrt{2}}\\ z=\dfrac{w}{\sqrt{3}}\end{cases}$$

则$\dfrac{\partial(x,y,z)}{\partial(u,v,w)}=\dfrac{1}{\sqrt{6}}$,有

$$I=\frac{3}{\sqrt{6}}\iiint\limits_{u^2+v^2+w^2\leqslant 1}(u^2+v^2+w^2-1)\mathrm{d}u\mathrm{d}v\mathrm{d}w$$

使用球坐标变换,我们有

$$I=\frac{3}{\sqrt{6}}\int_0^{2\pi}\mathrm{d}\varphi\int_0^{\pi}\mathrm{d}\theta\int_0^1(r^2-1)r^2\sin\theta\mathrm{d}r=-\frac{4\sqrt{6}}{15}\pi$$

六、解:作变换

$$\begin{cases} x = \dfrac{(u-v)}{\sqrt{2}} \\ y = \dfrac{(u+v)}{\sqrt{2}} \end{cases}$$

曲线 C 变为 uOv 平面上的 Γ：$\dfrac{3}{2}u^2 + \dfrac{1}{2}v^2 = r^2$，也是取正向，且有

$$x^2 + y^2 = u^2 + v^2, y\mathrm{d}x - x\mathrm{d}y = v\mathrm{d}u - u\mathrm{d}v$$

$$I_a(r) = \int_\Gamma \frac{v\mathrm{d}u - u\mathrm{d}v}{(u^2+v^2)^a}$$

作变换

$$\begin{cases} u = \sqrt{\dfrac{2}{3}}r\cos\theta \\ v = \sqrt{2}r\sin\theta \end{cases}$$

则有

$$v\mathrm{d}u - u\mathrm{d}v = -\frac{2}{\sqrt{3}}r^2\mathrm{d}\theta$$

$$I_a(r) = -\frac{2}{\sqrt{3}}r^{2-2a}\int_0^{2\pi}\frac{\mathrm{d}\theta}{\left(\dfrac{2\cos^2\theta}{3} + 2\sin^2\theta\right)^a} = -\frac{2}{\sqrt{3}}r^{2-2a}$$

其中 $$J_a = \int_0^{2\pi}\frac{\mathrm{d}\theta}{\left(\dfrac{2\cos^2\theta}{3} + 2\sin^2\theta\right)^a} \quad 0 < J_a < +\infty$$

因此当 $a > 1$ 和 $a < 1$，所求极限分别为 0 和 $+\infty$，而当 $a = 1$ 时

$$J_1 = \int_0^{2\pi}\frac{\mathrm{d}\theta}{\dfrac{2\cos^2\theta}{3} + 2\sin^2\theta} = 4\int_0^{\frac{\pi}{2}}\frac{\mathrm{d}\tan\theta}{2\tan^2\theta + \dfrac{2}{3}} = 4\int_0^{+\infty}\frac{\mathrm{d}t}{2t^2 + \dfrac{2}{3}} = \sqrt{3}\pi$$

故所求极限为

$$\lim_{r\to+\infty} I_a(r) = \begin{cases} 0, a > 1 \\ -\infty, a < 1 \\ -2\pi, a = 1 \end{cases}$$

七、解：(1) 记

$$a_n = 1 + \frac{1}{2} + \cdots + \frac{1}{n}, u_n = \frac{a_n}{(n+1)(n+2)} \quad n = 1,2,3,\cdots$$

因为 n 充分大时

$$0 < a_n = 1 + \frac{1}{2} + \cdots + \frac{1}{n} < 1 + \int_1^n \frac{1}{x}\mathrm{d}x = 1 + \ln n < \sqrt{n}$$

所以 $u_n \leqslant \frac{\sqrt{n}}{(n+1)(n+2)} < \frac{1}{n^{\frac{3}{2}}}$，而 $\sum\limits_{n=1}^{\infty} \frac{1}{n^{\frac{3}{2}}}$ 收敛，所以 $\sum\limits_{n=1}^{\infty} u_n$ 收敛.

(2) 由 $a_k = 1 + \frac{1}{2} + \cdots + \frac{1}{k}(k = 1,2,\cdots)$，有

$$S_n = \sum_{k=1}^{n} \frac{1 + \frac{1}{2} + \cdots + \frac{1}{k}}{(k+1)(k+2)} = \sum_{k=1}^{n} \frac{a_k}{(k+1)(k+2)} = \sum_{k=1}^{n} \left(\frac{a_k}{k+1} - \frac{a_k}{k+2}\right)$$

$$= \left(\frac{a_1}{2} - \frac{a_1}{3}\right) + \left(\frac{a_2}{3} - \frac{a_2}{4}\right) + \cdots + \left(\frac{a_{n-1}}{n} - \frac{a_{n-1}}{n+1}\right) + \left(\frac{a_n}{n+1} - \frac{a_n}{n+2}\right)$$

$$= \frac{1}{2}a_1 + \frac{1}{3}(a_2 - a_1) + \frac{1}{4}(a_3 - a_2) + \cdots + \frac{1}{n+1}(a_n - a_{n-1}) - \frac{1}{n+2}a_n$$

$$= \left(\frac{1}{1 \cdot 2} + \frac{1}{2 \cdot 3} + \frac{1}{3 \cdot 4} + \cdots + \frac{1}{n \cdot (n-1)}\right) - \frac{1}{n+2}a_n = 1 - \frac{1}{n} - \frac{1}{n+2}a_n$$

因为
$$0 < a_n < 1 + \ln n$$

所以 $0 < \frac{a_n}{n+2} < \frac{1 + \ln n}{n+2}$，且 $\lim\limits_{n\to\infty} \frac{1 + \ln n}{n+2} = 0$，所以

$$\lim_{n\to\infty} \frac{a_n}{n+2} = 0$$

于是 $S = \lim\limits_{n\to\infty} S_n = 1 - 0 - 0 = 1$. 证毕.

第五届全国大学生数学竞赛决赛试卷

(非数学类,2014)

一、计算下列各题

1. 计算积分$\int_0^{2\pi} x\int_x^{2\pi} \frac{\sin^2 t}{t^2}\mathrm{d}t\mathrm{d}x$.

2. 设 $f(x)$ 是$[0,1]$上的连续函数,且满足$\int_0^1 f(x)\mathrm{d}x = 1$,求一个这样的函数 $f(x)$ 使得积分 $I = \int_0^1 (1+x^2)f^2(x)\mathrm{d}x$ 取得最小值.

3. 设 $F(x,y,z)$ 和 $G(x,y,z)$ 有连续偏导数,$\frac{\partial(F,G)}{\partial(x,z)} \neq 0$,曲线 Γ:$\begin{cases}F(x,y,z)=0\\G(x,y,z)=0\end{cases}$过点 $P_0(x_0,y_0,z_0)$. 记 Γ 在 xOy 平面上的投影曲线为 S. 求 S 上过点(x_0,y_0)的切线方程.

4. 设矩阵 $\boldsymbol{A} = \begin{pmatrix}1 & 2 & 1\\3 & 4 & a\\1 & 2 & 2\end{pmatrix}$,其中 a 为常数,矩阵 $\boldsymbol{B}$ 满足关系式 $\boldsymbol{AB} = \boldsymbol{A}-\boldsymbol{B}+\boldsymbol{E}$,其中 $\boldsymbol{E}$ 是单位矩阵且 $\boldsymbol{B}\neq\boldsymbol{E}$. 若秩 $\operatorname{rank}(\boldsymbol{A}+\boldsymbol{B}) = 3$,试求常数 a 的值.

二、设 $f(x)\in C^4(-\infty,+\infty)$. 且 $f(x)$ 满足 $f(x+h) = f(x)+f'(x)h+\frac{1}{2}f''(x+\theta h)h^2$,其中 θ 是与 x,h 无关的常数,证明 f 是不超过三次的多项式.

三、设当 $x>-1$ 时,可微函数 $f(x)$ 满足条件 $f'(x)+f(x)-\frac{1}{x+1}\int_0^x f(t)\mathrm{d}t = 0$,且 $f(0)=1$,试证:当 $x\geqslant 0$ 时,有 $\mathrm{e}^{-x}\leqslant f(x)\leqslant 1$ 成立.

四、设 $D = \{(x,y)\mid 0\leqslant x\leqslant 1, 0\leqslant y\leqslant 1\}$,$I = \iint_D f(x,y)\mathrm{d}x\mathrm{d}y$,其中函数 $f(x,y)$ 在 D 上有连续二阶偏导数. 若对任何 x,y 有 $f(0,y) = f(x,0) = 0$ 且$\frac{\partial^2 f}{\partial x\partial y}\leqslant A$. 证明 $I\leqslant\frac{A}{4}$.

五、设函数 $f(x)$ 连续可导,$P=Q=R=f((x^2+y^2)z)$,有向曲面 Σ_t 是圆柱体 $x^2+y^2\leqslant t^2, 0\leqslant z\leqslant 1$ 的表面,方向朝外. 记第二型的曲面积分 $I_t =$

$\iint\limits_{\Sigma_t} P\,\mathrm{d}y\mathrm{d}z + Q\mathrm{d}z\mathrm{d}x + R\mathrm{d}x\mathrm{d}y$，求极限 $\lim\limits_{t\to 0^+}\dfrac{I_t}{t^4}$.

六、设 $\boldsymbol{A},\boldsymbol{B}$ 为 n 阶正定矩阵，求证 $\boldsymbol{AB}$ 正定的充要条件是 $\boldsymbol{AB}=\boldsymbol{BA}$.

七、假设 $\sum\limits_{n=0}^{\infty}a_nx^n$ 的收敛半径为 1，$\lim\limits_{n\to\infty}na_n=0$，且 $\lim\limits_{x\to 1^-}\sum\limits_{n=0}^{\infty}a_nx^n=A$. 证明：$\sum\limits_{n=0}^{\infty}a_n$ 收敛且 $\sum\limits_{n=0}^{\infty}a_n=A$.

哈尔滨工业大学出版社刘培杰数学工作室 已出版(即将出版)图书目录

书　　名	出版时间	定　价	编号
新编中学数学解题方法全书(高中版)上卷	2007—09	38.00	7
新编中学数学解题方法全书(高中版)中卷	2007—09	48.00	8
新编中学数学解题方法全书(高中版)下卷(一)	2007—09	42.00	17
新编中学数学解题方法全书(高中版)下卷(二)	2007—09	38.00	18
新编中学数学解题方法全书(高中版)下卷(三)	2010—06	58.00	73
新编中学数学解题方法全书(初中版)上卷	2008—01	28.00	29
新编中学数学解题方法全书(初中版)中卷	2010—07	38.00	75
新编中学数学解题方法全书(高考复习卷)	2010—01	48.00	67
新编中学数学解题方法全书(高考真题卷)	2010—01	38.00	62
新编中学数学解题方法全书(高考精华卷)	2011—03	68.00	118
新编平面解析几何解题方法全书(专题讲座卷)	2010—01	18.00	61
新编中学数学解题方法全书(自主招生卷)	2013—08	88.00	261
数学眼光透视	2008—01	38.00	24
数学思想领悟	2008—01	38.00	25
数学应用展观	2008—01	38.00	26
数学建模导引	2008—01	28.00	23
数学方法溯源	2008—01	38.00	27
数学史话览胜	2008—01	28.00	28
数学思维技术	2013—09	38.00	260
从毕达哥拉斯到怀尔斯	2007—10	48.00	9
从迪利克雷到维斯卡尔迪	2008—01	48.00	21
从哥德巴赫到陈景润	2008—05	98.00	35
从庞加莱到佩雷尔曼	2011—08	138.00	136
数学解题中的物理方法	2011—06	28.00	114
数学解题的特殊方法	2011—06	48.00	115
中学数学计算技巧	2012—01	48.00	116
中学数学证明方法	2012—01	58.00	117
数学趣题巧解	2012—03	28.00	128
三角形中的角格点问题	2013—01	88.00	207
含参数的方程和不等式	2012—09	28.00	213

哈尔滨工业大学出版社刘培杰数学工作室已出版(即将出版)图书目录

书　　名	出版时间	定　价	编号
数学奥林匹克与数学文化(第一辑)	2006－05	48.00	4
数学奥林匹克与数学文化(第二辑)(竞赛卷)	2008－01	48.00	19
数学奥林匹克与数学文化(第二辑)(文化卷)	2008－07	58.00	36
数学奥林匹克与数学文化(第三辑)(竞赛卷)	2010－01	48.00	59
数学奥林匹克与数学文化(第四辑)(竞赛卷)	2011－08	58.00	87
数学奥林匹克与数学文化(第五辑)(竞赛卷)	2014－09		370

书　　名	出版时间	定　价	编号
发展空间想象力	2010－01	38.00	57
走向国际数学奥林匹克的平面几何试题诠释(上、下)(第1版)	2007－01	68.00	11,12
走向国际数学奥林匹克的平面几何试题诠释(上、下)(第2版)	2010－02	98.00	63,64
平面几何证明方法全书	2007－08	35.00	1
平面几何证明方法全书习题解答(第1版)	2005－10	18.00	2
平面几何证明方法全书习题解答(第2版)	2006－12	18.00	10
平面几何天天练上卷・基础篇(直线型)	2013－01	58.00	208
平面几何天天练中卷・基础篇(涉及圆)	2013－01	28.00	234
平面几何天天练下卷・提高篇	2013－01	58.00	237
平面几何专题研究	2013－07	98.00	258
最新世界各国数学奥林匹克中的平面几何试题	2007－09	38.00	14
数学竞赛平面几何典型题及新颖解	2010－07	48.00	74
初等数学复习及研究(平面几何)	2008－09	58.00	38
初等数学复习及研究(立体几何)	2010－06	38.00	71
初等数学复习及研究(平面几何)习题解答	2009－01	48.00	42
世界著名平面几何经典著作钩沉——几何作图专题卷(上)	2009－06	48.00	49
世界著名平面几何经典著作钩沉——几何作图专题卷(下)	2011－01	88.00	80
世界著名平面几何经典著作钩沉(民国平面几何老课本)	2011－03	38.00	113
世界著名解析几何经典著作钩沉——平面解析几何卷	2014－01	38.00	273
世界著名数论经典著作钩沉(算术卷)	2012－01	28.00	125
世界著名数学经典著作钩沉——立体几何卷	2011－02	28.00	88
世界著名三角学经典著作钩沉(平面三角卷Ⅰ)	2010－06	28.00	69
世界著名三角学经典著作钩沉(平面三角卷Ⅱ)	2011－01	38.00	78
世界著名初等数论经典著作钩沉(理论和实用算术卷)	2011－07	38.00	126
几何学教程(平面几何卷)	2011－03	68.00	90
几何学教程(立体几何卷)	2011－07	68.00	130
几何变换与几何证题	2010－06	88.00	70
计算方法与几何证题	2011－06	28.00	129
立体几何技巧与方法	2014－04	88.00	293
几何瑰宝——平面几何500名题暨1000条定理(上、下)	2010－07	138.00	76,77
三角形的解法与应用	2012－07	18.00	183
近代的三角形几何学	2012－07	48.00	184
一般折线几何学	即将出版	58.00	203
三角形的五心	2009－06	28.00	51
三角形趣谈	2012－08	28.00	212
解三角形	2014－01	28.00	265
圆锥曲线习题集(上)	2013－06	68.00	255

哈尔滨工业大学出版社刘培杰数学工作室已出版(即将出版)图书目录

书　　名	出版时间	定　价	编号
俄罗斯平面几何问题集	2009—08	88.00	55
俄罗斯立体几何问题集	2014—03	58.00	283
俄罗斯几何大师——沙雷金论数学及其他	2014—01	48.00	271
来自俄罗斯的5000道几何习题及解答	2011—03	58.00	89
俄罗斯初等数学问题集	2012—05	38.00	177
俄罗斯函数问题集	2011—03	38.00	103
俄罗斯组合分析问题集	2011—01	48.00	79
俄罗斯初等数学万题选——三角卷	2012—11	38.00	222
俄罗斯初等数学万题选——代数卷	2013—08	68.00	225
俄罗斯初等数学万题选——几何卷	2014—01	68.00	226
463个俄罗斯几何老问题	2012—01	28.00	152
近代欧氏几何学	2012—03	48.00	162
罗巴切夫斯基几何学及几何基础概要	2012—07	28.00	188
超越吉米多维奇——数列的极限	2009—11	48.00	58
Barban Davenport Halberstam 均值和	2009—01	40.00	33
初等数论难题集(第一卷)	2009—05	68.00	44
初等数论难题集(第二卷)(上、下)	2011—02	128.00	82,83
谈谈素数	2011—03	18.00	91
平方和	2011—03	18.00	92
数论概貌	2011—03	18.00	93
代数数论(第二版)	2013—08	58.00	94
代数多项式	2014—06	38.00	289
初等数论的知识与问题	2011—02	28.00	95
超越数论基础	2011—03	28.00	96
数论初等教程	2011—03	28.00	97
数论基础	2011—03	18.00	98
数论基础与维诺格拉多夫	2014—03	18.00	292
解析数论基础	2012—08	28.00	216
解析数论基础(第二版)	2014—01	48.00	287
数论入门	2011—03	38.00	99
数论开篇	2012—07	28.00	194
解析数论引论	2011—03	48.00	100
复变函数引论	2013—10	68.00	269
无穷分析引论(上)	2013—04	88.00	247
无穷分析引论(下)	2013—04	98.00	245

哈尔滨工业大学出版社刘培杰数学工作室已出版(即将出版)图书目录

书　名	出版时间	定　价	编号
数学分析	2014－04	28.00	338
数学分析中的一个新方法及其应用	2013－01	38.00	231
数学分析例选:通过范例学技巧	2013－01	88.00	243
三角级数论(上册)(陈建功)	2013－01	38.00	232
三角级数论(下册)(陈建功)	2013－01	48.00	233
三角级数论(哈代)	2013－06	48.00	254
基础数论	2011－03	28.00	101
超越数	2011－03	18.00	109
三角和方法	2011－03	18.00	112
谈谈不定方程	2011－05	28.00	119
整数论	2011－05	38.00	120
随机过程(Ⅰ)	2014－01	78.00	224
随机过程(Ⅱ)	2014－01	68.00	235
整数的性质	2012－11	38.00	192
初等数论 100 例	2011－05	18.00	122
初等数论经典例题	2012－07	18.00	204
最新世界各国数学奥林匹克中的初等数论试题(上、下)	2012－01	138.00	144,145
算术探索	2011－12	158.00	148
初等数论(Ⅰ)	2012－01	18.00	156
初等数论(Ⅱ)	2012－01	18.00	157
初等数论(Ⅲ)	2012－01	28.00	158
组合数学	2012－04	28.00	178
组合数学浅谈	2012－03	28.00	159
同余理论	2012－05	38.00	163
丢番图方程引论	2012－03	48.00	172
平面几何与数论中未解决的新老问题	2013－01	68.00	229
线性代数大题典	2014－07	88.00	351
法雷级数	2014－08	18.00	367
历届美国中学生数学竞赛试题及解答(第一卷)1950－1954	2014－07	18.00	277
历届美国中学生数学竞赛试题及解答(第二卷)1955－1959	2014－04	18.00	278
历届美国中学生数学竞赛试题及解答(第三卷)1960－1964	2014－06	18.00	279
历届美国中学生数学竞赛试题及解答(第四卷)1965－1969	2014－04	28.00	280
历届美国中学生数学竞赛试题及解答(第五卷)1970－1972	2014－06	18.00	281

哈尔滨工业大学出版社刘培杰数学工作室已出版(即将出版)图书目录

书　名	出版时间	定　价	编号
历届 IMO 试题集(1959—2005)	2006－05	58.00	5
历届 CMO 试题集	2008－09	28.00	40
历届加拿大数学奥林匹克试题集	2012－08	38.00	215
历届美国数学奥林匹克试题集:多解推广加强	2012－08	38.00	209
历届国际大学生数学竞赛试题集(1994－2010)	2012－01	28.00	143
全国大学生数学夏令营数学竞赛试题及解答	2007－03	28.00	15
全国大学生数学竞赛辅导教程	2012－07	28.00	189
全国大学生数学竞赛复习全书	2014－04	48.00	340
历届美国大学生数学竞赛试题集	2009－03	88.00	43
前苏联大学生数学奥林匹克竞赛题解(上编)	2012－04	28.00	169
前苏联大学生数学奥林匹克竞赛题解(下编)	2012－04	38.00	170
历届美国数学邀请赛试题集	2014－01	48.00	270
全国高中数学竞赛试题及解答. 第 1 卷	2014－07	38.00	331
大学生数学竞赛讲义	2014－09	28.00	
整函数	2012－08	18.00	161
多项式和无理数	2008－01	68.00	22
模糊数据统计学	2008－03	48.00	31
模糊分析学与特殊泛函空间	2013－01	68.00	241
受控理论与解析不等式	2012－05	78.00	165
解析不等式新论	2009－06	68.00	48
反问题的计算方法及应用	2011－11	28.00	147
建立不等式的方法	2011－03	98.00	104
数学奥林匹克不等式研究	2009－08	68.00	56
不等式研究(第二辑)	2012－02	68.00	153
初等数学研究(Ⅰ)	2008－09	68.00	37
初等数学研究(Ⅱ)(上、下)	2009－05	118.00	46,47
中国初等数学研究　2009 卷(第 1 辑)	2009－05	20.00	45
中国初等数学研究　2010 卷(第 2 辑)	2010－05	30.00	68
中国初等数学研究　2011 卷(第 3 辑)	2011－07	60.00	127
中国初等数学研究　2012 卷(第 4 辑)	2012－07	48.00	190
中国初等数学研究　2014 卷(第 5 辑)	2014－02	48.00	288
数阵及其应用	2012－02	28.00	164
绝对值方程—折边与组合图形的解析研究	2012－07	48.00	186
不等式的秘密(第一卷)	2012－02	28.00	154
不等式的秘密(第一卷)(第 2 版)	2014－02	38.00	286
不等式的秘密(第二卷)	2014－01	38.00	268

哈尔滨工业大学出版社刘培杰数学工作室已出版(即将出版)图书目录

书　名	出版时间	定　价	编号
初等不等式的证明方法	2010－06	38.00	123
数学奥林匹克在中国	2014－06	98.00	344
数学奥林匹克问题集	2014－01	38.00	267
数学奥林匹克不等式散论	2010－06	38.00	124
数学奥林匹克不等式欣赏	2011－09	38.00	138
数学奥林匹克超级题库(初中卷上)	2010－01	58.00	66
数学奥林匹克不等式证明方法和技巧(上、下)	2011－08	158.00	134,135
近代拓扑学研究	2013－04	38.00	239
新编 640 个世界著名数学智力趣题	2014－01	88.00	242
500 个最新世界著名数学智力趣题	2008－06	48.00	3
400 个最新世界著名数学最值问题	2008－09	48.00	36
500 个世界著名数学征解问题	2009－06	48.00	52
400 个中国最佳初等数学征解老问题	2010－01	48.00	60
500 个俄罗斯数学经典老题	2011－01	28.00	81
1000 个国外中学物理好题	2012－04	48.00	174
300 个日本高考数学题	2012－05	38.00	142
500 个前苏联早期高考数学试题及解答	2012－05	28.00	185
546 个早期俄罗斯大学生数学竞赛题	2014－03	38.00	285
博弈论精粹	2008－03	58.00	30
数学 我爱你	2008－01	28.00	20
精神的圣徒　别样的人生——60 位中国数学家成长的历程	2008－09	48.00	39
数学史概论	2009－06	78.00	50
数学史概论(精装)	2013－03	158.00	272
斐波那契数列	2010－02	28.00	65
数学拼盘和斐波那契魔方	2010－07	38.00	72
斐波那契数列欣赏	2011－01	28.00	160
数学的创造	2011－02	48.00	85
数学中的美	2011－02	38.00	84
王连笑教你怎样学数学——高考选择题解题策略与客观题实用训练	2014－01	48.00	262
最新全国及各省市高考数学试卷解法研究及点拨评析	2009－02	38.00	41
高考数学的理论与实践	2009－08	38.00	53
中考数学专题总复习	2007－04	28.00	6
向量法巧解数学高考题	2009－08	28.00	54
高考数学核心题型解题方法与技巧	2010－01	28.00	86
高考思维新平台	2014－03	38.00	259
数学解题——靠数学思想给力(上)	2011－07	38.00	131
数学解题——靠数学思想给力(中)	2011－07	48.00	132
数学解题——靠数学思想给力(下)	2011－07	38.00	133
我怎样解题	2013－01	48.00	227
和高中生漫谈数学与哲学的故事	2014－08	28.00	369

哈尔滨工业大学出版社刘培杰数学工作室 已出版(即将出版)图书目录

书　　名	出版时间	定　价	编号
2011 年全国及各省市高考数学试题审题要津与解法研究	2011－10	48.00	139
2013 年全国及各省市高考数学试题解析与点评	2014－01	48.00	282
新课标高考数学——五年试题分章详解(2007～2011)(上、下)	2011－10	78.00	140,141
30 分钟拿下高考数学选择题、填空题	2012－01	48.00	146
全国中考数学压轴题审题要津与解法研究	2013－04	78.00	248
新编全国及各省市中考数学压轴题审题要津与解法研究	2014－05	58.00	342
高考数学压轴题解题诀窍(上)	2012－02	78.00	166
高考数学压轴题解题诀窍(下)	2012－03	28.00	167

格点和面积	2012－07	18.00	191
射影几何趣谈	2012－04	28.00	175
斯潘纳尔引理——从一道加拿大数学奥林匹克试题谈起	2014－01	18.00	228
李普希兹条件——从几道近年高考数学试题谈起	2012－10	18.00	221
拉格朗日中值定理——从一道北京高考试题的解法谈起	2012－10	18.00	197
闵科夫斯基定理——从一道清华大学自主招生试题谈起	2014－01	28.00	198
哈尔测度——从一道冬令营试题的背景谈起	2012－08	28.00	202
切比雪夫逼近问题——从一道中国台北数学奥林匹克试题谈起	2013－04	38.00	238
伯恩斯坦多项式与贝齐尔曲面——从一道全国高中数学联赛试题谈起	2013－03	38.00	236
卡塔兰猜想——从一道普特南竞赛试题谈起	2013－06	18.00	256
麦卡锡函数和阿克曼函数——从一道前南斯拉夫数学奥林匹克试题谈起	2012－08	18.00	201
贝蒂定理与拉姆贝克莫斯尔定理——从一个拣石子游戏谈起	2012－08	18.00	217
皮亚诺曲线和豪斯道夫分球定理——从无限集谈起	2012－08	18.00	211
平面凸图形与凸多面体	2012－10	28.00	218
斯坦因豪斯问题——从一道二十五省市自治区中学数学竞赛试题谈起	2012－07	18.00	196
纽结理论中的亚历山大多项式与琼斯多项式——从一道北京市高一数学竞赛试题谈起	2012－07	28.00	195
原则与策略——从波利亚"解题表"谈起	2013－04	38.00	244
转化与化归——从三大尺规作图不能问题谈起	2012－08	28.00	214
代数几何中的贝祖定理(第一版)——从一道 IMO 试题的解法谈起	2013－08	38.00	193
成功连贯理论与约当块理论——从一道比利时数学竞赛试题谈起	2012－04	18.00	180
磨光变换与范·德·瓦尔登猜想——从一道环球城市竞赛试题谈起	即将出版		
素数判定与大数分解	2014－09	18.00	199
置换多项式及其应用	2012－10	18.00	220
椭圆函数与模函数——从一道美国加州大学洛杉矶分校(UCLA)博士资格考题谈起	2012－10	38.00	219
差分方程的拉格朗日方法——从一道 2011 年全国高考理科试题的解法谈起	2012－08	28.00	200

哈尔滨工业大学出版社刘培杰数学工作室已出版(即将出版)图书目录

书　　名	出版时间	定　价	编号
力学在几何中的一些应用	2013－01	38.00	240
高斯散度定理、斯托克斯定理和平面格林定理——从一道国际大学生数学竞赛试题谈起	即将出版		
康托洛维奇不等式——从一道全国高中联赛试题谈起	2013－03	28.00	337
西格尔引理——从一道第 18 届 IMO 试题的解法谈起	即将出版		
罗斯定理——从一道前苏联数学竞赛试题谈起	即将出版		
拉克斯定理和阿廷定理——从一道 IMO 试题的解法谈起	2014－01	58.00	246
毕卡大定理——从一道美国大学数学竞赛试题谈起	2014－07	18.00	350
贝齐尔曲线——从一道全国高中联赛试题谈起	即将出版		
拉格朗日乘子定理——从一道 2005 年全国高中联赛试题谈起	即将出版		
雅可比定理——从一道日本数学奥林匹克试题谈起	2013－04	48.00	249
李天岩－约克定理——从一道波兰数学竞赛试题谈起	2014－06	28.00	349
整系数多项式因式分解的一般方法——从克朗耐克算法谈起	即将出版		
布劳维不动点定理——从一道前苏联数学奥林匹克试题谈起	2014－01	38.00	273
压缩不动点定理——从一道高考数学试题的解法谈起	即将出版		
伯恩赛德定理——从一道英国数学奥林匹克试题谈起	即将出版		
布查特－莫斯特定理——从一道上海市初中竞赛试题谈起	即将出版		
数论中的同余数问题——从一道普特南竞赛试题谈起	即将出版		
范·德蒙行列式——从一道美国数学奥林匹克试题谈起	即将出版		
中国剩余定理——从一道美国数学奥林匹克试题的解法谈起	即将出版		
牛顿程序与方程求根——从一道全国高考试题解法谈起	即将出版		
库默尔定理——从一道 IMO 预选试题谈起	即将出版		
卢丁定理——从一道冬令营试题的解法谈起	即将出版		
沃斯滕霍姆定理——从一道 IMO 预选试题谈起	即将出版		
卡尔松不等式——从一道莫斯科数学奥林匹克试题谈起	即将出版		
信息论中的香农熵——从一道近年高考压轴题谈起	即将出版		
约当不等式——从一道希望杯竞赛试题谈起	即将出版		
拉比诺维奇定理	即将出版		
刘维尔定理——从一道《美国数学月刊》征解问题的解法谈起	即将出版		
卡塔兰恒等式与级数求和——从一道 IMO 试题的解法谈起	即将出版		
勒让德猜想与素数分布——从一道爱尔兰竞赛试题谈起	即将出版		
天平称重与信息论——从一道基辅市数学奥林匹克试题谈起	即将出版		

哈尔滨工业大学出版社刘培杰数学工作室已出版（即将出版）图书目录

书 名	出版时间	定 价	编号
艾思特曼定理——从一道 CMO 试题的解法谈起	即将出版		
一个爱尔特希问题——从一道西德数学奥林匹克试题谈起	即将出版		
有限群中的爱丁格尔问题——从一道北京市初中二年级数学竞赛试题谈起	即将出版		
贝克码与编码理论——从一道全国高中联赛试题谈起	即将出版		
帕斯卡三角形	2014－03	18.00	294
蒲丰投针问题——从 2009 年清华大学的一道自主招生试题谈起	2014－01	38.00	295
斯图姆定理——从一道“华约”自主招生试题的解法谈起	2014－01	18.00	296
许瓦兹引理——从一道加利福尼亚大学伯克利分校数学系博士生试题谈起	2014－09	18.00	297
拉格朗日中值定理——从一道北京高考试题的解法谈起	2014－01		298
拉姆塞定理——从王诗宬院士的一个问题谈起	2014－01		299
坐标法	2013－12	28.00	332
数论三角形	2014－04	38.00	341
毕克定理	2014－07	18.00	352
中等数学英语阅读文选	2006－12	38.00	13
统计学专业英语	2007－03	28.00	16
统计学专业英语(第二版)	2012－07	48.00	176
幻方和魔方(第一卷)	2012－05	68.00	173
尘封的经典——初等数学经典文献选读(第一卷)	2012－07	48.00	205
尘封的经典——初等数学经典文献选读(第二卷)	2012－07	38.00	206
实变函数论	2012－06	78.00	181
非光滑优化及其变分分析	2014－01	48.00	230
疏散的马尔科夫链	2014－01	58.00	266
初等微分拓扑学	2012－07	18.00	182
方程式论	2011－03	38.00	105
初级方程式论	2011－03	28.00	106
Galois 理论	2011－03	18.00	107
古典数学难题与伽罗瓦理论	2012－11	58.00	223
伽罗华与群论	2014－01	28.00	290
代数方程的根式解及伽罗瓦理论	2011－03	28.00	108
线性偏微分方程讲义	2011－03	18.00	110
N 体问题的周期解	2011－03	28.00	111
代数方程式论	2011－05	18.00	121
动力系统的不变量与函数方程	2011－07	48.00	137
基于短语评价的翻译知识获取	2012－02	48.00	168
应用随机过程	2012－04	48.00	187
概率论导引	2012－04	18.00	179
矩阵论(上)	2013－06	58.00	250
矩阵论(下)	2013－06	48.00	251
对称锥互补问题的内点法:理论分析与算法实现	2014－08	68.00	368

哈尔滨工业大学出版社刘培杰数学工作室
已出版(即将出版)图书目录

书　　名	出版时间	定　价	编号
抽象代数:方法导引	2013－06	38.00	257
闵嗣鹤文集	2011－03	98.00	102
吴从炘数学活动三十年(1951～1980)	2010－07	99.00	32

书　　名	出版时间	定　价	编号
吴振奎高等数学解题真经(概率统计卷)	2012－01	38.00	149
吴振奎高等数学解题真经(微积分卷)	2012－01	68.00	150
吴振奎高等数学解题真经(线性代数卷)	2012－01	58.00	151
高等数学解题全攻略(上卷)	2013－06	58.00	252
高等数学解题全攻略(下卷)	2013－06	58.00	253
高等数学复习纲要	2014－01	18.00	384
钱昌本教你快乐学数学(上)	2011－12	48.00	155
钱昌本教你快乐学数学(下)	2012－03	58.00	171

书　　名	出版时间	定　价	编号
数贝偶拾——高考数学题研究	2014－04	28.00	274
数贝偶拾——初等数学研究	2014－04	38.00	275
数贝偶拾——奥数题研究	2014－04	48.00	276
集合、函数与方程	2014－01	28.00	300
数列与不等式	2014－01	38.00	301
三角与平面向量	2014－01	28.00	302
平面解析几何	2014－01	38.00	303
立体几何与组合	2014－01	28.00	304
极限与导数、数学归纳法	2014－01	38.00	305
趣味数学	2014－03	28.00	306
教材教法	2014－04	68.00	307
自主招生	2014－05	58.00	308
高考压轴题(上)	即将出版		309
高考压轴题(下)	即将出版		310

书　　名	出版时间	定　价	编号
从费马到怀尔斯——费马大定理的历史	2013－10	198.00	I
从庞加莱到佩雷尔曼——庞加莱猜想的历史	2013－10	298.00	II
从切比雪夫到爱尔特希(上)——素数定理的初等证明	2013－07	48.00	III
从切比雪夫到爱尔特希(下)——素数定理 100 年	2012－12	98.00	III
从高斯到盖尔方特——虚二次域的高斯猜想	2013－10	198.00	IV
从库默尔到朗兰兹——朗兰兹猜想的历史	2014－01	98.00	V
从比勃巴赫到德布朗斯——比勃巴赫猜想的历史	2014－02	298.00	VI
从麦比乌斯到陈省身——麦比乌斯变换与麦比乌斯带	2014－02	298.00	VII
从布尔到豪斯道夫——布尔方程与格论漫谈	2013－10	198.00	VIII
从开普勒到阿诺德——三体问题的历史	2014－05	298.00	IX
从华林到华罗庚——华林问题的历史	2013－10	298.00	X

哈尔滨工业大学出版社刘培杰数学工作室已出版(即将出版)图书目录

书 名	出版时间	定 价	编号
三角函数	2014-01	38.00	311
不等式	2014-01	28.00	312
方程	2014-01	28.00	314
数列	2014-01	38.00	313
排列和组合	2014-01	28.00	315
极限与导数	2014-01	28.00	316
向量	2014-01	38.00	317
复数及其应用	2014-01	28.00	318
函数	2014-01	38.00	319
集合	即将出版		320
直线与平面	2014-01	28.00	321
立体几何	2014-04	28.00	322
解三角形	即将出版		323
直线与圆	2014-01	28.00	324
圆锥曲线	2014-01	38.00	325
解题通法(一)	2014-07	38.00	326
解题通法(二)	2014-07	38.00	327
解题通法(三)	2014-05	38.00	328
概率与统计	2014-01	28.00	329
信息迁移与算法	即将出版		330
第19~23届“希望杯”全国数学邀请赛试题审题要津详细评注(初一版)	2014-03	28.00	333
第19~23届“希望杯”全国数学邀请赛试题审题要津详细评注(初二、初三版)	2014-03	38.00	334
第19~23届“希望杯”全国数学邀请赛试题审题要津详细评注(高一版)	2014-03	28.00	335
第19~23届“希望杯”全国数学邀请赛试题审题要津详细评注(高二版)	2014-03	38.00	336
物理奥林匹克竞赛大题典——力学卷	即将出版		
物理奥林匹克竞赛大题典——热学卷	2014-04	28.00	339
物理奥林匹克竞赛大题典——电磁学卷	即将出版		
物理奥林匹克竞赛大题典——光学与近代物理卷	2014-06	28.00	345

哈尔滨工业大学出版社刘培杰数学工作室已出版(即将出版)图书目录

书　名	出版时间	定　价	编号
历届中国东南地区数学奥林匹克试题集(2004～2012)	2014－06	18.00	346
历届中国西部地区数学奥林匹克试题集(2001～2012)	2014－07	18.00	347
历届中国女子数学奥林匹克试题集(2002～2012)	2014－08	18.00	348
几何变换Ⅰ	2014－07	28.00	353
几何变换Ⅱ	即将出版		354
几何变换Ⅲ	即将出版		355
几何变换Ⅳ	即将出版		356
美国高中数学五十讲.第1卷	2014－08	28.00	357
美国高中数学五十讲.第2卷	即将出版		358
美国高中数学五十讲.第3卷	即将出版		359
美国高中数学五十讲.第4卷	即将出版		360
美国高中数学五十讲.第5卷	即将出版		361
美国高中数学五十讲.第6卷	即将出版		362
美国高中数学五十讲.第7卷	即将出版		363
美国高中数学五十讲.第8卷	即将出版		364
美国高中数学五十讲.第9卷	即将出版		365
美国高中数学五十讲.第10卷	即将出版		366

联系地址:哈尔滨市南岗区复华四道街10号　哈尔滨工业大学出版社刘培杰数学工作室
网　　址:http://lpj.hit.edu.cn/
邮　　编:150006
联系电话:0451－86281378　　13904613167
E-mail:lpj1378@163.com